21世纪科学版化学专著系列

高分子结晶和结构

莫志深 等 著

科学出版社

北京

内 容 简 介

本书是一本全面系统阐述高分子结晶和结构的专著。全书除“概述”外共分 16 章，概述简要回顾高分子科学建立的艰苦历程；第 1 章重点介绍晶态聚合物定义和特征及熔融热力学；第 2 章简明介绍 X 射线衍射和几何晶体学的基础理论和概念，以及小分子、高分子晶体结构测定的步骤和方法；第 3～5 章分别介绍红外光谱、NMR 和热分析等现代物理方法在聚合物结晶和结构研究方面的应用；第 6 章叙述晶态聚合物结构形态；第 7 章介绍高分子从熔体和浓溶液结晶生成的高分子球晶结构，以及形成不同球晶形态的机理；第 8 章详细讨论聚合物异构现象；第 9、10 章重点讨论聚合物结晶动力学以及不同外场性质对高分子结晶形成和结构的影响；第 11、12 章综述迄今高分子结晶理论和模拟研究，以及受限体系中的聚合物结晶；第 13、14 章阐述一些重要天然高分子和生物降解高分子的结晶和结构；第 15、16 章综述重要高分子品种聚酰胺及晶性共轭聚合物的晶体结构。

本书可作为高分子化学与物理、材料科学与工程及相关专业的本科生教学用书，以及硕士生、博士生的参考书，对从事高分子的科研和生产技术人员来说也是一本有价值的参考书。

图书在版编目(CIP)数据

高分子结晶和结构 / 莫志深等著. —北京：科学出版社，2017.3
（21世纪科学版化学专著系列）
ISBN 978-7-03-051748-7

Ⅰ. ①高… Ⅱ. ①莫… Ⅲ. ①高分子材料-晶体学 Ⅳ. ①TQ317

中国版本图书馆CIP数据核字(2017)第027085号

责任编辑：周巧龙 / 责任校对：张小霞 张凤琴
责任印制：吴兆东 / 封面设计：铭轩堂

斜 学 出 版 社出版
北京东黄城根北街 16 号
邮政编码：100717
http://www.sciencep.com

北京虎彩文化传播有限公司 印刷
科学出版社发行 各地新华书店经销
*

2017 年 3 月第 一 版 开本：720×1000 1/16
2024 年 1 月第五次印刷 印张：32 1/4
字数：650 000

定价：**160.00 元**
（如有印装质量问题，我社负责调换）

作者名单

（以姓氏笔画为序）

石彤非　　朱诚身　　乔秀颖　　任敏巧

刘　浩　　刘结平　　苏朝晖　　吴　慧

何素芹　　宋剑斌　　张吉东　　张会良

张庆新　　姚心侃　　莫志深　　高　瑛

黄绍永　　蒋子江　　蒋世春　　曾广赋

温慧颖

前　言

　　《高分子结晶和结构》(以下简称本书)是一本全面系统阐述高分子结晶和结构的专著。

　　各章作者在相关领域从事科研教学工作多年,对所涉及领域的前沿和热点有较全面深刻的了解,有丰厚的科学积累,从而保证了本书的质量。本书除部分汇集了作者的科研成果外,还注意吸收当今国内外文献及专著的精华,从而保证了本书的深度和广度。

　　我十分荣幸地邀请到各章作者惠允与我合作编写本书,通过各位作者的不懈努力,使本书终于完成,我向各位作者谨致以衷心的感谢和崇高的敬意。

　　衷心感谢闫寿科教授、陈学思研究员、刘振海研究员、那辉教授、门永锋研究员、邱兆斌教授、刘天西教授、陈文启研究员、肖学山教授、张建国研究员、李晓晶研究员等对书稿的审阅付出了辛勤劳动。

　　特别感谢张斌主任、孙小红研究员、张志杰博士、彭波博士,他们对本书的编排、技术加工做了大量工作。

　　衷心感谢中国科学院长春应用化学研究所高分子物理与化学国家重点实验室提供了良好的工作环境,使作者能安心愉快顺利完成本书的编撰工作。

　　衷心感谢科学出版社周巧龙高级编辑、杨震主任的关心和支持,使我们增加了勇气和毅力,完成了本书的编撰工作。

　　限于作者的学识水平,不妥之处在所难免,恳请读者批评指正。

莫志深

2016年5月于中国科学院长春应用化学研究所

高分子物理与化学国家重点实验室

目　录

概　述

1920 年，德国科学家施陶丁格（H.Staudinger，1881—1965）在系统研究了许多聚合物的结构性质之后，提出了大分子假设，并在其划时代的"论聚合"一文中，提出聚苯乙烯、聚甲醛、天然橡胶等聚合物具有线形长链结构式，这在今天看来仍然是正确的。几乎同时，科学家第一次报道了高分子结晶的 X 射线证据，当时研究的高分子是纤维素及其衍生物等[1, 2]。第一个被 X 射线衍射测定的结晶高分子是天然多糖纤维素（polysaccharide cellulose），它的结晶单元是纤维二糖（cellobiose）。但由这些证据获得的高分子晶体晶胞尺寸远比高分子链长小得多，为正常晶胞尺寸大小。于是人们发问施陶丁格，高分子长链应该在高分子晶胞中有所表现，高分子由长链组成，它是如何排入这个"小晶胞"内的？这种高分子晶体密度应该是正常晶胞的 50 倍大。

1926 年在德国杜塞尔多夫（Duesseldorf）举行的学术会议上[3]，一方是高分子概念的倡导者施陶丁格，另一方是很多著名科学家，他们仍然反对高分子存在，坚持所谓"胶束缔合论"，认为纤维素、羊毛、橡胶等一类物质是由小分子通过强相互作用，如氢键等聚集在一起的结果。施陶丁格在讲演中告诉听众，有数以百计的有机化学家，已确认高分子化合物的存在，这些高分子化合物数千倍大于他们正在研究的有机化合物。在场科学家有人提出评论意见："施陶丁格先生，我们感到太震惊了，就像动物学家在非洲旅行发现了一头 1500 英尺[①]长 300 英尺高的大象。""大分子学说"当时受到了激烈围攻。此次会议更像是低分子学说获胜的庆祝会，只有施陶丁格孤军奋战。但他坚持自己发现的大分子观点，坚持认为高分子大小和其晶胞尺寸大小无关的观点，并和高分子学说坚持者继续进行了大量基础性工作。1927 年施陶丁格用端基法测定了聚甲醛 $+CH_2O \frac{}{}_n$ 的分子量，并用 X 射线衍射确定聚甲醛晶体结构属正交晶系，在每个晶胞中仅含有 4 个（CH_2O）单元的事实，这说明晶胞内仅含有聚甲醛部分链段。1930 年施陶丁格导出了聚合物稀溶液黏度与分子量的关系式，使人们多了一种观察大分子的有力工具。期间，施陶丁格与辛格（R.Singer）合作，设计出简单设备，用流动双折射技术测定了大分子形状——长链分子的近似长宽比。同期，X 射线晶体学家证实沿纤维轴拉伸方向，纤维素结晶长度即长周期远大于单个晶胞尺寸，甚至超过单个微晶区尺寸，这进一步支持了施陶丁格坚持的高分子大小与晶胞大小无关的观点。此时，美国的卡罗瑟斯（W.H.Carothers）通过缩合反应得到分子量为 20 000 的聚合物等，这

---

①英尺为非法定单位，1ft=0.3048m。

样高分子概念及其存在就无可争辩地得到了实验事实的论证。1930 年，在德国法兰克福（Frankfurt）有机化学与胶体化学年会上，施陶丁格高分子学说得到了普遍接受，坚持纤维素等是低分子的人成了孤家寡人。1932 年，施陶丁格出版了他的第一部专著《有机高分子化合物橡胶与纤维素》，同年在法拉第学会上施陶丁格学说得到了普遍认同。施陶丁格是高分子科学的奠基人，为了表彰他的卓越贡献，1953 年 72 岁的施陶丁格被授予诺贝尔化学奖[3, 4]。

高分子科学确立已有近百年历史了，但高分子是如何结晶的，它的结晶和结构还是常常使人疑惑。高分子链非常长，在熔体（或玻璃态）情况下链之间常常是缠结卷曲的，乍看起来这样的体系结晶是相当困难的，或者根本不可能结晶，即使结晶也是相当不规则的。然而，事实却并非如此，大多数聚合物的晶体内部具有实实在在的规则结晶结构，更加令人惊奇的是，有些聚合物结晶速率之快，常常是低分子材料不可能相比的。直至 20 世纪末，人们对高分子结晶和结构问题似乎才有了一些共识[5-12]：①当熔体冷却到平衡熔点以下（或玻璃态加热升温至 T_g 以上），具有线形或规整结构的高分子链在结晶时是通过链段一个接一个有序并排到晶体表面，此时所有高分子链段选择同一种螺旋构象，所有螺旋平行排列取向，然后高分子链段从侧面规则排列起来，堆砌成晶体。此时，热力学是一个驱动力，动力学因素起决定作用，在特定温度下，具有最大发展速率，形成折叠链片层结晶结构，此时晶体将不能及时解开缠结链，链末端缺陷等被排斥至非晶区。②晶态下分子链段是相互平行排列的。③晶胞重复单元是组成分子链的化学重复单元（单体）或晶体结构重复单元。④聚合物从熔体或浓溶液结晶时，产品具有结晶及非晶微区，结晶及非晶微区具有相同组成。⑤因为聚合物链长比微晶尺寸大得多，引起这个领域革命性的链折叠概念被提出：邻位规则折叠链模型和非邻位无规则折叠链模型（或称插线板模型，the switchboard model），后者聚合物链可以进出晶区和非晶区若干次，因此经典缨状胶束模型（fringed micelle model）仍然可以很好地解释这种现象。⑥聚合物从熔体或浓溶液结晶常常是生成球晶结构，分子链与球晶成正切方向，而不是沿着径向方向。聚合物单晶一般在稀溶液情况下才能生成。目前，主导聚合物结晶成核的 Lauritze-Hoffman（LH）[13]经典理论受到了质疑[14-19]，几种新的结晶理论和概念已被提出[7, 8, 20, 21]，并引起人们广泛关注，但争论尚在进行中，要被人们广泛接受尚需时日。有关聚合物加工条件（温度、压力、应力形变等）如何影响产品结构性能仍缺乏从工艺理论设计的定量描述。

本书中指出：结晶（crystallization）包含着高分子从不同始态形成高分子晶体的过程（crystallization procedure），内容可以包括高分子结晶成核、生长、终止等热力学和动力学过程。而结构（structures）或晶体结构（structures of crystal）更强调的是研究晶体内部原子、分子、离子等（对高分子而言，即链段或结晶基元）的坐标位置和堆砌的周期性及对称性等，从而获取高分子晶胞形状大小和空间结构信息。

本书是一本全面系统阐述高分子结晶和结构的专著，全书除"概述"外共分16章。概述简要回顾了高分子科学建立的艰辛历程，由于当时大多数科学工作者对高分子不了解及误解，几乎要把高分子科学扼杀在摇篮中。故本书第1章重点介绍晶态聚合物的定义和特征及熔融热力学。第2章简明介绍X射线衍射和几何晶体学的基础理论和概念，阐述小分子、高分子晶体结构测定的步骤和方法。第3～5章分别介绍红外光谱、NMR和热分析等现代物理方法和手段在聚合物结晶和结构方面的应用。第6章叙述晶态聚合物结构形态。第7章介绍高分子从熔体和浓溶液结晶生成一种重要形态——高分子球晶，以及形成不同球晶形态的机理。第8章详细讨论聚合物异构现象，分为两大类异构：一是构造异构（或称同分异构），二是立体异构，两大类包含四种基本异构体，即构造异构（同分异构）体、旋光异构体、几何异构体和构象异构体。构造异构（同分异构）是指聚合物具有完全相同的化学组成（分子式相同），但其原子或基团相互连接（排列）的方式不同引起的异构；旋光异构是由于具有不对称碳原子；几何异构分子具有不能旋转的双键或受阻不能旋转的C—C单键；构象异构是绕C—C单键自由旋转形成的。构型则不然，它们的原子或取代基的转换必须是化学键的破坏或重新形成，构型异构包括旋光异构（对映体异构）和顺反（几何）异构。第9、10章重点讨论聚合物结晶动力学以及不同外场性质影响下高分子晶体的形成和结构。第11、12章综述高分子结晶理论和模拟研究，以及受限体系中的聚合物结晶。第13、14章阐述一些重要天然高分子和生物降解高分子的结晶和结构。第15、16章综述重要高分子品种聚酰胺及晶性共轭聚合物的晶体结构。在上述领域有关专著[6, 12, 22-28]和知名学者 Strobl[7, 8]，Schultz[11]，Geil[29]，Wunderlich[30]，Tadokoro[31]，Bassett[32]和 Mandelkern[33]等所贡献的专著提供了非常有价值的知识和创新概念，激励着我们写好本书。我们诚心盼望这本书能为高分子科学工作者及就读该专业的年轻学子开拓该领域的视野有所帮助。

参 考 文 献

[1] Herzog R O, Jancke W Z. Phys, 1920, 3: 196.（b）Herzog R O, Jancke W Z. Ber Dtsch Chem Ges, 1920, 3: 2162.

[2] （a）Meyer K H, Mark H Z. Phys Chem, 1929, B2: 115.（b）Meyer K H, Misch L. Ber Deutsch Chem Ges, 1937, 70B: 266.

[3] Seymour R B. History of Polymer Science and Technology. New York and Basel: Marcel Dekker, Inc., 1982.

[4] 朱诚身. 化学教育, 1990, （2）: 57-61.

[5] 莫志深. 聚合物晶态及非晶态结构研究进展（122-137）//施良和, 胡汉杰. 高分子科学的今天与明天. 北京: 化学工业出版社, 1994.

[6] Sperling L H. Introduction to Physical Polymer Science. 4th ed. New York: John Wiley and Sons, 2006.

[7] Strobl G R. The Physics of Polymers. 3rd ed. New York：Springer，2007.

[8]（德）G 斯特罗伯. 高分子物理学. 胡文兵，蒋世春，门永锋，等译. 北京：科学出版社，2009.

[9] Sirota F B. Macromolecules，2007，40：1043-1048.

[10] Fernander Blazquez J P，Perer Manzano J，Bello A，et al. Macromolecules，2007，40：1775-1778.

[11] Schultz J M. Polymer Crystallization：The Development of Crystalline Order in Thermoplastic Polymer. Washington D C：American Chemical Society，2001.

[12] Bower D I. An Introduction to Polymer Physics. Cambridge：Cambridge University Press，2002.

[13]（a）Hoffmann J D，Davis G T，Lauritzen J I. Treatise on Solid State Chemistry. Vol 3. New York：Plenum Press，1976：497-614.（b）Hoffmann J D. Polymer，1983，24：3-26.　（c）Hoffmann J D，Miller R L. Polymer，1997，38：3151-3212.

[14] 温慧颖，蒙延峰，蒋世春，等. 高分子学报，2008，2：107-115.

[15] 张兴华，严大东. 高分子学报，2014，8：1041-1047.

[16] Cheng S Z D，Lotz B. Polymer，2005，46：8662-8681.

[17] Lotz B，Cheng S Z D. Polym J，2008，40：891-899.

[18] Strobl G. Rev Mod Phys，2009，81：1287-1300.

[19] Muthukumar M. Lect Notes Phys，2007，714：1-8.

[20] Sadler D M，Gilmer G H. Phys Rev Lett，1986，56：2708-2711.

[21] Sadler D M. Nature，1987，326：174-177.

[22] 金日光，华幼卿. 高分子物理. 3 版. 北京：化学工业出版社，2006.

[23] 何曼君，张红东，陈维孝，等. 高分子物理. 3 版. 上海：复旦大学出版社，2006.

[24] 马德柱，何平笙，徐仲德，等. 高聚物结构与性能. 2 版. 北京：科学出版社，1995.

[25] 殷敬华，莫志深. 现代高分子物理学. 北京：科学出版社，2001.

[26] 刘凤岐，汤心颐. 高分子物理. 北京：高等教育出版社，1995.

[27] 马德柱. 聚合物结构与性能[结构篇]. 北京：科学出版社，2012.

[28] 张俐娜，薛奇，莫志深，等. 高分子物理近代研究方法. 2 版. 武汉：武汉大学出版社，2006.

[29] Geil P H. Polymer Single Crystals（Polymer Reviews，Vol. 8）.New York：Wiley-Interscience，1963.

[30] Wunderlich B. Macromolecular Physics，Vol.I：Crystal Structure，Morphology，Defects. New York：Academic Press，1973.

[31] Tadokoro H. Structrue of Crystalline Polymers. New York：Willey-Interscience，1979.

[32] Bassett D C. Principles of Polymer Morphology. Cambrige：Cambridge University Press，1981.

[33]（a）Mandelkern L. Crystallization of Polymers. Vol 1. 2nd ed. Cambridge：Cambridge University Press，2002.（b）Mandelkern L. Crystallization of Polymers. Vol 2. 2nd ed. Cambridge：Cambridge University Press，2004.

（莫志深）

第1章　晶态聚合物定义和特征[1-4]

1.1　晶态聚合物定义

晶态聚合物是指对 X 射线产生衍射，在熔融（熔点）时产生一级相转变的聚合物。一级相转变通常伴随着体积-温度关系的不连续性，以及转变热（熔融焓）的产生。

在一定条件下，聚合物晶体内结构基元呈三维空间有序排列结构，皆可归属已知晶体学某种晶系和空间群。

熔点温度（T_m）是指结晶完全消失的温度，或晶态聚合物中最大微晶（或最完整微晶）的熔融温度。聚合物熔点用数种实验方法观察：显微镜在正交尼科耳（Nicols）棱镜下可以观察到晶性消失。差示扫描量热法（DSC）是目前最普及的方法，DSC 可以给出熔点温度和熔融焓。若用 X 射线衍射考察，在熔融温度下，尖锐 X 射线衍射图变成非晶（无定形）馒头形的峰，这是最好的实验证据。

1.2　晶态聚合物熔融热力学[5-10]

1.2.1　聚合物晶体的熔融与熔点

固体分为晶体、非晶体和准晶体三大类。

晶体内部质点在三维空间呈周期性重复排列，具有固定的熔化温度，也就是熔点；准晶体具有与晶体相似的长程有序的原子排列，但是不具备晶体的平移对称性，是一种介于晶体和非晶体之间的固体，有固定的熔点；而非晶体中原子无规排列[5]，没有固定的熔点。固态和液态之间的转变称为熔融转变。

在通常升温条件下，聚合物晶体与小分子晶体的熔融过程非常相似，但也存在明显的区别。相似之处在于聚合物晶体在熔融过程中，与小分子晶体一样，其基本热力学函数，如体积、比热容等，也发生明显突变，如图 1.1 所示。区别之处在于小分子晶体的熔融过程发生在 0.2℃左右的窄温度范围内，且在晶体的熔融过程中，体系的温度几乎不变；而聚合物晶体的熔融过程则发生在一定温度范围内，在这个范围内聚合物晶体边熔融边升温，根据材料及升温速率的不同，熔融温度范围可达 20℃或更高，此温度范围称为熔限。对比二者熔融过程的体积（或比热容）-温度曲线，怀疑二者的熔融行为是不是均为热力学一级相转变过程，为什么二者有如此明显的区别？为揭示聚合物晶体熔融过程的热力学本质，在实验过程中，设置慢速升温过程，如每升高 1℃，便维持恒温直到体系体积不变达到平衡。实验表明，聚合物晶体在这样的升温条件下，其熔融曲线也出现像小分子晶体一样的突变转折，如图 1.1 所示。这些事实证明，虽然聚合物晶体的熔融过程（熔限）较宽，但与小分子晶体的熔融本质是相同的，聚合物晶体的熔融过程也是热力学的一级相转变过程。

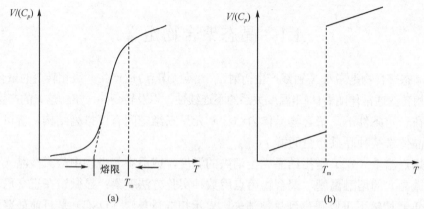

图 1.1　聚合物晶体（a）及小分子晶体（b）熔融过程体积（或比热容）-温度曲线

聚合物晶体的熔点应如何确定？现在普遍利用晶体熔融过程中产生的明显热效应来测定熔点，如差热分析法（DTA 法）以及可定量测定熔融过程热效应大小的差示扫描量热法（DSC 法）。由于 DTA 和 DSC 法操作简便，可准确、快速地测定聚合物晶体的熔点，因此现在应用最为广泛。当然，也可以利用晶体熔融时出现的其他不连续变化的各种物理性质（如密度、热容等）来测定其熔点。除上述观察熔融过程中比容随温度变化的膨胀计法之外，还有利用晶体熔融时双折射消失的偏光显微镜法、结晶熔融时 X 射线衍射曲线上晶体尖锐衍射峰消失的 X 射线衍射法、红外光谱图上晶体的特征谱带消失的红外光谱法，以及核磁共振谱上晶体的特征化学位移峰消失的核磁共振法。

将聚合物晶体进行升温扫描时，在熔点附近出现一个由于晶体吸热熔化造成的吸热峰，吸热峰的宽度为熔限，而一般将吸热峰的峰顶位置定义为熔点，如图 1.2 所示。

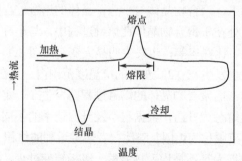

图 1.2　聚合物晶体的加热熔融及冷却结晶 DSC 曲线

聚合物晶体的宽熔限与其晶态结构有关。由于聚合物本身结构的复杂性（见本章 1.3 节），结晶时常常会形成完善程度不同的晶体。聚合物晶体边升温边熔融的现象是由于试样中完善程度不同的晶体所致。高分子由熔体冷却时，聚合物链本身热运动能量减小，同时体系黏度增大，如果冷却速率较快，则会造成高分子链在规则排列为晶体时，不能形成较完善的晶体，结晶停留在不同阶段上。即使在等温结晶条件下，由于聚合物链本身结构不完全均一，同时聚合物链各段所处微观环境不同，因此也会形成完善程度不均的晶体。在通常的升温条件下，完善程度较差的聚合物晶体在较低的温度下首先熔融，而完善程度较高的聚合物晶体则在较高的温度下才会熔融，因而出现边熔融边升温的现象，这一熔融范围，称为熔限。

此外，在升温过程中，聚合物分子链热运动增加，不完善的聚合物晶体在较低的温度下可被破坏，由于分子链此时具有较高的热运动能力，允许分子规则排列形成更完善、更稳定的晶体，或者说在升温条件下，提供了高分子链重排再结晶的机会。最后，缺陷较多的晶体受热先熔融，所形成的较完美晶体在较高的温度下和较窄的温度范围内熔融，因而比容-温度曲线在熔融过程的结尾出现急剧的变化和明显的转折。

1.2.2　影响熔点的因素

1. 熔融热力学

聚合物晶体的熔点受多种因素的影响。熔融自由能由式（1.1）表示。在熔点温度时，熔体结晶与晶体熔融达到平衡，根据热力学理论，此时

$$\Delta G = \Delta H - T\Delta S = 0 \qquad (1.1)$$

即

$$T_{\mathrm{m}}^{0} = \frac{\Delta H}{\Delta S} \qquad (1.2)$$

由式（1.2）可看出，聚合物平衡熔点 T_{m}^{0} 与熔融焓 ΔH 和熔融熵 ΔS 有关，较小的熔融熵和较大的熔融焓都可以达到较高的熔点。熔融焓 ΔH 为聚合物分子链或链段组成的晶格受热破坏所吸收的能量，显然，分子链较刚性或分子链间存在氢键等强作用力时，晶体熔融所需能量较多，例如，尼龙 46 由于存在较多的分子间氢键，具有较高的熔融焓，其平衡熔点可高达 300℃以上。熔融熵 ΔS 代表晶体熔融前后分子的混乱程度的变化。在晶体中，由于分子规则排列成为晶格，分子链不能自由运动，因此分子链的构象只有一个，此时体系能量最低，但当晶格受热破坏，即晶体熔融后，分子链或链段可以自由运动，形成多个构象，混乱度增加，熵值增大。分子链形成构象的数目与分子柔性紧密相关，因此可由高分子链柔性推测其熔融熵的变化。

然而，高分子熔融时，由于高分子本身链结构及凝聚态结构的不均一性，在实

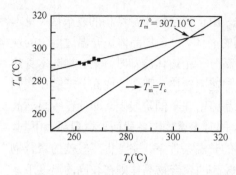

图 1.3　外推法测定尼龙 46 的平衡熔点[12]

验过程中，很难达到真正的热力学平衡，结晶时多存在较宽的熔限。因此，一般不能通过实验直接精确测定其平衡熔点，只能由测得的熔点采用 Hoffman[11]方法外推而得。通常过程如下：改变结晶温度（T_c），得到在不同结晶温度下具有不同结晶完善程度的样品，通过测定所得样品的熔点，外推至与$T_m=T_c$ 的相交点，得到平衡熔点。图 1.3 所示为外推法测定尼龙 46 的平衡熔点。

2. 链结构影响

增加分子间作用力，即当分子链上存在强极性基团或大量氢键时，熔融焓 ΔH 将显著增大，根据式（1.2）可知，聚合物晶体熔点升高。例如，当主链上存在酰胺基（—CONH—）、酰亚胺基（—CONCO—）、脲基（—NHCONH—），或者侧链有羟基（—OH）、氨基（—NH$_2$）、腈基（—CN）、硝基（—NO$_2$）、氯（—Cl）等基团时，这些基团都可以产生较强的分子间作用力，使得晶体熔融时必须吸收较多热量，造成熔点升高。显然，分子间越容易形成氢键，取代基极性越大，分子间作用力则越强，晶体熔点就越高，如表 1.1 所示。

表 1.1　不同链结构对聚合物熔点的影响

聚合物	T_m（℃）
聚乙烯	137
聚偏二氯乙烯	198
聚氯乙烯	212
聚丙烯腈	317
尼龙 6	225
尼龙 66	265
尼龙 46	292
芳纶 1414	＞500

对于分子链间可形成氢键的聚合物，熔点的高低与形成氢键的密度相关，如对于聚脲、聚酰胺和聚氨酯，这三类聚合物都可以形成氢键，故熔点都比聚乙烯高。在这三者之中，又以聚脲的熔点最高，这是因为聚脲分子主链含有—NH—CO—NH—，比聚酰胺分子主链多一个亚氨基（—NH—），因此分子间形成氢键的可能性要大，故熔点最高。而聚氨酯的熔点较低，这是因为聚氨酯分子主链上存在—NHCOO—，比聚酰胺多一个柔性醚键（—O—），因而分子柔性较高，且

形成氢键的密度较低，使其熔点下降。对于脂肪族聚酯，其熔点低于聚乙烯，因为此种聚酯分子主链上含有较柔性的酯基（—COO—），使分子链柔性较高，而且这种效应超过了酯基的极性效应，因而造成聚酯晶体的熔点较低。当脂肪族聚酯重复单元中碳原子数目增大时，酯基所占比例下降，熔点则升高。当重复单元中碳原子数目趋于无穷大时，则聚酰胺、聚氨酯、聚脲等聚合物结构都接近于聚乙烯的结构，其熔点也与聚乙烯熔点接近。

　　对聚酰胺的结构及熔点进行深入研究，发现其熔点随主链中相邻两酰胺基团间的碳原子数目的增加呈锯齿状下降，如图 1.4 所示。偶数碳原子的熔点低，奇数碳原子的熔点高，这是由于前者酰胺基团最多可半数形成氢键，而后者则可全部形成氢键。表 1.2 示出了几种含奇偶碳原子数目的聚酰胺分子间氢键形成和熔点高低的关系（有关各种聚酰胺分子间形成氢键的情况可参阅参考文献[1]的第二章）。

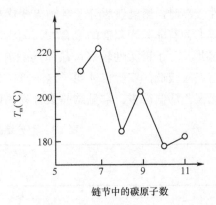

图 1.4　聚酰胺链节中碳原子数与熔点的关系

表 1.2　聚酰胺链间形成氢键与重复单元中碳原子奇偶数的关系

聚酰胺分子间形成氢键类型				
聚酰胺	尼龙 6	尼龙 7	尼龙 46	尼龙 56
碳原子数	偶数碳的氨基酸	奇数碳的氨基酸	偶胺偶酸	奇胺偶酸
形成氢键	半数	全部	全部	半数
熔点	低	高	高	低

　　分子链刚性及规整性的不同，同样也会影响聚合物的熔点。当在分子主链上存在苯基、萘基、共轭双键、酰亚胺基等刚性基团时，会明显提高聚合物的熔点。例如，聚对二甲苯熔点为375℃，而芳纶1414熔点达430℃，聚对苯则高达530℃。分子链较规整时，有利于在晶格中紧密堆积，熔点提高。如邻位对苯二甲酸乙二醇酯聚合物熔点为110℃，间位对苯二甲酸乙二醇酯聚合物则为240℃，而对位对苯二甲酸乙二醇酯聚合物则高达 267℃。从热力学观点来看，分子链刚性及规整性较高时，熔融前后分子链构象变化相对小，ΔS 较小，使熔点升高。对于分子主链上含有非共轭双键的聚合物，因为与双键相连的 C—C 单键内旋转更为自由，因此其分子链柔性较好，晶体熔融前后熔融熵ΔS 较大，根据式（1.2）可知，其熔点应较低，实验也证明了这一点，如顺式 1, 4-聚丁二烯平衡熔点仅为11.5℃，比聚乙烯低得多。常见结晶聚合物的熔点和熔融焓数据列于表1.3。

表 1.3　部分结晶聚合物的熔融数据表

聚合物晶体	平衡熔点 T_m^0（℃）	熔融焓 ΔH_u（kJ/mol 重复单元）	熔融熵 ΔS_u [J/（℃·mol 重复单元）]
聚乙烯	145	4.14	9.9
聚丙烯（等规）（α）	212	8.79	18.1
聚丙烯（等规）（β）	192	8.20	17.6
聚丙烯（间规）	182	8.27	18.2
聚 1-丁烯（等规）	138	7.01	17.0
聚 1-戊烯（等规）	130	6.31	15.6
聚 4-甲基-1-戊烯	250	9.93	19.0
1, 4-聚异戊二烯（顺式）	28	4.40	14.5
1, 4-聚异戊二烯（反式）	74	12.7	36.6
1, 4-聚丁二烯（顺式）	11.5	9.20	32
1, 4-聚丁二烯（反式）	142	3.61	8.7
1, 4-聚氯丁二烯（反式）	80	8.37	23.8
聚异丁烯	128	12.0	29.9
聚苯乙烯（等规）	243	8.37	16.3
聚氯乙烯（等规）	212	12.7	26.6
聚偏氯乙烯	198	15.8	33.6
聚偏氟乙烯	210	6.69	13.8
聚三氯氟乙烯	220	5.02	10.2
聚四氟乙烯	327	2.87	4.78
聚甲醛	180	6.66	14.7
聚氧化乙烯	80	8.29	22.4
聚四氢呋喃	57	1.44	43.7

续表

聚合物晶体	平衡熔点 T_m^0（℃）	熔融焓 ΔH_u（kJ/mol 重复单元）	熔融熵 ΔS_u [J/（℃·mol 重复单元）]
聚六次甲基氧醚	73.5	23.2	67.3
聚八次甲基氧醚	74	29.4	84.4
聚对二甲苯撑	375	30.1	46.5
聚苯醚	262	7.82	14.2
聚苯硫醚	348	12.09	19.4
聚对苯二甲酸乙二酯	280	26.9	48.6
聚对苯二甲酸丙二酯	252	28.8	54.9
聚对苯二甲酸丁二酯	230	31.8	63.2
聚对苯二甲酸戊二酯	150	39.9	94.5
聚对苯二甲酸癸二酯	138	46.1	113
聚己二酸癸二酯	79.5	42.7	121
聚癸二酸乙二酯	76	29.1	83.3
聚癸二酸癸二酯	80	50.2	142
聚乙内酯	233	11.1	22
聚 β-丙内酯	84	9.1	25.5
聚 ε-己内酯	64	16.2	48.1
聚己内酰胺（尼龙 6）	270	26.0	48.8
聚辛内酰胺（尼龙 8）	218	17.8	36.0
聚十一内酰胺（尼龙 11）	203	36.0	70.0
聚十二内酰胺（尼龙 12）	223	48.4	96.8
聚己二酰丁二胺（尼龙 46）	307	41.6	66.8
聚己二酰己二胺（尼龙 66）	272	42.6	78
聚壬二酰己二胺（尼龙 69）	223	69.0	138
聚癸二酰己二胺（尼龙 610）	238	59.7	116.8
聚十二二酰己二胺（尼龙 612）	247	80.1	154.0
聚壬二酰癸二胺（尼龙 109）	214	36.8	113.0
聚癸二酰癸二胺（尼龙 1010）	216	34.7	71.2
聚十二二酰十二二胺（尼龙 1212）	204	115.1	241.0
聚醚醚酮	395	38.2	57.3
聚醚醚酮酮	387	48.6	73.6
聚双酚 A 碳酸酯	295	33.6	59
三丁酸纤维素	207	12.6	3.9

3. 结晶条件

结晶性聚合物在加工成型过程中，为达到一定的机械性能或消除残余应力，往往要作退火处理。所谓退火是指将聚合物在高于 T_g 低于 T_m 的温度下保持一段时间，然后以适宜速率冷却，如聚丙烯在注塑成型时，往往设定一定的模具温度，控制其晶体的大小及结晶度。结晶条件的变化会直接影响到晶体的完善程度及尺

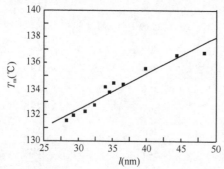

寸大小，也会影响到晶体熔点的高低。通常来讲，退火处理会提高结晶度，晶体较完善，片晶厚度增加，熔点较高；而淬火处理，因为冷却快，结晶时间短，结晶度较低，晶体缺陷多，片晶厚度小，熔点也较低。图 1.5 为聚乙烯片晶厚度与熔点的对应关系，可明显看出，聚乙烯熔点随片晶厚度的增加而升高。

图 1.5　聚乙烯熔点（T_m）与片晶厚度（l）的关系[10]

片晶厚度对熔点的影响与晶体的表面能有关。由于晶体熔融首先从表面开始，片晶厚度越大，相对表面积越小，晶体的表面能越低，所以熔点越高。熔点与晶体厚度关系符合 Thompson-Gibbs[10]方程：

$$T_m = T_m^0 (1 - \frac{2\sigma_0}{l\Delta H_f}) \qquad (1.3)$$

式中，σ_0 为表面能；ΔH_f 为重复单元的熔融焓；l 为片晶厚度，可由 X 射线衍射法测定。以 T_m 对 $1/l$ 作图并外推至 $1/l=0$ 即 $l\to\infty$ 处，则可由拟合直线的截距求得平衡熔点 T_m^0，如图 1.6 所示，另外还可以由直线斜率求出表面能 σ_0。

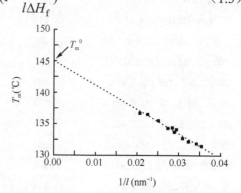

图 1.6　由聚乙烯片晶厚度倒数（$1/l$）求平衡熔点

4. 杂质的影响

在聚合物加工过程中，为提高材料性能或改善材料加工性能，常需要加入某些有机改性剂，如增韧剂、成核剂、增塑剂、抗氧剂等助剂。这类低分子助剂作为外来杂质通常会使聚合物的熔点降低，也称为稀释效应。

根据经典的相平衡热力学理论，Nishi 和 Wang 提出熔点降低公式[13]，杂质使低分子晶体熔点降低服从如下关系

$$\frac{1}{T_m} - \frac{1}{T_m^0} = -\frac{R}{\Delta H_f} \ln a \qquad (1.4)$$

式中，R 为摩尔气体常量；a 为含可溶性稀释剂的晶体熔化后结晶组分的活度。如果杂质含量很低，则 $a = x_A$，即结晶组分的活度等于结晶组分的摩尔分数。

对于高分子晶体，各种低分子稀释剂所造成的熔点降低，符合如下关系

$$\frac{1}{T_m} - \frac{1}{T_m^0} = -\frac{R}{\Delta H_f} \frac{V_u}{V_1} (\varphi_1 - \chi_1 \varphi_1^2) \qquad (1.5)$$

式中，V_u 与 V_1 分别为高分子重复单元和低分子稀释剂的摩尔体积；χ_1 为高分子和低分子稀释剂的相互作用参数；φ_1 为低分子稀释剂的体积分数。

当聚合物与稀释剂相容性良好时，$\chi_1 < 0$，因此 $(\varphi_1 - \chi_1 \varphi_1^2)$ 为正值，即加入相容性良好的稀释剂，聚合物晶体熔点下降。二者相容性越好，χ_1 越低，低分子稀释剂越多，熔点下降越明显。

高分子链端对熔点的影响可看作是链末端对高分子的稀释效应。如链端链节体积与内部链节体积相同，且相互作用相同，即低分子稀释剂摩尔体积（V_1）与高分子重复单元摩尔体积（V_u）相等，$\chi_1 = 0$。若高分子的平均聚合度为 P_n，则链端所占体积分数 φ_1 为 $2/P_n$，代入式（1.5）可得

$$\frac{1}{T_m} - \frac{1}{T_m^0} = \frac{R}{\Delta H_f} \frac{2}{P_n} \qquad (1.6)$$

由式（1.6）可见，当聚合度 P_n 增加时，晶体熔点升高，因此，平衡熔点也可看作高分子聚合度无限大时的晶体的熔点。

1.2.3　共聚物的熔点[14]

对于无规共聚物，若 A 组分可结晶，而 B 组分不能结晶，或 B 组分可结晶但不能进入 A 组分的晶格与 A 组分形成共晶，则该共聚物的结晶行为将发生变化，共聚物中 A 组分晶体的熔点与均聚物 A 组分晶体的平衡熔点关系为

$$\frac{1}{T_m} - \frac{1}{T_m^0} = -\frac{R}{\Delta H_f} \ln x_A \qquad (1.7)$$

式中，x_A 为 A 组分的摩尔分数。当 B 组分含量很少时，$-\ln x_A = -\ln(1-x_B) \approx x_B$，因此式（1.7）可写作

$$\frac{1}{T_m} - \frac{1}{T_m^0} \approx \frac{R}{\Delta H_f} x_B \qquad (1.8)$$

式中，x_B 为 B 组分的摩尔分数。

对于嵌段共聚物或接枝共聚物，若各组分链节足够长，则可能会分别形成

各自晶体而出现两个熔点，但每个熔点均比相应的均聚物熔点低。对于交替共聚物，其熔点降低非常明显，因此，可采用添加第二组分无规共聚的方法降低均聚物的熔点，以降低加工条件，避免高温加工造成的材料降解、设备损耗及能耗过高。

1.3　晶态聚合物的特征[1, 4, 9]

1.3.1　晶胞由链段构成

聚合物晶胞是由一个或若干个高分子链段构成，除少数天然蛋白质是以分子链球堆砌成晶胞外[图 1.7(c)]，在绝大多数情况下高分子链以链段（化学结构重复单元）或晶体结构重复单元排入晶胞中，一个高分子链可以穿越若干个微晶晶胞[图 1.7(b)]。X射线衍射测得聚合物晶胞尺寸正好是包含在晶胞内的高分子链段（或晶体结构重复单元）的长度，这与一般低分子物质以原子或分子等作为单一结构单元排入晶胞有显著不同[图 1.7(a)]，晶态高分子链轴常常与一根结晶主轴 c 轴平行（除单斜主轴为 b 轴外）。表 1.4 给出了某些晶态聚合物的化学结构重复单元和晶体结构重复单元。

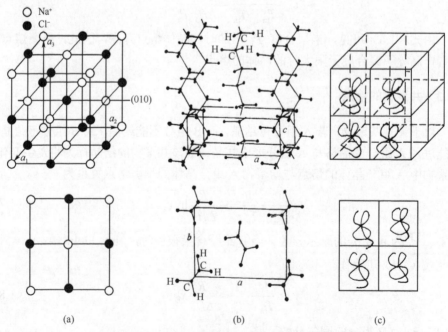

图 1.7　低分子物质晶胞与聚合物晶胞比较

（a）低分子晶体（NaCl）；（b）聚合物晶体（PE）；（c）蛋白质晶体示意图

表 1.4　晶态聚合物中化学结构重复单元（a）及晶体结构重复单元（b）

聚合物	化学结构重复单元（a）	晶体结构重复单元（b）	N	Z	L
		a = b			
聚乙烯（PE）	$\left[CH_2-CH_2\right]_n$	2.51Å	2	2	2
尼龙 1010（Nylon1010）	$\left[C-(CH_2)_8-C-N-(CH_2)_{10}-N\right]_n$	27.8Å	1	1	1
聚醚酮（PEK）	化学结构重复单元	10Å 10Å	2	2	2
		a ≠ b			
等规聚丙烯（iPP）	$\left[H_2C-CH\!\!\begin{array}{c}\\CH_3\end{array}\right]_n$	6.5Å	4	4	12
聚醚醚酮（PEEK）	化学结构重复单元	10Å 10Å 10Å	2	2	2×2/3
聚噻吩（PTh）	化学结构重复单元		2	2	4

注：N 为通过一个晶胞的分子链数目，Z 为一个晶胞中含晶体结构重复单元（b）的数目，$N=Z$，L 为一个晶胞中化学结构重复单元的数目（$L=Z\times m$），m 为一个晶体结构重复单元中含有化学结构重复单元（a）的数目。

理想高分子晶体（100%结晶）的密度 ρ_c 可由式（1.9）计算：

$$\rho_{c} = \frac{n \cdot Z(N) \cdot M}{N_A \cdot V} \tag{1.9}$$

式中，M 为晶体结构重复单元（或化学结构重复单元）的分子量；N_A 为阿伏伽德罗（Avogadro）常量；V 为单胞体积。

1.3.2 结晶区由微晶组成

聚合物结晶区由非常小的微晶组成，微晶尺寸一般在 10nm 以内，常常用微晶尺寸（crystallite size）表示，以区别于低分子晶粒尺寸（crystal size）。结晶区一维长度为 5～20nm。

1.3.3 折叠链

高分子链在大多数情况下，以折叠链片晶形态构成高分子晶体。

1.3.4 聚合物晶体的晶胞结构重复单元

表 1.4 表明构成高分子晶胞的晶体结构重复单元数目 Z，由于 n 不等于 1，有时 Z 与其化学结构重复单元数目 L 不相同。

1.3.5 结晶不完善

由于高分子长链内以原子共价键连接，分子链间存在范德华（van der Waals）力或氢键相互作用，使得其结晶时，链自由运动受阻，妨碍链规整堆砌排列，使聚合物只能部分结晶并且产生许多畸变晶格及缺陷——结晶不完善。所谓结晶聚合物，实际上是部分结晶，其结晶度常常在 50%以下。最终产品同一部分结晶和非晶共存。它的有序性常常与晶体的缺陷，液体有序性难以区分。目前合成的聚合物的单晶尺寸很小（<0.1mm），仅供电子显微镜（EM）和电子衍射（ED）用，不适用于 X 射线衍射。故在大多数情况下，用作 X 射线晶体结构研究的均为多晶样品（纤维、板材、薄膜、粉末等）。

1.3.6 结构的复杂性及多重性

最近研究表明，结晶聚合物通常是结晶、非晶、中间层、"液态结构"、亚稳态等构成的共存体系，常是处在热力学不平衡状态，因此它的熔点不是一个单一温度值，而是存在一个温度范围（熔限）。给聚合物加一个很小的外场力，有时可以在很大程度上改变部分聚合物中结晶-非晶的平衡态，有利于聚合物结晶提高熔点。对聚合物结晶不仅要考虑如通常低分子结晶的微观结构参数，还要考虑聚合物的"宏观"结构参数（表 1.5）。

表 1.5　晶态聚合物结构参数

微观结构参数	宏观结构参数
晶格参数：a, b, c, α, β, γ	微晶尺寸 L_{hkl}
空间群	片晶厚度
单位晶胞内单体数目 N	长周期 L
分子链构象	结晶-非晶中间层
原子坐标 X/a, Y/b, Z/c	晶格畸变
原子的温度因子：反映原子或离子偏离平衡位置的程度	次晶结构
各向同性：B	
各向异性：B_{ij}	
(i, j=1，2，3)	
结晶密度 ρ_c	结晶度 $W_{c. x}$
堆砌密度 k	

1.3.7　聚合物晶体的空间群

聚合物晶体空间群大部分分布在 C_{2h}^5 - $P2_1/c$，D_2^4 - $P2_12_12_1$，C_i^1 - $P\bar{1}$，C_1^1 - $P1$，D_{2h}^{16} - $Pnma$，C_{3v}^6 - $R3c$，C_{2v}^9 - $Pna2_1$ 等少数空间群中。

参 考 文 献

[1] 莫志深，张宏放，张吉东. 晶态聚合物结构和 X 射线衍射. 2 版. 北京：科学出版社，2010.

[2] Schultz J M. Polymer Crystallization—The Development of Crystalline Order in Thermoplastic Polymers. Washington：American Chemical Society，2001.

[3] 殷敬华，莫志深. 现代高分子物理学. 北京：科学出版社，2001.

[4] Sperling L H. Introduction to Physical Polymer Science. 4th ed. New York：John Wiley and Sons，2006.

[5] 莫志深，江之桢，钱保功. 第 8 章 非晶态高分子固体//郭贻诚，王震西. 非晶态物理学. 北京：科学出版社，1984.

[6] 华幼卿，金日光. 高分子物理. 3 版. 北京：化学工业出版社，2006.

[7] 何曼君，张红东，陈维孝，等. 高分子物理. 3 版. 上海：复旦大学出版社，2006.

[8] 刘凤岐，汤心颐. 高分子物理. 北京：高等教育出版社，1995.

[9] Bower D I. An Introduction to Polymer Physics. Cambridge：Cambridge University Press，2002.

[10] Mandelkern L. Crystallization of Polymers. Cambridge：Cambridge University Press，2002.

[11] Hoffman T D，Weeks J J. J Chem Phys，1962，37：1723-1741.

[12] Zhang Q，Zhang Z，Mo Z，et al. J Polym Sci Part B：Polym Phys，2002，40：1784-1793.

[13] Nishi T，Wang T T. Macromolecules，1975，8：909-915.

[14] 刘结平，莫志深，綦玉臣，等. 功能高分子学报，1990，3： 53-58.

（张庆新　刘结平）

第 2 章　晶体结构测定

2.1　引　言

当一束 X 射线入射到某个物体时，除了沿入射线方向透过之外，也会在非入射线方向的三维空间中产生散射的 X 射线。这些散射线中有些与入射线的波长不同，我们暂不考虑。而那些波长与入射线波长相同的散射线，称为相干散射线。这些相干散射线在物体内相互干涉，因物质的结构不同而形成不同的衍射花样（或称衍射图）。各种液体、无定形固体、微晶体、多晶体、单晶体都能产生 X 射线衍射，只是各自的图有不同的特点。下面仅列举六例（图 2.1～图 2.6）。

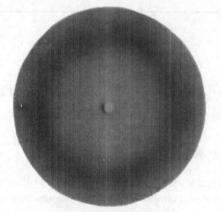

图 2.1　水的 X 射线衍射图

图 2.2　石蜡的 X 射线衍射图

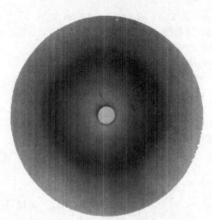

图 2.3　人类肋软骨的 X 射线衍射图

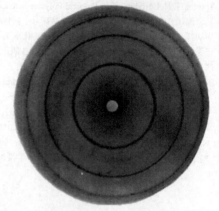

图 2.4　在骨髓活组织上的草酸钙微晶的
X 射线衍射图

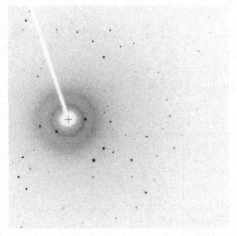

图 2.5　拉伸的橡胶的 X 射线衍射图　　图 2.6　某有机物 $C_{10}H_{18}N_2O_3$ 单晶体的
　　　　　　　　　　　　　　　　　　　　　　　　X 射线衍射图

　　分析这些图可以得到这些物质的结构信息。相对而言，从小分子（包括无机物、有机物、配合物、金属有机物等）单晶体可以获得足够多和足够强的衍射线的位置和强度数据，并从而得到它们的晶体结构（包括晶胞参数、晶系、空间群、晶胞中的分子个数、计算密度等）以及分子结构（晶胞中各个原子的分数坐标、键长、键角、非键距离、氢键、扭曲角、构象、原子热振动参数、最小二乘平面、配位多面体形状、绝对构型、分子立体透视图、晶胞堆积图，甚至可能还有原子间成键电子密度的分布）的详细信息。这相当于用肉眼看见了分子。在现代化学、医药学、分子生物学、地质矿物学、材料科学研究中已成为不可缺少的手段。在20 世纪 80 年代中期之前，这一切工作需要晶体学专家花费数月乃至更长的时间才能完成。随着数学解析方法、物理光学技术和计算机技术在最近半个世纪的飞跃发展，小分子单晶的 X 射线衍射数据的收集已经可以在 2～4h 内自动完成，小分子结构的解析也已经极大地智能化了，这使得非晶体学家经过短时间训练后，就可以独立完成结构解析工作。

　　培养单晶体的原则就是"缓慢结晶"。结晶物质要纯净，过饱和度要低，溶液组成和温度要合适。经常采用饱和溶液的溶剂缓慢蒸发法，缓慢降低温度法，蒸气扩散法，凝胶法（硅酸钠胶、琼脂、四甲氧基硅胶）等。供实验用的单晶体颗粒的挑选原则是：有凸多面体的规则外形，表面光洁，不附小晶体，无气泡、裂纹和解理劈裂。其尺寸通常可在 0.1～0.3mm 之间（还可以更小）。化学性质不稳定或易风化、潮解的晶体可封闭于硼硅玻璃毛细管中，管壁厚度约 0.001mm。毛细管中可保留一点饱和母液。

2.2　X射线相干散射的基本理论概念[1-6]

2.2.1　单电子相干散射公式

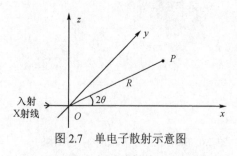

图 2.7　单电子散射示意图

当 X 射线入射到晶体，电子受到 X 射线电磁场所迫，在原子核周围振动，形成发射电磁波的波源，其频率和入射波频率一致，以球面形式向外散射（对改变频率的其他散射先不予考虑）。

在图 2.7 中，先考虑单电子散射情况，O 点有一个电子，受 X 射线入射，在距离 O 点为 R 处的 P 点，散射线振幅 E_Q 为

$$E_Q = E_0 \frac{e^2}{mc^2} \frac{1}{R} \left(\frac{1 + \cos^2 2\theta}{2} \right)^{\frac{1}{2}} \tag{2.1}$$

式中，E_Q 是散射线振幅；E_0 是入射线振幅；e 为电子电荷；m 为电子质量；c 为光速；2θ 为入射线与散射线之间的夹角，θ 称为衍射角。

当入射 X 射线为非偏振光时，电子散射 X 射线的强度和衍射角有关，需要用偏极化因子（polarization factor，P）校正：

$$P = \frac{1 + \cos^2 2\theta}{2}$$

散射光强度

$$I_Q = E_Q \cdot E_Q^* = I_0 \frac{e^4}{m^2 c^4} \frac{1}{R^2} \left(\frac{1 + \cos^2 2\theta}{2} \right) \tag{2.2}$$

式中，E_Q^* 是 E_Q 的共轭复数。

电子散射因子

$$E_e = \frac{e^2}{mc^2} = 2.82 \times 10^{-13} \tag{2.3}$$

由于原子核的质量比电子大得多，而散射光强和质量的平方成反比，因此，在讨论原子的 X 射线散射时，可以不必考虑原子核的散射效应。

2.2.2　X射线被一个电子密度分布体所散射的基本公式

当一群电子散射 X 射线时，彼此干涉会形成衍射花样。

如图 2.8 所示，在点 O 与点 P 被电子所散射的散射线的光程差为 OE 与 FP 之差（$OE-FP$）。即

$$光程差 = \boldsymbol{r} \cdot \boldsymbol{\sigma} - \boldsymbol{r} \cdot \boldsymbol{\sigma}_0 \tag{2.4}$$

$$相位差 = \frac{2\pi}{\lambda} \boldsymbol{r} \cdot (\boldsymbol{\sigma} - \boldsymbol{\sigma}_0) \tag{2.5}$$

$$定义 \boldsymbol{Q} = \frac{2\pi}{\lambda}(\boldsymbol{\sigma} - \boldsymbol{\sigma}_0)，相位差 = \boldsymbol{r} \cdot \boldsymbol{Q} \tag{2.6}$$

$$定义 \boldsymbol{H} = \frac{1}{\lambda}(\boldsymbol{\sigma} - \boldsymbol{\sigma}_0)，相位差 = 2\pi \boldsymbol{r} \cdot \boldsymbol{H} \tag{2.7}$$

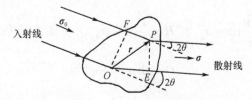

图 2.8　一个电子密度体的散射

O 点：原点；P 点：某个体积元；$\boldsymbol{\sigma}_0$ 入射线单位矢量；$\boldsymbol{\sigma}$ 散射线单位矢量

体积元 P 的电子密度是 $\rho(\boldsymbol{r})$，体积元中的电子数目是 $\rho(\boldsymbol{r})\delta\boldsymbol{r}$。体积元 P 散射的振幅是

$$E_Q = \rho(\boldsymbol{r})\delta r E_0 \frac{e^2}{mc^2}\left(\frac{1+\cos^2 2\theta}{2}\right)^{\frac{1}{2}} \tag{2.8}$$

其散射波方程是

$$E_Q = \rho(\boldsymbol{r})\delta r E_0 \frac{e^2}{mc^2}\left(\frac{1+\cos^2 2\theta}{2}\right)^{\frac{1}{2}} \cdot \exp(i\boldsymbol{r} \cdot \boldsymbol{Q}) \tag{2.9}$$

被整个电子密度分布散射到 2θ 方向的合成波振幅

$$E_Q = E_0 \left(\frac{1+\cos^2 2\theta}{2}\right)^{\frac{1}{2}} \frac{e^2}{mc^2} \int_{整个散射体} \rho(\boldsymbol{r})\exp(i\boldsymbol{r} \cdot \boldsymbol{Q})\mathrm{d}\boldsymbol{r} \tag{2.10}$$

$$F_Q = \int_{整个散射体} \rho(\boldsymbol{r})\exp(i\boldsymbol{r} \cdot \boldsymbol{Q})\mathrm{d}\boldsymbol{r} = \int_{整个散射体} \rho(\boldsymbol{r})\exp(2\pi \boldsymbol{r} \cdot \boldsymbol{H})\mathrm{d}\boldsymbol{r} \tag{2.11}$$

F_Q 称为结构因子。

而合成波的强度 $I(\boldsymbol{Q})$ 则为

$$I(\boldsymbol{Q}) = F_Q \cdot F_Q^* = \left|F_Q\right|^2 \tag{2.12}$$

$\boldsymbol{Q}$ 与 2θ 的关系如图 2.9 所示。

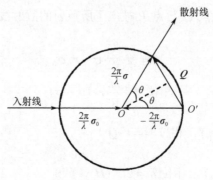

图 2.9　Q 与 2θ 的关系

已有定义 $Q = \dfrac{2\pi}{\lambda}(\sigma - \sigma_0)$ 和 $H = \dfrac{1}{\lambda}(\sigma - \sigma_0)$，由图 2.9 可知：

$$Q = |Q| = \frac{4\pi}{\lambda}\sin\theta \tag{2.13}$$

$$H = |H| = \frac{2}{\lambda}\sin\theta \tag{2.14}$$

正如 r 定义一个实空间一样，Q 定义一个虚空间（Q 空间）。r 量纲，长度（nm）；Q 量纲，$[长度]^{-1}$（nm^{-1}）。

在图 2.9 中，若以 $\dfrac{1}{\lambda}$ 代替 $\dfrac{2\pi}{\lambda}$ 为半径画一个球，则图中与 Q 矢量相应的那个矢量就是 H 矢量。H 矢量定义的空间称为倒易空间。其量纲也是$[长度]^{-1}$（nm^{-1}）。从 O 点指向所有方向的 r 的集合构成实空间。从 O' 点指向所有方向的 Q 的集合构成 Q 空间。从 O' 点指向所有方向的 H 的集合构成倒易空间。

F_Q 或写作 $F(Q)$，一般讲是复数[散射体有对称中心对称性时，$F(Q)$ 为实数]

$$F(Q) = |F(Q)|\exp i\alpha = |F(Q)|\cos\alpha + i|F(Q)|\sin\alpha \tag{2.15}$$

在实空间中的每一个 r 对应着一个 $\rho(r)$，在虚空间或倒易空间中的每一个 Q 或 H 对应着一个 $F(Q)$。为了便于结构测定的公式关系的建立，形象地了解衍射图的产生，引入了 Q 或 H 这个概念。

2.2.3　Ewald 球及衍射图

以 O 点为球心，以 $\dfrac{2\pi}{\lambda}$ 为半径画的球，就称为 Ewald 球。如同在实空间 r 中存在着一个无限连续电子密度分布一样，在 Q 空间中存在着一种散射强度分布。但在某种实验安排下，只有一部分强度能被记录下来，那就是其 Q 矢量端点在

Ewald 球球面上的那些散射强度 $I(\boldsymbol{Q})$ 可以被记录下来。一个衍射图就好像是，由 Ewald 球与在 $\boldsymbol{Q}$ 空间的散射强度分布相交而形成的（图 2.10）。这个概念可以形象地解释所有形态物质的各具特点的衍射图。

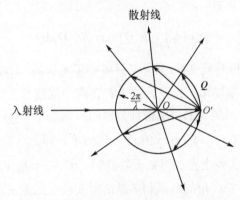

图 2.10　用 Ewald 球与空间散射强度分布生成的衍射图

人眼可以见到的在实空间的衍射图与人为设定的虚空间之间的联系可以示意如图 2.11 所示。其中 OC 为试样品至底片的距离，以 R 表示；CE 为衍射点与直射点的距离，以 X 表示。则

$$2\theta = \arctan\left(\frac{X}{R}\right) \tag{2.16}$$

$$Q = \frac{4\pi}{\lambda}\sin\left[\frac{1}{2}\arctan\left(\frac{X}{R}\right)\right] \tag{2.17}$$

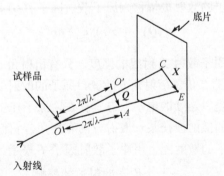

图 2.11　实空间的底片上得到的衍射斑点 E 与虚拟空间的 $\boldsymbol{Q}$ 矢量的关系示意图

2.2.4　电子密度分布与衍射图的傅里叶变换关系

若认为散射体外没有电子密度，那么，式（2.15）可以写成：

$$F(\boldsymbol{Q}) = \int_{-\infty}^{+\infty} \rho(r)\exp\left(ir\cdot\boldsymbol{Q}\right)\mathrm{d}r \tag{2.18}$$

这个关系，在数学上称为 $F(\boldsymbol{Q})$ 是 $\rho(r)$ 的傅里叶（Fourier）变换。于是，在数学上，就必然存在如下关系：

$$\rho(r) = \int_{-\infty}^{+\infty} F(\boldsymbol{Q})\exp(-ir\cdot\boldsymbol{Q})\mathrm{d}\boldsymbol{Q} \tag{2.19}$$

即 $\rho(r)$ 是 $F(\boldsymbol{Q})$ 的傅里叶反变换。所以，只要有了所有的 $F(\boldsymbol{Q})$，就可以求得 $\rho(r)$。

看起来，这似乎很简单。但是，这里存在两个问题。

第 1 个问题是：虽然我们可以得到衍射的实测强度 $I(\boldsymbol{Q})$，并从式（2.18）求得 $\left|F(Q)\right|$，但因为 $F(\boldsymbol{Q}) = \left|F(Q)\right|\cdot\exp(i\alpha)$，其相角 α 却无法从实验获得。

第 2 个问题是：实验上无法得到无限多的 $F(\boldsymbol{Q})$，于是存在分辨率问题。达到高 Q 值（高 2θ 角，如广角的单晶和多晶衍射实验）的散射线带有高分辨率信息（原子位置，乃至成键电子密度）。只达到低 Q 值（低 2θ 角，如小角散射实验）的散射线则带有低分辨率信息[分子的总体形状（如球状、棒状等）和分子的排列情况，高聚物的长周期等]。

数据分辨率可由 $2d\sin\theta=\lambda$[见式（2.28）]计算而得。实验所能得到的最小 d 值就代表了该实验的分辨率。

2.2.5　一个原子对 X 射线的散射

原子大小与 X 射线波长相当，所以原子不能看作一个点，而应被看作一个电子密度分布。一个原子的散射振幅称为原子散射因子 $f(\boldsymbol{Q})$。

$$f(\boldsymbol{Q}) = \int \rho(r)\cdot\mathrm{e}^{ir\cdot Q}\mathrm{d}r \tag{2.20}$$

含有 Z 个电子的原子散射 X 射线的强度，只有衍射角 θ 为 $0°$ 时（即 $\boldsymbol{Q}$ 值为 0 时），等于一个电子的 Z 倍。衍射角 θ 改变，原子的散射能力也改变。这是由于原子核外电子的分布是以连续的电子云方式存在，原子在空间占有一定的体积，不同位置上的电子云的散射波在某一散射方向有相角，它们会互相干涉，使散射波振幅减小。通常原子的散射能力用原子散射因子 f 表示。

$$f = \frac{\text{一个原子散射波的振幅}}{\text{一个自由电子散射波的振幅}} \tag{2.21}$$

f 的大小随 θ 而变，当 $\theta = 0°$ 时，$f=Z$；当 θ 增大，f 减小。f 还和 X 射线波长有关，若 θ 值一定时，波长越短，f 越小。图 2.12 示出 $f\text{-}\sin\theta/\lambda$ 关系图。若电子集中在核附近成为一个理想的点，称为点原子，静止的点原子的 f 不随 $\sin\theta/\lambda$ 而变，是一常数，如图 2.12 中"静止的点原子"所示。f 值可在参考文献中查得（也已经收集在结构解析程序中了）。

一般，求算原子散射因子时根据下列假定进行：原子是静止的，除个别外均指基态，散射频率远大于原子内部转移频率，原子的电子密度为球形对称，电子的结合能远比 X 射线光子的能量小，电子的散射能力如同自由电子。在实际的原子中，电子受核的束缚，束缚电子的散射能力和自由电子有差别，散射波的位相也有不同，这种效应称为反常散射效应。当考虑反常散射效应时，原子散射因子的表达式为

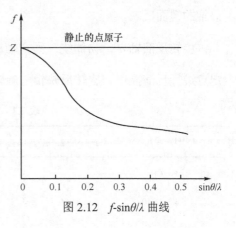

图 2.12　f-$\sin\theta/\lambda$ 曲线

$$f = f_0 + \Delta f' + i\Delta f'' = f' + if'' \qquad (2.22)$$

式中，f'（或 $f_0 + \Delta f'$）为实部，if''（或 $i\Delta f''$）为虚部，在复数平面上表达时，实部和虚部位相差为 $90°$。

原子的反常散射效应可用以测定晶体的对称性（判别有无对称中心）和分子的绝对构型。

2.3　几何晶体学基础

2.3.1　晶体的宏观对称性和点群

在适当条件下，晶体可生长为规则多面体的外形，有一些晶面的大小形状相同，并且对称地配置。分析外形的对称性，即晶体的宏观对称性，其所包含的对称元素有以下几种。

旋转轴：1，2，3，4，6，即晶体按某个轴旋转一个角度 $\alpha = \dfrac{360°}{n}$ 后，在大小和形态上与旋转前完全一样。

反映面（对称面）m。该面把物体分成两部分，使这两部分恰好互为物体与镜像的关系。

反演中心（对称中心）i，与反映面相近似的操作。但区别是：反映凭借镜面进行操作，反演则凭借一个固定点进行操作。这个点称为反演中心，用符号 i 表示。

旋转反映轴 $\tilde{n}$，物体绕一固定轴旋转一个角度 $\alpha = \dfrac{360°}{n}$，并接着凭借垂直于

该轴的镜面反映。

旋转反演轴 $\bar{n}$，物体绕一固定轴旋转一个角度 $\alpha = \frac{360^\circ}{n}$，接着凭借轴上一固定点进行反演操作。旋转反映轴与旋转反演轴的关系如表 2.1 所示。

表 2.1　$\tilde{n}$ 和 $\bar{n}$ 的关系

$n=4N+1$，即 n 为奇数	$n=4N+2$，n 为偶，$\frac{n}{2}$ 为奇	$n=4N+3$，即 n 为奇数	$n=4N$，n 为偶，$\frac{n}{2}$ 为偶
$\bar{1}=1\cdot i=\tilde{2}$	$\bar{2}=\frac{1}{m}=\tilde{1}$	$\bar{3}=3\cdot i=\tilde{6}$	$\bar{4}=\tilde{4}$
$\bar{5}=5\cdot i=\tilde{10}$	$\bar{6}=\frac{3}{m}=\tilde{3}$	$\bar{7}=7\cdot i=\tilde{14}$	$\bar{8}=\tilde{8}$
$\bar{9}=9\cdot i=\tilde{18}$	$\bar{10}=\frac{5}{m}=\tilde{5}$	$\bar{11}=11\cdot i=\tilde{22}$	$\bar{12}=\tilde{12}$
$\bar{13}=13\cdot i=\tilde{26}$	$\bar{14}=\frac{7}{m}=\tilde{7}$	$\bar{15}=15\cdot i=\tilde{30}$	$\bar{16}=\tilde{16}$

晶体外形独立对称元素有：1，2，3，4，6，m，i，$\bar{4}$，共计 8 个，或者说是 1，2，3，4，6，$\bar{1}$，$\bar{2}$，$\bar{4}$，共计 8 个。

上述独立对称元素的单独存在，以及它们可能和有效的组合存在，共有 32 种不同类型，就称为晶体宏观对称性的 32 个点群。如表 2.2 所示。

表 2.2　晶体宏观对称性的 32 个点群[6]

群的类型	点群					点群数目
C_n （单轴群） （cyclic group）	C_1　　C_2　　C_3　　C_4　　C_6（Schönflies 符号） 1　　　2　　　3　　　4　　　6（Hermann-Mauguin 符号，又称为国际符号）					5
D_n 和立方 （组合轴群） （dihedral group）	D_2　D_3　D_4　D_6　T　O（Schönflies 符号） 222　322　422　622　332　432（国际符号） 　　（32）　　　　（23）（常见的简化表示） （由"轴的组合定理"决定只能有这 6 种组合方式）					6
S_n （德文 Spiegelachse） （反轴群）	S_4	$\left.\begin{array}{l}\text{若向它加 }i\text{ 则 }\bar{4}\cdot i=\frac{4}{m}\\\text{若向它加 }m\text{ 则 }\bar{4}\cdot m=\frac{4}{m}\end{array}\right\}\equiv C_{4h}$				1
	$\bar{4}$	所以不能向它加 i 或 m				
C_{nh} （旋转轴加水平镜面）	C_s　　$C_{2h}^{(i)}$　　C_{3h}　　$C_{4h}^{(i)}$　　$C_{6h}^{(i)}$ m　　$\frac{2}{m}$　　$\frac{3}{m}$　　$\frac{4}{m}$　　$\frac{6}{m}$　　（镜面垂直于旋转轴）					5
C_{ni} （旋转轴加 i）	$C_i^{(i)}$　　　　$C_{3i}^{(i)}$ $\bar{1}$　　　　　$\bar{3}$					2
C_{nv} （旋转轴加通过主轴的镜面）	C_{2v}　　C_{3v}　　C_{4v}　　C_{6v} $2mm$　　$3mm$　　$4mm$　　$6mm$（镜面中含有旋转轴）					4

续表

群的类型	点群						点群数目
D_{nh}和立方 （组合轴群加水平镜面）	$D_{2h}^{(i)}$ $\frac{2}{m}\frac{2}{m}\frac{2}{m}$	D_{3h} $\bar{6}m2$	$D_{4h}^{(i)}$ $\frac{4}{m}\frac{2}{m}\frac{2}{m}$	$D_{6h}^{(i)}$ $\frac{6}{m}\frac{2}{m}\frac{2}{m}$	$T_h^{(i)}$ $\frac{2}{m}\bar{3}$	$O_h^{(i)}$ $\frac{4}{m}\bar{3}\frac{2}{m}$	6
D_{nd}和立方 [组合轴群加等分两个副轴间夹角的对角镜面（diagonal mirror）]	D_{2d} $\bar{4}2m$	D_{3d} $\bar{3}\frac{2}{m}$	T_d $\bar{4}3m$				3

由于晶体可看作由一系列平行的平面网所组成，而平面网两侧对 X 射线的衍射具有相同的效应，不管晶体本身是否具有对称中心，X 射线对晶体的衍射效应都呈现出对称中心，即 X 射线衍射图的对称性类型（称为 Laue 群）中都有一个对称中心。因为在 32 个点群中，有 11 个具有对称中心，因此 Laue 群也就只有 11 种。

2.3.2 晶体的七个晶系

32 个点群按所具有的特征对称性可分为 7 大类，称为 7 个晶系。如表 2.3 所示。

表 2.3 晶体的七个晶系

晶系	特征对称元素	属此晶系的点群
立方（cubic, isometric）	有四个按正六面体的体对角线方向取向的 3 次轴	T, O, T_h, T_d, O_h
六方（hexagonal）	在一个方向上有 6 次轴或 $\bar{6}$	C_6, C_{3h}, C_{6h}, D_{3h}, C_{6v}, D_6, D_{6h}
四方（tetragonal）	在一个方向上有 4 次轴或 $\bar{4}$	C_4, D_4, S_4, C_{4h}, C_{4v}, D_{2d}, D_{4h}
三方（trigonal）	在一个方向上有 3 次轴或 $\bar{3}$	C_3, C_{3i}, C_{3v}, D_3, D_{3d}
正交（orthorhombic）	两个互相垂直的镜面或三个互相垂直的 2 次轴	C_{2v}, D_2, D_{2h}
单斜（monoclinic）	一个 2 次轴或一个镜面	C_2, C_s, C_{2h}
三斜（triclinic）	无	C_1, C_i

晶体是由原子（或分子、离子）在三维空间周期规则排列构成的固体物质，所以才能生长成规则的多面体外形。在晶体内部可划分出一个个大小和形状完全相同的平行六面体，以代表晶体结构的基本重复单位，称为晶胞。晶胞的大小形状是由晶胞参数 a, b, c（三个晶轴）和 α, β, γ（晶轴间的三个夹角）所规定。同一种晶体，可以取很多种形状的晶胞。

布拉维（Bravais）取晶胞的 3 条基本规则：所选晶胞不仅能反映原子（或分子、离子）排列的周期性，还必须能充分反映排列的对称性，即与晶系特征一致。

在此前提下，再取 a，b，c 之间的夹角力求直角最多，不为直角者应尽可能接近于直角。在满足上述两个条件下，晶胞体积最小。所以晶胞基矢量 a，b，c 一定是沿着晶体对称轴的方向，或对称面的法线方向。

对应于上述七种不同晶系，就有下列七种晶胞。

（1）三斜晶系（triclinic system）的晶胞：$a \neq b \neq c$，$\alpha \neq \beta \neq \gamma \neq 90°$；

（2）单斜晶系（monoclinic system）的晶胞：$a \neq b \neq c$，$\alpha = \gamma = 90°$，$\beta \neq 90°$[即沿晶体 2 次轴的方向为独特轴（unique axis），令其作为 b 轴]，或者（也可以，但少用）$a \neq b \neq c$，$\alpha = \beta = 90°$，$\gamma \neq 90°$[即沿晶体 2 次轴的方向为独特轴（unique axis），令其作为 c 轴]；

（3）正交晶系（orthorhombic system）的晶胞：$a \neq b \neq c$，$\alpha = \beta = \gamma = 90°$（沿三条 2 次轴）；

（4）四方晶系（tetragonal system）的晶胞：$a = b \neq c$，$\alpha = \beta = \gamma = 90°$（沿 4 次轴）；

（5）三方晶系（trigonal system）的晶胞：$a = b \neq c$，$\alpha = \beta = 90°$，$\gamma = 120°$（沿 3 次轴）；

（6）六方晶系（hexagonal system）的晶胞：$a = b \neq c$，$\alpha = \beta = 90°$，$\gamma = 120°$（沿 6 次轴）；

（7）立方晶系（cubic system）的晶胞：$a = b = c$，$\alpha = \beta = \gamma = 90°$（沿三条 4 次轴或 2 次轴）。

32 个点群的符号有 Schöenflies 符号和国际符号两种。其国际符号是按一定的次序表示其主导对称元素，一般包含 3 位，每一位代表着与 a，b，c 有确定关系的某个方向上的对称元素，国际符号的作用是反映在规定方向上的独立对称元素，也即反映这个点群的特征。如表 2.4 所示。

表 2.4　32 个点群的主导对称元素的方向

晶系	点群符号 （Schöenflies-国际符号）	主导对称元素的方向			劳厄（Laue）群
		a	b	c	
三斜	C_1-1				$\bar{1}$
	C_i-$\bar{1}$				
单斜	C_2-2		2		
	C_s-m		m		2/m
	C_{2h}-2/m		2/m		
正交	D_2-222	2	2	2	
	C_{2v}-$mm2$	m	m	2	mmm
	D_{2h}-mmm	2/m	2/m	2/m	

续表

晶系	点群符号 （Schöenflies-国际符号）	主导对称元素的方向			劳厄（Laue）群
		c	a	$a+b$	
四方	C_4-4	4			4/m
	S_4-$\bar{4}$	$\bar{4}$			
	C_{4h}-4/m	4/m			
	D_4-422	4	2	2	4/mmm
	C_{4v}-4mm	4	m	m	
	$D_{2d}-\bar{4}2m$	4	2	m	
	D_{4h}-4/mmm	4/m	2/m	2/m	
三方	C_3-3	c	a	—	$\bar{3}$
		3			
	C_{3i}-$\bar{3}$	$\bar{3}$			
	D_3-32	3	2		3m
	C_{3v}-3m	3	m		
	D_{3d}-$\bar{3}$m	$\bar{3}$	2/m		
六方	C_6-6	c	a	$2a+b$	6/m
		6	—	—	
	C_{3h}-$\bar{6}$	$\bar{6}$	—	—	
	C_{6h}-6/m	6/m	—	—	
	D_6-622	6	2	2	6/mmm
	C_{6v}-6mm	6	m	m	
	D_{3h}-$\bar{6}$m2	$\bar{6}$	m	2	
	D_{6h}-6/mmm	6/m	2/m	2/m	
立方	T-23	a	$a+b+c$	$a+b$	$m3$
		2	3	—	
	T_h-$m\bar{3}$	2/m	$\bar{3}$		
	O-432	4	3	2	$m3m$
	T_d-$\bar{4}3m$	$\bar{4}$	3	m	
	O_h-$m\bar{3}m$	4/m	$\bar{3}$	2/m	

2.3.3　晶体的空间点阵、空间群

晶体的周期性结构可以抽象为点阵来描述，即晶体的结构=结构基元+点阵。

如图 2.13 所示。

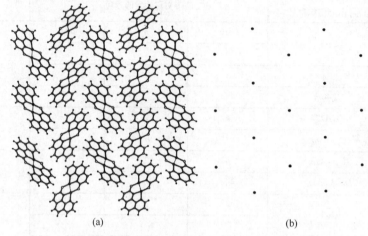

(a)　　　　　　　　　　　　　　　(b)

图 2.13　[Cu₂（ophen）₂]分子在（100）面的排列
（a）分子的实际排列；（b）抽象的点阵

点阵反映结构基元在晶体中的周期重复方式。点阵的基本重复单位为晶格，也要反映对称性。所以有素格子和复格子。

七个晶系共有 14 种空间点阵形式（表 2.5 和图 2.14），称为 14 种布拉维点阵形式。它给出了无限三维空间中点子之间可以允许的平移关系。晶体的结构必定是以这 14 种格子所代表的平移方式之一作为基础的。实际晶体有一定大小和缺陷，点阵是实际晶体的理想化的抽象模型和近似处理方法。一块固体基本上为一个空间点阵所贯穿的，则称为单晶体。

表 2.5　14 种空间点阵形式

记号[①]	晶系	晶胞参数的限制	空间点阵形式
a	三斜	—	aP：简单三斜
m	单斜	$a = \gamma = 90°$	mP：简单单斜
			mC（mA，mI）：C 心单斜
o	正交	$\alpha = \beta = \gamma = 90°$	oP：简单正交
			oC（oA，oB）：C 心正交
			oI：体心正交
			oF：面心正交
h	六方	$a = b$	hP：简单六方
	三方	$\alpha = \beta = 90°$	hP：简单六方
		$\gamma = 120°$	hR：R 心六方

续表

记号[①]	晶系	晶胞参数的限制	空间点阵形式
t	四方	$a = b$ $\alpha = \beta = \gamma = 90°$	tP：简单四方 tI：体心四方
c	立方	$a = b = c$ $\alpha = \beta = \gamma = 90°$	cP：简单立方 cI：体心立方 cF：面心立方

①表示记号的字母分别来自：a（anorthic），m（monoclinic），o（orthogonal），h（hexagonal），t（tetragonal），c（cubic）。

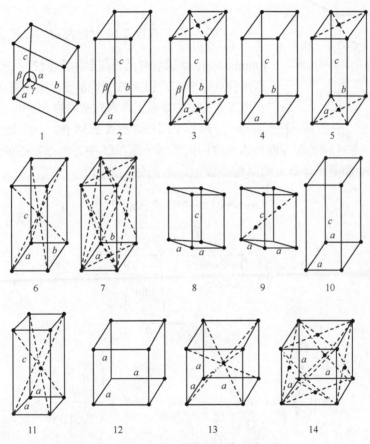

图 2.14　14 种空间点阵形式

1. 简单三斜（aP）；2. 简单单斜（mP）；3. C 心单斜（mC）；4. 简单正交（oP）；5. C 心正交（oC）；6. 体心正交（oI）；7. 面心正交（oF）；8. 简单六方（hP）；9. R 心六方（hR）；10. 简单四方（tP）；11. 体心四方（tI）；12. 简单立方（cP）；13. 体心立方（cI）；14. 面心立方（cF）

图 2.14 的第 9 号点阵（hR）没有画出三方菱面体素单位，而以带心的六方点阵单位 hR 代替。

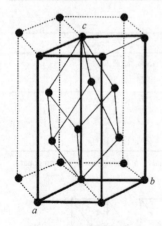

图 2.15　R 心六方（hR）
和菱面体素单位的关系
黑实线部分为一个六方晶胞，
细实线部分为一个菱面体素晶胞

由于六方晶系和三方晶系都可划分出六方形式的点阵单位（即 $a=b\neq c$，$\alpha=\beta=90°$，$\gamma=120°$），因此它既适合于六方晶系，也适合于三方晶系的对称性，只是由于历史原因将这种形式称为六方点阵单位，不要因名称而引起误会。六方晶系晶体按六方点阵单位表达，均为素单位（hP）；三方晶系晶体按六方点阵单位表达时，一部分是素单位（hP），另一部分为包含三个点阵点的复单位，3 个点阵点的坐标位置为：0，0，0；$\frac{2}{3}$，$\frac{1}{3}$，$\frac{1}{3}$；$\frac{1}{3}$，$\frac{2}{3}$，$\frac{2}{3}$，在图 2.14 中记为 hR（R 表示菱面体，rhombohedron，因它可画出菱面体素单位）。三方晶系的这两种点阵形式 P 和 R，在空间群记号中一直在沿用着。在点阵点的空间排布上，六方晶系的 hP 和三方晶系的 hP 是一样的，只能算一种点阵形式，所以空间点阵形式是 14 种，而不是 15 种。

R 心六方（hR）和菱面体素单位的关系示于图 2.15 中。六方带心单位的晶胞参数 a_H，c_H 和菱面体单位的晶胞参数 a_R，α_R 间的关系如下：

$$a_H = a_R\sqrt{2}\sqrt{1-\cos\alpha_R} = 2a_R\sin\frac{\alpha_R}{2} \tag{2.23}$$

$$c_H = a_R\sqrt{3}\sqrt{1+2\cos\alpha_R} \tag{2.24}$$

$$\frac{c_H}{a_H} = \sqrt{\frac{3}{2}}\sqrt{\frac{1+2\cos\alpha_R}{1-\cos\alpha_R}} = \sqrt{\frac{9}{4\sin^2\left(\frac{\alpha_R}{2}\right)}-3} \tag{2.25}$$

$$a_R = \frac{1}{3}\sqrt{3a_H^2+c_H^2} \tag{2.26}$$

$$\sin\left(\frac{\alpha_R}{2}\right) = \frac{3}{2\sqrt{3+\left(\frac{c_H^2}{a_H^2}\right)}} \quad 或 \quad \cos\alpha_R = \frac{\left(\frac{c_H^2}{a_H^2}\right)-\frac{3}{2}}{\left(\frac{c_H^2}{a_H^2}\right)+3} \tag{2.27}$$

通常，从实验收集的衍射点的位置来确定最初的晶胞形状时，尚未考虑晶体的对称性。为符合布拉维选取晶胞的要求，必须先将初始得到的晶胞转换为约化胞（reduced cell），即使晶胞的 3 个基矢量互成锐角（Ⅰ型晶胞）或互成钝角（Ⅱ型晶胞），并指定 3 个不共面的最短矢量。根据约化胞的 **a·a**，**b·b**，**c·c**，**b·c**，**a·c**，**a·b** 的值是否彼此相等、是否为零的情况，可以得到 44 种不同的特征类型（称为

Niggli 胞），每 1 种特征类型对应 1 个特定的矩阵，用来把约化基矢量转换为布拉维基矢量。现在的结构解析程序可以自动完成这项工作，但因为实验误差的存在，其结果不是绝对可靠的，有时需要人为予以改变。

　　点群反映的是晶体宏观外形的对称关系。空间群则反映晶体结构内部原子（或分子、离子）空间分布的对称关系。点阵结构的空间对称操作群称为空间群。

　　与空间对称操作群相应，形成了空间对称元素在晶胞中的分布。用这种分布图形可以表达空间群。图 2.16 是其中的一个例子。

　　微观对称操作：宏观对称操作加上可能的平移，这种微观平移在宏观观察中被掩盖了。它们包括螺旋轴（旋转轴+沿轴的平移）和滑移面（镜面+与镜面平行的平移）。

　　晶体中可能存在的对称元素如表 2.6 所示。

表 2.6　晶体学对称元素的书写与图形记号

对称元素类型	书写记号	图形记号	
		垂直于纸面	在纸面内
平移向量	*a*，*b*，*c*		
倒反中心	$\bar{1}$	o	o
旋转轴	2	◆	→
	3	▲	
	4	◆	
	6	⬡	
螺旋轴	2_1	◆	—
	3_1，3_2	▲ ▲	
	4_1，4_2，4_2	◆ ◆ ◆	
	6_1，6_2，6_3，6_4，6_5	⬡ ⬡ ⬡ ⬡ ⬡	
反轴	$\bar{3}$，$\bar{4}$，$\bar{6}$	▲ ◆ ⬡	
镜面	*m*	—	⌐
滑移面	*a*，*b*，*c*	在纸面内滑移--- 离开纸面滑移····	⌐
	n	-·-·-·	⌐
	d	-··→··	⌐

　　晶体的基本特征是具有空间点阵式的结构，利用平移操作可使晶体结构复原，因此在空间群中的对称操作是阶次无限的操作。每个空间群对应的对称元素中包括点阵这个对称元素，它是最基本的、必不可少的，但有时反而不予标明了。将 14 种空间点阵形式与 32 个晶体点群一起，再加上平移的对称操作，就可推引出 230 个空间群。实际推引时将 14 种空间点阵中的每个点阵点的对称

性，用相应的点群的对称元素表示，然后将这些宏观对称元素用微观对称元素代替，即将每个点群的旋转轴用轴次相同的旋转轴或螺旋轴代替，镜面用平行的镜面或滑移面代替，将这些对称元素和点阵对应的平移操作结合，即得到该空间群的对称元素系。

图 2.16 是 C_{2h}^5-$P2_1/c$ 空间群（No.14）（即 230 个空间群中顺序号为第 14 号的空间群）的对称元素在晶胞中分布的投影图。由于对称元素相互之间也要受对称操作的相互制约和相互作用，用一个晶胞内对称元素的分布，即可了解整块晶体内部空间对称元素的分布。

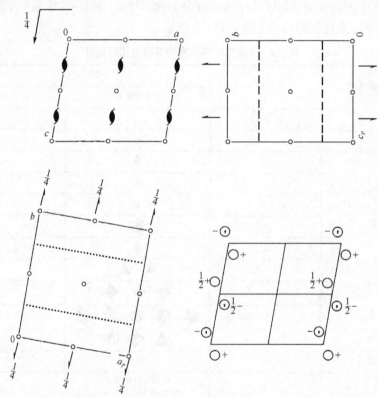

图 2.16　C_{2h}^5-$P2_1/c$（No.14）空间群的对称元素和等效点系投影图

图中依次画出对称元素沿 b，a，c 轴的投影和等效点系沿 b 轴的投影及其坐标

（注：该空间群有几种表达形式，本图仅是其中的一种）

空间群的符号与点群符号一样，有 Schöenflies 符号和国际符号两种。空间群的 Schöenflies 符号就是在点群符号的右上角添加一个数字，例如，D_{2h}^1，D_{2h}^2，…，D_{2h}^{28}。右上角的数字表示出该空间群在同形点阵中的顺序号码。国际符号由两部分组成。第一部分为大写英文字母（例如，P，A，B，C，I，F，R），表示空间群的点阵类型，符号的第二部分为对称元素，一般由 3 个位序组成，个别的由 1 个

位序组成。3 个位序所对应的方向与点群国际符号所示方向相同。

当在晶胞内某个坐标点上有一个原子时，通过这个空间群的所有对称元素的操作，必然在另外一些坐标点上也要重复出现相同的原子，这些原子由对称性联系起来，彼此是等效的，称为等效点系。若以记号"○"表示右手形状的分子，则以记号"⊙"表示其镜像。

当起始点位于该空间群的旋转轴、m、i、$\bar{4}$、4_2、6_2、6_3、6_4 这些对称元素上时，或位于它们的交点上时，就形成特殊位置等效点系。否则，即为一般位置等效点系。图 2.16 中画出了该空间群的一般位置等效点系的四个等效点。此外，它还有四个特殊位置等效点系，各自有两个等效点。晶胞中的原子分别属于各个等效点系，不同等效点系的原子之间没有对称性的联系。通常将晶胞中没有对称性联系的这些原子总称为一个不对称单位。一个不对称单位可以是一个或几个分子、离子或原子。一个不对称单位可看作是晶胞空间中最少数目的那部分原子或原子团，由它们出发，利用空间群的全部对称操作，可以准确地产生出晶胞中的全部原子。因此，对称面和旋转轴必然是不对称单位的边界面或边界棱边。反演中心或是位于不对称单位的顶点，或是位于边界面或边界棱边的中点。一个不对称单位的结构参数包括了描述整个晶体结构所需要的全部信息。

不对称单位的划分方法不是单一的，可根据应用的要求进行选择。例如在分子晶体中，常选择包含一个或几个完整分子的区域作为不对称单位，以利于表达出分子的结构。有时分子的一部分就构成一个不对称单位。

不对称单位的概念和结构基元的概念不同，结构基元和点阵结构中的点阵点所代表的内容相应。在 $P2_1/c$ 这个空间群中，一个素晶胞构成一个结构基元，而这个结构基元都是由 4 个不对称单位组成。每个不对称单位通常包含若干个原子，这些原子处在不同的坐标位置上。

2.4　晶体对 X 射线的散射

2.4.1　布拉格方程

晶体的空间点阵可按不同方向划分为一族族平行而等间距的平面。我们用米勒（Miller）指数（hkl）（又称晶面指数或平面指数点阵）来表示各族平面的空间取向，h、k、l 为三个互质的整数。晶面指数为（hkl）表示该晶面族中，离坐标原点最近的晶面与坐标轴 a、b 和 c 的截距分别为 $1/h$、$1/k$ 和 $1/l$，如图 2.17 的晶面指数就是（134）。如果晶面指数中的某个数字为 0，就表明该晶面与某个坐标轴平行。例如，（100）晶面平行于 b 和 c 轴。图 2.18 示意了沿 c 轴方向投影的若干平面点阵的取向。

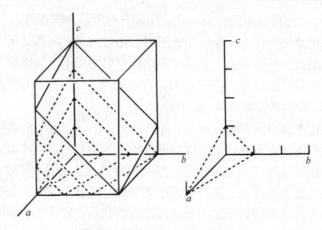

图 2.17　平面点阵（134）的取向

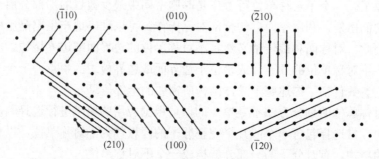

图 2.18　沿 c 轴方向投影的若干平面点阵的取向

　　（hkl）晶面族将 a 轴分为 h 份，b 轴分为 k 份，c 轴分为 l 份。（hkl）数字越大，则相应的晶面间距 $d_{(hkl)}$ 越小，该晶面上的阵点密度越小。而（hkl）数字越小，则晶面间距 $d_{(hkl)}$ 越大，该晶面上阵点密度越大。晶体外形平面的（hkl）都较为简单。

　　晶胞常数在一个方向特小，另两个方向较大，则易发育为针状晶体。

　　晶胞常数在两个方向特小，另一个方向较大，则易发育为片状晶体。

　　当 X 射线照射（hkl）晶面族时，若要求各个晶面散射线的相角相同而互相加强，就必须要求 X 射线的入射角与反射角相同，为 θ。而且其光程差 Δ 为 X 射线波长 λ 的整数倍。如图 2.19 所示。

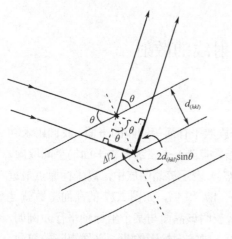

图 2.19　布拉格方程的推引

　　两条反射线的光程差 Δ 为 $2d_{(hkl)}\sin\theta$，

所以各散射线互相加强而产生衍射的方向由如下方程确定：

$$2d_{(hkl)}\sin\theta = n\lambda \tag{2.28}$$

这就是布拉格（Bragg）方程。只有当 $d_{(hkl)}$、θ、λ 符合式（2.28）时，才有反射线，所以，衍射又称选择性反射。式中，$d_{(hkl)}$ 为晶面（hkl）的晶面间距；θ 为衍射角；λ 为 X 射线波长；n 为光程差 Δ 相对于 X 射线波长 λ 的倍数，称为衍射级数。$n=1$，2，3，…，分别称为（hkl）晶面的 1，2，3，…，n 级衍射。

n 是有限值

$$n = \frac{2d_{(hkl)}\sin\theta}{\lambda}，\text{而 } n_{\max} = \frac{2d_{(nkl)}}{\lambda} \tag{2.29}$$

式（2.28）可改写为

$$2\frac{1}{n}d_{(hkl)}\sin\theta = \lambda \tag{2.30}$$

假设有（nh，nk，nl）晶面，它的

$$d_{(nh,\ nk,\ nl)} = \frac{1}{n}d_{(hkl)} \tag{2.31}$$

则可得

$$2d_{(nh,\ nk,\ nl)}\sin\theta = \lambda \tag{2.32}$$

为简单计，写为

$$2d_{hkl}\sin\theta = \lambda \tag{2.33}$$

hkl 称为衍射指标，不要求互质。（110）晶面的 1、2、3 级反射可以分别认为是（110）晶面的 1 级反射，（220）晶面的 1 级反射，以及（330）晶面的 1 级反射。这样，任何一条反射线都是与一族反射晶面（真实晶面或真实掺加虚拟晶面）相对应。

2.4.2　倒易点阵

晶体可以用空间点阵来描述，这意味着 2.2 节中所述的实空间中的 r 不是无规则的连续分布，而是有规则的点状分布。数学上可以证明，此时相对应的虚空间中的 Q 矢量（以及倒易空间中的 H 矢量）也是有规则的点状分布的。为了实用方便，以后我们就只使用 H 矢量的倒易空间概念，因为它的许多性质是晶体点阵（正点阵）的倒数。

晶体点阵以一套右手坐标轴系规定的单位矢量 a，b，c 表示其周期性。其晶胞参数用 a，b，c，α，β，γ 表示，晶胞体积为 V。H 矢量的倒易点阵可以从晶体点阵推引出来，也用右手坐标轴系规定，其单位矢量为 a^*，b^*，c^*，倒易点阵的晶胞参数为 a^*，b^*，c^*，α^*，β^*，γ^*，倒易晶胞体积为 V^*。

在 X 射线晶体学中，倒易点阵的应用非常广泛，它是研究晶体衍射性质的重

要概念和数学工具。各种衍射现象的几何学，衍射公式的推导，现代衍射仪器的设计和应用，衍射数据的处理，以及用衍射数据测定晶体结构的许多环节，都离不开倒易点阵。

我们知道，两个矢量 a 和 b 的点积是个标量，如式（2.34）所示。

$$a \cdot b = ab\cos\gamma \tag{2.34}$$

两个矢量的矢积 $a \times b$ 为矢量，它可以用矢量 $c*$ 表示：

$$c* = K(a \times b) \tag{2.35}$$

式中，K 为一常数。$c*$ 垂直于 a 和 b 所在的平面，且其方向规定为按右手螺旋将 a 转动到 b 时，右手拇指所指的方向。

为了让倒易点阵的单位矢量 $a*$，$b*$，$c*$ 符合布拉格公式和 Ewald 球关于衍射条件的要求，规定倒易点阵的单位矢量 $a*$，$b*$，$c*$ 与空间点阵的单位矢量 a，b，c 之间的关系如下：

$$a* \cdot a = 1, \quad a* \cdot b = 0, \quad a* \cdot c = 0$$
$$b* \cdot a = 0, \quad b* \cdot b = 1, \quad b* \cdot c = 0 \tag{2.36}$$
$$c* \cdot a = 0, \quad c* \cdot b = 0, \quad c* \cdot c = 1$$

若用矢积表达，由式（2.36）可得下列三式：

$$a* = \frac{b \times c}{a \cdot b \times c}, \quad b* = \frac{c \times a}{a \cdot b \times c}, \quad c* = \frac{a \times b}{a \cdot b \times c} \tag{2.37}$$

$$V* = a* \cdot b* \times c* = \frac{1}{V} = \frac{1}{a \cdot b \times c} \tag{2.38}$$

$$\cos\alpha* = \frac{\cos\beta\cos\gamma - \cos\alpha}{\sin\beta\sin\gamma}, \quad \cos\beta* = \frac{\cos\alpha\cos\gamma - \cos\beta}{\sin\alpha\sin\gamma},$$
$$\cos\gamma* = \frac{\cos\alpha\cos\beta - \cos\gamma}{\sin\alpha\sin\beta} \tag{2.39}$$

按这样的规定，可以推知，倒易点阵就有了下面的性质：任一倒易矢量 $H_{hkl} = ha* + kb* + lc*$ 与正点阵中的 (hkl) 晶面族垂直。

而将式（2.14）$H = |H| = \frac{2}{\lambda}\sin\theta$ 和式（2.33）$2d_{hkl}\sin\theta = \lambda$ 进行比较，即可明显看出下列关系：任一倒易矢量 H_{hkl} 的长度 $|H_{hkl}| = \frac{1}{d_{hkl}}$，是其正点阵中同名晶面间距的倒数。由此可以得到

$$a* \perp b, \; c, \qquad |a*| = |H_{(100)}| = \frac{1}{d_{(100)}} \tag{2.40}$$

$$b* \perp a, \; c, \qquad |b*| = |H_{(010)}| = \frac{1}{d_{(010)}} \tag{2.41}$$

$$c* \perp a,\ b,\ \ \ \ \ \ \ |c*| = |H_{(001)}| = \frac{1}{d_{(001)}} \ \ \ \ \ \ （2.42）$$

倒易点阵中的任何一个倒易阵点 hkl，代表着正点阵中一族同名晶面的取向以及这族晶面的晶面间距。所以使用倒易点阵可以使正点阵中要处理的问题得到简化。图 2.20 就显示了一个有机物单晶体的倒易点阵图。

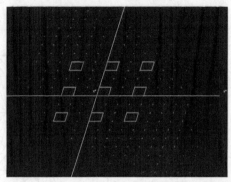

图 2.20　有机物 $C_{10}H_{18}N_2O_3$ 的倒易点阵沿 $b*$轴的投影图

图中的六个平行四边形是倒易阵胞

由于 $\dfrac{1}{d_{(hkl)}^2} = |H_{(hkl)}|^2 = h^2a*^2 + k^2b*^2 + l^2c*^2 + 2hka*b*\cos\gamma* + 2hlc*a*\cos\beta* +$

$2klb*c*\cos\alpha*$，那么，根据不同晶系中正点阵和倒易点阵参数的关系，可以得到简化的公式。

单斜晶系：
$$\frac{1}{d_{(hkl)}^2} = \frac{1}{a^2}\frac{h^2}{\sin^2\beta} + \frac{k^2}{b^2} + \frac{l^2}{c^2\sin^2\beta} - \frac{2hl\cos\beta}{ac\sin^2\beta} \ \ \ \ \ \ （2.43）$$

正交晶系：
$$\frac{1}{d_{(hkl)}^2} = \frac{h^2}{a^2} + \frac{k^2}{b^2} + \frac{l^2}{c^2} \ \ \ \ \ \ （2.44）$$

四方晶系：
$$\frac{1}{d_{(hkl)}^2} = \frac{1}{a^2}(h^2 + k^2) + \frac{l^2}{c^2} \ \ \ \ \ \ （2.45）$$

三方、六方晶系：
$$\frac{1}{d_{(hkl)}^2} = \frac{4}{3a^2}(h^2 + hk + k^2) + \frac{l^2}{c^2} \ \ \ \ \ \ （2.46）$$

立方晶系：
$$\frac{1}{d_{(hkl)}^2} = \frac{1}{a^2}(h^2 + k^2 + c^2) \ \ \ \ \ \ （2.47）$$

下面看几个用倒易空间简明解释衍射现象的图例。

在图 2.21 中，单晶体位于 O 点不动，Ewald 球面通过倒易点阵原点 O' 点，入射线沿 O 和 O' 连线方向射入。只有落在球面上的倒易点阵点才可能发生衍射。即由 O 点通过这些倒易点阵点 "射出" 一条衍射线。显然，此时能得到的衍射点数目不多。图中显示的情况可以获得 6 条衍射线。

在图 2.22 中，没有择优取向的多晶体的任何一个倒易点阵点（如 100）一定形成以 O' 点为球心的一个球面。该球面与 Ewald 球面相交的轨迹一定是一个圆。所以，可以直观判断出，此时多晶体的衍射图形一定是一系列同心圆。图 2.4 即是一例。

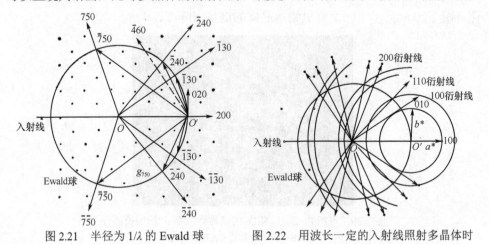

图 2.21　半径为 $1/\lambda$ 的 Ewald 球　　图 2.22　用波长一定的入射线照射多晶体时的 Ewald 图解

在图 2.23 中，位于 O 点的一粒单晶体（为简化计，晶体选为立方晶系），其转轴为 c，倒易点阵的转轴为 $c*$，波长为 λ 的入射线垂直于 $c*$，S_0 表示入射线方向，S 表示衍射方向。图中的虚线为倒易点阵点的运动轨迹，凡此轨迹能与 Ewald 球面相交者，才有可能产生衍射线。所以，可以直观判断出，单晶体此时的衍射图形一定是许多分立的斑点。图 2.6 即是一例。

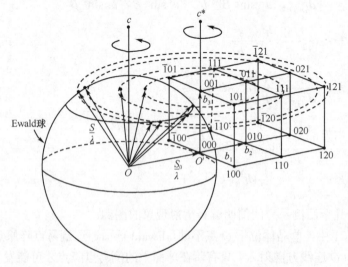

图 2.23　转动一单晶体时的 Ewald 图解

2.4.3　结构因子

结构因子是衍射指标 *hkl* 的函数，描述一个晶胞对 X 射线在 *hkl* 衍射方向上相干散射的合成波，常常用 F_{hkl} 表示。结构因子由两部分内容组成：结构振幅 $|F_{hkl}|$ 和相角 α_{hkl}，表达式为

$$F_{hkl} = |F_{hkl}| \exp(i\alpha_{hkl}) \tag{2.48}$$

结构振幅是指晶胞内全部电子在 *hkl* 衍射方向上的散射与在晶胞原点上经典的点电子的散射的比值，即

$$|F| = \frac{\text{一个晶胞内全部电子散射波的振幅}}{\text{一个点电子散射波的振幅}} \tag{2.49}$$

相角 α_{hkl} 是指在 *hkl* 的衍射方向上与晶胞原点的电子在同一方向上的相角差。

当晶胞由 **a**，**b**，**c** 三个矢量规定，晶胞中有 *n* 个原子，其中第 *j* 个原子的坐标为 (x_j, y_j, z_j)，原子散射因子为 f_j。从晶胞原点到 *j* 原子的矢量为 r_j：

$$r_j = x_j \boldsymbol{a} + y_j \boldsymbol{b} + z_j \boldsymbol{c} \tag{2.50}$$

对 *hkl* 的衍射方向，通过晶胞原点的散射波与通过 *j* 原子的散射波的波程差 δ_j，由 2.2.2 节同样的推导，并参照图 2.9 及关于 **H** 的说明，不难得到

$$\delta_j = r_j \cdot (\boldsymbol{S} - \boldsymbol{S}_0) = \lambda r_j \cdot \boldsymbol{H} = \lambda (x_j \boldsymbol{a} + y_j \boldsymbol{b} + z_j \boldsymbol{c}) \cdot (h\boldsymbol{a}^* + k\boldsymbol{b}^* + l\boldsymbol{c}^*)$$
$$= \lambda (hx_j + ky_j + lz_j) \tag{2.51}$$

相角 α_j 为

$$\alpha_j = 2\pi \delta_j / \lambda = 2\pi (hx_j + ky_j + lz_j) \tag{2.52}$$

晶胞中有 *n* 个原子，各个原子散射波的振幅即原子散射因子分别为 f_1，f_2，$\cdots$，f_j，$\cdots$，f_n，各个原子散射波和原点的相角分别为 α_1，α_2，$\cdots$，α_j，$\cdots$，α_n，根据波的叠加规则，这 *n* 个原子的散射波互相叠加而形成的复合波，若以指数形式表示可得

$$F = f_1 \exp(i\alpha_1) + f_2 \exp(i\alpha_2) + \cdots + f_n \exp(i\alpha_n) = \sum_{j=1}^{n} f_j \exp(i\alpha_j) \tag{2.53}$$

由此即得衍射 *hkl* 的结构因子 F_{hkl} 为

$$F_{hkl} = \sum_{j=1}^{n} f_j \exp[i2\pi(hx_j + ky_j + lz_j)] \tag{2.54}$$

2.4.4　结构因子在复数平面上的表示及其矢量表达式

在复数平面上可用图形表示出结构因子、结构振幅（结构因子的模量）和相角间的相互关系，如图 2.24 所示，由于 $\exp(i\alpha) = \cos\alpha + i\sin\alpha$，所以可得

$$F_{hkl} = |F_{hkl}|\cos\alpha_{hkl} + i|F_{hkl}|\sin\alpha_{hkl} = A_{hkl} + iB_{hkl} \qquad (2.55)$$

此即结构因子的复数表示形式。由图 2.24 可见，结构振幅为

$$|F_{hkl}| = (A^2_{hkl} + B^2_{hkl})^{\frac{1}{2}} \qquad (2.56)$$

$$A_{hkl} = |F_{hkl}|\cos\alpha_{hkl} = \sum_{j=1}^{n} f_j \cos 2\pi(hx_j + ky_j + lz_j) \qquad (2.57)$$

$$B_{hkl} = |F_{hkl}|\sin\alpha_{hkl} = \sum_{j=1}^{n} f_j \sin 2\pi(hx_j + ky_j + lz_j) \qquad (2.57)$$

相角为

$$\alpha_{hkl} = \tan^{-1}(B_{hkl} / A_{hkl}) \qquad (2.58)$$

晶胞中各个原子散射波叠加的表达式（2.53），在复数平面上示于图 2.25 中。

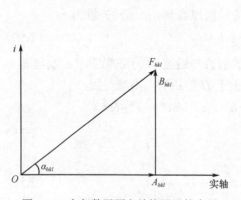

图 2.24 在复数平面上结构因子的表示

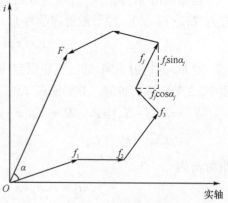

图 2.25 晶胞中各个原子散射波的叠加在复数平面上的表示

在复数平面上，结构因子 F_{hkl} 和 $F_{\bar{h}\,\bar{k}\,\bar{l}}$ 的关系，示于图 2.26 中。

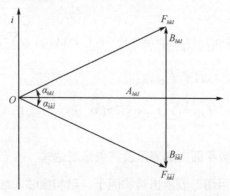

图 2.26 F_{hkl} 和 $F_{\bar{h}\,\bar{k}\,\bar{l}}$ 在复数平面上的图形

从式（2.51）可知：$\boldsymbol{H} \cdot \boldsymbol{r}_j = (hx_j + ky_j + lz_j)$，其中 $\boldsymbol{r}_j = x_j\boldsymbol{a} + y_j\boldsymbol{b} + z_j\boldsymbol{c}$，$\boldsymbol{r}_j$ 是从晶胞原点指向晶胞中第 j 个原子的矢量。$\boldsymbol{H} = h\boldsymbol{a}^* + k\boldsymbol{b}^* + l\boldsymbol{c}^*$，$\boldsymbol{H}$ 是指和该晶体的晶胞相对应的倒易点阵中由原点到倒易点阵点 hkl 的矢量。这样结构因子的矢量表达式为

$$F_{hkl} = \sum_j f_j \exp(i2\pi\boldsymbol{H} \cdot \boldsymbol{r}_j) \tag{2.59}$$

若用三角函数表示，则为

$$F_{hkl} = \sum_j f_j (\cos 2\pi\boldsymbol{H} \cdot \boldsymbol{r}_j + i\sin 2\pi\boldsymbol{H} \cdot \boldsymbol{r}_j) \tag{2.60}$$

2.4.5　结构因子的电子密度函数表达式

前面对晶胞中各个原子的核外电子对 X 射线散射波的叠加，是采用原子散射因子 f_j 代表晶胞中第 j 个原子的全部核外电子的总散射能力，再进行叠加。其实，在晶胞中电子的分布可直接用电子密度函数 $\rho(xyz)$ 表示。$\rho(xyz)$ 代表在晶胞中坐标为 (xyz) 处单位体积中的电子数目。在 (xyz) 点附近微体积元 dv 中的电子数目为

$$\rho(xyz)\,dv = \rho(\boldsymbol{r})dv$$

微体积元中电子的散射为

$$\rho(xyz)\exp[i2\pi(hx + ky + lz)]dv = \rho(\boldsymbol{r})\exp(i2\pi\boldsymbol{H} \cdot \boldsymbol{r})dv$$

将全晶胞的微体积元的散射波加和，即得

$$F_{hkl} = \int_v \rho(xyz)\exp[i2\pi(hx + ky + lz)]dv \tag{2.61}$$

或者表示为

$$F_{hkl} = \int_v \rho(\boldsymbol{r})\exp(i2\pi\boldsymbol{H} \cdot \boldsymbol{r})\,dv \tag{2.62}$$

用标量表示（考虑到 $dv = Vdxdydz$），可得

$$F_{hkl} = V\int_0^1\int_0^1\int_0^1 \rho(xyz)e^{2\pi i(hx + ky + lz)}dxdydz \tag{2.63}$$

x，y，z 是晶胞内的任一指定位置（分数坐标表示）。式（2.63）是结构因子的电子密度函数表达式。从结构因子与电子密度之间存在着傅里叶（Fourier）变换关系，可以知道由结构因子计算电子密度函数的公式如下：

$$\rho(xyz) = \frac{1}{V}\sum_h\sum_k\sum_l F_{hkl}\exp[-i2\pi(hx + ky + lz)] \tag{2.64}$$

结构因子和电子密度函数两者之间的相互变换关系统称傅里叶变换（Fourier transform，FT），有时细微一点用结构因子计算电子密度函数的过程称为傅里叶变换，而由电子密度函数计算结构因子的过程称为傅里叶反变换（inverse Fourier transform，iFT）。而笼统一点对傅里叶变换和傅里叶反变换不加区分，统一称为傅里叶变换。

傅里叶变换为结构因子与电子密度函数之间架起了桥梁。晶体的结构在晶体空间中是晶胞内电子密度的分布，电子密度极大值的位置即为原子的中心位置，原子种类用原子散射因子 f_j 表示，原子的位置用原子坐标参数 (x_j, y_j, z_j) 表示。晶体的结构在倒易空间中是各个衍射点 hkl 的结构因子 F_{hkl} 的数值表示。两种空间包含的是同一种晶体结构的内容，故可以通过数学方法处理，即通过傅里叶变换从一种空间的结构信息获得另一空间的结构信息。这个关系是晶体结构解析的基础公式。

2.4.6　中心对称晶体的结构因子

结构因子通常为复数，但当晶体有对称中心，而且晶胞的原点处在对称中心上时，晶胞中的 n 个原子可分成两半，一半原子的坐标为 (x_j, y_j, z_j)，另一半坐标为 $(\bar{x}_j, \bar{y}_j, \bar{z}_j)$，结构因子为

$$F_{hkl} = \sum_{j=1}^{n/2} f_j \exp[i2\pi(hx_j + ky_j + lz_j)] + \sum_{j=1}^{n/2} f_j \exp[-i2\pi(hx_j + ky_j + lz_j)]$$

$$= 2\sum_{j=1}^{n/2} f_j \cos 2\pi(hx_j + ky_j + lz_j) \qquad (2.65)$$

$$A_{hkl} = +|F_{hkl}| \text{或} -|F_{hkl}|$$

$$B_{hkl} = 0$$

$$\alpha_{hkl} = 0 \text{或} \pi$$

所以对于含有对称中心的晶体，晶胞原点处在对称中心上时，结构因子 F_{hkl} 在复数平面上与实轴重合，而且 $F_{hkl} = F_{\bar{h}\bar{k}\bar{l}}$。

2.4.7　Friedel 定律

Friedel 定律指出：$I_{hkl} = I_{\bar{h}\bar{k}\bar{l}}$。该式中 I 表示相应衍射指标的衍射强度。这一结论可以从结构因子 F_{hkl} 和 $F_{\bar{h}\bar{k}\bar{l}}$ 在复数平面上的图形（见图2.26）表达证明。由于 $F_{hkl} = A_{hkl} + iB_{hkl}$，而 $A_{hkl} = A_{\bar{h}\bar{k}\bar{l}}$，$B_{hkl} = -B_{\bar{h}\bar{k}\bar{l}}$，因为 $I = A^2 + B^2$，所以可容易证得 $I_{hkl} = I_{\bar{h}\bar{k}\bar{l}}$。

Friedel 定律是指衍射 hkl 和 $\overline{hkl}$ 的结构振幅相同，即 $|F_{hkl}| = |F_{\bar{h}\bar{k}\bar{l}}|$，但结构因子并不相同，即 $F_{hkl} \neq F_{\bar{h}\bar{k}\bar{l}}$。

当一部分原子存在反常散射的情况下[见式（2.22）]，对于中心对称结构，反常散射会相互抵消，因此仍严格服从 Friedel 定律。但此时如果晶体不具备对称中

心，反常散射不会相互抵消，结构振幅 $|F_{hkl}|$ 和 $|F_{\bar{h}\bar{k}\bar{l}}|$ 也会略有差异，因此就存在 $I_{hkl} \neq I_{\bar{h}\bar{k}\bar{l}}$ 的关系，即不再严格服从 Friedel 定律。这种衍射强度的差异可应用于测定分子的绝对构型等。

分子的绝对构型指的是在含有不对称碳原子的手性分子中，确定其原子分布的特定方向性。手性分子是指两个分子就像人的左手和右手一样，彼此不能通过旋转和平移动作而叠合。这两个分子称为一对对映体。图 2.27 就是 CHFClBr 分子和酒石酸分子各自的一对对映体。

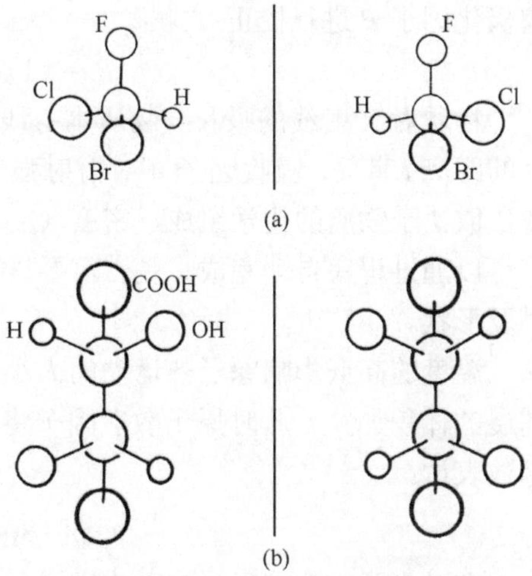

确定分子的绝对构型，就是确定它是这一对对映体中的哪一个。在实际工作中，如果分子中包含有磷或其他更大的原子，那么，使用 Mo Kα 靶的 X 射线收集包含有一定数量 Friedel 对的衍射数据就可能确定其绝对构型。如果分

图 2.27　手性分子的一对对映体
（a）CHFClBr；（b）酒石酸

子中只含有碳氢氧氮这类原子，就需要使用 Cu Kα 靶的 X 射线去收集包含有一定数量 Friedel 对的衍射数据，才可能确定其绝对构型。

2.4.8　结构因子和衍射强度

晶体的衍射强度受许多因素影响，如入射光强度、晶体体积、晶体中包含的晶胞数目、晶体对 X 射线的吸收、晶体所处的温度等。在这诸多的因素中，有的不因衍射指标的不同而异，如入射光强度、晶体的体积等，它们可合并成一个常数项 K 表示。另外一些因素则随着衍射指标 hkl、衍射角（θ）不同，对衍射强度有不同的影响。各个衍射 hkl 的衍射强度 I' 可表达如下：

$$I' = KLPTA|F|^2 \tag{2.66}$$

式中，T 为温度因子；A 为吸收因子；P 是偏极化因子；L 为洛伦兹（Lorentz）因子，这个因子是因为晶体转动时，倒易点阵点也在转动，对于不同的衍射角（θ）倒易点阵点在反射球面上停留的时间不同，因为 X 射线具有一定的发散性，反射球面可看作具有一定的厚度，不同衍射所相应的倒易点阵点在球面上停留的时间不同，因而积累的衍射能量不同。收集衍射强度的方法不同，L 也不同，用四圆衍射仪法及其他入射 X 射线垂直于旋转轴的零层衍射，L 的形式为

$$L = \frac{1}{\sin 2\theta} \tag{2.67}$$

当入射 X 射线为非偏振光而被一平面反射时，与该平面平行的电分量被反射后，强度不变，而与平面垂直的分量的强度减少为 $\cos^2 2\theta$ 的倍数。因此，需要用偏极化因子 P 进行校正：

$$P = (1+\cos^2 2\theta)/2 \tag{2.68}$$

物质对 X 射线的吸收与物质本身线性的吸收系数 μ 和入射线与衍射线通过样品的距离 t 有关，吸收因子 A 对衍射强度的影响可表达成指数函数 $\exp(-\mu t)$。μ 的数值取决于物质的化学组成、密度（ρ）、质量吸收系数 μ_m，也即 $\mu = \mu_m \rho$。它的计算可以通过程序自动完成。是否需要进行吸收校正，取决于 μ 值大小和晶体大小以及形状。

温度的高低影响原子热运动的大小，通常温度越高，原子振动越大，电子云铺展的体积加大。此时原子散射因子将随 $\sin \theta / \lambda$ 的增加而下降，通常也用指数函数表达：

$$\exp[-B(\sin^2 \theta / \lambda^2)]$$

有时为了方便起见，将吸收因子并入温度因子一起校正，而不出现独立的吸收因子，将 I' 经 PL 因子校正后改用 I 表示，这样式（2.66）可表达成

$$I = \frac{I'}{PL} = K|F|^2 \exp[-2B(\sin^2 \theta / \lambda^2)] \tag{2.69}$$

式（2.69）中的 K、B 值可以从衍射强度分布的统计规律得到（现在的结构解析程序可以自动完成这个步骤，此处不予详述）。于是，就可以从实验测定的衍射强度值，引出结构振幅的绝对值 $|F|^2$ 或 $|F|$。这个步骤称为数据的还原和校正。

2.4.9 系统消光和微观对称元素

晶体的某些衍射强度有规律地、系统地为零的现象称为系统消光（systematic absences）。只有当 h、k、l 值满足其下面所开列的条件时才会出现反射。系统消光的出现，是由于某些类型衍射的结构振幅数值为 0，因此衍射的强度为零。系统消光是因为结构中存在螺旋轴、滑移面和带心点阵形式等晶体结构的微观对称元素所引起。通过了解晶体的系统消光现象，可以测定在晶体结构中存在的螺旋轴、滑移面和带心点阵形式。

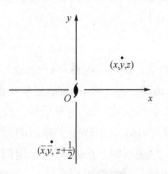

图 2.28　2_1 轴联系的两个原子的坐标

例如，晶体在 c 方向有二重螺旋轴（2_1 轴），

如图 2.28 所示，它处在晶胞的坐标 $x = y = 0$ 处，晶胞中每一对由它联系的原子的坐标为 x，y，z；$\bar{x}$，$\bar{y}$，$z + \dfrac{1}{2}$。

结构因子可以计算如下：

$$F_{hkl} = \sum_{j=1}^{n} f_j \exp[i2\pi(hx_j + ky_j + lz_j)]$$

$$= \sum_{j=1}^{n/2} f_j \left\{ \exp[i2\pi(hx_j + ky_j + lz_j)] + \exp\left[i2\pi\left(-hx_j - ky_j - l\left(z_j + \frac{1}{2} \right) \right) \right] \right\}$$

$$F_{00l} = \sum_{j=1}^{n/2} f_j \exp(i2\pi lz_j)[1 + \exp(i2\pi l / 2)]$$

当 l 为偶数（即 $l = 2n$）时，$F_{00l} = 2\sum_{j=1}^{n/2} f_j \exp(i2\pi lz_j)$

当 l 为奇数（即 $l = 2n+1$）时，$F_{00l} = 0$

由此可见，在 c 方向上有二重螺旋轴时，在 $00l$ 型衍射中，l 为奇数的衍射强度一律为 0。用同样的方法一一推导，容易得到如表 2.7 所列的系统消光规律。

表 2.7　晶体的对称性和系统消光

带心类型和对称元素		取向	衍射的消光条件
	A 心（A）		hkl:$k + l = 2n + 1$
	B 心（B）		hkl:$h + l = 2n + 1$
带心形式	C 心（C）		hkl:$h + k = 2n + 1$
	体心（I）		hkl:$h + k + l = 2n + 1$
	面心（F）		hkl:h, k, l 不全为奇数或不全为偶数
	a	$\perp b$	$h0l$:$h = 2n + 1$
	a	$\perp c$	$hk0$:$h = 2n + 1$
	b	$\perp a$	$0kl$:$k = 2n + 1$
	b	$\perp c$	$hk0$:$k = 2n + 1$
滑移面	c	$\perp a$	$0kl$:$l = 2n + 1$
	c	$\perp b$	$h0l$:$l = 2n + 1$
	n	$\perp a$	$0kl$:$k + l = 2n + 1$
	n	$\perp b$	$h0l$:$h + l = 2n + 1$
	n	$\perp c$	$hk0$:$h + k = 2n + 1$
	2_1	$// a$	$h00$:$h = 2n + 1$
	2_1	$// b$	$0k0$:$k = 2n + 1$
	2_1 或 4_2，6_3	$// c$	$00l$:$l = 2n + 1$
螺旋轴	3_1 或 3_2，6_2，6_4	$// c$	$00l$:l 不为 3 的倍数
	4_1 或 4_3	$// c$	$00l$:l 不为 4 的倍数
	6_1 或 6_5	$// c$	$00l$:l 不为 6 的倍数

由表 2.7 可见，当存在带心点阵时，在 hkl 型衍射中产生消光；存在滑移面时，在 $hk0$，$h0l$，$0kl$ 等类型衍射中产生消光；而当晶体存在螺旋轴时，在 $h00$，$0k0$，$00l$ 型衍射中产生消光。带心点阵的系统消光范围最大，滑移面者次之，螺旋轴者最小。系统消光的范围越大，相应的对称性的存在与否就越能从系统消光现象中得到确定。

晶体结构的对称性，决定了反射强度也有对称性。例如，有一个平行于 b 轴的 2 次轴或 2_1 螺旋轴，那么，通过结构因子计算并使用 Friedel 定律，就得到 $I_{hkl} = I_{\overline{hk}l} = I_{\overline{hkl}} = I_{h\overline{k}l}$。这 4 个衍射具有相同的强度，称它们为等效衍射。衍射强度的对称性称为劳厄（Laue）对称性，它所属的对称点群称为劳厄点群。

在结构因子的计算中，由于带心格子、滑移面、螺旋轴的存在，使得在一些相对应的衍射类型中某些 hkl 的结构因子为零，就称为系统消光。

因为晶体中原子（离子、分子）空间分布存在对称性，由晶体产生的 X 射线衍射图形也存在相应的对称性。M.J.Buerger 确定：晶体产生的 X 射线衍射图形的对称性由反射强度的对称性和系统消光的对称性所表征。所有的空间群有 230 种。而所有的 X 射线衍射图形的对称性类型共有 120 种，称为 120 种衍射群。Buerger 证明了：在 120 种衍射群中有 58 种可以与 58 种空间群一一对应，也即有 58 种空间群可以根据它们的衍射图形的系统消光规律确定下来。其余的衍射群（120–58＝62 个）的每一个则对应着不止一个空间群。也即，会有几个不同的空间群具有相同的系统消光规律。这几个不同的空间群之间的重要差别是"有"或"无"对称中心。凡是具有压电效应、倍频效应、热释电性、旋光活性的晶体，都不会具有对称中心。所以，进行这些物性测试，也是确定空间群的方法。

2.5　晶体结构解析

晶体衍射实验所得到的直接结果只有晶胞参数、空间群（或几个可能的空间群）、衍射指标和衍射强度数据。再通过对强度数据的一系列还原和校正，转换为结构振幅。

但晶体结构分析的目的是测定晶态物质在原子水平上的结构：原子在晶胞中的位置，原子间的距离，键角，扭角，分子的立体结构，绝对构型，热振动参数，原子和分子的堆积方式，有序或无序的排列以及非计量的程度等。前面介绍过，关键的困难是，通过实验数据，我们可以得到结构因子的振幅，但却无法得到结构因子的相角，即所谓"相角问题"。

晶体结构解析的理论和方法，在早期是采用模型法，以绕过"相角"问题。这只能"猜测"出一些简单无机物的结构。1934 年提出的帕特森法（Patterson method），仅使用结构振幅，巧妙绕过相角问题，而只确定分子内某个重原子的位置，然后再逐步逼近真实结构。这个方法当然只适合于含有重原子的化合物的结构解析。从 20 世纪 40 年代末起，直接法（direct methods）的研究开始发展。所谓"直接"，就是使用数学的统计和对比方法，从观测到的结构振幅直接推导出结构因子的相角。从 20 世纪 60 年代以来，众多直接法的算法和计算程序如雨后春笋般出现，伴随着计算机技术的飞速发展，它们具有功能强大、快速、自动化强等明显的巨大优势，以至于现在绝大多数的结构都是用直接法解出的。

在仪器技术方面，随着电荷耦合器件（charge coupled device，CCD）和映像板（image plate，IP）这类面探测器（area detector）的出现，收集衍射数据的时间已经缩短到只需要几小时。随着 X 射线光学器件的发展，X 射线管的功率已经从原来的追求大功率（从 3kW 发展到 18kW），转而改为减少到只需要几十瓦的功率。计算机硬件和软件的飞速发展，使得从衍射数据收集到结构的解析、精修及表达的大量计算和画图工作已经高度程序化和智能化。

2.5.1　帕特森法

既然无法得到结构因子，而只能得到结构振幅，那么，就利用结构振幅，模仿式（2.64），写出下列称为帕特森函数 $P(uvw)$ 的函数式：

$$P(uvw) = \frac{1}{V} \sum_h \sum_k \sum_l |F_{hkl}|^2 \exp[-i2\pi(hu + kv + lw)] \tag{2.70}$$

uvw 是空间参数，与 xyz 量纲相同。上式意味着：

$$P(uvw) = \frac{1}{V} T[|F_{hkl}|^2] = \frac{1}{V} T[F_{hkl} \cdot F_{hkl}^*] \tag{2.71}$$

T 表示傅里叶变换之意。

在数学上，有一种称为"卷积"的定义，即任何两个函数 $f(r)$ 和 $g(r)$ 的卷积 $c(u)$ 写作 $f(r) * g(r)$，其定义为

$$c(u) = f(r) * g(r) = \int_{\text{所有} r} f(r)g(u-r)\mathrm{d}r = \int_{\text{所有} r} f(u-r)g(r)\mathrm{d}r \tag{2.72}$$

卷积具有下列性质，即两个函数之积的傅里叶变换是这两个函数各自的傅里叶变换的卷积。据此性质，式（2.71）可以写成

$$P(uvw) = \frac{1}{V}[T(F_{hkl}) * T(F_{hkl}^*)] \tag{2.73}$$

此前，我们已知电子密度函数是结构因子的傅里叶变换，即

$$\rho(xyz) = \frac{1}{V} T(F_{hkl})，以及 \rho(\overline{x}\,\overline{y}\,\overline{z}) = \frac{1}{V} T(F_{hkl}^*)$$

所以有

$$P(uvw) = V[\rho(xyz) * \rho(\overline{xyz})]$$

$$= V\rho(\boldsymbol{r}) * \rho(-\boldsymbol{r})$$

$$= V\int_{\text{所有}r} \rho(\boldsymbol{r})\rho[\boldsymbol{u} - (-\boldsymbol{r})]\mathrm{d}\boldsymbol{r} \qquad (2.74)$$

$$= V\int_{\text{所有}r} \rho(\boldsymbol{r})\rho(\boldsymbol{u} + \boldsymbol{r})\mathrm{d}\boldsymbol{r}$$

$$= V\int_0^1\int_0^1\int_0^1 \rho(xyz)\rho(x+u, y+v, z+w)\mathrm{d}x\mathrm{d}y\mathrm{d}z$$

所以，帕特森函数是晶胞内 xyz 处的电子密度与 $x+u$，$y+v$，$z+w$ 处的电子密度的乘积的加合值。每当 uvw 等于晶胞内任何两个原子的坐标之差时，会出现一个帕特森峰。帕特森峰的高度与这两个原子的原子序数的乘积成正比。由同一套等效点系互相联系的两个原子所形成的帕特森峰称为哈克尔（Harker）峰。由两个重原子所形成的 Harker 峰的高度就特别高。所以，帕特森函数有利于发现重原子。以 $P2_1/c$ 空间群为例，若其一个不对称单位中，只有一个重原子，可以根据该空间群的一般位置等效点系，取其中某一个点的坐标与其他各点的坐标相减，得到其全部 Harker 峰的坐标。

表 2.8 中，"粗体字"就是那个重原子的 Harker 峰的位置。除了原点 Harker 峰外，最重的 Harker 峰应该是位于（**0，0.5+2y，0.5**）和（**2x，0.5，0.5+2z**），因为这两个峰在表中各出现两次。

表 2.8 $P2_1/c$ 空间群中的 Harker 峰

	x, y, z	$-x$, $-y$, $-z$	$-x$, 0.5+y, 0.5-z	x, 0.5-y, 0.5+z
x, y, z	**0**	$-2x$, $-2y$, $-2z$	$-2x$, 0.5, 0.5-$2z$	**0, 0.5-$2y$, 0.5**
$-x$, $-y$, $-z$	$2x$, $2y$, $2z$	**0**	**0, 0.5+$2y$, 0.5**	$2x$, 0.5, 0.5+$2z$
$-x$, 0.5+y, 0.5-z	$2x$, 0.5, 0.5+$2z$	**0, 0.5-$2y$, 0.5**	**0**	$2x$, $-2y$, $2z$
x, 0.5-y, 0.5+z	**0, 0.5+$2y$, 0.5**	$-2x$, 0.5, 0.5-$2z$	$-2x$, $2y$, $-2z$	**0**

在已经得到的帕特森峰图中，我们发现有两个最高的峰，其位置在（0.0000，0.7542，0.5000）和（0.8326，0.5000，0.9254）。所以我们能够判断：0.5+$2y$ = 0.7542，$2x$ = 0.8326，0.5+$2z$ = 0.9254。于是得到该重原子的坐标位置：x = 0.4163，y = (0.7542−0.5)/2 = 0.1271，z = (0.9254−0.5)/2 = 0.2127。

在成功得到重原子的位置后，再使用下面将提到的电子密度函数法，逐步得到完整的结构。

2.5.2 直接法[4, 5]

直接从结构振幅数据中所包含的信息推引出相角的方法称为直接法。在直接法中通常使用归一化结构因子（normalized structure factor）E_{hkl}。它的定义是

$$E_{hkl} = F_{hkl} / (\varepsilon_{hkl} \sum_j f_j^2)^{\frac{1}{2}} \tag{2.75}$$

式中，ε_{hkl} 是与对称性有关的整数，常见为 1，也有为 2、4 等。对于各点群中各类型衍射的 ε_{hkl} 值可从文献中查到，而且在结构解析程序中已自动使用了。

利用 E_{hkl} 代替 F_{hkl}，采用直接法推导某些衍射的相角比较方便。因为在实际晶体结构中，原子散射因子 f 是 $\sin\theta/\lambda$ 的函数，随着 $\sin\theta/\lambda$ 增大 f 减小。而 E_{hkl} 已经用 $(\varepsilon_{hkl} \sum_j f_j^2)^{\frac{1}{2}}$ 除，减少了这种影响，相当于一种点原子模型，因而更直接地反映了原子在晶胞中分布的结构因素，使问题简化。图 2.12 已示出正常的原子与理论的点原子的原子散射因子随 $\sin\theta/\lambda$ 变化的情况。

为了表达的简洁起见，下面都使用一个字母 h 代表一组衍射指标 $h_1k_1l_1$，用另一个字母 k 代表另一组衍射指标 $h_2k_2l_2$。

直接法有两个基本公式（推导从略）。

对于中心对称晶体而言，结构因子为实数，其相角或为 0 或为 π，即相角只有正负之别。此时存在以下两个重要公式。

（1）Σ_2 公式。

对于强度大的衍射

$$S(E_h) \approx S \sum_k E_k E_{h-k} \tag{2.76}$$

式中，S 表示相应衍射的归一化结构因子的正负号，符号"$\approx$"则表示该等式可能是正确的。

（2）概率函数公式。

估计每一个三重积关系 $S(E_h) \approx S(E_k) \cdot S(E_{h-k})$ 为正的可靠性概率为 P_+。

$$P_+(h,k,h-k) = 0.5 + 0.5\tanh[(N^{-\frac{1}{2}})|E_h E_k E_{h-k}|] \tag{2.77}$$

式中，N 是晶胞中原子的数目；$\tanh$ 为双曲线正切，即 $\tanh x = \dfrac{e^x - e^{-x}}{e^x + e^{-x}}$。

而 E_h 为正的概率则为

$$P_+(E_h) = 0.5 + 0.5\tanh[(N^{-\frac{1}{2}})|E_h|\sum_h E_k E_{h-k}] \tag{2.78}$$

对于非中心对称晶体而言，推导更复杂，但结论如下。

（1）Σ_2 公式。

$$\alpha_h \approx \alpha_k + \alpha_{h-k}$$

或者

$$\alpha_3 = \alpha_k + \alpha_{h-k} - \alpha_h \approx 0$$

（2）概率函数公式。

α_3 的分布概率为 $P(\alpha_3)$

$$P(\alpha_3) = \frac{1}{2\pi I_0 k} \exp(k \cos \alpha_3) \qquad (2.79)$$

而

$$k \propto |E_h||E_k||E_{h-k}| \qquad (2.80)$$

k 值越大，$\alpha_3=0$ 就越可靠。概率最大的相角值由正切公式计算：

$$\tan \alpha_h \approx \frac{\sum |E_k \cdot E_{h-k}| \sin(\alpha_k + \alpha_{h-k})}{\sum |E_k \cdot E_{h-k}| \cos(\alpha_k + \alpha_{h-k})} \qquad (2.81)$$

利用正切公式对相角关系式所推得的结果进行检验、修正，经多次循环，可使相角值越来越精确。

利用 Σ_2 关系和概率函数公式等推引出一部分绝对值较大的 E_h 的相角，用 E_h 作为傅里叶级数的系数，计算所得电子密度图，称为 E 图。

$$\rho_E(xyz) = \frac{1}{V} \sum_h \sum_k \sum_l E_{hkl} \exp[-i2\pi(hx + ky + lz)] \qquad (2.82)$$

在 E 图上往往能近似反映出晶胞中原子的分布。

利用直接法测定晶体结构通常包含下列步骤：

（1）计算出 E_{hkl} 值，并按大小排列。

（2）中心对称和非中心对称晶体 E 值强度的统计分布规律有差异，可据此按 E 值强度统计分布的差异，帮助判断晶体是否有对称中心。

（3）选择 3 个衍射，规定它们的相角以规定原点。对于非中心对称晶体再规定一个衍射的相角以规定对映体。此外，再选择几个衍射（它们或者是能够组成最多的 Σ_2 关系，或者是"断点"，即连一个 Σ_2 关系也组不成的衍射）规定它们的相角。由这些选定的衍射共同作为扩充相角的起点（称为起始套）。因为起始套的每个衍射点的相角是人为指定的：对于中心对称晶体，任意给定或为"＋"，或为"－"。对于非中心对称晶体，其相角按照 30°～50°间隔依次变动。所以起始套的套数非常巨大。但随着计算机能力的飞速提高，现在许多直接法程序已经可以运用更多的、随机产生相角的衍射点作为起始套，即随机起始套方法。

（4）利用三重积关系和概率公式推求约占总衍射数 10%的强度大的 E_{hkl} 的相角。因起始套规定的相角不同，将为 E_{hkl} 推出多种相角，即有多重解。

（5）大多数由随机起始套做相角扩展的尝试都会失败，即得不到正确的相角信息。在相角扩展过程中，不同的程序设计了多种诊断指标（figure of merit），用以判断解出正确结构的可能性的大小。

（6）采用诊断指标最佳的相角数据计算电子密度图，即 E 图。

（7）解释 E 图得结构模型，再用电子密度函数法进行扩充和修正，直到获得正确的结构。

现在已按直接法编制成多种计算程序，它们会一步接一步自动地进行计算，是现在晶体结构测定中最广泛使用的方法。

2.5.3　电子密度函数法

帕特森法、直接法，以及其他如同晶置换法（多用于蛋白质等大分子的结构测定）等，往往只能定出一部分原子的位置。这时，可使用电子密度函数法找到其余的原子并最终完成整个结构测定。

所用的基本公式是

$$\rho(xyz) = \frac{1}{V} \sum_h \sum_k \sum_l \left| F_{o,hkl} \right| \exp(i\alpha_{c,hkl}) \exp[-i2\pi(hx + ky + lz)] \quad (2.83)$$

$$\rho_\Delta(xyz) = \frac{1}{V} \sum_h \sum_k \sum_l (\left| F_{o,hkl} \right| - \left| F_{c,hkl} \right|) \exp(i\alpha_{c,hkl}) \exp[-i2\pi(hx + ky + lz)] \quad (2.84)$$

在上述两个公式中，下角标"o"代表观察值，即实测值。下角标"c"代表由直接法等获得的计算值。这些公式是使用了实测值和计算值进行加合，所以电子密度函数法又称傅里叶合成。

在得到的电子密度图 $\rho(xyz)$ 和差值电子密度图 $\rho_\Delta(xyz)$ 中会显现出其他尚未找到的原子。把它们加入到"观察值"中，利用最小二乘法进行精修后，再做新一轮傅里叶合成，几轮循环后，即可完成整个结构测定。这时，最后的差值电子密度图 $\rho_\Delta(xyz)$ 应该是"平坦的"，只是由于强度测量的误差及衍射点数目有限而在图中出现一些无规则分布的背景，而不会出现高峰或低谷。如果在差值图中出现高峰，说明在真实结构中应该有原子的位置上，在计算 F_c 所用的模型中没有放原子，或者所放的原子种类不对，模型中给的原子太轻。反之，差值图中出现低谷，说明在真实结构中该位置没有原子而模型中放了原子或者真实结构中有个较轻的原子，而模型中放了较重的原子，因而多减去了一些。

差值图常用于完成部分原子位置已知的结构。为此目的，把原子坐标位置比较确定的原子放在结构模型中计算 F_c，而把有争议的、不确定的原子不放在结构模型中，再根据差值图出现的高峰和低谷，提出新的结构模型。

图 2.29 展示了 $[Cu_2(ophen)_2]$ 的结构片段中非氢原子结构模型的傅里叶合成图 [图 2.29（a）]和差值傅里叶合成图[图 2.29（b）]。比较（a）和（b）这两个图，容易看出，在（a）图中难以找到的氢原子坐标，在（b）图中则比较容易找到。

图（b）中箭头所示的位置具有一定的电子密度，且几何位置（与相关碳原子的距离和角度）合适，可以指认为氢原子。在（b）图中至少可以找到 5 个氢原子的坐标。其他氢原子的坐标可以通过进一步精修（见 2.5.4 节），然后再次计算而得到的新一轮的差值傅里叶合成图中找到。总之，在获得部分已知结构之后，采用差值傅里叶合成容易获得未知的非氢原子和氢原子的坐标信息。

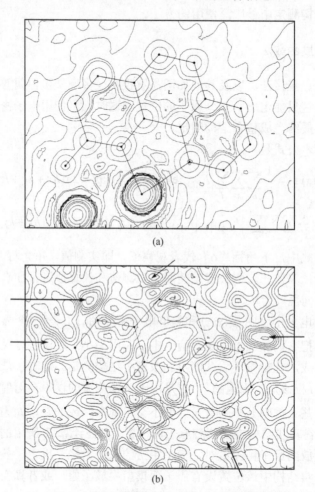

图 2.29　化合物[Cu$_2$（ophen）$_2$]的傅里叶合成图（a）和差值傅里叶合成图（b）

顺便说一句，因为氢原子只有 1 个核外电子，对 X 射线的散射能力最弱，因此，许多情况下常常难以找到氢原子的位置。这时可以采取"理论加氢"的方法，即按已有的大量实验总结出来的氢原子与其他原子的距离和角度的数据，人为指定氢原子的位置。

2.5.4　最小二乘方法结构精修

最小二乘方法（least-squares technique）是处理实验数据常用的标准的计算数学方法。在结构求解时每前进一步，都要使用。其适用条件是：获得的实验数据的数量远远超过待确定参数的数量（现在要求达到 10 倍）。对每一步得到的参数数值（包括独立原子的分数坐标、独立原子的各向同性或各向异性热参数、独立原子的占有率、整体比例因子）进行调整，从而改变计算的结构振幅的值，使计算的结构振幅与实际观察到的结构振幅之差的平方和达到最小。即

$$\sum_{hkl}\omega\Delta_1^2 = \sum_{hkl}\omega(|F_o|-|F_c|)^2 = 最小值 \tag{2.85}$$

$$\sum_{hkl}\omega'\Delta_2^2 = \sum_{hkl}\omega'(F_o^2 - F_c^2)^2 = 最小值 \tag{2.86}$$

式（2.85）称为基于 F_o 的精修。式（2.86）称为基于 F_o^2 的精修。后者的结果通常会更好。式中的 ω 和 ω' 是各衍射强度值的权重（weight）系数，对不同强度的衍射赋予不同的权重，以便让较精确测量到的数据在精修过程中发挥比其他数据更大的作用。

在最小二乘方法精修中，如果参数值的移动量越来越小，接近于零，那就是说最小二乘方法精修是收敛的、成功的。如果参数值的移动量越来越大，或时大时小，或者来回摆动，那就是说最小二乘方法精修是失败的，在结构解析的这一步所确定的结构模型一定有问题。

使用残差因子（residual factor，简称 R 因子）可以评估精修所得结构与"真实"结构的差异。传统的 R 因子的定义是

$$R = \frac{\sum_{hkl}\Delta_1}{\sum_{hkl}|F_o|} = \frac{\sum_{hkl}\|F_o|-|F_c\|}{\sum_{hkl}|F_o|} \tag{2.87}$$

此外，还有加权的 R 因子。基于 F_o 精修的加权 R 因子定义是

$$\omega R = \sqrt{\frac{\sum_{hkl}\omega\Delta_1^2}{\sum_{hkl}\omega F_o^2}} \tag{2.88}$$

基于 F_o^2 精修的加权 R 因子定义是

$$\omega R_2 = \sqrt{\frac{\sum_{hkl}\omega\Delta_2^2}{\sum_{hkl}\omega(F_o^2)^2}} = \sqrt{\frac{\sum_{hkl}\omega(F_o^2 - F_c^2)^2}{\sum_{hkl}\omega(F_o^2)^2}} \tag{2.89}$$

加权 R 因子可以比较灵敏地反映结构模型的微小改变。ωR_2 比 ωR 更为敏感。因为在式（2.89）中的各项均被乘方了，所以 ωR_2 的值通常是 ωR 值的 2~3 倍。数据好的结构一般可以精修到 ωR_2 值小于 0.15，而 ωR 和 R 值小于 0.05。

2.5.5 晶体结构的表达

1. 晶胞参数与分子式

晶体衍射测量过程中，最先得到的是晶胞参数数据。晶胞中分子式（或晶胞中化合物计量式）的数量用 Z 表示。Z 值与密度等参数有如下关系：

$$d_c = \frac{M_r \cdot Z}{V \cdot N_A} \quad \text{或者} \quad Z = \frac{V d_c}{1.6604 M_r} \tag{2.90}$$

式中，d_c 为用 X 射线衍射结果计算得到的密度；M_r 为分子量；V 为晶胞体积；N_A 为阿伏伽德罗常量（Avogadro 常量，$6.023 \times 10^{23} \text{mol}^{-1}$）。晶体的密度可以用许多简单的物理方法测定，也可用已知类似物估计。于是，Z 值作为一个整数，不难估计出来。有了 Z 值，就可以估计出晶胞中原子的数量。根据经验，一个非氢原子在晶体中平均占有约 17Å^3 的体积。所以有

$$Z = \frac{V}{17 \cdot M} \quad （M = \text{非氢原子数目}） \tag{2.91}$$

不难估计出这个晶胞能够容纳多少个非氢原子。这对于决定该样品是否值得去收集数据，或者在结构解析的初始阶段，都是很有帮助的。

2. 分子几何及结构图

晶体学中求得的原子坐标通常都是以分数坐标（fractional coordinates）表示，即 x，y，z 坐标分别以晶胞参数 a，b，c 作为单位。有了原子坐标的数值，利用立体几何的原理可以计算出任何两个原子之间的距离和角度。化合物分子内的键合作用有：共价键、离子键、配位键、金属-金属键和分子内氢键。而分子之间的作用有：氢键、金属-金属间的弱作用、芳香环间 π-π 堆积作用、范德华（van der Waals）作用等。各种键合作用的原子之间的距离是不同的。现有的程序根据已经积累的大量数据可以自动判断两个原子之间是否成键。但在一些场合还需要人工修改程序中的相关参数设置以计算某些必要的数据。这样就获得了原子或基团的连接次序、连接方式、键长键角等。此外，还可以获得更多数据，如人工指定的某些原子的共面性数据，即利用最小二乘拟合的方法，计算出所指定原子与最小二乘平面（least-squares plane）的距离。所有这些数据就确定了分子的构型（configuration）。

除了分子构型之外，还可以获知分子的构象（conformation），也即分子在不

改变原子的连接次序和键合性质的情况下在三维空间呈现的不同空间排布形状。例如，由 6 个碳原子形成的六元环可以呈现图 2.30 所示的不同构象。

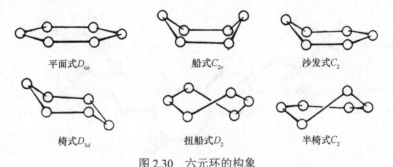

平面式D_{6h}　　　　船式C_{2v}　　　　沙发式C_2

椅式D_{3d}　　　　扭船式D_2　　　　半椅式C_2

图 2.30　六元环的构象

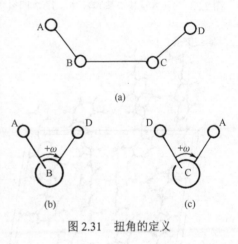

图 2.31　扭角的定义

在描述分子的构象时，经常使用两种角度参数。一个参数是扭角（torsion angle）。扭角是指依次排列的 4 个原子 A—B—C—D（图 2.31），当依 ABCD 顺序沿着中间的 B—C 键方向观看时，A 原子按顺时针方向扭动使与 D 重合所需要转动的角度为正值（$+\omega$）[图 2.31（b）]，而按逆时针方向需要转动的角度定位为负值。若依 DCBA 顺序沿 C—B 键观看时，D 原子顺时针方向扭动而与 A 原子重合所需要转动的角度依然是 $+\omega$ [图 2.31（c）]。ω 的取值范围在 $-180° \sim 180°$。

另一个参数是二面角（dihedral angle）（ϕ），它是指两个平面的法线间的夹角（图 2.32）。二面角的数值均为正数，其与扭角的关系为 $\phi = 180 - |\omega|$。

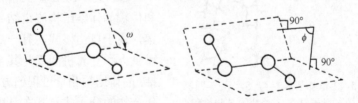

图 2.32　扭角 ω 和二面角 ϕ 的关系

除了晶体结构数据之外，还可以画出各种形式的结构图。图 2.33 是常见的椭球图。它把每个原子的热振动情况用位移参数画出的椭球直观地表达出来。每个原子的位移参数共有 6 个值：U_{11}，U_{22}，U_{33}，U_{23}，U_{13}，U_{12}。原子的最大振幅方向定为椭球的主轴，该方向的位移值用 U_{11} 表示。两个互相垂直的副轴均与主轴垂直，其位移值用 U_{22}、U_{33} 表示。这三个椭球轴相对于晶胞轴的定向用 U_{23}、U_{13}、U_{12} 表示。

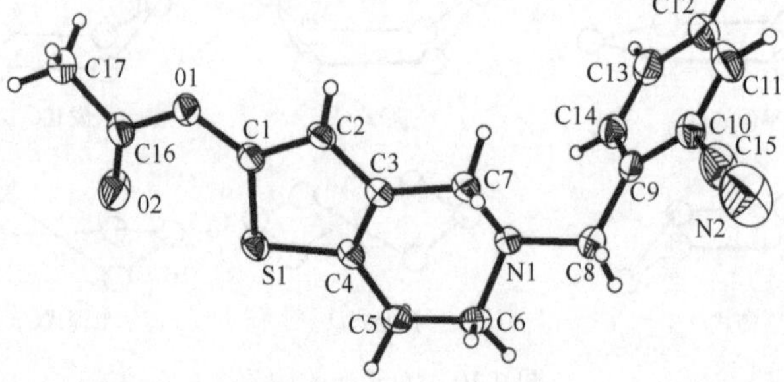

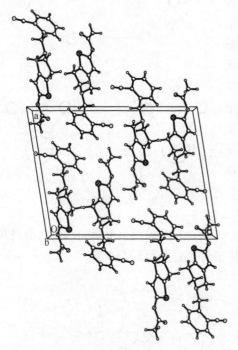

图 2.33 5-（2-氰基苄基）-4，5，6，7-四氢噻吩并[3，2-c]吡啶-2-基乙酸盐的分子结构椭球图

图 2.34 则表示分子在晶胞中的堆积情况。此外，根据描述结构的需要还有多种图形表达方式。

3. 晶体学信息文件、数据库及结构分析程序

自 20 世纪 90 年代初开始，为了方便晶体学数据通过计算机和因特网传输和存取，国际晶体学会建立了一套晶体学信息文件（crystallographic information file，简称 CIF）标准。

CIF 为 ASCII 码文件，用于记录和传输晶体学结构测定结果的数据档案，属于自由格式，有一定的弹性，可供人和计算机阅读。其主要内容包

图 2.34 5-（2-氰基苄基）- 4，5，6，7-四氢噻吩并[3，2-c]吡啶-2-基乙酸盐的晶胞堆积图

括：晶体结构测量过程的方法与参数、化合物的分子式及其在晶胞内容纳的个数（Z 值）、晶胞参数、空间群、全部原子的坐标及位移参数、键长、键角、扭角、表明精修结果质量的有关参数等。在最小二乘精修结构的最后阶段，在所使用的有关程序中加入相关指令，就可以自动产生"***.cif"文件。但该文件中的某些参数和文字还需要手工输入，如空间群的名称、晶体的尺寸和颜色、收集衍射数据时的温度（用绝对温度表示）、所使用的吸收校正方法、氢原子的定位方法、

结构解析和画图所使用的程序的名称等。

因为已经积累了大量晶体学数据，国际上建立了几个著名的晶体学数据中心。剑桥结构数据库（CSD）是由剑桥晶体学数据中心（Cambridge Crystallographic Data Centre，简称 CCDC）建立的。它只收集并提供具有 C—H 键的所有晶体结构，包括有机化合物、金属有机化合物、配位化合物的晶体结构数据。CCDC 可以为研究人员免费提供数据库中 CIF 格式的晶体结构数据。

另一个数据库是无机晶体结构数据库（The Inorganic Crystal Structure Database，简称 ICSD）。它只收集并提供除了金属和合金以外、不含 C—H 键的所有无机化合物的晶体结构信息。

为了进行单晶结构解析工作，晶体学家们编写了大量的计算程序。涉及实验数据的收集、还原与校正，确定晶胞参数和空间群，帕特森法和直接法，最小二乘精修，电子密度函数法，分子图形和分子堆积方式的各种不同表达（用以突出表现结构的特点），对结构分析结果质量的评定和检查等。各种程序越来越智能化，以便利于非晶体学家们使用。

本章仅提供了晶体结构解析用到的基本概念、基本公式和基本步骤。有了这些，就奠定了有利基础，便于去了解和使用上述各种程序去操作 X 射线单晶衍射仪收集衍射数据，去了解和使用结构解析程序完成晶体结构解析和表达以及对结果质量的评定和检查。当然，要真正能够独立完成这项工作，还必须经过进一步学习和不断实践。

2.6　多晶法测定聚合物晶体结构[7, 8]

2.6.1　概述

对聚合物材料的"鉴定"（identification）：即通过使用不同实验方法，获得衍射图（曲线），与已知聚合物衍射图进行比较，可使用 ICDD 数据卡检索，"鉴定"它们是何种聚合物材料，结晶或非晶、晶型、取向或非取向等。

而"测定"（determination）的目的和任务是：①晶体结构、晶胞大小形状，晶胞内容（原子种类、数目、位置等）；②聚集态结构：结晶、非晶、取向（度）、结晶度、微晶尺寸、晶格畸变、片晶厚度、长周期、电子云密度差、过渡层厚度等。

2.6.2　聚合物晶体衍射特点

1957 年 Keller 等发现许多聚合物可从溶液中生长出聚合物单晶体（0.1μm～数微米）。直到今天，由合成得到的聚合物获取的单晶体仍在这个数量级范围。但这个尺寸及其形态、结构，只能用电子显微镜和电子衍射法研究，不适于用 X 射线衍射。聚合物晶体 X 射线衍射，至少有下列几个特点。

（1）至今尚未能培养出 0.1mm 以上聚合物单晶（蛋白质高分子情况例外），故大多情况下采用多晶样品，一般采用多晶或无规取向、单轴、双轴取向聚合物材料。

（2）衍射角（2θ）增加，衍射斑点增宽，强度下降。因在聚合物晶体中共存有晶区及非晶区，微晶尺寸（crystallite size）一般<20nm。

（3）取向后衍射点（环）成为分立的弧。

（4）独立反射点少（十~几十个），无低分子解晶体结构的成熟方法可循，一般只能使用尝试法（trial and error method）。

2.6.3 聚合物晶体结构测定原理[6, 7, 9-11]

目前通过 X 射线衍射、电子衍射以及 FTIR、拉曼及电子计算机技术方法的发展，人们已积累了大量有关结晶聚合物的信息，但目前对于有关聚合物链堆砌、链排列、分子间相互作用本质的了解，以及对晶体结构的测定等，都是使用聚合物多晶材料（纤维、薄膜、薄板等），基本是使用尝试法，测定步骤如图 2.35 所示。对于低分子单晶体的结构测定，由于重原子法、直接法，以及其他统计方法的应用，这种尝试法已大有不必要的趋势。图 2.35 中箭头向上、向下数目，暗示了过程的复杂情况。

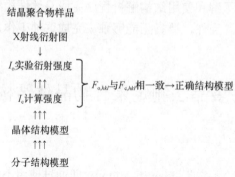

图 2.35　聚合物晶体结构分析步骤

研究者凭自己的"灵感"假定一个晶体结构模型，并根据实验结果不断修正，直至得到一个与实验结果相一致的结构，俗称为尝试法。必须强调指出的是不可能直接从实验结果给出晶体结构，只有通过研究者丰富的"想象力"（猜测）和大量艰苦的工作才可能得到。

Natta 和 Corradini 曾经建议过测定聚合物晶体结构的三个"规则"，试图使聚合物晶体结构测定工作有章可循。这三个规则如下：

（1）等价规则：假设在聚合物分子链轴上各单体单元，在晶体几何（空间）位置相同，如图 2.36 所示，下一个单体单元在晶胞中重复着上一个单体单元几何（空间）位置。

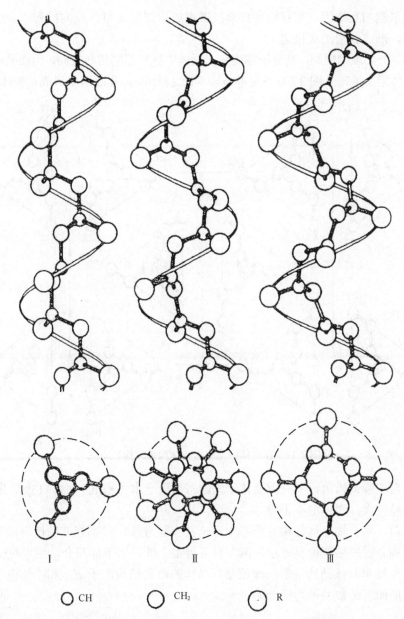

Ⅰ R=—CH₃，—C₂H₅，—CHCH₂CH₂CH₂CH(CH₃)₂，—OCH₂OCH₂OCH₂CH(CH₃)₂，—C₆H₅

Ⅱ R=—CH₂CHCH₃C₂H₅，—CH₂CH(CH₃)₂

Ⅲ R=—C–(CH₃)₂C₂H₅

图 2.36　具有不同侧基的等规立构聚合物可能具有的螺旋链类型

（2）能量最低规则：在晶体中对于一个沿着分子链轴取向的孤立链，分子内或分子间相互作用，假定是采取最低势能构象（见本书第 8 章文献[6]）。基于分子链间氢键相互作用，平行排列全部成键形成稳定的 α 型，反向排列部分成键势能稍高，形成 β 型，次稳定。

（3）分子堆砌规则：高分子螺旋链在晶体中具有相同扭转方向，则在晶体中形成对映体紧密堆砌（图 2.37）（见本书第 8 章文献[6]），在晶胞中形成对映体结构。

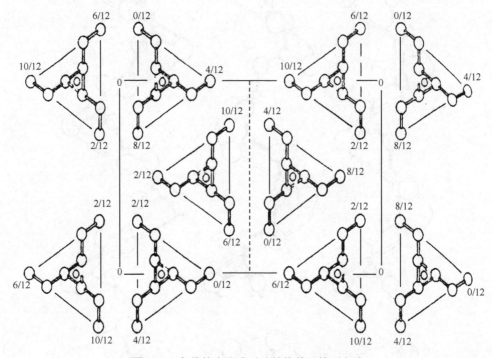

图 2.37　在晶体中形成对映结构单元排列方式

最后应强调指出，所获得晶体结构的密度大于本体密度 10%～15%，若两个数值相差较大，则模型不正确。

目前，聚合物晶体结构分析基本理论及实验方法，虽不能遵循使用低分子单晶体结构分析成熟理论及方法，但大有可借鉴之处，从下面简介，便可见一斑。

X 射线单晶体结构分析的理论是以晶体的衍射结构因子 F_{hkl} 和晶体电子云密度分布的如下函数关系为基础的

$$F_{hkl} = \phi \rho(x_j\, y_j\, z_j) = \sum_{j}^{n} f_j \exp\left[2\pi i\left(\frac{hx_j}{a} + \frac{ky_j}{b} + \frac{lz_j}{c}\right)\right] \qquad (2.92)$$

$$\rho(xyz) = \phi^{-1} F_{hkl} = \frac{1}{V} \sum_{h=-\infty}^{+\infty} \sum_{k=-\infty}^{+\infty} \sum_{l=-\infty}^{+\infty} F_{hkl} \cdot$$

$$\exp\left[-2\pi i\left(\frac{hx_j}{a} + \frac{ky_j}{b} + \frac{lz_j}{c}\right)\right] \qquad (2.93)$$

式中，n 为晶胞中原子数目；F_{hkl} 代表衍射指标为 hkl 的结构因子；$\rho(xyz)$ 代表衍射晶体电子云密度；x_j，y_j，z_j 代表第 j 个原子在晶胞中的坐标；ϕ 及 ϕ^{-1} 分别代表傅里叶的正变换和逆变换。从式（2.92）可知，结构因子是由晶体结构决定的，即由晶胞中原子的种类和原子的位置决定，原子的种类用原子散射因子 f_j 表示。衍射指标为 hkl 的衍射强度 I_{hkl} 正比于 F_{hkl} 和它的共轭复数 F_{hkl}^* 的乘积

$$I_{hkl} = K \cdot F_{hkl} \cdot F_{hkl}^* \qquad (2.94)$$

式中，K 为常数，它和所用晶体及具体实验条件有关。

由于从实验求得的衍射强度中一般只能引出结构振幅数据，位相角数据一般不易直接从强度数据中获得，这就是结构测定工作的主要困难。详细过程，可参照有关专著。

在实际工作中，尤其是对测定单晶体结构以外的内容而言，在大多数情况下，只测定 X 射线衍射强度即可。衍射强度的测定方法，分成照相法和计数器法两种。照相法有利于了解衍射图的全貌，计数器法有利于定量测定衍射强度。

聚合物晶体结构测定工作一般分为三个步骤：①单胞参数及空间群的确定；②单胞内原子或分子数的确定；③单胞内原子坐标的确定。这些步骤与测定低分子情况无本质差别。但在②中所谓分子数，对聚合物而言，就是化学结构或晶体结构重复单元数（见文献[7]表 1.1）。

1. 单胞参数及空间群的确定——圆筒底片法

先考虑采用由纤维照片确定单胞的方法，根据纤维照片层线间距，可确定沿纤维轴方向的纤维周期 I，即沿分子链方向的结晶主轴长，习惯上称为等同周期（identical period）。由图 2.38 及式（2.95）可以计算 I 值[图 2.38（c）]。

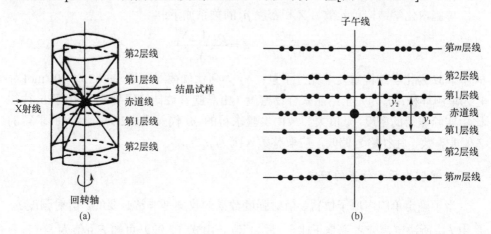

(a) (b)

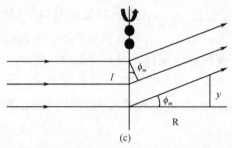

图 2.38　回旋晶体法形成衍射圆锥（a）、层线（b）及其等同周期的测定（c）

回旋晶体法可参见参考文献[7]的第五章

$$I\sin\phi_m = m\lambda, \quad m = 0, 1, 2, 3 \qquad \phi_m = \arctan S_m / R \qquad (2.95)$$

式中，ϕ_m 为 m 层线的仰角；S_m 为底片中从赤道线至 m 层线距离；R 为圆筒照相机半径。

其余 5 个常数可用尝试法决定。从照片各衍射点的位置可求得 θ 角（布拉格角），$2\sin\theta$ 或 $d_{(hkl)}$ 值可由布拉格公式算得，由这些数值可以确定单胞的大小和形状，如正交晶系（由 2.2.2 节知：$a \neq b \neq c$，$\alpha = \beta = \gamma = 90°$）

$$\left(\frac{2\sin\theta}{\lambda}\right)^2 = \left(\frac{1}{d_{(hkl)}}\right)^2 = \left(\frac{h}{a}\right)^2 + \left(\frac{k}{b}\right)^2 + \left(\frac{l}{c}\right)^2 \qquad (2.96)$$

由式（2.96）求出所有满足实验测得的 d 值的米勒指数的晶胞常数。若 c 为纤维轴，c 或 I 为已知，得到各衍射点的米勒指数时，某种米勒指数表现出系统不出现，这种现象称为消光规律，是由晶胞内原子排列对称性所引起。由晶体对称性及消光规律可确定空间群。消光规律与空间群的对应关系，可查阅文献[6]。

2. 单胞内化学结构重复单元的确定

单胞内化学结构单元数目 Z 和密度 ρ_c 的关系如下：

$$\rho_c = \frac{MZ}{N_A V}, \quad Z = \frac{\rho_c \cdot V \cdot N_A}{M} \qquad (2.97)$$

式中，M 为化学结构重复单元分子量；N_A 为阿伏伽德罗常量，$6.023 \times 10^{23} \text{mol}^{-1}$；$V$ 为单胞体积；ρ_c 为完全结晶聚合物密度（由晶胞参数计算得到）。但由于 ρ_c 往往比由实验测得的密度 ρ_s 值大，故由实验求得的 ρ_s 代入式（2.97）后，所求得的 Z 值非整数，往往略为偏低，应取整数（因为 $\rho_c > \rho_s$）。

3. 单胞内原子位置的确定

为了确定单胞内原子位置，衍射强度数据的收集是非常必要的。衍射强度 I_{hkl} 是由 F_{hkl} 所决定，或者说是正比于 $|F_{hkl}|^2$ 值。由式（2.92）可知 F_{hkl} 值为

$$F_{hkl} = \sum_j f_j \exp[2\pi i(h\frac{x_j}{a} + k\frac{y_j}{b} + l\frac{z_j}{c})]$$

而　　　　　　　　　　$$I_{hkl} \propto |F_{hkl}|^2 = K \cdot F_{hkl} \cdot F_{hkl}^*$$

f_j 是单胞内第 j 个原子的散射因子（或称原子结构因子），它与原子内电子数目分布及散射角有关。因此原子越重，f 就越大。所谓原子坐标，即电子云的重心位置。电子云密度分布 $\rho(xyz)$，用傅里叶级数表示为

$$\rho(xyz) = \frac{1}{V}\sum_{-\infty}^{+\infty}\sum\sum F_{hkl}\exp[-2\pi i(h\frac{x}{a} + k\frac{y}{b} + l\frac{z}{c})]$$

$$= \frac{1}{V}\sum_{-\infty}^{+\infty}\sum\sum |F_{hkl}|\cos[2\pi(\frac{hx}{a} + \frac{ky}{b} + \frac{lz}{c}) - \alpha_{hkl}] \tag{2.98}$$

式中，V 为单胞体积；α_{hkl} 为相角。

　　前面已经谈过衍射强度的测定有照相法和计数器法。前者是根据底片上衍射点黑度求得。由式（2.98）可知，如果 hkl 值已知，电子云密度分布即原子坐标可以求得。实验强度经若干修正后的平方根值，则等于 $|F_{hkl}|$ 值。由此可见，从实验求得的仅仅是 F_{hkl} 的绝对值，而相角的问题还不能得知。故从实验测得的强度不能直接求得 $\rho(xyz)$。解决相角的方法可用重原子法或直接法等多种方法，可以先解决部分（如 10%）强度较大的衍射的相角，通过电子云密度函数的计算，求出其他衍射的相角。由式（2.92）可知，F_{hkl} 与原子坐标有关。假定求得的原子坐标值合理，则由此计算出的 $|F_{c,hkl}|$，应与实验值 $|F_{o,hkl}|$ 相一致。尝试法所求得的结构正确与否，可用偏离因子（R 因子）作为大致判别的标准

$$R = \frac{\sum\left||F_{o,hkl}| - |F_{c,hkl}|\right|}{\sum|F_{o,hkl}|} \times 100\% \tag{2.99}$$

　　这是结构分析的最后精度，对复杂的低分子化合物，R 为 10% 左右；简单组成的化合物，为 4%～6%；聚合物为 15% 左右，一般即可认为求得的结构是正确的。表 2.9 列出了 R 因子的例子。

表 2.9　几个偏离因子（R 因子）的例子

化合物（头三个为低分子）	所决定因子数[*]	衍射点数	R/%
氰化乙烯	3（0）	365	4.8
环丙烷-1，1 二羧酸	30（12）	1669	4.9
对乙氧基苯甲酸乙酯	48（8）	1460	9.3
聚乙二酸乙二醇酯	12（6）	67	19
聚 α-羟基乙酸	5（1）	80	13
聚甲醛[**]	4（2）	95	8.8

*括号内为氢原子数目；**由三聚甲醛固相聚合得到单晶状聚甲醛。

若实测值 $F_{o,hkl}$ 与计算值 $F_{c,hkl}$ 完全符合时，则计算出的相角 α_{hkl}，可看作是正确的相角。得知相角后，由式（2.98）可计算出电子云密度，从而原子坐标也可求得。再根据化学知识，晶体对称性及一切可利用的线索，可以假设出初步的试探模型。

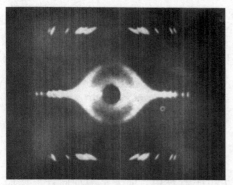

图 2.39 是用圆筒照相机摄取的取向聚乙烯试样的纤维图，可以看到上下为第一层线衍射。根据这个层线和赤道线之间的距离，使用公式（2.95）和图2.38（c），就可求出纤维的周期：$c = 0.2534\text{nm}$。

无取向聚乙烯X射线衍射图和饱和碳氢化合物非常相似，二者的结晶结构也相同，Bunn 参考了饱和碳氢化合物后，根据尝试法，可对赤道线及各层线进行指标化（结果列在表 2.10 中），由此得到聚乙烯晶

图 2.39　取向聚乙烯试样的纤维图
圆筒照相机，纤维轴上下方向，X 射线垂直纤维轴

胞常数（正交晶系）：$a = 0.740\text{nm}$，$b = 0.493\text{nm}$，$\alpha = \beta = \gamma = 90°$。

表中面间距的计算值，是由上述晶胞常数以式（2.96）计算求得。从表中可以看到测定值和计算值很一致。至于每个单胞中含有多少个化学结构单元—CH_2—CH_2—，可从其与密度的关系式（2.97）求得。

将聚乙烯由实验测得的密度值（0.970g/cm³）代入式（2.97）得

$$Z = \frac{0.970 \times 7.40 \times 4.93 \times 2.534 \times 10^{-24} \times 6.023 \times 10^{23}}{28.02} = 1.92 \approx 2$$

Z 必须是整数。对聚乙烯，若取 $Z = 2$ 计算，则 $\rho_c = 1.01\text{g/cm}^3$。此值之所以大于实验值，是因为在实际聚乙烯结晶中，不仅包含着分子链有序折叠晶区，还包含着分子链无序非晶区。根据消光规律，可以确定空间群。此后进一步求算原子坐标，再由原子坐标值，可计算出聚乙烯各峰的衍射强度。实验使用尝试法可使实验值与计算值尽可能一致（表 2.10）。图 2.40 为聚乙烯结晶结构模型。使用电子云密度分布图（图 2.41），可计算出原子坐标值。因 X 射线衍射仅仅是原子中的电子作用，从 X 射线衍射强度的测定结果，根据傅里叶级数变换可求得电子云密度状态分布图（图 2.41）。由图 2.40 可知，聚乙烯为平面锯齿形分子，分子链分别通过单位格子棱角及格子中央。聚乙烯锯齿形平面与 bc 面成 41°角倾斜，C—C 键长为 0.153nm，C—C—C 键角为 112°，锯齿的等同周期 $I = 0.253\text{nm}$。

综上所述，聚合物晶体结构的解析，与结晶的低分子物质相比，反射点数目较少，测定空间群及计算电子云密度分布困难较多。但是由于结构单元重复性，沿着链方向以共价键结合的链状聚合物，当测得纤维等同周期后，再来推测分子晶体结构是完全可能的。

　　图 2.42 是聚 α-羟基乙酸电子云密度分布图，图 2.43 是聚 α-羟基乙酸的纤维周期，实验测得纤维周期为 0.702nm。如果分子链以平面锯齿状结构伸展，图 2.43 以两个化学结构单元为立体重复单元，那么计算得到的纤维周期为 0.716nm，这与实验结果几乎一致。

表 2.10　聚乙烯 X 射线晶体结构分析数据[9]

测定值		计算值	hkl 衍射			其他晶面衍射		
2θ（°）	d（Å）	d（Å）	指数	测定强度	计算强度	指数	测定强度	计算强度
21.60	4.106	4.102	110	4400	4400			
24.08	3.696	3.696	200	1160	1165			
30.15	2.964	2.956	210	35	48			
36.42	2.467	2.467	020	100	226			
38.37	2.346	2.340	120	（10）	18			
40.04	2.252	2.254				011	105	73
40.99	2.202	2.203	310	100	248			
41.78	2.162	2.156				111	75	48
43.34	2.088	2.089				201	140	94
43.89	2.063	2.050	220	70	175			
47.22	1.925	2.924				211	70	60
49.37	1.846	1.848	400	（5）	41			
53.26	1.720	1.720	320 410	（5）	56	121	20	161
55.17	1.665	1.663				311	10	134
57.69	1.598	1.596	130	（2）	28	221	（3）	35
61.91	1.499	1.502	230	（1）	20			
63.05	1.434	1.435	510	（0）	9	321, 411	（3）	（56）
67.87	1.381	1.379	330	（0）	9	031	（2）	67
73.14	1.294	1.292				231	（2）	89
74.96	1.267	1.267	520	（0）	28	002	（3）	36
77.11	1.237	1.236	040 600	（0）	1	511	（2）	103
79.16	1.210	1.210				112	（5）	108
86.71	1.123	1.127				022	（<1）	34
89.20	1.098	1.098	530			312	（1）	61

注：括号内数据是目测强度，其他数据用光度计测定。

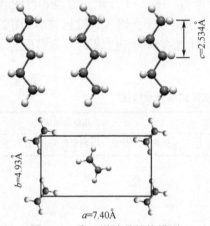

图 2.40　聚乙烯结晶结构模型

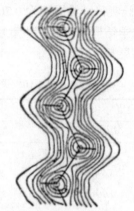

图 2.41　聚乙烯电子云密度分布图

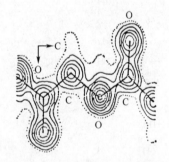

图 2.42　聚 α-羟基乙酸电子云密度分布图

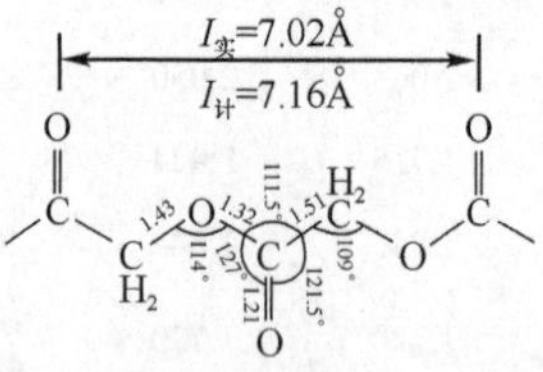

图 2.43　聚 α-羟基乙酸的纤维周期
键长的单位为 Å

尼龙 1010 是我国独创的一种工程塑料品种，它的重复单元结构为

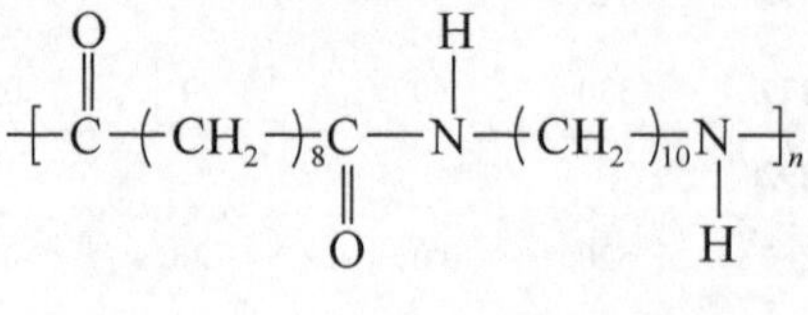

$$+ \overset{\overset{\displaystyle O}{\parallel}}{C} + CH_2 \xrightarrow{}_8 \overset{\overset{\displaystyle O}{\parallel}}{C} - N - (CH_2)_{10} - N +_n$$

它在精密机械零件、仪表制造、家用电器、航空等方面代替金属制品使用已日渐增多，使用大角 X 射线衍射（WAXD）方法测定尼龙 1010 的结晶结构及聚集态结构，结果如图 2.44 所示。

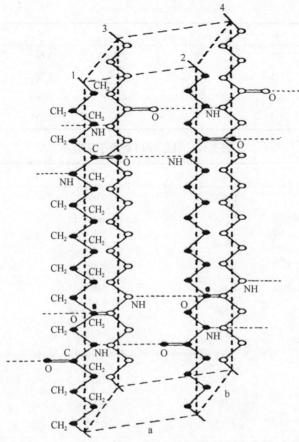

图 2.44 尼龙 1010 的晶体结构[12-15]

尼龙 1010 晶体结构数据、原子坐标、键长、键角见表 2.11～表 2.14。

表 2.11 尼龙 1010 观察和计算的衍射强度与面间距

n	hkl	I/I_0	I/I_c	d_0	d_c
1	100，$\bar{1}$00	50	21	4.437	4.363
2	010，0$\bar{1}$0	44	50	3.720	3.724
3	002	13	5	10.272	10.385
4	014	11	2	2.386	2.390
5	214	10	1	2.417	
6	115	10	0	2.220	
7	203	9	1	2.013	
8	110	8	24	3.693	3.660
9	220	8	6	1.832	1.830

n	hkl	I/I_0	I/I_c	d_0	d_c
10	205	6	1	1.846	
11	125	5	1	1.760	1.760
12	115	3	2	1.749	
13	216	3	1	1.303	

表 2.12 尼龙 1010 的原子坐标

原子	X	Y	Z
C1	0.388	0.036	0.036
C2	0.586	−0.032	0.084
C3	0.380	0.035	0.129
C4	0.582	−0.027	0.175
C5	0.362	0.031	0.303
C6	0.586	−0.029	0.345
C7	0.359	0.036	0.389
C8	0.619	−0.036	0.432
C9	0.393	0.037	0.475
C	0.359	0.039	0.219
O	0.102	0.020	0.230
N	0.592	−0.035	0.261

表 2.13 键长（nm）

O—C	0.1260	C3—C4	0.1557	C6—C7	0.1559
N—C	0.1550	C—C4	0.1561	C7—C8	0.1693
C1—C2	0.1567	C5—N	0.1549	C8—C9	0.1553
C2—C3	0.1557	C5—C6	0.1560	C9—C9'	0.1701

表 2.14 键角（°）

C1—C2—C3	110.7	C4—C—N	98.9	C5—C6—C7	100.2
C2—C3—C4	109.6	C—N—C5	96.5	C6—C7—C8	96.9
C3—C4—C	105.8	N—C5—C6	99.0	C7—C8—C9	97.2

参 考 文 献

[1] 周公度，郭可信. 晶体和准晶体的衍射. 北京：北京大学出版社，1999.

[2] 王英华. 晶体学导论. 北京：清华大学出版社，1989.

[3] Hukins D W L. X-ray Diffraction by Disordered and Ordered Systems. New York：Pergamon Press，1981.

[4] 陈小明，蔡继文. 单晶结构分析原理与实践. 北京：科学出版社，2003.

[5] 马哲生，施倪承. X 射线晶体学-晶体结构分析基本理论及实验技术. 北京：中国地质大学出版社，1995.

[6] Hahn T. International Tables for Crystallography，Vol A：Space Group Symmetry. 2nd revised ed. Dordrecht：Kluwer Academic Publishers，1987.

[7] 莫志深，张宏放，张吉东. 晶态聚合物结构和 X 射线衍射. 北京：科学出版社，2010.

[8] 梁敬魁. 粉末衍射法测定晶体结构. 北京：科学出版社，2003.

[9] Bunn C W. Trans Faraday Soc，1939，35：482-487.

[10] 梁敬魁. 粉末衍射法测定晶体结构（上，下册）. 北京：科学出版社，2003.

[11] McPherson A. Introduction to Macromolecular Crystallography. New Jersey：John Wiley and Sons，Inc，2003.

[12] Mo Z S，Meng Q B，Feng J H，et al. Polym Int，1993，32（1）：53-60.

[13] Mo Z S，Lee K B，Moon Y B，et al. J Macromolecules，1985，18：1972-1977.

[14] Wang S，Wang J Z，Zhang H F，et al. Macromol Chem Phys，1996，197：4079-4097.

[15] Liu T X，Mo Z S，Wang S E，et al. Macromol Rapid Commun，1997，18：23-30.

（姚心侃　莫志深）

第3章 晶态聚合物的红外光谱分析

振动光谱是表征聚合物化学和物理特性最常用的重要物理方法之一。由实验测得的红外和拉曼光谱可以获得聚合物结构单元的组成、支化类型、端基，添加剂和杂质的化学结构、顺反异构和立体规整性的立体有序，平面折叠或螺旋构象的构象有序，片晶、介晶和无定形的三维有序，单胞中分子链的数目，分子内和分子间的相互作用力场，片晶的厚度以及分子链的取向等大量信息。光谱测量不受样品的状态、外界环境的温度和压力的限制，可以进行原位非破坏性分析，利用时间分辨光谱可以获得变化范围很大的动态过程的结构与化学信息，因而在聚合物的研究、工业生产与应用中备受重视[1-6]。

振动光谱的解析可分为理论分析与经验规律两种。前者以分子几何构型或聚集态几何形状以及原子和分子间的相互作用力场模型为基础，通过计算对实验所得的谱带进行归属，可以得到分子内和分子间相互作用大小的信息，从微观本质解释聚合物的物理化学特性，而后者以经验总结的基团频率为依据，可以获得聚合物的化学组成、构型、构象和结晶度等结构信息。

研究分子振动的方法主要有红外光谱、拉曼光谱和非弹性中子散射，此外从电子光谱，如紫外可见光谱、荧光或磷光光谱和光电子能谱的超精细结构的分析中也可获得分子振动能级的信息，新近发展起来的非弹性电子调谐光谱和电子能量损失光谱也可用于分子振动的研究。然而考虑目前仪器的价格以及振动信息的丰富性和易取性，最常用的还是红外光谱与拉曼光谱，尤其是前者的应用更为广泛和方便。

红外光谱是通过测量样品对连续波长的红外光的吸收得到的光谱。红外光为介于可见光和微波区之间的电磁波，按波数（或波长）的不同可划分为近红外、中红外和远红外。一般的红外光谱主要是指中红外，其波长范围是 2.5～25 μm，对应的波数范围是 4000～400 cm^{-1}。光谱提供的信息主要有谱带频率 ν、强度 I 和半宽 γ。ν 是光谱图的横坐标，常用波数（cm^{-1}）表示。I 是光谱图的纵坐标，常用吸光度 A 或透光率 T 表示，$A = \lg(1/T)$。在一般应用中，使用吸收带的峰值强度，但具有理论意义的还是所谓面积强度，即吸收带所包围的面积。γ 是谱带峰值高度一半处的谱宽，单位也为 cm^{-1}。振动的位相和谱带形状也可用作谱带参数，特别是后者，对于谱带的归属很有用，但对聚合物分析不太重要，而前者仍在研究中，尚未得到普遍应用。关于应用振动光谱对聚合物进行结构分析已经有大量的文献报道和专著[1-7]。本章以一些半结晶性聚合物为例，从聚合物的晶型结构、晶体熔融行为、晶体结晶度和取向、结晶动力学、聚合物相变和显微红外分析等方面，讨论红外光谱在聚合物结晶研究中的应用。

3.1 晶型结构的确定

红外光谱是确定分子组成和结构的有力工具,根据物质红外光谱中吸收峰的位置、强度和形状,可以确定该物质分子中包含的基团、结构及其含量。结晶聚合物的红外光谱由于大分子的规整结构而变得复杂。Zerbi 等[8]将红外谱带分为四类:构象谱带、立构规整谱带、构象规整谱带和结晶谱带。构象谱带与高分子链重复单元基团的一定构象形式有关。立构规整谱带和分子链的一定构型有关。构象规整谱带来源于高分子链内相邻基团间的振动偶合,和长的构象规整链段有关。结晶谱带来源于晶胞中相邻分子链之间的相互作用,与分子链排列的三维长程有序有关。如果晶胞含有两条或更多条分子链,则这些分子链振动的偶合引起吸收带的分裂。结晶谱带的分裂程度取决于分子间偶合的程度,若偶合很弱则可能观察不到谱带的分裂;若分子链的堆砌较为密集,如结晶聚乙烯具有较高的密度,分子间范德华力增加,因此可以观察到它的结晶谱带的分裂。构象谱带与立构规整谱带仅与具有一定构象和构型的单独基团的振动有关,而构象规整谱带和结晶谱带取决于分子内和分子间的相互作用,与聚合物链的一维和三维长程有序有关。

很多聚合物具有复杂的多晶型结构,如间规聚苯乙烯(sPS)[9, 10]、间规聚丙烯(sPP)[11]、聚左旋乳酸(PLLA)[12]、纤维素[13]等,各种晶型的生成强烈依赖于温度、溶剂等外界条件。以 sPS 为例,它具有复杂的同质多晶现象[9]和晶型转变行为[10]。sPS 与无规聚苯乙烯(aPS)和等规聚苯乙烯(iPS)结晶性能的不同,主要由于分子链规整性的不同引起[14]。sPS 含有五种稳定的晶型:α、β、γ、δ 和 ε,以及两种介晶态[15],其中平面锯齿构象的 α 和 β 型晶体主要通过控制温度从熔体结晶形成,而具有螺旋构象的 γ、δ 和 ε 型晶体则是在溶剂的作用下通过溶液结晶而获得。

不同晶型的 sPS 在振动吸收光谱中有不同的吸收谱峰[16]。sPS 在振动光谱中各基团的振动模式与吸收峰在理论上可用简正振动的方法进行分析确定[17],其方法是将一套对称坐标和力常数应用于侧基苯环,而主链力常数则从烷烃导出(与聚乙烯和聚丙烯的相类似)。在红外谱图中,1505cm^{-1} 和 1323cm^{-1} 谱带为 CH 面内弯曲和 CC 伸缩振动所贡献,1200~900cm^{-1} 区间谱带通常是主链的骨架振动所贡献。1222cm^{-1} 处的吸收峰代表平面锯齿形构象的存在,在无定形和等规聚苯乙烯的谱图中不出现。这个谱带的跃迁偶极矩平行于链轴,可以指认为 CH$_2$、CH 基团和 CC 骨架伸缩振动,属于 B$_1$ 对称类。位于 1028cm^{-1} 处的振动包含有苯环 CC 伸缩振动、CH 面内弯曲振动和苯环扭曲振动,此峰对链的排列方式非常敏感。1000cm^{-1} 以下区域的谱带归属为苯环的 CH 面外弯曲振动和苯环的扭曲振动,它们位于 911cm^{-1}、759cm^{-1}、696cm^{-1} 和 536cm^{-1},也属于 B$_1$ 对称类,这些谱带为平行取向的谱带。911cm^{-1} 和 841cm^{-1} 主要由单取代苯环的 CH 面外弯曲振动所贡献。振动频率在 600～500cm^{-1} 处的峰反映的是相邻苯环带局部骨架构象，538cm^{-1} 为长序列单体单元构成的反式构象，只与平行偏振有关，在垂直偏振中完全消失。sPS 各位置的谱带归属如下[17, 18]：1602、1452、1384、1350、1113 和 976（单位为 cm^{-1}）是对构象不敏感的谱带；1494、1437、1377、1275、1181、1154、1079、1069、1029、1002、964、945、933、905、841、768、750、538 和 536（单位为 cm^{-1}）是非晶谱带；1585、1493、1375、1333、1276、1183、1156、1069、1031、1028、964、940 和 541（单位为 cm^{-1}）是全反式（α 和 β）构象的谱带；1445、1374、1333、1222、1182、1094、1083、1004、901、851、766 和 751（单位为 cm^{-1}）是 α 晶谱带；1442、1372、1336、1224、1182、1091、1086、1003、911、858、763 和 754（单位为 cm^{-1}）是 β 晶谱带。1353、1277、1168、943、934、571、548、536、514 和 502（单位为 cm^{-1}）是 TTGG 构象的特征峰。

3.2　结晶度分析

在材料的制备和应用过程中，结晶度是决定材料性能的一个很重要的特性。结晶性聚合物通常是晶区与非晶区共存，在晶区内分子链间可能存在较强的相互作用，其物理性能与非晶态聚合物有很大差异。

聚合物的结晶度可以表示为结晶部分占整个聚合物的比例，即

$$C = \frac{m_c}{m_c + m_a} \times 100\% \tag{3.1}$$

式中，m_c 为样品中结晶部分的质量；m_a 为样品中非晶部分的质量。

在聚合物的红外光谱图中，各谱带对应着不同的结构，可以根据相应的特征谱带判定高聚物的晶体结构及结晶度。晶带和非晶谱带都能反映结晶过程。随着结晶的进行，聚合物中的非晶链段规整排列，非晶链段数量逐渐减少，转换为有序排列的晶区，结晶度逐渐增加，在红外谱图中表现为非晶谱带的强度逐渐减小，而晶带的强度逐渐增大。在大部分聚合物中，晶带的强度与结晶度存在线性的关系。红外谱图中结晶度的计算，一般选用对结构变化敏感的晶带和非晶带作为分析谱带。

根据 Lambert-Beer 定律，样品中晶带和非晶带的峰强度可以表示为

$$A_c = \varepsilon_c l_c c_c \tag{3.2}$$

$$A_a = \varepsilon_a l_a c_a \tag{3.3}$$

式中，A_c 和 A_a 分别为晶带和非晶带的吸收强度，一般为吸收峰面积或者峰高。如果晶带和非晶谱带相重叠，需要进行分峰拟合处理，求出各自相应的强度大小。ε_c 和 ε_a 为晶带和非晶带的吸收系数。l_c 和 l_a 为样品的厚度，在同一样品中，两者数

值相等；c_c 和 c_a 为测量区域中晶区和非晶区的浓度。

式（3.1）中的 m_c 和 m_a 可用 c_c 和 c_a 替换，则式（3.1）可转换为

$$C = \frac{A_c}{A_c + \alpha A_a} \times 100\% \tag{3.4}$$

式中，α 为晶带吸收系数与非晶带吸收系数的比值（$\varepsilon_c/\varepsilon_a$）。一般来说，结晶谱带比较尖锐，强度比较大，而非晶谱带一般比较弱，两者的峰强度的变化数值大小不相等。

将式（3.2）～式（3.4）进行变换，可得

$$A_c = \varepsilon_c l_c c - \alpha A_a \tag{3.5}$$

式中，c 为晶相和非晶相的浓度（或质量）之和（$c = c_c + c_a$）。从式（3.5）可以看出，A_c 和 A_a 存在线性关系，将实验过程中所测得的 A_c 与 A_a 作图，从其斜率可求出系数 α。系数 α 还可通过同一样品在结晶前后结晶谱带和非晶谱带强度变化的比值而获得：

$$\alpha = \left| \frac{\Delta A_c}{\Delta A_a} \right| \tag{3.6}$$

在聚合物的红外谱图中，有时很难找到纯粹的结晶谱带。如果选用的谱带不是真正的晶带，而是与结晶结构特征相关的谱带，可先测定其与内标谱带的强度比，再用其他方法如 DSC、XRD、密度法等测量获得同一样品的结晶度，建立谱带强度比与结晶度的关系，之后即可利用这个关系通过红外分析确定该聚合物未知样品的结晶度。

因此，根据谱图中各谱带所具有的结构特征，在图谱中找出相应的晶带和非晶谱带以及这些谱带吸收强度之间的关系，可以确定聚合物的结晶度。下面以聚乙烯（PE）[19]、间规聚苯乙烯（sPS）[20, 21]、聚己内酯（PCL）[22]、纤维素[13]等几种聚合物为例介绍红外光谱分析聚合物结晶度的方法。

3.2.1　聚乙烯

对于正交晶系的 PE 而言，在 750～690cm^{-1} 区间内，731cm^{-1} 和 719cm^{-1} 处的谱带属于晶带，是 CH_2 基团面内摇摆振动由于晶胞中两条分子链间的相互作用导致的分裂，而 723cm^{-1} 处的谱带属于非晶谱带[23]。PE 的结晶度可以用公式（3.7）来计算[19]：

$$C = \frac{A_{731} + A_{719}}{A_{731} + A_{719} + \alpha A_{723}} \times 100\% \tag{3.7}$$

式中，A_{731}、A_{719}、A_{723} 分别表示 731cm^{-1}、719cm^{-1} 和 723cm^{-1} 处谱带的峰面积。在红外谱图上，晶带 719cm^{-1} 和 731cm^{-1} 与非晶谱带 723cm^{-1} 相互叠加在一起，可

用软件对谱图进行分峰拟合而求得各谱带的峰面积。拟合过程中，预设的峰位置和半峰宽对拟合结果影响很大。719cm^{-1} 和 731cm^{-1} 的半峰宽一般为 2cm^{-1}，而 723cm^{-1} 的半峰宽约为 20cm^{-1}[19]。α 代表晶带与非晶谱带的吸收系数比值，其值一般为 1.2[19]。

3.2.2　间规聚苯乙烯

在 sPS 红外谱图的 940～820cm^{-1} 区间内，α 型晶体和 β 型晶体都有其特征的吸收谱带。非晶相的吸收峰位于 905cm^{-1} 和 841cm^{-1}，α 型晶体的特征吸收在 901cm^{-1} 和 851cm^{-1}，β 型晶体的特征吸收在 911cm^{-1} 和 858cm^{-1}。α 型晶体和 β 型晶体的结晶度可用如下公式来计算[20]：

$$C_\alpha = \frac{A_{851} / \alpha_\alpha}{A_{841} + A_{851} / \alpha_\alpha + A_{858} / \alpha_\beta} \times 100\% \qquad (3.8)$$

$$C_\beta = \frac{A_{858} / \alpha_\beta}{A_{841} + A_{851} / \alpha_\alpha + A_{858} / \alpha_\beta} \times 100\% \qquad (3.9)$$

式中，C_α 和 C_β 分别表示 α 型和 β 型晶体的结晶度，A_{841}、A_{851}、A_{858} 分别为位于 841cm^{-1}、851cm^{-1} 和 858cm^{-1} 的非晶、α 型晶体和 β 型晶体的特征吸收峰面积，换算系数 α_α 和 α_β 分别为 A_{851}/A_{841} 和 A_{858}/A_{841} 谱带吸收系数比值，实验测得分别为 0.178 和 0.272[20]。

也可以通过拉曼光谱确定 sPS 的结晶度。在拉曼谱图中，773cm^{-1} 为 sPS 的全反式构象峰，其相对面积 A_{773} 与全反式构型的链段含量成正比。A_{796} 为样品中非反式构型的非晶峰在 796cm^{-1} 的积分强度。在熔融的 sPS 中，仍然残留约 12% 的全反式构象在非晶组分中，而此峰在拉曼谱图中位于 777cm^{-1} 处。故在计算过程中，应将其面积减去。据此，用拉曼谱图计算全反式构象样品的结晶度的方法如下[21]：

$$C = \frac{A_{773} - A_{777}^{\text{melt}}}{A_{773} + A_{796}} \qquad (3.10)$$

3.2.3　聚己内酯

在聚己内酯（PCL）的红外光谱中，可以利用位于 1850～1600cm^{-1} 区域内的酯羰基（C＝O）伸缩振动谱带分析其结晶度。其中 1724cm^{-1} 为晶带，1736cm^{-1} 为非晶谱带，二者相互重叠，需通过分峰拟合获得各自的峰面积，其结晶度可由以下公式得到[22]：

$$C = \frac{A_{1724}}{A_{1724} + 1.46 A_{1736}} \qquad (3.11)$$

式中，A_{1724} 与 A_{1736} 分别为结晶与非晶峰的面积；系数 1.46 为晶带 1724cm^{-1} 与非晶谱带 1736cm^{-1} 的吸收系数比值，是利用变温红外光谱跟踪 PCL 从熔体结晶过程中两个峰面积变化的关系得到的。

3.2.4　纤维素

天然高分子纤维素存在不同的晶型。Nelson 和 O'Connor 研究了不同晶型纤维素的红外光谱，发现其位于 1372cm^{-1} 的 CH 弯曲振动谱带与结晶度密切相关，于是提出以位于～2900cm^{-1} 的 CH 和 CH$_2$ 伸缩振动谱带作为内标，用下列结晶指数公式来计算纤维素的结晶度[13]：

$$C = \frac{A_{1372}}{A_{2900}} \qquad (3.12)$$

该公式可用来计算纤维素 Ⅰ、Ⅱ 以及丝光纤维素的相对结晶度，得到的结晶度结果与 X 射线衍射法和密度法得到的结果一致。

3.3　晶体的熔融过程

3.3.1　等规聚丙烯

不同的构象规整谱带对应着聚合物分子链中不同的有序性。在晶体熔融过程中，有序性越高的谱带，在熔融时越早消失，因此可以通过跟踪熔融过程中谱带的变化顺序来确定构象规整谱带有序性的高低。下面以等规聚丙烯（iPP）为例，讨论晶体熔融过程中构象规整谱带的变化及其有序性。

采用不同的内标谱带，iPP 的等规度有不同的计算方法。研究发现位于 997cm^{-1}、841cm^{-1} 和 808cm^{-1} 的谱带，其吸收峰强度与结晶度呈线性关系，表明这些谱带与晶区结构相关[24,25]，但是 Zerbi 等[8]认为，在中红外区不存在对三维长程有序敏感的结晶谱带，只有构象谱带和构象规整谱带。通常用来表征 iPP 的谱带是构象规整谱带，它只与单链的规整构象有关，且在熔融过程中会逐渐消失。

iPP 的大分子链具有 3$_1$ 螺旋结构（TGTG），在其红外谱图中位于 1330cm^{-1}、1303cm^{-1}、1220cm^{-1}、1167cm^{-1}、1100cm^{-1}、998cm^{-1}、940cm^{-1}、900cm^{-1}、841cm^{-1} 和 808cm^{-1} 的吸收峰属于构象规整谱带，与等规序列的不同螺旋长度密切相关。早期 Kissin 等[26]合成了不同组成的丙烯和氘代丙烯的共聚物并研究了其红外光谱与共聚物组成的关系，认为 973cm^{-1} 谱带对应于含有至少 5 个重复单元的螺旋结构，而 998cm^{-1} 和 841cm^{-1} 谱带对应的螺旋结构中含有的重复单元个数分别为 11～12 和 13～15。Hendra 等[27]则认为 iPP 在～135℃存在一个结构转变，并根据谱带的温度系数在该转变前后的差值大小提出构象规整谱带对应的结构有序程度递增次序为：998cm⁻¹、1168cm⁻¹、900cm⁻¹、1256cm⁻¹、809cm⁻¹、841cm⁻¹、1220cm⁻¹。

　　为了解决这些争议，朱新远等[28]采用变温 FTIR 研究 *iPP* 的升温熔融过程，以每 4s 一幅谱图的速率连续扫描，原位跟踪各构象规整谱带随温度的变化情况（图 3.1）。他们发现在加热过程中，940cm⁻¹ 谱带首先消失，说明 940cm⁻¹ 为具有较高有序性的构象规整谱带；之后 1220cm⁻¹、1167cm⁻¹、1303cm⁻¹、1330cm⁻¹ 和 841cm⁻¹ 谱带先后依次消失；尽管在 210℃ 时 998cm⁻¹ 仍然存在，但其强度很弱；900cm⁻¹ 和 808cm⁻¹ 谱带在加热过程中仍然较强，但前者的强度比后者下降得更快。在整个升温过程中，973cm⁻¹ 谱带强度基本保持不变，这个谱带不仅与聚丙烯重复结构单元的头、尾序列有关，而且还反映了较短等规螺旋序列的存在[29]。根据这些谱带的相对强度随温度变化的次序，各构象规整谱带对应的结构有序性按以下顺序递减：940cm⁻¹、1220cm⁻¹、1167cm⁻¹、1303cm⁻¹、1330cm⁻¹、841cm⁻¹、998cm⁻¹、900cm⁻¹、808cm⁻¹、1100cm⁻¹ 和 973cm⁻¹。

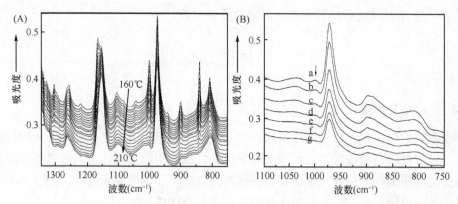

图 3.1 　（A）*iPP* 的变温红外光谱（升温速率 10℃/min）；（B）*iPP* 加热至 210℃（升温速率 10℃/min）时部分有序熔体的红外光谱随停留时间的变化：a. 0min；b. 1min；c. 2min；d. 3min；e. 4min；f. 5min；g. 10min。复制于文献[28]

　　另外，他们还发现，当温度高于 *iPP* 的熔点时（161℃），许多构象规整谱带依然存在，说明熔体中仍存在相当一部分螺旋规整序列。这种熔体的构象有序程度远低于晶体，但比无扰平衡状态时高。图 3.1（B）为 *iPP* 以 10℃/min 加热至 210℃后保持不同时间的红外光谱，可以看出 998cm⁻¹ 谱带的吸收强度随停留时间的延长而逐渐降低，大约 10min 后才完全消失。说明构象熔体的有序程度随熔融时间的延长而逐步降低，这也会导致不同熔融时间对应的构象有序熔体有不同的结晶行为。

3.3.2　聚噻吩

　　聚噻吩是一种典型的共轭高分子，具有优异的溶液加工性和电荷传输性能以及多样的合成方法等优点，被广泛地应用于场效应晶体管、发光二极管、太阳能电池、化学传感器等领域[30]。基于聚噻吩的光电器件的性能不仅由分子的组成决定，而且与加工过程中形成的微结构密切相关，热退火处理能显著提高这些基于聚噻吩的器件的性能，这引起了人们对于聚噻吩结构的温度依赖性研究的极大兴趣。

将柔性的烷基链修饰到刚性的噻吩主链上不仅大大提高了聚噻吩的可加工性，而且也使材料的微结构及其性质多样化。由于主链与侧链的不相容，两者发生相分离，烷基侧链形成纳米尺寸的区域，聚 3-烷基噻吩（P3AT）结构研究中的一个重要问题就是其烷基侧链是否能够结晶/熔融。热分析发现侧链较长的 P3AT（碳原子数目达到 10~12）在低温区存在一个相转变，人们猜测这是烷基侧链的结晶/熔融，但是 X 射线衍射却没有观察到相应的衍射峰，于是转而利用变温红外光谱技术研究这个问题。

立构规整的聚 3-十二烷基噻吩（P3DDT）与聚 3-己基噻吩（P3HT）在常温下的红外谱图很相似，只是由于 P3DDT 含有较长的烷基侧链，与侧链相关的吸收峰相对较强。P3AT 的谱峰大致可以分为三个区间：位于 3100~2800cm^{-1} 的 C—H 伸缩振动区[$v_{as}(CH_2)$，$v_s(CH_2)$]，位于 1530~1300cm^{-1} 的 C＝C 伸缩振动[$v(C＝C)$]及 CH_2、CH_3 弯曲及摇摆振动，以及位于 900~700cm^{-1} 的 C_β—H 面外弯曲振动[$\delta(C_\beta—H)$]及 $(CH_2)_n$ 的面内摇摆振动[$\gamma(CH_2)_n$][31]。

从图 3.2（a）所示的变温红外光谱的 3000~2800cm^{-1} 区间可以看出，对于 P3DDT，其位于 2920cm^{-1} 及 2850cm^{-1} 处的 $v_{as}(CH_2)$ 与 $v_s(CH_2)$ 的振动峰随温度发生了明显位移。图 3.2（b）显示的是 $v_{as}(CH_2)$ 峰位置随温度变化的趋势，从 20℃升温至 180℃时，峰位从 2922cm^{-1} 移至 2925cm^{-1}。以往的研究表明烷基链这两个振动的频率对其堆积结构敏感，向高波数位移说明烷基链的堆积变得更加无序[33]。P3DDT 的 $v_{as}(CH_2)$ 峰位在升温过程中在 150℃发生转折，而在降温过程中在 130℃发生转折，这显然对应于聚噻吩主链的熔融与结晶。在 80℃出现的转折低于主链的结构变化温度，正对应于 DSC 在这个温度范围观察到的转变，说明此温度下的相变与侧链变化有关，即侧链的熔融与结晶。与之相对的是，P3HT 的 $v_{as}(CH_2)$ 峰位置并不随温度变化，基本在 2926cm^{-1} 处保持不变，表明未出现相变，这也与 DSC 结果一致。人们早就发现，当烷烃链的堆积高度有序时（如烷烃晶体），这个峰位于 2920cm^{-1}，而在完全无序的熔融状态下，其频率为 2928cm^{-1}[34]。P3DDT 的这个峰都位于 2922~2926cm^{-1} 之间，这说明由于噻吩主链对侧链的限制，在低温下 P3DDT 的侧链虽然结晶，但是晶体并不完善，侧链熔融时 P3DDT 侧链的自由度也没有液态烷烃的大。而 P3HT 的侧链无法结晶，即使在室温下也是无序状态[35]。

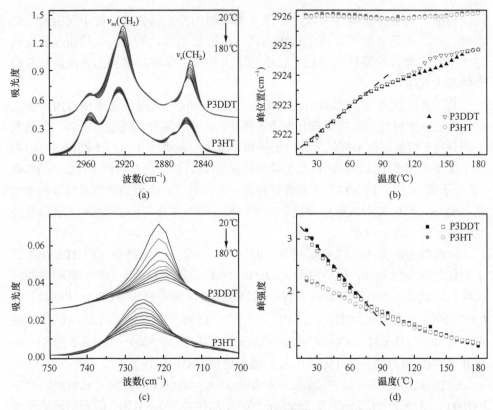

图 3.2　P3DDT 和 P3HT 从 20℃加热至 180℃过程中红外谱峰的变化。(a)、(b) 分别为 3000～2800cm^{-1} 区间的红外谱图和 ν_{as}(CH$_2$) 谱峰位置随温度的变化；(c)、(d) 分别为 750～700 cm^{-1} 区间的红外谱图和 γ(CH$_2$)$_n$ 的峰强度随温度的变化。(b)、(d) 图中实心点代表的是升温过程，空心点代表的是降温过程。复制于文献[32]

　　另外一个与烷基链有序度相关的谱峰是位于 720cm^{-1} 处的 γ(CH$_2$)$_n$ 峰。此峰在侧链结晶时分裂成双峰[36,37]。图 3.2 (c) 是 P3DDT 与 P3HT 的 γ(CH$_2$)$_n$ 谱带从 20℃升温至 180℃过程中的变化情况。谱图中并没有发现 γ(CH$_2$)$_n$ 峰的裂分，说明即使存在侧链的结晶其结构也不如正烷烃的晶体完善。如上所述这是因为刚性的噻吩主链阻碍了烷基链的紧密堆积[38]。以 180℃时的峰强作为参比，γ(CH$_2$)$_n$ 的峰强度随温度变化的趋势如图 3.2 (d) 所示。P3DDT 与 P3HT 的 γ(CH$_2$)$_n$ 相对峰强随着温度的升高而降低，但是 P3DDT 的曲线在 80℃时发生了明显的转折，这与前面 ν_{as}(CH$_2$) 的峰位变化趋势一致。红外光谱得到的这些结果很好地证实了具有长侧链的 P3AT 在变温过程中侧链的熔融/结晶。

　　聚噻吩在 900～790cm^{-1} 区间的红外光谱常被用于分析主链的结构。其中位于 890cm^{-1} 的是甲基的摇摆振动[39]；870～790cm^{-1} 区间为 C$_\beta$—H 面外弯曲振动 [δ（C$_\beta$—H）]，含有丰富的结构信息[40-42]；806cm^{-1} 归属于侧链有序的主链无序

相[42]；836cm⁻¹归属于主链的完全无序相。对于含较短侧链的 P3AT，如 P3HT 与
P3BT（聚 3-丁基噻吩），820cm⁻¹归属于有序相（form I）[40, 41]。对于含较长侧链
的 P3DDT，820cm⁻¹峰包含了一个次有序相及一个有序相，而这两个相都归属于
form I 晶型[42]。图 3.3（a）是 P3DDT 从 20℃升温至 180℃在 900～790cm⁻¹区间
的变温红外光谱，它反映了噻吩主链随温度变化的情况，可以看出 890cm⁻¹、
836cm⁻¹、820cm⁻¹和 806cm⁻¹这四个峰在这个过程中发生了显著变化。

　　图 3.3（b）是 836cm⁻¹、820cm⁻¹和 806cm⁻¹三个 C_β—H[见图 3.3（a）插图]
面外弯曲振动峰的峰强度随温度变化的趋势，可以看出在 80℃和 150℃出现了两
个转变点，分别对应于柔性侧链和刚性主链的熔融。在首次升温过程中，在 60～
90℃区间，代表 form I 晶型的 820cm⁻¹谱带的峰强度稍微增加，并且峰位向低波数
移动，说明结晶度略有增大，而对应于主链无序但侧链有序结构的 806cm⁻¹峰则随
温度升高而减小，表明 P3DDT 侧链由有序向无序结构转变，其在 80℃以后消失，
表明侧链进入熔融无序状态，与前面所讨论的 $\nu_{as}(CH_2)$ 峰和 $\gamma(CH_2)_n$ 峰的变化结果
相互一致。在更高的温度下，820cm⁻¹在 150℃的峰强度迅速降低，而代表主链无
序相的 836cm⁻¹峰一直增加，说明刚性主链熔融，由有序向无序状态转变[42]。

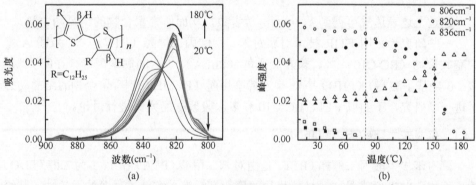

（a）　　　　　　　　　　　　　　　　　（b）

图 3.3　（a）P3DDT 从 20℃加热至 180℃过程中红外谱图在 900～790cm⁻¹区间的变化（插
图为 P3DDT 的化学结构式）；（b）第一次升温（实心点）和第二次升温（空心点）过程中三
个 C_β—H 面外弯曲振动峰的峰强度随温度变化的趋势。复制于文献[42]

3.4　结晶动力学

　　聚合物晶体的熔融过程是规整堆砌的大分子链的运动过程，熔融过程很快速，
因此研究熔融过程时所使用的仪器设备必须能够在很短的时间内记录下聚合物结
构变化的信息。DSC、偏光显微镜（PLM）、AFM 等方法常被用于研究聚合物的
结晶动力学。变温 FTIR 具有测量迅速、数据精确的特点，所得谱图可以用差谱、
二阶导数谱、傅里叶去卷积、曲线拟合、二维相关分析等一系列方法来处理，因
此 FTIR 也是一种表征聚合物结晶动力学的有力手段。

用红外光谱研究结晶动力学，通过跟踪结晶相关谱带峰强度随时间的变化，获得的数据同样可用 Avrami 方程[43]来处理：

$$\frac{A_t - A_\infty}{A_0 - A_\infty} = \exp(-kt^n) \tag{3.13}$$

式中，A_t、A_0 和 A_∞ 分别为结晶时间 t 时刻、初始时刻和最终时刻的结晶谱峰强度；k 为结晶动力学常数；t 为结晶时间；n 为 Avrami 指数，与成核和增长维数密切相关。

将式（3.13）进行变换可得

$$\ln\left[-\ln\left(\frac{A_t - A_\infty}{A_0 - A_\infty}\right)\right] = n\ln t + \ln k \tag{3.14}$$

用式（3.14）左边对 $\ln t$ 作图，从直线的斜率和截距可求出 k 和 n。

结晶完成一半所需要的时间 $t_{1/2}$，是另一个表征结晶动力学的重要参数，可以通过 k 和 n 得到：

$$t_{1/2} = \left(\frac{\ln 2}{k}\right)^{1/n} \tag{3.15}$$

通过上述表达式可得到 k、n、$t_{1/2}$ 等参数，从而研究聚合物的结晶动力学。

一些研究者采用 FTIR 技术对聚对苯二甲酸丙二醇酯（PTT）[44]、双酚 A 癸烷醚共聚物（BC-C10）[45]、聚左旋乳酸（PLLA）[12]、间规聚丙烯（sPP）[46]、聚（β-羟基丁酸酯）（PHB）[47]、聚乙烯基甲醚（PVME）[48]等聚合物的结晶动力学进行了研究，下面以 PTT、BC-C10 和多嵌段聚氨酯为例进行讨论。

3.4.1　聚对苯二甲酸丙二醇酯

聚对苯二甲酸丙二醇酯（PTT）是由对苯二甲酸（PTA）和 1，3-丙二醇（PDO）缩聚而成。PTT 纤维是一种性能优异的聚酯类纤维，综合了尼龙的柔软性、腈纶的蓬松性、涤纶的抗污性，加上本身固有的弹性，以及能常温染色等特点，集各种纤维的优良服用性能于一身，是当前国际上热门的高分子新材料之一。

Bulkin 等[44]用红外差谱方法研究了 PTT 的等温结晶动力学。差谱为存储的两张谱图进行差减后所得的谱图。图 3.4（A）是 PTT 在 78℃等温结晶过程中退火不同时间下 1600～600cm^{-1} 区间的红外差谱[44]，显示了 PTT 各谱带随结晶进行的变化情况。其中 1409cm^{-1} 为苯环的 CC 伸缩振动模式，可作为内标谱带[44]；1358cm^{-1} 为二醇单元中 CH$_2$ 的摇摆振动，1034cm^{-1} 为二醇单元中的 CC 伸缩振动，1018cm^{-1} 为芳环 CH 面内弯曲振动，933cm^{-1} 为醇的 CH 摇摆振动[49]。这几个峰，尤其是 1358cm^{-1} 在差谱中变化显著，因此 1358cm^{-1} 与 1409cm^{-1} 的峰强度比（I_{1358}/I_{1409}）可用来分析 PTT 的结晶动力学。图 3.4（B）为 PTT 在 58℃、65℃、

72℃、78℃等几个不同结晶温度下，由 1358cm⁻¹ 谱峰的强度变化绘制的描述结晶动力学的 Avrami 图。从图中可以看出，PTT 的结晶过程符合一级动力学，可以很好地用 Avrami 方程来描述。Avrami 指数 n 为 1.6～1.9。将红外数据进行外推，可以得到结晶诱导时间。从斜率导出的零级速率常数可以得知，PTT 的结晶活化能约为（40±2）kcal/mol（1kcal=4.184×10³kJ）。当结晶温度升高时结晶度增大，这归因于更多的 PTT 分子链能够克服解缠结能垒而结晶。

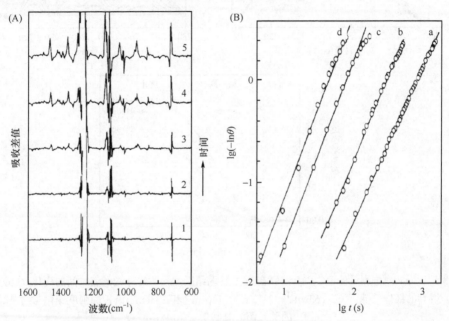

图 3.4　（A）PTT 在 78℃等温结晶的红外差谱（相邻谱图采集时间间隔为 6.3s）；（B）根据 1358cm⁻¹ 谱峰强度变化绘制的描述结晶动力学的 Avrami 图：a. 58℃，b. 65℃，c. 72℃，d. 78℃。
复制于文献[44]

3.4.2　双酚 A 癸烷共聚醚

双酚 A 与 α,ω-溴代直链烷烃共聚得到的聚醚具有缓慢而可控的结晶速率，适合作为模型研究聚合物的结晶行为。图 3.5（a）和（b）为双酚 A 癸烷醚共聚物（BC-C10）在 35℃等温结晶过程中不同时间获得的红外谱图及相应的红外差谱[45]。在 800～700cm⁻¹ 区间内，763cm⁻¹、747cm⁻¹、736cm⁻¹ 和 723cm⁻¹ 这四个峰归属于烷烃链 CH₂ 的摇摆振动，其峰强度（峰高）随着结晶时间的延长而增加，可用来表征 BC-C10 的等温结晶行为。从结晶动力学数据[图 3.5（c）]来看，BC-C10 的结晶过程分为三个过程：诱导期、结晶期和终止期。在诱导期，红外图谱中结晶谱带的峰高保持不变。在结晶期，晶带的峰高开始缓慢增长，随后其增长与时间成正比。在终止期，球晶相互碰撞在一起，结晶谱带的强度趋于一个平台值，结晶度不再变化。

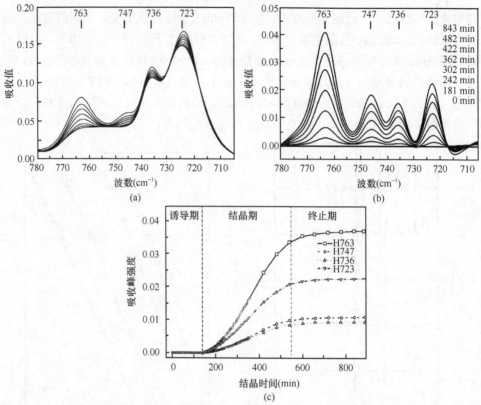

图 3.5　（a）原位测量的 BC-C10 薄膜在 35℃等温结晶过程的红外光谱随时间的变化；（b）从（a）得到的红外差谱；（c）763cm^{-1}、747cm^{-1}、736cm^{-1} 和 723cm^{-1} 谱带的强度变化与结晶时间的关系图。复制于文献[45]

　　根据式（3.14）的计算，BC-C10 薄膜在 35℃等温结晶过程中，其 Avrami 指数 n 的数值约为 2，说明在球晶内异相核以准二维方式增长。$t_{1/2}$ 约为 221min，与 PLM 和 AFM 测得的结果一致。

3.4.3　多嵌段聚氨酯

　　形状记忆聚合物是指能够保持临时变形的形状，但是受到外界刺激后可以恢复到初始形状，从而表现出对初始形状具有记忆功能的一类材料。可生物降解的形状记忆聚合物在生物医学等领域具有潜在的应用价值，研究此类材料的微结构与性能的内在关系具有实际意义。多嵌段聚氨酯形状记忆聚合物在智能医疗器械等方面有着巨大的应用前景而引起了人们广泛兴趣。多嵌段聚氨酯由软段与硬段组成，并且形成相分离的软段富集区及硬段富集区，其结晶行为与均聚物明显不同，并与其形状记忆性能相关[50]。

　　以聚左旋乳酸（PLLA）作为软段、六亚甲基二异氰酸酯（HDI）与丁二醇（BDO）

聚合物作为硬段的多嵌段聚氨酯（PLLAU）体系中，PLLA 的存在使得这种材料具有生物降解性，也导致 PLLAU 共聚物能形成多种氢键。硬段中的 N—H 为氢给体，而硬段中的氨酯羰基（C＝O）和软段中的酯羰基（C＝O）等基团接受氢，其软段和硬段都能够结晶。利用红外光谱跟踪 PLLAU 共聚物的结晶，通过观察软段和硬段相应特征谱带的变化，可以搞清楚这种复杂的结晶过程。

　　PLLAU 的特征谱带包括位于 3500～3150cm^{-1} 区间的 N—H 伸缩振动，1800～1600cm^{-1} 区间的 C＝O 伸缩振动，～1530cm^{-1} 的 N—H 弯曲振动，以及 1450～1000cm^{-1} 和 970～870cm^{-1} 区间的骨架振动。图 3.6（a）所示为 PLLAU 从 180℃降温至 50℃的 C＝O 伸缩振动区的红外谱图[50]，可以看出，"自由"的氨酯 C＝O先转化为不规整氢键的氨酯 C＝O，随着温度的降低，在 140℃时 1683cm^{-1} 处出现新峰，此峰为规整氢键的氨酯 C＝O 伸缩振动峰，表明不规整氢键的氨酯 C＝O通过构象调整转变为规整氢键的氨酯 C＝O 而结晶。此时硬段开始结晶。

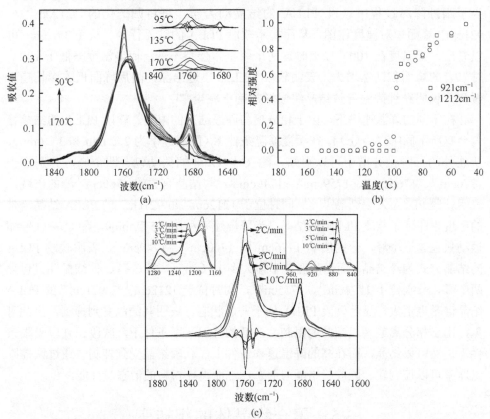

图 3.6　（a）PLLAU 共聚物从 180℃降温到 50℃过程中 C＝O 伸缩振动的红外光谱随时间的变化（插图为 170℃、135℃和 95℃时谱带的分峰拟合）；（b）1212cm^{-1} 和 921cm^{-1} 峰强度与温度的关系；（c）PLLAU 共聚物以不同速率从 180℃降温至 50℃后在室温下测得的 C＝O 伸缩振动（1900～1600cm^{-1}）、C—O 伸缩振动（1300～1150cm^{-1}）和 1000～820cm^{-1} 区间的红外谱图。复制于文献[50]

　　多嵌段聚氨酯中的 PLLA 软段的结晶受到相分离与硬段结晶的限制。在高温下（≥135℃），PLLA 嵌段在 1775cm^{-1}、1752cm^{-1} 显示两个宽峰，分别对应于"gg"与"gt"两个构象（"g"与"t"分别表示旁式与反式构象）[51, 52]。酯 C＝O 的峰形随温度降低而变窄，当温度降低至 95℃时，酯 C＝O 伸缩振动分裂为四个峰，分别位于 1776cm^{-1}、1766cm^{-1}、1759cm^{-1} 和 1749cm^{-1}，对应着"gg"、"tg"、"gt"和"tt"构象[51, 52]，其中位于 1759cm^{-1} 的"gt"构象峰与结晶相有关[12]，表明随温度的降低，软段 PLLA 开始结晶。

　　软段 PLLA 的结晶行为还可用酯 C＝O 与 PLLA 结晶相关的 1212cm^{-1} 与 921cm^{-1} 峰进行研究。PLLA 不管是溶液结晶还是熔体结晶都形成 10$_3$ 螺旋构象的 α 晶型[12, 53]。位于 921cm^{-1} 的谱峰振动模式为 CH$_3$ 摇摆振动结合少量贡献的 C—COO 与 O—CH 伸缩振动，是 α 晶型 PLLA 的特征峰，而位于 1212cm^{-1} 的谱峰为反对称 C—COO 伸缩振动结合 CH$_3$ 摇摆振动，也与结晶形成密切相关[12, 53]。为了跟踪降温过程中软段 PLLA 的结晶动力学，可将归一化的 1212cm^{-1} 与 921cm^{-1} 峰面积对温度作图，从而揭示软段 PLLA 的结晶行为。从图 3.6（b）可以看出，当温度在 100℃以上时这两个峰基本保持不变，而当温度略低于 100℃时二者的峰面积陡然增大，表明软段 PLLA 迅速结晶，随后峰面积的增长趋于缓和，说明继续降温导致结晶缓慢增加趋于完全[50]。

　　在不同的降温速率下，由于相分离与硬段结晶的限制，软段 PLLA 的结晶行为会有所不同[图 3.6（c）]。在缓慢降温条件下（降温速率为 2℃/min 和 3℃/min），从红外的二阶微分谱中可以得知，酯 C＝O 伸缩振动包含四个峰，分别位于 1776cm^{-1}、1766cm^{-1}、1759cm^{-1}、1749cm^{-1}。与结晶有关的 1759cm^{-1} 峰的出现，表明软段 PLLA 发生结晶[51, 52]，同时位于 1212cm^{-1} 与 921cm^{-1} 的 PLLA 结晶谱带的出现也印证了软段 PLLA 的结晶。当降温速率稍快（5℃/min），酯 C＝O 伸缩振动只包含三个峰，分别位于 1776cm^{-1}、1760cm^{-1}、1749cm^{-1}，表明软段 PLLA 的结晶方式为冷结晶。而当降温速率增大到 10℃/min，酯 C＝O 伸缩振动只包含两个峰，分别位于 1776cm^{-1}、1755cm^{-1}，同时位于 1212cm^{-1} 与 921cm^{-1} 的 PLLA 结晶谱带也消失，显示软段 PLLA 处于非晶状态，表明其结晶受到抑制。由此可见，由于相分离或硬段结晶的限制，在低的降温速率条件下，软段在硬段受限条件下仍然可以结晶，而在高的降温速率条件下，软段结晶受到抑制。通过调控降温速率可以控制软、硬段的结晶与形态，进而调控材料的形态与性能。

3.5　聚合物晶体的相转变

　　聚合物的相变过程，主要为分子链的有序性和堆积形式在温度、溶剂等外界作用下的改变。聚合物发生相变时，在红外光谱中的谱带会发生相应的变化，如吸收峰的增减、位置的漂移和半峰宽大小的变化，因而可用红外光谱研究聚合物的相变。而且 FTIR 结果可以与 DSC 和 XRD 等结果相互印证，可用于研究聚合物在温度、溶剂、压力等刺激下相变过程中的结晶变化、取向机理及多晶型行为。

3.5.1　烷基化聚乙烯亚胺侧链

对于主链上修饰有烷基侧链的梳型高分子，由于主链与侧链的不相容，两者发生相分离，烷基侧链形成纳米尺寸的聚集区域。当侧链的碳原子数目大于 10 时，在这些区域会发生侧链的结晶[37, 38, 54]。

图 3.7（a）为不同温度下 N-十八烷基化聚乙烯亚胺在 1500～1420cm^{-1} 区间的 CH$_2$ 弯曲振动谱图，其中位于 1471cm^{-1} 和 1463cm^{-1} 的是长链烷烃正交晶系的特征谱带，由全反式构象的分子链中 CH$_2$ 弯曲振动在正交晶格中相互作用导致谱带分裂而产生[55]。1457cm^{-1} 为烷烃六方晶系的特征谱带[37, 56]。图 3.7（b）展示了这些 CH$_2$ 谱带的强度与温度的关系，更直观地体现了各个谱带在变温过程中的变化。当温度从–100℃增加时，1471cm^{-1} 峰强度降低，而 1463cm^{-1} 峰向高频率移动；当温度高于 20℃时，六方晶系的特征谱带 1466cm^{-1} 峰出现，说明侧链烷基晶体从正交晶格向六方晶格转变，也就是说，构象上的全反式有序相向次有序相（介于有序相和熔体无序相之间的中间相）转变。而降温过程可以观测到与升温过程相反的变化，表明整个相变过程可逆。拉伸的聚乙烯样品在升温过程中，其晶体也会发生这种正交到六方的转变[56]。当然，当温度进一步从 20℃升高至 100℃的过程中，全反式构象的 1466cm^{-1} 峰逐渐减少，而旁式构象的 1457cm^{-1} 峰逐渐增加，说明晶体在逐渐熔融，烷基链变为无规排列；在整个升温过程中，代表六方晶系的 1466cm^{-1} 峰强度先增加后减少。

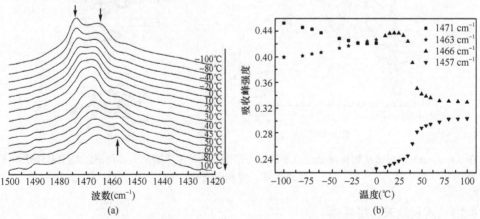

图 3.7　（a）N-十八烷基化聚乙烯亚胺的 CH$_2$ 基团的变温红外谱图；（b）不同 CH$_2$ 特征谱带强度随温度的变化。复制于文献[37]

3.5.2　聚甲醛晶体

利用聚甲醛（POM）红外谱图中的特征谱带可以研究降温过程中晶体从折叠链到伸展链的形态演变[57]。图3.8（a）是POM从熔体降温过程中的系列红外谱图。当温度降到～155℃，位于1139cm^{-1}的折叠链晶体的特征吸收谱带开始出现，表明此时折叠链片晶开始形成。从小角X射线散射可以确定这些片晶的长周期大约为14nm，一些分子链可以穿过几个片晶。当温度继续降至140℃时，在902cm^{-1}位置出现了一个新的吸收峰，是伸展链晶体的特征吸收峰，而与此相对应，片晶的长周期变为7nm，说明此时在原来的两个片晶之间的非晶链段结晶形成了新的片晶，部分折叠链片晶转变成了伸展链晶体。在这个第二次结晶的过程中，一些分子链除了穿过原来的两个相邻片晶外，还可能伸展到好几个片晶[图3.8（b）]。这些伸展链晶体的存在能够显著影响材料的力学性能。利用与形态相关的红外谱带的变化，可以检测POM晶体从折叠链晶体到伸展链晶体的结构转变，为材料的使用提供理论依据。

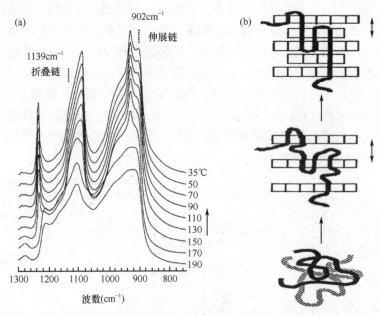

图3.8　（a）聚甲醛从熔体降温过程中的红外谱图；（b）聚甲醛从熔体降温过程中晶体结构变化示意图。复制于文献[57]

3.5.3　间规聚苯乙烯晶体

前面3.1节已经介绍，sPS具有复杂的同质多晶现象和晶型转变行为，其中平面锯齿形构象的晶体主要通过控制温度从熔体结晶形成，而具有螺旋形构象晶体则是在溶剂的作用下通过溶液结晶而获得。螺旋形构象晶体在拉伸或热退火条件下会转变成伸直的平面锯齿形构象晶体，这个过程可以利用红外光谱技术研究[58]。

图 3.9（a）比较了溶液中结晶和熔体结晶 sPS 薄膜的红外光谱，可以明显看到位于 943/934cm^{-1} 的螺旋形构象晶体的特征双峰，和位于 1222cm^{-1} 的平面锯齿形构象的特征峰，二者分别代表着长序列的螺旋构象和平面锯齿形构象，因此虽然非晶态的 sPS 也含有随机分布的旁式及反式构象结构，却不显示这些振动峰。将从溶液浇铸的薄膜在不同温度下退火，发现在较低的温度下其 1222cm^{-1} 峰几乎观察不到，但是当温度升高到超过 191℃时，其强度迅速增长[图 3.9（b）]，表明发生了从螺旋形构象晶体到平面锯齿形构象晶体的相转变。这个转变发生在很窄的温度范围内并且很陡峭，说明这个过程涉及较长链段的协同运动。这个相转变是不可逆的。可以用红外光谱跟踪这个固-固相转变的动力学[图 3.9（c）]，由此发现在相转变温度（～191℃）附近这个螺旋形构象晶体到平面锯齿形构象晶体的相转变很快，在几分钟内就完成了，而后续的 1222cm^{-1} 峰强度的缓慢增长则是由于在此温度下非晶态结晶以及晶体的完善导致的。

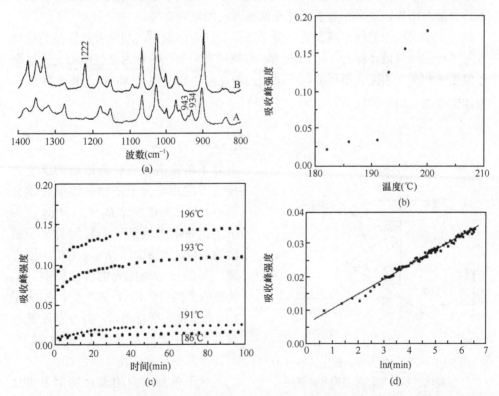

图 3.9　（a）熔体结晶（B）和溶液中结晶（A）的 sPS 薄膜的红外光谱；（b）溶液中结晶的 sPS 薄膜在不同温度下长时间退火后其 1222cm^{-1} 峰的归一化强度；（c）不同温度下 1222cm^{-1} 峰的归一化强度随退火时间的变化；（d）在 191℃下退火时 1222cm^{-1} 峰的归一化强度与退火时间的关系。复制于文献[58]

3.6　晶体的取向

　　柔性的聚合物链在没有外力作用时呈各向同性，其链段是随机取向的。当对其施加外力拉伸时，链段会沿着拉伸方向择优取向，材料呈现各向异性，导致其力学性质、光学性质、热传导性能等都发生变化。结晶聚合物在外力作用下不仅其非晶区的链段会发生取向，而且晶粒也可能沿外力方向作择优取向。红外光谱对分子链的构象和排列方式非常敏感，可以用于研究结晶聚合物分子链的取向。

　　偏振红外光谱是用普通的红外光源产生的红外光经偏振器后产生电矢方向一定的线偏振光照射样品，当光的电矢方向与某振动的跃迁偶极矩平行时，吸收带强度最大，若两者互相垂直则吸收强度为零，因为吸收强度正比于 M 与 E 点积的平方。这里 M 是跃迁偶极矩，E 是光的电矢。可见某个基团的红外吸收不仅取决于其含量，还与该基团相对于红外光偏振方向的取向有关。

　　对于单向拉伸的线形高聚物，分子链沿拉伸方向取向，与聚合物样品的拉伸方向平行的线偏振光称为平行偏振光，与拉伸方向垂直的称为垂直偏振光。以平行偏振光和垂直偏振光得到的同一谱带的吸光度分别记作 $A_{//}$ 和 $A_{\perp}$，其比值 R 称为该谱带的二向色性比：

$$R = \frac{A_{//}}{A_{\perp}} \tag{3.16}$$

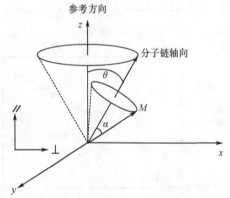

图 3.10　分子链轴方向、跃迁偶极矩 M
与参比（拉伸）方向的关系示意图

　　当分子链完全取向时其振动的跃迁偶极矩方向相对分子链轴是锥形对称分布的，其二向色性比 $R_0 = 2\cot^2\alpha$，α 为所测谱带的振动跃迁偶极矩与分子链轴的夹角，如图 3.10 所示。它为一固定值，其强度与偏振光的性质无关。R_0 的数值范围可以在 $0 \sim \infty$ 之间，R_0 大于 1 的谱带称为平行谱带，R_0 小于 1 的为垂直谱带，如果 R_0 等于 1，α 为 54.7°，则该谱带不显示红外二向色性。

　　对于单轴取向的聚合物体系常使用取向函数 f 来表征分子链的取向程度。f 定义为取向聚合物在拉伸方向完全取向的链段的百分数，而剩余的 $(1-f)$ 分数的链段取向则是随机分布的。也可以等价为所有分子链都位于一个半角为 θ 的圆锥面上，即所有链段都和拉伸方向成 θ 角，如图 3.10 所示，用下面公式来表示 f [2]：

$$f = \frac{3 < \cos^2 \theta > -1}{2} \tag{3.17}$$

θ 为分子链轴与拉伸方向之间的夹角。对于单轴取向形式，f 的数值在 $-0.5 \sim 1$ 之间。如果分子链为完全平行取向，$f = 1$；如果为完全垂直取向，$f = -0.5$；如果为无规取向，$f = 0$。

用偏振红外光谱测量高分子链取向时，其取向函数 f 可用红外二向色性比计算，公式如下[2]：

$$f = \frac{R-1}{R+2} \times \frac{R_0+2}{R_0-1} \tag{3.18}$$

形状记忆性材料在使用中需要在外力作用下发生形变，而为了实现其形状记忆功能，这些材料必须具有多相结构，因此其在外力作用下的分子链取向行为比较复杂。在 3.4.3 节我们探讨了一种以 PLLA 作为软段的可生物降解的形状记忆性多嵌段聚氨酯。聚己内酯（PCL）是另一种常用的可生物降解聚合物，其柔性比 PLLA 更好，也可用于构筑可生物降解的多嵌段聚氨酯形状记忆性材料[59]。PCLU 是一种以 PCL 为软段、甲苯二异氰酸酯（TDI）与乙二醇（EG）为硬段的共聚物，其 PCL 软段能够结晶，熔点为 55℃，聚氨酯硬段为非晶态，因此 PCLU 在室温下存在 PCL 晶区、PCL 非晶区和聚氨酯硬段三相。在其红外谱图[图 3.11（a）]中，位于 1535cm^{-1} 的谱带为 N—H 弯曲振动与少量 C—N 伸缩振动，是聚氨酯硬段的特征峰，与 PCL 软段的红外吸收峰完全分离，可以用来计算硬段的取向函数 f_H。此谱带为平行谱带，即 $\alpha = 0°$ [60]。位于 1295cm^{-1} 的谱带归属为 C—O 与 CC 伸缩振动，是 PCL 软段结晶相的特征峰，可用来计算 PCL 软段结晶部分的取向函数 $f_{S,cr}$。此谱带也为平行谱带，即 $\alpha = 0°$ [61]。位于 1730cm^{-1} 处的宽峰比较复杂，包含有软段 PCL 晶区与非晶区的酯 C═O 和硬段的氨酯 C═O 的振动谱带。软段 PCL 酯 C═O 可以用来计算软段 PCL 的平均取向函数 $f_{S,av}$，其偶极矩与分子链的夹角是 78° [61]。软段 PCL 非晶相没有独立的谱带，可以根据 PCL 晶相取向函数 $f_{S,cr}$ 与平均取向函数 $f_{S,av}$ 来计算其取向函数 $f_{S,am}$ [61]：

$$f_{S,am} = \frac{f_{S,av} - C_{PCL} f_{S,cr}}{1 - C_{PCL}} \tag{3.19}$$

式中，C_{PCL} 为软段 PCL 的结晶度，可以根据 3.2.3 节介绍的方法从非偏振红外谱图通过分峰拟合计算得到。

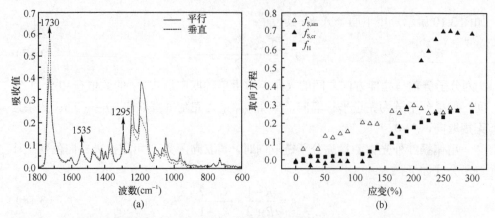

图 3.11　（a）PCLU 薄膜拉伸至 150%倍率下的偏振红外谱图，拉伸方向为参比方向；（b）PCLU 在 25°C 下拉伸时，软段 PCL 结晶部分、非晶部分和聚氨酯硬段的取向函数与应变之间的关系图。复制于文献[59]

　　图 3.11（b）所示的就是 PCLU 共聚物在拉伸过程中其软段 PCL 结晶区、非晶区和聚氨酯硬段的取向函数 $f_{S,cr}$、$f_{S,am}$ 和 f_H 与伸长率（应变）之间的关系。根据这些取向函数的变化情况，此拉伸过程可以分为三个阶段。

　　第一阶段（0～100%），$f_{S,am}$ 随伸长率的增加而增大，而 $f_{S,cr}$ 显示微弱的垂直取向，f_H 只有微弱的取向，说明在拉伸初期，连接软段 PCL 的结晶部分与硬段部分的软段 PCL 非晶链段承担应力，并开始取向，而软段 PCL 结晶链段与硬段尚未感受到外力的作用。与此相对照的是，拉伸 PCL 均聚物时其结晶区的取向函数在拉伸初期就迅速增大[61]，与 PCLU 共聚物中的 PCL 行为完全不同。另外，PCL 结晶部分呈现的微弱垂直取向可能是由于片晶的分离导致的，在等规聚丙烯[62]和聚氨酯[63]的拉伸实验中也存在类似的情况。

　　第二阶段（100%～250%），$f_{S,am}$ 先是继续随着伸长率增加而增大，进而达到一个平台值，而 $f_{S,cr}$ 随伸长率增加迅速增大，f_H 则随伸长率的增加而缓慢增大。在这个阶段，PCL 非晶链段继续被拉伸，更加平行于拉伸方向，直到达到最大值，在此过程中将应力逐步传递到 PCL 结晶链段与聚氨酯硬段部分，导致此时作为交联点的相对较“硬”的部分开始沿着拉伸方向取向。尤其是 PCL 结晶链段可能是因为与 PCL 非晶链段直接相连，受到的外力更大，取向度更高。

　　第三阶段（>250%），$f_{S,cr}$ 与 f_H 达到最大值，随伸长率的增加基本保持不变。

3.7　显微红外分析

　　对于样品中的微区结构，可以使用显微红外技术对其进行研究。显微红外是显微技术和红外光谱技术相结合的现代微量分析仪器，利用其中的光学显微镜在可见光观测条件下，调节可变光阑的狭缝大小，有效地选择测试样品中的某一微区，在不破坏样品的情况下，让来自 FTIR 光学平台的干涉光经聚焦调制后通过样品的微区，进行红外光谱选区分析。

3.7.1　显微红外成像

红外成像（IR imaging）是将显微镜与傅里叶变换红外光谱相结合，利用焦平面红外阵列检测器，在同一时间内测量得到样品目标区域内上千张红外光谱图，经过数据处理获得特定物质或官能团在被测区域内的分布和取向信息[64-67]。红外成像可提供微米尺度的横向空间分辨率，又可提供测量区域内化学结构和分子间相互作用的详细信息，因此可以同时采集得到空间和光谱的信息。红外成像无需染料或标记技术，能够快速得到可靠的二维图像，因此也可以看作是对目标样品进行化学照相的方法。目前常用的红外成像光谱仪，空间分辨率可高达 4μm[68]，其一帧相片的面积是 256μm×256μm，在检测器阵列上有 64×64 个单点检测器，即有 4096 个像素点，在每一个像素点处都能得到一张完整的红外光谱图。红外成像采集样品的时间依样品和分辨率的不同可以从几秒到几分钟不等，也可以采取拼图的方式，得到较大面积上的红外成像分布图。目前，红外成像方法已应用到生物学、药学、材料学等领域[69-71]。下面以环带球晶的结构研究为例进行介绍。

环带球晶是在特定条件下结晶所形成的具有复杂消光图案（黑十字消光和同心消光圆环）的球晶。这种特殊形态引起了人们的兴趣，用原子力显微镜（AFM）[72, 73]、偏光显微镜（PLM）[74]、电子衍射（ED）[75, 76]、二次离子质谱（SIMS）[72, 73]、X 射线衍射（XRD）[77]等手段对其晶体形貌、取向和形成机理等进行了研究。这些方法能获得环带球晶中晶体的结构信息，却难以分析非晶链段的组成和取向，而这些信息对于理解环带球晶的结构和形成机理同样重要。红外成像方法可以弥补上述方法的不足，不仅可以表征晶区分子链的分布和结构，也同样适用于非晶区的研究，可以得到更多关于微结构的信息，为研究环带球晶提供了一个重要手段。目前很多文献[64-67]报道了利用偏振红外光谱成像的方法分析结晶与非晶链段空间形貌与取向结构的信息。

例如，聚左旋乳酸-聚乙二醇（PLLA-PEG）环带球晶，已经能够确定其 PLLA 片晶的折叠方式在波峰带中是垂直于样品表面的（edge-on），而在波谷带中则是平行于样品表面的（flat-on），但是对于环带球晶中的非晶链段（PEG）的行为还缺乏直接的实验证据。图 3.12（a）为 PLLA-PEG 嵌段共聚物（PLLA 和 PEG 嵌段的分子量分别为 15 000 和 5000）形成的环带球晶的光学显微图片[66]。在其红外谱图中，PLLA 的 C＝O 伸缩振动位于 1790～1730cm^{-1} 区间，PEG 的 CH$_2$ 伸缩振动位于 2930～2780cm^{-1} 区间，这两个谱峰分别为 PLLA 和 PEG 嵌段的特征吸收峰，其谱峰强度可以分别代表 PLLA 和 PEG 嵌段的含量。图 3.12（b）和（c）显示了 PLLA 嵌段和 PEG 嵌段在红外成像图中的分布。将红外成像结果与 PLM 图像进行比较，可以看出在环带形貌中 PLLA 嵌段富集在 PLM 图像的暗带（AFM 中的波谷带）中，而 PEG 链段则富集于 PLM 图像的明带（AFM 中的波峰带）中。

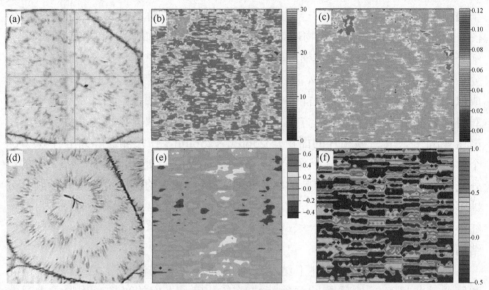

图 3.12　（a）PLLA-PEG 环带球晶的光学显微图片和相应的红外成像显示的（b）PLLA 嵌段和（c）PEG 嵌段的分布；（d）PLLA-PEG 环带球晶的光学显微图片和通过红外成像获得的（e）PLLA 嵌段和（f）PEG 嵌段的取向分布。复制于文献[66]

　　红外成像还能获得环带球晶中两种嵌段的分子链取向，将其绘制成取向函数分布图。可以利用 PLLA 的 C＝O 伸缩振动和 PEG 的 CH$_2$ 伸缩振动来计算两个嵌段的取向函数。C＝O 伸缩振动的偶极矩方向与 PLLA 分子链方向垂直，CH$_2$ 伸缩振动偶极矩的方向也垂直于 PEG 分子链的方向，两个嵌段的取向函数可以用下面的公式进行计算[78]：

$$f_{PLLA} = -2\frac{R(CO)-1}{R(CO)+2} \qquad (3.20)$$

$$f_{PEG} = -2\frac{R(CH_2)-1}{R(CH_2)+2} \qquad (3.21)$$

式中，f_{PLLA} 与 f_{PEG} 分别为 PLLA 与 PEG 的取向函数；$R = A_{//}/A_{\perp}$，和为偏振光谱中的二向色性比，$A_{//}$ 与 $A_{\perp}$ 分别为平行光谱与垂直光谱的峰面积。成像图中水平方向为平行方向，竖直方向为垂直方向，取向函数成像图由平行偏振成像图与垂直偏振成像图中对应像素按照公式（3.20）和式（3.21）计算得到。

图 3.12（e）为环带球晶中 PLLA 的取向函数成像图。在水平方向上，PLLA 含量较高的环带（即 PLM 中的暗带、AFM 对应的波谷带）的取向函数值约为 –0.5，PEG 含量较高的环带（即 PLM 中的明带、AFM 对应的波峰带）的取向函数值约为–0.4，两环带过渡区间取向函数值为接近 0 的负值。根据公式（3.17）计算得到的分子链与水平方向的夹角 θ 值在 75°～90°之间，说明在此区域内，环带球晶中的 PLLA 分子链垂直于水平方向取向，即垂直于此处球晶径向方向，在两个环带过渡区间取向不明显。在竖直方向上，PLLA 含量较高的环带（即 PLM 中的暗带、AFM 对应的波谷带）的取向函数值约为 0.4，PEG 含量较高的环带（即 PLM 中的明带、AFM 对应的波峰带）的取向函数值约为 0.2，两环带过渡区间取向函数值为接近 0 的正值。根据公式（3.17）计算出分子链与水平方向的夹角 θ 值在 39°～45°之间，说明在此区域内，环带球晶中的 PLLA 分子链平行于水平方向排列，即垂直于此处球晶径向方向，而在两个环带过渡区间的取向也不明显。在 PLLA 含量较高的环带，PLLA 片晶的折叠方式平行于样品表面（flat-on），在 PEG 含量较高的环带，PLLA 片晶的折叠方式垂直于样品表面（edge-on），与 PLLA-PEG 嵌段共聚物形成环带球晶的生长方式的经典理论相符合[79]。PEG 分子链的取向函数分布如图 3.12（f）所示，在整个环带球晶区域内没有规律，说明 PEG 分子链在整个环带球晶内无规取向，PEG 只能在 PLLA 片晶之间的空隙中生长[80]。红外研究结果与 AFM 等的结果[81]相互印证，提供了直观的证据。

3.7.2　间规聚苯乙烯纳米棒

一维聚合物材料因为其独特的形貌以及其在电子、力学、光学、传感器等上的潜在应用，引起了人们的关注[82]。传统的红外光谱技术因为受到光学衍射极限的限制，其最高空间分辨率在几微米，无法直接研究单一纳米棒或纳米线。但是对于规整排列的聚合物纳米棒，其形成的纳米棒阵列具有足够的尺寸，可以用显微红外光谱技术研究，确定纳米棒中聚合物的平均结晶度和取向度[83-88]。

以间规聚苯乙烯（sPS）为例，用阳极氧化铝为模板，将聚合物熔体通过毛细力作用注入纳米孔洞内，再以酸溶或碱溶去模板即可制得与剩余聚合物本体膜相连的规整紧密排列的纳米棒阵列[83]。将其切成薄片，在光学显微镜下可以观察到本体部分是半透明的，而与之相连的纳米棒阵列呈现黑色，这是由于大量的纳米棒与空气的界面对光的散射作用造成的[图 3.13（A）]。因为照明光路与测试光路相同，能保证测试区与观察区完全一致。通过孔径可调光阑设定测试区域及面积大小，将红外光分别聚焦在纳米棒和本体上，就可以得到纳米棒和本体的红外谱图，从而对聚合物处于不同状态下的形貌进行分析和研究。

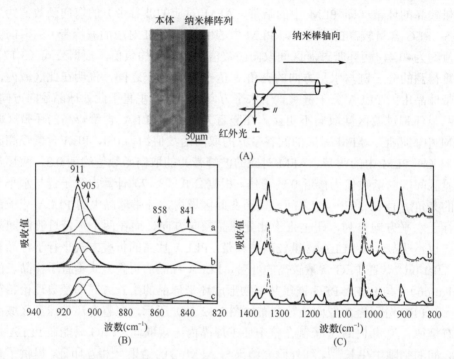

图 3.13　（A）sPS 纳米棒阵列的光学显微图（左）及红外分析中的参比坐标示意图（右）；（B）a～c 分别为 sPS 本体和直径为 200nm 及 80nm 的纳米棒在 260℃结晶的红外谱图，点线为拟合峰；（C）a～c 分别为 sPS 本体和直径为 200nm 及 80nm 的纳米棒在 260℃结晶的偏振红外光谱：（—）为垂直偏振谱，（---）为平行偏振谱。复制于文献[83]

　　图 3.13（B）是 sPS 在 260℃本体和直径分别为 200nm 及 80nm 的纳米棒中结晶 2h 后采集的红外光谱，可以看出由于纳米棒阵列具有足够的高度和宽度，获得的谱图具有很高的信噪比。位于 905cm⁻¹ 和 841cm⁻¹ 的两个谱带为非晶区的特征吸收峰，而在 911cm⁻¹ 和 858cm⁻¹ 处出现的两个 β 晶型的特征峰说明这个温度下在纳米棒中与本体一样形成的是 β 晶型。三个样品的结晶度可以根据公式（3.8）和公式（3.9）计算得到。结果表明，纳米棒的结晶度要显著低于本体，并且随着纳米棒直径的减小而降低，这是由于纳米孔洞的空间限制作用造成的。

　　同时，可用偏振红外光谱方法分析纳米棒中分子链的取向。以纳米棒的长轴方向为基准，当偏振光与纳米棒方向平行时所测得的谱图为平行偏振谱图，反之为垂直偏振谱图。对于纳米棒而言，它为圆柱形对称，在概率上聚合物分子链沿着棒的方向呈旋转锥形对称分布。从图 3.13（C）可以看到，本体样品的垂直偏振和平行偏振谱图相互重合，这说明本体中的分子链没有优先取向，为各向同性。但在纳米棒的光谱中，与晶区相关的位于 $1334cm^{-1}$、$1028cm^{-1}$、$1004cm^{-1}$、$976cm^{-1}$ 等处的垂直谱带[17]在平行偏振谱中的强度明显要强于在垂直偏振谱中，而位于 $1347cm^{-1}$、$1222cm^{-1}$、$911cm^{-1}$、$858cm^{-1}$ 等处的平行谱带[17]的强度在垂直偏振谱中明显强于在平行偏振谱中。显然纳米棒中的晶体为垂直取向。

β 晶中的 sPS 分子链以锯齿形平面构象的形式存在，在 $1222cm^{-1}$ 处显示其特征吸收峰[17]。这个谱带的跃迁偶极矩方向平行于聚合物分子链轴方向，是由 CH_2、CH 基团和 CC 骨架伸缩振动产生，属于 B_1 对称类[17]，可利用它分析 sPS 纳米棒中 β 晶体的取向行为。根据公式（3.16）和公式（3.17），可以定量计算出纳米棒中晶区的取向度。计算结果表明，在纳米棒中晶体的分子链方向（c 轴）垂直于纳米棒的方向。由于圆柱形纳米孔道的限制，晶体只能沿着棒轴的方向才能长大，而在其他方向的增长则由于孔道空间的限制而被抑制，因此纳米棒的晶体有明显的垂直取向，其 c 轴垂直于纳米棒的方向。关于受限体系中聚合物的结晶行为请见第 12 章。

3.7.3　等规聚苯乙烯/聚苯醚纳米棒

与均聚物相比，共混体系由于涉及不同组分间的相互作用，其中结晶行为更加复杂有趣。聚苯乙烯/聚苯醚是少有的相容的共混体系，其在纳米棒中的结晶可以用显微红外光谱进行研究。图 3.14（A）是等规聚苯乙烯/聚苯醚（iPS/PPO，90/10，质量比）共混物制备的直径为 35nm 的纳米棒形成的阵列，纳米棒的长度约为 115μm，其中的 iPS 能够结晶。图 3.14（B）为共混物从本体到纳米棒中不同位置所采集的红外光谱。在谱图中 $1155cm^{-1}$、$982cm^{-1}$、$922cm^{-1}$、$899cm^{-1}$ 和 $858cm^{-1}$ 这几个谱带相对独立而且比较干净，可用来分析 iPS/PPO 共混物的结构[89-93]。$1155cm^{-1}$ 为 iPS 的苯环 CH 面内变形振动[89]，在结晶过程中基本没有变化[90]，并且其二向色性比很弱[91]，与结晶和取向关系不大，可被用作内标谱带[87, 94]。

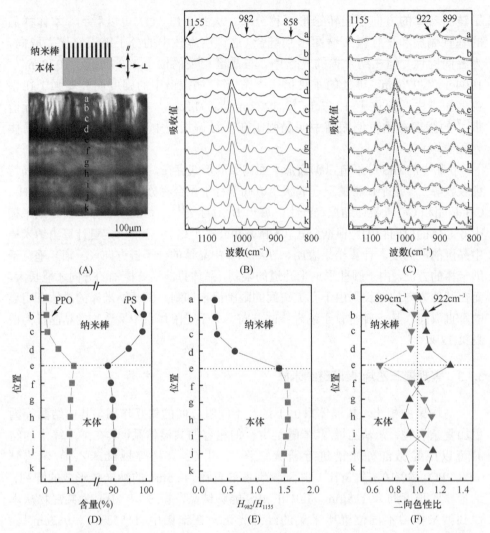

图 3.14　（A）iPS/PPO 纳米棒阵列的光学显微照片及红外测试过程中的参比坐标；（B）纳米棒及本体不同位置的显微红外光谱；（C）不同位置的平行偏振（—）和垂直偏振（---）红外光谱；（D）不同位置的 iPS 和 PPO 含量分布；（E）982cm^{-1} 晶带相对强度与位置的关系；（F）922cm^{-1}（▲）和 899cm^{-1}（▼）的二向色性比与位置的关系。复制于文献[85]

在 858cm^{-1} 处的谱峰为 PPO 的 1，2，4，6-四取代苯环的 CH 面外弯曲振动峰[92]，是 PPO 的特征谱峰，可用来计算共混体系中 PPO 的含量[86, 88]：

$$C_{PPO} = \frac{H_{858}}{H_{858} + 18.2 H_{1155}} \tag{3.22}$$

$$C_{iPS} = 100\% - C_{PPO} \tag{3.23}$$

式中，C_{PPO} 和 C_{iPS} 分别表示 PPO 和 iPS 在共混物中的含量；H_{858} 和 H_{1155} 是 858cm^{-1}

与 1155cm^{-1} 谱带的峰高；系数 18.2 为 858cm^{-1} 与 1155cm^{-1} 谱带吸收系数的比值。利用式（3.22）和式（3.23）得到 PPO 和 iPS 含量沿着纳米棒轴向的分布[图 3.14（D）]。从图中可以看出，在本体的不同位置，iPS 的含量基本保持在 90%，与共混物薄膜的原始配比一致，但是在纳米棒中，iPS 的含量从根部（与本体相连）的～88%升高到顶部的 99%，形成了梯度组分分布；纳米棒中 iPS 的平均含量为 97%，显著高于本体。由此可见，虽然 iPS 和 PPO 是相容的共混体系，在形成纳米棒的过程中，iPS 优先进入纳米孔道，两个组分经历了一个相分离过程[86, 88]。

光谱中位于 982cm^{-1} 的吸收峰是 iPS 晶区中苯环的 CH 面外弯曲振动[89, 91]，它的强度与结晶度成正比，因此 982cm^{-1} 与 1155cm^{-1} 的峰强度比值可间接代表 iPS 的结晶度[87, 94]。图 3.14（E）是这两个峰强度的比值在纳米棒和本体中随位置的变化，可以看出在本体中该比值基本保持恒定，不随位置变化，但是在纳米棒中，从根部到顶部其数值迅速降低，表明在纳米棒中 iPS 的结晶同样形成了梯度分布，在根部的结晶度比在顶部高很多。而在纳米棒的顶部 iPS 的含量比在底部更高，然而其结晶度反而大大降低，显示出了不同寻常的结晶行为。

图 3.14（C）是样品的显微偏振红外光谱，显示纳米棒内的晶体有择优取向。纳米棒的长轴方向定义为参比方向。位于 922cm^{-1} 和 899cm^{-1} 的谱峰是 iPS 晶区的 CH 面外弯曲振动，分别为晶体的垂直谱带和平行谱带[89, 93]，在非晶 iPS 中不存在，可用其二向色性比来分析 iPS 晶体的取向。如图 3.14（F）所示，垂直谱带 922cm^{-1} 在纳米棒中不同位置的二向色性比均大于 1，说明 iPS 晶体垂直取向，其 c 轴垂直于纳米棒的长轴方向。此外，922cm^{-1} 的二向色性比从纳米棒的根部到顶部逐步减少，表明晶体的取向沿着纳米棒的方向也是逐步减少。从对平行谱带 899cm^{-1} 变化趋势的分析也得到了相同的结论。

参 考 文 献

[1] Hsu S L. Vibrational Spectroscopy//Kroschwitz J I. Encyclopedia of Polymer Science and Technology. Vol 8. Hoboken：Wiley-Interscience，2003：311-381.

[2] Koenig J L. Spectroscopy of Polymers. 2nd ed. New York：Elsevier，1999.

[3] Bower D I，Maddams W F. The Vibrational Spectroscopy of Polymers. Cambridge：Cambridge University Press，1989.

[4] 曾广赋. 第二十四章振动光谱//殷敬华，莫志深. 现代高分子物理学. 北京：科学出版社，2001.

[5] 吴瑾光. 近代傅里叶变换红外光谱技术及应用. 北京：科学技术文献出版社，1994.

[6] 沈德言. 红外光谱法在高分子研究中的应用. 北京：科学出版社，1982.

[7] Stuart B H. Vib Spectrosc，1996，10：79-87（79）.

[8] Zerbi G，Ciampelli F，Zamboni V. J Polym Sci Part C Polym Symp，1964，7：141-151.

[9] Guerra G，Vitagliano V M，De Rosa C，et al. Macromolecules，1990，23：1539-1544.

[10] Kellar E J C，Galiotis C，Andrews E H. Macromolecules，1996，29：3515-3520.

[11] Rosa C D，Auriemma F，Corradini P. Macromolecules，1996，29：7452-7459.

[12] Zhang J M，Tsuji H，Noda I，et al. Macromolecules，2004，37：6433-6439.

[13] Nelson M L，O'Connor R T. J Appl Polym Sci，1964，8：1325-1341.

[14] Su Z, Hsu S L, Li X. Macromolecules, 1994, 27: 287-291.

[15] Auriemma F, Petraccone V, Dal Poggetto F, et al. Macromolecules, 1993, 26: 3772-3777.

[16] Yoshioka A, Tashiro K. Macromolecules, 2003, 36: 3001-3003.

[17] Reynolds N M, Hsu S L. Macromolecules, 1990, 23: 3463-3472.

[18] Wu H D, Tseng C R, Chang F C. Macromolecules, 2001, 34: 2992-2999.

[19] Hagemann H, Snyder R G, Peacock A J, et al. Macromolecules, 1989, 22: 3600-3606.

[20] Wu H D, Wu S C, Wu I D, et al. Polymer, 2001, 42: 4719-4725.

[21] Kellar E J C, Evens A M, Knowles J, et al. Macromolecules, 1997, 30: 2400-2407.

[22] He Y, Yoshio I. Polym Int, 2000, 49: 623-626.

[23] Stein R S, Sutherland G B B M. J Chem Phys, 1954, 22: 1993-1999.

[24] Quynn R G, Riley J L, Young D A, et al. J Appl Polym Sci, 1959, 2: 166-173.

[25] Heinen W. J Polym Sci, 1959, 38: 545-547.

[26] Kissin Y V, Rishina L A. Eur Polym J, 1976, 12: 757-759.

[27] Hanna L A, Hendra P J, Maddams W, et al. Polymer, 1988, 29: 1843-1847.

[28] Zhu X Y, Yan D Y, Yao H X, et al. Macromol Rapid Commun, 2000, 21: 354-357.

[29] Burfield D R, Loi P S T. J Appl Polym Sci, 1988, 36: 279-293.

[30] Sirringhaus H, Tessler N, Friend R H. Science, 1998, 280: 1741-1744.

[31] Louarn G, Trznadel M, Buisson J P, et al. J Phys Chem, 1996, 100: 12532-12539.

[32] Guo Y, Jin Y, Su Z. Polymer Chem, 2012, 3: 861-864.

[33] Tachibana H, Hosaka N, Tokura Y. Macromolecules, 2001, 34: 1823-1827.

[34] Snyder R G, Strauss H L, Elliger C A. J Phys Chem, 1982, 86: 5145-5150.

[35] Kline R J, DeLongchamp D M, Fischer D A, et al. Macromolecules, 2007, 40: 7960-7965.

[36] Shi H, Zhao Y, Jiang S, et al. Polymer, 2007, 48: 2762-2767.

[37] Shi H F, Zhao Y, Zhang X Q, et al. Macromolecules, 2004, 37: 9933-9940.

[38] Shi H F, Zhao Y, Zhang X Q, et al. Polymer, 2004, 45: 6299-6307.

[39] Snyder R G. J Mol Spectrosc, 1960, 4: 411-434.

[40] Yazawa K, Inoue Y, Yamamoto T, et al. J Phys Chem B, 2008, 112: 11580-11585.

[41] Yuan Y, Zhang J M, Sun J Q. Macromolecules, 2011, 44: 6128-6135.

[42] Guo Y, Jin Y, Su Z. Soft Matter, 2012, 8: 2907-2914.

[43] Avrami M. J Chem Phys, 1939, 7: 1103-1112.

[44] Bulkin B J, Lewin M, Kim J. Macromolecules, 1987, 20: 830-835.

[45] Jiang Y, Gu Q, Li L, et al. Polymer, 2002, 43: 5615-5621.

[46] Nakaoki T, Yamanaka T, Ohira Y, et al. Macromolecules, 2000, 33: 2718-2721.

[47] Huang H, Guo W, Chen H. Anal Bioanal Chem, 2011, 400: 279-288.

[48] Zhang T Z, Nies E, Todorova G, et al. J Phys Chem B, 2008, 112: 5611-5615.

[49] Ward I M, Wilding M A. Polymer, 1977, 18: 327-335.

[50] Wang W, Wang W S, Chen X S, et al. J Polym Sci Part B Polym Phys, 2009, 47: 685-695.

[51] Meaurio E, Lopez-Rodriguez N, Sarasua J R. Macromolecules, 2006, 39: 9291-9301.

[52] Meaurio E, Zuza E, Lopez-Rodriguez N, et al. J Phys Chem B, 2006, 110: 5790-5800.

[53] Zhang J M, Duan Y X, Sato H, et al. Macromolecules, 2005, 38: 8012-8021.

[54] Beiner M, Huth H. Nature Mater, 2003, 2: 595-599.

[55] Tasumi M, Shimanouchi T. J Chem Phys, 1965, 43: 1245-1258.

[56] Tashiro K, Sasaki S, Kobayashi M. Macromolecules, 1996, 29: 7460-7469.

[57] Tashiro K. Sen-I Gakkaishi, 2002, 58: 253-261.

[58] Reynolds N M, Stidham H D, Hsu S L. Macromolecules, 1991, 24: 3662-3665.

[59] Wang W, Jin Y, Ping P, et al. Macromolecules, 2010, 43: 2942-2947.

[60] Graff D K, Wang H, Palmer R A, et al. Macromolecules, 1999, 32: 7147-7155.

[61] Keroack D, Zhao Y, Prud'homme R E. Polymer, 1999, 40: 243-251.

[62] Huy T A, Adhikari R, Lupke T, et al. J Polym Sci Part B Polym Phys, 2004, 42: 4478-4488.

[63] Dai X H，Xu J，Guo X L，et al. Macromolecules，2004，37：5615-5623.

[64] Chernev B，Wilhelm P. Monatsh Chem/Chem Month，2006，137：963-967.

[65] Snively C M，Koenig J L. J Polym Sci Part B Polym Phys，1999，37：2353-2359.

[66] Jin Y，Wang W，Su Z H. Appl Spectrosc，2011，65：454-458.

[67] Wang W，Jin Y，Yang X N，et al. J Polym Sci Part B Polym Phys，2010，48：541-547.

[68] Chan K L，Kazarian S G. Appl Spectrosc，2003，57：381-389（389）.

[69] Oh S J，Koenig J L. Anal Chem，1998，70：1768-1772.

[70] Snively C M，Koenig J L. Macromolecules，1998，31：3753-3755.

[71] Wessel E，Vogel C，Siesler H W. Appl Spectrosc，2009，63：1-5.

[72] Wang Y，Chan C-M，Li L，et al. Langmuir，2006，22：7384-7390.

[73] Jiang Y，Zhou J J，Li L，et al. Langmuir，2003，19：7417-7422.

[74] Toda A，Okamura M，Taguchi K，et al. Macromolecules，2008，41：2484-2493.

[75] Ho R M，Ke K Z，Ming C. Macromolecules，2000，33：7529-7537.

[76] Wang B，Li C Y，Hanzlicek J，et al. Polymer，2001，42：7171-7180.

[77] Tanaka T，Fujita M，Takeuchi A，et al. Polymer，2005，46：5673-5679.

[78] Vogel C，Wessel E，Siesler H W. Macromolecules，2008，41：2975-2977.

[79] Keller A. J Polym Sci，1959，39：151-173.

[80] Sun J，Hong Z，Yang L，et al. Polymer，2004，45：5969-5977.

[81] Huang S，Jiang S，An L，et al. J Polym Sci Part B Polym Phys，2008，46：1400-1411.

[82] Steinhart M. Adv Polym Sci，2008，220：123-187.

[83] Wu H，Wang W，Yang H，et al. Macromolecules，2007，40：4244-4249.

[84] Wu H，Su Z，Terayama Y，et al. Sci China-Chem，2012，55：726-734.

[85] Wu H，Su Z，Takahara A. RSC Advances，2012，2：8707-8712.

[86] Wu H，Su Z，Takahara A. Soft Matter，2011，7：1868-1873.

[87] Wu H，Su Z，Takahara A. Soft Matter，2012，8：3180-3184.

[88] Wu H，Su Z，Takahara A. Polym J，2011，43：600-605.

[89] Tadokoro H，Nishiyama Y，Nozakura S，et al. Bull Chem Soc Jpn，1961，34：381-391.

[90] Kimura T，Ezure H，Tanaka S，et al. J Polym Sci Part B Polym Phys，1998，36：1227-1233.

[91] Painter P C，Koenig J L. J Polym Sci Polym Phys Ed，1977，15：1885-1903.

[92] Wellinghoff S T，Koenig J L，Baer E. J Polym Sci Part B Polym Phys，1977，15：1913-1925.

[93] Jasse B，Koenig J L. Polymer，1981，22：1040-1044.

[94] Kawahara K，Okada R. J Polym Sci，1962，56：S7-S8.

（吴　慧　苏朝晖　曾广赋）

第 4 章　晶态聚合物的核磁共振研究

4.1　晶态聚合物核磁共振技术和分析方法

4.1.1　晶态聚合物核磁共振特征

核磁共振现象源于核自旋和磁场的相互作用，1945 年由 Purcell 等[1]和 Bloch 等[2]成功观察到质子的核磁共振现象以来，核磁共振技术本身已经随着计算机、电子和超导材料等相关技术的发展不断得到革新和发展，日渐成为探索物质物理、化学、电子等性质和分子结构的重要工具。

目前，在核磁共振中，有许多核自旋的相互作用，每一种都可能包含着丰富的结构和动力学信息，加上能够定量分析、对样品无损伤以及可针对特定的原子（核）等特点，因此核磁共振技术已经成为现代分析研究的重要手段之一，它不仅在表征化合物基本结构即化学组成、序列分布等方面具有较强的优势，同时也在研究化合物本体的聚集态结构和分子运动等动态信息方面也有独特优势。

4.1.2　固态聚合物核磁共振分析方法

在核磁共振的这些相互作用中，有一些是各向同性的相互作用，另一些则是各向异性的相互作用。它们的区别在于各向同性的相互作用对核磁共振信号频率的影响与分子的空间取向无关，而各向异性的相互作用则与分子的空间取向有关，可能因为被测分子空间取向的不同而造成谱线的宽化，导致分辨率和灵敏度的降低。

在液体中，由于液体分子间的快速布朗运动，消除了各种可能使谱线宽化的化学位移各向异性、偶极相互作用、四极相互作用等核磁共振相互作用，因此，从液体核磁共振谱图中可以轻松得到十分尖锐的高分辨的共振信号，这是液体核磁共振成为测定溶液中化合物结构最强大的方法的原因之一。但在固体核磁共振中，由于分子热运动减慢，这些各向异性相互作用不能被平均掉，导致核磁共振信号受到各向异性的相互作用影响使得固体核磁共振信号的线宽大大增加，从而导致图谱分辨率和灵敏度极低，以至于无法区分各种不等价位。如果希望得到类似液体核磁共振所给出的信息，只有充分抑制这些各向异性相互作用得到高分辨的固体核磁共振谱图才能够实现。

　　但是与液体核磁共振相比，固体核磁共振在化合物研究中也具有自身的独特优势[3-5]。

　　（1）固体核磁共振的研究对象无需溶解到溶剂中，因此它能很好地保持化合物中的一些特殊的特性。如聚合物中的结晶状况和在固体中特有的一些物理性质能最大限度地得以保留下来，通过对这些性质的分析研究，为材料的应用提供更加直接的指导。

　　（2）对于一些难溶的化合物，如聚四氟乙烯、四氟乙烯-六氟丙烯共聚物等氟聚合物，由于找不到合适的溶剂将之溶解，固体核磁共振便成为最好的选择。

　　（3）有些化合物即使能找到特定的溶剂将之溶解，但因发生反应等情况，使液体核磁共振表征变得意义不大。

　　（4）化合物中的一些特殊性质，如固体聚合物中的氢键相互作用、特殊的分子运动、晶相尺寸等都是研究材料尤其关注的问题，也需要使用固体核磁共振的方法加以研究。

　　图 4.1 是常用的几种固体核磁转子。从左至右转子的内径分别是 2.5mm、3.2mm、4mm 和 7mm，转子的最大转速分别达到 35kHz、24kHz、15kHz 和 7kHz。

　　为了克服固体核磁共振谱线宽化及灵敏度低、检测费时等困难，目前广泛采用的有以下几种固体高分辨核磁共振技术[6]。

图 4.1　常用的几种固体核磁转子

1. 魔角旋转（magic angle spinning，MAS）

　　魔角旋转这一革命性的技术是由 E. R. Andrew 等首先提出和使用的[7]。现已成为固体核磁共振中最重要的，也是运用最广泛的技术。

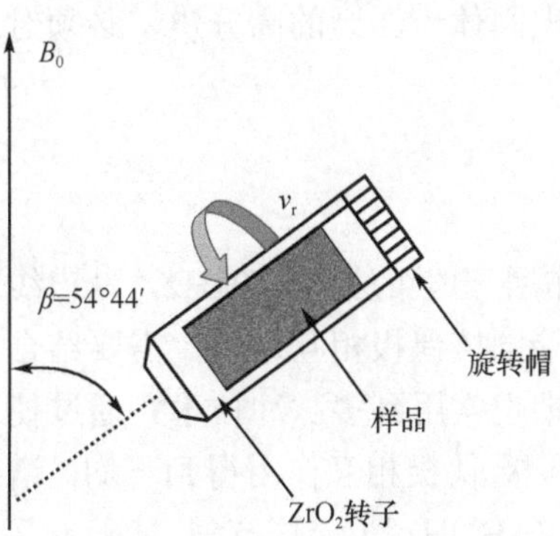

　　实验中，样品是装在一端带有叶片的转子（rotor）中，由高压气流吹动叶片实现转子的高速魔角旋转（图 4.2）。最高转速受到转子外径的限制：转子外径越小，达到的最高转速就越大。

　　对于非均匀增宽的谱，由于是固有的窄线叠加而成，所需要的旋转过程比较慢，只要比固有的线宽快就行。这可以使得由于化学位移各向异

图 4.2　魔角旋转示意图

性引起的宽线变成一条窄线。但是，对于均匀增宽的谱线，只有旋转速率大于整个线宽时，才能实现谱线的窄化。所以，要压制偶极-偶极作用就需要进行非常快速的旋转。

近年来随着探头加工工艺的改进和提高，用外径约为 1mm 的转子可以实现约 90kHz 的最高转速，已经能够有效压制除四极相互作用外的其他各种各向异性相互作用。

2. 交叉极化（cross polarization，CP）

交叉极化是固体核磁共振中应用最广的双共振方法。固体条件下，天然丰度低且磁旋比低的核，如 ^{13}C、^{15}N、^{29}Si 等具有灵敏度低、自旋-晶格弛豫时间长等特点，较难得到比较理想的信噪比。

交叉极化方法的引入就是当观测的核是类似 ^{13}C 和这类磁旋比及天然丰度比较低的核时（定义为 S 核），如果能够将 ^{1}H 这类丰核（定义为 I 核）的磁化强度通过极化转移传递到 S 核，S 核的信号强度将会获得极大的增强。其信号强度理论上讲可以增强为原有的 γ_I/γ_S 倍，解决了固体低灵敏度的问题。该实验的等待时间取决于丰核的纵向弛豫时间 T_1，而这一时间通常远小于 S 核的纵向弛豫时间，因此交叉极化实验中，相同时间内可以比直接观测 S 核的普通实验采集更多次数的信号，在增强信号的同时大大节省了实验时间。

3. 高功率质子偶极去偶（dipolar decoupling，DD）

对于核自旋 I=1/2 的固体谱而言，偶极-偶极相互作用是谱线增宽的最主要的因素之一。对于存在很强的异核偶极相互作用的体系，通过高功率质子去偶可以达到消除观测核（如 ^{13}C）与周围的高旋磁比核（如 ^{1}H、^{19}F）之间异核偶极偶合相互作用导致的谱线增宽，达到窄化谱线的目的。通常情况下 ^{1}H 或 ^{19}F 均对其附近的 ^{13}C 产生强的异核偶极相互作用，因此要实现固体 ^{13}C 谱的高分辨，必须对 ^{1}H 或 ^{19}F 单独去偶或者同时对 ^{1}H 和 ^{19}F 进行去偶。

4. 多脉冲（multiple pulse，MP）

对于 ^{1}H、^{19}F 等高旋磁比核的同核偶极相互作用一般可达到 100kHz，是谱线增宽的主要原因，仅靠魔角旋转方法难以完全消除同核偶极相互作用，需要结合其他的技术手段。除了魔角旋转技术以外，在早期也常用到多脉冲技术。通过使用多脉冲技术，核自旋在自旋空间中进行旋转，偶极-偶极相互作用得到平均，谱线宽度被明显窄化，从而实现高分辨。最早的有 WAHUHA[8]方法，在此基础上又发展出 MREV-8[9]，BLEW-12[10]，BR-24[11]，LG[12]（包括 FSLG 和 PMLG），

DUMBO[13]等方法，通过更为复杂的脉冲循环解决了相位误差、射频场不均匀等问题，并且使更高阶的同核偶极相互作用的哈密顿项平均为 0，这类方法结合魔角旋转技术能够获得高分辨率的固体核磁共振图谱。

目前，多脉冲结合魔角旋转的技术即 CRAMPS[14, 15]，已得到广泛的应用。

5. 多量子魔角旋转（multiple-quantum magic angle spinning，MQMAS）

在所有的核磁共振可观测核中，约有 2/3 为半整数四极核。固体中半整数四极核之所以难以观测就在于如何有效地消除二阶四极相互作用对中心跃迁的影响，因为尽管这种对称性跃迁不受一阶四极相互作用的影响，然而仅靠魔角旋转只能部分抑制二阶四极相互作用。随着固体核磁共振技术的发展，目前已有多种技术可以用于完全消除二阶四极相互作用，提高四极核的谱图分辨率。例如，动态变角旋转（DAS）[16]、双旋转（DOR）[17]以及多量子魔角旋转（MQMAS）[18]，其中以多量子魔角旋转方法应用最为广泛。为了提高中心跃迁的激发效率，人们还发展了快速幅度调制（FAM）/RAPT[19]、双扫频（DFS）[20]、HS[21]等绝热扫频方法，通过饱和或反转卫星跃迁来增加中心能级（1/2，−1/2）粒子数布居差，从而达到增强中心跃迁信号强度的目的。

6. 魔角旋转下的偶极重偶（dipolar recoupling under MAS）

魔角旋转消除了固体核磁共振中的各向异性作用，包括偶极偶合作用。但是，该作用包含着核间距离方面的信息。因此，发展了许多双共振方法，在魔角旋转条件下重新引入偶极偶合作用，实现高分辨率核磁共振下核间距离的测定，获得结构信息。这些方法可以根据所重偶的偶极偶合的类型分为重偶异核偶极作用的方法（如 REDOR[22]、TRAPDOR[23]、TEDOR[24] 以及 REAPDOR[25]）和重偶同核偶极作用的方法[如 rotational resonance （R^2）[26]、RFDR[27]、DRAMA[28]、BABA[29]以及 C^{7}[30]]。

7. 二维谱（two-dimensional spectrum，2D 谱）

二维谱技术具有众多的优点，不仅因为它引入了更多的频率维度，提高了谱峰分辨能力；更重要的是，二维谱技术还提供了普通一维谱中不能得到的许多信息，如不同核自旋之间的相互作用、不同相态之间的相关信息等，这些相关信息可进一步反映不同结构、分子单元在不同时刻实时的动态交换、部分有序体系中的分子链取向、非均相高分子体系的相尺寸等信息，而这些信息往往在其他物理手段中很难得到。

8. 弛豫时间（relaxation time）

由于对系统激励而使总磁化强度矢量 M 偏过一个角度后，若关断旋转磁场，则系统就要在辐射信号的同时期逐渐回复到原来的状态。这样的辐射信号称为"自由感应衰减"信号，即 FID 信号。弛豫时间主要体现在 FID 信号上，我们把总磁化强度矢量 M 在 Z 轴上投影的弛豫称为纵向弛豫，在 X-Y 轴上投影的弛豫称为横向弛豫。由布洛赫公式积分后可知，两项投影都以 e 指数形式改变，而指数上系数的倒数即分别为纵向弛豫时间 T_1 和横向弛豫时间 T_2。

从物理意义上来看，纵向弛豫时间体现了受激核释放能量而回到基态的快慢，所以纵向弛豫称为自旋-晶格弛豫过程。而横向弛豫时间体现了单个核之间相互作用的强弱，所以横向弛豫称为自旋-自旋弛豫过程。

另外一个常用的弛豫时间是 T_{1p}，它是测量在旋转坐标系中的弛豫时间，并提供了在无法达到低温的情况下测定速率常数 k 和化学位移差 Δv 的一种方法。T_{1p} 实验扩展了动态核磁共振线型方法的范围。

4.2　聚合物晶区结构分析

4.2.1　聚烯烃

晶态聚合物的微观结构和性能密切关联，是高聚物研究中的重要课题。基于交叉极化（CP）及魔角旋转（MAS），并结合高功率质子偶极去偶（DD）的 ^{13}C CP/MAS 高分辨核磁共振技术是研究固态高聚物微观结构及链构象的有效手段，是高聚物核磁共振研究中应用最广泛的方法。

1. 乙烯-丙烯酸共聚物非晶区结构和分子运动

乙烯-丙烯酸共聚物（EAA）是乙烯和丙烯酸的共聚物，由于含有极性并可形成氢键的丙烯酸（AA）单元和非极性的乙烯链部分，因而具有与其他乙烯共聚物不同的特性和用途。对聚合物非晶结构的研究，非晶区的局部有序结构以及刚性非晶等问题已成为聚合物的研究热点。EAA 非晶区分子运动受到由乙烯链形成的结晶区和形成于羧基之间的氢键相互作用的共同影响，这两种因素尽管都对非晶区的分子运动起着制约作用，但其影响却是此消彼长，可以预期 EAA 中 AA 含量对非晶区分子运动能力的影响应该不同于其他乙烯共聚物。从分子水平上探讨 AA 含量对非晶区柔性的影响，将有助于深化对 EAA 体系结构与性能关系的认识。与 X 射线衍射等手段相比，固体核磁共振技术由于所反映的主要是局部的结构信息，因而特别适合于非晶结构和分子运动的研究，事实上固体核磁共振技术已经开始在非晶聚合物的研究中发挥重要作用[31]。

1）CP/MAS 谱图分析

图 4.3 是等温结晶处理 3 个 EAA 样品的 ^{13}C CP/MAS 核磁共振谱[32]。从图中可以观察到乙烯链部分的结晶峰（crystalline peak，δ 32.65[①]）、非晶峰（amorphous peak，δ 30.33）以及 AA 部分的甲基、亚甲基及羧基的峰。在图中，随着共聚物中 AA 含量的增加，乙烯链部分非晶峰强度明显提高，表明非晶区含量逐渐增加，熔融淬火的样品也有相同的变化趋势。

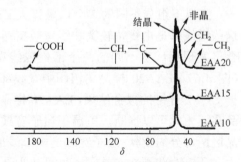

图 4.3 等温结晶处理 3 个不同 AA 组分的 EAA 样品的 ^{13}C CP/MAS 核磁共振谱

EAA10，EAA15，EAA20：EAA 样品中 AA 质量分数分别为 10%，15% 和 20%

据文献报道[32]，在 310K 时聚丙烯酸的 ^{13}C CP/MAS 核磁共振谱中的羧基信号包括两个交叠的峰，其中位于低场和高场的分别是形成氢键和不形成氢键的羧基峰。对 EAA20 样品的 ^{13}C CP/MAS 核磁共振谱中的羧基峰进行拟合（图 4.4），也发现了类似的情况。这说明 EAA 体系中 AA 的羧基之间也存在氢键相互作用，使 EAA 中 AA 部分的羧基峰可分为低场（Ⅰ，δ 184.2）和高场（Ⅱ，δ 183.2）两个部分。其中低场的部分对应于形成分子间或链段间氢键的羧基信号，而高场的部分则对应于不形成氢键的羧基信号。由于 AA 单元不能进入由乙烯链所形成的结晶区，所以上述的氢键相互作用只存在于非晶区。

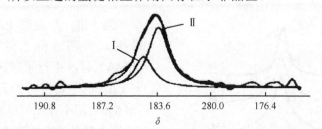

图 4.4 样品 EAA20 的 ^{13}C CP/MAS 核磁共振谱中的羧基峰拟合谱图

2）变温质子宽线实验

质子宽线核磁共振是研究聚合物分子运动的有效手段，其中一个很重要的方法就是研究线型、线宽的变化及其对温度的依赖性。利用线型、线宽的变化不仅可得出体系中分子运动的信息，而且还可以间接地获得体系相结构的信息。一般

①化学位移的单位为 ppm。本书从简化的角度出发，统一略去单位。特此说明。

来说，线宽较宽的组分对应于体系中较刚性的、运动能力较弱的部分，而线宽较窄的组分则对应于体系中较柔性的、运动能力较强的部分。

　　室温下组分不同的 3 个熔融淬火 EAA 样品的质子宽线谱如图 4.5 所示[32]，这些谱线都是由线宽较宽和线宽较窄两种组分构成的，对这些谱图进行分峰拟合，发现用线宽不同的两个洛伦兹线型进行拟合可以获得理想的拟合效果[32]（图 4.6）。EAA20 样品的谱图中宽线部分所占的比例比其他两个样品大，而根据 CP/MAS 谱的拟合结果，EAA20 样品乙烯链中非晶的相对含量比其他两个样品高，由此可以推断，室温下质子宽线谱中宽线部分包含了结晶区和刚性的非晶区两部分的贡献，质子宽线谱中窄线部分则是非晶区中柔性部分的贡献。EAA 中之所以存在刚性非晶区，可以认为是 AA 之间的氢键相互作用对非晶区分子运动的约束导致的。

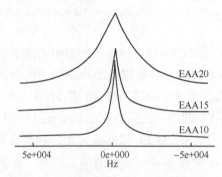

图 4.5　室温下不同 AA 组分的熔融淬火 EAA
固体宽线 ^{1}H 核磁共振谱图

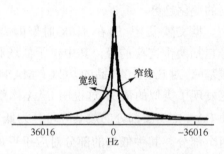

图 4.6　熔融淬火 EAA10 样品的固体宽线 ^{1}H
核磁共振拟合谱图

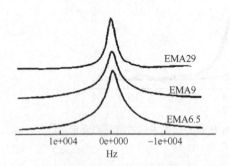

图 4.7　室温下不同 MA 组分的熔融淬火 EMA
固体宽线 ^{1}H 核磁共振谱图

EMA6.5，EMA9，EMA29：EMA 样品中 MA 质量分数分
别为 6.5%；9%；29%

　　为了进一步说明 EAA 体系的特殊性，我们选择乙烯丙烯酸甲酯（EMA）样品进行了对比实验，EMA 与 EAA 的主要区别在于，丙烯酸甲酯（MA）之间不存在氢键相互作用。图 4.7 即为熔融淬火的 EMA 系列样品室温下的质子宽线谱[32]，显然随着 MA 含量增加，谱线整体线宽变窄，即体系的运动能力增强。这一结果，从另一个方面说明造成 EAA 行为反常的原因在于 AA 之间的氢键相互作用。

　　对 EAA 而言，随着 AA 含量增加，虽然体系结晶区中的乙烯链段含量降低，结晶区对非晶区分子运动能力的束缚下降，但是由于 AA 之间形成氢键的可能性增加，分子间或链段间氢键相互作用对非晶区分子运动的影响增大，使得非晶区分子运动能力不仅没有增强，反而有所下降；同时，非晶区中分子运动受到更大束缚的部分，即刚性非晶区的含量也随之增加。

等温结晶处理 EAA20 样品的质子宽线谱随温度的变化如图 4.8 所示[32]。由图中可以发现两个现象：①谱线中窄线部分相对含量随温度升高逐渐增加；②窄线部分线宽逐渐变窄。而 EAA20 的熔点在 358K 左右，实验温度低于 EAA20 的熔点。因此第一个现象产生的主要原因，不应该是结晶的熔融，而应该是刚性非晶区随温度升高逐渐转化为柔性非晶区。由于刚性非晶区是与 AA 间氢键相对应的，所以对第一个现象的合理解释应该是羧基间的氢键随着温度升高，逐渐发生了解离。第二个现象产生的原因，

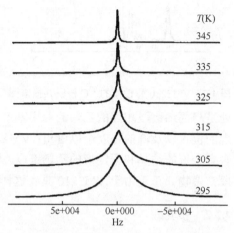

图 4.8　等温结晶处理的 EAA20 样品的变温固体宽线 ^1H 核磁共振谱图

我们认为有两点：①温度升高所导致的分子运动能力的自然增强；②氢键的逐步解离使得非晶区分子运动受到的束缚降低。

总之，EAA 非晶区分子运动随共聚单体含量变化的规律异于一般的乙烯共聚物，由于 AA 的羧基之间可以形成分子间或者是链段间氢键，氢键对 EAA 非晶区分子运动有着明显的制约作用，随着 AA 含量的增加，非晶区中形成氢键的数量增加，所以尽管样品中结晶部分乙烯链段含量下降，样品的刚性程度不仅没有降低，反而有所上升；氢键相互作用对非晶区低频分子运动有明显的束缚作用，但对于乙烯链的局部高频分子运动则无明显影响。上述结果表明，决定 EAA 刚性的因素不仅是结晶部分乙烯链段的含量，还应该包括氢键相互作用，这意味着单纯通过增加 AA 含量以期达到增强 EAA 柔性目的的方法并不是完全可行的。

2. 茂金属聚烯烃弹性体

茂金属是过渡金属原子以茂环配位形成的有机金属配位化合物，因结构特殊，茂金属作为聚烯烃催化剂时，具有使共聚单体分布均匀，很好地控制聚烯烃微观立体结构以及能制得结晶度较低的共聚物等特点。利用茂金属催化剂的特点可制得弹性良好的聚烯烃弹性体。茂金属聚烯烃弹性体拥有价格低、弹性高、与其他材料相容性好等特性，可广泛用于汽车、建筑、医疗、包装和电线电缆等多个领域。

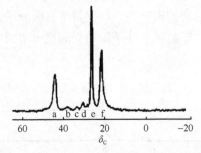

图 4.9　VM2210 弹性体的 ^{13}C 核磁共振谱图

从图 4.9 对茂金属聚烯烃弹性体 VM2210 进行 ^{13}C 核磁共振的研究可看出[33]，在 δ_a=44.2、δ_e=26.1、δ_f=21.2 处的谱峰分别代表了聚丙烯（PP）链段上亚甲基、次甲基和甲基的化学位移，而且峰的强度相对较大；在 δ_c=33.4 和 δ_d=30.4 处分别是结晶和无定形乙烯链段的化学位移，峰的强度较小；在 δ_b=37.8 处是与丙烯链段相连的乙烯的亚甲基产生的化学位移，峰的强度较小。从各峰出现的位置以及峰的强度可以看出：VM2210 弹性体的组分中主要以 PP 为主，同时含有少量的结晶和无定形的乙烯链段，VM2210 弹性体是部分结晶的丙烯-乙烯嵌段共聚物。正是由于 VM2210 具有这样的结构，才使其表现出优异的弹性。

4.2.2　聚乳酸

1. 聚乳酸/明胶共混膜的固体核磁共振研究

聚左旋乳酸（PLLA）具有良好的生物相容性、生物降解性和较好的力学性能，在组织工程领域有着广泛的应用[34-36]。为了得到具有较好亲水性和较高力学性能的 PLLA，通过在 PLLA 中混入明胶的方法来提高其亲水性。

固体核磁共振是研究固体聚合物结构强有力的工具，它可以在不破坏样品的情况下，给出样品的结构信息。用 ^{13}C CP/MAS 核磁共振可以测定 PLLA 的自旋-晶格弛豫时间（T_1），并根据弛豫时间对共混膜的堆积结构进行表征。

为了进一步证实 PLLA 用二甲基亚砜（DMSO）处理及明胶加入后是否会影响 PLLA 的结晶结构，我们对 PLLA 及 PLLA/明胶共混物进行了 ^{13}C CP/MAS 核磁共振研究（综合共混材料力学性能及核磁共振信号强度两方面的考虑，主要研究明胶含量在 10%以内的共混物）。

图 4.10 所示为 PLLA 和共混物的 ^{13}C CP/MAS 核磁共振谱图[37]。PLLA 与明胶的配比分别为 100∶0，99∶1，98∶2，95∶5，90∶10（为了讨论方便，将上述共混物根据 PLLA 的含量简写为 PLLA100，PLLA99，PLLA98，PLLA95，PLLA90，未经 DMSO 处理的原料记为 PLLA）。位于 δ=17 处的共振峰归属于 PLLA 甲基碳的共振峰，δ=70 处的共振峰归属于 PLLA 主链上次甲基碳的共振峰，δ=170 处的共振峰归属于 PLLA 酯基碳的共振峰。所有谱图中，明胶的含量较低，因此无明胶的共振信号。由图 4.10 可见，6 个样品 δ=10~80 范围内的共振峰似乎都是相似的，未随明胶的加入而发生变化，δ=170 处酯基的共振峰有些

微小的变化，但无法分辨发生了何种变化。因此，我们进一步测定了材料的弛豫时间，根据弛豫时间，可以了解分子的运动状态[38]，进而分析 PLLA 堆积结构的变化。

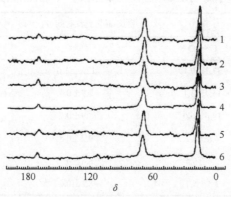

图 4.10　PLLA 和共混物的 ^{13}C CP/MAS 核磁共振谱图

1：PLLA90；2：PLLA95；3：PLLA98；4：PLLA99；5：PLLA100；6：PLLA

　　图 4.11 显示的是 PLLA 在不同弛豫时间下的堆积图（图中只列出一个，其余 5 个样品与此相似）[37]。由图可见，随着弛豫时间的延长，共振峰的强度逐渐衰减，且不同官能团随弛豫时间衰减的速度不同，三个共振峰的衰减速度从快到慢依次为：甲基碳＞次甲基碳＞酯基碳。甲基碳的弛豫时间最短，分子运动最快；酯基碳的弛豫时间最长，分子运动最慢。

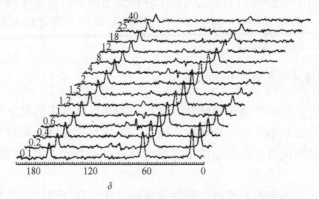

图 4.11　PLLA 在不同弛豫时间下的核磁共振堆积图

弛豫时间单位：s

　　根据核磁共振弛豫理论，共振信号的强度是按照指数方式进行衰减的。表 4.1 是根据图中的信号强度在计算机上按照单指数拟合得出的弛豫时间。弛豫时间 (T_1, T_2) 与分子旋转相关时间的关系已被公认[39, 40]，分子旋转相关时间的长短反映了分子的运动状态。对于那些玻璃化转变温度位于室温以上的半结晶聚合物，一般随着弛豫时间的增加，分子旋转相关时间增加，分子运动减慢，PLLA/明胶共混体系也具有这个特点。

表 4.1　在不同 PLLA/明胶共混样品中的 ^{13}C 自旋-晶格弛豫时间

样品	自旋-晶格弛豫时间 T_1（s）		
	$C=O$	CH	CH_3
PLLA	37.3±9.1	12.7±1.0	0.86±0.04
PLLA100	15.4±3.1	7.9±0.4	0.63±0.02
PLLA99	17.6±6.0	8.9±0.7	0.58±0.06
PLLA98	4.8±4.2	9.2±0.8	0.62±0.05
PLLA95	2.6±6.4	8.4±0.7	0.65±0.04
PLLA90	3.5±5.7	8.2±0.6	0.66±0.06

由表 4.1 可知，未经处理的 PLLA 的三个共振峰的自旋-晶格弛豫时间分别为 37.3s，12.7s，0.86s。PLLA 经 DMSO 处理后，三个官能团的弛豫时间分别为 15.4s，7.9s，0.63s，弛豫时间显著降低，分子旋转相关时间减小，分子运动加剧，半晶态的聚合物链之间比无定形的聚合物链之间的束缚要强。因此可以认为 PLLA 由半晶态变为非晶态。其他 4 个 PLLA/明胶共混样品的三个基团的弛豫时间与 PLLA100 相比均无明显变化。PLLA 的分子运动状态并未因明胶的加入而发生变化。此结果说明，明胶与 PLLA 之间并未存在分子级别的相互作用。但根据此结果，不能排除在两相界面存在着一些较弱的相互作用，而此相互作用不会影响 PLLA 基质的分子运动状态。

2. 纤维素接枝聚乳酸的研究

聚乳酸具有良好的生物可降解性，使用后能被自然界中的微生物完全降解，最终生成二氧化碳和水，不污染环境。由于聚乳酸具有良好的降解性能，被广泛应用于一次性输液用具、免拆型的手术缝合线等，而低分子聚乳酸被用作药物缓释包装剂等。

接枝共聚可以将亲水和亲油、酸性和碱性、塑性和高弹性以及互不相容的两链段键接在一起，赋予特殊的性能。开环聚合是合成聚酯类线性聚合物的一种有效方法，它可以控制分子量从而控制材料的性能，包括降解性。将聚乳酸的优良性能和纤维素材料的低成本结合起来，将是一个非常有意义的研究领域。

纤维素接枝 L-聚乳酸、纤维素接枝 DL-聚乳酸的 ^1H 核磁共振谱图见图 4.12[41]，核磁共振分析见表 4.2。

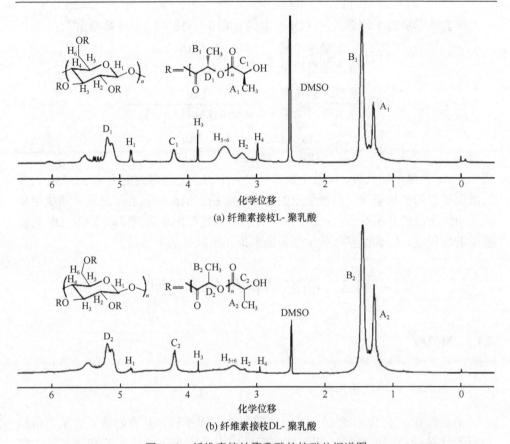

图 4.12　纤维素接枝聚乳酸的核磁共振谱图

A 为聚乳酸侧链末端甲基质子峰，B 为聚乳酸侧链甲基质子峰，C 为聚乳酸侧链末端次甲基质子峰，D 为聚乳酸侧链内的次甲基质子峰。下角 1 为 L-聚乳酸，下角 2 为 DL-聚乳酸。H_1～H_6 为纤维素单元 1～6 位上的质子

表 4.2　纤维素接枝聚乳酸 ^1H 核磁共振分析

纤维素接枝 L-聚乳酸		纤维素接枝 DL-聚乳酸	
化学位移	质子归属	化学位移	质子归属
1.289	A_1 —CH_3	1.275	A_2 —CH_3
1.453	B_1 —CH_3	1.440	B_2 —CH_3
4.209	C_1 —CH_2	4.191	C_2 —CH_2
5.189	D_1 —CH_2	5.184	D_2 —CH_2
4.839	H_1 —CH	4.833	H_1 —CH
3.188	H_2 —CH	3.169	H_2 —CH
3.859	H_3 —CH	3.848	H_3 —CH
2.985	H_4 —CH	2.955	H_4 —CH
3.480	H_5 —CH、H_6 —CH_2	3.335	H_5 —CH、H_6 —CH_2

聚乳酸侧链的平均聚合度（DP）由式（4.1）～式（4.3）计算得出[41]：

$$MS = \frac{乳酰基单元}{脱水葡萄糖单元} = \frac{(IAa+IAb)/3}{\left[IAc-(IAa+IAb)/3\right]/7} \tag{4.1}$$

$$DS = \frac{末端乳酰基单元}{脱水葡萄糖单元} = \frac{IAb/3}{\left[IAc-(IAa+IAb)/3\right]/7} \tag{4.2}$$

$$DP = \frac{MS}{DS} = \frac{(IAa+IAb)/3}{IAb/3} = \frac{IAa}{IAb}+1 \tag{4.3}$$

式中，MS 为摩尔取代度，即每个葡萄糖单元中引入乳酸单元的平均数；IAa 为聚乳酸侧链内的次甲基质子所派生出的共振峰面积；IAb 为聚乳酸侧链末端次甲基质子所派生出的共振峰面积；IAc 为所有的脱水葡萄糖单元质子峰面积；DS 为乳酰基的取代度，即乳酰基取代 1 个葡萄糖单元中羟基的平均数。

4.3　晶态结构与分子运动

4.3.1　聚酰胺

1. 聚酰胺 66 溶液的弛豫行为

聚酰胺 66，俗称尼龙 66，是一种重要的工程塑料，具有耐磨、质坚、耐腐蚀以及优良的自润滑性能，因而被广泛地应用于汽车工业、医疗和体育卫生事业当中。氢键是聚酰胺结构的重要组成部分，直接决定着聚酰胺的结构、物理化学性质和性能，也在一定程度上决定着聚酰胺溶液中的链缠结方式。核磁共振弛豫作为研究聚合物分子运动的有效手段，可用来研究聚合物溶液中大分子链的缠结[42]，且可以在一个较宽的时间尺度上研究大分子的动力学。高红昌等[43]利用核磁共振方法测定了聚酰胺 66 在三氟乙酸（TFA）中各质子的自旋-自旋弛豫时间并对其进行了指数拟合，揭示了快弛豫部分和慢弛豫部分的含量随温度变化的趋势。

1）聚酰胺 66 的核磁共振谱归属

图 4.13 和图 4.14 分别是 TFA 中聚酰胺 66 的 g-COSY 和 g-HSQC 核磁共振谱图[44]。为方便对各质子进行归属，图中给出聚酰胺 66 的各个质子编号。

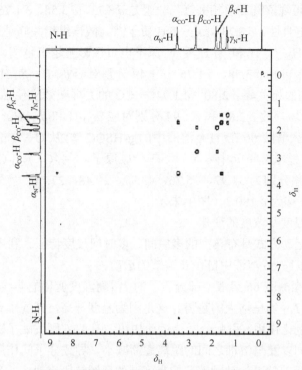

图 4.13　聚酰胺 66 溶液的 g-COSY 核磁共振谱

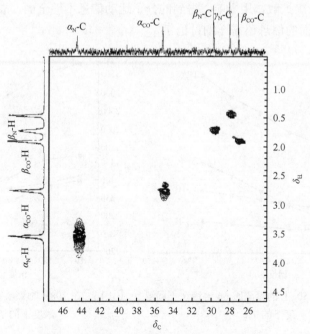

图 4.14　聚酰胺 66 溶液的 g-HSQC 核磁共振谱

图 4.13 中可观察到 2 组相关峰，一组是 $\delta\,8.73$、$\delta\,3.58$、$\delta\,1.76$、$\delta\,1.49$，N 原子具有较强的电负性，$\delta\,8.73$ 处是—NH 质子[45]，故该组相关峰是近—NH 一侧氢的相关峰。α_N-H、β_N-H 和 γ_N-H 受 N 原子电负性影响越来越弱，故其化学位移依次偏向高场，可知 $\delta\,3.58$、$\delta\,1.76$、$\delta\,1.49$ 分别对应 α_N-H、β_N-H 和 γ_N-H。另一组是—CO 一侧的相关峰 $\delta\,2.80\sim\delta\,1.94$，—CO 的去屏蔽效应使 α_H 的化学位移较 β_{CO}—H 偏向低场，故 $\delta\,2.80$ 和 $\delta\,1.94$ 分别对应 α_{CO}-H 和 β_{CO}-H。

图 4.14 是聚酰胺 66 在 TFA 溶液中的 g-HSQC 谱，从 C—H 键相关关系可归属出聚酰胺 66 链重复单元中 6 个磁不等价碳原子：α_{CO}-C，β_{CO}-C，α_N-C，β_N-C，γ_N-C 的化学位移分别为 34.97，26.76，43.97，29.48，27.71；另外在 ^{13}C 谱中有—CO 的化学位移为 $\delta\,180.3$（图中未示出）。

2）T_{1H} 随温度及浓度的变化

聚合物链运动方式具有典型的多空间、多时间尺度特征。利用 T_1 和 T_2 的测量可以了解聚酰胺 66 溶液中链段及链节的运动。

图 4.15 是聚酰胺 66 溶液中部分质子的 T_{1H} 随温度变化的曲线。随着温度的升高，各质子的 T_{1H} 均呈增大的趋势。这是因为温度升高，减弱了聚合物链间的相互作用以及溶剂化作用，引起分子热运动加快。图 4.16 则反映了随着溶液浓度增大，大分子链间以及与溶剂之间的距离逐渐减小，导致分子间作用力增大，弛豫时间减小。T_1 反映的是运动频率高的小区域的局域链段运动，并且 T_{1H} 的测量受质子-质子间自旋扩散作用影响，得到的分子运动信息不够全面，故要想得到关于分子运动更全面的信息还需详细讨论 T_{2H}。

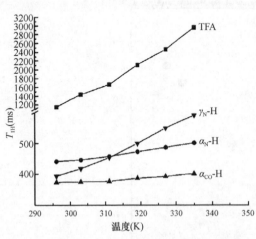 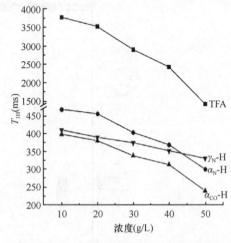

图 4.15　浓度为 50g/L 的聚酰胺 66 溶液在不同温度下的 T_{1H}　　　图 4.16　在 298K 时聚酰胺 66 溶液在不同浓度下的 T_{1H}

3）T_{2H} 随温度及浓度的变化

T_{2H} 反映的是低频的长程运动，可以提供溶液中聚合物长链的分子运动信息。聚酰胺 66 分子结构中含有大量的酰胺基，容易在大分子链间和溶剂间形成氢键。如图 4.17（a）和（b）所示[11]。

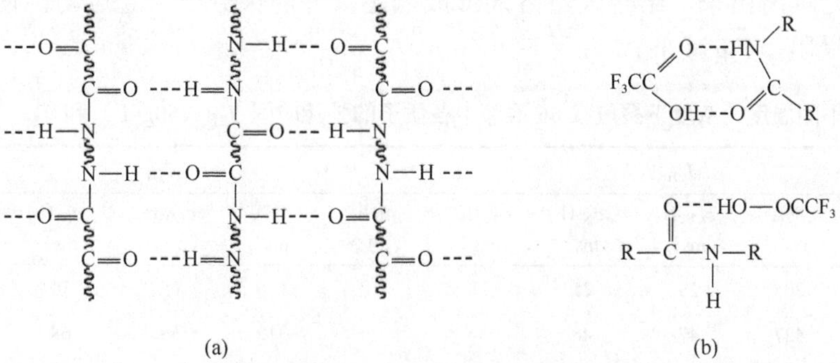

图 4.17　聚酰胺 66 溶液中的氢键类型
（a）聚酰胺 66 链间的氢键网络；（b）聚酰胺 66 分子链与溶剂小分子间的氢键

当聚酰胺 66 分子被 TFA 溶解时，部分酰胺基间氢键被解离，而解离出来的自由—NH 和—CO 基团又与溶剂小分子生成氢键[图 4.17（b）]，导致聚酰胺 66 分子的链段运动很大程度上取决于氢键作用力。在此主要讨论溶剂质子、α_{CO}-H、α_{N}-H 和长链上受氢键影响最弱的 γ_{N}-H 质子的 T_{2H} 变化。由于在温度较高时 N—H 质子的信号很弱，其弛豫时间无法准确测得，所以不作讨论。

从表 4.3 可以看出，在测定的温度范围内，聚酰胺 66 各质子的 T_{2H} 都很短，这说明链段运动处于低频区域。α_{N}-H 和 γ_{N}-H 的 T_{2H} 值都随温度的升高而增大，而 α_{CO}-H 和溶剂质子的 T_{2H} 值伴随温度升高都呈先增大后减小的过程。核间的偶极-偶极相互作用是影响自旋-自旋弛豫时间的主要因素，它与质子间距的 3 次方成反比，同时与链运动快慢有关。质子间距小，链运动慢，核间的偶极-偶极相互作用强，反映出来的 T_{2H} 值就短，反之则长。随着温度的不断升高，α_{CO}-H 和 α_{N}-H 的 T_{2H} 都快速增大，一方面随着温度的升高，分子热运动加快；另一方面升高温度使链间部分的氢键解离，这样就增加了大分子之间的间距，使得链段运动更加自由，T_{2H} 增大。当温度为 335K 时，α_{CO}-H 的 T_{2H} 有所减小，这是因为溶剂分子与—CO 基团间形成了大量氢键从而阻碍了 α_{CO}-H 的运动。而 N—H 由于与溶剂质子发生了快速交换，与溶剂间的氢键比例很小，所以对 α_{N}-H 的分子运动影响不大，使 α_{N}-H 的 T_{2H} 依旧随温度升高而增大。γ_{N}-H 由于距离氢键最远，影响其运动的因素主要是在柔性长直链中旋转的自由性。随温度升高，分子运动加快，γ_{N}-H 的 T_{2H} 一直呈增长趋势。溶剂质子的 T_{2H} 随温度的升高呈先增加后减少的趋势，这是因为在温度相对较低时，溶剂小分子之间的氢键由于分子运动的加剧快速解离，而聚酰胺分子间由于氢键数目很大、分子间作用力很强，其解离速率要低于溶剂分子间的解离速率，使解离出来的酰胺基数目不足以结合溶剂分子间解离出来的所有羧基，这时，对于溶剂来说发生的主要是氢键解离作用，T_{2H} 增大。温度继续升高，聚酰胺链间大量的—NH 和—CO 解离出来，结合大量溶剂形成氢键，并随大分子一起运动，使溶剂分子运动受阻，T_{2H} 减小。

表 4.3　不同温度、浓度下聚酰胺 66 溶液中各质子的弛豫时间 T_{2H}（50g/L）和 T_{1H}（298K）

| | T_{2H} | | | | | T_{1H} | | | |
温度 (K)	TFA (ms)	α_{CO}-H (ms)	α_{N}-H (ms)	γ_{N}-H (ms)	浓度 (g/L)	TFA (ms)	α_{CO}-H (ms)	α_{N}-H (ms)	γ_{N}-H (ms)
295	205	28	25	28	10	430	65	74	40
303	427	47	48	34	20	312	55	68	33
311	479	49	54	41	30	275	53	60	30
319	255	58	73	43	40	213	47	53	30
327	247	108	99	44	50	187	25	30	29
335	152	97	136	58					

另外，随着浓度的增大，各质子的 T_{1H} 值都减小了。这是因为浓度的增加，使得单位体积内的聚酰胺 66 分子链的数目增多，聚合物链间的氢键缠结点数目增加，因而凝聚缠结的程度变大，运动受阻。另外，聚合物链间距的减小，使得核间的偶极-偶极相互作用变大，导致 T_{1H} 减小。同时，在高度缠结的分子链内部也包裹了大量的溶剂分子，易产生氢键，使其运动减弱。

2. 聚酰胺类热塑性弹性体

聚酰胺类热塑性弹性体（TPA）由尼龙（PA）硬段和聚醚软段构成。PA 硬段影响着 TPA 的熔点、密度、耐磨性和耐化学药品性能；聚醚软段影响着 TPA 的低温特性、吸湿性和抗静电性。TPA 耐磨性能良好、硬度范围宽、回弹性好、尺寸稳定性和加工性能优异，有很好的耐化学药品性能和耐高低温性能，因而得到广泛的研究与应用。

以尼龙 6（PA6）为硬段、聚丙二醇（PPG）为软段，合成了 TPA——PA6-b-聚丙二醇（PPG）的 PA6-b-PPG 嵌段共聚物：

图 4.18 为 PA6-b-PPG 嵌段共聚物（PPG 质量分数为 35%）的 ^1H 核磁共振谱图[46]。由图可见，δ_a 1.26 的峰对应 PPG 中甲基上的氢，δ_b 1.48 的峰对应 PA6 嵌段中最中间的亚甲基上的氢，δ_c 1.71、1.79 的峰对应的是 PA6 嵌段中与 b 峰所属亚甲基相邻的两个亚甲基上的氢，δ_d 2.69 的峰对应 PA6 嵌段中与酰胺基中羰基相连的亚甲基上的氢，δ_e 2.81 的峰对应己二酸链段中与酰胺基相连的亚甲基

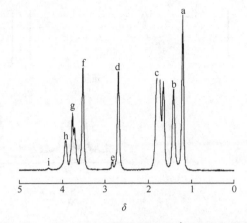

图 4.18　PA6-b-PPG 嵌段共聚物的 ^1H 核磁共振谱

上的氢，δ_f 3.52 的峰对应 PA6 嵌段中与酰胺基的 N 相连的亚甲基上的氢，δ_g 3.74 的峰对应 PPG 链段中亚甲基上的氢，δ_h 3.91 的峰对应 PPG 链段中与甲基相连的碳上的氢，δ_i 4.02 的峰对应 PPG 链段中与酯基相连的碳上的氢。

4.3.2　聚醚

1. 拉伸状态下弹性聚醚酯聚集态结构和分子运动

一种聚醚酯类嵌段共聚物 4GT-PTMO 是由对苯二甲酸与 1，4-丁二醇连接得到的 4GT 和对苯二甲酸及聚四氢呋喃（PTMO）无规共聚而成，作为一种具有重要工业价值的热塑性弹性体，聚醚酯类共聚物的微观相结构以及结构与性能的关系受到广泛的关注和研究。

在以往的工作中，人们一般认为聚醚酯是由结晶和非晶两相组成，结晶相由 4GT 构成，非晶相则由 PTMO 和非晶的 4GT 均匀混合而成。而 Schmidt 等[47]通过采用固体高分辨碳谱中的弛豫时间测量，发现在非晶区同样存在相分离，即存在 PTMO 聚集相和 4GT/PTMO 混合相。Gabrielse 等[48]通过固体核磁共振碳谱等多种方法进一步证明，非晶区由运动能力较弱的 4GT/PTMO 混合相以及运动能力较强的 PTMO 聚集相组成，其相分离的程度取决于其长度和组成，拉伸情况下非晶区会出现结晶且相分离加剧。Litvinov 等[49]通过 ^1H 二维双量子核磁共振实验证实 4GT/PTMO 混合相的相尺度在 0.5nm 以下。

对 4GT-PTMO 在拉伸状态下聚集态结构进行研究，对于揭示其聚集态结构与宏观弹性性能的关系有着重要的意义[50]。图 4.19 为未拉伸的 4GT-PTMO 样品的 ^{13}C CP/MAS 核磁共振谱及其详细归属[51]。δ 65.2 和 δ 70.7 分别对应于 4GT 和 PTMO 中的—OCH_2—信号，δ 26.9 对应于 4GT 和 PTMO 中不邻氧的 CH_2 信号。

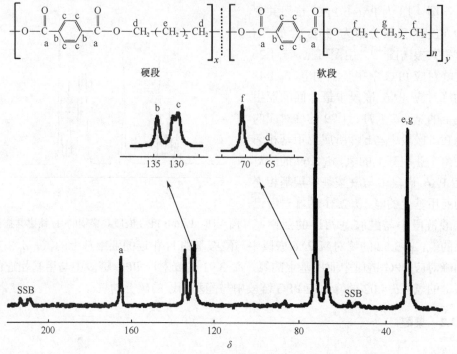

图 4.19　未拉伸的 4GT-PTMO 样品的 ^{13}C CP/MAS 核磁共振谱

SSB：旋转边带

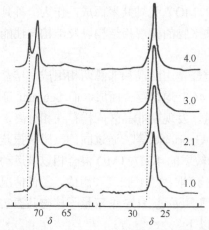

图 4.20　不同拉伸比样品的 ^{13}C CP/MAS 核磁共振谱

图 4.20 为不同拉伸比样品的 ^{13}C CP/MAS 核磁共振谱[51]。如虚线所示，随着拉伸比的增加，在 —OCH$_2$— 信号的低场位置，出现了一个新的信号 $\delta\,72.2$，在不邻氧的 CH$_2$ 的低场位置则出现了一个肩峰，这两个新的信号的相对强度都随拉伸比的增加而逐渐增加。这两个新增信号分别对应于结晶的 PTMO 中邻氧和不邻氧的 CH$_2$ 信号。因为 $\delta\,72.2$ 与 $\delta\,70.7$ 两峰分别对应于 PTMO 中—OCH$_2$—的结晶和非晶信号，所以通过对谱图的分峰拟合可得 PTMO 半定量的结晶度数据。

为了阐明结晶结构，分析拉伸对分子运动的影响，采用 Torchia 脉冲序列[52]测定样品的 ^{13}C 核磁共振谱图。图 4.21 是拉伸比为 4.0 时样品—OCH$_2$—信号的弛豫堆积图。从图中可以看出，PTMO 非晶峰在 1s 左右时基本消失，在 20s 后非晶峰完全消失，但结晶峰仍然有较强的信号。对 PTMO 结晶和非晶信号分峰拟合得结晶和非晶的 ^{13}C 的 T_1，结果如表 4.4 所示。显然，随拉伸比的增加，PTMO 结晶 ^{13}C 的 T_1 总体有增加的趋势，且在拉伸比为 3.0 和 4.0 的情况下，表现为双指数弛豫，即结晶区存在两个 ^{13}C 的 T_1，其中较长 T_1 数值随拉伸比增加而快速增加。这样的弛豫行为与乙烯共聚物相类似，两种弛豫速度分别对应于结晶本体以及界面，T_1 数值随拉伸比增加而增加的现象表明 PTMO 的晶片厚度随拉伸比增加而明显增加。从表 4.4 还可发现，拉伸后的 PTMO 非晶区 ^{13}C 的 T_1 只有较小的变化，说明拉伸虽造成了 PTMO 结晶，但对于其他非晶部分的高频分子运动没有明显影响。

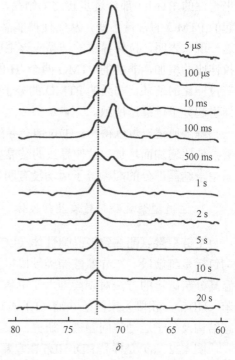

图 4.21　拉伸比为 4.0 时样品—OCH$_2$—信号的弛豫堆积图

表 4.4　4GT-PTMO 样品中 PTMO 的 ^{13}C 的 T_1 和 ^{1}H 的 T_2

λ	^{13}C T_1 （s）		^{1}H T_2 （μs）		
	结晶	非结晶	结晶	非结晶	在非晶区域内 T_2 的含量（%）
1.0	—	0.25	—	21.3	25.2
2.1	—	0.27	16.2	22.6	35.7
3.0	0.84	0.27	15.9	22.8	40.0
4.0	0.69	0.27	12.8	33.1	47.5

　　质子自旋-自旋弛豫时间 T_2 是另一种反映分子运动状况的重要核磁共振参数。利用在交叉极化前加一个可变时间窗，然后通过观察交叉极化后的—OCH$_2$—的 ^{13}C 信号来间接检测 ^{1}H 的 T_2 以研究体系中的分子运动情况。显然在表 4.4 中随拉伸比的增加，PTMO 结晶的 ^{1}H 的 T_2 有一定下降，说明拉伸比的增加使得结晶区结构趋于完善。PTMO 非晶区 ^{1}H 的 T_2 表现为明显的双指数弛豫，即存在 ^{1}H 的 T_2 相对较长的柔性组分和相对较短的刚性组分，分别对应于未结晶的 PTMO 部分和相对刚性的 4GT/PTMO 混合部分。从表中还可发现，非晶区中刚性组分相对含量随拉伸比增加而单调增加。对这一现象可能的解释是，随着拉伸比的增加，本

来柔性的 PTMO 部分逐步转化为结晶，因而含量逐渐减少，而与 4GT 混合在一起的 PTMO 的含量不变，从而使得非晶的 PTMO 中刚性组分相对含量逐渐增加。这一现象表明，拉伸导致的结晶应该主要发生在柔性的 PTMO 部分。另外，随着拉伸比的增加，非晶的 PTMO 两个 ^1H 的 T_2 总体上都呈现了增加的趋势，表明随着拉伸比的增加，非晶的 PTMO 的分子运动能力反而有所增加，这可能是由于拉伸引起分子链缠结所致。

综上所述，可以得出：①拉伸会导致 PTMO 的结晶，结晶度和晶片厚度都随着拉伸比增加而增加，拉伸导致的结晶主要发生在 PTMO 非晶区；②拉伸对于体系中未结晶部分的高频分子运动没有明显的影响。

2. 主链型聚氨酯热致液晶弹性体

主链型聚氨酯热致液晶弹性体（LCPUE）是一种新型高分子材料，通常的结构包括聚醚软段、二异氰酸酯类硬段以及具有液晶性的联苯醚三部分。用固体变温高分辨碳谱的方法对硬段为六亚甲基二异氰酸酯（HDI）及 4，4′-二羟己氧基联苯（HB6），软段为聚四氢呋喃（PTMO）的 LCPUE 在液晶转变温度之上的聚集态结构及分子运动等问题进行研究。

图 4.22（a）是样品 HDI-HB6 在室温下的 ^{13}C CP/MAS 核磁共振谱，结合溶液碳谱，对该谱图进行归属[53]，结果如结构式 1 和 2 所示，图中 s1′代表 PTMO 中最靠近硬段的邻氧亚甲基。通过与 HB6 单体的溶液 ^{13}C 核磁共振谱比较，发现样品的 HB6 部分中有一定量的如结构式 2 所示的结构存在，这可能是单体纯化不够或是聚合过程中存在副反应所致。

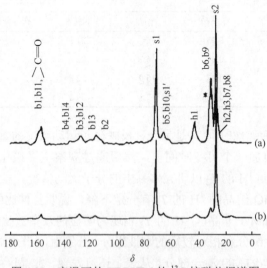

图 4.22　室温下的 HDI-HB6 的 ^{13}C 核磁共振谱图

（a）^{13}C CP/MAS 核磁共振谱；（b）^{13}C PST/MAS 核磁共振谱

结构式1

$\begin{array}{c}\text{O}\\\parallel\end{array}$ $\begin{array}{c}\text{O}\\\parallel\end{array}$
+(CH₂CH₂CH₂CH₂O)ₙCNHCH₂CH₂ CH₂CH₂CH₂CH₂NHCOCH₂CH₂CH₂CH₂CH₂CH₂O
s1 s2　　　　h1 h2 h3　　　　　　b5 b6 b7 b8 b9 b10

b1 b4　　O(CH₂)₆CNH(CH₂)₆NHCO
b2 b3

结构式2

—NHCO(CH₂)₆O—　—OCNH—
b14 b11
b12 b13

图 4.22（b）是样品 HDI-HB6 在室温下的 ^{13}C PST/MAS 核磁共振谱（脉冲饱和转移+魔角旋转谱），PST/MAS 核磁共振方法与 CP/MAS 核磁共振方法比较，两者的差别主要在于，CP/MAS 核磁共振谱中突出体系中分子运动较困难的部分，而 PST/MAS 核磁共振谱方法通过选取合适的采样等待时间，所得到的谱图中可以强调体系中分子运动较容易部分的信号，而抑制体系中运动性较差部分的信号。与图 4.22（a）比较可见，被归属为 HDI 以及 HB6 的信号在图 4.22（b）中被明显抑制。这说明样品中软硬段的运动能力有明显的区别，换言之即软硬段间有较好的相分离。在图 4.22（a）中被归属为 b6 与 b9 碳的信号存在裂分，其中较为低场的峰表现为较高场的峰的一个肩膀，在图 4.22（b）中则只能观察到较高场的峰。这一结果说明，样品中存在结晶的 HB6 及非晶的 HB6，其中较低场的峰对应于处在结晶态的 HB6（标*的峰），而较高场的峰则对应于非晶态的 HB6 部分。

从室温起开始升温直至 130℃，在此过程中，我们测量了多个温度下的 ^{13}C CP/MAS 核磁共振谱[53]，图 4.23（a）是 HDI-HB6 在 130℃时的 ^{13}C CP /MAS 核磁共振谱。因为 130℃这个温度已经高于样品的熔融温度（T_m），而低于样品的相转变温度（T_i），所以此时样品已处在液晶态的温度范围之内，样品已经熔融并具有了流动性。

在图 4.23（a）中可以发现在室温下被归属为结晶峰的信号在 130℃的谱中依然存在（标*的峰），这一结果说明当实验温度超过样品的熔融温度，并且样品已经具有流动性的情况下，样品中仍然有结晶的硬段结构存在。关于这一点，可以用以下的实验事实从不同的侧面

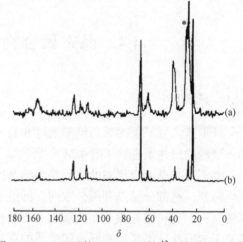

图 4.23　130℃下的 HDI-HB6 的 ^{13}C 核磁共振谱图
（a）^{13}C CP/MAS 核磁共振谱；（b）^{13}C PST/MAS 核磁共振谱

进一步给予证明：①一般认为交叉极化只有在固态情况下，即分子运动困难而偶极相互作用较强时才较为有效，但在 130℃的 CP/MAS 核磁共振谱中，我们仍可观察到较强的硬段信号，这说明样品中至少有部分硬段的分子运动能力较差，从而使得碳氢间仍有较强的偶极相互作用；②由于样品中相当部分的硬段在常温下处在结晶状态，如果当温度升高至熔融态时结晶完全被破坏的话，与硬段相对应的各峰的化学位移应该发生较大的变化，然而比较图 4.22（a）与图 4.23（a）可以发现，与硬段相对应的信号的化学位移无明显的变化，这说明 130℃时样品中仍有部分结晶的硬段存在；③图 4.23（b）是 130℃时样品的 ^{13}C PST/MAS 核磁共振谱，比较图 4.23（a）和（b）可以发现，与硬段相对应的信号在 CP/MAS 核磁共振谱中及 PST/MAS 核磁共振谱中的线宽有明显的差别，在 PST/MAS 核磁共振谱中软、硬段信号的线宽都已经接近液体碳谱，这说明样品中软段及部分的硬段已经处在各向同性状态，但在 CP/MAS 核磁共振谱中，硬段的线宽尽管相对于室温下已有所窄化，但比液体谱的线宽仍宽出许多，这意味着在 130℃ 时，样品中除了软段及部分硬段已经处在各向同性状态之外，仍有相当部分的硬段其聚集态类似于固态。

以上三方面的结果都证明了在升温过程中，当实验温度落在样品的 T_m 与 T_i 之间时，样品的硬段有相当部分仍处在结晶状态，这部分硬段可能以一些小的硬段微畴的形式存在，而处在各向同性状态的软、硬段则保证了样品具有一定的流动性。我们认为产生这种现象的原因可能是 LCPUE 样品中硬段与硬段间存在有较强的相互作用，当样品的温度高于 T_m 而低于 T_i 时，这种相互作用不能被完全破坏，从而使得一部分的硬段能够以规整排列的方式存在于已经具有流动性的样品之中。

4.4　晶态聚合物分子结构表征

4.4.1　纤维素

纤维素大分子是由葡萄糖基通过 β-1，4 苷键联结成纤维素二糖单元，再形成均一聚糖的线性聚合物（图 4.24）。研究认为，纤维素纤维的结构既不是完全晶态的，也不是完全无定形态的，而是半结晶的。所以，纤维素纤维的聚集态结构的主要特征，是部分结晶和部分取向。纤维素的聚集态结构，主要是指晶区和非晶区的结构，也可以称微观结构或超分子结构。研究表明，聚集态结构中的结晶部分及无定形部分都是决定纤维素性质的重要方面[54]。

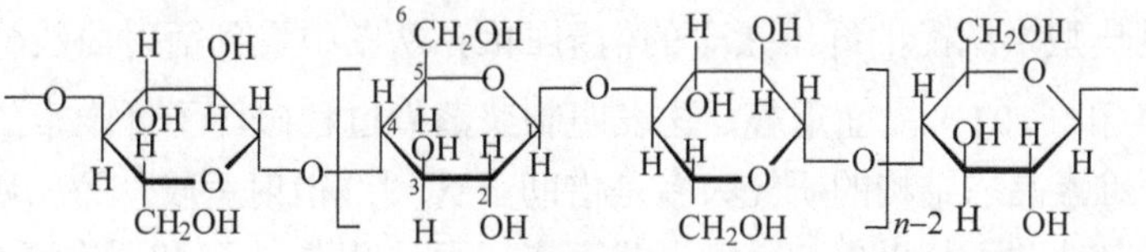

图 4.24　纤维素的结构示意图

1. 纤维素的不同研究方法的特点

国外学者用不同方法研究了纤维原料中纤维素的微观结构。研究的方法包括傅里叶变换红外光谱（FTIR）、透射电子显微镜（TEM）、场发射电子显微镜（FE-SEM）、原子力显微镜（AFM）与大角 X 射线衍射（WAXD）法等[55-58]。用显微技术表征纤维素聚集态结构的优点是能定性得到植物纤维细胞壁表面形态与原纤结构，然而微原纤周围的非纤维素组分可能会影响结果且无法得到定量信息。同时，使用电镜手段观察纤维素的微观结构时在样品制备的过程上也较复杂。目前认为，对纤维素的微观结构进行准确分析，X 射线衍射法仍是重要的有效方法之一，但由于植物纤维的结构复杂，X 射线衍射法无法得到纤维素微观结构的全部信息，因而不能准确完整地分析纤维素的微观结构。植物纤维原料是由纤维素、半纤维素、木质素等天然高分子化合物组成，其复杂的化学成分使各组分的分离和提纯变得非常困难，导致各化学组分的结构和木质纤维化学改性的机理研究比较困难。^{13}C CP/MAS 核磁共振技术由于能够直接采用固体粉末半定量地估计其化学组成和化学结构，对其组分不必进行分离和溶解等处理就可以直接测定，已经成为研究高分子化合物化学结构和物理性质最重要的工具之一。

^{13}C CP/MAS 核磁共振能使固体核磁共振谱图与液体高分辨核磁共振谱图几乎一样。对于那些无溶剂能溶解、结构又比较复杂的化合物或混合物，^{13}C CP/MAS 核磁共振是非常有效的手段。而且，^{13}C CP/MAS 核磁共振谱图能揭示纤维的微细结构，这在溶液状态下是观测不到的。例如，在天然纤维素的谱图中，出现了优良的谱线分裂，这些碳原子信号被解析成各种结晶或无定形形式，表明纤维素中有许多同质异晶体的存在[59, 60]。

2. 纤维素的晶型与含量

纤维素在固态下存在着五种结晶变体，天然纤维素的结晶格子称为纤维素Ⅰ，其分子质量很高。从图 4.25 的特征衍射峰可看出桉木浆纤维的 X 射线

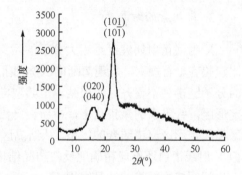

图 4.25　硫酸盐桉木浆纤维的 X 射线衍射曲线

衍射曲线是典型半结晶的纤维素 I 的衍射曲线，从图中看到衍射曲线分辨率较低，因为（101）和（10$\bar{1}$）晶面重叠，这表明制浆蒸煮过程破坏了纤维素的结晶结构。

关于纤维素晶态结构的研究大多是借助于 X 射线衍射手段[61-65]。现在，人们发现纤维素 I 晶体并不是以单一晶型形式存在，而是纤维素 I$_\alpha$ 和纤维素 I$_\beta$ 两种晶体的混合物，并且在一定条件下它们可以相互转化[66]。纤维素 I$_\alpha$ 和纤维素 I$_\beta$ 分别指的是 1 个链的三斜单元晶胞和 2 个链的单斜单元晶胞[67]。不同的晶型其氢键模式不同，其力学性能也不同。X 射线衍射根据函数 $Z=1693d_1-902d_2-549$[d_1，d_2 分别为（101），（10$\bar{1}$）面的晶面间距]来判别纤维素 I 主要以哪种晶体形式为主[68]，但不能给出晶型的准确含量，通过 ^{13}C CP/MAS 核磁共振谱就可以测定结晶区纤维素 I$_\alpha$ 和纤维素 I$_\beta$ 相对含量的变化。

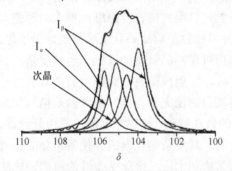

图 4.26　核磁共振碳谱 C1 区信号峰的拟合结果

利用 4 个洛伦兹线型表示不同晶型，对核磁共振谱图的 C1 区（δ102～108）信号峰进行拟合，结果见图 4.26。纤维素 I$_\alpha$ 在 δ105.1 处显示 1 个单峰而纤维素 I$_\beta$ 显示的是 1 个双峰，即外侧的两个信号峰，分别为 δ 105.7 和 δ 104.0 处。按照 Larsson 等提出的概念[69, 70]，δ 104.6 处的单一信号峰归属于次晶，表示有序性不及但运动性大于纤维素 I$_\alpha$ 和 I$_\beta$ 的结晶结构。

根据 X 射线衍射的区分函数算出 $Z<0$，从而推断出主要以纤维素 I$_\beta$ 晶体形式为主。而从图 4.26 中可直接得到桉木浆纤维主要是以纤维素 I$_\beta$ 晶型占主体，比 X 射线衍射法测量过程方便、迅速。不同来源的纤维素 I$_\alpha$ 晶型和 I$_\beta$ 晶型含量比值不同，晶型的组成取决于植物的种类。桉木浆纤维中 I$_\alpha$ 晶型和 I$_\beta$ 晶型相对含量的比值为 0.51，苎麻、棉纤维和竹浆中两种晶型相对含量的比值分别为 0.47、0.26 和 0.25。

3. 纤维素的结晶度

X 射线衍射研究纤维素大分子的聚集结果表明，一部分的纤维素大分子排列比较整齐、有规则，呈现清晰的 X 射线衍射图，这部分称之为结晶区；另一部分的分子链排列不整齐、较松弛，但其取向大致与纤维主轴平行，这部分称之为无定形区。纤维素的聚集状态，即所谓纤维素的超分子结构，就是形成一种由结晶区和无定形区交错结合的体系，从结晶区到无定形区是逐步过渡的，无明显界限。但 X 射线衍射还不能精确地反映结晶结构，用 ^{13}C CP/MAS 核磁共振谱则可以进一步阐明植物纤维的结晶结构。

用分峰法计算 X 射线衍射方法得到的结晶度为 58.6%。衍射曲线利用 Lorentz 函数进行分峰，除了 4 个结晶峰（101），（10$\bar{1}$），（002）和（040），无定形峰的最大值对应于（10$\bar{1}$）和（002）晶面之间的波谷。结晶度可利用 Focher 等[71]提出的公式计算：

$$W_c = \left[1 - \frac{S_a}{S_a + S_c}\right] \times 100\%$$

式中，S_a 是无定形峰的面积；S_c 是 4 个结晶峰的面积之和。

在固体核磁共振中，纤维素的吸收信号主要在化学位移 60~110 处。图 4.27 为硫酸盐桉木浆的 ^{13}C CP/MAS 核磁共振谱图[72]。按照有关文献对纤维素碳谱进行归属[73]，化学位移为 60~70 的区域归属于主羟基上的 C6，70~81 之间的共振峰归属于不与糖苷键连接的环碳 C2、C3、C5，81~93 之间的区域归属于 C4，而 102~108 之间的区域归属于 C1。

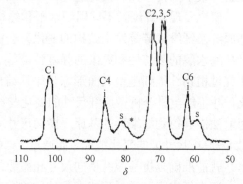

图 4.27 硫酸盐桉木浆 ^{13}C CP/MAS 核磁共振谱图

由于 C2、C3、C5 的共振峰重叠，它们不能用于纤维素结晶结构的研究。从图 4.27 中可明显观察到纤维素的 C4 谱线裂分为两部分：尖窄的低场和宽阔的高场，分别对应着纤维素的结晶区和非结晶区。纤维素 C4 原子在纤维素结晶区和非结晶区的信号峰的化学位移不同：在结晶区的化学位移为 86~92，在非晶区为 80~86。大量的高分辨纤维素 ^{13}C 核磁共振谱图研究表明，C4 原子会随着纤维素结晶度的变化分别在化学位移 80~86 处和 86~92 处信号峰的面积呈现有规律的变化，所以可以根据结晶区 C4 峰的相对强度来计算纤维素的结晶度。

利用核磁共振方法计算的公式为

$$W_c = \frac{S_c}{S_c + S_a}$$

式中，S_c、S_a 分别为 δ 86~92 与 δ 80~86 的信号面积，分别代表纤维素 C4 原子在结晶区和非结晶区的相对含量。

用核磁共振方法得到的结晶度为 47%，可知用核磁共振方法计算的结果比用 X 射线衍射计算的结果小得多。这可能是由于相比 X 射线衍射，^{13}C 核磁共振对小范围的有序更为敏感。在 ^{13}C 核磁共振中，结晶区信号峰的强度取决于每个相内部的碳原子数目，即只有晶区内的部分才能被看作是结晶区，因而结晶度的大小取决于晶粒尺寸以及结晶的完整性。而蒸煮过程会使桉木浆纤维结晶体的完整性受到破坏，晶粒的表面积增加。因此，对于结晶区有缺陷的纤维素来说，^{13}C

核磁共振更能完整准确地分析纤维素大分子排列的有序情况。

4. 纤维素的原纤结构

植物纤维细胞壁中纤维素分子链平行排列形成基原纤，再由若干基原纤组成微原纤，微原纤平行地组合在一起形成原纤[74]。微原纤是纤维的主要结构单元，晶区位于微原纤内，称为"微晶"或"胶束"。基原纤，即丝状多晶体，是结晶纤维素中最小结构单元。因此通过计算纤维素晶粒尺寸可得到基原纤的横向尺寸。

研究发现，纤维素不同组织水平和结构水平上的变化（纤维、原纤、微原纤、基原纤及纤维素链等发生结构的变化）会影响纤维素在化学改性中的活性、纤维素被酶水解的易感性和纤维的强度性能等。研究者用不同光谱方法和显微镜方法研究过植物纤维细胞壁表面形态与原纤结构。但这些方法只能定性描述表面的变化，并不能定量分析微原纤尺寸的变化与纤维性能之间的变化规律。通过 X 射线衍射法能够得到纤维素的基原纤横向尺寸（晶粒尺寸），但无法得到更大结构水平（如微原纤尺寸）的变化情况。而通过 ^{13}C CP/MAS 核磁共振谱图结合光谱拟合技术，就能准确分析基原纤横向尺寸和微原纤横向尺寸的变化。

假设纤维素基原纤形成聚集体的方向和纤维主轴的方向是一致的，并且假定基原纤-基原纤接触的表面对不可及基原纤表面的信号强度（$\delta 83.8 \sim 84.1$）有主要作用，那么可通过核磁共振谱图来计算横向基原纤尺寸及基原纤聚集束尺寸（即微原纤横向尺寸）[75, 76]。

Larsson 等[77]利用混合洛伦兹（Lorentz）和高斯（Gauss）函数的模型对 ^{13}C CP/MAS 核磁共振谱的 C4 原子进行拟合。这种模型曾用来分析过棉短绒和桦树硫酸盐浆纤维素的 C4 区。在有序的 C4 区域（$\delta 86 \sim 92$），用于拟合模型的包括来自结晶纤维素 I 的三种信号的 Lorentz 谱线：纤维素 I_α（$\delta 89.5$）、纤维素 $I_{(\alpha+\beta)}$（$\delta 88.7$）和纤维素 I_β（$\delta 87.9$），其余的是由非晶态纤维素引起的四种信号的高斯谱线：类结晶纤维素（$\delta 88.4$）、可及原纤表面（$\delta 83.2$ 与 $\delta 84.1$）和不可及原纤表面（$\delta 84.9$）。如图 4.28 所示。

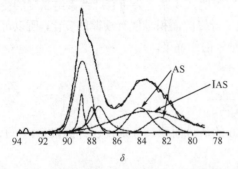

图 4.28　核磁共振碳谱信号峰 C4 区的拟合结果

假定非晶态纤维素只在基原纤的表面上 因此 $\delta 80 \sim 86$ 处的谱线可用来代表可及基原纤表面与不可及基原纤表面的信号。用反卷积进行 C4 区的光谱拟合，并对不同形态的纤维素产生的谱线面积使用 Levenberg Marquardt 迭代法[78]。拟合结果得到可及基原纤表面的信号强度 $I(AS)$ 和不可及基原纤表面的信号强度 $I(IAS)$。将 $I(AS)$（计算微原纤横向尺寸）和 $I(AS)+ I(IAS)$（计算基原纤横向尺寸）都用 q

来表示，并根据公式 $q = (4n-4)/n^2$ 计算。其中，n 为沿基原纤或基原纤聚集束一边上的葡萄糖数。通过计算宽面[0.61nm，单斜相（110）与三斜晶系（010）]与窄面[0.54nm，单斜相（$\bar{1}$10）与三斜晶系（100）]中纤维素链间距的平均值得到转换系数，即纤维素链上一个葡萄糖的尺寸为 0.57nm，所以 $d = 0.57 \times n$，这里的 d 就是相应的基原纤或微原纤的横向尺寸。

X 射线衍射法中基原纤的横向（晶粒）尺寸根据 Scherrer 方程来计算：

$$L = \frac{k\lambda}{\beta\cos\theta}$$

式中，L 是晶粒尺寸；k 是 Scherrer 常数，取 0.94；λ 是 X 射线波长；β 是主结晶峰（002）的半高宽。

根据 X 射线衍射计算出的基原纤横向尺寸（晶粒尺寸）为 4.3nm。通过图 4.28 的拟合结果可得到基原纤横向尺寸为 4.0nm。由此可见，核磁共振的计算结果要小于 X 射线衍射的计算结果。这两种方法的结果差异可能与上面的假设有关。在假设中，纤维被看成基原纤的堆砌，只有基原纤的表面才看成无定形区，而实际上这种情况只对一些高结晶样品比较符合，如麻纤维。但对硫酸盐桉木浆来说，它的结晶度相对较低，结晶区和无定形区往往是沿着微原纤交替排列的。X 射线衍射法无法得到纤维素的微原纤横向尺寸，而通过 ^{13}C 核磁共振结合谱图拟合技术可以同时计算得到纤维素的微原纤横向尺寸为 17.9nm，这一结果与用原子力显微镜得到的结果有很好的一致性[79]。

^{13}C CP/MAS 核磁共振结合谱图拟合技术还能研究微原纤内纤维素链的排列情况，从图 4.28 中可看到纤维素 C4 区有 2 种共振区域，有 1 个尖锐的共振峰，它归属于结晶区内的有序区，加上重叠 1 个较宽的侧翼，其归属于无序区，它包括 2 种纤维素链，结晶基原纤表面的纤维素链和无定形区的纤维素链。由此可对 C4 区进行谱图拟合得到不同形态的纤维素含量，以此来研究纤维素结晶区内和结晶基原纤表面及无定形区内的纤维素分子排列情况。

次晶纤维素在结构的有序性方面介于理想晶体与液体之间，但仍属于晶体范畴，目前对于次晶纤维素的性质还不是很清楚。通过谱图拟合得到的次晶纤维素的相对含量为 27%，纤维素 I$_\alpha$ 晶型、纤维素 I$_{(\alpha+\beta)}$ 晶型和纤维素 I$_\beta$ 晶型的相对含量之和为 24%，两者之和表示微原纤内部结晶区的相对含量，即纤维素结晶度的大小为 51%。这个值相比于根据结晶区 C4 峰的相对强度计算得到的纤维素结晶度要高，证实了 Larsson 等[60]指出的次晶纤维素是微原纤内纤维素分子链排列有序度较高的"核心"结构。由于结晶聚合物的晶区和非晶区之间没有明显的界限，也就不可能准确地测定晶区含量。前面指出的 X 射线衍射和核磁共振方法研究的都是结晶聚合物中结晶和无定形部分的特征，将纤维素简单分成晶区和无定形区两相，得到的是晶体的相对含量，但对于这种介于晶体和非晶体之间的晶态结构研究很少，而 ^{13}C

CP/MAS 核磁共振结合谱图拟合技术就是研究不同形态纤维相对含量的有力工具。

4.4.2　淀粉

1. 常用研究淀粉方法的比较

植物淀粉以半晶态的颗粒形式存在于自然界，具有结晶和无定形两种结构成分，主要由直链淀粉和支链淀粉组成。淀粉分子中直链淀粉和支链淀粉中的短链部分形成双螺旋结构，这些双螺旋分子链通过分子间的相互作用力以一定的空间点阵在淀粉颗粒的某些区域形成不同的多晶形态[80, 81]。

目前研究淀粉晶体结构最常用的方法是 X 射线衍射技术，这是因为淀粉晶体类型的划分依据是 X 射线衍射波谱。与 X 射线衍射相比，^{13}C CP/MAS 核磁共振谱不仅能够精确计算淀粉的相对结晶度，而且也能计算淀粉的双螺旋含量，被广泛用于淀粉晶体结构的研究中[82, 83]。

固体核磁共振用于淀粉颗粒结构研究的主要原理是淀粉颗粒的结晶区和无定形区在固体核磁共振图谱上的化学位移和弛豫时间不同。物质在固态时的许多性质在液态时是无法观察到的，固体核磁共振可以直接测定固体样品，通过交叉极化、魔角旋转等方法可以缩短弛豫时间，得到高分辨率的宽线谱图，具有不破坏样品、制样方便、测定快速、精度高、重现性好等优点。

Morgan 等[84]利用单脉冲-魔角旋转（SP/MAS）固体核磁共振技术研究小麦淀粉颗粒的结构。研究表明，小麦淀粉颗粒是由 3 种不同的区域构成：支链淀粉的双螺旋结构形成的高度结晶区域、直链淀粉-脂复合物构成的类似固态物质的区域、完全的无定形区域。

Bogracheva 等[85]提出了淀粉双螺旋含量的定量分析方法。这种方法首先假设天然淀粉的固体核磁共振图谱是由无定形区与双螺旋排列形成的结晶区构成的，制备无定形淀粉并得到无定形淀粉的固体核磁共振图谱，在天然淀粉的固体核磁共振图谱中减去无定形区得到结晶区，通过无定形区、结晶区相对于天然淀粉的面积比例，进而计算双螺旋结构的相对含量。但此法将 V 形单螺旋结构归于无定形组分，导致计算结果偏小。

Tan 等[86]采用 ^{13}C CP/MAS 固体核磁共振技术对不同直链淀粉含量的玉米淀粉和大米淀粉及其无定形淀粉进行测试并对得到的图谱进行分峰和拟合，以无定形淀粉 ^{13}C CP/MAS 核磁共振图谱中 C4 在化学位移为 δ 84 的值为参考点，用 Excel 差减法从天然马铃薯淀粉图谱中减去无定形部分，再从得到的结晶淀粉图谱中分出由单螺旋和双螺旋结构所引起的峰，从而通过峰面积的比值计算出每种淀粉中所含双螺旋结构的比例。并且指出了无定形淀粉的制备条件对淀粉图谱的影响。刘延奇等[87]参照 Tan 等[86]的方法计算出了天然马铃薯淀粉的无定形组分以及双螺旋、单螺旋组分的相对含量。

与 X 射线衍射法和红外光谱法类似，固体核磁共振技术能够进行淀粉颗粒结晶结构的定性和定量研究，由于其是将作为结晶结构基础的双螺旋结构进行定量分析，因此是对定量精度不高的上述两种方法的最好确证和补充。固体核磁共振能够从双螺旋结构层面更精细地反映淀粉颗粒的结晶结构，是该领域研究的发展方向之一。

淀粉颗粒结晶结构的 4 种测定方法中，X 射线衍射法能够确定淀粉颗粒结晶结构类型，样品制备方法简单；红外光谱法测定时需对淀粉进行干燥、压片；原子力显微镜测定时需对淀粉进行树脂包埋、固化、超微切片等处理，样品制备难度较大；固体核磁共振技术虽然能对结晶结构进行定性，但一般用于结晶结构的精确定量研究（表4.5）。4 种测定方法对结晶结构的表征侧重不同，一般先用 X 射线衍射法确定结晶结构的存在和晶型、相对结晶度等，再与其他 3 种方法中的 1 种或几种结合，从定性、定量、精细结构、形态、立体分布等不同角度对淀粉颗粒的结晶结构进行分析。

表 4.5　淀粉颗粒结晶结构 4 种测定方法对比

方法	对结晶结构的表征			样品制备难易程度
	类型	定性	定量	
X 射线衍射法	●	●	●	■
红外光谱法	X	●	●	■■
原子力显微镜法	X	●	X	■■■
固体核磁共振法	X	●	●	■

注：● 表示可以，X 表示不可以；■ 越多表示难度越大。

2. 淀粉的相对结晶度和双螺旋含量的计算

无定形淀粉和不同植物来源的淀粉的 ^{13}C CP/MAS 核磁共振谱图见图 4.29[88]。淀粉的核磁共振图谱轮廓存在相似之处，都产生 4 个主要的信号强度区域，分别为 C1、C4、C2，3，5 和 C6 区域，它们的主要区别在 C1 区域。无定形淀粉的 ^{13}C CP/MAS 核磁共振谱在 δ 103 附近有 1 个峰，这是葡萄糖 C1 区域的无定形峰，与直链淀粉和脂含量有关。糯玉米淀粉在 C1 区域的 δ 99.5、δ 100.4 和 δ 101.5 处有 3 个典型的结晶峰，在 δ 102.6 处有一弱的肩峰（无定形峰）。普通玉米淀粉在 C1 区域的 δ 99.4、δ 100.4 和 δ 101.5 处也有 3 个典型的结晶峰，但在 δ 102.9 处的无定形峰变得非常明显，表明此峰与淀粉中直链淀粉含量有一定的关系。马铃薯淀粉在 C1 区域的 δ 100.0 和 δ 100.9 处有 2 个典型的结晶峰，在 δ 102.6 处有一个无定形峰。高直链抗性淀粉转基因水稻（TRS）淀粉在 C1 区域的 δ 100.0、δ 100.8 和 δ 101.4 处有 3 个不明显的结晶峰，而在 δ 102.9 处有一个显著的无定形峰。酸水解 1 天的 TRS 淀粉在 C1 区域的 δ 100.0 和 δ 101.0 处有 2 个典型的结晶峰，在 δ 102.9 处有一个无定形峰，但此峰的强度比天然的 TRS 淀粉显著降低。

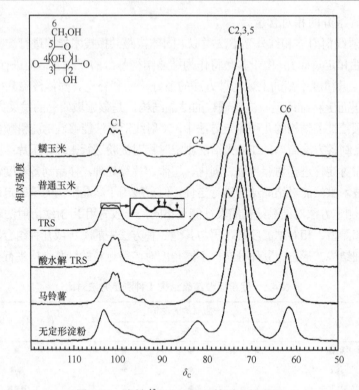

图 4.29　淀粉 ^{13}C CP/MAS 核磁共振谱图

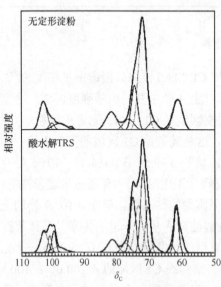

图 4.30　无定形淀粉和酸水解 1 天的
TRS 淀粉的 ^{13}C CP/MAS 核磁共振拟合图

我们通过对水稻无定形淀粉和酸水解 1 天的 TRS 淀粉的 ^{13}C CP/MAS 核磁共振谱图进行拟合，结果见图 4.30。利用拟合的谱图中各峰的面积，计算淀粉的相对结晶度和双螺旋含量。^{13}C CP/MAS 核磁共振谱图计算出来的酸水解淀粉的相对双螺旋含量为 43.5%，结晶度为 39.8%，而 X 射线衍射曲线作图方法计算出来的结晶度却只有 29.5%。

天然淀粉 ^{13}C CP/MAS 核磁共振谱图基本相似，包括 C1、C4、C2，3，5 和 C6 区域，区别主要表现在 C1 区域。A 型淀粉在 C1 区域表现为特有的 3 个结晶峰特征，这主要是其螺旋对称排列中的 3 个葡萄糖残基所致；B 型淀粉则由于其对称排列中的 2 个葡萄糖残基形成了特有的 2 个结晶峰特征。C 型淀粉因其含有的 A 型和 B 型晶体不同,C1 区域可以表现为双峰结晶峰,也可以表现为 3 峰结晶峰。如果 A 型晶体含量较多,C1 区域表现为 3 峰结晶峰;如果 B 型晶体含量较多,C1 区域则表现为双峰结晶峰。

糯玉米和普通玉米淀粉为典型的 A 型晶体,C1 区域表现为 3 个结晶峰,而马铃薯为 B 型晶体,C1 区域表现为双峰结晶峰,这与文献报道相一致[82]。TRS 来源于水稻品种特青,是通过双反义 RNA 技术抑制淀粉分支酶获得的转基因水稻,其籽粒富含高直链淀粉和抗性淀粉,分离的 TRS 淀粉表现为 C 型晶体。

TRS 淀粉 ^{13}C CP/MAS 核磁共振谱 C1 区域表现为不明显的 3 峰结晶峰特征,表明 TRS 的 C 型淀粉中以 A 型晶体为主。酸水解 TRS 淀粉,C 型淀粉经 C_B 型转变为 B 型晶体,酸水解 C_B 型晶体 C1 区域为双峰结晶峰。无定形淀粉在 C1 区域没有结晶峰,而在 δ 103 附近有峰,该峰为 C1 区域的无定形峰,该峰的强弱与直链淀粉含量有一定的关系[83]。如糯玉米淀粉无定形峰强度较弱,而普通玉米和马铃薯淀粉 C1 区域的无定形峰强度明显增加。TRS 淀粉 C1 区域的无定形峰强度比结晶峰高,而酸水解的 TRS 淀粉无定形峰强度降低,这与酸水解首先降解直链淀粉相一致。

淀粉结晶度是表征淀粉颗粒结晶性质的一个重要参数,其大小直接影响着淀粉的理化性质和应用。利用 ^{13}C CP/MAS 核磁共振谱也能计算结晶度,与 X 射线衍射相比, ^{13}C CP/MAS 核磁共振谱测定的是淀粉的短程有序,而 X 射线衍射测定的是淀粉的长程有序,部分短程有序能被 ^{13}C CP/MAS 核磁共振谱测定,而 X 射线衍射不能测定,因此 ^{13}C CP/MAS 核磁共振谱测定的结晶度比 X 射线衍射高,本节的结果也支持这一结论。 ^{13}C CP/MAS 核磁共振谱也能计算淀粉双螺旋含量。Bogracheva 等[85]提出了计算淀粉双螺旋含量的定量分析方法,即 C4-PPA 法。这种方法首先假设天然淀粉的核磁共振图谱是由无定形区与淀粉双螺旋排列形成的结晶区构成的,制备无定形淀粉并得到无定形淀粉的核磁共振图谱,在天然淀粉的核磁共振图谱中减去无定形区得到结晶区,通过无定形区、结晶区相对于天然淀粉的面积比例,进而计算双螺旋结构的相对含量。由于直链淀粉也能相互形成双螺旋,因此用这种方法计算出来的双螺旋含量比结晶度高。

淀粉是由直链淀粉和支链淀粉组成的半晶体结构,其中直链淀粉和支链淀粉所占比例及支链淀粉的精细结构决定淀粉特性,进而决定淀粉的品质和用途[89]。支链淀粉分子的分支形式影响淀粉的结晶和晶体形式,支链淀粉平均链长与淀粉晶体类型密切相关,短链(20 个葡萄糖单位)形成 A 型晶体,长链(35 个葡萄糖单位)形成 B 型晶体,中等长度链(25 个葡萄糖单位)形成 C 型晶体。直链淀粉含量与淀粉结晶度呈负相关性,淀粉分子中的直链淀粉和支链淀粉中的短链部分形成双螺旋结构。X 射线衍射和 ^{13}C CP/MAS 核磁共振谱分析技术不仅可以定性鉴别淀粉的晶体类型，而且还可以定量研究淀粉的结晶度和双螺旋含量，为作物品质改良的育种工作提供重要的淀粉品质分析手段。淀粉在加工过程中经常涉及淀粉的水解和糊化，X 射线衍射和 ^{13}C CP/MAS 核磁共振谱分析技术被广泛应用于淀粉加工过程研究。如 Wang 等[90]研究天然淀粉和酸水解淀粉的 X 射线衍射和 ^{13}C CP/MAS 核磁共振谱表明，无定形区比结晶区更容易水解，在 C 型淀粉粒水解过程中 B 型晶体的含量比 A 型晶体下降得快。李玥等[91]利用 X 射线衍射测定大米糊化过程各个阶段的结晶度，进一步验证了淀粉的结晶结构在糊化过程中的损失。Wei 等[92]利用 X 射线衍射研究 TRS C 型淀粉在糊化过程中的晶体变化发现，随着温度的升高，C 型淀粉逐渐转变为 B 型淀粉，在 95℃变成无定形淀粉。因此，X 射线衍射和 ^{13}C CP/MAS 核磁共振分析技术也可以用来研究淀粉在加工过程中的结晶度、双螺旋结构和晶体的变化，为淀粉的加工利用提供重要的参考。

参 考 文 献

[1] Purcell E M，Torrey H C，Pound R V. Phys Rev，1946，69：37-38.

[2] Bloch F，Hansen W W，Packard M. Phys Rev，1946，70：460-474.

[3] Ando I，Asakura T. Solid State NMR of Polymers，Studies in Physical and Theoretical Chemistry. Vol 84. New York：Elsevier Science B V，1998.

[4] Komoroski R A. High Resolution NMR Spectroscopy of Synthetic Polymers in Bulk. Deerfield Beach：VCH Publishers Inc，1986.

[5] Duer M J. Solid-state NMR Spectroscopy Principles and Applications. London：Blackwell Science Ltd.，2002.

[6] Laws D D，Bitter H M，Jerschow A. Angew Chem Int Ed，2002，41：3096-3129.

[7] Andrew E R，Bradbury A，Geads R. Nature，1958，182：1659-1659.

[8] Waugh J S，Huber L M，Haeberlen U. Phys Rev Lett，1968，20：180-184.

[9] Rhim W K，Elleman D D，Vaughan R W. J Chem Phys，1973，58：1772-1773.

[10] Burum D P，Bielecki A. J Magn Reson，1991，94：645-652.

[11] Burum D P，Rhim W K. J Chem Phys，1979，71：944-956.

[12] Lee M，Goldburg W I. Phys Rev A，1965，140：1261-1266.

[13] Sakellariou D，Lesage A，Hodgkinson P，et al. Chem Phys Lett，2000，319：253-260.

[14] Scheler G，Haubenreisser U，Rosenberger H. J Magn Reson，1981，44：134-144.

[15] Dec S F，Bronnimann C E，Wind R A，et al. J Magn Reson，1989，82：454-466.

[16] Mueller K T，Sun B Q，Chingas G C，et al. J Magn Reson，1990，86：470-475.

[17] Wu Y，Sun B Q，Pines A，et al. J Magn Reson，1990，89：297-231.

[18] Medek A，Harwood J S，Frydman L. J Am Chem Soc，1995，117：12779-12782.

[19] Frydman L，Harwood J S. J Am Chem Soc，1995，117：5367-5368.

[20] Iuga D，Kentgens A P M. J Magn Reson，2002，158：65-72.

[21] Siegel R，Nakashima T T，Wasylishen R E. Chem Phys Lett，2006，421：529-533.

[22] Gullion T，Schaefer J. J Magn Reson，1989，81：196-200.

[23] Grey C P，Vega A. J Am Chem Soc，1995，117：8232-8242.

[24] Hing A W，Vega S，Schaefer J. J Magn Reson，1992，96：205-209.

[25] Gullion T. Chem Phys Lett，1995，246：325-330.

[26] Raleigh D P，Levitt M H，Griffin R G. Chem Phys Lett，1988，146：71-76.

[27] Bennett A E，Ok J H，Griffin R G，et al. J Chem Phys，1992，96：8624-8627.

[28] Tycko R，Dabbagh G. Chem Phys Lett，1990，173：461-465.

[29] Feike M, Demco D E, Graf R, et al. J Magn Reson A, 1996, 122: 214-221.

[30] Lee Y K, Kurur N D, Helmle M, et al. Chem Phys Lett, 1995, 242: 304-309.

[31] Zhao H P, Lin W X, Yang G, et al. ACTA Polymerica Sinica, 2003, 5: 631-636.

[32] Miyoshi T, Takegoshi K, Hikichi K. Polymer, 1997, 38: 2315-2320.

[33] Sanders J M, Komoroski R A. Macromolecules, 1977, 5: 1214-1218.

[34] Lucke A, Tebmar J, Gopferich A. Biomaterials, 2000, 21: 2361-2370.

[35] Deng X, Hao J, Wang C. Biomaterials, 2001, 22: 2867-2873.

[36] Matsuzaka K, Walboomers X F, Jansen J A. Biomaterials, 1999, 20: 1293-1301.

[37] Zhao X D, Liu W G, Yao K D. Polym Materi Sci Eng, 2004, 20: 184-187.

[38] Xue J, Ji G, Yan H. Macromolecules, 1998, 31: 7706-7710.

[39] Guo M. Macromolecules, 1997, 30: 1234-1235.

[40] Perez E, Vanderhart D L, Howard P R. Macromolecules, 1987, 20: 78-87.

[41] He J, Dai L, Li D, et al. J Beijing Forestry University, 2014, 36: 139-144.

[42] Gao H C, Li C G, Mao S Z, et al. ACTA Polymerica Sinica, 2004, 1: 78-83.

[43] Gao H C, Mao S Z, Yuan H Z, et al. Chem J Chinese Universities, 2004, 25: 1555-1558.

[44] Wang L L, Zhao X, Sun W F. Chin J Magn Reson, 2010, 27: 150-156.

[45] 宁永成. 有机化合物的结构鉴定与有机波谱学. 北京: 科学出版社, 2000.

[46] Wu W, Peng J, Wang W, et al. Eng Plast Appl, 2015, 43: 17-20.

[47] Angelika S, Wiebren S, Victor M, et al. Macromolecules, 1998, 31: 1652-1660.

[48] Gabrielse W, Soliman M, Dijkstra K. Macromolecules, 2001, 34: 1685-1693.

[49] Litvinov V M, Bertmer M, Gasper L, et al. Macromolecules, 2003, 36: 7598-7606.

[50] Lin W X, Zhang L L, Zhang H P, et al. ACTA Polymerica Sinica, 2005, 3: 432-436.

[51] Jelinski L W, Schilling F C, Bovey F A. Macromolecules, 1981, 14: 581-586.

[52] Torchia D A. J Magn Reson, 1978, 30: 613-616.

[53] Chen Q, Yang G, Wang Y S, et al. ACTA Polymerica Sinica, 1996, 4: 509-512.

[54] Yang S H. Plant Fiber Chemistry. Beijing: China Light Industry Press, 2001.

[55] Akerholm M, Hinterstoisser B, Salmen L. Carbohydr Res, 2004, 339: 569-578.

[56] Duchesne I, Daniel G. Nord Pulp Pap Res, 2000, 15: 54-61.

[57] Fahlen J, Salmen L. Holzforschung, 2005, 59: 581-588.

[58] Hult E L, Iversen T, Sugiyama J. Cellulose, 2003, 10: 103-110.

[59] Newman R H. J Wood Chem Technol, 1994, 14: 451-466.

[60] Larsson P T, Wickholm K, Iverson T. Carbohydr Res, 1997, 302: 19-25.

[61] Wang L J, Zhao H T, Hao Z X, et al. Acta Chimica Sinica, 2008, 66: 1317-1321.

[62] Niu H J, Wang W, Bai X D, et al. Acta Chimica Sinica, 2006, 64: 348-352.

[63] Zhang X Q, Yu J C, Huang Q M. Acta Chimica Sinica, 2008, 66: 1589-1592.

[64] Tang Y J, Li Y M, Hu D W. Acta Chimica Sinica, 2007, 65: 2291-2298.

[65] Wang X X, Lv G L, Zeng Y W. Acta Chimica Sinica, 2003, 61: 1849-1853.

[66] Matmu S L. Prog Nucl Magn Reson Spectrosc, 2002, 40: 151-174.

[67] Hinterstoisser B, Salmen L. Cellulose, 1999, 6: 251-263.

[68] Wada M, Sugiyama J, Okano T. Mokuzai Gakkaishi, 1995, 40: 50-56.

[69] Larsson P T, Hult E L. Solid State Nucl Magn Reson, 1999, 15: 31-40.

[70] Larsson P T, Westermark U. Carbohydr Res, 1995, 278: 339-343.

[71] Focher B, Palma M T. Ind Crops Prod, 2001, 13: 193-208.

[72] Xiao Q, Wan J Q, Wang Y. Acta Chimica Sinica, 2009, 67: 2629-2634.

[73] Maunu S, Liitia T, Kauliomaki S. Cellulose, 2000, 7: 147-159.

[74] Zhan H Y. Fiber Chemistry and Physics. Beijing: Science Press, 2005.

[75] Wickholm K, Larsson P T, Iversen T. Carbohydr Res, 1998, 312: 123-129.

[76] Heux L, Dinand E, Vignon M R. Carbohydr Polym, 1999, 40: 115-124.

[77] Larsson P T, Wickholm K, Iversen T. Carbohydrate Research, 1997, 302: 19-25.

[78] Yamamoto H，Horii F. Macromolecules，1993，26：1313-1317.

[79] Fahlen J，Salmen L. J Mater Sci，2003，38：119-126.

[80] Gallant D J，Bouchet B，Baldwin P M. Carbohydr Polym，1997，32：177-191.

[81] Cheetham N W H，Tao L. Carbohydr Polym，1998，36：277-284.

[82] Cheetham N W H，Tao L. Carbohydr Polym，1998，36：285-292.

[83] Atichokudomchal N，Varavinit S. Carbohydr Polym，2004，58：383-389.

[84] Morgan K R，Furneaux R H，Larsen N G. Carbohydr Res，1995，276：387-399.

[85] Bogracheva T Y，Wang Y L，Hedley C L. Biopolymers，2001，58：247-259.

[86] Tan I，Flanagan B M，Halley P J，et al. Biomacromolecules，2007，8：885-891.

[87] 刘延奇，吴史博，毛自荐. 中国粮油学报，2010，25：54-56.

[88] Man J M，Cai J W，Xu B，et al. ACTA Agronomica Sinica，2012，38：691-698.

[89] Tian Z X，Qian Q，Liu Q Q，et al. Proc Natl Acad Sci USA，2009，106：21760-21765.

[90] Wang S J，Yu J L，Zhu Q H，et al. Food Hydrocolloid，2009，23：426-433.

[91] Li Y，Zhong F，Ma J G，et al. ACTA Polymerica Sinica，2008，7：720-725.

[92] Wei C X，Qin F L，Zhou W D，et al. Food Chem，2011，128：645-652.

（蒋子江）

第 5 章　热分析研究聚合物的结晶和结构

5.1　热分析简介

5.1.1　热分析定义及发展历程

根据国际热分析和量热协会（International Confederation for Thermal Analysis and Calorimetry，ICTAC）与中华人民共和国国家标准的定义，热分析是指"在程序控温（和一定气氛）下，测量物质的某种物理性质与温度或时间关系的一类技术"[1,2]（A group of techniques in which a physical property of a substance is measured as a function of temperature whilst the substance is subjected to a controlled temperature programme. [3]）。根据这一定义，可以看出，热分析实验者感兴趣的是实验中获得的某些信号或者说物理量随温度变化的特性，也就是所谓的热效应。除了热效应，根据不同的仪器种类，实验者也可以从热分析实验中获得如质量、尺寸、比热容、力学性质、声学性质、电学性质、导热性等物理量的变化。

最早得到应用的热分析技术是关于温度与质量的测量技术，即热重法。在公元前 2500 年，古埃及的壁画中就留有火与天平的记载。14 世纪，欧洲人就利用热重法来进行黄金的提炼。

18 世纪出现的温度计就是利用物质的热膨胀来指示温度的变化，并用于进行物质的尺寸与温度关系的测量，即热膨胀法。热膨胀可以分为线膨胀法和体膨胀法两类。当样品处在程序控温和交变应力的作用下时，根据样品的性质，其动态模量、损耗因子会随温度发生变化，这一实验过程可以获得样品的动态热机械性质。

19 世纪欧洲人利用热电偶、电阻温度计等对温度进行精确测量。1899 年，Roberts-Austen 通过在样品和参比物中间插入两个相反连接的热电偶，获得了两者的温度差，建立了差热分析（DTA）技术[4]。

1955 年，Boersma[5]通过在坩埚外放置热敏电阻，发明了现在的热通量差示扫描量热仪（DSC）。1964 年，Watson 和 O'Neill 等[6]提出了功率补偿差示扫描量热仪的理论，这一理论后来被美国 Perkin-Elmer 公司商品化，形成了功率补偿系列的差示扫描量热仪产品。近年来，名为温度调制式差示扫描量热仪的技术蓬勃发展。通过将原来的升降温程序中增加正弦波形、锯齿波形、方波波形、随机温度脉冲等温度程序，可以实现热流信号的可逆热容部分与不可逆热容部分的分离。超快速差示扫描量热仪是近年发展起来的新型量热仪，其升降温速率可以达到几十甚至几百万℃/min，用以研究样品超快速的热效应。

在程序温度下，有测量样品发出的声音与温度关系的热发声法和测量通过样品后的声波特性与温度关系的热传声法。

在程序温度下，还有测量样品的光学性质，如透光率、折光指数、偏光衍射等的热光分析法。

样品在温度变化时，将逸出的气体挥发物通过质谱、红外光谱等联用手段进行分析，称为逸出气体分析法。

5.1.2　热重分析法

1. 热重分析仪

热重分析仪（thermogravimetric analyzer，TGA）是在程序控温和一定气氛下，对样品的质量进行连续称量的仪器。通常在程序升降温下，测量样品质量随温度变化的称为动态质量变化测量。在恒定温度下，测量样品质量随时间变化的称为等温质量变化测量。TGA 也称热天平，其称量的样品质量可以从几十至几百毫克，其分辨率可以从 0.1～10μg。

根据设计方式不同，目前有三种类型的热天平设计，分别是上置式、悬挂式和水平式。如图 5.1 所示。

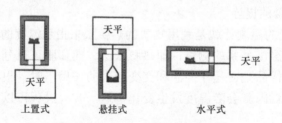

图 5.1　三种不同类型的热天平[7]

2. 热重分析技术

在热重法测量中，通常将曲线的纵坐标显示为质量，横坐标显示为温度或者时间，这一曲线被称为热重曲线（TG 曲线）。将热重曲线求导，所得为质量随温度或时间的变化率曲线，即微商热重曲线（DTG 曲线）。

热重分析中，样品随时间或温度变化时，发生物质流失或与气氛发生反应的过程中，发生的质量降低或者增加等变化，都会在热重曲线中得以反馈，表现为热重数值的平台变化，在微商热重曲线中，表现为 DTG 曲线的出峰。产生这一变化的过程包括挥发性物质的蒸发、水分的蒸发、结晶水的失去、物质的升华、解吸附过程等；样品在空气或者氧气气氛下的氧化（包括金属的氧化造成质量增加，有机物的氧化分解造成质量降低）；在惰性气氛下样品的热解等。

3. 热重测量中的影响因素

在热重测量中，影响测量结果的因素有很多，主要有如下几种。

（1）仪器影响，例如浮力和气流效应。因为空气或者氮气的密度随着温度变化而改变，造成称量的变化。这种影响可以通过进行空白样品的扫描来消除。

（2）样品影响，例如样品的尺寸大小以及均一程度，较大的尺寸因为内部受热不均的缘故，会导致热重曲线的转变加宽。

（3）方法影响，不同的升温速率，不同的气氛条件都会对实验结果产生影响。较低的升温速率可以获得较好的数据分辨率。但是在研究化学反应的过程中，较低的升温速率可能因为反应的重叠而无法测量。另外的一种新技术被称为自动速率控制，即在升温过程中，当质量变化速率越快，则升温速率变化越慢，这样形成的曲线可以获得更好的台阶分辨率，可以更清楚地标示出不同的反应阶段。如图 5.2 所示。

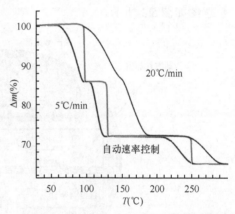

图 5.2　三种不同的升温速率测量五水硫酸铜的失水 TGA 曲线[7]

由图 5.2 可以看到自动速率控制技术可以更好地标示出 5 个结晶水的不同失水温度。

（4）坩埚材质的选择，白金坩埚的热导率高，但是白金可以在高温与某些金属形成合金而造成坩埚的损毁，或者白金的催化作用会让样品发生燃烧而影响实验数据。

5.1.3　差示扫描量热法

差示扫描量热仪（differential scanning calorimeter，DSC）是在程序控温和一定气氛下，测量流入或流出试样与参比物的热流或输入功率随温度或时间变化关系的仪器。其中"差示"的含义就是将试样与没有热效应的惰性参比物进行对比，测量输入输出的热流或功率的差值，而不是绝对值的一种技术。这种测量差值的变化，其精度要高于对热流或者功率的绝对值的测量。目前的差示扫描量热仪根据设计方式和实验设置方式分类有热通量差示扫描量热仪、功率补偿差示扫描量热仪、温度调制式差示扫描量热仪和超快速差示扫描量热仪。

1. 热通量差示扫描量热仪

热通量差示扫描量热仪是在给予样品和参比物相同的功率下，测定试样和参比物两端的温差 ΔT，然后根据热流方程，将 ΔT（温差）换算成 ΔQ（热量差）作为信号的输出。

原理简介：热通量 DSC 与 DTA 仪器十分相似，不同之处在于试样与参比物托架下，置一热电盘（通常是康铜），加热器在程序控制下对加热块加热，其热量通过热电盘同时对试样和参比物加热，使之受热均匀。仪器所测量的是通过热电盘流向试样和参比物的热流之差。其优点是基线稳定、高灵敏度。热通量 DSC 的示意图如图 5.3 所示。

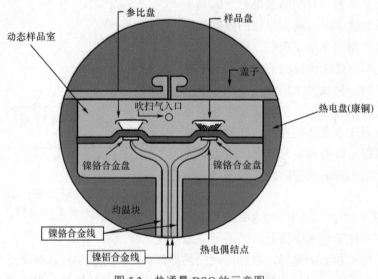

图 5.3 热通量 DSC 的示意图

2. 功率补偿差示扫描量热仪

功率补偿差示扫描量热仪是按样品相变（或反应）而形成的试样和参比物间温差的方向来提供电功率，以使两者的温差 ΔT 趋于零（通常是 ΔT 小于 0.01℃）。测定试样和参比物两端所需的能量差，并直接作为信号 ΔQ（热量差）输出。

原理简介：功率补偿 DSC 在试样和参比物下放置有一组差式热电偶。试样与参比物有温度差异时，热电偶产生电势差，经差热放大器放大后送入功率补偿放大器，由其调节补偿加热丝的电流，使试样与参比物之间的温差 ΔT 趋于零。优点是能够达到对温度的精确控制和测量、更快的响应时间和降温速率以及高分辨率。功率补偿 DSC 的示意图如图 5.4 所示。

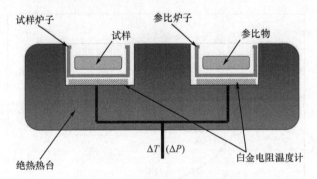

图 5.4　功率补偿 DSC 的示意图

3. 温度调制式差示扫描量热仪

温度调制式差示扫描量热仪是在传统 DSC 升降温程序上，叠加了正弦波形、锯齿波形、方波波形、随机温度脉冲等温度程序。调制技术的优势在于可以将热流分为两个部分，一部分对应样品的热容变化（可逆热流部分），另一部分对应动力学过程，如结晶、蒸发等（不可逆热流部分），如图 5.5 所示。

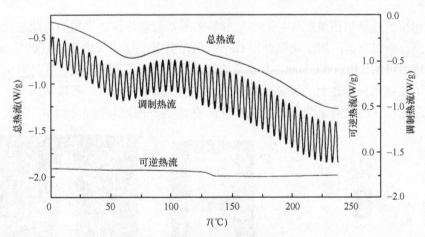

图 5.5　温度调制式 DSC 的热流曲线

通过温度调制式 DSC，可以将某些原来被其他实验现象掩盖的数据显示出来。以图 5.6 为例，聚对苯二甲酸乙二醇酯（PET）/聚丙烯腈-丁二烯-苯乙烯（ABS）的共混物，其中 ABS 的玻璃化转变温度在常规 DSC 测试中因为被 PET 的冷结晶峰掩盖而无法看到，在温度调制式 DSC 的可逆热流部分，可以看到 PET 与 ABS

的玻璃化转变温度都显示出来了，而在总热流的数据中，则无法看到 ABS 玻璃化转变温度的信号。

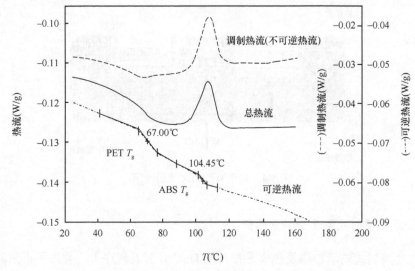

图 5.6　PET 与 ABS 共混物的温度调制式 DSC 曲线

4. 超快速差示扫描量热仪

超快速差示扫描量热仪是近年发展起来的新型量热仪，采用的是动态功率补偿电路，所以分类上属于功率补偿 DSC，但是其升温速率可达 2 400 000℃/min，降温速率可达 240 000℃/min，其典型的样品量为几微克到几纳克。样品直接在显微镜下装载到传感器上，超快速 DSC 没有传统 DSC 中的炉子和坩埚等部件，可以实现超快速的升降温测试。超快速 DSC 传感器的照片如图 5.7 所示。

图 5.7　超快速 DSC 传感器的照片

这种超快速 DSC 可以用来研究原先无法测量的结构重组过程。超快的降温速率可以用来制备明确定义的结构材料，高升温速率抑制了样品重排，这样的测试结果可以反映样品的原始状态。

如图 5.8 所示，在传统的 DSC 测量中，非晶态的 PET 样品在 10℃/min 的升温速率下，首先发生了玻璃化转变，然后因为原先冻结的链段被解冻后，重组发生了冷结晶，最后随着温度升高，这种冷结晶又再次被打破而发生了熔融。但是在超快速 DSC 测量中，在 60 000℃/min 的升温速率下，非晶态的 PET 分子根本来不及进行重组和结晶，在热流曲线上仅观察到玻璃化转变。

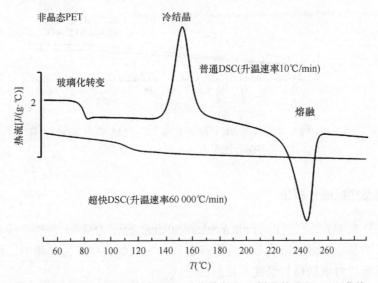

图 5.8　传统 DSC 与超快速 DSC 对非晶态 PET 样品的升温 DSC 曲线

5.1.4　热机械分析法

热机械分析仪（thermomechanical analyzer，TMA）是在程序控温和一定气氛下，非振动负载下（形变模式有压缩、针入、拉伸或弯曲等不同形式），测量试样形变与温度关系的仪器。TMA 可以用于研究样品的热效应、膨胀系数、形变程度等参数。

利用 TMA 可以测量样品的膨胀系数，并利用膨胀系数的变化来测量玻璃化转变温度。在发生玻璃化时，样品的膨胀系数变大，导致样品的膨胀测量曲线斜率发生变化，利用外推的斜率交点，可以判断样品的玻璃化转变温度，如图 5.9 所示。

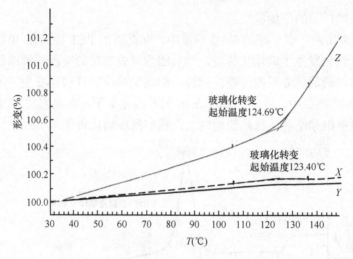

图 5.9　一种复合材料在 X、Y 和 Z 方向上的 TMA 膨胀曲线[7]，其中
X、Y 方向为水平方向，Z 方向为垂直方向

5.1.5　动态热机械分析法

动态热机械分析仪（dynamic mechanical analyzer，DMA）与热机械分析仪类似，不过动态热机械分析仪是在程序控温和一定气氛交变应力作用下，测量样品的动态模量和力学损耗与温度关系的仪器。

对于聚合物样品来说，其固有的"黏弹性"特性使得样品在周期性交变的振荡应力下，发生的应变会滞后于所受的应力，这种相位的滞后现象被称为相位差，这一差角被称为相角 δ。DMA 通过测量施加在样品的应力、产生应变的振幅相位角，可以获得样品在交变的应力场作用下的模量信息，包括储能模量、损耗模量以及相角 δ。需要注意的是，施加在样品的应力所产生的应变，必须处于样品的线性黏弹区范围，如果超过这个范围，则会使得样品发生不可逆的形变，导致测试失败。

对样品的黏弹性进行测试，会获得关于材料储能模量 G'、损耗模量 G'' 和相角 δ 的信息。其中 $G''/G'=\tan\delta$，$\tan\delta$ 也称损耗因子。储能模量 G' 表示储存在样品中的机械能即样品的弹性部分，损耗模量 G'' 表示消耗的机械能即样品的黏性部分。弹性部分表示的是可回复的形变，黏性部分表示的是不可回复的形变。按照黏弹性划分，样品可以具有下列三种行为。

纯弹性：应力与应变完全一致，相角 δ 为 0。样品在振荡中没有能量损失。

纯黏性：应力与应变相角 δ 为 $\pi/2$，样品在振荡中能量完全损耗，变为热能。

黏弹性：应变与应力之间有一定的滞后，二者之间的相角为 $0<\delta<\pi/2$，部分

能量转变为热能。

　　通常聚合物材料都是具有黏弹性的样品，其应力应变（位移）曲线通常如图 5.10 所示。

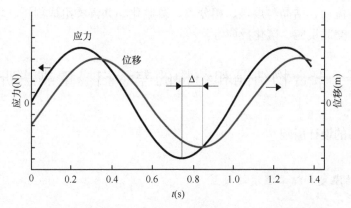

图 5.10　黏弹性样品的应力与应变（位移）的曲线示意图

　　不同类型聚合物材料的 DMA 曲线如图 5.11 所示。其中非晶态的聚合物材料在曲线上 G' 只有一个平台，G'' 只有一个峰值，这个峰值所对应的就是玻璃化转变温度。当然，在不同的系统也有利用 $\tan\delta$ 的峰值作为玻璃化转变温度的，只要研究体系中对玻璃化转变温度的定义保持一致，用 G'' 或者 $\tan\delta$ 信号的峰值均可。

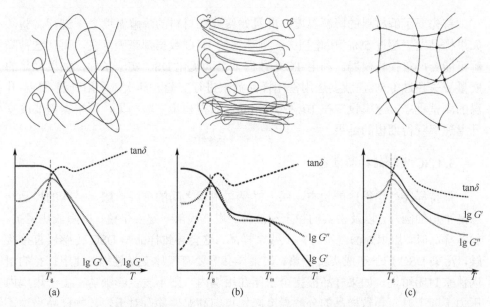

图 5.11　（a）非晶态聚合物样品及其 DMA 曲线；（b）部分结晶的聚合物样品及其 DMA 曲线；（c）交联的聚合物样品及其 DMA 曲线。其中上图为聚合物分子链结构示意图，下图为对应聚合物样品的 DMA 曲线

由图 5.11 可见，DMA 数据对于玻璃化转变非常敏感，是测量样品玻璃化转变温度的首选测试方法。

DMA 可以测量样品的黏弹性特性、松弛特性、玻璃化、力学模量、损耗行为、软化、黏性流动、结晶与熔融、相分离、凝胶化、共混物组成剖析、填料分析、固化反应、交联反应、硫化反应等。

5.2 聚合物结晶和结构的差示扫描量热法研究

5.2.1 实验的设计原则

1. 起始温度和结束温度的设置

通常，基线需要 2min 以上的时间才可以稳定，所以在要测量的转变温度前，需要最少 2min 的时间。例如，以 10℃/min 升温时，最少要在转变温度之下的 20℃以下开始实验。同理也要在转变结束后，保持 2min 以上的时间以便基线趋于平稳，确保积分等分析的准确性。

2. DSC 通常的程序设定原则

首先要了解材料的降解温度，并且始终要在材料的降解温度之下进行实验，如果样品发生超过 5% 的质量损失，则获得的 DSC 数据都毫无意义，而且这种降解可能会严重损坏仪器。利用 TGA 数据来帮助优化 DSC 实验条件，如果样品的质量流失超过 0.5%，就要选用密闭样品盘来进行实验。其次，采用升温-降温-升温的测试程序，速率设定在 10～20℃/min，获得初步实验结果，再根据需要改变升温速率获得期望的结果。

3. DSC 实验的样品准备

保持样品处于很薄的状态，保证样品与坩埚之间的良好接触，最佳的样品状态是平坦的圆片，以及密实的粉末和液体。坩埚底部一定要平整，以降低热阻抗。制备样品时，坩埚外面绝不可粘上残余样品，这会导致样品与 DSC 传感器直接接触，污染 DSC 炉子造成实验假象。如果样品需要有气体交换过程，使用打孔的坩埚盖来封闭坩埚。如果样品被完全密闭在坩埚内，则不发生膨胀功，由于坩埚内压力不断上升，导致样品的分解温度起始点向高温偏移。对于聚合物样品来说，在坩埚内添加 10～15mg 的样品，金属或者小分子材料添加 3～5mg 的样品，添加样品量的原则是要在 DSC 上出现超过 0.1～10mW 的热流信号。

4. DSC 样品盘的选择

通常的铝制卷边样品盘较轻，可以提供更好的敏感性和分辨率；铝制密闭样品盘较重，但是可以阻止挥发物流失；不锈钢密闭样品盘可以容纳超过 100mg 的样品以及承受更高的压力，但是更重；如果对于测试温度有更高的要求，可以选择白金样品盘或者黄金样品盘。在选择样品盘时，要考虑样品的形态、挥发情况、测试温度范围等，要使用符合条件的质量最轻的样品盘。并且一定要注意，保证参比样品盘和测试样品盘一致，也就是使用同种的样品盘。图 5.12 显示了样品盘密闭与否对同一种单水合药物样品的 DSC 曲线的影响。

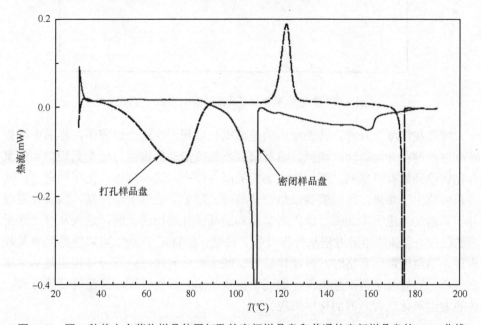

图 5.12　同一种单水合药物样品使用打孔的密闭样品盘和普通的密闭样品盘的 DSC 曲线

5.2.2　聚合物的玻璃化、结晶和熔融过程研究

典型的聚合物在升温过程中的 DSC 曲线如图 5.13 所示。

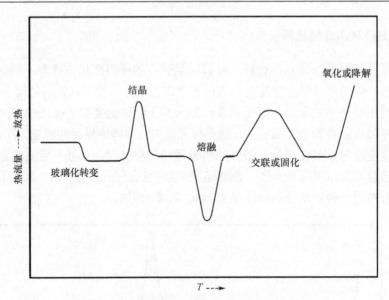

图 5.13　典型的聚合物在升温过程中的 DSC 曲线

　　样品在温度上升时，首先经历的是玻璃化过程，在这个过程中，样品中原先被冻结的链段开始活动性增强。随着聚合物链段活动的增强，原先无规排列的聚合物链段开始有序排列，逐步形成规整的晶体排列，这一过程从无序到有序，向体系外放出了热量，可观察到放热的结晶峰。随着温度进一步升高，聚合物链段分子的活动性进一步加强，原先规整排列的晶体开始松动瓦解，进入从有序到无序的阶段，晶体的熔融过程从外界吸收了热量，在 DSC 曲线上可以观察到吸热峰出现。当温度继续升高时，可能伴随着交联（固化）过程，这一过程也是从无序到有序，链段分子再次被束缚，曲线上再次显示为放热过程。当温度持续升高，体系发生氧化或者降解的化学反应。

1. 非晶态及半晶性的热塑性聚合物样品

　　对于非晶态的样品来说，在 DSC 的变温实验中，可以观察到的一个重要现象就是玻璃化，对应的温度为玻璃化转变温度 T_g，对于半晶性聚合物样品来说，应该还能观察到熔融与结晶现象，对应的温度分别是 T_m 和 T_c。当结晶聚合物从熔融态降温时，三个转变温度的关系是 $T_g < T_c < T_m$。

　　对这种热塑性聚合物的实验条件通常是设置 10℃/min 的速率下进行升温-降温-升温的程序。其中第一次的升温数据是在未知热历史的条件下获得的，降温的数据是在已知的热历史条件下得到关于结晶性质的信息，第二次的升温数据是在已知的热历史条件下获得的。不同的热历史会导致升温过程获得的 DSC 数据有很大的区别，如图 5.14 所示。

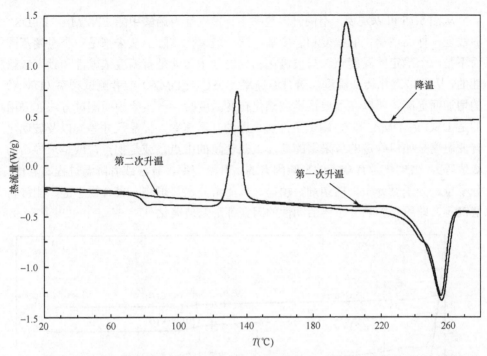

图 5.14　一种半晶性聚合物在经历 10℃/min 的升温-降温-升温程序下的 DSC 曲线

可以发现，图 5.14 中第一次升温过程出现了比较明显的玻璃化，然后出现了结晶和熔融峰。在降温过程中，聚合物发生了结晶，而且也可以观察到不太明显的玻璃化过程。在第二次升温时，可以观察到不明显的玻璃化，但是这一次没有结晶峰出现，只有熔融峰。比较第一次升温和第二次升温的 DSC 曲线，可以了解到第一次升温前的样品应该是从熔体状态快速降温到玻璃化转变温度之下，链段来不及发生结晶就被冻结。所以在第一次升温时出现了冷结晶峰。在降温过程中，由于样品缓慢降温，链段来得及发生结晶，所以在第二次升温中就没有看到冷结晶峰的存在。也是因为样品是快速降温的，所以在第一次升温时，玻璃化更明显。因为此时样品中的非晶态部分更多，所以玻璃化现象更明显，在第二次升温时，因为有部分非晶态的组分已经发生了结晶，所以非晶态的部分减少了，在 DSC 曲线上显示的玻璃化就没有那么明显了。

2. 非晶态聚合物的玻璃化

玻璃化是样品（非晶态组分）分子活动性的一个阶跃性转变。材料在玻璃化转变温度之下是坚硬的，在玻璃化转变温度之上是橡胶态的。玻璃化转变温度处的热容量的改变量可以用来衡量样品中非晶态组分的有序性含量。当材料退火或者长时间存储在稍低于玻璃化转变温度的情况下，随着样品向平衡态转变，会使得这种有序性得以发展。

　　从图 5.15 可以发现，不同升温速率下，聚甲基丙烯酸甲酯（PMMA）的 DSC 曲线上，样品玻璃化的幅度和温度都不同。玻璃化实际上从来都是一个温度范围而不是一个确定的温度点。与玻璃化相关的分子运动是有温度依赖性和频率依赖性的，因此玻璃化转变温度随着升温速率（DSC 或 DMA）或者测试频率（DMA）的增加而提高。所以在需要报道玻璃化转变温度时，一定要说明测试方法（采用的是 DSC 或 DMA 等）、测试条件（采用的升温速率、样品尺寸等）以及玻璃化转变温度是如何确定的（采用的是 1/2 热容量的中点，或是拐点，或是求导后的峰值等）。玻璃化是有众多的影响因素的，升温速率、升温或者降温过程、老化、分子量、分子量分布、增塑剂、填料、结晶组分、共聚物、聚合物主链、侧链、氢键等，即所有影响分子链活动性的因素都影响玻璃化。

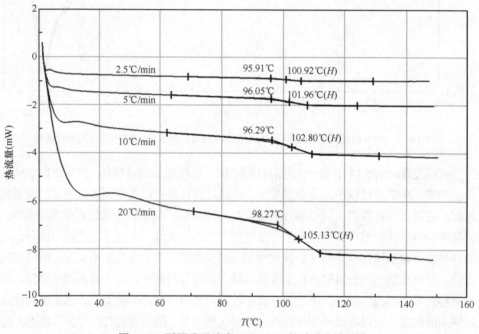

图 5.15　不同升温速率下 PMMA 的玻璃化曲线

　　非晶态样品的 DSC 曲线上，通常只有玻璃化可以被观察到（非晶态的材料只会流动，不会熔融，DSC 上不呈现熔融峰和结晶峰），这种玻璃化体现为 DSC 曲线中基线的偏移。这种偏移其物理意义是样品热容量的变化。一定质量的某一种物质，在温度升高时，所吸收的热量与该物质的质量和升高的温度乘积之比，称为这种物质的比热容或是热容量，单位是 J/(kg·K) 或者 J/(kg·℃)，即焦耳每千克开尔文或者焦耳每千克摄氏度。热容量在热分析中反映的是材料的热力学性质，是衡量材料分子活动性的依据，可以为我们提供材料物理性能方面的信息。在 DSC 的实验中，热容量的测量是将热流的绝对值除以升温速率然后乘以一个校正常数，即

$$C_p = K \left(\frac{\left| \dfrac{\mathrm{d}H}{\mathrm{d}T} \right|}{\dfrac{\mathrm{d}T}{\mathrm{d}t}} \right)$$

其中，K 为校正常数。

　　实际操作中热容量是将样品的热流减去空皿热流后除以升温速率和样品质量而获得。即

$$C_p = K \left(\frac{\mathrm{HF_s} - \mathrm{HF_{mt}}}{\mathrm{HR} \times wt} \right)$$

其中，K 为校正常数；$\mathrm{HF_s}$ 为样品的热流；$\mathrm{HF_{mt}}$ 为空皿热流；wt 为样品质量；HR 为加热速率。在热流曲线上如图 5.16 所示。

　　另外 DSC 测量方法还可以采用不同升温速率的方法来实现。即

$$C_p = K \left(\frac{\mathrm{HF_2} - \mathrm{HF_1}}{(\mathrm{HR_2} - \mathrm{HR_1}) \times wt} \right)$$

其中，K 为校正常数；$\mathrm{HF_1}$ 为样品 1 的热流；$\mathrm{HF_2}$ 为样品 2 的热流；$\mathrm{HR_1}$ 为样品 1 的升温速率；$\mathrm{HR_2}$ 为样品 2 的升温速率；wt 为样品质量。

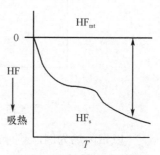

图 5.16　利用 DSC 测量样品与空皿之间热流差的方法来测量热容量

　　影响材料热容量的因素有：非晶态组分的含量、老化、聚合物主链、侧链、共聚物成分等。

　　对于测量微弱玻璃化的建议：增加非晶态的样品含量（采用淬火的方式处理样品，即将熔融的样品快速降温）；提高 DSC 的扫描速率，扫描速率越快，玻璃化产生的热容量变化越明显。

3. 半晶性聚合物的结晶与熔融

　　具有足够结构规整性的聚合物的结晶是一个动力学过程，其结晶过程与温度和时间有关，如图 5.17 所示。这种独特的曲线形状是由热力学驱动力和黏度这两个因素共同决定的，当结晶温度靠近玻璃化转变温度 T_g 时，热力学驱动力增加，但是黏度的增加降低了体系的流动性，结晶变得困难；当结晶温度靠近熔融温度 T_m 时，体系黏度降低，但是结晶速率又会因为接近熔点时热力学驱动力的减弱而降低。

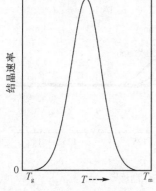

图 5.17　半晶性聚合物的结晶速率与温度关系示意图[8]

如图 5.18 所示，结晶也与时间有关。不同样品的结晶温度或者结晶时间的差异，可以影响它们的最终形貌以至于最终性能。

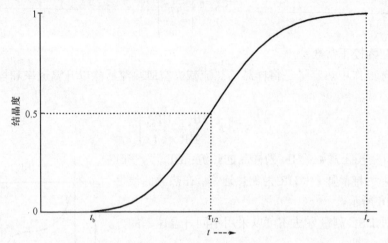

图 5.18　非等温结晶中结晶度与时间关系示意图[8]

以聚丙烯为例，不同的降温速率可以影响结晶温度 T_c 从 123℃降低到 105℃，如图 5.19 所示。

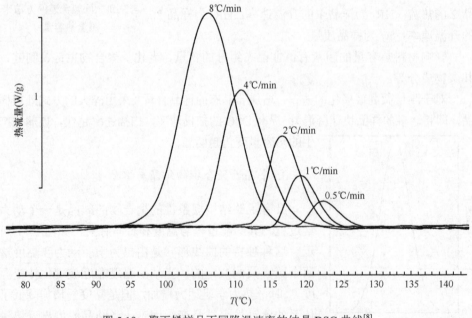

图 5.19　聚丙烯样品不同降温速率的结晶 DSC 曲线[8]

聚合物的熔融是结晶结构转变为非晶态结构的过程，这个过程在 DSC 曲线上体现为一个放热的熔融峰，如图 5.20 所示。

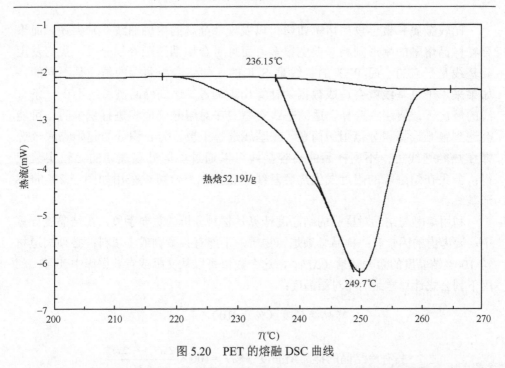

图 5.20　PET 的熔融 DSC 曲线

　　熔点 T_m 的确定对于聚合物样品和金属样品是不同的。对于聚合物 PET 来说，规定将 DSC 测量得到的峰值温度 249.7℃作为聚合物 PET 的熔点 T_m，而不是外推的起始点 236.15℃。而对于铟等金属材料来说，是将起始点 156.6℃作为熔融温度 T_m，而不是峰值温度 157.01℃，如图 5.21 所示。这一点要特别注意。

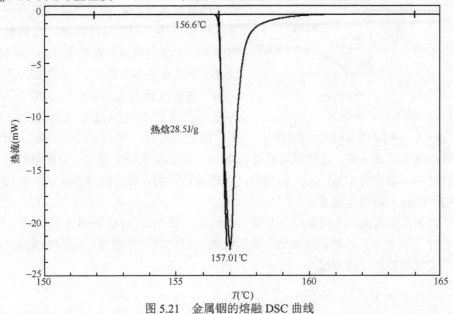

图 5.21　金属铟的熔融 DSC 曲线

比较金属和聚合物的熔融曲线可以发现，金属的熔融曲线非常尖锐，而聚合物样品熔融的峰形则相对要宽很多。而且对金属铟熔融峰积分时，我们发现其基线是平直的。而 PET 的基线是 S 形的，即熔融峰两端的基线是不同的，如果采用平直基线就会造成数据的计算出现问题。遇到峰两侧基线不在一条直线的情况下，要注意选择合适的基线类型。在对熔融峰面积进行积分时，可能会遇到很难选择积分范围的问题，在基线选择上要注意：积分的起始点应该选择在热容基线上；不同样品的热容基线可以通过不同升温速率的比较实验获得；如果在熔融峰的附近发生热容基线的较大偏移，可以采用如图 5.20 的 S 形基线。

利用熔融与结晶对样品的结晶度计算是材料分析的重要手段，在结晶度计算中，要考虑的因素有：样品必须是纯物质，不能有共聚物或者填料；必须知道材料 100%结晶度的熔融热焓（ΔH_{lit}），这个数值可以从文献或者数据库中获得；利用下列公式计算样品的相对结晶度：

$$样品结晶度（\%）=100\times\frac{\Delta H_m}{\Delta H_{lit}}$$

$$具有冷结晶的样品结晶度（\%）=100\times\frac{\Delta H_m-\Delta H_c}{\Delta H_{lit}}$$

其中，ΔH_m 为实验测得的样品熔融热焓；ΔH_c 为实验测得的样品冷结晶热焓；ΔH_{lit} 为文献或数据库获得的材料 100%结晶度的熔融热焓。

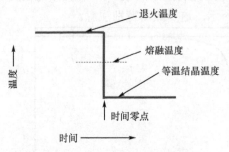

图 5.22　等温结晶实验设置示意图

除了升温降温这种非等温研究手段以外，还可以利用 DSC 研究半晶性聚合物的等温结晶行为。所谓等温结晶，是将聚合物熔体快速降温到某结晶温度 T_c 并保持在该温度下直至结晶完成，这个过程如图 5.22 所示。需要注意的是尽管在示意图中显示从退火温度到等温结晶温度的速率非常高，但是因为 DSC 仪器的能力限制，超快的降温速率很难达到，通常实验设置为 40~50℃/min 的降温速率。如果降温速率设置过高，如设为 100℃/min 的速率，仪器无法达到，就会造成等温结晶时间零点的不准确，影响实验结果。

以聚丙烯为例，不同温度下的聚丙烯等温结晶 DSC 曲线如图 5.23 所示。从图 5.23 可以发现，结晶温度越低，完成结晶所需的时间就越短，反之结晶温度越高，完成结晶的时间就越长。

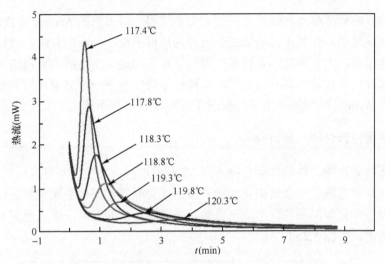

图 5.23 不同温度的聚丙烯等温结晶 DSC 曲线

而对于部分玻璃化温度较高，结晶速率又不是很快的聚合物，如聚对苯二甲酸乙二醇酯（PET）、聚对苯二甲酸丁二醇酯（PBT）、聚对苯二甲酸丙二醇酯（PTT）、聚苯硫醚（PPS）等来说，通常先将其熔体淬火（熔融态聚合物快速降温），形成非晶态样品，然后再快速升温到某一温度进行等温结晶，又称为冷结晶，如图 5.24 所示。

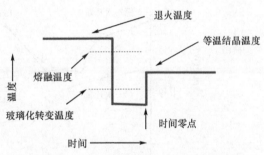

图 5.24 不同的等温结晶实验设置示意图

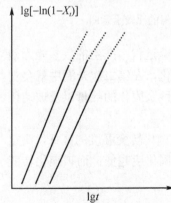

图 5.25 利用结晶动力学数据绘制的晶体增长曲线

在等温结晶动力学研究方面，可以利用 DSC 获得的等温结晶曲线来对时间进行积分，获得热焓随时间变化的曲线。如图 5.25 所示。等温结晶动力学曲线可以用 Avrami 方程求得：

$$\ln(1-X_t) = -kt^n$$

取对数后方程变为

$$\lg[-\ln(1-X_t)] = n\lg t + \lg k$$

其中，X_t 是结晶分数；k 是结晶速率常数；n 是与成核机理和生长方式有关的常数。以 $\lg t$ 为横坐标作图可以得到聚合物等温结晶动力学曲线，其中斜率 n 为 Avrami 指数，截距 k 为结晶速率常数。

描述等温结晶动力学的方程多采用 Avrami 方程。Avrami 方程可以很好地描述从结晶开始到球晶互相碰撞之前的动力学过程。结果偏离 Avrami 方程的部分，被称为次期结晶，在等温结晶曲线上表现为尾部出现一个新的台阶。在结晶后期即为二次结晶，由于球晶相互碰撞，阻碍了球晶的进一步发展，而形成不规则形状的多面体，另外就是球晶内部的结构调整使得结晶进一步完善，这些都使得曲线不再按 Avrami 模型线性增长，如图 5.25 中虚线部分所示。

5.2.3　热固性聚合物样品研究

热固性聚合物与热塑性聚合物不同，在升温过程中会发生不可逆的化学反应：许多线性或者支链型聚合物由化学键连接而成交联网状或体型聚合物。这种交联过程中发生的化学反应往往会放出热量，当降温再次升温时，则只会观察到玻璃化转变温度。如图 5.26 所示。

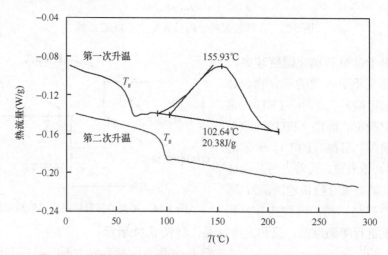

图 5.26　热固性树脂的第一次升温和第二次升温的比较示意图

如果样品是发生过固化的样品，那么在第一次升温过程中产生的放热峰为残余固化，即在上次固化中没有完成固化的样品再次固化，在第二次升温中就会观察不到放热峰，只有玻璃化转变温度存在。可以利用残余固化的热量以及玻璃化转变温度之间的差值判断样品的固化程度。

如图 5.27 所示，不同残余固化中热焓的大小及玻璃化转变温度的高低，决定样品的固化程度。残余固化中的热焓越高，则样品的固化度越低；而玻璃化转变温度越高，样品的固化度就越高。

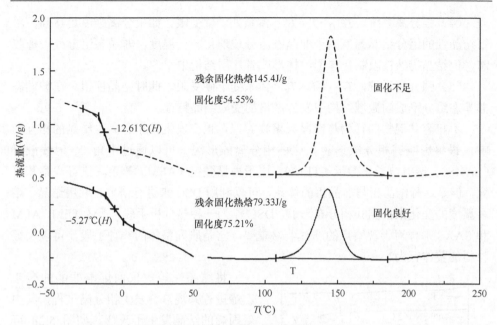

图 5.27 两个发生过不同程度固化的热固性样品的升温 DSC 曲线

5.2.4 嵌段共聚物、不相容共混物的成核与结晶特性研究

嵌段共聚物的两组分因为热力学驱动，具有自组装成微域结构的能力。当嵌段共聚物或者不相容共混物中有一相为结晶组分，另一相为非晶组分时，结晶组分的结晶行为就会与其本体聚合物中的结晶行为有所不同。嵌段共聚物中结晶相组分的结构变化与两种竞争性的机理有关：微相分离与结晶。通常体系的状态改变依赖于三个重要的温度参数：有序-无序转变（ODT）温度 T_{ODT}，结晶性嵌段的结晶温度 T_c，非晶态嵌段的玻璃化转变温度 T_g。关于 AB 型嵌段共聚物，通常具有下面 5 种情况。

（1）均相的熔体，$T_{ODT} < T_c > T_g$。在嵌段共聚物均相的熔体中，如果非晶态组分的玻璃化转变温度低于结晶组分的结晶温度，那么微相分离是由结晶驱动的。这种情况通常会产生层状分离的形貌，结晶组分被三明治型的非晶组分包裹[9]。

（2）弱分离系统，$T_{ODT} > T_c > T_g$，体系处于软受限。这种情况下，结晶很少受到形貌限制，结晶会"突破"原先熔体状态下有序的微域结构，通常会形成片层结构或者是球晶结构[10,11]。

（3）弱分离系统，$T_{ODT} > T_c < T_g$，体系处于硬受限。在这种情况下，分离强度较弱，即使非晶态处于玻璃态，结晶结构仍然可以克服微域结构形成微相分离[12]。

（4）强分离系统，$T_{ODT} > T_c > T_g$，体系处于软受限。如果分离强度足够高，尽管结晶性的组分结晶温度高于非晶态组分玻璃化转变温度，非晶态组分处于橡胶态，但结晶仍然被限制在球形、柱形或者片层结构中[13,14]。

（5）强分离系统，$T_{ODT} > T_c < T_g$，体系处于硬受限。此时结晶性组分在玻璃态非晶态组分形成的微域结构中发生严格的受限结晶特性。

不相容共混物的行为与嵌段共聚物类似，也会发生微相分离与结晶的相互影响，最终影响其相分散形貌。这种相分离的形貌，可以通过小角 X 射线散射（SAXS）、透射电子显微镜（TEM）、原子力显微镜（AFM）等手段进行观察和研究，但是这种结晶相与非晶相的体系，可以利用 DSC 来进行研究，利用结晶、熔融温度的变化来推测其相分布形貌。DSC 作为一种热分析手段，不像 TEM、AFM 和 SAXS 那样对于观察点的选择非常重要，它是研究整体的一种手段，可以表征材料的整体行为。

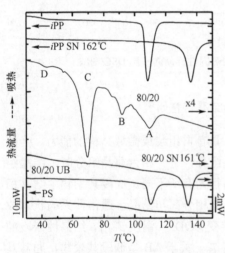

图 5.28　样品从熔体以 10℃/min 降温的 DSC 曲线，其中从上到下的样品分别是：等规聚丙烯均聚物（iPP）；经 162℃ 自成核处理的等规聚丙烯（iPP SN 162℃）；聚苯乙烯与等规聚丙烯的熔融共混物（80/20，质量比）；经 161℃ 自成核处理的聚苯乙烯与等规聚丙烯的 80/20 的熔融共混物（80/20 SN 161℃）；未经充分共混的聚苯乙烯与等规聚丙烯样品（80/20 UB）；聚苯乙烯均聚物（PS）[15]

将结晶性等规聚丙烯与非晶的聚苯乙烯进行共混，会发生相分离过程，其中聚丙烯的结晶发生了改变。如图 5.28 可见，等规聚丙烯均聚物（iPP）的结晶温度在 110℃ 左右，而经过自成核处理后的 iPP 结晶温度上升到了 135℃。因为在 iPP 的体相中，存在一系列不同特定界面能的异相核，具有最低特定界面能的异相核可以在最低的过冷程度下（最高温度）被激活从而引发结晶，如图 5.28 中上面的第一条 iPP 结晶曲线。利用自成核技术，可以形成活化能更低的异相核，也就可以在更低的过冷程度下（更高的温度）引发结晶，也就是图 5.28 中的上数第二条曲线（iPP SN 162℃），这样可以形成更高结晶温度的晶体。而在 80/20（质量比，下同）的聚苯乙烯（PS）/iPP 共混物中，具有一系列不同温度的结晶峰（80/20 曲线）。这是因为微相分离导致 iPP 被分散到非晶态的 PS 形成的微域结构中，微域结构尺寸的大小决定了其中 iPP 中具有不同活化温度的异相核需要在不同过冷程度激活来产生结晶，甚至部分 iPP 微域中没有异相结晶核的存在。这种微相分离行为也就随之产生了一系列宽化的、不同温度的 iPP 结晶峰。而同样的共混物，在经过 161℃

自成核处理后（80/20 SN 161℃），就只有一个 135℃ 的结晶峰存在了，这说明所有的 iPP 分散相都被自成核所形成的结晶核激活，在最低的过冷程度下引发了结晶。

这里面涉及了一个热分析技术：自成核技术（self-nucleation，SN）。自成核技术是连续自成核与退火[successive self-nucleation and annealing（SSA）]中的一项内容[16]。

自成核技术是一种基于自成核和退火的积累性过程，实验中包括了晶体的部分熔融，并将之作为结晶核而重结晶的过程。具体过程如下。

（a）消除热历史：将样品升温至高于熔融温度之上，并保持 3min，这个温度要比测量的熔融温度 T_m 最少高出 25℃，以期完全消除热历史，并且使得体系只有与温度无关的异相核存在。

（b）建立一个最初的"标准"状态：样品以 10℃/min 的速率降低到最低温度，使得样品在这一可控条件下完全结晶，然后在这个温度下保持 10min。

（c）自成核：样品以 10℃/min 的速率升温到某一选定的自成核温度 T_s，这一自成核温度应该在样品的熔融温度范围内，并在此温度下保持 5min。这个等温过程使得样品发生部分熔融，根据 T_s 的不同，样品中未熔融的晶体可能还会发生退火，部分熔融的样品可能再次发生等温结晶。

（d）最终结晶：随后将样品以 10℃/min 的速率降低到选定的最低温度。在这一降温过程中，最初在 T_s 熔融的部分晶体会在降温的过程发生重结晶，而在上一自成核过程中部分熔融的晶体会作为自成核的晶核引发结晶。

（e）最终熔融：然后把样品从最低温度以 10℃/min 的速率升温到过程（a）中标明的最高熔融温度来获得样品的熔融曲线。如图 5.29 所示。

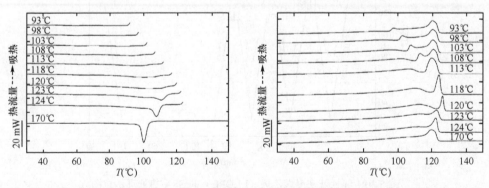

图 5.29　线性低密度聚乙烯（LLDPE）在图中标注的自成核温度处理后的最终降温 DSC 曲线（左）与最终升温 DSC 曲线（右）

利用自成核技术研究线性低密度聚乙烯（LLDPE），显示 LLDPE 中存在的短链支化组分使得样品的片晶厚度具有明显的双峰分布，即体系中有两种不同厚度的片晶存在。

连续自成核与退火技术增强了结晶过程中不同分子量样品的分离，使得原先微小的效应得以放大。其过程包括（a）～（h）步，其中的（a）～（c）步都与自成核技术的（a）～（c）步一致，（d）～（h）过程如下。

（d）从 T_s 降温：样品从 T_s 以 10℃/min 的速率降低到某一选定的最低温度。在这一过程中最初熔融的聚合物会在降温过程中受未熔融的部分晶体引发而重结晶。

（e）升温到新的 T_s：样品被再次以 10℃/min 的速率升温到一个新的 T_s，这个 T_s 比前一次的 T_s 低 5℃，然后在这个新的 T_s 下等温 5min。这意味着未熔融的晶体会在这个 T_s 下发生退火，一些熔融的晶体会在未熔融的晶体自成核引发下发生等温结晶，而其余的熔融的可结晶分子链只会从这个 T_s 降温过程中发生结晶。

（f）过程（d）和（e）不断重复，每次 T_s 都降低 5℃。这个重复过程可以覆盖整个熔程。

（g）最终结晶：随后将样品以 10℃/min 的速率降低到选定的最低温度。在这一降温过程中，最初在 T_s 熔融的部分晶体会在降温的过程中发生重结晶，而在上一自成核过程中部分熔融的晶体会作为自成核的晶核引发结晶。

（h）最终熔融：然后把样品从最低温度以 10℃/min 的速率升温到过程（a）中标明的最高熔融温度来获得样品的熔融曲线。整个过程如图 5.30 所示。

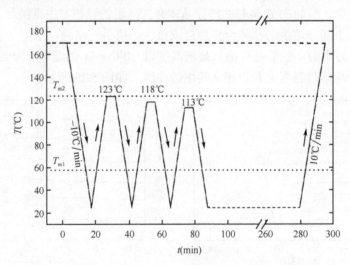

图 5.30 线性低密度聚乙烯（LLDPE）的 SSA 热处理示意图

图 5.31 显示了同一种 LLDPE 样品的两组升温曲线，SSA 技术具有很好的热分级能力，可以将很宽的熔融分布标示为一个个独立的熔融峰。

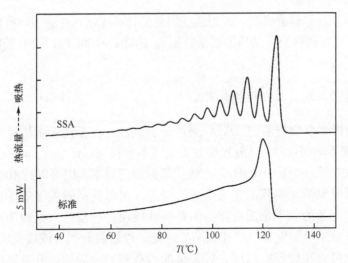

图 5.31　经 SSA 技术处理（上）与未经处理（下）的 LLDPE 的升温 DSC 曲线

5.3　聚合物结晶和结构的动态热机械法研究

5.3.1　实验的设计原则

动态热机械分析仪（dynamic mechanical analyzer，DMA）是测量黏弹性样品的力学性能与时间、温度、频率之间关系的仪器。

1. 测量模式的选择

常见的 DMA 设计有多种测量模式。要根据样品的材料特性，需要获得的物理量来选择测量模式。

（1）剪切模式：唯一可以测量剪切模量 G 的模式，适用的样品模量范围为 0.1kPa～5GPa，没有预应力施加在样品上。

（2）拉伸模式：测量拉伸模量，适用于薄膜、纤维等样品，适用的模量范围为 1kPa～200GPa，有预应力施加在样品上。

（3）压缩模式：适用于模量较低、不适于夹持的样品，如发泡材料等，适用的模量范围为 0.1kPa～1GPa，有预应力施加在样品上。

（4）三点弯曲模式：适用于模量较高，在高温也不易软化的样品，如金属、陶瓷、热固性聚合物、纤维增强的聚合物等，适用的模量范围为 100kPa～1000GPa，有预应力施加在样品上。

（5）单、双悬臂梁模式：因为经过加持的样品无法自由膨胀，所以适用于升温降温变形较小的样品，适用的模量范围为 10kPa～100GPa，没有预应力施加在样品上。

2. 测量的温度、应力和频率范围

通常测量聚合物样品的 DMA 采用液氮制冷，测量温度范围可以从−170～600℃。根据不同的仪器，其施加的应力范围不太相同，有 16N、40N、80N 不等。施加的频率范围为 0.01～100Hz，有些仪器的振荡频率范围可以到 1000Hz。

如果要测量的频率范围超过仪器的能力，可以使用时温等效原理进行变换以获得无法测量的频率范围内样品的黏弹性性质。时温等效原理简述如下：高聚物的同一力学松弛现象可以在较高的温度、较短的时间（或较高的作用频率）观察到，也可以在较低的温度、较长时间内观察到。因此，升高温度与延长观察时间对分子运动是等效的，对聚合物的黏弹特性也是等效的。这就是时温等效原理。

时温等效原理具有重要的实用意义。利用该原理，可以得到一些实际上无法从实验直接测量得到的结果。例如，要得到低温某一指定温度时天然橡胶的应力松弛行为，由于温度过低，应力松弛进行得很慢，要得到完整的数据可能需要等待几个世纪甚至更长时间，这实际上是不可能的。利用该原理，可在较高温度下测得应力松弛数据，然后换算成所需要的低温下的数据。或者要了解某种聚合物在几千 Hz 下的阻尼行为，因为这个频率超过仪器的测量范围，就可以借助时温等效原理用低温和可测量频率范围进行测试，将结果外推到几千 Hz。应用时温等效原理，利用 WLF 方程可获得迁移因子 α。

$$\lg\alpha = \frac{-C_1 \times (T - T_0)}{C_2 + (T - T_0)}$$

其中，C_1、C_2 为常数；T_0 为参比温度、T 为测试温度，单位均为 K。通过迁移因子可以获得测试温度下曲线相对参比温度的移动量。通过这个迁移因子，还可以将几条在不同温度下测量得到的模量曲线组合成一条"主曲线"[17]，如图 5.32 所示。

这种将时间与温度进行转换的方法也称为时间-温度叠加（time-temperature superposition，TTS）。

在 DMA 测试的升温速率上的注意事项：因为 DMA 的样品尺寸比 TGA 和 DSC 大得多，所以相应的升温速率就要低得多，以防止内部受热不均造成数据错误。通常的 DMA 升温速率为 1～3℃/min。

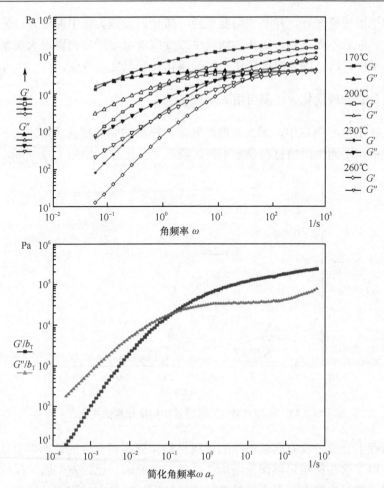

图 5.32　在参比温度为 170℃时，聚苯乙烯样品在不同的温度下测量频率（上图）后合成一条主曲线（下图），从横坐标可以注意到频率已经下探到 $10^{-4}s^{-1}$ 的范围，其中 a_T 为 X 轴迁移因子，b_T 为 Y 轴迁移因子

3. 样品制备

DMA 在测量时，仪器会施加给样品一个拉伸或者压缩的作用力 F，这个作用力施加在样品的截面积 A 上就被称为应力 σ。

$$\sigma = F/A$$

如果是剪切应力，则表示为 τ。

$$\tau = F/A$$

应力的单位为 Pa。

考虑到截面积的尺寸对于样品模量的测试至关重要，所以在样品制备时就要使样品的平面保持平行，样品表面要平滑，防止出现应力集中的地方。另外在样品加工时，注意不要过热，防止性状发生改变或者温度过高出现退火现象。注意保持样品干燥，防止因为湿度变化引起玻璃化转变温度的改变。

5.3.2　聚合物的玻璃化、结晶与熔融研究

样品在 DMA 测试中，因为温度的升高，样品的储能模量通常随之下降。在这一过程中，不同类型的材料显示不同的模量变化过程。如图 5.33 所示。

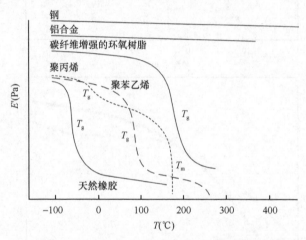

图 5.33　不同材料在升温过程中储能模量的变化[7]

在温度上升时，没有到达熔点的金属材料如钢和铝合金的储能模量基本变化很小，这也是这些材料可以作为结构部件的主要原因。已经发生固化反应的环氧树脂在储能模量曲线上只显示出玻璃化这一过程。非晶态的聚苯乙烯和天然橡胶也都只出现玻璃化这一个过程，只是玻璃化转变温度不同。结晶性的聚丙烯则在储能模量曲线上出现玻璃化和熔融两个过程。聚丙烯在发生玻璃化后，由玻璃态转变为高弹态，在温度超过熔融温度时，体系储能模量急剧下降，变为流动性的熔体。利用 DMA 可以清楚地表征出样品的玻璃化、结晶与熔融这些转变过程。

另外利用 DMA 也可以表征混合物样品的相容性这一概念。玻璃化转变温度不同的两个聚合物的共混物或者嵌段共聚物，如果是完全不相容的，那么会在DMA 曲线上显示出各自独立的玻璃化过程；如果两个聚合物组分是完全相容或者随机共聚的，那么在 DMA 曲线上只出现一个玻璃化过程，这个玻璃化转变温度处于两个独立玻璃化转变温度之间。

结晶性聚合物的结晶度也可以通过DMA中储能模量的绝对值进行定性比较，通常情况下，样品的储能模量值越高，其结晶度也就越高。这是因为其结晶性组分的模量要高于其非晶态组分的模量。

参 考 文 献

[1] 刘振海，陆立明，唐远旺. 热分析简明教程. 北京：科学出版社，2012.

[2] 刘振海，陈海红，韩布兴，等. 热分析术语. 中华人民共和国国家标准. GB/T 6425—2008.

[3] Mackenzie R C. J Therm Anal, 1978, 13：387-392.

[4] Roberts-Austen W. Nature, 1899, 59：566–567.

[5] Boersma S L. J Am Ceram Soc, 1955, 38：281.

[6] Watson E S, O'Neill M J, Justin J, et al. Anal Chem, 1964, 36：1233-1238.

[7] 陆立明. 热分析应用基础. 上海：东华大学出版社，2010.

[8] Di Lorenzo M L, Silvestre C. Prog Polym Sci，1999，24：24917-24950.

[9] Rangarajan P, Register R A, Fetters L J. Macromolecules, 1995, 28：1422.

[10] Ryan A J, Fairclough J P A, Hamley I W, et al. Macromolecules，1997，30：1723.

[11] Quiram D J, Register R A, Marchand G R, et al. Macromolecules, 1997, 30：4551.

[12] Zhang F, Chen Y, Huang H, et al. Langmuir, 2003, 19：5563.

[13] Rohadi A, Tanimoto S, Sasaki S, et al. Polym J, 2000, 32：859.

[14] Reiter G, Castelein G, Sommer J U, et al. Phys Rev Lett, 2001, 87：226101.

[15] Arnal M L, Matos M E, Müller A J, et al. Macromol Chem Phys, 1998, 199：2275.

[16] Arnal M L, Balsamo V, Ronca G, et al. J Therm Anal Calorim, 2000, 59：451-470.

[17] Ferry J D. Viscoelastic Properties of Polymers. New York：Wiley, 1980.

（高　瑛）

第 6 章　晶态聚合物结构形态

6.1　高分子链的构造和基本堆砌[1-3]

6.1.1　高分子链的构造

　　一个聚合物链的化学组成或构造（constitution），一般是由单体单元或化学结构重复单元决定。当聚合物链堆砌成晶体时，由于单体组成、聚合物链的合成、键接和构筑不同，使聚合物链的化学结构重复单元与其晶体结构重复单元常常不相同（表 6.1）。弄清晶态聚合物化学结构重复单元与晶体结构重复单元的异同，有利于计算聚合物的晶胞尺寸和晶体密度及了解其晶体结构。聚合物分子的构筑（architecture）是指聚合物链的线形，支化，交联，星形，网状和树枝状等。表 6.2 给出了四类高分子的主要构筑。水平方向以高分子构筑发现年代为序，垂直方向以高分子从简单到复杂的构筑为序。

　　聚合物结构形态的研究包括两个方面：高分子链的结构研究和聚集态结构研究。前者包括高分子链的化学组成（构造）、高分子链的构筑、构型和构象。构型又可分为旋光异构（对映体异构）和顺反异构（几何异构），它们的原子或取代基的转换必须是化学键的破坏或重新形成。构象是指分子绕 C—C 单键自由旋转，使原子或取代基在空间产生不同取向，聚合物有不同的构象，如完全伸展平面锯齿形、无规线团、螺旋等，使 C—C 单链旋转，聚合物可以从一个构象转变为另一个构象。聚集态结构包括晶态、非晶态、取向态、液晶态和共混高分子的相态等，本章重点讨论晶态聚合物结构形态。表 6.3 列出了一些典型聚合物的化学组成。

表 6.1　聚合物化学结构重复单元（a）及晶体结构重复单元（b）

聚合物	a	b	N	Z	L
		a=b			
聚乙烯（PE）	$+CH_2—CH_2\frac{}{}_n$		2	2	2

○ C 原子

续表

聚合物	a	b	N	Z	L
尼龙 1010	$+C+(CH_2)_8-C-N+(CH_2)_{10}-N+_n$	27.8Å	1	1	1
聚醚酮（PEK）		10Å 10Å	2	2	2

a≠b

iPP	$+H_2C-CH+_n$ CH_3	6.5Å	4	4	12
聚醚醚酮（PEEK）		10Å 10Å 10Å	2	2	2×2/3
聚噻吩（PTh）			2	2	4

注：N 为通过一个晶胞的分子链数目；Z 为一个晶胞中含晶体结构重复单元的数目（$N=Z$）；L 为一个晶胞中含有化学结构重复单元的数目（$L=Z×m$，m 为一个晶体结构重复单元中含有化学结构重复单元的数目）。

表 6.2　四类高分子的主要构筑

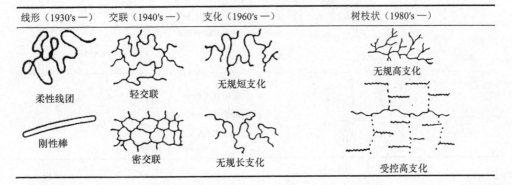

线形（1930's —）	交联（1940's —）	支化（1960's —）	树枝状（1980's —）
柔性线团	轻交联	无规短支化	无规高支化
刚性棒	密交联	无规长支化	受控高支化

线形（1930's —）	交联（1940's —）	支化（1960's —）	树枝状（1980's —）

环状(闭合线形)

互穿网络

规则梳形支化

规则树枝　　　　树枝状

串糖饼

规则星形支化

表 6.3　聚合物化学组成

序号	聚合物化学组成重复单元	俗　名 英文名 简　称	单体
1	$-\!\!\!\!-CH_2\!-\!CH_2\!-\!\!\!\!-_n$	聚乙烯 polyethylene PE	$CH_2\!=\!CH_2$
2	$-\!\!\!\!-CH_2\!-\!CH\!-\!\!\!\!-_n$　（CH_3）	聚丙烯 polypropylene PP	$HC\!=\!CH_2$ $\quad\ \ CH_3$
3	$-\!\!\!\!-CH_2\!-\!C\!-\!\!\!\!-_n$（$CH_3$ / CH_3）	聚异丁烯 polyisobutylene PIB	$CH_2\!=\!C$（CH_3 / CH_3）
4	$-\!\!\!\!-CH_2\!-\!C\!-\!\!\!\!-_n$（$C\!\!=\!\!O$—OH / H）	聚丙烯酸 poly(acrylic acid) PAA	$CH_2\!=\!CH$（COOH）
5	$-\!\!\!\!-CH_2\!-\!C\!-\!\!\!\!-_n$（$C\!\!=\!\!O$—$OCH_3$ / H）	聚丙烯酸甲酯 polymethacrylate PMA	$CH_2\!=\!CH$（$C\!\!=\!\!O$—OCH_3）
6	$-\!\!\!\!-CH_2\!-\!C\!-\!\!\!\!-_n$（$C\!\!=\!\!O$—OH / CH_3）	聚甲基丙烯酸 poly(methyl acrylic acid) PMAA	$CH_2\!=\!C\!-\!CH_3$（COOH）

续表

序号	聚合物化学组成重复单元	俗　名 英文名 简　称	单体
7		聚甲基丙烯酸甲酯（有机玻璃） polymethylmethacrylate PMMA	
8		聚乙酸乙烯酯 polyvinylacetate PVAc	
9		聚乙烯基甲基醚 polyvinylmethylether PVME	
10		聚丁二烯 polybutadiene PB	$CH_2\!=\!CH\!-\!CH\!=\!CH_2$
11		聚异戊二烯 polyisoprene PI	
12		聚氯乙烯 poly(vinyl chloride) PVC	
13		聚偏氯乙烯 poly(vinylidene chloride) PVDC	
14	$\left[\!-CF_2\!-\!CF_2\!-\!\right]_n$	聚四氟乙烯 polytetrafluoroethylene PTFE	
15	$\left[\!-CF_2\!-\!CH_2\!-\!\right]_n$	聚偏氟乙烯 polyvinylidenefluoride PVDF	

续表

序号	聚合物化学组成重复单元	俗　名 英文名 简　称	单体
16	$\left[\begin{array}{c}H\\C\\CN\end{array}-CH_2\right]_n$	聚丙烯腈 polyacrylonitrile PAN	$CH_2=\begin{array}{c}CH\\CN\end{array}$
17	$\left[O-CH_2\right]_n$	聚甲醛 polyoxymethylene POM	HCHO　[三聚甲醛结构]
18	$\left[O-CH_2-CH_2\right]_n$	聚氧化乙烯 poly(ethylene oxide) PEO	CH_2-CH_2（环氧乙烷）
19	$\left[\begin{array}{c}H\\N\end{array}-(CH_2)_6-\begin{array}{c}H\\N\end{array}-\begin{array}{c}O\\C\end{array}-(CH_2)_4-\begin{array}{c}O\\C\end{array}\right]_n$	聚亚己基己二酰胺 poly(hexamethylene adipamide) 尼龙 66	$NH_2(CH_2)_6NH_2+$ $HOOC(CH_2)_4COOH$
20	$\left[\begin{array}{c}H\\N\end{array}-(CH_2)_7-\begin{array}{c}H\\N\end{array}-\begin{array}{c}O\\C\end{array}-(CH_2)_5-\begin{array}{c}O\\C\end{array}\right]_n$	聚亚庚基庚二酰胺 poly(heptamethylene pimelamide) 尼龙 77	$NH_2(CH_2)_7NH_2+HOOC(CH_2)_5COOH$
21	$\left[\begin{array}{c}O\\C\end{array}-(CH_2)_5-\begin{array}{c}H\\N\end{array}\right]_n$	聚己内酰胺 polycaprolactam 尼龙 6	$NH-(CH_2)_5-C=O$
22	$\left[\begin{array}{c}O\\C\end{array}-(CH_2)_{10}-\begin{array}{c}H\\N\end{array}\right]_n$	聚（11-氨基十一酸） poly(11-aminoundecanoic acid) 尼龙 11	$H_2N-(CH_2)_{10}-COOH$
23	$\left[CH_2-CH(C_6H_5)\right]_n$	聚苯乙烯 polystyrene PS	$H_2C=CH(C_6H_5)$
24	$\left[CH_2-\begin{array}{c}CH_3\\C\\C_6H_5\end{array}\right]_n$	聚α-甲基苯乙烯 poly(α-methylstyrene)	$H_2C=\begin{array}{c}CH_3\\C\\C_6H_5\end{array}$

续表

序号	聚合物化学组成重复单元	俗 名 / 英文名 / 简 称	单体
25	—[O—C₆H₄]ₙ—	聚对苯氧 poly(p-phenylene oxide) PPO	Na₂O ＋ 对二氯苯(Cl—C₆H₄—Cl)
26	—[S—C₆H₄]ₙ—	聚对苯硫 poly(p-phenylene sulfide) PPS	Na₂S ＋ 对二氯苯(Cl—C₆H₄—Cl)
27	—[CH₂—C₆H₄—CH₂]ₙ—	聚对苯二亚甲基 poly(p-xylene)	CH₃—C₆H₄—CH₃
28	—[CO—C₆H₄—CO—O—CH₂—CH₂—O]ₙ—	聚对苯二甲酸乙二醇酯 poly(ethylene terephthalate) PET	HOCH₂CH₂OH ＋ HOOC—C₆H₄—COOH
29	—[O—C₆H₄—C(CH₃)₂—C₆H₄—O—CO]ₙ—	聚碳酸酯 polycarbonate PC	HO—C₆H₄—C(CH₃)₂—C₆H₄—OH ＋ Cl—CO—Cl
30	—[O—(CH₂)₄—O—CO—C₆H₄—CO]ₙ—	聚对苯二甲酸丁二醇酯 poly(butylenes terephthalate) PBT	H₃COOC—C₆H₄—COOCH₃ ＋ HO(CH₂)₄OH
31	—[CO—C₆H₄—O—C₆H₄—O]ₙ—	聚醚醚酮 poly(ether ether ketone) PEEK	F—C₆H₄—CO—C₆H₄—F ＋ HO—C₆H₄—OH
32	—[O—C₆H₄—C(CH₃)₂—C₆H₄—O—C₆H₄—SO₂—C₆H₄]ₙ—	聚砜 poly(sulfone) PSO	HO—C₆H₄—C(CH₃)₂—C₆H₄—OH ＋ Cl—C₆H₄—SO₂—C₆H₄—Cl

序号	聚合物化学组成重复单元	俗　名 英文名 简　称	单体
33		聚对苯二甲酰对苯二胺 poly(*p*-phenylene terephthalamide) Kevlar	
34		聚酰亚胺 poly(imide) PI	
35		聚二甲基硅氧烷 poly(dimethylsiloxane) silicon rubber PDMS	
36		聚对二(二甲基硅基)亚苯基硅氧烷 poly-bis(dimethylsilyl)phenylene siloxane PBDMSPS	
37		乙烯-乙酸乙烯酯共聚物 ethylene-vinyl acetate copolymer EVA	
38		聚丁二酸丁二醇酯 poly(butylene succinate) PBS	
39		聚 L-乳酸 poly(L-lactic acid) PLLA	
40		氯丁橡胶 chloroprene rubber CR	

序号	聚合物化学组成重复单元	俗　名 英文名 简　称	单体
41	$\text{-}CH_2\text{-}\overset{\displaystyle H}{\underset{\displaystyle \underset{NH_2}{\overset{|}{C=O}}}{C}}\text{-}_n$	聚丙烯酰胺 polyacrylamide PAAM	$H_2C=CH$ $H_2N-C=O$
42	$\text{-}CH_2\text{-}\overset{\displaystyle CH_3}{\underset{}{CH}}\text{-}O\text{-}\overset{\displaystyle O}{\underset{}{C}}\text{-}O\text{-}_n$	聚亚丙基碳酸酯 poly(propylene carbonate) PPC	$CH_2-CH-CH_3$ $\quad\diagdown O \diagup$ $+\ CO_2$
43	（酚醛结构重复单元）	酚醛树脂 phenol formaldehyde resins PF	$C_6H_5OH + HCHO$
44	$\text{-}\overset{\displaystyle H}{\underset{\underset{}{\bigcirc}}{C}}\text{-}CH_2\text{-}CH_2\text{-}\overset{\displaystyle H}{\underset{CN}{CH}}\text{-}CH_2\text{-}\overset{\displaystyle H}{C}\text{=}\overset{\displaystyle H}{C}\text{-}CH_2\text{-}_n$	丙烯腈-丁二烯-苯乙烯共聚物 acrylonitrile-butadiene-styrene copolymer ABS	$CH_2=CH-CN$ $CH_2=CH-CN=CH_2$ $CH=CH_2$ （苯基）
45	$\text{-}(\overset{H}{C}\text{-}\overset{H}{C}\text{=}\overset{H}{C}\text{-}\overset{H}{C}\text{=}\overset{H}{C}\text{-}\overset{H}{C})\text{-}_n$	反式-聚乙炔 trans-polyacetylene trans-PA	$HC\equiv CH$
46	$\text{-}(\overset{H}{C}\text{=}\overset{H}{C}\text{-}\overset{H}{C}\text{=}\overset{H}{C}\text{-}\overset{H}{C}\text{=}\overset{H}{C})\text{-}_n$	顺式-聚乙炔 cis-polyacetylene cis-PA	$HC\equiv CH$
47	（苯环-NH）$_n$	聚苯胺 polyaniline PAn	（苯环）$-NH_2$
48	（噻吩R环）$_n$	聚噻吩 polythiophene PTh	（噻吩R环）
49	（吡咯N环）$_n$	聚吡咯 polypyrrole PPy	（吡咯N环）

序号	聚合物化学组成重复单元	俗 名 英文名 简 称	单体
50		聚苯撑乙烯撑 poly(phenylenevinylene) PPV	
51		聚芴 polyfluorene PF	
52		聚对苯撑 poly-para-phenylene PPP	

6.1.2 高分子链的基本堆砌

构象（conformation）是指聚合物分子链中原子或基团绕 C—C 单键旋转而引起相对空间位置的不同排列。晶态聚合物构象的决定因素是微晶分子内相互作用，即绕 C—C 单键旋转的势能障碍大小；其次是非键原子或基团之间的排斥力及范德华力、静电相互作用以及氢键。晶态下聚合物分子链具有最稳定构象，即在晶态下高分子链具有固定的堆砌方式。但某些聚合物由于结晶条件不同可产生不同变体，具有两种或两种以上的堆砌。X 射线衍射及 ^{13}C 固体高分辨 NMR 是测定聚合物构象的有效方法。迄今发现的有关聚合物分子链的构象类型，仍然符合 Bunn 最初根据键交错原理推测得出的 C—C 链单键的可能构象（图 6.1）。T 为反式，G 为左旁式，$\bar{G}$ 为右旁式，G、$\bar{G}$ 构象势能较 T 稍高。

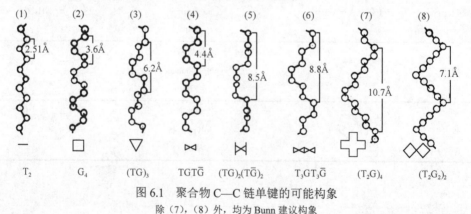

图 6.1 聚合物 C—C 链单键的可能构象

除（7），（8）外，均为 Bunn 建议构象

图 6.1 中的可能构象，经人们过去研究已找到许多例子[除（5）外]，如（1）PE、（2）POM、（3）*i*PP、（4）PVC、（6）反式 1，4-聚异戊二烯、（7）PEO、（8）*s*PP 等。

1. 平面锯齿形

平面锯齿形是最简单构象，采用平面锯齿形构象的晶态聚合物例子是很多的，PE 是典型代表（图 6.2），用 $T_2(2/1)$ 表示[图 6.1（1）]，2/1 表示一个周期内含有两个重复单元。含有 C=C 键或酰胺键的聚合物为使其具有较低的能量，一般采用伸展平面锯齿链堆砌。

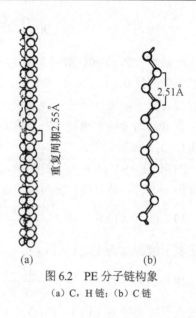

图 6.2　PE 分子链构象
（a）C，H 链；（b）C 链

2. 螺旋构象

具有螺旋对称轴的高分子称螺旋链构象高分子。螺旋符号有两种表示方法：一种是螺旋轴表示法，此种表示法与晶体学中螺旋轴规定相同；另一种是螺旋点网法(helical point net notation)，这种表示法是 1988 年 IUPAC 高分子专业委员会推荐使用的符号：$S(A*M/N)$，S 表示螺旋轴，A 表示螺旋类型，*是分离符号，M 是在一个等同周期内旋转 N 次所含有的螺旋基团数目(M，N 互为质数)。有时 A 可略去，简化为 $S(M/N)$，甚至可简化为 (M/N)。目前许多文献教科书仍沿用 $A*u/t$ 表示聚合物螺旋链，A 及*意义同上述，而此处 $u=M$，$t=N$。目前也有不少文献、教科书用 H 代表螺旋轴。采用螺旋链构象的结晶聚合物分子链如图 6.1 中的（2）（如 POM），（3）（如 *i*PP），（7）（如 PEO），（8）（如 *s*PP）等。在某些聚合物分子链中，由于存在较大侧基，产生空间位阻，分子链不能采取平面锯齿形构象。为避免空间阻碍，采取势能较低的构象——螺旋构象。

两种螺旋符号及其关系如下：

（a）低分子螺旋轴符号：2_1，3_1，3_2，4_1，4_2，4_3，6_1，…，6_5，共 11 种。

（b）相应于低分子螺旋轴表示法，高分子方面采取螺旋点网法，表示符号为 S_h；S 表示螺旋轴，脚标 h 表示在高分子一个等同周期内，螺旋旋转 h 次含有螺旋基团数目 M，如 *i*PP 为 3/1（3_1）螺旋，即在一个等同周期内含有螺旋基团数目为 3（即 3 个单体单元），其他照此类推。

故高分子螺旋点网法螺旋符号为 S_h，h 由下面经验式算得

$$h = \frac{Y \cdot M + 1}{N}, \quad Y \geqslant 0 \text{ 整数}$$

例如对 iPP，$Y=0$，$M=3$，$N=1$，故 $h=1$（关于 Y 的选值，Y 为 $\geqslant 0$ 的整数，Y 分别可以选择 0，1，2…；$Y=0$ 时，$h=1$；$Y=1$ 时，$h=4$，不合理；所以选择 $Y=0$，其他的高分子螺旋点网法转换均按此类推）。

故 iPP 为 2*3/1 螺旋（2 为螺旋类型，*为分离符号，常简化为 3/1），即 iPP 为 3/1（3_1）螺旋。

PTFE 在 19℃ 以下为三斜晶系，螺旋为 1*13/6，而在 19℃ 以上为六方晶系，螺旋为 1*15/7，故 PTFE 在两种温度下转变的螺旋点网法表示分别为

19℃ 以下（13/6），$h = \dfrac{Y \cdot M + 1}{N} = \dfrac{5 \times 13 + 1}{6} = 11$，$Y=5$，故此时 PTFE 螺旋点网法表示螺旋轴为 13/11（13_{11}）。

19℃ 以上（15/7），$h = \dfrac{Y \cdot M + 1}{N} = \dfrac{6 \times 15 + 1}{7} = 13$，$Y=6$，故此时 PTFE 螺旋点网法表示螺旋轴为 15/13（15_{13}）。

对 POM（9/5），同理，$h=2$，故螺旋轴为 9/2（9_2）。

表 6.4 列出了一些常见原子或基团的范德华作用半径，它有助于分析聚合物分子链构象。如 PTFE，两倍氟原子范德华作用半径为 0.27nm，较计算 C—C 链平面锯齿形等同周期 0.253nm 大得多，故由于氟原子间斥力——分子间相互作用力，使 PTFE 主链不能形成平面锯齿形构象，而采用螺旋构象。相反，两倍氢原子范德华作用半径为 0.24nm（表 6.4）。PE 纤维等同周期为 0.253nm，不存在空间位阻，这就是 PE 采取平面锯齿形的决定因素。

表 6.4　原子或基团范德华作用半径

原子或基团	半径（nm）	原子或基团	半径（nm）
H	0.120	Cl	0.180
N	0.150	Br	0.195
O	0.140	I	0.215
F	0.135	CH_2	0.200
P	0.190	CH_3	0.200
S	0.185	苯环 1/2 的厚度	0.175～0.180

3. 滑移面对称

许多间规立构聚合物经常采取此类构象，在这类分子的构象中沿分子链方向（在纸面）有一个滑移面（垂直纸面反映+平移）。如图 6.1 中的（4）、（5）、（6）：（4），如聚偏氯乙烯；（6），如反式 1，4-聚异戊二烯；（5）迄今未有例子。

这些聚合物分子链虽有取代基，但甲基小且有极性。结晶时在晶态下采取 $T G T \bar{G}$、$T_3 G T_3 \bar{G}$ 等滑移面对称型构象。反式 1，4-聚异戊二烯具有 α、β 和γ 三种晶型。α晶型结构和分子链构象如图 6.3 所示，结晶成单斜晶系，a=7.98Å，b=5.29Å，c=8.77Å，β =102.0°，N=2，空间群为 $C_{2h}^5 - P2_1/c$，熔点为 64℃；β 晶型结晶成斜方晶系，a=0.778nm，b=1.178nm，c=0.472nm，N=4，熔点为 52℃，分子链采取反式-$ST\bar{S}$ 构象；γ晶型熔点为 74℃，与 α 和 β 共存，γ型加热转化为 β 型。

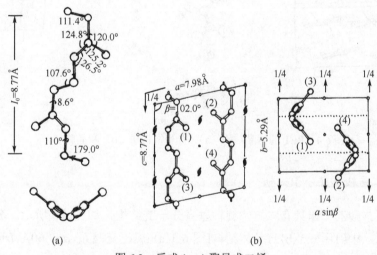

图 6.3　反式 1，4-聚异戊二烯
(a) 分子链构象；(b) 晶体结构

4. 对称中心结构

如 PET，其苯环与二醇是反式构型（图 6.4）。X 射线衍射测得纤维周期为 10.75Å，与假定完全处于伸展状态的计算值 10.90Å 很一致，说明 PET 接近完全伸展的平面锯齿形构象。Bunn 等测得其结构为三斜晶系，a=4.57Å，b=5.95Å，c=10.75Å，α =98.5°，β =118°，γ =112°，Z=1（单胞中重复单元数），空间群为 $C_i^1 - P\bar{1}$，具有对称中心结构，ρ_c =1.455g / cm³，分子链轴（c 轴）与纤维轴（拉伸方向）偏离 5°。

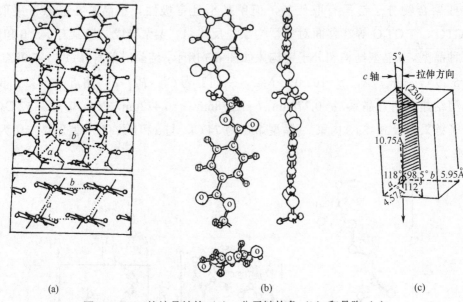

图 6.4 PET 的结晶结构（a）、分子链构象（b）和晶胞（c）

5. 二重轴垂直分子链轴

聚丁二酸乙二酯具有二重螺旋轴垂直分子链结构，如图 6.5 所示。分子链具有 $T_3GT_3\bar{G}$ 构象[图 6.5(b)]。晶体结构[图 6.5(a)]属正交晶系，$a=7.60\text{Å}$，$b=10.75\text{Å}$，$c=8.33\text{Å}$，$N=4$，空间群为 D_{2h}^{10} - $Pbnb$。二重轴沿滑移面平行于 b 轴，垂直于分子链轴。

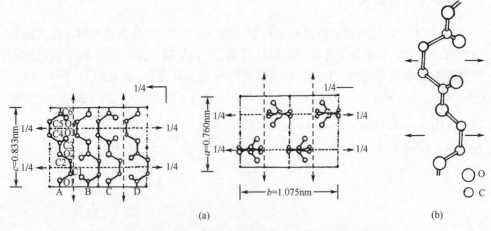

图 6.5 聚丁二酸乙二酯的结晶结构（a）和分子链构象（b）

6. 镜面垂直分子链轴

尼龙 77[图 6.6(a)]是一个镜面垂直分子链轴的例子，属假六方，a=4.82Å，b（f，a）=19.0Å，c=4.82Å，β=60°，N=1，空间群为 $C_s^1 - Pm$，分子链轴沿 b 方向伸展，链间形成氢键，bc 面为氢键面，分子链对称面与空间群对称面一致，结晶时为 γ 晶型（见后述）。

7. 双重螺旋

生命的重要物质脱氧核糖核酸（DNA）存在于染色体中，DNA 主链是由酯链及磷酸组成，有 4 种类型碱性侧链。X 射线衍射证实 DNA 具有双重螺旋链结构[图 6.6(b)]。双重螺旋结构的另一个重要例子是 iPMMA[图 6.6(c)]。

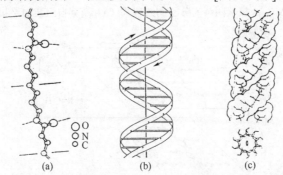

图 6.6　（a）尼龙 77 的分子链构象；（b）DNA 双重螺旋；（c）iPMMA 双重螺旋

8. 梳状高分子及其层状结构

莫志深等报道合成了一种梳状两亲高分子 PAMC$_{16}$S[图 6.7(a)]及其自组装的超分子层状结构[图 6.7(b)] [Mo Z S，Wang S E，Fang T R，Zhang H F. Comb-like amphiphilic polymer and supermolecular structure. The Polymeric Materials Encyclopedia，CRC Press，Inc，1996.]。

乔秀颖等报道了八烷基取代聚噻吩（P3OT）、十二烷基取代聚噻吩（P3DDOT）和十八烷基取代聚噻吩（P3ODDOT）及其形成的超分子层状结构（图 6.8）[Xiuying Qiao，Xianhong Wang，Zhishen Mo，Synthetic Metals，2001，118：89-95；Xiuying Qiao，Xueshan Xiao，Xianhong Wang，Jian Yang，Zhaobin Qiu，Lijia An，Wenkui Wang，Zhishen Mo，European Polymer Journal，2002，38（6）：1183-1190]。

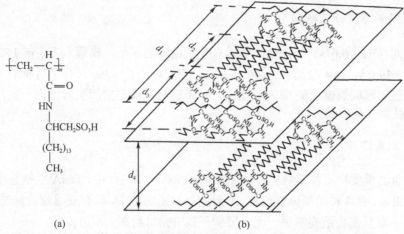

图 6.7　PAMC$_{16}$S 梳状两亲高分子的结构式（a）及其自组装的层状结构（b）

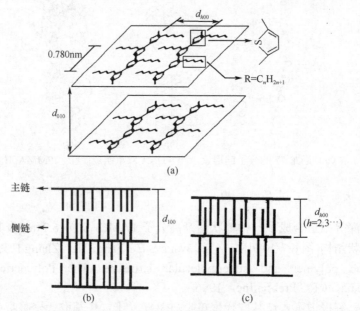

图 6.8　烷基取代聚噻吩的分子链堆积的结构模型

（a）三维层状结构模型；（b）侧链堆积的双层结构；（c）侧链堆积的穿插结构

6.2　晶态聚合物结构物理图像

6.2.1　缨状胶束模型

　　早期许多科学工作者用 X 射线或电子衍射对聚合物进行研究，结果发现聚合物同时存在"像液体"的非晶相和一个分立的"结晶相"。从衍射峰宽度得出单个晶体学方向微晶尺寸约为 10nm。但聚合物链长要比这个尺寸大一个数量级以上，从而得出一个聚合物链通过若干个晶区和非晶区的结论。Hermann 和他的合作者[4]针对明胶（gelation）结晶提出了相似于图 6.9（a）的结构。接着 Hermann 和 Gerngross[5]对天然橡胶结晶提出如图 6.9（b）所示的结构，稍后 Mark 和 Trillat[6]对纤维素和其衍生物结晶描述也给出了相似于图 6.9（a）和（b）的图像，他们提出从微晶出来的高分子链用"缨状胶束"（fringed micelle）命名，这个名字被保留至今，用来描述聚合物结晶态模型，取得了相当大的成功，这个模型解析了塑料和纤维广泛的行为性质，在玻璃态时非晶区表现出僵硬性质。在 T_g 以上为橡胶态，高分子链（纤维）表现出柔顺性。聚乙烯皮革较一般低分子量聚烯烃蜡具有更高的强度，是因为从这个模型各晶区出来的高分子链，在各晶区来回穿插，由主价键把它们紧密连结在一起，也与部分结晶有关。塑料僵硬性是由硬微晶（区）把高分子捆扎在一起，也与结晶度密切相关。这个模型受到高分子科学工作者近三十年（1930～1957）的青睐。①这个模型较满意地解释了 X 射线和电子衍射的结果：高分子晶体是结晶、非晶共存的"半结晶"体系——"两相结构"。②在晶区中分子链段相互平行排列，尺寸为 10nm 左右，非晶区分子链互相缠结、卷曲，从一个晶区出来的分子链束被称为"缨状胶束"，可以穿越一个或若干个晶区和非晶区。

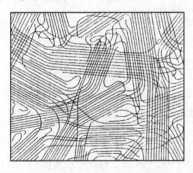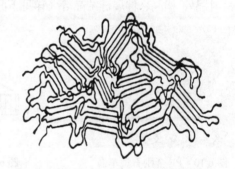

(a) Hermann 明胶结晶模型[4]　　　　　　　　　(b) Hermann 和 Gerngross 天然橡胶结晶模型[5]

图 6.9　缨状胶束模型

　　随着对结晶聚合物结构研究的深入，人们对这个模型提出了种种疑问：根据这个模型，结晶区与非晶区是不能分开的，但有些聚合物结晶为什么这样快？甚至是瞬间完成。1957 年聚合物单晶的发现，对这个模型是一个巨大的冲击。

6.2.2　高分子单晶

　　1957 年有三位科学家几乎同时报道了从稀溶液中生长出高分子单晶（polymer single crystals）：A.W. Keller[7] 1957 年在极稀二甲苯聚乙烯热溶液中，通过缓慢冷却沉淀，成功制备出聚乙烯单晶。E.W. Fischer[8]和 P.H. Till[9]同期也报道了上述结果。通过透射电镜电子衍射分析，发现聚乙烯单晶形态呈金刚石型（图 6.10）[10]，聚合物链轴基本方向垂直单晶大平表面（图 6.11）[11]，聚乙烯单晶电子衍射图如图 6.12 所示[10,12]，截锥型聚乙烯单晶体如图 6.13 所示[10,12]，从稀溶液中结晶的聚乙烯单晶照片如图 6.14 所示[10,12]。已知聚合物链长约为 2000Å，而单晶厚度在 100～200Å，Keller 由此得出结论，聚合物分子在晶体内自身是折叠的（图 6.15）[7,8]。随着高分子科学和电子显微技术的发展，科学工作者另外获得了许多均聚物单晶：PA-6（图 6.16）、POM（图 6.17）[12]、螺旋阶梯单晶体（图 6.18）[13]，以及某些含可结晶链段及含一定非晶嵌段聚合物的单晶如 PEO-PS 嵌段共聚物（图 6.19）[14]，PEO 链段可生成单晶，将 PS 排斥在单晶表面形成链端纤毛（cilia），形成不规则折叠。实际上，由于结晶条件不同，如浓度、温度、过冷度、冷却速率等，聚合可以生成不同厚度和不同形态的单晶：螺旋型、金字塔型、孪晶、棱锥体等[11,15,16]。聚合物一般只能在极稀溶液（＜0.01%）、在 T_g 与 T_m 间适当温度条件下生成单晶体，而在晶体内分子链是相互折叠的。这是因为在极稀溶液中聚合物-聚合物分子次价键力相互作用可被忽视，溶剂分子-聚合物分子键相互作用起支配地位，聚合物分子缠结下降，可相对独立运动排布到生长表面。此时，动力学因素起决定作用，聚合物形成厚度约为 10nm，长度尺寸可达几十微米的单晶体，这样尺寸的晶体仅适用电子衍射和电镜观察研究。聚合物从熔体结晶或从较浓溶液结晶的情况较复杂，根据条件不同可生成不同形态的结晶：球晶、折叠链片晶、树枝晶、串晶、柱晶、横晶、伸展链结晶等（详见下面讨论）。

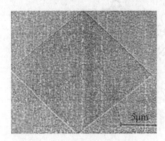

图 6.10　PE 金刚石型单晶

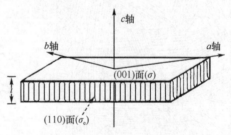

图 6.11　PE 折叠链单晶结构示意图[11]

σ 表示侧表面自由能，σ_e 表示折叠链表面自由能，$\sigma_e \gg \sigma$；l 为晶片厚度

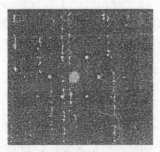

图 6.12　PE 单晶电子衍射图

图 6.13　截锥型 PE 晶体

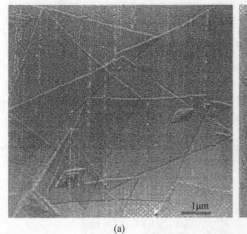

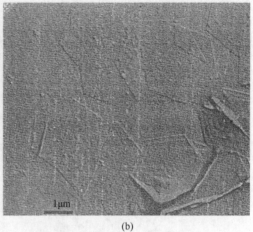

（a） （b）

图 6.14 从稀溶液中结晶的单晶照片[10,12]

（a）PE 单晶；（b）POM 单晶

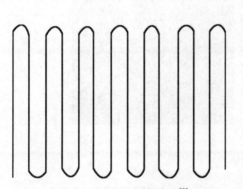

图 6.15 链规则折叠模型[8]

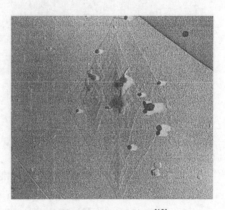

图 6.16 PA-6 单晶[12]

图 6.17 溶液生长 POM 单晶[12]

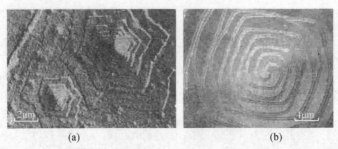

(a)　　　　　　　　　　　　　　(b)

图 6.18　螺旋阶梯单晶体的电子显微镜照片[13]

（a）溶液生长聚甲醛；（b）熔体生长聚氧乙烯

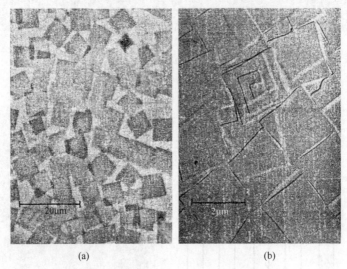

(a)　　　　　　　　　　　　　　(b)

图 6.19　PEO-PS 两嵌段共聚物[14-16]

（a）光学显微镜照片；（b）电子显微镜照片

M_n（PS）=7.3×10³ g/mol，M_n（PEO）=10.9×10³ g/mol，PS 的质量分数为 0.32

6.2.3　折叠链模型

1. 邻位规则折叠链模型

K. H. Storks 早在 1938 年就报道[17]了通过蒸发溶液制备得到 27nm 厚的反式 1，4-聚异戊二烯（古塔波胶）膜，并用电子衍射研究证明膜由大量微晶组成，微晶轴垂直膜平面，只有一种可能：链是前后反复折叠，平行于厚度方向。但这些结果被忽视搁置了几乎二十年。直至 1957 年 Keller 研究组发表了用电子衍射研究从稀溶液制备得到的聚乙烯单晶的结果（见图 6.10，图 6.12）[7]，链轴垂直片晶厚度方向（见图 6.11），只有一种可能：分子链是反复折叠的。根据这些结果 Keller 等提出了邻位规则折叠链模型（regular chain folding with adjacent re-entry model，简称 RF 模型）[图 6.20(a)]，认为聚合物分子链呈杆状（stem）的部分在片晶内规则折叠，邻位相连，而夹在片层间不规则链段为非晶区[图 6.20(a)]，Krimm 等对聚乙烯混合单晶[全质子化 PE（P）+ 全氘化 PE（D）]的红外光潜（IR）研究表明，从溶液生长的聚乙烯单晶沿（110）面邻位规则折叠占绝对优势[18-21]。小角中子散射（SANS）[22]也证实从溶液生长聚乙烯单晶优势折叠链沿（110）面生长[图 6.20(b)]，NMR 研究也支持上述结果[23-25]。图 6.20（c）显示，聚乙烯的晶体结构如同典型的石蜡烃的晶体结构。目前已知许多晶态聚合物的稀溶液在一定条件下均可生成折叠链片晶形态是普遍规律。聚合物折叠链片晶形态的发现，对经典"两相模型"——"胶束模型"是一个巨大挑战，是高分子聚集态结构研究的重大进展。然而不久之后许多学者发现聚合物从本体（熔体）结晶情况要复杂得多，RF 模型似乎过于简化，是一种极端情况。

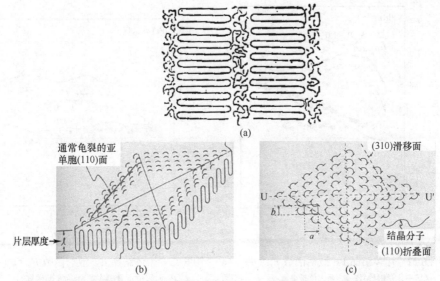

图 6.20　聚乙烯单晶邻位规则折叠链模型（a）、单胞参数（b）及晶体结构（c）

2. 插线板模型或非邻位无规则折叠链模型

1962 年 Flory 根据理论计算和实验结果提出了插线板模型（the switchboard model，简称 SF 模型），源于"老式手动电话机"（an old fashioned manual telephone switchboard）[26]，此模型（图 6.21）与 Keller 的 RF 模型[图 6.20(a)]比较，组成片晶的杆为无规连接，即从一个片晶出来的分子链并不在其邻位处回到同一片晶，而是在进入非晶区后在非邻位

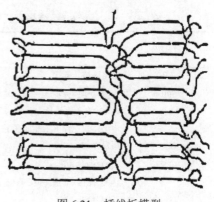

图 6.21　插线板模型

以无规则方式再折回，也可能进入另一片晶（图 6.21）。Flory 等[27]从中子散射理论的计算与实验结果比较了熔体结晶 PE 及 iPP 的散射函数 $F_n(\mu)$（图 6.22，图 6.23），发现当邻位折叠概率 P_{ar}＜0.3 时计算值才能与实验接近，这表明从熔体结晶聚合物非邻位无规则折叠（插线板）模型占优势。Wignall 等[28] 指出，按中子散射理论计算两种极端情况，概率 P_{ar}=1.0，属全部邻位折叠；P_{ar}=0.0，属全部非邻位折叠，而只有当 P_{ar}=0.0 时才与实验数据符合较好。中子散射（包括小、中、大角：SANS，IANS，WANS）的实验结果有力地支持了"插线板"模型。表 6.5 的结果进一步说明结晶聚合物熔体及晶体具有几乎相同的分子链形态，因为如果是邻位规则折叠，在两种不同物理态的情况下回转半径应有很大差别，但从表中看来两者几乎没有差别。这说明对聚合物从熔体结晶不能用邻位规则折叠模型，而应采用"插线板"模型。

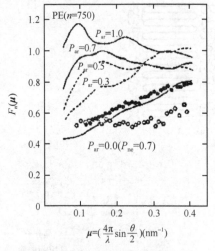

图 6.22 熔体结晶 PE 散射函数 $F_n(\mu)$

n 为分子链中化学键数目；P_{ar} 为邻位折叠概率；●○为不同作者实验数据；P_{ne} 是邻位规则进入数据；μ 为散射矢量

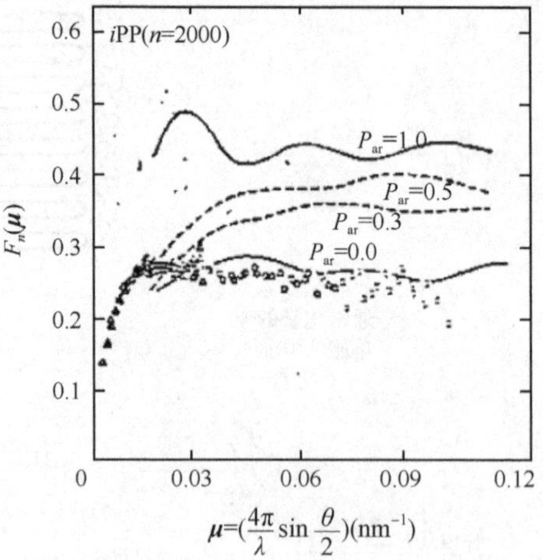

图 6.23 熔体结晶 iPP 散射函数 $F_n(\mu)$

P_{ar} 为邻位折叠概率；△○为实验数据

表 6.5 结晶高聚物熔体及本体回转半径的比较

聚合物	结晶方式	$R_g/M_w^{1/2}$ [0.1nm/(g/mol)$^{1/2}$]	
		熔体	晶体
PE	由熔体快速淬火	0.46	0.46
iPP	由熔体快速淬火	0.35	0.34
	在 139℃等温结晶	0.35	0.38
	由熔体快速淬火后随即在 137℃退火	0.35	0.36
PEO	缓慢冷却	0.42	0.52
iPS	140℃结晶 5h	0.26～0.28	0.24～0.27
	140℃结晶 5h 后 180℃再结晶 50min	0.26	
	200℃结晶 1h	0.22	0.24～0.29

6.2.4　凝固模型

Fischer [29] 等认为熔融态构象
为无规线团的高分子链，如图 6.24
（a）粗线所示。链区在冻结过程中，
分子链不会产生长范围扩散及大规
模重排，而仅仅是分子链部分伸展
成杆状，如图 6.24（b）中垂直平行
排列部分链段，若干个"杆"折叠
成凝固模型（solidification model）

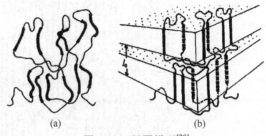

图 6.24　凝固模型[29]
(a) 熔融态；(b) 晶态

片晶结构。"杆"目前已较普遍被接受，用作描述折叠链片晶的"基元"。它是指在
一个结晶聚合物中，高分子链像杆状部分，它可与非杆状部分或链末端连接，或
一端与非杆状部分、另一端与链末端连接。这个模型可认为是对 Flory 的 SF 模型
的补充及修改。

哪种折叠方式更正确呢？各种观点代表人物在 20 世纪 90 年代间展开了激烈
争论，为此举行了专门学术会议，并出版了专集[27]。90 年代初 E.W.Fischer 到中
国科学院长春应用化学研究所访问，作学术报告时说，他们各坚持己见，争论异
常激烈，那时他们若有枪的话就要开火了。回顾 30 多年有关晶态高分子链折叠方
式的研究、探索、争论，人们从"热战"中领悟到，规则和无规则折叠两种模型，
代表了两种极端情况。高分子从稀溶液缓慢结晶时，链运动比较自由，邻位规则
折叠可能占优势[7,30]；若从熔体结晶，非邻位无规则折叠可能占优势[29]。另外，
对于低晶性高分子如聚氨酯类、聚酯类、明胶、粘胶丝、拉伸才能结晶的橡胶等，
用缨状胶束模型来说明更适宜。也可能原先具有折叠链结构，经拉伸后部分转变
为缨状胶束结构；反之，缨状胶束经热处理后可能转变为折叠链片晶结构。无论
经典缨状胶束还是折叠链模型，均把结晶高聚物看作是由晶相和非晶相"两相"
组成。图 6.9、图 6.20（a）和图 6.20（b）及图 6.24 的相同点是均把像杆状平行
排列的链段看作为结晶"基元"；不同点是图 6.9 中的杆主要属于不同晶体，而图
6.20（a）和图 6.20（b）及图 6.24 中的杆主要属于相同晶体。

6.2.5　Hosemann 次晶结构模型

实际上，高分子由于结晶条件不同，在晶区中晶体的结构和形态很难用单一
模型描述[31]。其实 Hosemann 早在 1962 年[32]就已指出大多数聚合物晶态结构模型
应处在高度立体结晶聚合物和非常低晶性聚合物间，Hosemann 将这样一个模型结
构特征分类，如图 6.25 所示，一般称为次晶（paracrystal）结构。此模型较充分
地反映了晶态聚合物结构的复杂性。

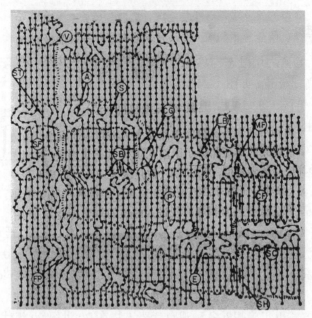

图 6.25　Hosemann 次晶结构模型[31]

A. 非晶"相"；CF. 微纤束簇（热拉伸的）；CG. 在本体中晶体的生长；E. 链末端；FP. 四点图；LB. 长折回（Flory）；MF. 迁移折叠；P. 次晶层晶格；S. 直线；SB.短折回；SC. 单晶；SF. 单纤维束（冷拉的）；SH. 剪切区；ST. Statton 模型；V. "空隙"

6.2.6　高分子中间相结构——晶态高分子三相模型

综上所述，无论经典模型还是折叠链模型，均把结晶聚合物看作是由晶相和非晶相"两相"组成。当然，这里的两相不同于热力学相，也绝非经典"两相"，此处所指聚合物结晶的两相结构模型是具有上述更广泛内容的"两相"[33]。

随着人们对聚合物结晶结构研究的不断深入，"两相结构"已不能充分解释聚合物的结晶结构，例如在 20 世纪 80 年代就有好几位学者用不同实验技术，证明了在 PE 结晶的晶区与非晶区间存在一个过渡区（transition zone）或称中间层（相）（interphase）[34-39]，它既不同于三维有序晶区，也不同于无序非晶区。中间层的尺寸大小不可忽视，对聚合物的物理性质应有相当的影响。由此推测，聚合物结晶结构的正确模型，可能是"三相结构模型"，而不是传统的"两相"概念。

1. 中间层的理论证明

1984 年 Flory 等[40]从统计力学出发，将晶格理论应用到聚合物界面，指出半结晶聚合物片层间存在一个结晶-非晶中间层（crystal-amorphous interphase）（图 6.26）[31]。

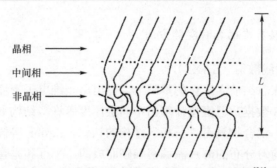

图 6.26　结晶聚合物的结晶-非晶中间层示意图[31]

中间层的性质既不同于晶相，也不同于真正非晶相（无定形相），即聚合物结晶形态由 3 个区域组成：片层状三维有序区-中间层-非晶区。

图 6.27 是 Flory 晶格模型的二维图，示图中晶格点连线表示高分子链，0 层线以下为高分子结晶部分，R 是结晶表面邻位规则折叠，S 是非邻位无规则折叠，T 是从晶区向非晶区延伸的分子链，此分子链连接到别的晶区时称连接分子（tie molecule），A 是不能进入晶区的残存非晶链（amorphous chain），图中 1～4 为界面部分。为定量计算，应求出有序度参数 s_i，从晶相 $s_i=1$ 逐步过渡到非晶区 $s_i=0$ 的变化情况。假定是立方格子，分子链为柔性（$\sigma=0.6$），则分子链折向邻位的概率 η 改变时的 s_i，如图 6.28 所示。

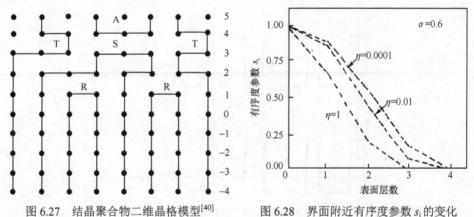

图 6.27　结晶聚合物二维晶格模型[40]　　　图 6.28　界面附近有序度参数 s_i 的变化

由图可见，s_i 对 η 的依赖性不大。从表面第三层起是从结晶区向非晶区过渡的中间层（中间相），其对应厚度为 1～1.2nm，与通常 PE 片层厚 10～50nm 相比，是不可忽略的，它对聚合物的物理性质会产生一定的影响。为了证明"中间相"的存在，迄今已有不少学者先于或随 Flory 理论之后，用许多新的实验技术开展研究工作，并已取得许多有意义的结果。

2. 证明中间层存在的各种实验方法

1）小角 X 射线散射（SAXS）

Strobl 等[41]在总结前人工作的基础上，提出用一维电子密度相关函数分析结晶聚合物的 SAXS 数据，已直接计算出中间层厚度等许多结构参数。他们的工作加深了人们对结晶聚合物具有"三相"结构的认识。Strobl 等假定：结晶聚合物是由各向同性、均匀分布的薄片晶稠密堆砌而成的，平行和垂直片晶方向的尺寸远大于片晶层间距离，片晶堆砌均匀性遵守相同内部统计规律（图6.29）。

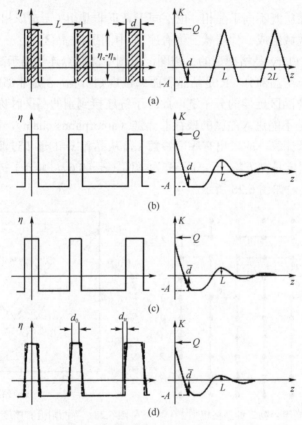

图 6.29　结晶聚合物电子密度相关函数 $K(z)$ "三相" 结构模型示意图

（a）严格周期性两相体系；（b）非晶层不等；（c）结晶与非晶层均不等；（d）（b）＋（c）＋ 过渡层（中间相）

用相关函数 $K(z)$ 描述聚合物体系电子密度涨落：

$$K(z) = [\eta(z') - <\eta>] \times [\eta(z'+z) - <\eta>] \tag{6.1}$$

$\eta(z')$ 及 $\eta(z'+z)$ 表示在 z' 及 $z'+z$ 处的电子密度函数。为减少误差，一般用 η_a 代替 $<\eta>$，则式（6.1）化为

$$K_a(z) = [\eta(z') - \eta_a] \times [\eta(z' + z) - \eta_a] \qquad (6.2)$$

式（6.1）与式（6.2）仅差一个常数项

$$K_a(z) = K(z) + (<\eta> - \eta_a)^2 \qquad (6.3)$$

根据散射强度理论，$K(z)$ 与散射强度分布有关：

$$K(z) = \int_0^\infty 4\pi s^2 I_{(S)} \cos 2\pi (sz) \mathrm{d}s \qquad (6.4)$$

其中，$s = 2\dfrac{\sin\theta}{\lambda}$，$\theta$ 为 Bragg 角，λ 为 X 射线波长；$I_{(S)}$ 为散射强度；S 为某点坐标。莫志深等用此法研究了尼龙 1010[42]、尼龙 11 的 SAXS 现象[43]以及聚醚醚酮酮（PEEKK）-聚醚联苯醚酮酮（PEDEKK）[44]。由散射强度及散射角[式(6.4)]关系得图 6.30。

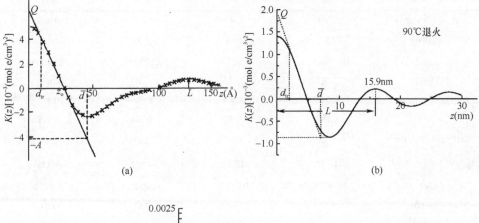

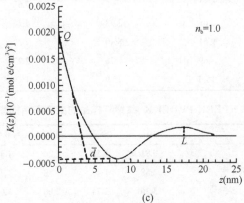

图 6.30　实验测得的相关函数

（a）尼龙 1010（室温结晶度 60.2%）[42]；（b）尼龙 11 在 90℃热处理[43]；（c）PEEKK-PEDEKK[44]

由图 6.30（a）可求得尼龙 1010 结晶与非晶区中间层厚度 d_{tr}=0.9nm，片层平

均厚度 $\bar{d}$ =4.73nm，结晶层厚度 d_0 =0.29nm，长周期 L=13.16nm，积分不变量 Q=8.12×10^{-3}（mol e /cm^3）^{2}，比内表面 Q_s=1.52×10 nm^{-1}，晶相和非晶相电子密度差 $(\eta_c - \eta_a)$ =0.064mol e/cm^3。

由图 6.30（b）可求得尼龙 11 结晶与非晶区中间层厚度 d_{tr}，片层平均厚度 $\bar{d}$，结晶层厚度 d_0，长周期 L，积分不变量 Q，比内表面 Q_s，晶相和非晶相电子密度差 $(\eta_c - \eta_a)$，回转半径 R_g，结晶和非晶厚度 L_c、L_a 等，列于表 6.6。

由图 6.30（c）可求得 PEEKK-PEDEKK 共聚物的聚集态结构参数：积分不变量 Q，晶相和非晶相电子密度差 $(\eta_c - \eta_a)$，结晶度 $W_{c, x}$，长周期 L，片层平均厚度 $\bar{d}$，列于表 6.7 中。

表 6.6 在不同温度退火尼龙 11 的聚集态结构参数[43]

T_a（℃）	60	90	120	150
$\rho_c - \rho_a$(g / cm^3)	0.044	0.066	0.086	0.090
R_g(nm)	1.81	1.95	2.29	2.99
$I_e Nn^2$	12 508.41	19 925.06	22 754.67	32 780.76
a(nm)	2.837	3.055	3.587	4.683
b(nm)	0.536	0.584	0.696	0.913
ω	0.189	0.191	0.194	0.195
S/V_p (10^{-3} m^2 / cm^3)	1.12	1.47	2.01	2.54
$Q\left[10^{-4}(\text{mol e} / \text{cm}^3)^2\right]$	1.539	1.933	1.831	1.795
$\eta_c - \eta_a$(mol e / cm^3)	0.032 8	0.049 3	0.064 2	0.067 2
d(nm)	6.73	6.96	7.07	7.21
L_c(nm)	2.61	3.98	4.14	4.52
L_a(nm)	9.61	8.40	7.32	7.06
d_{tr}(nm)	1.69	1.76	2.27	2.31
L(nm)	15.6	15.9	16.0	16.2

表 6.7 PEEK-PEDEKK 共聚物样品的聚集态结构参数[44]

n_b	0	0.3	0.35	0.4	0.8	1.0
$[\eta]$（dL/g）	0.81	1.50	1.20	1.40	1.50	1.19
$Q[10^{-4}$（mol e/cm^3）$^2]$	2.58	1.46	1.28	1.72	1.92	2.01
$(\eta_c - \eta_a)$（10^{-2}mol e/cm^3）	3.36	2.74	2.66	3.02	3.08	3.10
$W_{c, x}$（%）	35.3	26.3	23.8	25.3	28.2	29.8
L（nm）	13.54	12.92	12.84	13.22	16.13	17.41
$\bar{d}$（nm）	3.38	2.54	2.44	2.51	3.07	3.86

注：$[\eta]$ 为特性黏度；$n_b=N_B/(N_A+N_B)$，其中，N_A 和 N_B 分别为 PEEK 和 PEDEKK 重复单元含量；$W_{c, x}$ 为结晶度，由 WAXD 测定。

Hahn 等[45]用 SAXS 及介电松弛方法研究了 PVDF 及 PVDF/PMMA 共混体系，不仅指出 PVDF 具有"三相结构"，后者结构形态也是由三部分组成的：一个结晶相，一个由 PVDF 及 PMMA 贡献的主非晶相，一个纯 PVDF 贡献的中间层。由一维电子密度相关函数[式(6.4)]去模糊后，从 SAXS 曲线求得中间层的厚度为 2～2.5nm。Silvestre 等[46] 用 SAXS 研究了 PEO 分别与 sPMMA、iPMMA 及 aPMMA 形成的共混体系结构，指出在 3 种情况下 PMMA 对体系中间层厚度的影响有所不同（图 6.31）。这说明多组分结晶聚合物也符合三相结构模型，有力地支持了 Flory 理论。

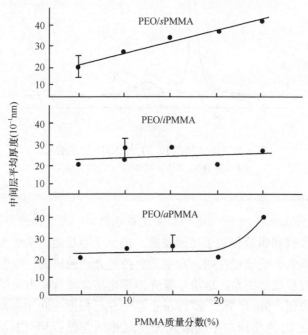

图 6.31　PEO/PMMA 共混体系中间层平均厚度与组成的关系[46]

2）NMR

脉冲 NMR 及 ^{13}C 固体高分辨 NMR 是近年来发展起来的测定结晶聚合物界面的有效方法。脉冲 NMR 法需在专用的固体宽 NMR 谱仪或带有此功能附件的常规高分辨 NMR 谱仪上实现，所得的谱线极宽，但包含着核与核之间的相互作用及核与周围环境相互作用的信息。由自旋-自旋弛豫时间 T_2 的测量可了解核周围的运动状态。通常，流动性大的组分 T_2 长，流动性小的组分 T_2 短。不同相中核自旋的运动状态不同，由此可区别各相的组成。如在结晶聚合物中，T_2 短的相当于晶相，T_2 长的相当于流动相（非晶相），T_2 介于两者之间的为界面层（中间层）。在嵌段接枝共聚物中，固相、界面及流动相分别具有短的 T_2、中间 T_2 和长的 T_2 值。对于 ^{13}C 固体高分辨 NMR，需联合使用高功率质子去偶（DD）、魔角旋转

（MAS）和交叉极化（CP）技术以窄化谱线，提高稀核的灵敏度，最终分辨出不同相的 ^{13}C NMR 峰。在结晶聚合物中，利用结晶相、流动相和界面（中间层）化学位移、弛豫时间 T_1、T_2 的不同，将它们区别开来。

Kitamaru 等[47]利用上法研究融体结晶 PE 的"三相"定量组成，结果如图 6.32 所示。

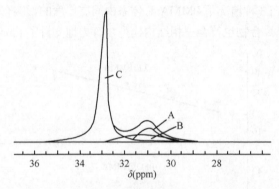

图 6.32　融体结晶 PE 的 ^{13}C NMR 谱的分析
A.非晶体 16%；B.中间层 18%；C.结晶相 66%

3）拉曼光谱

激光拉曼（Raman）光谱[48]由于有激光单色性好、亮度强及方向性好等优点，自 20 世纪 60 年代问世后得到了迅速发展。高分子多是由力常数大致相同的结构单元组成，碳碳骨架是非极性的，特别适合拉曼光谱的研究。拉曼光谱的散射强度与高分子浓度呈线性关系，这给拉曼光谱测定结晶聚合物中间层及各组分含量带来了极大的方便。Strobl 等[49]和 Glotin 等[38]先后根据关联比率及内模法用拉曼光谱测定了聚乙烯的晶相、中间层及无定形相的含量；用 CH_2 弯曲振动谱带 1416cm^{-1} 代表正交晶系聚乙烯的晶相，CH_2 扭曲振动谱带 1303cm^{-1}（或 1080cm^{-1}）代表非晶（熔融）态，并利用扭曲振动带作内标计算两种结构形态含量，发现两者之和小于 1，推断其余部分为中间含量。计算公式如下：

晶相 $$\alpha_c = \frac{I_{1416}}{I_t \times 0.46}$$ （6.5）

非晶相 $$\alpha_{at} = \frac{I_{1303}}{I_t}$$ （6.6）

或 $$\alpha_{as} = \frac{I_{1080}}{I_t \times 0.79}$$

中间层 $$\alpha_b = 1 - \alpha_c - \alpha_{at}$$

式中，α_c、α_{at}（α_{as}）、α_b 分别代表晶相、非晶区及中间层含量；I_{1416} 为晶相强

度，I_{1303}（或 I_{1080}）代表非晶相强度，I_t 为总强度。

Strobl 等[49]利用拉曼光谱法定量计算了部分支化聚乙烯的"三相结构"（图 6.33）。

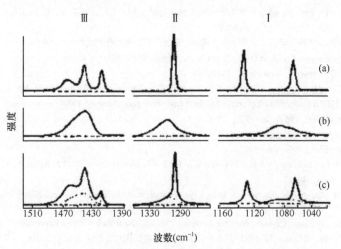

图 6.33　部分支化聚乙烯的"三相结构"图[38,47]

Ⅰ. C—C 伸展运动；Ⅱ. CH₂ 扭曲振动；Ⅲ. CH₂ 弯曲振动

（a）PE 伸展链结晶（25℃）；（b）熔融 PE（150 ℃）；（c）部分结晶 PE（25℃）；图中虚线示出非晶部分

到目前为止，研究结晶高聚物的中间层可以采用 SAXS、NMR、小角中子散射（SANS）、介电松弛和激光拉曼光谱方法。不同实验方法得出的结果有时存在矛盾。例如，Mandelkern 等[38]基于 Strobl 和 Hagedorn[49]建立的方法，用激光拉曼光谱分析了部分结晶聚乙烯样品结晶、界面和无定形非晶组分，他们发现，即使溶液结晶的样品也有多达 20% 的无定形非晶组分，但固体高分辨 ^{13}C NMR 实验表明溶液结晶样品不含有无定形非晶组分，只含有结晶片层和分子链运动受到限制的非晶交叠层，这两种方法的矛盾可能是由于界面和无定形非晶组分的归属不一致引起的，但另外一个不容忽略的因素是两种实验所用的聚乙烯样品不完全相同，为了克服这一缺点，莫志深等采用不同的实验方法（SAXS、NMR、激光拉曼光谱）对同一聚乙烯溶剂萃取样品进行研究，并且比较了不同实验方法得到的结果[50]。对甲苯和辛烷萃取的聚乙烯样品的中间层及其他结晶结构参数进行了研究，结果表明三种方法测得的中间相厚度有所不同，但均反映出辛烷萃取的聚乙烯样品中间层厚度比甲苯萃取的大。从测试和计算结果得出，中间层厚度与其他结构参数相比不可忽略。随着对结晶聚合物界面，特别是中间层的深入研究，介电松弛谱、电子显微镜、小角中子散射、偏光显微镜等在界面及中间层的研究中也取得了一些结果，可以预期，聚合物结晶"三相结构模型"将会逐步被人们接受，取代目前的"两相结构模型"，进一步推动高分子界面科学，乃至高分子凝聚态物理的发展。有关结晶聚合物中间层的研究进展，莫志深等已有综述报道[51]。

参 考 文 献

[1] 莫志深，张宏放，张吉东. 晶态聚合物结构和 X 射线衍射. 2 版. 北京：科学出版社，2010.

[2] 田所宏行. 高分子，1983，（32）：202-207.

[3] 稻垣博. 入门高分子特性解析，高分子学会编集. 东京：共立株式会社出版社，1984.

[4] Hermann K，Gerngross O，Abitz W Z. Phys Chem，1930，B10：371.

[5] Hermann K，Gerngross O. Kautschuk，1932，8：181.

[6] Mark H，Trillat J J. // Eggert J，Schiebold E. Ergebnisse der Technischen Röntgenkunde. Vol 4. Anwendungen der Röntgen-und Elektronenstrahlen. Leipzig：Akademische Ver-laggesellschaft，1934.

[7] Keller A W. Phil Mag，1957，2：1171.

[8] Fischer E W. Z Naturforsch，1957，12a：753.

[9] Till P H. Polym Sci，1957，24：301.

[10] (a) Holland V F, Lindenmeyer P H. J Polymer Sci，1962, 57：589. (b) Blundell D J，Keller A，Kovacs A I. J Polym Sci，1966，1134：481.

[11] Wunderlich B. Macromolecular Physics. Vol.I. Crystal Structure，Morphology，Defects. New York：Academic Press，1973 .

[12] Geil P H. Polymer Single Crystals（Polymer Reviews，Vol.8）. New York：Wiley-Interscience，1963.

[13] 闫寿科，刘天西. 第四章，聚合物结晶态//马德柱. 聚合物结构与性能[结构篇]. 北京：科学出版社，2012.

[14] Kovacs A J，Manson J A，Levy D. Kolloid Z，1966，1：214.

[15] 殷敬华，莫志深. 现代高分子物理学. 北京：科学出版社，2001.

[16] Bassett D C. Principles of Polymer Morphology. Cambridge：Cambridge University Press，1981.

[17] Storks K H. J Amer Chem Soc，1938，60：1753.

[18] Tasumi M，Krimm S. J Polym Sci，A-2，1968，6：995.

[19] Bank M I，Krimm S. J Polym Sci，A-2，1969，7：1785.

[20] Krimm S，Cheam T C. Faraday Discuss，Chem Soc，1979，68：244.

[21] Jing X，Krimm S. Polym Lett，1983，21：123.

[22] Hoffman J D，Davis G T，Lauritzen Jr J I. // Hannay. N B ed. Treatise on Solid State Chemistry. Vol 3. Crystalline and Noncrystalline Solids. New York，Plenum Press，1976，Chap.7.

[23] Bovey F A，Org C. Appl Polym Sci Prepr，1983，48（1）：76.

[24] Schilling F C，Bovey F A，Tseng S，et al. Macromolecules，1983，16：808.

[25] Oyama T，Shiokawa K，Murata Y. Polym J，1974，6：549.

[26] Flory P J. J Am Chem Soc，1962，84：2857.

[27] (a) Yoo Do Y，Flory P J. Polym Ball，1981，4：693. (b) Flory P J. Faraday Discuss，1979：68.

[28] (a) Wignall G D，Ewards M C，Glotin M. J Polym Sci，Polym Phys Ed，1982，20：245. (b) Wignall G D. Polym Prep，1989，30（2）：268.

[29] Fischer E W. Pure Appl Chem，1978，50：1319.

[30] Spell S J，Keller A，Sadler D M. Polymer，1984，25：749.

[31] 莫志深. 聚合物晶态及非晶态结构研究的进展//施良和，胡汉杰. 高分子科学的今天与明天. 北京：化学工业出版社，1994：122-137.

[32] Hosemann R. Polymer，1962，3：349-392.

[33] 黄少慧. 高分子材料科学与工程，1988，I：89.

[34] Mandelkern L. Faraday Discuss，1979，68：310.

[35] Bergmann K. J Polym Sci Polym Phys，1987，16：1611.

[36] Berknnann K，Nawotki K，Kolloed Z Z. Polymer，1967，219：132.

[37] Horii F，Kitamaru R. J Polym Sci Polym Phys，1978，16：265.

[38] Glotin M，Mandelkern L. Colloid Polymer Sci，1982，260：182.

[39] Wignall G D，Edwards M C，Glotin M，et al. J Polym Sci Polym Phys，1982，20：245.

[40] (a) Flory P J，Yoon Do Y，Dill K A. Macromolecules，1984，17：862. (b) Yoon Do Y，Flory P J. Maromolecules，

1984，17：868.

[41] Strobl G R，Schneider M. J Polym Sci Polym Phys，1980，18：1343.

[42] Mo Z S，Meng Q B，Feng J H，et al. Polym Int，1993，32（1）：53.

[43] Zhang Q X，Mo Z S，Liu S Y，et al. Macromolecules，2000，33：5999-6005.

[44] Zhang H F，Yang B Q，Mo Z S. Macromol Rapid Commun，1996，17：117-122.

[45] Hahn B R，Hermann-Schonher O，Wendorff J H. Polymer，1987，28：210.

[46] Silvestre C，Cimmino S，Marttascelli E，et al. Polymer，1987，28：1190.

[47] Kitamaru R，Horii F，Muruyama K. Macromolecules，1986，19：636.

[48] 王晋，赵永年，林德厚. 高分子通讯，1989，2：32.

[49] Strobl G R，Hagedorn W. J Polym Sci Poly Phys，1978，16：1181.

[50] 喻龙宝，莫志深，高新风，等. 功能高分子学报，1995，8（4）：445.

[51] 喻龙宝，张宏放，莫志深. 功能高分子学报，1997，10（1）：90-101.

（莫志深）

第 7 章 高分子球晶

球晶（spherulites，取自希腊语中的 sphaira：球和 lithos：石头的组合）是高分子聚合物最常见、最重要的一类结晶形态。通常情况下高聚物从熔体或浓溶液（大于 1%）结晶时均形成球晶。它是高聚物晶片由晶核向周围放射状排列而成的一种复杂的球形多晶聚集体，其常见尺度为 0.5～100μm 直径，也有的球晶可达毫米甚至厘米尺度。研究球晶的结构、形成条件、影响因素和变形破坏，有着十分重要的实际意义。球晶的大小直接影响聚合物的力学性能。球晶越大，材料的冲击强度越小，越容易破裂。另外，球晶大小对聚合物的透明性也有很大影响。通常，非晶聚合物是透明的，而结晶聚合物中晶相和非晶相共存，当球晶尺寸大于入射光波长的二分之一时，由于两相折射率不同，光线通过时会在两相界面上发生折射和反射，呈现乳白色而不透明。球晶或晶粒尺寸越大，透明性越差。但是，如果结晶聚合物中晶相和非晶相密度非常接近，则仍然是透明的，如聚 4-甲基-1-戊烯；如果球晶或晶粒尺寸小到比可见光波长还要小时，那么对光线不发生折射和反射，材料也是透明的。

7.1 球晶的结构特点和种类

7.1.1 一般球晶的结构特点

多数球晶内部结构是径向对称的圆形结构（图 7.1），是由放射状生长的扭曲片晶组成，生长后期球晶相遇后形成多角形聚集体。图 7.2 为用扫描电镜观察到的聚乙烯球晶，直观形象地说明了球晶的结构形态，观察前刻蚀掉了聚乙烯的非晶部分，所以照片非常清晰地显示出了规整的球形。用偏光显微镜（PLM）旋转观察尼龙 1010 的球晶，如图 7.3 是尼龙 1010 负放射球晶旋转观察半周的照片，另半周与之相同。从而可以推论出一般球晶的基本属性：亮反差起源于球晶的双折射并说明其为一结晶实体；黑色 Maltese 十字叠加在亮反差上，其消光臂分别与起偏镜、检偏镜消光方向平行，当样品在自己的平面内旋转时黑十字保持不动，意味着在所应用的分辨率内，所有的径向结构单元在结晶学上是等效的。因此球晶是具有等效径向单元的多晶体。

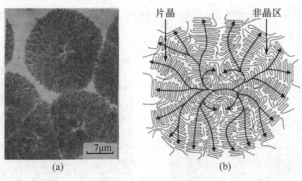

图 7.1 顺式 1，4-聚丁二烯球晶形态的 TEM 照片（a）[1]
和球晶结构示意图（箭头为球晶的取向方向）（b）

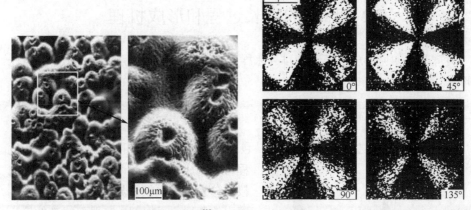

图 7.2 聚乙烯球晶的 SEM 照片[2]　　图 7.3 PLM 下尼龙 1010 放射球晶的旋转观察[3]

7.1.2 常见聚合物球晶的种类

根据球晶双折射的不同，把球晶分为正光性球晶和负光性球晶，如果沿半径方向光的折射率大于切线方向的折射率，即 $\Delta n = n_r - n_t > 0$，为正光性球晶；反之则为负光性球晶。在偏光显微镜下观察时，在光路中沿 2、4 象限加入一级红补色器观察，每个球晶沿起偏光、检偏光方向被分成四个象限，若 1、3 象限为蓝色，2、4 象限为黄色，为正光性球晶；反之为负光性球晶。若各个象限蓝、黄优势不明显，则为混合光性球晶。在偏光显微镜下，球晶的黑十字与起偏镜、检偏镜振动方向平行，为正常球晶；若与之交 45°角，为所谓变态球晶。若球晶中链带或晶片沿径向呈放射状排列，称之为放射状球晶（图 7.4）；若除黑十字外，还有许多同心消光圈或锯齿形消光图形，为环带（环状或螺旋状）球晶（图 7.5）。组合上列几种因素，可得常见高聚物球晶的种类：①正光性放射状球晶；②负光性放射状球晶；③正光性环状球晶；④负光性环状球晶；⑤混合光性放射状球晶；
⑥混合光性环状球晶；⑦变态球晶。

图 7.4　放射状球晶（聚丙烯）　　　　　图 7.5　环状球晶（聚羧基丁酸）

7.2　球晶的生长过程和形成机理

对球晶是如何形成，其结构排列怎样，已进行了许多研究，并提出了正常光
性球晶结构模型。

7.2.1　球晶的生长过程

球晶是一个三维生长、球形对称、包含结晶与非晶部分的聚集体，其生长过
程可分为成核和生长两个阶段。球晶的成核又分为均相成核和异相成核两种。由溶液中的杂质、添加剂、容器壁或其他第三组分为晶核生长的球晶为异相成核球晶，球晶从中心一点向外呈发散状生长。均相成核及球晶生长过程如图 7.6 所示。成核初始只是多层片晶[（a）]，逐渐向外张开生长[（b）、（c）]，不断分叉，经捆束形成（d），最后形成填满空间的球状外形（e）。球晶在生长过程中，晶片平行排列，连续产生非结晶学上的小角度分叉，形成径向发射生长，使条状晶片总是保持与半

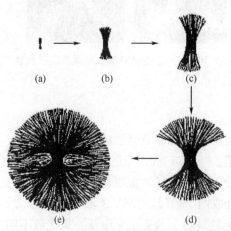

图 7.6　球晶各生长阶段形象示意图

径方向平行，从而得以填满球状空间。

于翔等使用原子力显微镜（AFM）观察了聚己内酯（PCL）球晶的等温生长
过程[4]。图 7.7 为 PCL 在 45℃等温结晶初期晶体表面的 AFM 相图。由于在此温

度下成核速率较快，受限于仪器扫描速率，无法用 AFM 跟踪到初始晶核形成的过程。从图 7.7（a）中可以看出，扫描区域出现了约 500nm 大小的凹陷，说明此时已经有明显的晶体生长。它由一束短片晶团组成，形态类似于球晶的中心，并伴随着诱导核的生长而形成许多分支，每个分支即是一根片晶的生长。等温 12min 后，如图 7.7（b）所示，在原先片晶团的左上方出现了新的片晶团，原先片晶团中各根片晶向四面八方发散式生长，单根片晶在较短的时间内即会发生分叉现象，分叉后的晶体生长一段时间后又会形成新的分叉，晶体周而复始地进行着这样的分叉生长，并最终形成球晶。

图 7.7　PCL 在 45℃等温结晶 30min 过程中的 AFM 图像

　　罗艳红等[5,6]合成了一系列具有规整链结构和结晶速率可控的聚（双酚 A-正 n 烷醚）（BA-Cn），用 AFM 对该系列高聚物的结晶过程如成核、诱导成核、片晶和球晶的生长等动态过程进行了原位研究。图 7.8 为 22℃下观测聚合物 BA-C8 原始晶核的形成、消失及最终形成稳定晶核并生长成片晶的系列 AFM 图像。可以看到聚合物薄膜退火一定时间后（诱导期），熔体中一些高分子链由于热运动而排列规整，形成两个尺寸小于 10nm 的晶胚[图 7.8（a）]。约 18min 后，在同一区域只有一个晶胚存在，另一个晶胚由于分子链段的热运动而消失[图 7.8（c）]。这一现象证实了热力学理论对原始晶核形成过程的理论预测：即在一定过冷度下，由于局部的热涨落，一些高分子链段规整排列，形成晶胚，部分晶胚会由于周围链段热运动的带动而离开晶格，最终消失。同时，另外一些晶胚随着更多高分子链段排列到它的晶格中，会逐渐长大形成稳定的晶核[图 7.8(d)]，并发展成片晶[图 7.8(e)和图 7.8(f)]。一旦晶胚成长到一定尺寸形成稳定的原始晶核，由于片晶的生成位垒远小于原始晶核的生成位垒，原始晶核会很快生长形成片晶。如图 7.9 所示为观察到的 BA-C8 样品的球晶生长过程。

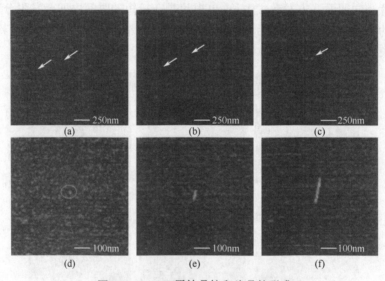

图 7.8　BA-C8 原始晶核和片晶的形成

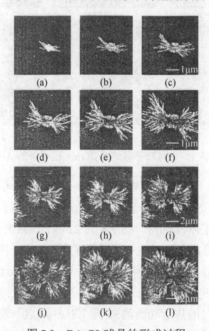

图 7.9　BA-C8 球晶的形成过程

王曦等[7]用 AFM 原位观察了聚（双酚 A-正癸二醇醚）球晶界面上片晶的生长，如图 7.10 所示。由图可以观察到三种情况：①来自两个球晶的片晶（1 和 2），当它们的生长方向接近平行时，片晶错开生长并向球晶内部延伸；②当相对生长的片晶（3 和 4）在生长方向上有较大的角度时，两个片晶会在界面上相交，通常会导致一个片晶的生长被终止，而另一个片晶继续生长到球晶的更深处，直至和其他片晶相交并终止生长；③对于片晶 5 和 6，它们的生长方向间的角度不大，图 7.10（c）中片晶 6 继续按原来的方向生长，片晶 5 则与片晶 6 的已结晶部分非常接近，随着结晶的进一步进行，片晶 5 能够弯曲一定的角度继续生长一段时间，直至与球晶内部的片晶相交并终止生长。由以上的原位观察片晶在球晶界面的生长过程，可以总结出球晶的界面存在由相平行片晶组成的片晶束，同时也包含了大量的缺陷，在片晶相互接近形成球晶界面这一阶段，片晶的生长由于受空间阻碍和可结晶链段匮乏等的限制，其生长方向以及诱导分叉等行为都将受到影响，这导致球晶的界面对材料的力学性能有较大的影响。

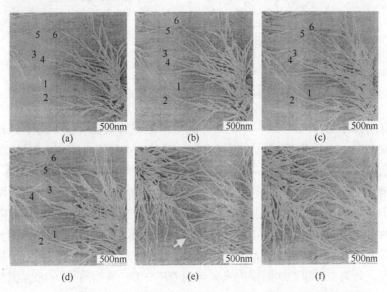

图 7.10　两球晶界面上片晶生长过程的 AFM 图像（每两图时间间隔 6min）

7.2.2　黑十字消光的形成

聚合物球晶在偏光显微镜下可观察到特有的 Maltese 黑十字消光（图 7.3 和图 7.5），其成因可由聚乙烯（PE）球晶加以说明。PE 属正交晶系，在球晶中 b 轴平行于半径，a、c 轴在垂直于 b 轴的平面内，为二轴晶，但两光轴夹角近于零，可看作单轴晶，光轴近似于 c 轴。光线通过 b 轴后产生双折射，其光率体的最大与最小主折射率分别为 N_g 和 N_p，并分别与 a 轴和 c 轴方向相同。如图 7.11（a）所示，当 c 轴与光波传播方向一致时，光率体切面为圆，斜交时为椭圆。在正交偏光下，通过起偏镜时只允许在 pp 方向上振动的光通过，光进入球晶后，由于在 pp 和 aa 方向上晶体的光率体切面的两轴分别平行于 pp 和 aa 方向，光波通过 pp 和 aa 方向的晶体时，光波继续沿 pp 方向振动，而 aa 方向的分量为零；光进入检偏镜后又只允许 aa 方向上振动的光通过，使经过 pp、aa 方向上的光全部消光。而介于 pp、aa 之间的光率体切面的两轴与 pp 和 aa 斜交，从起偏镜来的光进入检偏镜后，光在 aa 方向上有分量，四个区域明亮，显出黑十字。

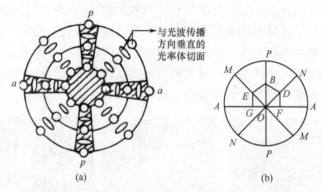

图 7.11　聚乙烯球晶中黑十字消光成因示意图

下面用图 7.11（b）对黑十字消光图案进一步进行定量分析。图中 P-P 为起偏镜的振动方向，A-A 为检偏镜的振动方向，N-N、M-M 为晶体内某一切面的两个振动方向。设 N-N 振动方向与起偏镜振动方向 P-P 间的夹角为 α。光进入起偏镜，从起偏镜透出的平面偏光的振幅为 OB，光继续射到结晶样品上，由于切面内两振动方向不与 P-P 方向一致，因此要分解到晶体的两振动面中，分到 N 方向上的光的振幅为 OD，分到 M 方向上的光的振幅为 OE。自样品透出的两平面偏光继续射到检偏镜上，由于检偏镜的振动方向与晶体切面内振动方向也不一致，所以每一平面偏光要一分为二，即 OD 振幅的光分解为 OF 与 DF 振幅的光，OE 振幅的光分解为 EG 和 OG 振幅的光。振幅为 DF 和 EG 的光由于它们的振动方向垂直于检偏镜的振动面，因而不能透过，而振幅为 OG 和 OF 的光，它们都在检偏镜的振动面内，因而能透过。两光波在同一面内振动，必然会发生干涉，它们的合成波为

$$Y = OF - OG = OD\sin\alpha - OE\cos\alpha \tag{7.1}$$

式中，$OD = OB\cos\alpha$（α 是晶片内振动方向与起偏镜振动方向的夹角）；$OB = A\sin\omega t$（A 为入射光的振幅）。因晶片内 N 和 M 方向振动的两光波的速度不相等，折射率不同，设其相位差为 δ，则

$$OD = OB\cos\alpha = A\sin\omega t\cos\alpha \tag{7.2}$$

$$OE = OB\sin\alpha = A\sin(\omega t - \delta)\sin\alpha \tag{7.3}$$

将式（7.2）和式（7.3）代入式（7.1）整理得

$$Y = A\sin 2\alpha \cdot \sin\frac{\delta}{2}\cos(\omega t - \frac{\delta}{2}) \tag{7.4}$$

因合成光的强度与振幅的平方成正比，所以由式（7.4）可得到

$$I = A^2 \sin^2 2\alpha \sin^2\frac{\delta}{2} \tag{7.5}$$

当 $\alpha=\pi/4$、$3\pi/4$、$5\pi/4$ 和 $7\pi/4$ 时，I 最大，光的强度最大，视场最亮，即如果晶体切面内的两振动方向与起偏镜、检偏镜的振动方向成 45°角，即 $\alpha=45°$，此时晶体的亮度最大，当 $\alpha=0$、$\pi/2$、π、$3\pi/2$ 时，$I=0$，视场全黑，这就是球晶黑十字消光图像的由来。当试样随载物台旋转时，黑十字保持不动，消光图像不改变，加一级红补色器时，球晶的颜色分布不变。这是因为球晶具有半径等效的结构单元，即球晶中沿任一半径方向结构的排列方式与任何其他半径方向都是等同的。

7.2.3　环状消光的光学原理

　　环状消光是球晶径向生长的晶片协同扭转的结果，其扭转周期与消光环间距相对应，表明邻近晶片以相同的周期与位相向相同方向扭转，其消光原理如图 7.12 所示。图 7.12（a）是 PE 晶分别为其对应位置晶胞取向和光率体变化示意图，可见随晶片的扭转，PE 晶胞的 b 轴总指向径向（PP 是 a 轴），即径向折射率总与 b 轴的相等，而 a、c 轴方向折射率周期性改变，导致合成波的光强随晶片扭转而周期性变化，形成环状消光图像。其环间距随过冷度（$\Delta T = T_m - T_c$）的减小而增大，在 ΔT 小时消失。

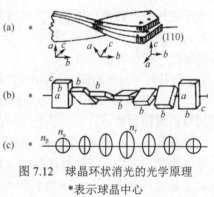

图 7.12　球晶环状消光的光学原理
*表示球晶中心

（a）扭转的聚乙烯球晶晶片；（b）球晶径向晶片的取向旋转；（c）球晶径向双折射圆体的旋转

7.2.4　光率体的取向与球晶光性

　　球晶的双折射 Δn 为径向折射率（n_r）与切向折射率（n_t）之差（$\Delta n = n_r - n_t$），若 $\Delta n > 0$ 为正光性球晶，$\Delta n < 0$ 为负光性球晶，其光率体的取向如图 7.13 所示。当光率体无明显取向时，则得到混合光性球晶。用偏光显微镜观察球晶时，在光路中加上一级红补色器，正光性球晶的一、三象限为蓝色，二、四象限为黄色；

负光性球晶的一、三象限为黄色，二、四象限为蓝色；混合光性球晶看不到明显的象限颜色差异，蓝色和黄色在视野范围内的四个象限内出现的概率几乎相等。等规聚丙烯、尼龙 6 等多种聚合物均可形成混合光性球晶。在一些条件下，球晶还可以发生光性的相互转变，这是球晶晶粒在一定条件下发生再取向的缘故。

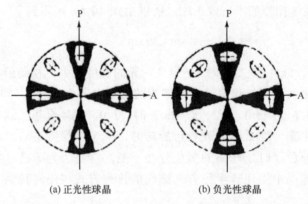

(a) 正光性球晶　　　　　　　　(b) 负光性球晶

图 7.13　正、负光性球晶内光率体取向示意图

高聚物最大折射率 γ 在分子链（c 轴）方向上，垂直于链轴的另两个方向（即分子链折叠方向和与折叠链并肩排列的方向）的折射率为 α 和 β（$\beta > \alpha$）。高聚物若为双轴晶，其 $\alpha \neq \beta \neq \gamma$。若 β 平行于径向，有 $\beta = n_r$，而链轴绕半径旋转对称，n_t 将等于 γ 和 α 的平均值，$n_t = (\alpha + \gamma)/2$。而 $\gamma > \beta$，则 Δn 的大小取决于 α 的大小，α 小到其与 γ 的平均值小于 β，则 $\Delta n > 0$，为正光性球晶，反之，α 大到其与 γ 的平均值大于 β，则 $\Delta n < 0$，为负光性球晶。若 α 平行于径向，因 $\alpha < \beta < \gamma$，则球晶的双折射恒为负，只能得负光性球晶。对单轴晶，$\alpha = \beta < \gamma$，α 或 β 平行于径向，结果均相同，n_r 必定小于 n_t，Δn 恒为负，也只能生成负光性球晶。实验证明，c 轴恒为切线方向，正光性球晶中 a 轴平行径向，负光性球晶中 b 轴平行于径向，而 a 轴的折射率 n_a 大于 b 轴折射率 n_b，n_b 与 n_c 的平均值小于 n_a。由于晶体结构的特点，有些高聚物只能形成某种光性球晶，如 PE 为单轴晶，$n_a = n_b = 1.510$，$n_c = 1.560$，$\Delta n = 1.510 - (1.510 + 1.560)/2 = -0.025$，只能为负光性球晶。聚偏二氯乙烯通常为正光性球晶。而 PP、PA6、PA66 等许多聚合物随条件的改变，同一聚合物可分别形成正、负、混合光性球晶，或不同光性球晶同时存在。聚酰胺为双轴晶，平行于分子链（c 轴）方向的折射率 n_c 与平行于分子间氢键（ac 平面）的 b 轴方向的折射率 n_b 有相近值，a 轴方向折射率 n_a 最小。若氢键平面与径向垂直，$n_r = n_a$，$n_t = (n_b + n_c)/2 \approx n_c$，因 $n_c > n_a$，则 $\Delta n = n_a - n_c < 0$，为负光性球晶；若平行，$\Delta n = n_c - n_a > 0$，为正光性球晶。

7.3　环带球晶及其形成机理

7.3.1　环带球晶的发现

环带球晶（banded spherulite）是在正交偏光显微镜下，不仅显示 Maltese 黑十字消光图案，还呈现出明暗交替的周期性环带状结构的一类球晶，如图 7.14 所示。由于这些明暗相间的条带在球晶中呈同心环形，有时又被称作环状球晶（ringed spherulite）。20 世纪 50 年代中期，Keller 用偏光显微镜研究高密度聚乙烯的结晶形态时，当聚乙烯熔融结晶温度高于 80℃时观察到了锯齿状的消光圆环，首次观察到高聚物的环带球晶[8]。由于环带球晶的特殊性，研究环带球晶对于研究高聚物球晶的形成机理是一个很好的突破口，其结晶机理一直备受关注。

100μm

图 7.14　环带球晶

7.3.2　可以形成环带球晶的聚合物

迄今仍未确定环带球晶的形成与高聚物分子链结构的关系，目前尚不能由高聚物的分子链结构来判断是否一定能形成环带球晶。已知只有部分半结晶高聚物能在一定的条件下形成环带球晶，具体有聚乙烯、脂肪族聚酯、尼龙等。

聚乙烯是最早发现的可以形成环带球晶的高聚物。在早期研究聚乙烯的结晶形态时，Keller 发现了聚乙烯的环带球晶，但环带不规整，他们还对环带结构进行了定量的计算[9]。Janimak 等研究了分子量对聚乙烯结晶形态的影响[10]。结果表明，当分子量大于 10^5 时，高聚物可以形成规整的环带球晶，而当分子量低于 $5×10^4$ 时，束状结构在晶体中占优势，并且环带球晶的带宽随着分子量的增加而减小。Sasaki 等[11]用近场扫描偏光显微镜发现，聚乙烯球晶表面微观结构与环带球晶的双折射相一致，即晶体表面的凸起与凹陷部分分别与偏光显微镜下的亮带与暗带部分相对应。此外，外力场对环带球晶的形成也有影响，Trifonova 等[12]发现，挤压成型的高密度聚乙烯管也能形成环带球晶，球晶尺寸、环带周期和片晶厚度等均受冷却温度的影响。

除了聚烯烃，研究发现多种脂肪族聚酯在一定条件下也可以形成环带球晶。Phillips 等[13]发现 PCL 在 50℃以上时能形成环带球晶。并且，在共混体系中，PCL 更容易形成环带球晶。Keith 等[14]研究了少量聚氯乙烯（PVC）和聚乙烯醇缩丁醛

（PVB）对 PCL 结晶行为的影响。结果发现，加入 1%的 PVC 后，PCL 环带球晶的成核密度明显降低，在 35℃即能形成环带球晶，并且环带更清晰规整。随着 PVC 的加入，PCL 环带球晶的带宽变窄，并且带宽也随 PCL 分子量的增大而减小。而 PVB 的引入对 PCL 环带球晶的影响比 PVC 还强烈。这说明在聚合物中加入非晶第二组分可能更有利于环带球晶的形成。Woo 等[15]对 PCL 共混物环带球晶的研究也发现了类似的现象，并且发现共混体系组分间一定的分子间相互作用和相容性均有利于环带球晶的形成。聚（β-羟基丁酸酯）（PHB）也能形成环带球晶，与 PCL 类似，其在共混体系能形成规整的环带球晶，并且 PHB 的共聚物更易于形成环带球晶[16]。刘美华等对 PHB 球晶细观结构进行了观察，并探讨了其与力学性能的影响规律[17]。此外，芳香族聚酯如聚对苯二甲酸丙二醇酯（PTT）也能在一定的条件下生成环带球晶[18]。

朱诚身等[19]发现尼龙 1010 也可以形成环带球晶。尼龙 1010 的正光性环带球晶是等温结晶时生成的真正环带球晶；其他光性的各类球晶均是尼龙 1010 在升、降温过程中转化生成的。Ren 等[20]研究发现尼龙 1212 在 161～170℃温度范围内结晶也可以形成环带球晶。

除此之外，其他一些聚合物如聚醚醚酮（PEEK）、聚偏氟乙烯（PVDF）、聚酰亚胺（PI）等均能在一定条件下形成环带球晶[21-24]。

7.3.3　环带球晶的形成机理

对于环带球晶同心消光环的形成原因，前人进行广泛的研究并提出了不同的理论模型，主要有晶片周期性扭曲模型、螺旋位错模型和球晶分步生长模型等。

1. 晶片周期性扭曲模型

晶片周期性扭曲模型最早由 Keller 和 Keith、Padden 等分别提出[8,9,14,25]，是最为人们普遍接受的球晶形成机理。Keller 认为环带球晶中晶粒的 b 轴（或 a 轴）总是指向径向，而 a 轴（或 b 轴）与 c 轴构成的平面沿着径向做周期性的扭曲旋转，如图 7.15 所示。

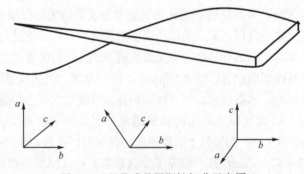

图 7.15　环带球晶周期性扭曲示意图

由于晶片的双折射,当偏振光经过晶粒时分成的两束电矢量会发生相互干涉。而由于由前所述的周期性旋转,双折射产生的两束电矢量间的相位差也沿着 b 轴(或 a 轴)径向周期性变化。相位差的周期性变化造成了两束电矢量沿着径向发生周期性的干涉加强和干涉削弱,这导致了环带球晶的圆环消光图案。这一结论得到了 Keith、Padden 等的支持,他们从带状扭曲模型出发阐述了环带球晶消光图案形成的光学原理,并对实际观察到的各种环带球晶的消光图案的成因做了解释。同时,他们还认为聚合物晶体生长过程中的不规则折叠面可能导致结晶过程中应力的产生,此应力造成了球晶中晶片的扭曲。对于共混体系在结晶组分中掺入非晶第二组分可以使环带球晶更容易生成的原因,Keith 和 Padden 用晶片周期性扭曲模型给出了解释[25]。他们认为共混体系的相互作用可能导致两种晶片堆砌方式的变化:一是以螺旋位错方式晶片生长分支频率增加;二是由于非晶第二组分在折叠面起桥接作用而加强了晶片间的联系。这两种变化有利于晶片的周期性扭曲,并使晶片的排列规整性得到改善,从而使环带球晶更加规整。

徐军等在研究聚(R-3 -羟基戊酸酯)环带球晶时发现特殊的形貌,在同一球晶中存在两种光学形态:眼睛形区域为双环带,双折射符号正负交替;其他区域为正双折射的单环带球晶,如图 7.16 所示[26]。他们发现这两种形态是同一种晶型,但是两者的径向生长方向不同,分别沿晶胞的 a 和 b 轴。并且有趣的是这两个区域的片晶扭转手性不同,分别为左手螺旋和右手螺旋。

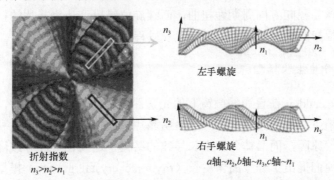

图 7.16 聚(R-3-羟基戊酸酯)环带球晶的两个不同区域。眼睛形的双环带区域以 a 轴为半径方向,片晶为左手螺旋;单环带区域以 b 轴为半径方向,片晶为右手螺旋

2. 螺旋位错模型

虽然晶片周期性扭曲模型得到了许多研究者的支持,但此模型仍无法解释一些实验现象。如 Low 等[27]用电子衍射研究了高密度聚乙烯环带球晶,发现亮带微区中晶片生长方向与晶面(020)垂直,暗带微区中晶片生长方向与(110)晶面垂直。晶片中微晶体的取向沿晶片生长方向变化,但与周期性扭曲模型预示的不同。

Schultz 和 Kinloch 观察到聚乙烯环带球晶晶片的扭曲程度与计算的位错空间相一致，认为是晶体生长过程中的螺旋位错导致了晶片的扭曲，即螺旋位错模型[28]。随后 Bassett 等在用刻蚀法研究聚乙烯环带球晶微观结构的工作中，对此模型进行了修饰[29]。Bassett 等指出实验中没有发现聚乙烯中存在均匀扭曲的晶片，只是观察到轻度扭曲的晶片。这种轻度扭曲的晶片部分大约占球晶周期的 1/3，

呈现为突然的晶片取向变化。螺旋位错模型示意图如图 7.17 所示[30]，平躺（flat-on）的片晶呈鞘状，扭转积累到一定程度后，产生螺旋位错，导致片晶增殖向后生长，以减少横截面的扭曲。片晶沿半径方向生长速率、沿厚度方向螺旋位错增殖速率和沿半径方向新的螺旋位错成核速率及熔体扩散速率的竞争导致了球晶表面高度起伏

螺旋位错产生前的扭曲晶体生长

弯曲最小阻力区域　　螺旋位错

向后生长层

螺旋位错产生后的扭曲晶体生长

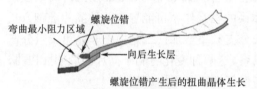

图 7.17　螺旋位错模型示意图

的周期，这就是环带球晶的周期。

晶片周期性扭曲模型与螺旋位错模型既有共同之处，又存在很大的分歧。它们的共同之处在于均认为由于环带球晶中晶片的扭曲导致了偏光显微镜下消光环带的出现；它们的分歧在于，晶片周期性扭曲模型认为晶片的扭曲是连续的，球晶中晶片沿球晶径向方向周期性扭曲，而螺旋位错模型认为晶片的扭曲是不连续的，导致晶片扭曲的主要原因是晶体生长过程中产生的螺旋位错[31]。

3. 球晶分步生长模型

Keith 和 Padden 在普通显微镜非偏光条件下观察聚乙烯球晶时，观察到了与在偏光显微镜下相同的环带[32,33]。这表明晶片扭曲生长可能并不是高聚物环带球晶形成的唯一原因，而晶体分步生长导致的结构不连续也可能导致环带球晶的形成。因此，他们提出了分步晶体生长（rhythmic crystal growth）模型，又称结构不连续性（structure discontinuity）模型。

近年来一些环带球晶的研究成果支持了球晶分步生长模型。Okabe 等[34]及 Kyu 等[35]利用 AFM 观察 PVDF/聚乙酸乙烯酯（PVAc）共混体系的球晶形态时也发现亮带与暗带生长速率不同，导致了表面的凹凸不平，认为是晶体的分步生长导致了环带球晶的产生。他们发现环带呈螺旋状，晶体生长速率不恒定并呈周期性生长。偏光显微镜下观察到的亮带和暗带部分分别与 AFM 下凸起和凹陷部分相对应，凸起部分的组分主要是 PVDF，凹陷部分的组分主要是 PVAc。Wang 等在使用 AFM、TEM 等手段观察 PCL 的环带球晶时发现，环带球晶具有厚度的径

向周期性变化，这是由与恒定浓度的聚合物溶液中的浓度梯度周期性变化相关联的周期性扩散诱导的节律性增长导致的[36,37]。

以上三种模型均得到很多实验结果的支持，但是迄今还没有一种模型可以很好地统一解释所有的实验结果，许多问题尚待解决。对于环带球晶机理的研究，读者可以参考近年来的三篇综述，分别总结了聚合物环带球晶中表面应力的来源[38]，国内外聚合物环带球晶研究的进展[31]及环带球晶单根片晶扭转的动态过程和微观机制[39]。

7.4　异常光性球晶

朱诚身等在研究尼龙 1010 的球晶结构时，除发现其能生成放射状正、负、混合光性球晶，变态正放射球晶，环状正、负、混合光性等常见球晶外，还发现多种异常光性球晶[40,41]。

7.4.1　两瓣形放射状球晶

尼龙 1010 在 180～195℃温度范围内等温结晶，可生成与其他种类放射状球晶共存的两瓣形放射状球晶，如图 7.18（a）所示。加一级红补色器于偏光显微镜下观察，一半是黄色，一半是蓝色的两瓣形放射状球晶，其黑十字的一臂消失，黄蓝交界线一般与偏光方向交 45°角，也有的相平行，其黄、蓝两色的分布是随机的。但是，没发现相同光性的环状球晶。在升温过程中，于 183℃生成的黄、蓝两瓣球晶可转变成负光性放射球晶，当降温到 178℃时又可回复到原来的两瓣球晶。

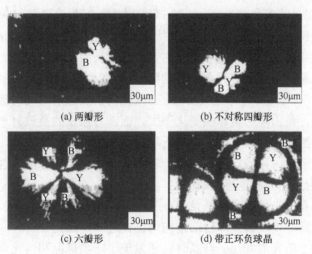

(a) 两瓣形　　　　　　　　　(b) 不对称四瓣形

(c) 六瓣形　　　　　　　　　(d) 带正环负球晶

图 7.18　尼龙 1010 的异常光性球晶

B. 蓝色；Y. 黄色

7.4.2　不对称四瓣形放射状球晶

图 7.18（b）为尼龙 1010 在 180～205℃范围内等温结晶生成的不对称四瓣形球晶。其特点是一半为黄（或蓝）色，另一半为蓝-黄-蓝（或黄-蓝-黄），既不同于两瓣，也不同于正常的四瓣球晶，其交界线与偏光方向呈 45°，放射状与环状均有发现。

7.4.3　六瓣形放射状球晶

尼龙 1010 在 180～205℃温度范围内等温结晶时，生成六瓣形放射状球晶，如图 7.18（c）所示。其黑十字消光臂不是两条，而是三条，两条与偏光方向交 45°，另一条沿水平方向，其中右边的一条不甚明显；三条消光臂把球晶分成六瓣，黄-蓝交替出现。与负光性球晶交界处的边界内陷，说明其径向生长速率小于负光性放射球晶。六瓣形放射状球晶还可在升温过程中得到：将正光性放射状球晶由室温逐渐加热至约 194℃，有部分转化成六瓣形球晶。从室温升温至 158℃，可发现有六瓣形环状球晶出现。

7.4.4　带正环的负球晶

在熔点附件（205℃附近）等温结晶，发现尼龙 1010 生成边缘为正光性环的负放射球晶，如图 7.18（d）所示，其中球晶的黑十字十分明显，且与偏振方向平行。还发现生成中间是负放射状，接着是三圈负的消光环，环之间的暗环不太明显，亮环比暗环间距大，最外是一圈正光性环的球晶，正环的间距比负环小许多，正、负之间有明显的黑色消光环。在 216℃熔融 10min 后降温至 195℃，恒温 10min 出现晶核，生长 5min 后发现有负放射状球晶和带正环的负放射球晶生成，17min 后已长得很大并且完整。环随着里面的负球晶生长而变大，但正光性保持不变，不随里面负球晶的生长而被吞食；继续降温至 181℃，没有正环的负放射球晶开始出现环状特征，178℃时环已很明显；而带正环的负放射球晶内部不出现环的特征；继续降温，带正环的负球晶变化不大，而部分原来的负放射球晶则于 146℃转变成混合光性放射球晶。这表明带正环的负放射球晶比负放射球晶本身稳定，在很宽的温度范围内可稳定存在，不会转变成其他种类的球晶。这样的球晶在尼龙 66 的熔点附近结晶时也可生成[42]。

以上几类异常光性球晶中尼龙的分子链取向与氢键面的关系、晶型与其他光性球晶是否相同，以及其晶体精细结构均正在进一步探究中。

何素芹等在研究尼龙 66 结晶时，还发现了暗负球晶和消光负球晶等（详见 7.5.1 节）。

7.4.5　彩色球晶

朱诚身等[43]在研究加成核剂时生成的 β 晶型 iPP 球晶时（图 7.19）发现，在正交偏光显微镜下观察，不加补色器时也呈现彩色，其与黑白 α 球晶的交界处内陷，说明其径向生长速率小于 α 球晶。SEM 观察发现，β 晶是由弧形片晶组成，无定形区存在于片层间，晶片结构不断发生扭曲与支化。由于片晶扭曲程度不同，晶片厚度不同，造成不同的光程差，产生干涉色，从而形成彩色图像。

(a) PLM 照片　　　　　　　　　　(b) SEM 照片

图 7.19　iPP+0.1%庚二酸生成的 β 球晶

Baranov 等[44]和 Misra 等[45]在研究聚对苯二甲酸乙二醇酯（PET）和聚对苯二甲酸丁二醇酯的结晶时，也发现了它们的异常球晶散射图形。张皓瑜等[46]也用光散射法研究了 PET 的结晶形态，在 170～195℃范围结晶时观察到了异常球晶。其散射图是散射光强在与偏振方向一致的方向上展开的图样，这应该是球晶内光轴沿着与径向成 45°左右的散射体元散射的结果。在加有一级红补色器的偏光显微镜下观察，异常球晶的黑十字消光线与正交偏振方向成 45°（正常球晶的黑十字线出现在偏振方向上），偏光显微镜的观察结果与光散射表征的结论是一致的。

7.4.6　异常光性球晶结构单元的半径不等效性

如前所述，球晶结构的特点是具有半径等效的结构单元，即球晶中沿任一半径方向结构的排列方式与任何其他半径方向都是等同的，用偏光显微镜观察时，旋转载物台球晶的消光图案不变；加一级红补色器时，球晶的颜色分布不变，如图 7.3 所示。两瓣形、不对称四瓣形和六瓣形等异常球晶具有中心非对称图案与颜色分布，预示着其结构单元的排列可能具有中心非对称，即半径不等效性。将其在偏光显微镜下进行旋转观察，发现其消光图案、颜色分布均随载物台的旋转而变化，并存在一定规律[3]。

1. 两瓣形球晶的旋转观察

两瓣形球晶在旋转观察时，呈现出三种变化情况：①两瓣形-不对称四瓣形-六瓣形变化。每隔 22.5°（π/8）发生一次消光图案与颜色分布的变化，旋转位置为 $n \cdot \pi/2$（n 为自然数，下同）时呈两瓣形，周期为 $\pi/2$；$(2n\pm1) \cdot \pi/4$ 时为六瓣形，周期也是 $\pi/2$，可见两瓣形与六瓣形相位差为 $\pi/4$，互为变化的中间状态；位置为 $(2n\pm1) \cdot \pi/8$ 时为不对称四瓣形，周期为 $\pi/4$，与两瓣形和六瓣形相位差为 $\pm\pi/8$，为两者变化的中间状态。同时球晶在旋转过程中呈现 π（180°）反对称，即在 a 位置时的照片转 π 角度与（a±π）处的图像完全重合，如图 7.20 所示。②两瓣形-不对称四瓣形变化。如图 7.21 所示的球晶，在 $(2n\pm1) \cdot \pi/8$ 处没有明显的形态变化，所以每隔 $\pi/4$ 拍照一次。其中 $n \cdot \pi/2$ 处为两瓣形图案，与图 7.20 相同，周期为 $\pi/2$；$(2n\pm1) \cdot \pi/4$ 处为不对称四瓣形图像，周期为 $\pi/2$（图 7.20 此位置为六瓣形图像）。同时球晶颜色分布的变化也是 $\pi/2$，与两瓣形图像的出现同步。③两瓣形变化。如图 7.22 所示的两瓣形球晶，在旋转一周观察时，均呈现为两瓣形球晶，只是颜色的分布每 $\pi/2$ 时变化一次。载物台逆时针方向旋转，颜色分布按顺时针方向旋转；形状按 $\pi/4$ 周期变化。由图 7.20～图 7.22 三个球晶的旋转观察可知，两瓣形球晶的消光图像与加入一级红补色器时的颜色分布，在旋转过程中均有变化，但变化规律不同，说明三者间的结构存在差异。

2. 不对称四瓣形球晶的旋转观察

如图 7.23 所示的不对称四瓣形球晶，在旋转过程中均呈现为不对称四瓣形图像，但颜色分布与球晶消光图像呈周期性变化。载物台逆时针旋转时，颜色分布按顺时针方向，每 $\pi/2$ 转一次，消光图像在旋转 $n \cdot \pi/2$ 时相似，$(2n\pm1) \cdot \pi/4$ 时也相似。

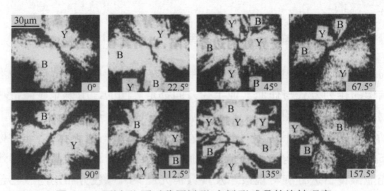

图 7.20　两瓣形-不对称四瓣形-六瓣形球晶的旋转观察

B. 蓝色；Y. 黄色（下同）

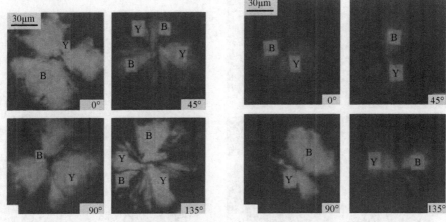

图 7.21　两瓣形-不对称四瓣形球晶的旋转观察　　　图 7.22　两瓣形球晶的旋转观察

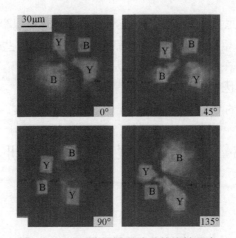

图 7.23　不对称四瓣形球晶的旋转观察

3. 六瓣形球晶的旋转观察

六瓣形球晶的旋转观察有两种情况：一是呈两种形态；二是只呈一种形态。①六瓣形-不对称四瓣形变化。如图 7.24 所示，球晶逆时针旋转时，颜色按顺时针 $\pi/2$ 变化一次，消光图像 $\pi/4$ 变化一次。$n \cdot \pi/2$ 时为六瓣形，$(2n \pm 1) \cdot \pi/4$ 时为不对称四瓣形，变化周期均为 $\pi/2$。②六瓣形变化。如图 7.25 所示，球晶旋转一周均呈现六瓣形消光图像，但颜色分布沿顺时针变化，且不呈现 180° 反对称。

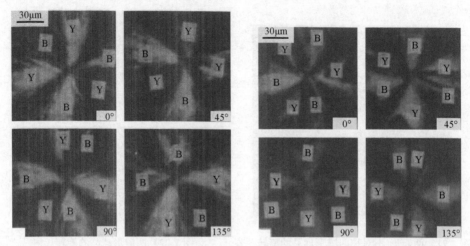

图 7.24　六瓣形-不对称四瓣形球晶的旋转观察　　　图 7.25　六瓣形球晶的旋转观察

　　上述结果表明，尼龙 1010 三类异常光性球晶在旋转观察时，消光图案和颜色分布均发生变化，有相似之处，但又不完全相同。说明这些球晶的结构可能不是半径等效的，而是存在着不对称结构，因而在旋转观察时消光图案和颜色分布才发生变化。其形成原因与结构特征尚待深入研究。

　　至于 β-iPP 球晶的半径不等效性，已由 SEM 观察证实。

7.5　一些常见聚合物的球晶形态

7.5.1　均聚物

　　对于高分子均聚物，其分子量、熔融温度和时间、冷却速率、结晶温度和时间、外界应力、杂质等因素对球晶的形貌、尺寸等均有很大影响。

1. 聚丙烯

　　田瑶珠和孙玉璞等分别研究了不同分子量聚丙烯（PP）原料在不同环境条件下形成的球晶[47,48]。他们发现 PP 的分子量分布、成核剂与非成核剂、冷却速率、熔融温度和不同的应力状况均对 PP 球晶的形貌有很大影响。当分子量分布变宽时，高低分子量组分间相互作用增加，且由于其结晶速率不同，低分子量组分先结晶并限制了球晶的成长，因此分子量分布越宽其球晶尺寸越小。当球晶较小时呈球形，晶体长大后失去球状外形。成核剂如山梨醇可以起异相成核细化晶粒的作用，进而明显降低 PP 的球晶尺寸，而加入非成核剂硬脂酸锌的 PP，其球晶尺寸比纯 PP 还略大。在烘箱内缓慢冷却的 PP，其分子构象有充分的调整时间，因此结晶更完善，球晶尺寸较大。与此相比，快速冷却的样品，随着冷却速率的加快，成核速率增加，晶核数增大，但球晶生长时间减小，球晶生长不完全，形成较小的晶粒。除此之外，不同的熔融温度对球晶的形貌也有较大影响。较低的温度下原 PP 晶粒融化不够充分，残留的细小晶粒可以起到成核剂的作用生成较小的球晶；较高的熔融温度下原球晶完全融化，在缓慢冷却后形成较大的球晶。外力对球晶的形貌也有明显影响，PP 结晶时对其施加压向应力，其结晶会受到约束，生成较为细小的球晶；而对 PP 施加低剪切应力后，能观察到类似串晶的结晶出现。

文献报道，PP 通常情况下在结晶温度低于 134℃时形成正光性球晶，高于 137℃时形成负光性球晶，介于两者之间的温度范围内则形成混合光性球晶。图 7.26 是通过分步结晶获得的具有不同光性的 PP 球晶的偏光显微镜照片，球晶的中心部分为正光性球晶，而外围部分则是负光性球晶。研究表明 PP 的正光性球晶和混合光性球晶起源于其交叉结构中

图 7.26　分步结晶 PP 球晶的偏光显微镜照片

的切向取向片晶。在明确了正、负光性球晶的特定结构特点后，球晶的光性研究可用于确定聚合物球晶中分子链的堆砌方式[49,50]。

Cong 等[51]以等规聚丙烯（iPP）为模型体系，利用微聚焦 X 射线衍射确定了生长中球晶的真实边界，又利用显微红外成像研究了生长前端的分子有序行为。结果显示在晶体生长前端，存在构象有序链段，偏振红外成像进一步证明构象有序链段存在取向有序的特点，基于此发现了晶体生长前端存在预有序。球晶的生长包含两种晶体生长前端，一种是撑起球晶框架的主要片晶的生长前端，另一种是框架内填充过程的附属片晶的生长前端，两种前端均存在预有序行为。

朱诚身等用多种方法研究了 iPP 的结晶过程和球晶形态[43,52-55]，用 SEM 研究了 iPP 的 α 和 β 球晶，如图 7.27 和图 7.28 所示。图 7.27 的 α 晶 iPP 是典型的放射状球晶，其无定形区集中在球晶之间的边界区，彼此之间联系很少，为一个个孤立的球晶，球晶中心存在着很厉害的应力开裂；图 7.28 的 β 晶 iPP 与 α 晶明显不同，β 晶是由弧形层片状晶所组成，其内部排列较 α 晶 iPP 疏松得多，无定形区存在于各层之间，即存在于球晶内部，边界之间有一定联系，不像 α 球晶那样各自分开，从图（a）可看出，β 晶有几种图像，有的球晶是绕一个中心螺旋状生长开，有的像中间切开的包心菜，还有的像双曲线形散开，从图（b）可看到 β 晶边缘内部也有层片状，图（c）和图（d）是在更高放大倍数下的观察，图（c）晶片呈弧形生长，又不断支化，层片结构不断发生扭曲，而图（d）很像一朵花，晶片绕一个中心向外排列。

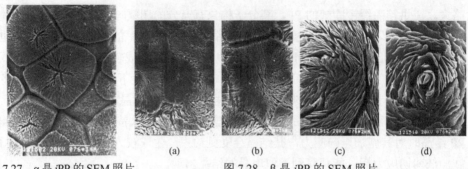

图 7.27　α 晶 *i*PP 的 SEM 照片　　　　　图 7.28　β 晶 *i*PP 的 SEM 照片

2. 尼龙 1010

朱诚身等详细研究了尼龙 1010 在不同条件下的球晶形态，不同的结晶温度可以获得不同类型的球晶[19,40,56,57]。当尼龙 1010 在熔点（203℃）以下至 195℃结晶时，主要获得正放射状球晶；在熔点附近或高于熔点时结晶，主要得到负放射状球晶；在 180～205℃范围内等温结晶，获得混合光性放射状球晶；并且在此条件下，加补色器能观察到部分六瓣形放射状球晶和不对称四瓣形放射状球晶；在 180～195℃范围内等温结晶，加一级补色器还能观察到两瓣形放射状球晶；181℃以下结晶，尼龙1010 能生成正环状球晶。这些球晶在不同条件下可以相互转化[58]，尼龙 1010 的不同球晶可以在升温或者降温过程中相互转化（图 7.29 和表 7.1 给出了尼龙 1010 球晶的生成条件、形态及转化等），这部分解释了尼龙 1010 热分析曲线上多重融化现象[59,60]。

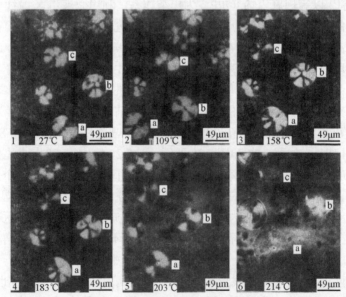

图 7.29　多种球晶共存时尼龙 1010 升温过程球晶转化的偏光显微镜照片

a，b，c 指图中的三个球晶

表 7.1　尼龙 1010 球晶的生成条件、形态特征、转化与熔融[61]

球晶种类	形态特征	生成条件（℃）	转化		T_m（℃）
			降温	升温	
正放	正常球晶：黑十字与偏光方向平行	$T_m \sim 195$	181℃→正环	158℃→六瓣放	203
	变态球晶：黑十字与偏光方向交 45°			190℃→负放，六瓣放	
负放	暗球晶：双折射小，规整	$T_m \pm 3$	181℃→负环		204～210 205～210
	亮球晶：双折射大，晶片扭曲	$T_m \pm 3$			
	带正环球晶：中间负放，几个负环，最外一个正环	>205			
混放	加一级红补色器（FRP），分不清正、负，球晶有暗、亮两种	185～205	181℃→大部分成正环、小部分混环	185℃→负放 109℃→两瓣放	202～205
六瓣放	加 FRP，呈现黄-蓝交替六瓣	185～205		203℃→负放	
不对称四瓣放	加 FRP，一半黄（蓝），另一半蓝-黄-蓝（黄-蓝-黄）	185～205			
两瓣放	加 FRP，一半黄，另一半蓝	185～205	两瓣 $\overset{183℃}{\underset{178℃}{\rightleftharpoons}}$ 负放		
正环	黑十字明显 黑十字不明显	<181℃，或正、混放降温而成	182℃→正放，由混放降温而成的仍变为混放		182
负环	环间距较小	由负放降温而成	182℃→负放		
	环间距较大	由环状升温至 214℃生成			216
混合环	无明显正、负光性，环明显	混放降温生成	158℃→六瓣环		
不对称四瓣环	加 FRP，一半黄，一半蓝-黄-蓝	正环升温生成	214℃→负环		
六瓣环	加 FRP，黄-蓝交替六瓣	混环升温生成	214℃→负环		

注：尼龙 1010 样品的原始熔点 203℃；表中"环""放射"指环状与放射状球晶；正、负、混为正、负、混合光性。

3. 尼龙 66

在 20 世纪 50 年代左右已经有不少人研究过尼龙 66 的结晶形态[61-65]。熔融状态的尼龙 66 缓慢冷却时，在 235～245℃急剧冷却生成球晶，有半径方向优先取向的正球晶和切线方向上优先取向的负球晶。通常为正球晶，但在 250～265℃加热熔融结晶时生成负球晶。Boassan 和 Woestenenk[61]报道了尼龙 66 在 258～265℃之间熔融，迅速冷却至-20℃时的结晶形态。Lindegren[64]报道了尼龙 66 不同球晶的生长速率。Mann 等[65]用 X 射线衍射方法研究了尼龙 66 球晶内的取向问题。

何素芹等讨论了熔融温度、熔融时间、冷却方式、结晶时间及结晶温度对尼龙 66 球晶形态和大小的影响，并发现了未曾报道的几种新球晶形态[42]。DSC 测定尼龙 66 样品的熔点是 264℃。在 275～195℃熔融 6min 后空气冷却，均能生成正球晶。样品在 280℃熔融不同时间后迅速放置空气中快速冷却得到多种球晶形态，如图 7.30 所示。把尼龙 66 熔融后随炉缓慢冷却时，还会生成环状正球晶、暗负球晶、消光负球晶和带三层消光环的负球晶，如图 7.31 所示。在较低温度等温结晶时主要形成正放射状球晶；在接近熔点等温结晶时主要形成负放射状球晶。

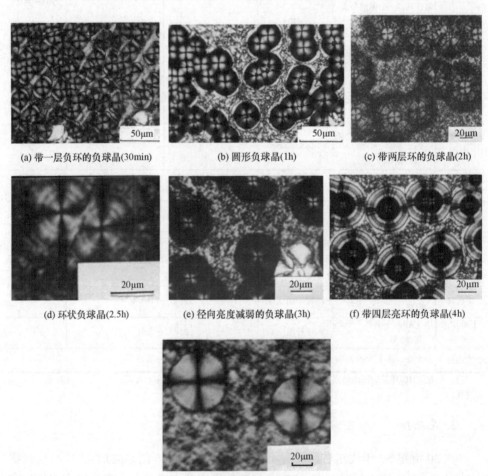

(a) 带一层负环的负球晶(30min)　　(b) 圆形负球晶(1h)　　(c) 带两层环的负球晶(2h)

(d) 环状负球晶(2.5h)　　(e) 径向亮度减弱的负球晶(3h)　　(f) 带四层亮环的负球晶(4h)

(g) 亮度均一的负球晶(7h)

图 7.30　尼龙 66 在 280℃熔融不同时间后空气冷却得到的球晶形态（PLM 照片）

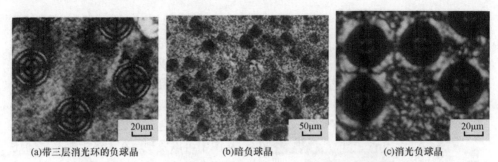

(a)带三层消光环的负球晶　　　　　　　(b)暗负球晶　　　　　　　　(c)消光负球晶

图 7.31　尼龙 66 熔融后随炉冷却后得到的球晶形态（PLM 照片）

4. 间规聚苯乙烯[66]

将间规聚苯乙烯（sPS）样品置于载玻片上在 305℃热台上加热并保持 5min 至完全熔融，迅速移至另一预定温度的结晶炉上，恒温 20min 后取出在空气中冷却。根据偏光显微镜观察的 sPS 球晶形态及光性，有正光性羽毛状球晶、混合光性羽毛状球晶、螺旋状球晶、串晶、混合光性四瓣球晶、八瓣球晶、放射状正球晶和负球晶八种类型。

1）羽毛状球晶

sPS 在 220～230℃的较低温度范围内，可得到正光性羽毛状球晶，如图 7.32 所示。其双折射比较明显，但没有明显的黑十字消光，从球晶中心向周围呈羽毛状发散，整个球晶没有明显的边界，可清晰看到晶片沿晶核向四周的分叉生长，长成的各晶束绕晶核排列松散，是不完善和不成熟的球晶。图 7.33 为 225℃等温结晶时处于不同生长阶段的正光性羽毛状球晶。由图可以看出此类球晶中晶束沿晶核的松散排列与一般球晶生长阶段的小角度分叉明显不同。究其原因，可能是 sPS 熔体在此温度下流动性太差，而且又是 α、β 两种晶型结晶的混合物，过短和结构不规整链在生长的晶片附近浓集，使相邻生长晶片分叉，造成形成的晶束沿晶核排列疏散。

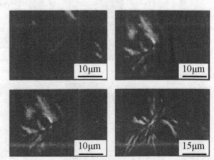

图 7.32　225℃熔体结晶所得正光性羽毛状球晶　图 7.33　不同生长阶段的正光性羽毛状球晶

随结晶温度升高，在 230℃以上形成的羽毛状球晶不再为明显的正光性，而是混合光性羽毛状球晶，加一级红补色器时，各象限黄蓝优势不明显。

2）螺旋状球晶

图 7.34　230℃形成的带螺旋消光环的四瓣球晶

在较低结晶温度（225～230℃）下，sPS 还可生成双折射十分明显且带螺旋消光环的螺旋晶，如图 7.34 所示，可看到各球晶螺旋消光环的螺距大致相等，加一级红补色器观察发现其光性为正。从图中可以发现，在大量螺旋晶之间还无规分布着一些正光性羽毛状球晶，且两种球晶大小相近，这说明两种球晶的生长是相互独立的，且生长速率大致相等。二者可能各自对应于 sPS 的不同晶型（α 或 β），也可能是在分子链规整度较高和分子链分布窄的地方生成双折射明显、结构规整的螺旋晶，而在短分子链及结构不规整链浓集处生成结构疏散的羽毛状球晶。

3）放射状八瓣球晶

sPS 在较高温度（240℃～T_m）下结晶，大量形成的是放射状八瓣球晶，即黑色消光臂把球晶分成八瓣，其中四瓣大四瓣小，瓣间界限规整清晰，加一级红补色器时八瓣为黄-蓝-黄-蓝交替，如图 7.35 所示。根据各瓣大小及黄蓝分布，可将八瓣球晶分为如图 7.36 所示的四种类型，观察到各类型随机出现，在八瓣球晶中比例大致相等。旋转载物台对同一个八瓣球晶进行观察（图 7.35），得到八瓣球晶具有半径不等效性。之所以出现各瓣大小及黄蓝分布的不同，是由于各球晶相对于偏振光处于不同的角度，图 7.36 所示的各类八瓣球晶实际上是八瓣球晶处在不同角度时所致。四个象限虽然多有黄蓝两瓣，但总的来说总是在一、三象限蓝瓣所占比例大，二、四象限黄瓣所占比例大，据此推测八瓣球晶可能与四瓣正球晶存在某种联系，可能是成核及生长初期结构相同，在生长过程中某个中间步骤晶片排列出现差异导致形成不同的球晶形态。

图 7.35　sPS 八瓣球晶的旋转观察
(a) 0°；(b) 45°；(c) 90°；(d) 135°；(e) 180°

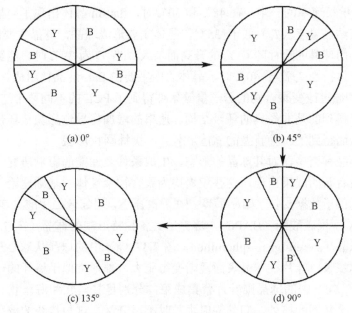

图 7.36　sPS 四种八瓣球晶的示意图

B. 蓝色；Y. 黄色

5. 聚己内酯

聚己内酯（PCL）是一种可完全生物降解的高分子，并且具有良好的生物相容性，是研究高分子结晶与熔融的一类重要的模型聚合物[67-70]。Heck 等用小角 X 射线散射、DSC 研究了 PCL 的结晶温度、熔点和片晶厚度之间的关系，并用 AFM 研究了结晶熔融过程中晶体形态的变化：在低于 40℃下结晶后经过等温形成的片晶厚度大致都为 7nm，而超过 40℃下结晶时，片晶厚度、熔点随结晶温度的升高而升高。

孔祥明等[71]和王震等[72]制备了不同厚度的 PCL 薄膜，通过 AFM 和偏光衰减全反射傅里叶变换红外光谱（ATR-FTIR）研究了样品的结晶形貌、片晶生长方式及分子链取向。结果表明：在 200nm 或更厚的薄膜中，PCL 主要以侧立（edge-on）片晶的方式生长；对于厚度小于 200nm 的薄膜，PCL 片晶更倾向于以平躺（flat-on）的方式生长。这种片晶生长方式的改变在硅片和铝箔基板上都表现出同样的倾向。此外在 15nm 或更薄的薄膜中，PCL 结晶由通常的球晶结构变为树枝状晶体。

于翔等[4]利用 AFM 实时观测了 PCL 在不同温度等温结晶的结晶形态。等温结晶过程中，晶体有特定的择优取向：首先形成的都是 edge-on 晶体，而后转为 flat-on 晶体的生长；PCL 结晶初期主要由初始核控制，当初始核生成后，晶体生长速率逐渐加快，主要受诱导核控制，由诱导核引起的子片晶生长速率为母片晶（由初始核生长）生长速率的一半，在 48℃和 50℃时，flat-on 晶体出现了明显的螺旋位错现象。当结晶温度（T_c）低于 35℃，晶体主要形成球晶，球晶主要由 edge-on晶体组成，而球晶的尺寸随着 T_c 的升高而增大；当 T_c 为 39℃时，能够形成规则的菱形状晶体；当 T_c 高于 40℃时，晶体表面主要由 flat-on 晶体组成。

　　Li 等[73]通过改变聚合物的分子量等条件得到了 PCL 的不同环带结构，其中较慢生长速率得到的是非经典的环带结构，速率的增加将导致形貌从环带向非环带的转变，从而得到了一种新型的晶体形貌——蜘蛛网状形貌。

　　聚合物品种繁多，对其球晶的形态、生成条件及性能的影响研究一直在进行着，也不断有新的成果出现，这些积累均为聚合物聚集体的基础理论、结构与性能的关系提供了数据支持。如吕军等[74]在静高压下，用邻苯二甲酸二辛酯（DOP）增塑双酚 A 型聚碳酸酯（BAPC），培养出具备独特形貌的球晶（图 7.37），称为立体开放球晶（stereo-open spherulite）。图 7.37（a）中的球晶从球心开始向外呈放射状对称生长，叶片往球晶表面逐渐变得肥大，外形类似于盛开的牡丹；而图7.37（b）和（c）中的球晶则叶片聚集成束，分别呈甘蓝状和海草状。所有这类晶体除了一个共同的核外，向外辐射生长时不再分叉，这与传统的球晶形态有典型的区别。

　　　　(a)　　　　　　　　　　　(b)　　　　　　　　　　　(c)

图 7.37　BAPC/DOP 共混体系的立体开放球晶 SEM 照片（300MPa，290℃，24h）

7.5.2　共混聚合物

　　对聚合物共混体系的结晶行为和结晶形态已有很多研究，有相容共混体系和不相容共混体系。前面也提到，在高分子共混体系中结晶高分子容易形成环带球晶。

　　很多学者对 PCL 共混体系的结晶形态进行了大量研究[75-82]。李巍等[83]研究了PCL/SAN 共混体系中 SAN 对 PCL 结晶形态的影响，共混物中 PCL 的结晶度随SAN 含量的增加而下降，观察到 PCL 组分以球晶形式存在，随着 SAN 含量的增加，PCL 球晶半径减小，球晶结构逐渐变得不规整。不同组成的共混物中 PCL 的晶胞参数没有改变，说明 SAN 没有进入到 PCL 的晶胞内，PCL 片晶之间的距离随着 SAN 含量的增加而增大。多项研究发现相容共混物中结晶组分球晶增长速率下降，即非晶组分聚合物将使结晶组分的球晶生长动力学受到抑制，其原因可能是：由于 T_g 升高导致分子链运动能力降低；结晶生长前沿的结晶组分浓度下降；增长的球晶前沿与非晶组分向层间和纤维间扩散存在竞争[84]。李桂娟等[85]在研究 PTT/PET 共混体系的晶体形态时，也发现相似的规律。PTT 的加入使球晶尺寸减小，球晶完善性差，边界模糊。

　　研究发现当在 PCL 中加入一定量的与它相容的非晶组分后，在合适的结晶条件下结晶很容易形成规整的环带球晶。马德柱等[86]总结了 PCL 共混体系中环带球晶结晶行为的变化，认为组分间一定的相容性往往更有利于环带球晶的形成，在结晶条件下第二组分呈现为非晶性是形成环带球晶的必要条件之一，并且结晶聚合物的结晶速率和非晶组分的扩散速率要相匹配，匹配性越好，越容易形成环带球晶，而且环带更清晰规整。他们在研究 PCL 与乙基纤维素（EC）的共混体系时发现，在 PCL 中加入与其有较低混溶性的非晶组分 EC 可以明显影响其环带球晶的生长。这说明良好的相容性和强的分子间相互作用并非是二元共混体系中 PCL 环带球晶的必要因素。邱丽美等[87]发现，PCL 与 PVC 以一定比例混合时，可以形成环带球晶。体系分为结晶 PCL 相和 PCL / PVC 非晶混溶相。其中 PCL 在球晶表面富集而 PVC 在球晶边界富集。

　　范泽夫等在用 AFM 研究 PCL/PVC 共混体系形成的环带球晶的表面形态和片晶结构时，发现 PCL/PVC 环带球晶的表面由周期性高低起伏的环状结构组成[88]。其凸凹起伏的周期与球晶在偏光显微镜下明暗交替的周期相对应，片晶在凹下环带区域的排列主要是 flat-on 取向，而凸起环带区域的片晶排列主要是 edge-on 取向。

　　对聚（3-羟基丁酸酯）（PHB）及聚（3-羟基丁酸酯-co-3-羟基戊酸酯）（PHBV）共混体系的结晶行为和结晶球晶形态进行了广泛的研究。杨建等[89]研究了不相容 PHBV/PS、PHBV/PMMA 结晶/非晶共混体系在不同共混比例、不同结晶温度下的结晶行为。结果发现当 PHBV 含量为 75%（质量分数）时，共混体系仍然和纯 PHBV 一样生成环带球晶，只是球晶更小、环带结构模糊；当 PHBV 含量为 50%（质量分数）时，共混体系在略低于非晶组分玻璃化转变温度时呈现花瓣状的球晶形貌；当 PHBV 含量为 25%（质量分数）时，PHBV/PS 体系出现不规则的晶体形貌（图 7.38），而 PHBV/PMMA 体系在偏光显微镜下没有观察到晶体。在此不相容共混体系中，非晶组分的分散状态以及共混比例对共混体系中 PHBV 环带球晶的形成起到决定性的作用，而非晶组分对 PHBV 球晶的片晶前端生长的影响是形成花瓣状球晶的主要原因。

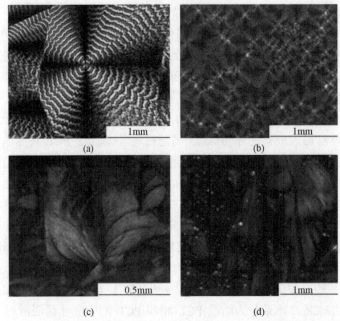

图 7.38 PHBV 及 PHBV/PS 共混体系在 90℃结晶的偏光显微镜照片
(a) PHBV；(b) 75%PHBV；(c) 50%PHBV；(d) 25%PHBV

　　一般情况下，伸展链和球晶这两种晶体都是分别存在的。而在研究 PET／聚碳酸酯（PC）共混体系高压结晶行为时，吕军等[90]发现在高压结晶形成的伸展链晶体内部有笋状球晶生成（图 7.39）。这说明高压条件下球晶可以生长于伸展链晶体的内部。

图 7.39　PET/PC 共混体系的结晶形态（SEM 照片）

　　吴宁晶[91]用偏光显微镜研究了 PP/PC 不相容聚合物共混体系和 PP/PC/PP-g-GMA 增容共混体系的结晶形态。纯 PP 球晶结晶完整，球晶平均尺寸在 200μm 以上。加入 PC 后，结晶过程中 PC 的存在使 PP 分子链的排列发生扭曲，球晶的轴向发生变化，最终导致 PP 球晶结晶不规则，而且尺寸变小，并且出现很多不规则的非结晶区域，即分散相 PC。增容共混体系中，增溶剂 PP-g-GMA 起到成核剂作用，促进 PP 结晶的异相成核，有效晶核密度增加，PP 的球晶尺寸较小。他和杨鹏对 PP/PMMA/PP-g-MAH 共混物结晶形态的研究，也呈现相似的规律[92]。

7.5.3　嵌段共聚物

嵌段共聚物的结晶行为和结晶形态受共聚物的组分、各自比例、嵌段类型、结晶条件等控制。近年来，人们对于 PCL 嵌段共聚物的结晶行为和结晶形态等进行了较多研究。如 Nojima 等[93-101]研究了 PCL-b-PB、PCL-b-PS、PCL-b-PE，Bogdanov 等[102]研究了 PCL-b-PEO，Hamley 等[103,104]研究了 PCL-b-PPDO、PCL-b-PLA，Liu 等[105]研究了 PCL/PHBV 在不同结晶温度下球晶生长速率及结晶形态的变化等。Li 等[106-108]研究了 PEO-b-PCL 嵌段共聚物在高压 CO_2 中的结晶形貌，在 20℃结晶时，常压下形成放射状球晶，4MPa 的高压 CO_2 中形成环带球晶，亮环和暗环交替出现（图 7.40）。环带宽窄和球晶大小随 CO_2 压力高低的变化而变化，并影响结晶度、片晶厚度及熔点。

图 7.40　PEO-b-PCL 球晶的正交偏光显微镜照片（20℃）
（a）常压空气；（b）4MPa 下 CO_2

嵌段共聚物在一定条件下形成环带球晶。在研究聚乙二醇（PEG）-聚（L-丙交酯）(PLLA)嵌段共聚物结晶形貌时，孙敬茹等发现 PEG-b-PLLA 嵌段共聚物在 110℃下等温结晶呈现明显的环带，并具有交替凹凸起伏形貌[109,110]。AFM 结果表明，产生周期性凸凹起伏和明暗交替消光是由片晶沿着球晶的半径方向周期性扭转造成的。片晶在凸起部分是 edge-on 取向，在凹下部分是 flat-on 取向。PLLA 嵌段先在110℃下结晶，而 PEG 嵌段稍后在样品降温到室温附近时结晶。其中，PEG 嵌段在PLLA 嵌段的结晶过程中起溶剂或者稀释剂的作用，有利于 PLLA 分子链的运动，因此能形成比较完善的 PLLA 结晶结构。此外，当温度降低到 PEG 的结晶温度时，PEG 发生后续结晶，填补了 PLLA 结晶留下的空间。Jiang 等在研究 PEO-b-PCL 嵌段共聚物的结晶形态时发现，由于 PEO 的存在，嵌段共聚物也呈环带球晶形状[111]。

7.5.4　高分子薄膜和超薄膜

随着近年来高分子薄膜和超薄膜材料在电子和信息等领域的应用，其结晶形态的研究成为了聚合物结晶研究的热点之一。对于厚度在 100~1000nm 的纳米级薄膜和厚度小于 100nm 的超薄膜，由于受限的空间效应，其结晶动力学与本体结晶截然不同，往往有非常独特的结晶行为和形貌。

Frank 等在研究聚（二正己基硅烷）薄膜的结晶时发现，当厚度低于 100nm 时，薄膜结晶速率与结晶度均会随着厚度的降低而降低，当厚度低于 15nm 时薄膜不结晶[112]。在聚氧化乙烯[113]、等规聚丙烯[114]和聚己内酯[115]等薄膜的研究中也发现了类似的现象。但并非对所有体系都能观察到一个临界厚度，当薄膜低于这个厚度时薄膜不结晶。例如聚己内酯薄膜在 6nm [116]、聚氧化乙烯薄膜在 14nm[115]、聚乙烯薄膜在 10nm 时仍能结晶。除了结晶度与结晶速率，结晶的形貌也受薄膜厚度的影响。在超薄膜中，flat-on 的片晶更容易形成，尤其是当薄膜厚度在 20～30nm 时。典型的 5～40nm 等规聚苯乙烯薄膜结晶形态如图 7.41 所示[116]。210℃时能观察到六边形的形态，这与溶液法得到的单晶一致；195℃时六边形形貌变成树枝状；190℃时树枝状晶体开始表现出一些偏斜晶体形貌但仍保持六重对称。随着薄膜厚度的增加，当薄膜厚度达到 100～300nm 时，edge-on 片晶开始出现[117,118]。起初有研究认为对于薄膜，flat-on 与 edge-on 片晶的结晶速率是相同的[119]。然而最近的研究表明 flat-on 片晶的结晶速率明显快于 edge-on 片晶，其成核速率也更快些[119-121]。

图 7.41　等规聚苯乙烯超薄膜在不同温度、厚度下结晶的 AFM 图[117]

显然，以上高分子超薄膜的结晶行为和形态与基板的性质以及聚合物-基板相互作用有很大的关系。动态蒙特卡罗模拟表明，光滑的基板不影响超薄膜的结晶速率，但黏性的基板对其有明显影响，主要导致 flat-on 片晶的形成。计算结果表明，edge-on 区域由基板附近的晶体成核支配，而 flat-on 区域与抑制 edge-on 晶体的成长以及强烈的晶体增厚阻碍有关[121]。例如尼龙 6 的 α 晶型[122]，当薄膜厚度为 20～5000nm 时，在亲水性基板上以 edge-on 取向。作为对比在疏水基板上，如镀了一层碳的云母片上，在约 50nm 处有 edge-on 至 flat-on 片晶的转变。更详细的关于聚合物-基板相互作用对薄膜以及超薄膜的影响见文献[123]。

对于高分子共混物的薄膜，由于另外一相聚合物的存在，其结晶行为与形态也有所不同。高分子共混物分相容与不相容两种。相容高分子共混物因为两个高分子在任意浓度下互溶，为单纯的一相，并且只表现出一个玻璃化转变温度；而对于高分子共混物中更常见的不相容体系，A 和 B 不能混合因此会出现相分离，每一相有不同的玻璃化转变温度，而每一相的大小与两相的相互作用以及样品制备方法有关。

对于较厚的相容共混材料薄膜，大量研究结果表明，当两者熔点相差较多时，通过两步结晶过程，低熔点的一相夹在高熔点一相的片晶当中结晶，例如 PBS 与 PBA[124]、PBS 与 PVDF[125]以及 PBS 与 PEO 等体系[126]。如图 7.42 所示，可以观察到由于共混物组成以及结晶条件的不同，PBA 被夹在 PBS 的片层、微纤以及球晶等不同区域。最终结果取决于晶体生长速率与传输（扩散）速率之间的相互影响。图 7.42（a）显示球晶排斥图，图 7.42（b）显示球晶排斥与层间排斥的混合，图 7.42（c）为三种排斥的混合，图 7.42（d）为片层内分布，图 7.42（e）为片层与微纤排斥的混合。所有这些情况均获得了实验的确定。

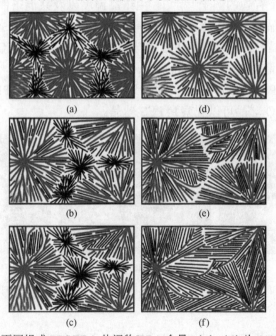

图 7.42 不同温度、不同组成 PBS/PBA 共混物[PBA 含量：（a）、（d）为 20%，（b）、（e）为 50%，（c）、（f）为 80%]相分离示意图，其中灰线表示 PBS，黑线表示 PBA。（a）、（b）和（c）为先在 100℃使 PBS 结晶再淬火至低温使 PBA 结晶；而（d）、（e）和（f）为使 PBS 在 75℃结晶[125]

　　PBS/PEO 相容共混体系的结晶行为非常有趣。高温度组分如预期的首先结晶，形成较大的广区域球晶。而 PEO 组分被限制在 PBS 的微纤区域内[127]。PEO 组分如预想的接着结晶，如图 7.43 所示，PEO 在 PBS 球晶内形成完善的球晶。这表明 PBS 的结晶度可能较低，球晶内存在较多非晶部分，而 PEO 可以在这些非晶部分成核并生长成球晶。

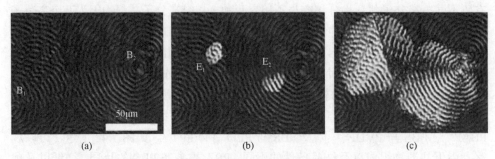

(a)　　　　　　　　　　　　(b)　　　　　　　　　　　　(c)

图 7.43　含 80%PEO 的 PBS/PEO 共混物的结晶过程图（样品厚度约 10nm）[127]

(a) 80℃下 PBS 环带球晶的形成（B₁ 和 B₂）；(b) 48℃下 PEO 球晶（E₁ 和 E₂）在 B₁ 和 B₂ 内的成核；(c) 球晶 E₁ 和 E₂ 在 B₁ 和 B₂ 内的生长

　　当相容两相的熔点相差较小时，两者可以同时结晶形成互穿球晶。PES 与 PEO 的共混体系是一个有趣的例子[128,129]。由结晶温度以及共混条件的不同，PES 和 PEO 可以同时结晶并重叠，形成互穿球晶；有趣的是在不同的条件下，PES 可能首先结晶形成球晶，PEO 球晶在 PES 的球晶中心成核。由于 PEO 结晶速率比 PES 快，最终 PEO 球晶超过 PES 球晶的生长前沿。如图 7.44 所示，起初只有 PES 球晶。随后可以在 PES 球晶的中心处观察到 PEO 球晶。最后，PEO 球晶填满了整个空间，透过 PEO 球晶可以观察到 PES 球晶。

(a)　　　　　　　　　　　　(b)　　　　　　　　　　　　(c)

图 7.44　PES/PEO（50/50）共混物在 42.5℃下结晶的共混球晶[129]

结晶时间：(a) 310s，(b) 335s，(c) 390s

　　而对于不相容共混物超薄膜，由于存在相分离的可能使得体系的结晶变得更加复杂。在不同条件下往往表现出不寻常的形貌。以 PCL/PVC 体系[130]为例，纯

PCL 会在 20～120nm 厚度范围缓慢结晶成截角菱形单晶。而如图 7.45 所示，PCL/PVC 共混薄膜也能得到单晶，电子衍射图说明其为 flat-on 晶体，但结晶形状被扭曲使得（100）和（110）的生长面变得不可辨认。PVC 的含量越大扭曲越严重。结果表明，链的倾斜导致了相对侧片晶压缩和扩张的应力，从而产生轻微的弯曲力矩，进而引起了片晶的重新取向。

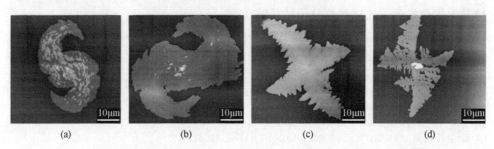

图 7.45　PCL/PVC（60/40）共混薄膜在 45℃下结晶的 AFM 形貌图[130]

薄膜厚度：（a）60nm，（b）30nm，（c）15nm，（d）10nm

　　类似的现象也能从 PLLA 和 PDLA 共混薄膜中观察到。当 PLLA/PDLA 从 20～50nm 的超薄膜结晶时能获得单晶[131]：组成 50/50 时成六边形，25/75 和 75/25 时成三角形，如图 7.46 所示。薄膜厚度为 20nm 时，单晶为树枝状，这与 50nm 时的形貌不同。更有趣的是，三角形树枝状晶体的分支呈现曲率，并且其弯曲方向是通过哪种聚合物过量而决定的。若 PDLA 过量为顺时针方向，若 PLLA 过量则为逆时针方向。这种行为与晶体前端出现的机械应力有关，该应力通过生长方向的曲率释放。

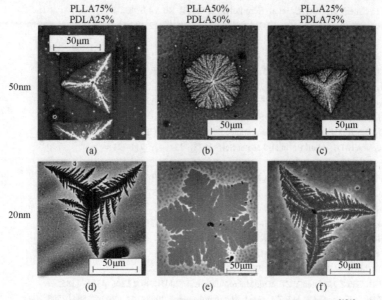

图 7.46　不同 PLLA/PDLA 薄膜在 200℃结晶的光学显微镜图[131]

　　经过多年来众多学者不懈的研究，对于聚合物球晶的认识在不断深入，但是仍有很多问题没有解决。如外力场对球晶的影响、共聚或共混组成对环带球晶生长的影响、片晶扭转对结晶速率、片晶熔点以及材料性能的影响等。为了解决这些问题，需要发展和借用新的表征手段多尺度地进行形貌观察和结构测定，以分子模拟或者连续介质力学为桥梁，建立微观结构和宏观形态间的关系，最终揭示球晶的结晶机理并加深对高分子结晶的理解。

参 考 文 献

[1] 周恩乐，金桂萍，林云青，等.高分子通报，1983，(4)：281-288.

[2] 何平笙，朱平平，杨海洋. 化学通报，2003，(3)：210-212.

[3] 朱诚身，王经武，杨桂萍，等. 高分子学报，1996，(4)：410-415.

[4] 于翔. 博士学位论文，郑州：郑州大学，2010.

[5] 罗艳红，姜勇，雷玉国，等. 科学通报，2002，47 (15)：1121-1125.

[6] Li L，Chan C M，Yeung K L，et al. Macromolecules，2001，34：316-325.

[7] 王曦，刘朋生，姜勇，等. 高分子学报，2003，(5)：761-764.

[8] Keller A. J Polym Sci，1955，17 (84)：291-308.

[9] Keller A. J Polym Sci，1959，39 (135)：151-173.

[10] Janimak J J，Markey L，Stevens G C. Polymer，2001，42：4675-4685.

[11] Sasaki S，Sasaki Y，Takahara A，et al. Polymer，2002，43 (12)：3441-3446.

[12] Trifonova D，Drouillon P，Ghanem A，et al. J Appl Polym Sci，1997，66 (3)：515-523.

[13] Phillips P J，Rensch G J，Taulor K D. J Polym Sci，Polym Phys Ed，1987，25 (8)：1725-1740.

[14] Keith H D，Padden F J，Russell T P. Macromolecules，1989，22 (2)：666-675.

[15] Woo E M，Mandal T K，Lee S C. Colloid Polym Sci，2000，278 (11)：1032-1042.

[16] 徐军，郭宝华，张增民，等. 高等学校化学学报，2002，23 (6)：1216-1218.

[17] 刘美华，王静，杨传民，等. 农业机械学报，2006，37 (8)：15-19.

[18] Xue M L，Sheng J，Yu Y L，et al. Euro Polym J，2004，40 (4)：811-818.

[19] 朱诚身，李修道，李华光，等. 高等学校化学学报，1991，12 (12)：1677-1680.

[20] Ren M Q，Mo Z S. Polymer，2004，45 (10)：3511-3518.

[21] Morra B S，Stein R S. J Polym Sci，Polym Phys，1982，20 (12)：2243-2259.

[22] Cheng T L，Su A C. Polymer，1995，36 (1)：73-80.

[23] 张志毅，曾汉民. 高分子学报，1991，(4)：409-414.

[24] 张瑞斌，刘西奎，刘向阳，等. 高分子通报，2009，(1)：1-13.

[25] Keith H D，Padden F J. Polymer，1984，25 (1)：28-42.

[26] Ye H M，Xu J，Guo B H，et al. Macromolecules，2008，42 (3)：694-701.

[27] Low A，Vesely D，Allan P，et al. J Mater Sci，1978，13 (4)：711-721.

[28] Schultz J M，Kinloch D R. Polymer，1969，10：271-278.

[29] Bassett D C，Olley R H，Raheil I A M A I. Polymer，1988，29 (10)：1745-1754.

[30] Xu J，Guo B H，Zhang Z M，et al. Macromolecules，2004，37 (11)：4118-4123.

[31] 张雪勤，杨琥，王治流，等. 高分子通报，2006，(2)：1-8.

[32] Keith H D，Padden F J. J Polym Sci，1959，39 (135)：123-138.

[33] Keith H D，Padden F J. J Appl Phys，1963，34：2409-2421.

[34] Okabe Y，Kyu T，Saito H，et al. Macromolecules，1998，31 (17)：5823-5829.

[35] Kyu T，Chiu H W. Phys Rev Lett，1999，83 (14)：2749-2752.

[36] Wang Z B，Hu Z J，Chen Y Z，et al. Macromolecules，2007，40 (12)：4381-4385.

[37] Wang Z B，Alfonso G C，H u Z J，et al. Macromolecules，2008，41 (20)：7584-7595.

[38] Lotz B，Cheng S Z D. Polymer，2005，46（3）：577-610.

[39] 徐军，叶海木，刘津，等. 高分子通报，2011，（4）：144-155.

[40] 朱诚身，李修道，王经武，等. 高分子材料科学与工程，1992，（3）：61-64.

[41] 殷敬华，莫志深. 现代高分子物理学. 北京：科学出版社，2001.

[42] 何素芹，吕励耘，朱诚身，等. 高分子材料科学与工程，2005，21（2）：177-180.

[43] 潘鉴元，朱诚身，杨始堃，等. 高分子学报，1987，（6）：432-435.

[44] Baranov V G，Kenarov A V，Voikov T I. J Polym Sci，1970，C30（1）：271-281.

[45] Stein R S，Misra A. J Polym Phys，1980，18：327-342.

[46] 张皓瑜，赵明，杨秉新，等. 高分子学报，1988，（3）：177-181.

[47] 田瑶珠，王松，秦军，等. 塑料，2011，40（2）：85-88.

[48] 孙玉璞，徐英，陈方生. 山东工业大学学报，2000，30（4）：353-358.

[49] Li H，Sun X，Wang J，et al. J Polym Sci，Polym Phys Ed，2006，44：1114-1121.

[50] 马德柱. 聚合物结构与性能. 北京：科学出版社，2012.

[51] Cong Y H，Hong Z H，Qi Z M，et al. Macromolecules，2010，43（23）：9859-9864.

[52] 朱诚身，潘鉴元，赵鸣，等. 高分子材料科学与工程，1994，（4）：97-101.

[53] 潘鉴元，朱诚身，杨始堃，等. 河南科学，1987，（1）：22-30.

[54] 朱诚身，潘鉴元，杨始堃，等. 高分子材料科学与工程，1992，（5）：41-45.

[55] 潘鉴元，朱诚身，杨始堃，等. 中山大学学报，1987，（2）：21-25.

[56] 朱诚身，李修道，李华光，等. 高分子学报，1992，（4）：457-463.

[57] 朱诚身，王经武，蒲帅天，等. 应用化学，1992，9（1）：32-36.

[58] 朱诚身，王经武，李修道，等. 高分子学报，1991，（6）：728-732.

[59] 朱诚身，莫志深，杨桂萍，等. 高分子材料科学与工程，1992，（5）：90-94.

[60] 朱诚身，王经武，杨桂萍. 高分子学报，1993，（2）：165-171.

[61] Boassan E H，Woestenenk M. J Polymer Sci，1956，21：151-153.

[62] Khoury F. J Polymer Sci，1958，33：389-403.

[63] Boassan E H，Woestenenk J M. Polym Sci，1958，111：389-403.

[64] Lindegren C R. J Polymer Sci，1961，L：181-189.

[65] Mann J，Roldan-gonzalez L. J Polymer Sci，1962，60：1-20.

[66] 朱诚身，窦红静，何素芹. 高分子学报，2001，（2）：195-199.

[67] Phillips P J，Rensch G，Sorenson D. Bull Am Phys Soc，1979，24：348-348.

[68] Phillips P J，Rensch G J，Kevin D. J Polym Sci Polym Phys，1987，25：1725-1740.

[69] Heck B，Sadiku E R，Strobl G R. Macromol Symp，2001，165：99-113.

[70] Heck B，Hugel T，Iijima M，et al. New J Phys 1，1999，17：1-29.

[71] 孔祥明，何书刚，王震，等. 高分子学报，2003，（4）：571-576.

[72] 王震，谢续明，杨睿，等. 高等学校化学学报，2006，27（1）：161-165.

[73] Li Y G，Huang H Y，He T B，et al. Polymer，2013，54：6628-6635.

[74] 吕军，Oh K，黄锐，等. 高等学校化学学报，2007，28（2）：385-387.

[75] Hubbell D S，Cooper S L. J Appl Polym Sci，1977，21：3035-3061.

[76] Luyt A S，Gasmi S. J Mater Sci，2016，51(9)：4670-4681.

[77] Wang Z G，Wang X H，Yu D H，et al. Polymer，1997，38：5897-5901.

[78] Defieuw G，Groeninckx G，Reynaers H. Polymer，1989，30：2164-2169.

[79] Schulze K，Kressler J，Kammer H W. Polymer，1993，34：3704-3709.

[80] Ma D Z，Luo X L，Zhang R Y，et al. Polymer，1996，37：1575-1581.

[81] Ma D Z，Xu X，Luo X L，et al. Polymer，1997，38：1131-1138.

[82] 黄毅萍，罗筱烈，王艳，等. 功能高分子学报，2002，15（2）：131-136.

[83] 李巍，姜炳政. 高分子学报，1989，（4）：454-459.

[84] 杨玉良，胡汉杰. 高分子物理. 北京：化学工业出版社，2001.

[85] 李桂娟，代国兴，周恩乐，等. 高分子学报，2005，（5）：736-739.

[86] 马德柱，黄毅萍，任小凡，等. 应用化学，1999，16（2）：5-8.

[87] 邱丽美，姜勇，刘芬，等. 物理化学学报，2004，20（1）：47-49.

[88] 范泽夫，王霞瑜，姜勇，等. 中国科学（B辑），2003，33（1）：40-46.

[89] 杨建，王宗宝，伍洋，等. 高分子学报，2010，（8）：987-993.

[90] 吕军，魏刚，黄锐，等. 高等学校化学学报，2005，26（12）：2391-2393.

[91] 吴宁晶. 高分子材料科学与工程，2011，27（2）：94-98.

[92] 吴宁晶，杨鹏. 高分子学报，2010，（3）：316-323.

[93] Nojima S，Kato K，Yamamoto S，et al. Macromolecules，1992，25：2237-2242.

[94] Nojima S，Hashizume K，Rohadi A，et al. Polymer，1997，38：2711-2718.

[95] Nojima S，Kikuchi N，Rohadi A，et al. Macromolecules，1999，32：3727-3734.

[96] Nojima S，Tanaka H，Rohadi A，et al. Polymer，1998，39：1727-1734.

[97] Nojima S，Kakihira H，Tanimoto S，et al. Polym J，2000，32：75-78.

[98] Nojima S，Akutsu Y，Akaba M，et al. Polymer，2005，46：4060-4067.

[99] Nojima S，Kiji T，Ohguma Y. Macromolecules，2007，40：7566-7572.

[100] Bogdanov B，Vidts A，Schacht E，et al. Macromolecules，1999，32：726-731.

[101] Albuerne J，Marquez L，Muller A J，et al. Macromolecules，2003，36：1633-1644.

[102] Hamley I W，Castelletto V，Castillo R V，et al. Macromolecules，2005，38：463-472.

[103] Ho R M，Chiang Y W，Lin C C，et al. Macromolecules，2005，38：4769-4779.

[104] Sun Y S，Chung T M，Li Y J，et al. Macromolecules，2006，39：5782-5788.

[105] Liu Q S，Shyr T W，Tung C H，et al. Macromol Res，2011，19（12）：1220-1223.

[106] Li Y，Zhou J，Li J，et al. Chin J Polym Sci，2012，30（5）：623-631.

[107] Li L，Chan C M，Li J X，et al. Macromolecules，1999，32：8240-8242.

[108] 李亚，周坚，王宗宝，等. 高分子学报，2015，（3）：284-289.

[109] Sun J R，Hong Z K，Yang L X，et al. Polymer，2004，45：5969-5977.

[110] 孙敬茹，庄秀丽，陈学思，等. 高等学校化学学报，2005，26（5）：956-959.

[111] Jiang S C，He C L，An L J，et al. Macromol Chem Phys，2004，205（16）：2229-2234.

[112] Frank C W，Rao V，Despotopoulou M M，et al. Science，1996，273：912-915.

[113] Schönherr H，Frank C W. Macromolecules，2003，36：1188-1198，1199-1208.

[114] Beers K L，Douglas J F，Amis E J，et al. Langmuir，2003，19：3935-3940.

[115] Mareau V H，Prud'homme R E. Macromolecules，2005，38：398-408.

[116] Taguchi K，Toda A，Miyamoto Y. J Macrom Sci Part B Phys，2006，45：1141-1147.

[117] Li L，Chan C M，Li J X，et al. Macromolecules，1999，32：8240-8242.

[118] Wang Y，Chan C M，Ng K M，et al. Macromolecules，2008，41：2548-2553.

[119] Zhou J J，Liu J G，Yan S K，et al. Polymer，2005，46：4077-4087.

[120] Ma Y，Hu W，Reiter G. Macromolecules，2006，39：5159-5164.

[121] Jradi K，Bistac S，Schmitt M，et al. Eur Phys J，E2009，29：383-389.

[122] Zhong L W，Ren X K，Yang S，et al. Polymer，2014，55：4332-4340.

[123] Li H，Yan S. Macromolecules，2011，44：417-428.

[124] Wang H，Gan Z，Schultz J M，et al. Polymer，2008，49：2342-2353.

[125] Wang T，Li H，Wang F，et al. J Phys Chem B，2011，115：7814-7822.

[126] Ikehara T，Kurihara H，Kataoka T. J Polym Sci Part B Polym Phys，2009，47：539-547.

[127] Ikehara T，Kurihara H，Qiu Z，et al. Macromolecules，2007，40：8726-8730.

[128] Qiu Z，Ikehara T，Nishi T. Macromolecules，2002，35：8251-8254.

[129] Lu J，Qiu Z，Yang W. Macromolecules，2008，41：141-148.

[130] Mamun A，Mareau V H，Chen J，et al. Polymer，2014，55：2179-2187.

[131] Maillard D，Prud'homme R E. Macromolecules，2010，43：4006-4010.

（何素芹　朱诚身　刘　浩）

第 8 章 聚合物的异构现象

8.1 偏振光的产生和应用[1]

8.1.1 偏振光的产生

光是一种电磁波，具有波粒二象性，光波的振动方向与其前进方向垂直。普通光在所有垂直于前进方向的平面上振动。若让普通光通过一个尼科耳（Nicol）棱镜或其他偏振片，则只有在与棱镜晶轴平行的平面上振动的光才能透过。透过的光称为平面偏振光。偏振光只在一个平面上振动，如图 8.1 所示。

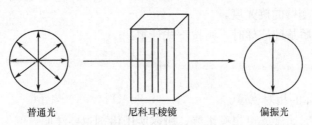

普通光　　　　　　　尼科耳棱镜　　　　　　偏振光

图 8.1　偏振光的形成（双箭头表示光的振动方向）

8.1.2 旋光度和比旋光度

当偏振光通过某些介质时，有的介质对偏振光不起作用，偏振光仍在原方向上振动，但有些介质却能使偏振光的振动方向发生一定角度的偏转，这种能使偏振光的振动方向发生偏转的性质称为旋光性，能使偏振光右旋的物质，称为右旋物质，通常用"*d*"或"+"表示；反之，称为左旋物质，通常用"*l*"或"−"表示。

物质旋光性的大小可由旋光仪测量。图 8.2 所示是旋光仪的工作原理示意图。把被测的旋光性有机物（溶液或液体）放在盛液管中。偏振光经过盛液管后，盛液管中的液体引起偏振光旋转，这时需要将检偏镜转动一定角度后，才能观察到透过的偏振光。转动的角度（α）就是被测物质的旋光度。由旋光仪测得的旋光度与物质的结构、溶液的浓度、盛液管长度、光源的波长、测定时的温度以及所用溶剂等都有关系。为了比较不同物质的旋光性，必须规定溶液的浓度和盛液管的长度。通常把溶液浓度规定为 1g/mL，盛液管长度为 1dm，并把在这种条件下测得的旋光度称为比旋光度，用[α]表示。比旋光度只取决于物质的结构。

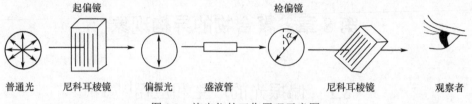

图 8.2　旋光仪的工作原理示意图

　　实际上测定物质的旋光度并不是一定要在上述条件下进行，一般可用任意浓度的溶液，在任意长度的盛液管中进行测定，然后将测得的旋光度 α 按下列公式换算成比旋光度[α]。

$$[\alpha]_\lambda^t = \frac{\alpha}{lc} \tag{8.1}$$

式中，λ 为光源波长；t 为测定时温度；c 为溶液的浓度，g/mL；l 为盛液管的长度，dm；α 为测得的旋光度。

　　若被测物质是纯液体时，则按下式计算：

$$[\alpha]_\lambda^t = \frac{\alpha}{l\rho} \tag{8.2}$$

式中，ρ 为液体的相对密度。

　　因为溶剂对比旋光度也有影响，所以所用溶剂也要注明。例如，在 20℃时以钠光灯为光源测得葡萄糖水溶液的比旋光度为右旋 52.5°，应记为 α_D^{20} =+52.5°（水）。其中"D"代表钠光波长，因为钠光波长为 589nm，相当于太阳光谱线中的 D 线。

8.2　聚合物异构现象[2-7]

　　聚合物异构现象（isomerism）分为两大类：一是构造异构（constitutional isomerism）（或称同分异构）；二是立体异构（stereoisomerism）。

　　聚合物异构详细分类如图 8.3 所示。在图 8.3 中有四种基本异构，即构造异构（同分异构）、旋光异构、几何异构和构象异构，四种异构形成的原因分别为：构造异构（同分异构）由原子或基团相互连接（排列）不同造成；旋光异构由于具有不对称碳原子引起；几何异构是由于分子中有不能旋转的双键或 C—C 单键受阻不能旋转造成；构象异构是绕 C—C 单键自由旋转造成（详见下面讨论）。

构造异构(同分异构) (constitutional isomerism)：高分子的化学组成（分子式）相同，但原子或原子基团相互连接、排列（或构筑）不同引起的异构，如主链带相同取代基（R）的乙烯基类聚合物的无规、等规、间规结构；烯类单体聚合物头尾连接不同；两种共聚单体沿分子链排列序列不同的构造异构等

旋光异构(对映体异构) (optical isomerism；enantiomer)：高分子链中碳原子具有 4 个互不相同的原子或基团相连，没有任何对称性因素，这种碳原子称为不对称碳原子或手性碳原子，在结构式中在其右上角加 *标出，凡手性分子必有互为镜像的两种异构体构成旋光异构体(对映体异构)

聚合物异构 (polymer isomerism)

立体异构(stereo isomerism)：分子中原子或基团连接次序相同，但空间排列(布)方式不同，即构型不同引起的异构

构型异构(configuration isomerism)：高分子链的构型 (configuration of polymer chain) 是指在给出化学结构链上原子连接的空间几何排布，这种排布是稳定的，构型的转变必须通过化学键的断裂重组，改变化学键立体结构

几何异构(顺反异构) (geometrical isomerism)：由于与双键相连的 2 个碳原子不能自由旋转，当这 2 个碳原子上各连 2 个不同原子或基团时，双键上的 4 个原子或基团就有两种不同的排列方式，如顺式、反式-聚 1,4-丁二烯；顺式、反式-聚 1,4-异戊二烯等

构象异构(conformation isomerism)：高分子链构象(conformation of polymer chain)是指 C—C 构成高分子主链绕其单键自由旋转，使高分子链上各原子在空间相对位置发生改变，出现不同几何形状。同一高分子链可以有无数构象存在，构象是物理现象，主要是热运动引起的，一个高分子链采取何种构象的决定因素是分子内的相互作用力，即绕 C—C 单键内旋转势垒

图 8.3 聚合物异构分类

8.2.1 聚合物构造异构（或同分异构）

聚合物同分异构是指聚合物具有完全相同的化学组成（分子式相同），但其原子或基团相互连接（排列）不同引起的异构。如分子式同为（C_2H_4O）$_n$ 的聚合物有：

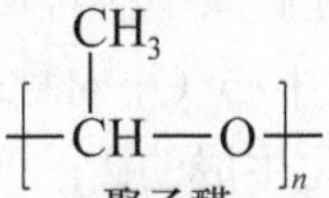

$$\{CH(CH_3)-O\}_n \quad 聚乙醛$$ 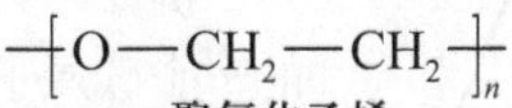
$$\{O-CH_2-CH_2\}_n \quad 聚氧化乙烯$$ 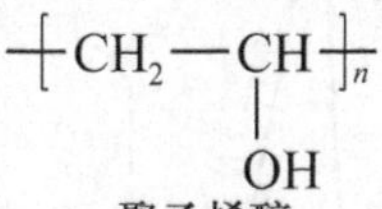
$$\{CH_2-CH(OH)\}_n \quad 聚乙烯醇$$

分子式同为（C_6H_{12}）$_n$ 的聚合物有：

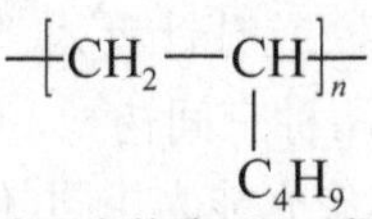

$$\{CH_2-CH(C_4H_9)\}_n \quad 全同立构聚 （1-己烯）$$ 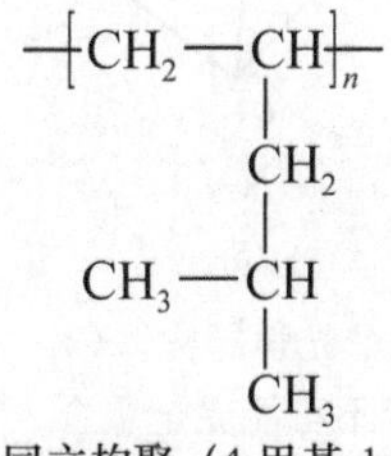
$$\{CH_2-CH(CH_2CH(CH_3)CH_3)\}_n \quad 全同立构聚 （4-甲基-1-戊烯）$$

分子式同为 $(C_5H_8O_2)_n$ 的聚合物有：

$$
\left[CH_2-\underset{\underset{CH_3}{|}}{\overset{\overset{O}{\underset{|}{C-OCH_3}}}{C}}\right]_n
$$

聚甲基丙烯酸甲酯

$$
\left[\underset{\overset{|}{COOC_2H_5}}{CH}-CH_2\right]_n
$$

聚丙烯酸乙酯

此外，还有将在后面讨论的顺式 1，4-聚异戊二烯；1，3-丁二烯的 1，2-及 1，4-聚合物，除正常产生头-尾连接外，还可能产生头-头、尾-尾连接等同分异构现象。

下面例子尽管单体不是同分异构体（构造异构体），但它们相应的聚合物是同分异构体，如单体为 $C_6H_{11}NO$ 的聚己内酰胺 $\left[CO(CH_2)_5NH\right]_n$（尼龙 6）和单体为 $C_{12}H_{22}N_2O_2$ 的聚己二酰己二胺 $\left[NH(CH_2)_6NHCO(CH_2)_4CO\right]_n$（尼龙 66）。

8.2.2　聚合物的立体异构

由图 8.3 的定义可知，立体异构是指异构体分子中的原子或基团有着完全相同的连接方式，但它们的构型不同，即异构体的原子或基团在空间的相对位置不同。聚合物立体异构包括聚合物构型异构和构象异构，构型和构象两者不应混淆。构象是分子绕 C—C 单键自由旋转，使原子或取代基在空间产生不同取向，聚合物不同构象的例子有：完全伸展平面锯齿形，无规线团，螺旋，折叠链等。绕 C—C 单键旋转，聚合物可以从一个构象转变为另一个构象。构型则不然，它们的原子或取代基的转换必须是化学键的破坏或重新形成，构型异构包括旋光异构（对映体异构）和几何异构（顺反异构）。

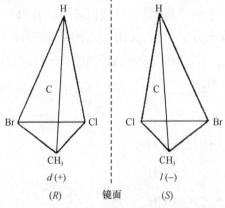

图 8.4　同一化合物的两个光学异构体(对映体)是镜像关系，两者不可能完全重合

1. 旋光异构（对映体异构）

1）含有一个手性碳原子的对映异构体

例如，具有手性中心（不对称碳原子）的一个碳原子 sp^3 杂化生成的碳的四面体的化合物如图 8.4 所示。其不对称碳原子（用"C^*"表示）周围被 Br、Cl、CH_3、H 围绕[式（8.3）]，其按照"顺序规则"Br>Cl>CH_3>H 排列，在图 8.3 中顺时针者为"R"构型，逆时针者为"S"构型。该化合物存在两种空间构型，即一对对映异构体。对映体旋光能力相同，但旋光方向相反，

如 8.1.2 节所述，能使偏振光右旋的物质，称为右旋物质，通常用 "d" 或 "+" 表示；反之，称为左旋物质，通常用 "l" 或 "–" 表示。

$$\begin{array}{c} H \\ | \\ Br-\overset{*}{C}-Cl \\ | \\ CH_3 \end{array} \tag{8.3}$$

（a）旋光异构的表示方法

（1）透视式画法[4]。

在画不对称碳原子的立体化学过程中，我们常用虚线和楔形线显示透视图，如图 8.5 所示。

（2）Fischer 投影式。

当我们画含几个不对称碳原子的分子时，画透视图就显得耗费时间，而且书写麻烦。另外，要看清复杂图中各类立体异构中的异同点就比较困难了。20 世纪初，Fischer（费歇尔）从事糖类的立体化学研究，糖类分子中含有多个不对称碳原子。画出这些透视结构是比较困难的，而要了解图中立体化学的区别几乎是不可能的。Fischer 研究出了 Fischer 投影式，以符号方法画不对称碳原子，这样就能很快画出糖类的结构。Fischer 投影式使立体异构体的研究变得比较容易了，将其用于对称构象中能强调立体化学的差别。下面先讨论乳酸的 Fischer 投影式。

Fischer 投影式像一个十字架，不对称碳原子（不必标出）位于两实线的交叉点上。水平线采用楔形线——即投射出的键伸向观察者。竖线表示背离观察者投影，用虚线表示（图 8.5）。

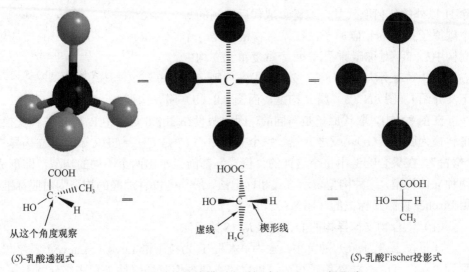

图 8.5　乳酸的结构模型、透视式及 Fischer 投影式

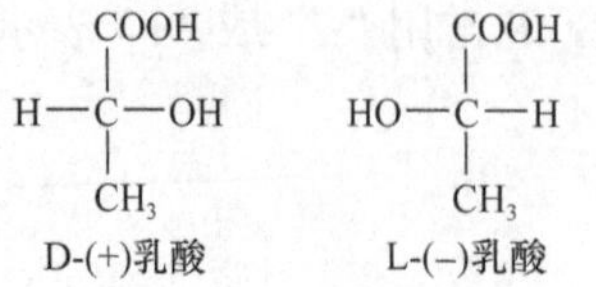

图 8.6　Fischer 投影式镜像关系

（3）Fischer 投影式：镜像的画法。

对透视图而言，其规则是保持前后上下基团不变，将左右颠倒。对 Fischer 投影式而言，将十字线水平方向两端左右调换（图 8.6），保持其他方向不变。

（4）Fischer 投影式的各种表示法。

葡萄糖的分子式为 $C_6H_{12}O_6$，由此推知，葡萄糖是开链的五羟基己醛，属于己醛糖。其结构式如下：

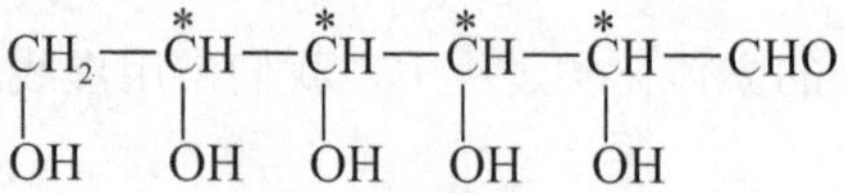

它有四个手性碳原子，其 Fischer 投影式的各种表示法如图 8.7 所示。

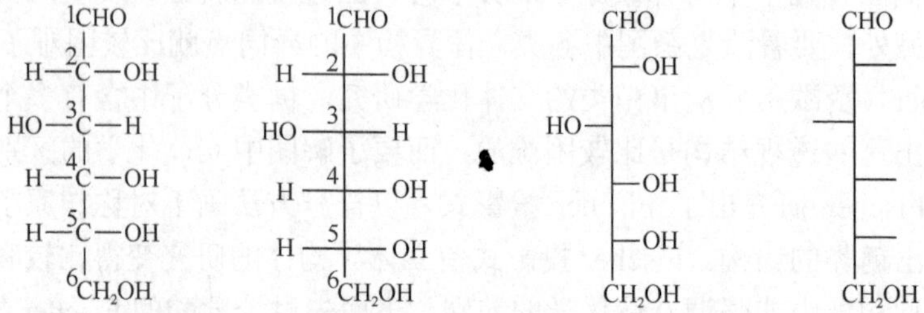

图 8.7　葡萄糖分子 Fischer 投影式各种表示法

（b）聚合物构型标记法

对乙烯单取代聚合物 $\text{—}[\text{CH}_2\text{—CHR}]_n\text{—}$，R 为除 H 以外的任何取代基，双键单取代后得到的每个碳原子都称为叔碳原子，在聚合物链中是一个立构中心（不对称碳原子），每个重复单元立构中心用"C*"表示（图 8.8），按顺序优先规则（见下文介绍），图 8.8（a）属 R 构型，而图 8.8（b）属 S 构型。

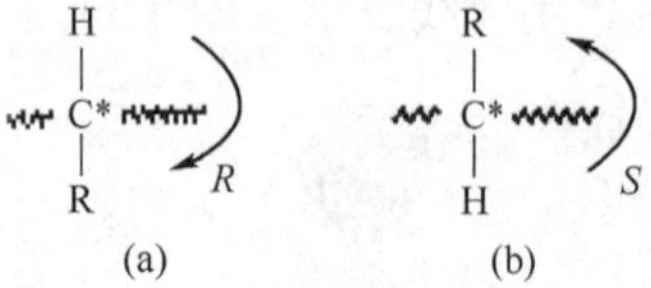

图 8.8　（a）R 构型；（b）S 构型

在图 8.8 中，取代原子是等同的，因此假设在图 8.8（a）中 R 与 H 位置交换，可转换为图 8.8（b）。反之亦然。每个立构中心 C*是 $CH_2=CHR$ 聚合的立构异构"位置"。在聚合物链中每个这样的"位置"都能显示出两个不同的构型，即形成两种立体构型，这种构型表示方式和标记法，最早是以甘油醛的构型为对照标准，用 Fischer 投影式标记的（图 8.9）。

（1）化合物立构异构的 D、L 和 R、S 标记法。

D 是拉丁语 Dextro 的首字，意为"右"，L 为拉丁语 Levo（=Laevo）首字母，意为"左"。D、L 虽然用了很久，也比较方便，但有局限性，有些化合物不易与甘油醛联系，用不同方法转化为该化合物后，可以是 D 型，也可以是 L 型。鉴于此，目前应用 R、S 表示法代替之。R、S 是目前广泛应用的一种方法。这种方法根据手性碳原子（C*）的 4 个取代基按照 a、b、c、d 大小在空间排列来标注。最小的基团远离观察者，然后按照 a、b、c、d 大小顺序观察，若 a→b→c 为顺时针，则标记为 R，反之，若为逆时针，则标记为 S，如图 8.10 所示。

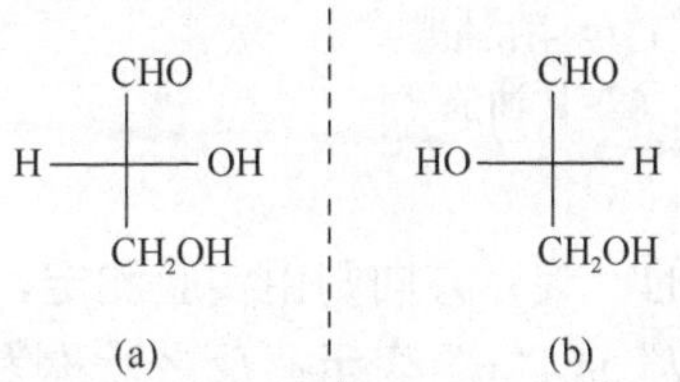

图 8.9　（a）D-(+)-甘油醛；（b）L-(−)-甘油醛 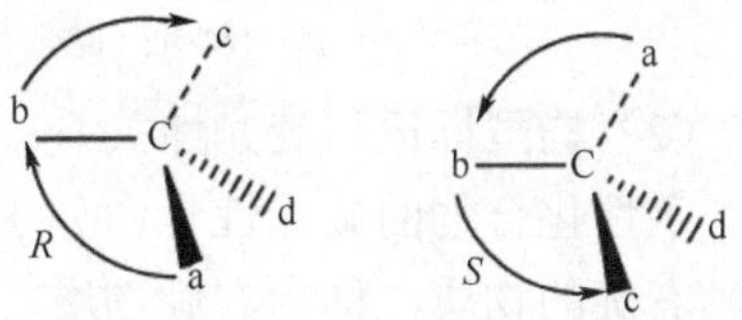　　　图 8.10　化合物的 R、S 标记法

目前，这种顺序优先规则（Cahn-Ingold-Prelog sequence rule）广泛应用在手性中心构型的命名方法中。应该注意与不对称碳原子相连的四个原子或基团，以较大原子序数的原子为优先顺序，而且只是直接与不对称碳原子相连的原子的原子序数，不是整个基团，氢原子排在最后。

R、S 标记法也可以直接应用于 Fischer 投影式。方法是在投影式上先判断次序最小的基团 d 的位置，若 d 在竖立的键上，则依次轮看 a、b、c，若是顺时针方向轮转的，该投影式所代表的构型即为 R 型，若为逆时针轮转，则为 S 型。

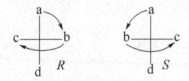

如果 Fischer 投影式中次序最小的基团 d 在横键上，此时，依次轮看 a、b、c，若是按顺时针方向轮转，该投影式所代表的构型即为 S 型，若为逆时针方向轮转，则为 R 型，此种情况下与 d 在竖立的键上时相反。

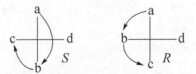

按照 R、S 命名规则也可以命名 D、L 构型。如 D-甘油醛和 L-甘油醛分子中手性碳原子相连的四个基团的大小排列次序为：OH > CHO > CH$_2$OH > H，但是最小基团 H 均在横向键上。D-甘油醛分子中其他三个优先基团的轮看次序为逆时针，故 D-甘油醛为 R 型，而 L-甘油醛的为顺时针，L-甘油醛为 S 型：

$$
\begin{array}{c}
\text{CHO} \\
| \\
\text{H} \longrightarrow | \longrightarrow \text{OH} \\
| \\
\text{CH}_2\text{OH}
\end{array}
\qquad
\begin{array}{c}
\text{CHO} \\
| \\
\text{HO} \longrightarrow | \longrightarrow \text{H} \\
| \\
\text{CH}_2\text{OH}
\end{array}
$$

D-(+)-甘油醛   L-(−)-甘油醛

(R)-甘油醛   (S)-甘油醛

（2）构型标记与旋光性关系。

手性化合物的旋光性是由分子结构决定的，旋光方向则由实验测定，能使偏振光右旋的物质，称为右旋物质，通常用 "d" 或 "+" 表示；反之，称为左旋物质，通常用 "l" 或 "−" 表示。而 D、L 和 R、S 标记只表示构型，是人为规定的次序规则确定的，并不能表示旋光方向。因此，构型标记与旋光方向无必然联系。故旋光性化合物的系统命名应同时表示出三者——构型、旋光方向和组成，如 D-(+)-甘油醛、L-(−)-甘油醛和 (S)-(−)-乳酸、(R)-(+)-乳酸等。

$$
\begin{array}{c}
\text{CHO} \\
| \\
\text{H} \longrightarrow | \longrightarrow \text{OH} \\
| \\
\text{CH}_2\text{OH}
\end{array}
\qquad
\begin{array}{c}
\text{CHO} \\
| \\
\text{HO} \longrightarrow | \longrightarrow \text{H} \\
| \\
\text{CH}_2\text{OH}
\end{array}
$$

D-(+)-甘油醛   L-(−)-甘油醛

$$
\begin{array}{c}
\text{COOH} \\
| \\
\text{H} - \text{C} - \text{OH} \\
| \\
\text{CH}_3
\end{array}
\qquad
\begin{array}{c}
\text{COOH} \\
| \\
\text{HO} - \text{C} - \text{H} \\
| \\
\text{CH}_3
\end{array}
$$

D-(+)-乳酸   L-(−)-乳酸

(R)-乳酸   (S)-乳酸

根据立体化学观点，下面两个结构异构单元，一个属 R 构型，另一个属 S 构型（与图 8.8 相似），并有对映异构关系（图 8.11）。

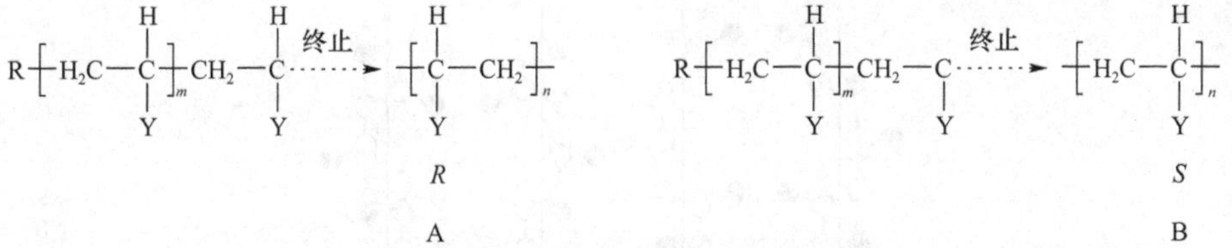

$$R \left[H_2C - \underset{\underset{Y}{|}}{\overset{\overset{H}{|}}{C}} - CH_2 - \underset{\underset{Y}{|}}{\overset{\overset{H}{|}}{C}} \right]_m \xrightarrow{\text{终止}} \left[\underset{\underset{Y}{|}}{\overset{\overset{H}{|}}{C}} - CH_2 \right]_n \qquad R \left[H_2C - \underset{\underset{Y}{|}}{\overset{\overset{H}{|}}{C}} - CH_2 - \underset{\underset{Y}{|}}{\overset{\overset{H}{|}}{C}} \right]_m \xrightarrow{\text{终止}} \left[H_2C - \underset{\underset{Y}{|}}{\overset{\overset{H}{|}}{C}} \right]_n$$

R   S
A   B

图 8.11 最终产物 A 与 B 为对映异构体

从上面讨论在乙烯类单取代聚合物（图 8.8 和图 8.11）分子中，虽然有不对称碳原子，也有对映异构体，但它们却没有光学活性，这是为什么呢？首先，在 ~$\overset{\overset{H}{|}}{\underset{\underset{R}{|}}{C^*}}$~ 中两边链节~和~不相等（图 8.8），靠近 C* 的原子是决定光学活性的因素，但它们是相同的，故没有光学活性，远离 C* 的原子虽然不同，但与光学活性无关。这就是我们经常遇到许多聚合物虽然有 C*，也有不同构型异构，但检测不到光学活性的原因之一。有些聚合物由于终止和封端原因，使其端基具有光学活性，但对整个大分子而言，光学活性在检测下限可忽略。

综上讨论，烯类单体取代聚合物虽然含有许多不对称碳原子 C*（手性中心）及对映体异构，但不具有光学活性的现象，目前称这种现象为假手性（pseudochiral 非手性）。过去文献称为 pseudochiral，但目前已被 achirotopic 代替。同样过去用 chiral（手性），近期文献也用 chirotopic（手性）代替。

（c）外消旋体与内消旋体

一些人工合成的聚合物、天然产物、小分子，常常具有手性碳原子及对映异构体，由于内外消旋作用，没有旋光性也是经常遇到的。如图 8.4 所示，分子含有一个手性碳原子的一对对映体旋光能力相同，但旋光方向相反，若将此对映体等量混合，形成混合物，则无旋光性，称为外消旋体（racemate 或 racemic mixture）。用 *dl*（±）表示，外消旋体是一对对映体混合物，由于对映体除旋光性方向相反外，其他物理化学性质均相同，所以用蒸馏、分馏、重结晶以及非手性色谱柱等方法，均不能达到分离外消旋体的目的。

内消旋体（mesomer）的例子如 *it* $\left[CH_2 - \underset{\underset{CH_3}{|}}{CH} \right]_n$，在其分子聚集体中，存在着四种可能的螺旋构象，互为对映关系（图 8.12），旋光方向相反。在晶体中也是螺旋方向相反（图 8.13）。故 *it*-PP 晶体中虽然有不对称碳原子，但由于内消旋作用而没有光学活性。

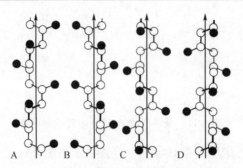

图 8.12 *it*-PP 晶体中四种可能的螺旋构象[5]

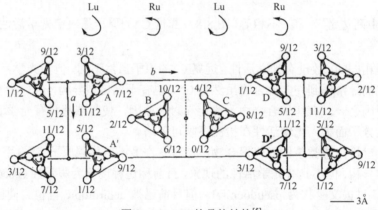

图 8.13 *it*-PP 的晶体结构[5]

（d）立构规整度

聚合物链立构规整度（tacticity）指在聚合物中含有全同立构和间同立构的百分数。在聚合物中连续立构中心的规整性决定了聚合物链的立构规整度，在乙烯单取代聚合物 $-\!\!+\!CH_2\!-\!CHR\!+\!\!_{\overline{n}}$ 中，若 R 基团在连续立构中心无规分布在平面锯齿形链平面两边，则聚合物是完全无序的，称为无规立构（atactic）；若所有 R 基团具有相同构型连续分布在碳-碳链平面上或下，称为等规立构（isotactic）；若 R 基团分别交替分布在聚合物链平面相反两边（图 8.14），则称为间规立构（syndiotactic）。

上述不同聚合物结构，用三种图示表示（图 8.14），图 8.14 左边 A 图，聚合物链平面锯齿形在纸面，R 用楔形符号表示在纸面上，H 用点线表示在纸面下。图 8.14 中间 B 图是 Fischer 投影式，纵向（vertical）表示在纸面后面（习惯上把碳链视为纵向），水平（horizontal）代表碳-碳键投影在纸面前。将图 8.14B 逆时针方向旋转 90° 可以得到图 C，此时纵向（碳链）与水平（碳键）互换了位置。可见旋转 Fischer 投影式，可得到各种聚合物立体结构图像，既实用又方便。Fischer 投影式中聚合物链中每个碳原子的构型是通过聚合物链中每个碳-碳键的旋转将原来的交错构象转变成为重叠（eclipsed）构象。

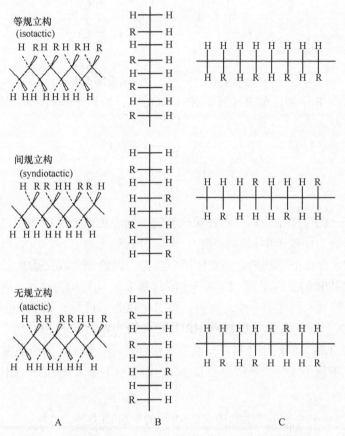

图 8.14　单取代乙烯（CH_2＝CHR）聚合物不同的立体结构

A. 聚合物链平面锯齿形平面即纸面，楔形符号表示在纸上面，点线表示是在纸下面；B. Fischer 投影式；C. B 图逆时针旋转 90° 所得

应该指出，由 Fischer 投影式显示出等规立构异构体是内消旋体，而间规立构异构体为外消旋体。

1996 年，IUPAC 建议用前缀 *it-*、*st-* 分别表示等规和间规立构聚合物，如 *it*-PP 为等规立构聚丙烯；*st*-PP 为间规立构聚丙烯等。

it-PP 和 *st*-PP 是非手性，因有一系列镜面（对称面）垂直于它们的分子链轴。

2）含有多个不对称碳原子聚合物的旋光异构

（1）1,1-二取代乙烯（CH_2＝CRR′）聚合物的异构。

1,1-二取代乙烯类聚合物 $-(CH_2—CRR')_n$ 是否产生立体异构现象，关键是取决于两个取代基 R、R′的异同性。若 R 与 R′相同，则二取代聚合物不存在立体异构现象，如聚异丁烯、聚偏氯乙烯等。

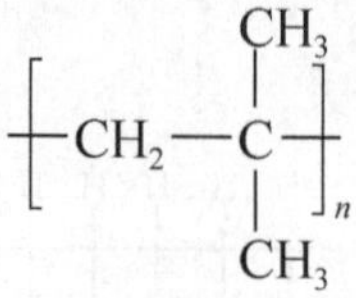

$$
\left[\!\!\begin{array}{c} CH_3 \\ | \\ CH_2-C \\ | \\ CH_3 \end{array}\!\!\right]_n
\qquad
\left[\!\!\begin{array}{c} Cl \\ | \\ CH_2-C \\ | \\ Cl \end{array}\!\!\right]_n
$$

聚异丁烯 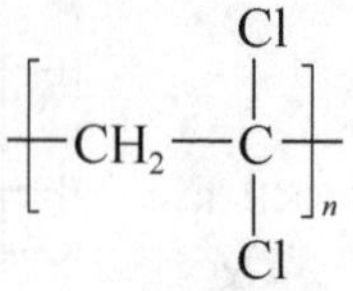　　　　　　　聚偏氯乙烯

假如 R 与 R′不同，如 R=CH₃，R′=COOCH₃，即聚甲基丙烯酸甲酯

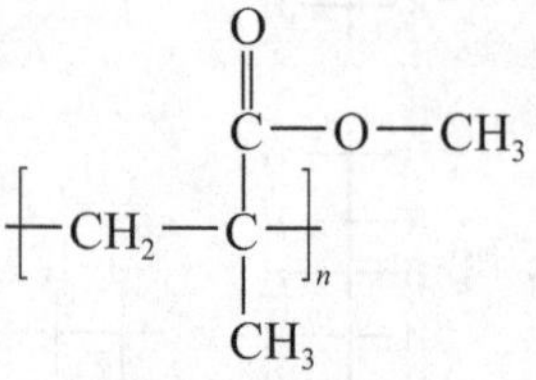

$$
\left[\!\!\begin{array}{c} O \\ \| \\ C-O-CH_3 \\ | \\ CH_2-C \\ | \\ CH_3 \end{array}\!\!\right]_n
$$

此时若—CH₃ 全部规则分布在聚合物链平面上面或下面称等规立构；若交替分布在链平面上面或下面称间规立构；无规分布称无规立构。应该指出，第二个取代基（R′）存在不影响聚合物立体异构结构，因第一个取代基 R 已经自动锁定第二个取代基 R′的立构配置，即第一个取代基 R 立构异构为等规，第二个取代基 R′也随之为等规。同样第一个为间规，第二个也为间规，无规立构也如此。

（2）1,2-二取代乙烯（RCH=CHR′）聚合物的异构。

乙烯的 1,2-二取代化合物，一般不易聚合，一旦聚合，每个重复单元可产生两个不对称碳原子（两个立构中心），如 2-戊烯（CH₃—CH=CH—CH₂—CH₃）的

聚合物 $\left[\!\!\begin{array}{cc} H & H \\ | & | \\ C^*\!\!-\!\!C^* \\ | & | \\ CH_3 & C_2H_5 \end{array}\!\!\right]_n$ 即产生如图 8.15 所示的聚合物类型。

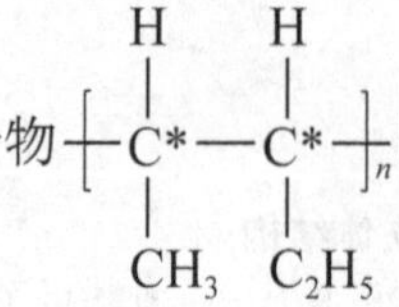

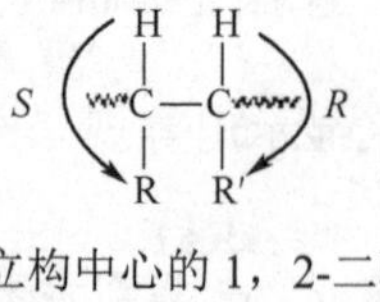

$$
S \underset{R}{\overset{H\quad H}{\underset{|\quad\;|}{\overset{|\quad\;|}{\sim\!\!C-\!\!C\!\!\sim}}}}\underset{R'}{} R
$$

图 8.15　具有两个立构中心的 1，2-二取代乙烯的聚合物

两个立构中心立构结构不同组合，就有可能产生数种双立构规整度（ditacticity）的聚合物链节，所产生的各种双立构异构的聚合物定义如图 8.16 所示。

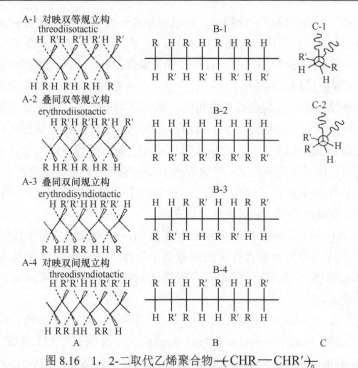

图 8.16 1，2-二取代乙烯聚合物 $\{CHR\!-\!CHR'\}_n$

楔形符号表示在纸平面上，点线表示在纸平面下

A. 聚合物链平面锯齿形各种双立体结构图；B. Fischer 投影式；C. Newman 表示法

　　双立构规整度聚合物是这样得到的：如双等规立构产生是在两个立构中心都放置一个等规立构链节即可。同理双间规立构产生是在两个立构中心都放置一个间规立构链节。它们的差别用两个字前缀"threo（苏式）"和"erythro（赤式）"表示，故有"对映双等规立构（threodiisotactic）"（图 8.16 A-1）和"叠同双等规立构（erythrodiisotactic）"（图 8.16 A-2）。前缀意义和有机化学（碳水化合物）中的应用相一致。若聚合物碳链伸展为平面锯齿形，在对映"苏式"结构中毗邻碳原子（adjacent carbons atom）（即在 RCH≡CHR′中）连接的"不同类"取代基是反方向排列（R 与 H 相反，R′与 H 相反），而叠同"赤式"结构中，在毗邻碳原子（即在 RCH≡CHR′中）结构单元中的"同类"取代基，彼此位置是反方向排列（如 R 与 R′相反，H 与 H 相反）（图 8.16 A-2）。在 Fischer 投影式中"同类"基团位于异侧（图 8.16 B-1），又称苏式对映双等规立构；而在 Fischer 投影式中"同类"基团位于同侧（图 8.16 B-2），又称赤式叠同双等规立构。

　　从右边的 Newman 图（图 8.16 C）中可明显看出对映和叠同双立构异构的明显差别，对映双等规立构是两个邻位碳原子（two consecutive carbon atoms）相连接"不同类"取代基的构象的重叠（图 8.16 C-1）。而叠同双等规立构则是"同类"取代基的重叠（图 8.16 C-2）。

在"苏式"对映双等规聚合物中，在毗邻碳原子结构单元（RCH=CHR′）中，两个立构中心有两个相反构型（图 8.16 A-1）。在平面锯齿形链中 R 与 R′是在聚合物链平面同侧。在 Fischer 投影式中，若直线代表聚合物链，竖线代表碳—碳键，R 与 R′在聚合物链异侧排列（图 8.16 B-1）。在"赤式"中叠同双等规立构聚合物（图 8.16 A-2），毗邻碳原子两个立构中心构型相同，相邻结构单元上，叠同双等规立构中心构型也完全相同（图 8.16 A-2）。而在 Fischer 投影式中，R 与 R′在聚合物链所在平面同侧面对面排列（图 8.16 B-2）。在图 8.16 A-3 中，毗邻碳原子结构单元上两个异构中心构型相同，相邻结构单元上，对映异构中心构型完全相反，称叠同双间规立构。在图 8.16 A-4 中，毗邻碳原子结构单元上两个异构中心构型相反，在相邻结构单元上，对映异构中心构型也相反，称对映双间规立构。

图 8.16 A1～A3 三种立构聚合物是非手性的，即聚合物是假手性的，不具光学活性：双等规立构聚合物含有镜面垂直分子链轴的对称性，双间规立构聚合物含有滑移面对称性，当沿分子链轴完成滑移面对称性操作时，双间规立构聚合物位置可以重叠。

聚（2-戊烯）$[CH(CH_3)CH(C_2H_5)]_n$ 可能产生不同双立构聚合物：对映双等规立构聚（2-戊烯）[threodiisotactic poly（2-pentene）]、叠同双等规立构聚（2-戊烯）[erythrodiisotactic poly（2-pentene）]和双间规立构聚（2-戊烯）[disyndiotactic poly（2-pentene）]，它们的前缀分别是 *tit*-、*eit*-和 *st*-。

（3）纤维素和淀粉[2,3,7]。

纤维素（cellulose）和淀粉（starch）是一类天然的典型异构多糖（polysaccharide）。这两种天然高分子是由右旋六元环葡萄糖组成。纤维素结构如图 8.17（a）所示，直链淀粉（amylose starch）结构如图 8.17（b）所示。支链淀粉除它的支链外与直链淀粉结构相同（见本书第 14 章）。纤维素和淀粉均是由葡萄糖苷（glycoside）键通过 1,4 连接形成的高分子，它们的差别是纤维素是通过 β 糖苷键连接成高分子，而淀粉是通过 α 糖苷键连接成高分子。β 连接使纤维素[图 8.17（a）]的葡萄糖苷键具有上、下、上、下……构型，而 α 连接的淀粉全部是下、下、下、下……构型[图 8.17（b）]。两者葡萄糖苷构型差别仅仅是在 C_1 位置上，这种仅有一个 C 原子构型结构差异的称为差向（立构）异构，即 β-1,4 葡萄糖 C_1 连接的—OH 在六元环"平面"上方[图 8.17（c）]，而 α-1,4 C_1 连接的—OH 则在下方[图 8.17（d）]。由于在 C_1 上构型不同，纤维素分子链重复单元要求两个葡萄糖单元，而淀粉只需一个。使用聚合物立体异构命名，纤维素是对映双间规立构；而直链淀粉是叠同双等规立构。在碳水化合物化学命名中，纤维素是由 β-1,4 连接的 D-葡萄糖链（β-D-葡萄糖），直链淀粉是 α-1,4 连接的 D-葡萄糖链（α-D-葡萄糖）。

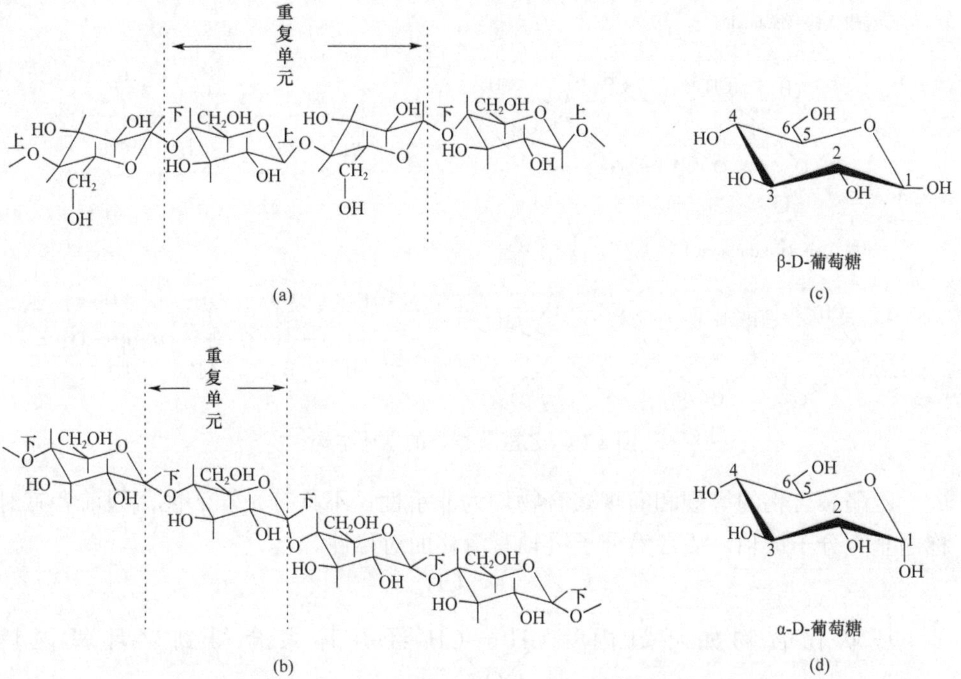

图 8.17　（a）纤维素；（b）直链淀粉；（c）β-D-葡萄糖；（d）α-D-葡萄糖

　　这种结构差异导致其物理化学性质差异，纤维素是晶性较好的高分子，是不能被人类消化的，而淀粉是低晶性高分子，是很容易被人类消化的。纤维素不能被消化是因为人类缺乏进攻 β 键的"酶"（蛋白质）。而两者聚集态结构差别在于，直链淀粉是无规线团构象，而纤维素是伸展链构象。后者分子链产生紧密堆砌，有很强的相互作用，结晶性较淀粉强得多。故纤维素与淀粉比较，前者有较好的物理化学性质，溶解度低，水解稳定性好。纤维素可作为结构材料使用（包括天然及人造产品）。尽管淀粉不能作为结构材料，但它是植物和动物重要的能量储存形式，是动植物营养的重要来源。

　　（4）羰基的开环聚合物。

　　一些羰基单体（RCHO，RCOR′）如乙醛经开环聚合可以产生聚合物

$$\left[\begin{array}{c} CH_3 \\ | \\ CH-O \end{array}\right]_n$$

，其立体异构结构如图 8.18 所示。

等规立构（isotactic）

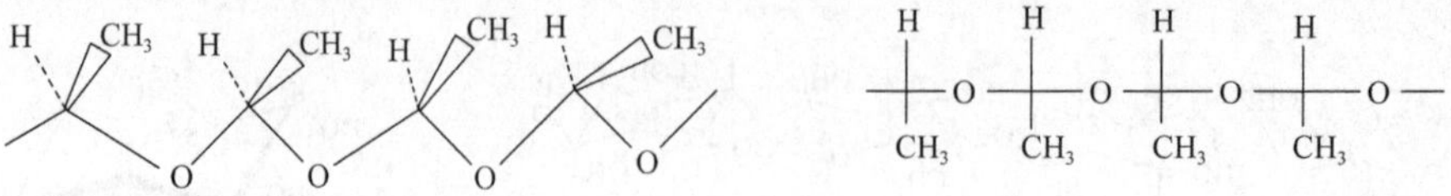

间规立构（syndiotactic）

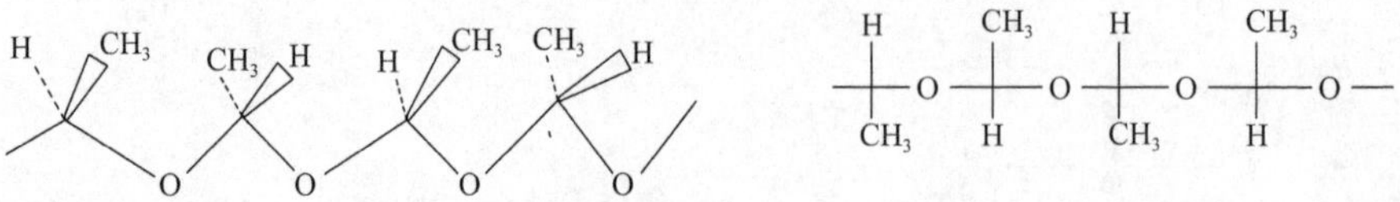

图 8.18　乙醛聚合物的立体结构

乙醛聚合物的等规和间规聚合物均为非手性，不具有光学活性，因前者有对称面垂直分子链轴，后者沿分子链轴有滑移面对称性。

环状化合物如环氧丙烷 $CH_2\!-\!CH$（带 CH_3 和 O）经开环聚合得到聚环氧丙烷

$\left[O\!-\!\overset{CH_3}{\underset{H}{C^*}}\!-\!CH_2\right]_n$，其立体异构聚合物如图 8.19 所示。

等规立构（isotactic）

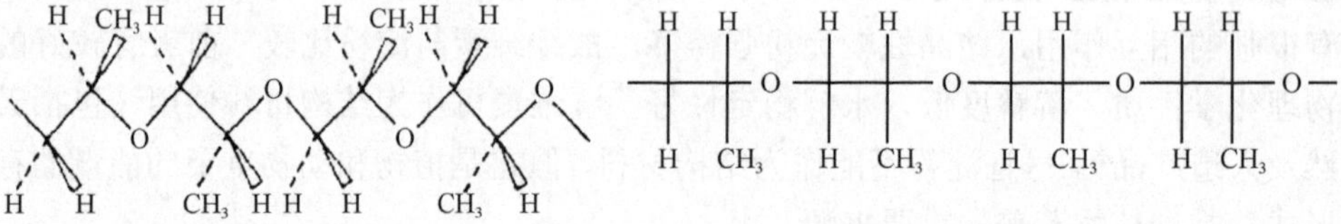

间规立构（syndiotactic）

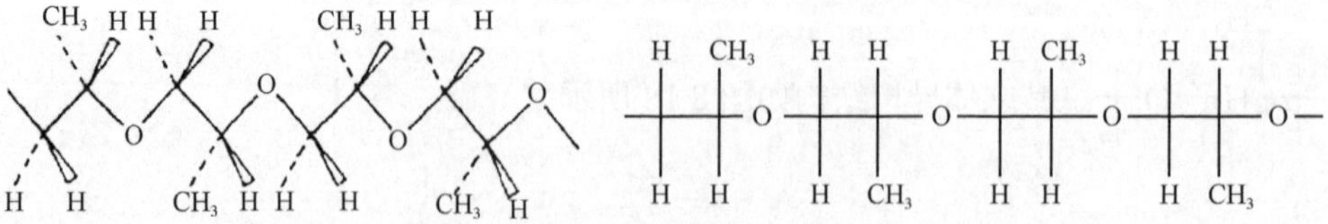

图 8.19　环氧丙烷聚合物的立体结构

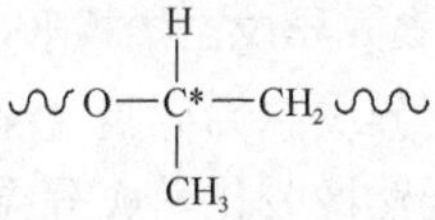

聚环氧丙烷重复单元如图 8.20 所示。

聚环氧丙烷等规立构中心 C*的两边链节，一边连着氧原子，另一边与亚甲基链节相连，不含对称元素，它的镜像不可能完全重合，所以它具有光学活性。但聚环氧丙烷的间规立构不可能具有光学活性。因为沿该聚合物分子链具有滑移面对称性。

图 8.20　聚环氧丙烷重复单元

2. 几何异构[2,3,5,7]

1）天然橡胶 [8-14]

天然橡胶（natural rubber，NR）（顺式 1,4-聚异戊二烯）的单体化学组成为 C_5H_8，命名为 2-甲基-1,3-丁二烯，结构式为 $CH_2\!\!=\!\!C\!\!-\!\!CH\!\!=\!\!CH_2$，分子量为 68.119。

天然橡胶化学结构式如下：

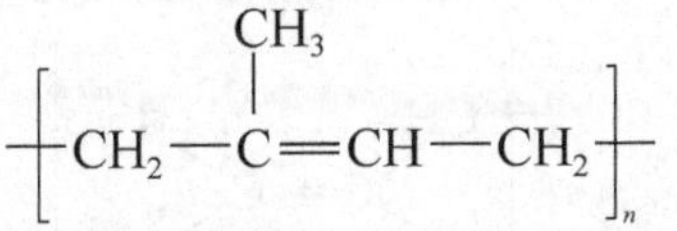

从大多数三叶橡胶树得到的天然橡胶，分子量分布较宽，分子量从几万到几百万，多分散性指数为 2.8～10，具有双峰性质。

顺式-1，4-构型约占 98%，3，4-构型约占 2%，头尾连接[式（8.4）]占 98%以上。

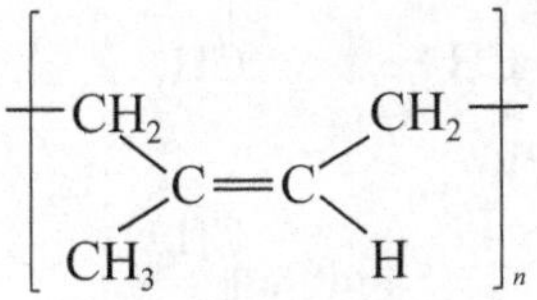

顺式-1,4-构型 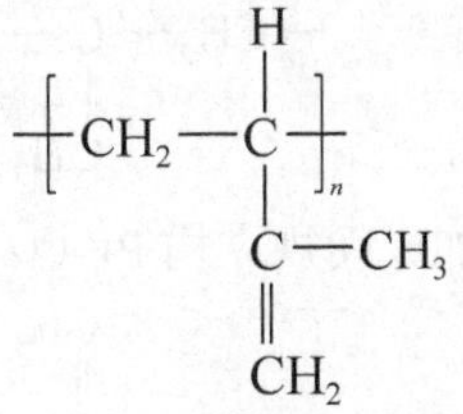　　　　　　　　3,4-构型

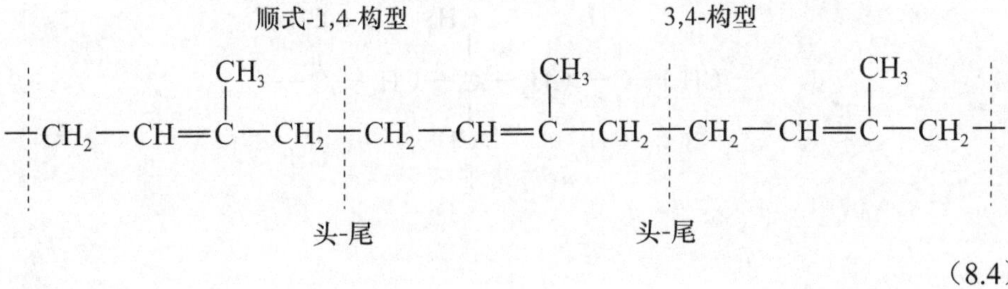

头-尾　　　　　　　　头-尾

（8.4）

2）异戊二烯橡胶

异戊二烯橡胶（isoprene rubber），由异戊二烯[式（8.5）]通过溶液聚合而成，与天然橡胶化学成分完全相同。

$$CH_2\!=\!\underset{2}{C}\!-\!\underset{3}{CH}\!=\!\underset{4}{CH_2} \quad\quad \overset{CH_3}{\underset{}{}} \tag{8.5}$$

单体化学组成为 C_5H_8，命名为 2-甲基-1，3-丁二烯，分子量为 68.119；在常温下是无色油状易挥发液体，有特殊气味，难溶于水，易溶于醇、醚和一般烃类化合物。

聚异戊二烯可能有以下 6 种有规立构（构型）体：

（1）顺式-1，4（*cis*-1，4）-加成的聚异戊二烯（PI）。

$$\begin{array}{c} CH_2 \qquad\qquad CH_2 \\ \diagdown \qquad\qquad \diagup \\ C\!=\!C \\ \diagup \qquad\qquad \diagdown \\ CH_3 \qquad\qquad H \end{array}_n \tag{8.6}$$

（2）反式-1，4（*trans*-1，4）-加成的聚异戊二烯（PI）。

$$\begin{array}{c} CH_2 \qquad\qquad H \\ \diagdown \qquad\qquad \diagup \\ C\!=\!C \\ \diagup \qquad\qquad \diagdown \\ CH_3 \qquad\qquad CH_2 \end{array}_n \tag{8.7}$$

（3）1，2-加成等规立构 PI（*it*-1，2-PI）。

$$\begin{array}{ccc} CH_2 & CH_2 & CH_2 \\ \| & \| & \| \\ CH & CH & CH \\ | & | & | \\ -CH_2-C-CH_2-C-CH_2-C- \\ | & | & | \\ CH_3 & CH_3 & CH_3 \end{array} \tag{8.8}$$

（4）1，2-加成间规立构 PI（*st*-1，2-PI）。

$$\begin{array}{ccc} CH_2 & & CH_2 \\ \| & CH_3 & \| \\ CH & | & CH \\ | & | & | \\ -CH_2-C-CH_2-C-CH_2-C- \\ | & | & | \\ CH_3 & CH & CH_3 \\ & \| & \\ & CH_2 & \end{array} \tag{8.9}$$

（5）3，4-加成等规立构 PI（*it*-3，4-PI）。

$$\sim\!\!\sim\!\!\sim CH_2 - \overset{\overset{\displaystyle H}{|}}{\underset{\underset{\displaystyle CH_2}{\overset{\displaystyle |}{C-CH_3}}}{C^*}} - CH_2 - \overset{\overset{\displaystyle H}{|}}{\underset{\underset{\displaystyle CH_2}{\overset{\displaystyle |}{C-CH_3}}}{C^*}} - CH_2 - \overset{\overset{\displaystyle H}{|}}{\underset{\underset{\displaystyle CH_2}{\overset{\displaystyle |}{C-CH_3}}}{C^*}} - CH_2 \sim\!\!\sim \tag{8.10}$$

（6）3，4-加成间规立构 PI（*st*-3，4-PI）。

$$\sim\!\!\sim\!\!\sim CH_2 - \overset{\overset{\displaystyle H}{|}}{\underset{\underset{\displaystyle CH_2}{\overset{\displaystyle |}{C-CH_3}}}{C^*}} - CH_2 - \overset{\overset{\overset{\displaystyle CH_2}{|}}{C-CH_3}}{\underset{\underset{\displaystyle H}{\overset{\displaystyle |}{H}}}{C^*}} - CH_2 - \overset{\overset{\displaystyle H}{|}}{\underset{\underset{\displaystyle CH_2}{\overset{\displaystyle |}{C-CH_3}}}{C^*}} - CH_2 \sim\!\!\sim \tag{8.11}$$

按 IUPAC 有机化合物命名中的最小原则，CH_3 在 2 位上，而不是在 3 位上，即聚异戊二烯应写成：

$$\left[CH_2 - \underset{2}{\overset{\overset{\displaystyle CH_3}{|}}{C}} = \underset{3}{CH} - \underset{4}{CH_2} \right]_n \tag{8.12}$$

而不是

$$\left[\underset{1}{CH_2} - \underset{2}{CH} = \underset{3}{\overset{\overset{\displaystyle CH_3}{|}}{C}} - \underset{4}{CH_2} \right]_n$$

cis-1，4 和 *trans*-1，4 聚异戊二烯又可分为全同和间同两种结构，但在这两种结构中不含不对称碳原子，没有旋光异构体，所以聚异戊二烯只有六种构型异构体[见式（8.6）~式（8.11）]。

由于异戊二烯链节[式（8.13）]，除了以头-尾形式加成外，还可能以头-头、尾-尾及头-尾多种形式加成，故又可能有式（8.14）所示的不同序列的构型：

$$- CH_2 - \underset{尾}{CH} = \overset{\overset{\displaystyle CH_3}{|}}{C} - \underset{头}{CH_2} - \tag{8.13}$$

$$\mathrm{-CH_2-CH=C-CH_2}\underset{\mathrm{CH_3}}{|}\mathrm{-CH_2-CH=C-CH_2}\underset{\mathrm{CH_3}}{|}\mathrm{-CH_2-CH=C-CH_2-}$$

　　　　　头-尾　　　　　　　　　　头-尾

$$\mathrm{-CH_2-CH=C-CH_2}\underset{\mathrm{CH_3}}{|}\mathrm{-CH_2-C=CH-CH_2}\underset{\mathrm{CH_3}}{|}\mathrm{-CH_2-CH=C-CH_2}\underset{\mathrm{CH_3}}{|}\mathrm{-CH_2-C=CH-CH_2-}$$

　　　　头-头　　　　　　尾-尾　　　　　　头-头

$$(8.14)$$

　　综上可见，聚异戊二烯结构是相当复杂的，但目前已知包括天然橡胶和异戊二烯橡胶在内的常见结构只有四种：①顺式 1，4-聚异戊二烯橡胶，包括天然橡胶（三叶橡胶树，野生银色橡胶菊）及人工合成 cis-1，4-PI。②反式 1，4-聚异戊二烯橡胶（TPI），如巴拉塔橡胶（balata rubber）、杜仲橡胶（eucommiaul moides rubber）、古塔波橡胶（gutta percha rubber）。③3，4-聚异戊二烯橡胶。④1，2-聚异戊二烯。

　　目前已商品化的只有前三种。

　　3）天然橡胶和异戊二烯橡胶晶体结构[10,12,14,15]

　　1925 年，J.R. Katz 等发现天然橡胶可以结晶。

　　1928 年，H. Mark 等首次假定了天然橡胶晶体结构。

　　1936～1937 年，W. Lotmar 和 K.H. Meyer 也提出过天然橡胶晶体结构。

　　1942 年 C.W. Bunn，1954 年 S.C. Nyburg，1956 年 G. Natta 和 P. Corradini 都比较详细地报道了天然橡胶的晶体结构[16,17]。但到目前为止，还没有一个被公认的天然橡胶晶体结构。

　　2004 年，两位日本学者 Y.Takahashi 和 T.Kumano 报道了其对于天然橡胶晶体结构的研究工作[12]。使用理学电机带成像板（imaging plates，IP）的 X 射线衍射仪，Mo Kα 石墨单色器，在−50℃下拍摄得到天然橡胶的照片，如图 8.21 所示。其魏森贝格（Weissenberg）图如图 8.22 所示。

　　天然橡胶晶体结构描述：单斜晶系，a=12.41Å；b=8.81Å；c=8.23Å，β=93.1°；空间群 $P2_1/a$-C_{2h}^5，有 4 个天然橡胶分子链通过一个晶胞（图 8.23），具有 $ST\bar{S}cisST\bar{S}cis$ 构象，天然橡胶晶体的键长、键角和分子链内旋转角度如图 8.24 和图 8.25 所示。

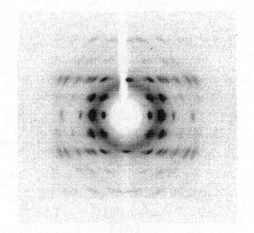

图 8.21　天然橡胶的纤维图

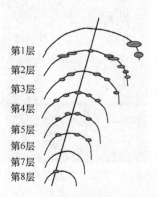

图 8.22　天然橡胶的魏森贝格图

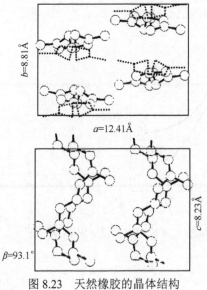

图 8.23　天然橡胶的晶体结构

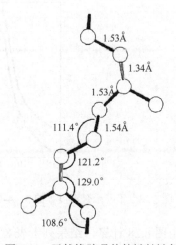

图 8.24　天然橡胶晶体的键长键角

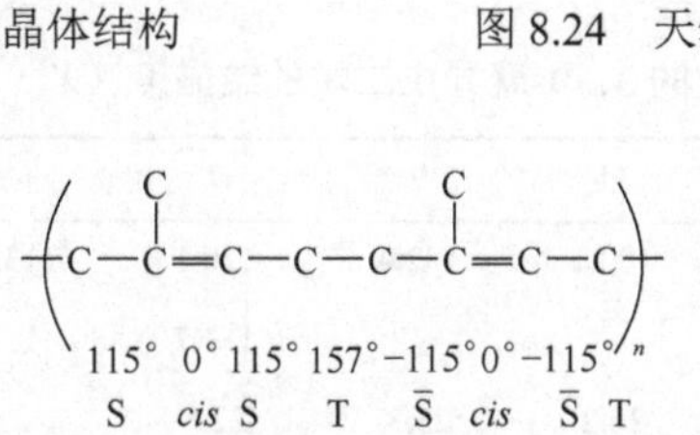

图 8.25　天然橡胶分子链内旋转角度

X 射线研究橡胶多晶结构的一些例子如图 8.26 和图 8.27 所示。

图 8.26 室温天然橡胶的 X 射线
衍射图（非晶）

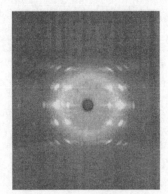

图 8.27 室温拉伸天然橡胶结晶的 X 射线
衍射图

图 8.28 是中国科学院长春应用化学研究所用 Ziegler-Natta 催化剂合成的 3，4-聚异戊二烯（3，4 链节含量＞70%）的 X 射线衍射曲线。

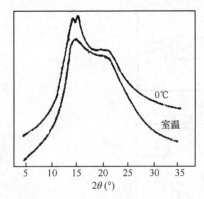

图 8.28 不同聚合温度下的 3，4-聚异戊二烯的大角 X 射线衍射（WAXD）图[13]

由图 8.28 计算，结果列于表 8.1。

表 8.1 不同拉伸倍数的 3，4-聚异戊二烯的结晶度（X_c）和微晶尺寸（L）值[13]

拉伸倍数	13	11	9	7	5	2	未拉伸
L（$2\theta=14.7°$）（Å）	98.2	100.1	102.4	120.1	133.3	157.7	167.9
L（$2\theta=13.4°$）（Å）				113.7	117.1	137.8	164.5
X_c（%）	32.3	26.2	25.3	22.8	21.4	20.7	18.4

4）反式 1，4-聚异戊二烯[14,15,18]

反式 1，4-聚异戊二烯（TPI），常称为杜仲胶，Bunn[19]早在 1942 年就指出其存在两种晶型：α 型单斜晶系，$a=7.98$Å，$b=5.29$Å，$c=8.77$Å，$\beta=102°$，熔点 64℃，$N=2$，空间群 $C_{2h}^5\text{-}P2_1/c$；β 型正交晶系，$a=7.78$Å，$b=11.78$Å，$c=4.72$Å，熔点 52℃，$N=4$，分子链采取反式-ST$\overline{\text{S}}$ 构象；Yasubiro 等[20]指出可能存在第三种晶型 γ 型，熔点 74℃，与 α 及 β 在聚合物中共存，γ 型$\xrightarrow{\text{加热}}$β 型。

反式 1，4-聚异戊二烯与顺式 1，4-聚异戊二烯微观结构的比较列于表 8.2 中。

表 8.2　反式 1，4-聚异戊二烯与顺式 1，4-聚异戊二烯微观结构比较[8,9]

橡胶结构形式	微观分子链上链节的大小	熔点（℃）
反式-1，4-加成结构 α 型（古塔波胶）	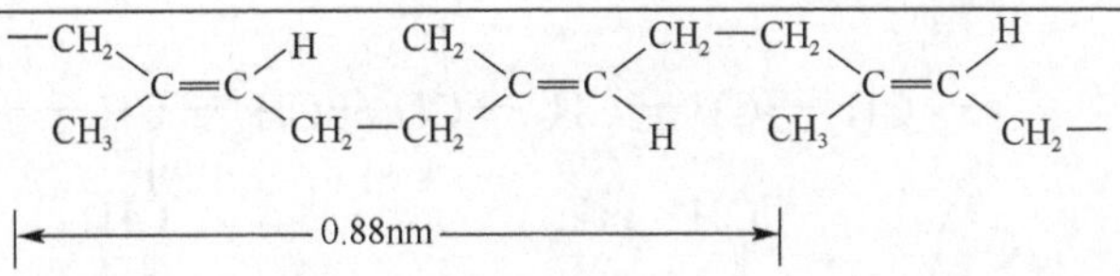 0.88nm	56
反式-1，4-加成结构 β 型	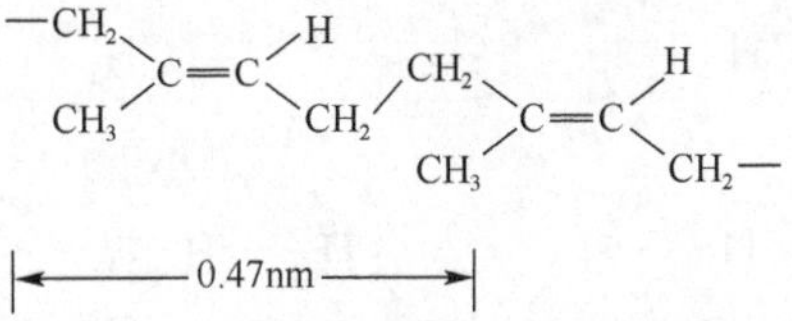 0.47nm	65
顺式-1，4-加成结构（赫薇亚橡胶）	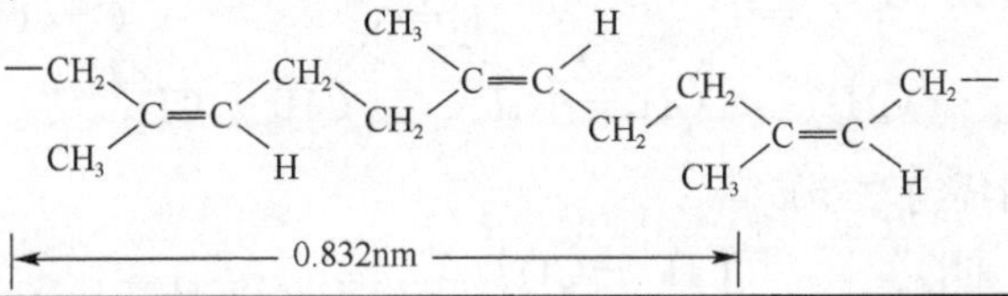 0.832nm	28

5）聚丁二烯

聚丁二烯橡胶（polybutadine rubber）（顺丁橡胶，丁二烯橡胶），单体丁二烯（butadine）是指 1，3-丁二烯，化学组成为 C_4H_6，结构式为 $CH_2{=}CH{-}CH{=}CH_2$，分子量为 54.09，无色略带香味气体。

单体丁二烯进行配位聚合，由于 1，2-加成与 1，4-加成的能量差不多，所以可得到两类聚合物：一类是 1，2-聚丁二烯，通式为 $\left[\begin{array}{c}CH_2{-}CH{-}\\ \quad|\\ CH{=}CH_2\end{array}\right]_n$；另一类是 1，4-聚丁二烯，通式为 $\left[CH_2{-}CH{=}CH{-}CH_2\right]_n$。

1，2-聚丁二烯可能存在等规和间规立体异构，加上 1，4-聚丁二烯顺反异构，故聚丁二烯可能存在 4 种立体异构体[式（8.15）～式（8.18）]。它们的 X 射线衍射图见图 8.29～图 8.32。晶体结构数据及物理性质见表 8.3～表 8.4[21-25]。

等规 1，2-聚丁二烯

$$\tag{8.15}$$

间规 1，2-聚丁二烯

$$\tag{8.16}$$

顺式 1，4-聚丁二烯

$$\tag{8.17}$$

反式 1，4-聚丁二烯

$$\tag{8.18}$$

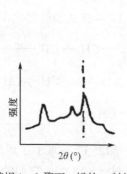

图 8.29　等规 1，2-聚丁二烯的 X 射线衍射图[5]

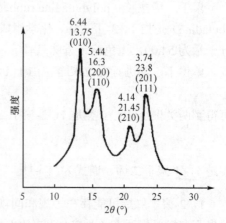

图 8.30　间规 1，2-聚丁二烯的 X 射线
衍射图[23]

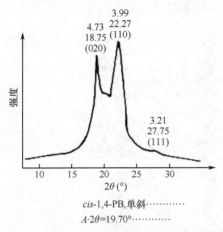

cis-1,4-PB，单斜············
A·2θ=19.70°············

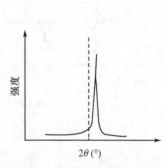

图 8.31　顺式 1，4-聚丁二烯的 X 射线衍射图[5]　图 8.32　反式 1，4-聚丁二烯的 X 射线衍射图[5]

　　表 8.3 列出了不同微结构的聚丁二烯的物理性质，显示出顺式 1，4-聚丁二烯是优良的无定形弹性体。表 8.4 列出了不同微结构的聚丁二烯晶体结构及物理性质。

表 8.3　聚丁二烯物理性质[5,8,16,24-26]

高分子	熔点（℃）	密度（g/cm³）	溶解度（烃类）	一般物性（常温）	回弹性（%）		T_g（℃）
					20℃	90℃	
等规 1，2-聚丁二烯	120～125	0.96	难	硬，韧，结晶性塑料	～50	～90	−15
间规 1，2-聚丁二烯	154～155	0.96	难	硬，韧，结晶性塑料			−15
顺式 1，4-聚丁二烯	1	1.01	易	无定形，硬弹性橡胶	～90	～95	−110
反式 1，4-聚丁二烯	135～148	1.02	难	硬，韧，结晶性塑料树脂	～80	～90	−110～90

表 8.4　聚丁二烯晶体结构及物理性质[5,8,24,26]

不同结构	等同周期（Å）	等同周期内重复单元数	空间群，晶胞常数，单胞内分子链数目	密度（g/cm³）（X 射线）	熔点（℃）
反式-1，4-	4.83	1	单斜，$P2_1/a$-C_{2h}^6，a=8.63Å，b=9.11Å，c=4.83Å，β=114°，N=4	1.04	96～100
顺式-1，4-	8.60	2	单斜，$C2/c$-C_{2h}^6，a=4.60Å，b=9.50Å，c=8.60Å，β=109°，N=2	1.01	＜−1
等规-1，2-	6.50	3	三方，$R3C$，a=b=17.3Å，c=6.5Å，γ=120°，N=6	0.96	120～125
间规-1，2-	5.14	4	斜方，D_{2h}^{11}-$Pbcm$，a=10.98Å，b=6.60Å，c=5.14Å，N=2	0.96	154（205～208）·

*笔者课题组研究 st-1,2-聚丁二烯链节高达 95% 以上（熔点为 205～208℃）[16,24,25]，比 G. Natta 报道的高得多[16,17]。

聚丁二烯四种异构体在晶体中链构象如图8.33所示。

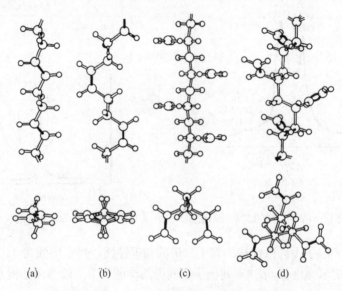

(a)　　　　　　(b)　　　　　　(c)　　　　　　(d)

图 8.33　聚丁二烯四种异构体在晶体中的链构象

（a）反式 1，4-聚丁二烯；（b）顺式 1，4-聚丁二烯；（c）间规 1，2-聚丁二烯；（d）等规 1，2-聚丁二烯。（a）、（c）
主链采取接近平面锯齿状全反式构象；（b）主链伸展但呈现出扭折构象；（d）螺旋构象

参 考 文 献

[1] 姚映钦. 有机化学. 北京：化学工业出版社，2008.

[2] Sperling L H. Introduction Physical Polymer Science.4th ed. New York：John Wiley and Sons，2006.

[3] Odian G. Principles of Polymerization. 4th ed. New York：Wiley-Interscience，2004.

[4] Wade L G. 有机化学. 原著第五版. 2002. 万有志译. 北京：化学工业出版社，2005.

[5] 莫志深，张宏放，张吉东. 晶态聚合物结构和 X 射线衍射. 2 版. 北京：科学出版社，2010.

[6] 殷敬华，莫志深. 现代高分子物理学（上册，第一章）. 北京：科学出版社，2001.

[7] 复旦大学高分子系高分子教研室. 高分子化学. 上海：复旦大学出版社，1995.

[8] 赵旭涛，刘大华. 合成橡胶工业手册. 2 版. 北京：化学工业出版社，2006.

[9] 于清溪. 橡胶原材料手册. 2 版. 北京：化学工业出版社，2007.

[10] 董炎明，胡晓兰. 高分子物理学习指导. 北京：科学出版社，2005.

[11] 钱保功，王洛礼，王霞瑜. 高分子科学技术发展史. 北京：科学出版社，1994.

[12] Takahashi Y，Kumano T. Macromolecules，2004，37（13）：4860-4864.

[13] 张宏放，李仲德，龚志. 应用化学，1986，3（4）：59-61.

[14] 严瑞芳. 高分子时代天然高分子//施良和，胡汉杰主编. 高分子科学的今天与明天. 北京：科学出版社，1994.

[15] 严瑞芳. 化学通报，1991，1：3-6.

[16] Natta G，Corradini P. J Polym Sci，1956，20：251-266.

[17] Natta G，Corradini P. Angew Chem，1956，19：615-616.

[18] Storks K H. J Amer Soc，1938，60：1753.

[19] Bunn C W. Proc Roy Soc (London)，1942 A，180：40.

[20] Yasubiro T，Takefum S，Hiroyu T. J Polym Sci，1973，11：233-248.

[21] 张宏放，莫志深，魏学军，等. 应用化学，1984，1：19-23.
[22] 张宏放，莫志深，甘维建. 高分子学报，1986，3：193-196.
[23] Ren M Q，Chen Q Y，Song J B，et al. J Polym Sci，Part B：Polym Phys，2005，43：553-561.
[24] 张宏放，莫志深，魏学军，等. 高分子学报，1988，6：416-421.
[25] 莫志深，张宏放，林云青，等. 高分子通讯，1984，6：466-469.
[26] 董炎明，张海良. 高分子科学教程. 北京：科学出版社，2004.

（莫志深）

第 9 章　聚合物结晶动力学

9.1　引　　言

前面章节概述了聚合物的晶态结构。那么，聚合物如何从非晶态转变为晶态呢？经典的结晶成核理论认为，对一种或多种组分组成的均相体系，当外界条件（如温度、压强等）的变化使体系中某一相处于亚稳态时，便会出现向一个或几个较为稳定的新相进行转变的倾向。只要相变的驱动力足够大，这种转变就将借助小范围内程度甚大的涨落而开始。这种小范围的区域即为新相的胚核。这种尺寸很小的胚核出现造成的体系自由能的下降还不足以补偿表面自由能的增加，所以这种胚核经短暂存在之后必将消失。由于热涨落的作用，新的胚核将不断地出现和消失。偶尔地，由于一连串有利的热涨落，某一胚核的尺寸增大到可以稳定存在并能继续生长，这种尺寸大于某一临界值的胚核被称为新相的核心或晶核并最终经过生长而成为晶体。成核不仅能引发结晶过程，而且还能决定晶体的结构。因此，经典的成核理论认为结晶必须经历先成核而后生长的过程，聚合物无论从溶液结晶还是熔体结晶都是如此。

那么非晶态究竟是怎样完成向晶态的转变，如何定量地去描述这一过程？根据成核与生长理论，结晶的总速率取决于成核速率和生长速率。从平衡理论上讲，具有规整结构的均聚物可以达到很高的结晶度，然而实验结果并非如此。这是由于结晶过程是在低于平衡熔融温度下以一定的速率进行的，实际观察到的状态是一个非平衡状态。因此最终达到的组成和性能是结晶过程中动力学因素和对热力学平衡的要求相互竞争的结果。对聚合物而言，动力学控制占主导。因此研究聚合物的动力学问题显得至关重要。聚合物结晶本身是很复杂的过程，影响因素也很多。在研究聚合物结晶时有两种比较理想化的情况：等温结晶和等速降温或等速升温结晶，前者是最理想化的结晶，而后者与聚合物的实际加工接近。聚合物的结晶也大多从等温结晶推广到非等温结晶。研究聚合物结晶动力学的方法有很多种，常用的方法有膨胀计法、差示扫描量热仪法、偏光显微镜法和解偏振光强度法等。本章节以经典的成核与生长理论为基础，从最简单的均聚物入手进行讨论。相关理论和数据处理方法可作为分析共聚物、共混物的结晶以及外场作用下聚合物结晶动力学的基础。

9.2　聚合物结晶的成核

9.2.1　成核的分类

成核方式可以从不同的角度加以分类，以下是几种常见的分类方式[1]。

（1）根据成核时是否有异物，分为均相成核和异相成核。均相核是以高分子链段自身热运动产生的有序排列链束作为晶核。一般来说，在典型的过冷度（～50℃）下均相成核的体积大约为 $10nm^3$，分子量为 60 000～600 000 的聚合物的体积通常在 10^2～10^4nm^3。因此，均相成核仅仅涉及一条聚合物链的部分链段或者多条聚合物链的更小的部分链段。异相核是指以外来的杂质、容器壁或人为加入的分散性小粒子为中心，吸附高分子链段作为有序排列而形成的晶核。如果某些添加剂与高分子链段之间发生化学反应而生成一种新的物质并进一步起成核作用，则称为化学成核。添加剂与高分子之间不发生化学反应就能起到成核作用，则称为物理成核。自成核是在自身小晶体表面上成核，它其实可以被看成是异相成核的一种特殊情况。

（2）根据在结晶过程中是否还有新的晶核不断出现，分为依热成核和非依热成核。在某一温度下结晶，所有的晶核在同一时间开始生长，长出的晶体大小也基本相同，为非依热成核；而在结晶过程中自始至终都有新的晶核生成，则为依热成核。

（3）根据成核是否是时间的函数，分为预先成核与散现成核。预先成核是指晶核预先存在，成核速率与时间无关，此过程可看作成核在瞬间完成，又称为瞬时成核。散现成核是指成核速率是时间的函数，在整个结晶期间晶核数目随时间增加。

（4）根据晶核自身的微观结构，可以分为一次成核、二次成核和三次成核。一次成核是指晶核在三维空间不受任何限制地生长，形成晶核的所有表面均是全新的[图 9.1（a）]；二次成核是指晶核在一个方向上生长受到限制，只能沿二维空间生长[图 9.1（b）]；三次成核是指晶核只能沿一维空间生长[图 9.1（c）]。

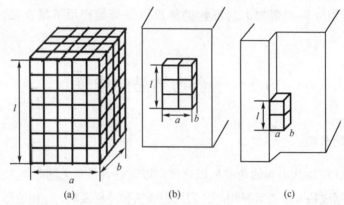

图 9.1　晶核的不同类型：（a）一次成核；（b）二次成核；（c）三次成核

综上所述，聚合物结晶实际的成核方式可以从不同的角度来判断或根据需要来判定其具体的成核方式。但这几种分类方式并不是孤立的，如均相成核为依热成核，但不能反过来说依热成核就是均相成核；异相成核是依热成核或非依热成核；通常自成核是非依热成核。

9.2.2　成核热力学

成核过程中吉布斯（Gibbs）自由能 ΔG 的变化可表示为

$$\Delta G = \Delta G_{\mathrm{c}} + \Delta G_{\sigma} = \Delta G_{\mathrm{c}} + \sum \sigma A \tag{9.1}$$

式中，ΔG_{c} 是吉布斯结晶自由能；ΔG_{σ} 是吉布斯表面自由能；σ 为比表面自由能；A 是相应的表面积。若把晶核看成是半径为 r 的球形核，那么式（9.1）可写成

$$\Delta G = (4\pi / 3) r^3 \Delta G_{\mathrm{c}}^{v} + 4\pi r^2 \sigma \tag{9.2}$$

式中，$\Delta G_{\mathrm{c}}^{v}$ 表示比体积吉布斯结晶自由能。成核过程中吉布斯自由能随晶核半径 r 的变化如图 9.2 所示。根据自由能的变化，晶核在生长过程中的不同阶段命名如下（$r > 0$）：从 $\mathrm{d}\Delta G / \mathrm{d}r > 0$ 到 $\mathrm{d}\Delta G / \mathrm{d}r = 0$ 时的核称为胚核或亚临界核；$\mathrm{d}\Delta G / \mathrm{d}r = 0$ 时的核称为临界晶核；从 $\mathrm{d}\Delta G / \mathrm{d}r = 0$ 到 $\Delta G = 0$ 时的核称为超临界晶核；$\Delta G < 0$ 时的核为稳定晶核或小晶粒。

在聚合物的成核步骤中，生成临界晶核时自由能的变化十分重要，因为它直接与成核速率有关。在一次成核过程中，假定均相成核形成的核是长方体（图 9.1 中 $a = b$），则生成临界晶核时的自由能 ΔG^{*} 可表示为

$$\Delta G^{*} = \frac{32\sigma_{\mathrm{s}}{}^2 \sigma_{\mathrm{e}} T_{\mathrm{m}}^{0^2}}{(\Delta h_{\mathrm{f}}^{0} \rho_{\mathrm{c}} \Delta T)^2} \tag{9.3}$$

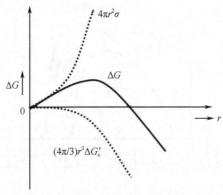

图 9.2　成核过程中吉布斯自由能ΔG 随晶核半径 r 的变化依赖于两个相反的因素

式中，$\Delta T = T_m^0 - T_c$，称为过冷度，其中 T_c 为结晶温度，T_m^0 为平衡熔融温度；ρ_c 为完全结晶的聚合物的密度；Δh_f^0 为单位体积完全结晶的聚合物熔融热焓；σ_s 为折叠链侧表面自由能；σ_e 为折叠链端表面自由能。

　　一次成核一旦完成，分子链就会以折叠链的形式沉积在核的表面，来实现二次成核，使晶粒不断长大。在二次成核过程中，形成临界晶核的自由能为

$$\Delta G = \frac{4\sigma_s \sigma_e b_0 T_m^0}{\Delta h_f^0 \rho_c \Delta T} \tag{9.4}$$

式中，b_0 为分子链的厚度，其他参数同上。

9.2.3　成核速率

　　Turnbull 和 Fisher[2]应用绝对反应速率理论推导出成核速率与温度的关系式为

$$I = I_0 \exp[-(\Delta G_\eta + \Delta G^*) / (kT)] \tag{9.5}$$

式中，I 表示每秒钟在单位面积上形成的晶核数；指数前因子 $I_0 = n_0 kT / h$，在一定温度下近似为常数，其中 T 为温度，k 为玻尔兹曼（Boltzmann）常量，n_0 是能成核的非晶单元数，h 为 Planck 常量；ΔG^*是临界晶核的结晶自由能；ΔG_η 表示可结晶单元跨越相界的迁移活化能，又称结晶扩散活化能。ΔG^*与温度的关系随成核方式的不同（如是一次成核还是二次成核）而不同，ΔG_η 在较高温度下近似为常数，在接近玻璃化转变温度时，ΔG_η迅速增加。图 9.3 给出一次成核和二次成核过程的成核速率与温度的关系[1]。

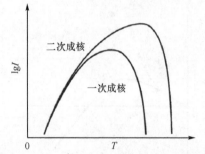

图 9.3　成核速率的对数 $\lg I$ 与温度 T 的关系

9.2.4　成核动力学

成核动力学是研究晶核的数目与时间关系的科学，是进一步研究聚合物结晶动力学的基础。由于聚合物体系千差万别，成核动力学过程也不相同。几种典型的成核情况如下。

1. 晶核数目为常数（预先成核）

如果晶核在结晶开始时同时形成或在结晶开始时已预先存在，则可认为单位体系中晶核的数目为常数。例如，聚合物在注模加工过程中，为了缩短注模时间，提高产品性能，常在聚合物中加入成核剂，这时散现成核过程可以忽略，晶核数目作为常数对待。

2. 晶核数目随时间呈线性增加

散现成核的成核速率与时间有关，如一次成核、均相成核和依热成核的成核速率都是与时间有关的成核过程。在结晶动力学研究中经常采用的成核速率与时间的简单关系式是单位体积中晶核数目随时间呈线性增加。

3. 指数关系

Banks 等[3]发现，在结晶的起始阶段晶核的数目随时间近似为线性增加，然后逐渐到达一常数。Cheng 等[4]认为，随着结晶的进行，较早形成的晶核会失去活性，因此活性核的数目随时间的延长而减少。

4. 一级动力学模型

考虑可结晶单元数目随结晶度的增加而减少，可根据一级动力学模型来描述成核速率随结晶转化率的变化。Tobin[5]用类似的关系式处理二维均相成核结晶。

5. Avrami 模型

Avrami 模型[6]假定体系在相变初期单位体积中存在 N_0 个胚核，这些胚核可以是分子束、杂质等。N_0 是时间和温度的函数，且随时间和温度的增加而减少。在相变期间，单位体积中的胚核数目 [$N_{germ} \equiv N_{germ}(t)$] 的减少起因于两种可能，一是由于自由能起伏的结果，一部分胚核转化成具有生长活性的晶核 [晶核数目 $N \equiv N(t)$]；二是胚核所占位置被新形成的结晶相吞没，t 时单位体积中被吞没的胚核数目为 $N' \equiv N'(t)$。在任意的时间间隔 dt 有

$$dN_{germ} = -dN - dN' \tag{9.6}$$

其中

$$dN = PN_{germ}dt \tag{9.7}$$

$$dN' = \frac{N_{germ}}{1-V}dV \tag{9.8}$$

式中，V 为结晶相体积；dV 为结晶相在时间间隔 dt 内增加的体积；P 为胚核在单位时间转化为晶核的概率，只是温度的函数，可表示为

$$P(T) = K_0 \exp[-(E_d + G^*)/RT] \tag{9.9}$$

式中，K_0 为指数前因子；E_d 为成核活化能；G^* 为形成具有生长活性晶核所需要的自由能；R 是气体常数。

对于单位体积的结晶体系，有效核的生长速率可表示为

$$dN = PN_0 \exp(-Pt)[1 - X(t)]dt \tag{9.10}$$

Tobin[7]曾用此式处理二维异相成核的结晶体系。

定义胚核在单位时间转化为晶核的概率的倒数为胚核的活化时间，即 $\tau_\alpha = 1/P$。在结晶体系中，由于胚核的大小具有不均一性，胚核转化成有效生长核的概率不可能完全相同，也就是胚核转化成有效核的活化时间不同，可以预料存在活化时间谱[8]。

当胚核的活化时间 τ_α 很短而观察时间 t 又相对较长时（$\tau_\alpha \ll t$），根据式（9.10），成核速率近似为零，t 时的晶核数目可看作为常数，即胚核在很短的时间内都转化成具有生长活性的晶核。当胚核的活化时间较长而观测时间相对较短时（$\tau_\alpha \gg t$）可分两种情况。在不考虑新相对胚核吞没的情况下，成核速率近似为常数，晶核数目随时间线性增加。在考虑新相对胚核吞没的情况下，成核速率与相对结晶度的关系可用一级动力学模型近似表示。可见，

Avrami 成核理论模型具有较强的概括性。

9.3　聚合物晶体的 L-H 成核生长理论

　　成核过程一旦完成，继而发生晶体的生长。人们把晶相和非晶相的边界称为结晶的前沿，将结晶前沿的宏观进展称为生长速率。晶体的线生长速率可用光学显微镜、电子显微镜和原子力显微镜直接观察到。

　　由于一般情况下组成球晶和单晶的亚结构单元是折叠链片晶，因此对折叠链片晶形成的研究具有很重要的意义。Hoffman 等[9-13]将折叠链片晶的形成看成是多次单分子层连续生长的过程，图 9.4 为折叠链片晶表面成核和生长模型的示意图。Hoffman 认为由折叠链形成的每一单分子层表面均是光滑的，每一单分子层的形成又可以看成由两步组成：第一步，以上一次形成的光滑晶面为基底（substrate），先结晶上去一段聚合物链段，这一过程类似成核过程，为了区别成核过程，Hoffman 称之为二次成核（secondary nucleation）；第二步，沿此"晶核"向两侧迅速地铺展完成一次单分子层的增长。假设结晶基体宽为 L，厚为 l，过冷熔体无定形相中分子链（宽度为 a_0，单分子厚度为 b_0）通过蠕动在基体侧面上先沉积第一个链段（晶核）上去，即二次成核（图 9.4 中阴影部分）。二次成核速率为 i。在此过程中，必须克服表面位垒，即产生侧表面自由能 σ_s 和端表面自由能 σ_e。链段在克服表面自由能的过程中，两侧面不断向外扩展，直至基体表面上因存在某些缺陷而终止。这样晶核在基体表面扩展成一个新晶层，表面扩展速率为 g。如此反复，晶体前沿就以线性生长速率 G 向前不断扩展，而每一个晶层的平均厚度为 $L = n_L \cdot a_0$，其中 n_L 是链段数目。需要注意的是，这里的基体，可以是一个均相的初始核，也可以是一个异相核或已经生成的晶体，其厚度即以后的链折叠长度 $l = l_g^*$。

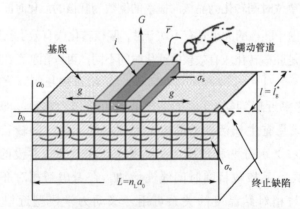

图 9.4　折叠链片晶表面成核和生长模型的示意图

　　按照二次成核速率 i 与表面扩展速率 g 的相对关系可将结晶分成三种方式，即方式 I（$i \ll g$）、方式 II（$i \approx g$）和方式 III（$i \gg g$），如图 9.5 所示。方式 I 的结晶温度高（低过冷度），成核速率 i 足够小，分子链能在新核形成之前自由地通过链折叠方式在片晶基体的宽度方向上以速率 g 扩展，迅速地在基体增长前缘产生一个厚为 b_0 宽为 L 的新层[图 9.5（a）]。晶体的总增长速率正比于成核速率，即 $G_I = ib_0L$。晶体的增长表面很光滑。在低温下（高过冷度），总增长速率同样正比于表面成核速率，即 $G_{III} \equiv ib_0L'$，这时由于 i 非常大，使得分子链进一步扩展的空间很小。L' 是有效的基体宽度，$L' = n_{III}a_0$，其中 n_{III} 在 2～3 之间。通常情况下，L' 远小于 L。方式 III 结晶主要通过分子链成核过程的累积进行，而对于方式 I 和 II，结晶是通过分子链的表面扩展生长的。方式 III 形成的增长面在分子尺度上特别粗糙，因为结晶时存在多重成核和涉及多个增长平面[图 9.5（c）]。在中间温度区，晶体的生长方式介于方式 I 和 III 之间，其成核速率高于方式 I。在晶体侧面，邻近核之间存在着扩展竞争；同时核的密度不如方式 III 中的密集，从而阻碍侧面上的增长。在方式 II 中，晶体的总增长速率正比于成核速率的平方根，即 $G_{II} \equiv b_0(2ig)^{1/2}$。方式 II 新形成的表面不均匀[图 9.5（b）]。实验及理论预测的典型的晶体增长速率与温度的关系曲线如图 9.6 所示。

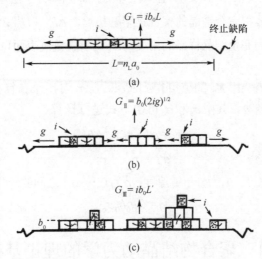

图 9.5　结晶的三种方式：（a）方式 I；（b）方式 II；（c）方式 III

　　根据 L-H 二次成核理论，球晶生长速率可由下式表示

$$G = G_0 \exp\left[-\frac{U^*}{R(T_c - T_\infty)}\right] \exp\left[-\frac{K_g}{T_c(\Delta T)f}\right] \tag{9.11}$$

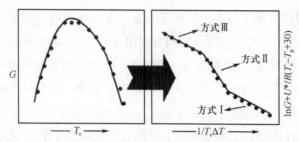

图 9.6　实验及理论预测的典型的晶体增长速率与温度的关系曲线

式中，G_0 是指数前因子；第一个指数项指的是链扩散过程对生长速率的贡献，相似于黏弹分析中链段的跳跃速率；U^* 是迁移活化能，通常为 1500cal/mol（6270 J/mol）；T_∞ 是聚合物的特征温度，在此温度之下链段的运动完全被冻结，通常 $T_\infty = T_g - 30K$；R 是气体常数；第二个指数项指的是成核过程对生长速率的贡献，它强烈依赖于结晶温度和过冷度；f 是熔融热的校正温度，$f = 2T_c / (T_m^0 + T_c)$，其中，T_c 为结晶温度，T_m^0 为平衡熔融温度；ΔT 是过冷度，$\Delta T = T_m^0 - T_c$；K_g 为成核参数，可用下式表达

$$K_g = n b_0 \sigma_s \sigma_e T_m^0 / \left(\Delta h_f^0 \cdot k \right) \tag{9.12}$$

式中，n 为常数，区域Ⅰ和Ⅲ取 4，区域Ⅱ取 2；b_0 为单分子层厚度；k 为玻尔兹曼常量；Δh_f^0 为单位体积完全结晶的聚合物熔融热焓，$\Delta h_f^0 = H_m^0 \times \rho_c$，其中，$H_m^0$ 为平衡熔融热焓，ρ_c 为完全结晶样品的密度；σ_s 为折叠链侧表面自由能；σ_e 为折叠链端表面自由能。

根据式（9.12），由 K_g 的值可得到 $\sigma_s \sigma_e$。$\sigma_s \sigma_e$ 可用来计算折叠链表面自由能（σ_s, σ_e）以及折叠链功。其中 σ_s 和 σ_e 可由下式进行计算

$$\sigma_s = \alpha (a_0 b_0)^{1/2} \Delta h_f^0 \tag{9.13}$$

$$\sigma_e = \sigma_s \sigma_e / \sigma \tag{9.14}$$

式中，a_0 为分子链宽度；b_0 为分子链厚度；α 为 0.1～0.3 之间的经验值；折叠链功 q 为

$$q = 2 a_0 b_0 \sigma_e \tag{9.15}$$

9.4　聚合物结晶动力学的理论基础

根据成核与生长理论，结晶的总速率取决于成核速率和生长速率。结晶动力学理论是由 Kolmogoroff[14]、Johnson 和 Mehl[15]、Avrami[6]、Evans[16] 等先后独立提出的，其对象都是金属和其他单体，后来转用于聚合物。

9.4.1　Avrami 理论

假定每个晶核形成一个结晶体，这些结晶体可以是棒形、圆盘形或球形。经过无限长的时间之后，整个样品都为这些互不相扰的均匀生长的结晶体所充满，试样在结晶结束后的总体积为 V_0，在时间 t，这些结晶体所占有的实际体积为 V，体积分数为 V/V_0，称为体积相对结晶度，用符号 X 表示。当晶核无规分布时，某一点不落在任何一个结晶体中的概率 P 和体积相对结晶度成比例，即

$$P = 1 - X \tag{9.16}$$

在总体积为 V_0 的体系中，某一点不落在一个体积 V_i 的给定结晶体中的概率 P_i 是

$$P_i = 1 - \frac{V_i}{V_0} \tag{9.17}$$

某点处于所有结晶体之外的概率等于所有概率的乘积

$$P = P_1 P_2 \cdots P_n = \prod_{i=1}^{n} \left(1 - \frac{V_i}{V_0} \right) \tag{9.18}$$

取对数得

$$\ln P = \sum_{i=1}^{n} \ln \left(1 - \frac{V_i}{V_0} \right) \tag{9.19}$$

每个结晶体的体积比总体积小许多（$V_i \ll V_0$）。可把式（9.19）的右端展开成级数，并且略去二阶小量，得到

$$\ln P = -\sum_{i=1}^{n} \frac{V_i}{V_0} = -V_{\text{ex}} / V_0 \tag{9.20}$$

式中，$V_{\text{ex}} = \sum_{i=1}^{n} V_i$ 为结晶体在不受任何阻碍条件下的理想总体积。令 $X_{\text{ex}} = V_{\text{ex}} / V_0$，称为体系中结晶体不受任何阻碍条件下的理想体积相对结晶度。将式（9.16）与式（9.20）联立得

$$1 - X = \exp(-X_{\text{ex}}) \tag{9.21}$$

9.4.2　Evans 理论

Evans[16]认为，结晶时在熔体中无规地形成许多晶核。这些晶核再逐渐长大，这种情况与 Poisson 分布相吻合。Poisson 分布起初是研究雨滴落在池塘中所生成波的扩散问题。雨滴落在水面，每滴都能产生一个圆波，对于池塘中任意一参考点 P，在时间 t 内通过该点的圆波数恰为 m 的概率，即

$$P_m(t) = \frac{E(t)^m}{m!} \exp[-E(t)] \qquad (9.22)$$

把 Poisson 分布用于模拟材料的结晶过程，可假定结晶在二维空间进行，即在一薄层熔体中形成二维球晶。考察任意一点 P，当 $m = 0$ 的情况，即任何球面都不通过 P 点的概率与体系的非晶分数成正比，所以

$$P_0(t) = 1 - X = \exp[-E(t)] \qquad (9.23)$$

式中，数学期望 $E(t)$ 为体系任一点可能被结晶体达到的数目，它在 Avrami 理论中被定义为"扩展"体积分数。实际上，Avrami 理论和 Evans 理论是等价的[17, 18]，即 $E(t) = \sum V_i / V_0$。

9.4.3　Mandelkern 理论

假定在体系中结晶体的生长不受任何控制。在 dt 的时间间隔内，结晶体的质量增量为 dM_{ex}。由于晶核的分布是无规的，结晶体的实际生长要受到各种可能的限制，因此结晶过程中结晶体的实际质量增量 dM 要小于 dM_{ex}。Mandelkern[19]假定 dM 与 dM_{ex} 的关系可描述为

$$\frac{dM}{dM_{ex}} = 1 - U(t) \qquad (9.24)$$

式中，$U(t)$ 代表 t 时已结晶的有效分数，与平衡质量结晶度的倒数成比例

$$U(t) = \frac{M}{W_{em}M_0} \qquad (9.25)$$

式中，W_{em} 为聚合物在结晶结束时所达到的结晶度，即平衡质量结晶度；M 是结晶体的总质量；M_0 是材料的总质量。

9.5　聚合物等温结晶动力学方程

从以上结晶动力学理论和成核动力学方程可导出常用的 Avrami 结晶动力学方程，它的一般形式为

$$1 - X = \exp(-Zt^n) \qquad (9.26)$$

式中，t 为时间；Z 为复合结晶速率常数；X 为与时间 t 相对应的相对结晶度；n 为 Avrami 指数。根据推导 Avrami 方程的前提条件，考虑不同的成核机理和晶体形态，n 值应该是 1～4 之间的整数。由于在方程的推导过程中假定结晶体的生长

速率为常数，即 $G = \mathrm{d}r/\mathrm{d}t$ 或 $r = Gt$。这一假定一般只适用于结晶速率受成核控制的场合。在结晶速率受扩散控制的情况下，结晶体的边界位置与时间的关系为 $r = Gt^{1/2}$。在这种情况下，Avrami 指数可为分数。Cheng 和 Wunderlich[4]认为，当结晶受扩散控制时，对应于一维、二维和三维生长的结晶体在预先成核的情况下，其 Avrami 指数分别为 0.5、1 和 1.5，在散现成核的情况下分别为 1、1.5 和 2。综上分析，不同情况下 Avrami 指数的值及物理意义如表 9.1 所示。

表 9.1　不同晶体生长形状的 Avrami 指数

Avrami 指数	晶体形状	成核方式	速率控制
0.5	棒状	不依热	扩散
1	棒状	不依热	成核
1.5	棒状	依热	扩散
2	棒状	依热	成核
1	盘状	不依热	扩散
2	盘状	不依热	成核
2	盘状	依热	扩散
3	盘状	依热	成核
1.5	球状	不依热	扩散
2.5	球状	依热	扩散
3	球状	不依热	成核
4	球状	依热	成核

9.6　聚合物等温结晶动力学实验数据

从平衡理论上讲，具有规整结构的均聚物可以达到很高的结晶度，然而实验结果并非如此。这是由于结晶过程是在低于平衡熔融温度下以一定的速率进行的，实际观察到的状态是一个非平衡状态。因此最终达到的组成和性能是结晶过程中动力学因素和对热力学平衡的要求相互竞争的结果。因此从真正意义上讲，我们研究的是亚稳态[20, 21]。对聚合物而言，动力学控制占主导。由于动力学研究从本质上讲代表一类实验观察，因此在从动力学数据推导具体的分子机理时必须要谨慎，因为经常出现相同的实验结果可用几个不同的机理来解释的情况。尽管如此，仍然可以通过谨慎地处理推导出一些显著的特征，这些对理解聚合物的结晶动力学非常重要。许多例子证实聚合物的性能依赖于结晶条件，因此也就是结晶动力学。对于具有规整结构的均聚物而言，结晶度随着均聚物的分子量、分子量分布和结晶温度的不同而在 0.3～0.9 范围内变化。

常用几种不同类型的实验方法来观察聚合物的结晶度随时间的变化。一种方法是估算从过冷液体中形成的结晶度的等温速率。这个过程涉及测量整体结晶速率。在进行这些实验时需要跟踪一个对结晶度敏感的性能的变化。这种方法通常可通过测定密度或者比容的变化来实现。然而，其他技术如小角 X 射线散射、振动光谱、核磁共振、热分析、解偏振光显微镜等也已经成功被使用。每种方法有自己的特点和对结晶度不同的敏感度。另外一种常用的方法是用偏光显微镜或者小角光散射研究晶核形成以及随后球晶生长的等温速率。尽管球晶结构被普遍观察到，然而它不是聚合物结晶的普遍存在形态。尤其在极高或者低分子量的聚合物中，球晶不能被观察到，因此球晶生长速率的动力学研究不能包含整个的结晶度范围[22, 23]。

　　均聚物的整体结晶度的等温速率的发展遵循一个统一的模式。图 9.7 给出一系列线形聚乙烯（分子量 $M_{\mathrm{w}} = 1.2 \times 10^{6}$）的等温曲线，这里结晶度 $1-\lambda$ (t) 对 $\lg t$ 作图[24]。聚乙烯的平衡熔融温度为 145.5℃，因此在这种情况下结晶在过冷度为 15～20℃的范围内进行。可以看出结晶度被探测到之前有个明显的诱导期。这个时间依赖于结晶度测定方法的敏感性。过了诱导期后结晶度迅速增加，导致呈现 S 型的等温线。结晶结束时有一个很长的尾巴，代表在很长时间内会有极少量的晶体形成。在这些等温线中一个重要的特征是在平衡熔融温度附近结晶速率变化随温度急剧变化，典型的是在结晶温度相差 5℃的变化范围内结晶速率可变化 3 个数量级。另外除了一些拖尾情况外，所有等温线都有相同的形状，因此等温曲线可以通过简单地移动水平轴叠加在一起，这条等温曲线代表给定的聚合物的结晶，这种现象几乎出现在所有均聚物中。图 9.7 中右图实线为采用 Avrami 方程用 $n = 3$ 进行拟合所得。在相变进行到一半之前都拟合较好，超过后就变得拖延，结果结晶速率变慢。具体原因将在后面章节进行介绍。

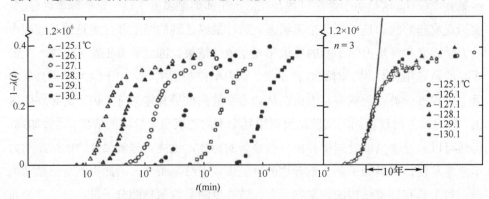

图 9.7　线形聚乙烯（$M_{\mathrm{w}} = 1.2 \times 10^{6}$）的结晶度 $1-\lambda$ (t) 对 $\lg t$ 作图（左图）以及叠加的等温结晶曲线（右图实线为采用 Avrami 方程用 $n = 3$ 拟合的结果）

在分析整体结晶动力学的实验结果中，有一些问题需要明确[20]。例如，初始熔体在化学上和结构上都保证是纯的，因为残留晶体、化学不纯物、分子链的部分取向和其他不均匀性将会导致分析结果有误。尽管如此，在结晶之前使样品完全熔融，并且避免降解发生，在这种情况下进行的结晶动力学实验基本是具有可重复性的。

9.7　聚合物等温结晶动力学方程的改进

Avrami 方程常用于描述聚合物等温结晶的初期结晶行为，到结晶后期 Avrami 方程常与实验数据发生偏离，在表征新材料的结晶过程时这种现象显得尤为突出。人们通常将聚合物结晶后期的动力学过程简称为二次结晶（secondary crystallization）。不少学者考虑不同的影响因素，对经典结晶过程的模型进行修正，如对 Avrami 方程进行修改，提出了可以描述二次结晶阶段，比 Avrami 方程适用性更为广泛的修正模型和修正方程，并且尝试扩展到非等温结晶领域。下面就此进行总结，并对某些影响因素加以讨论。

根据推导 Avrami 方程的前提条件，考虑不同的成核机理和晶体形态，n 值应该是 1～4 之间的整数。但大量实验结果表明，n 值不恒为整数。同时也发现结晶后期 Avrami 直线常与实验数据发生偏离。不少学者从推导 Avrami 方程的假定出发，考虑不同的影响因素，试图找出产生这种偏离现象的原因，提出了各种可以描述二次结晶阶段的，比 Avrami 方程适用性更为广泛的修正模型和修正方程。

9.7.1　考虑结晶后期球晶的相互挤撞

周卫华等[25]用一级增长动力学模型描述聚合物的结晶动力学过程，并认为，二次结晶阶段由于结晶体相互挤撞使可供晶体生长的总表面积减少，从而导致 Avrami 方程与实验数据发生偏离。因此只要对结晶体的自由表面积进行修正，即可得到符合二次结晶阶段的动力学方程。

钱保功等[26]认为结晶后期偏离 Avrami 直线的原因是结晶后期晶粒与其相邻晶粒相互碰撞而停止了该方向的生长所致，而在 Avrami 方程中并未考虑这一因素。根据 Evans 的统计处理方法，对部分晶体生长停止这一因素进行修正，得到了 Q-改进的 Avrami 方程。

Tobin 模型[5,7]也是基于球晶相互挤撞而进行的修正，只是运用了不同的思路。在二维均相和异相体系，考虑到结晶体在生长时要受到相邻结晶体的阻碍，对结晶体的总面积进行修正。当 $X \leqslant 50\%$ 时，结晶动力学方程可近似由下式描述

$$X/(1-X) = Zt^n \tag{9.27}$$

式中，Z 和 n 的物理意义同 Avrami 方程，只是由 Tobin 方程获得的 n 值较大，与

由 Avrami 方程处理得到的 n 值相差 1 左右。

Tobin 方程可用于均相成核和异相成核同时存在的情况,也可用于结晶生长体的线生长速率改变的情况。

除以上几种情况外,还有 Dietz[17]提出的引入参数的方程以及 Hay 等[27]提出的非指数方程等,这里就不再赘述。

9.7.2　考虑晶体生长过程中晶核体积的影响

Cheng 等[4]认为,通常晶核的体积分数很小,一般在结晶动力学的研究中不给予考虑。但当晶核所占结晶体的体积分数达到 10%时,晶核体积对结晶过程的贡献就会明显起来。较早形成的结晶体在后期生长缓慢,在等温条件下对结晶的进一步生长起阻碍作用,活性核的数目随时间逐渐减少。

9.7.3　考虑晶体生长过程中线生长速率的变化

Cheng 等[4]认为,当结晶受成核控制时,在一定的温度下,结晶体的生长速率随时间线性变化。但当结晶受扩散控制时,结晶体的线生长速率减慢。为此,在结晶动力学方程中考虑这种因素,对 Avrami 方程进行了修正。对应于一维、二维和三维生长的结晶体在预先成核的情况下,其 Avrami 指数分别为 0.5、1 和 1.5,在散现成核的情况下分别为 1、1.5 和 2。值得注意的是,Manderkern[19]在推导结晶动力学方程时也考虑了这种情况。这种考虑可解释一些情况下 Avrami 指数很小,有时近似为 0 的现象。

另外,Kim 等[28]认为聚合物结晶体的线生长速率在一定条件下并不是常数,而是随时间逐渐减慢。在此基础上 Kim 等对 Avrami 方程进行了修正,这里就不再赘述。

9.7.4　两步结晶模型

两步结晶模型将聚合物的结晶过程分为主结晶和二次结晶,并将某时刻体系总的相对结晶度看作该时刻主结晶和二次结晶的相对结晶度之和。由于考虑问题的方法不同,两步结晶模型主要有以下几种形式。

Price[29]和 Hillier[30, 31]考虑聚合物形成球晶后,在球晶内部可进一步结晶,提出一个积分形式的 Avrami 方程来描述球晶内部的二次结晶行为。Price 和 Hillier 模型的处理方法是在聚合物的主结晶完成之后,再处理二次结晶。Perez-Cardenas 等[32]在 Malkin 等[33]的早期研究基础上,提出一个考虑问题的不同方法,即认为在主结晶完成之前,二次结晶就开始发生了。他们把聚合物的结晶过程划分为如图 9.8 所示的三个区域。第 I 区只包括主结晶,结晶速率逐渐加快并达到极大值,二次结晶在这一区域可以忽略。在第 II 区,随着非晶区的减少,结晶速率开始减慢。主结晶和二次结晶同时进行，直到主结晶结束。最后在第Ⅲ区，由于只有二次结晶，结晶速率变得非常缓慢。把这个完整的结晶过程再划分成两组，A 组由Ⅰ区和Ⅱ区组成；B 组仅由Ⅲ区组成。

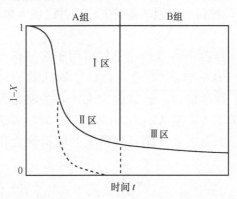

图 9.8　对于典型的实验得到的等温结晶曲线（实线）和 Avrami 方程（虚线）：Ⅰ、Ⅱ、Ⅲ区分别对应主结晶、主结晶和二次结晶、二次结晶

Velisaris 和 Seferis[34]从另一方面考虑了二次结晶，认为在聚合物结晶过程中主结晶和二次结晶同时进行，提出了并列 Avrami 模型（parallel Avrami model）。Hsiao[35]对两步结晶模型在数据拟合与 Avrami 理论的合理解释方面进行了评论，认为并列 Avrami 模型仅是 Hillier 模型的特例。虽然采用并列 Avrami 模型处理数据比较方便，且实验数据和理论曲线能很好地吻合，但方程中的参数仍缺乏明确的物理意义。相比而言，Hillier 模型有较好的理论基础。由于 Hillier 模型计算较为复杂，影响了其在等温结晶过程中的广泛应用。人们对并列 Avrami 模型进行了改进，相继出现了序列-并列 Avrami 模型（series-parallel Avrami model）[36]和连续 Avrami 模型（consecutive Avrami model）[37]等。其中序列-并列 Avrami 方程如下

$$X = \omega_p[1 - \exp(-Z_p t^{n_p})] + \omega_s \{1 - \exp[-Z_s(t - t_d)^{n_s}]\} \qquad (9.28)$$

式中，X 为结晶时间 t 时对应的相对结晶度；ω_p 和 ω_s 分别表示主结晶和二次结晶所占整个结晶过程的质量分数，二者相加之和为 1；Z_p 和 Z_s 分别表示主结晶和二次结晶的结晶速率常数；n_p 和 n_s 分别表示主结晶和二次结晶的 Avrami 指数；t_d 表示二次结晶的起始时间，可由初期的结晶过程决定。

根据上述描述聚合物结晶后期动力学过程的模型及方程，可根据不同的聚合物选择出合适的方法进行处理。

9.8　聚合物非等温结晶动力学方程

聚合物非等温结晶动力学是研究在变化的温度场下聚合物的宏观结晶结构参

数随时间变化规律的科学。研究非等温结晶动力学的意义在于了解温度场对聚合物结晶过程和结晶结构形态的影响，为指导聚合物成型工艺奠定理论基础。由于非等温结晶过程更接近于聚合物加工成型的实际过程，且实验方法容易实现，理论上可获得较多参数，使得这一领域备受关注，并已成为聚合物聚集态结构方面的一个研究热点。

Avrami 和 Evans 结晶动力学理论不仅可用于等温结晶过程，同样适用于非等温结晶过程。Piorkowska[38-40]曾对此做了深入的探讨，并对非等温条件下球晶的变化进行了数学描述。到目前为止，有关测定聚合物非等温结晶动力学参数的理论大都是从等温 Avrami 方程出发，同时考虑到非等温结晶的特点进行修正得到的。下面主要介绍几种常见的解析聚合物非等温结晶动力学参数的方法。

9.8.1 经典 Ozawa 法

Ozawa[41]基于 Evans 理论，从聚合物结晶的成核和生长出发，推导出用于等速升温或等速降温的聚合物结晶动力学方程

$$1 - C(T) = \exp[-K(T)/\Phi^m] \tag{9.29}$$

式中，C（T）为在温度 T 时的相对结晶度；Φ 为升温或降温速率；m 为 Ozawa 指数；K（T）与成核方式、成核速率、晶核的生长速率等因素有关，是温度的函数。当采用等速降温方法时，K（T）被称为冷却函数，表达式为

$$K(T) = g\int_{T_0}^{T} N_c(\theta)[R_c(T) - R_c(\theta)]^{m-2} V(\theta)\mathrm{d}\theta \tag{9.30}$$

其中

$$N_c(\theta) = \int_{T_0}^{\theta} U(T)\mathrm{d}T \ ; \ R_c(\theta) = \int_{T_0}^{\theta} V(T)\mathrm{d}T \tag{9.31}$$

式中，U（T）和 V（T）分别表示成核速率和晶体生长的线速率；T_0 为结晶的起始温度；g 为形状因子，是与结晶体形状有关的常数；θ、$N_c(\theta)$ 和 $R_c(\theta)$ 为中间变量，没有物理意义。在一定温度下，以 $\lg\{-\ln[1-C(T)]\}$ 对 $\lg\phi$ 作图，应该得到一条直线，由斜率可得到 Ozawa 指数 m，由截距可得到冷却函数 K（T），这里 m 与等温结晶中的 Avrami 指数 n 物理意义相同。

9.8.2 Jeziorny 法

Jeziorny 法[42]是直接把 Avrami 方程推广应用于解析等速变温 DSC 曲线的方法，也就是先把等速变温 DSC 结晶曲线看成等温结晶过程来处理，然后对所得参数进行修正。考虑到冷却速率 Φ 的影响，用下式对 Z 进行校正：

$$\lg Z_c = \frac{\lg Z}{\Phi} \qquad (9.32)$$

Jeziorny 方法的优点是处理方法简单，只从一条 DSC 升温或降温曲线就能获得 Avrami 指数 n 和表征结晶速率的参数 Z，缺点是所得到的动力学参数缺乏明确的物理意义。

9.8.3 一种新的方法

莫志深等[43-46]基于多年对聚合物结晶动力学方面研究的工作积累，联合 Avrami 方程和 Ozawa 方程，提出了一种研究聚合物非等温结晶动力学的新方法。新方法既克服了使用 Ozawa 方程所获得的数据点过少，常常出现非线性，不能获得可靠的动力学参数的缺点，又克服了使用经 Jeziorny 修正的 Avrami 方程所获得的表观 Avrami 指数无法准确预测非等温过程成核生长机理的缺点。目前该方法已成功用于多种聚合物体系，被国内外学者引用上千次，已成为研究聚合物非等温结晶动力学的一种有效方法。

由于 Avrami 方程是联系相对结晶度 $X(t)$ 与时间 t 的数学方程，而 Ozawa 方程是联系 $C(T)$ 与 Φ 的数学方程，对任何研究的体系，结晶过程与时间 t 和温度 T 密切相关。因此，在非等温条件下对于同一体系，当冷却（或加热）速率为 Φ 时，某时刻 t 和温度 T 的关系为

$$t = \frac{|T - T_0|}{\Phi} \qquad (9.33)$$

式中，T_0 为结晶起始温度；Φ 为冷却（或加热）速率。

基于式（9.33）的关系，关联式（9.26）和式（9.29），对于某一研究体系在某时刻 t 时必然存在与之相对应的温度为 T 时的相对结晶度 $C(T)$，或者说当选定某一确定的相对结晶度 $C(T)$ 时，可以找到在此温度 T 下，某一冷却速率 Φ 对应的 $X(t)$，从而

$$\lg\{-\ln[1 - X(t)]\} = \lg\{-\ln[1 - C(T)]\} \qquad (9.34)$$

由式（9.34），再次联系式（9.26）和式（9.29），可得到

$$\lg Z + n\lg t = \lg K(T) - m\lg \Phi \qquad (9.35)$$

对式（9.35）进行整理变形，得到

$$\lg \Phi = \lg\left[\frac{K(T)}{Z}\right]^{1/m} - \frac{n}{m} \cdot \lg t \qquad (9.36)$$

令 $F(T) = \left[\dfrac{K(T)}{Z}\right]^{1/m}$，$a = \dfrac{n}{m}$，则有

$$\lg \Phi = \lg F(T) - a \cdot \lg t \tag{9.37}$$

根据所得到的新方程式（9.37），在某一相对结晶度下，以 $\lg \Phi$ 对 $\lg t$ 作图，得到一系列直线，从直线得到截距为 $\lg F(T)$，斜率为 $-a$。其中 $F(T)$ 的物理意义为对某一体系，在单位时间内达到某一相对结晶度时必须选取的冷却（或加热）的速率值。$F(T)$ 可表征聚合物结晶的快慢，参数 $a = \dfrac{n}{m}$，其中，n 为非等温结晶过程中的表观 Avrami 指数，m 为非等温结晶过程的 Ozawa 指数。

接下来将以间规 1,2-聚丁二烯（st-1,2-PB）的非等温结晶动力学作为实例进行介绍[46]。铁催化体系 st-1,2-PB 由中国科学院长春应用化学研究所提供。st-1,2-PB 含量为 89.3%，^{13}C NMR 分析得到间规度[r]为 86.5%，[rr]为 84.5%，[rrrr]为 83.9%。凝胶渗透色谱测定的数均分子量（M_n）为 6.2×10^5，分子量分布（M_w/M_n）为 2.43。DSC 测得的熔点为 179℃。st-1,2-PB 的结构如下：

$$\begin{array}{c} +\!\!\operatorname{CH}\!\!-\!\!\operatorname{CH_2}\!\!+_n \\ | \\ \operatorname{HC}\!\!=\!\!\operatorname{CH_2} \end{array}$$

取样品质量约为 10mg，在 Perkin-Elmer 差示扫描量热仪(DSC)-7 上测试。将样品在氮气保护下由室温以 80℃/min 的速率升温至 220℃，保持 5 min，然后按冷却速率分别为 –2.5℃/min、–5℃/min、–10℃/min、–20℃/min、–40℃/min 降至室温，得到一系列不同降温速率的非等温 DSC 结晶曲线。图 9.9 是 st-1,2-PB 不同降温速率下的 DSC 曲线。从 DSC 曲线中获得的结晶峰值温度 T_p、起始温度 T_i、终止温度 T_e、结晶放热焓 ΔH_c 分别列于表 9.2 中。可以看出，随着降温速率的增大，结晶温度（T_i、T_p、T_e）降低。

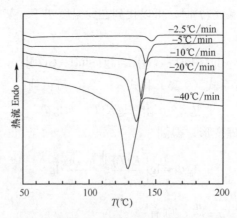

图 9.9　st-1,2-PB 样品在不同降温速率下的非等温 DSC 曲线

表 9.2　*st*-1,2-PB 样品在非等温结晶过程中的结晶峰值温度 T_p、起始温度 T_i、终止温度 T_e、结晶放热焓ΔH_c

Φ（℃/min）	T_i（℃）	T_e（℃）	T_p（℃）	ΔH_c（J/g）
−2.5	155.0	135.5	146.8	−32.8
−5	152.5	113.3	142.5	−41.4
−10	150.1	107.2	139.6	−42.9
−20	147.2	89.0	135.6	−44.6
−40	143.6	84.8	129.2	−44.2

采用 DSC 仪器带的相应软件，在非等温条件下，相对结晶度 $C（T）$ 由下面公式计算得到

$$C(T)=\frac{\int_{T_i}^{T}\left(\dfrac{\mathrm{d}H_c}{\mathrm{d}t}\Big/\dfrac{\mathrm{d}T}{\mathrm{d}t}\right)\mathrm{d}T}{\int_{T_i}^{T_e}\left(\dfrac{\mathrm{d}H_c}{\mathrm{d}t}\Big/\dfrac{\mathrm{d}T}{\mathrm{d}t}\right)\mathrm{d}T} \tag{9.38}$$

式中，$\dfrac{\mathrm{d}H_c}{\mathrm{d}t}$ 指某温度 T 下的热流速率；T_i 和 T_e 分别指结晶起始温度和终止温度。

不同降温速率下所得到的相对结晶度与温度的关系分别如图 9.10 所示。由式（9.33），可以将图 9.10 横坐标温度转化为横坐标时间，结果如图 9.11 所示。由图 9.11 可见，冷却速率越大，结晶时间越短。

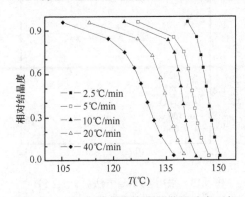

图 9.10　*st*-1,2-PB 样品在不同降温速率下相　　图 9.11　*st*-1,2-PB 样品在不同降温速率下相
　　　　　对结晶度与温度的关系　　　　　　　　　　　　对结晶度与时间的关系

根据式（9.32）的 Jeziorny 法，对 *st*-1,2-PB 结晶过程，以 $\lg\{-\ln[1-C（t）]\}$ 对 $\lg t$ 作图，如图 9.12 所示。从直线斜率及截距可求得表观 Avrami 指数 n 和速率常数 Z_c（表 9.3）。在图 9.12 中每一根曲线可以分为两个区域，开始为线性部分（常称为初级结晶），随后发生直线偏离（被称为二次结晶）。

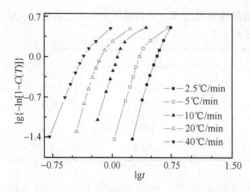

图 9.12　st-1,2-PB 样品在不同降温速率下
lg{−ln[1−C（T）]}对 lgt 作图

聚合物非等温结晶速率是与结晶过程密切相关的。Ozawa 考虑了冷却和加热速率的影响，用 T/Φ 代替 Avrami 方程中的 t，得 Ozawa 方程，采用 Ozawa 方程分析 PEEKK 结晶过程，所得结果如图 9.13 所示。由该图可以看出采用 Ozawa 方法处理的结果为一系列明显锯齿形折线，变化的斜率说明在初级结晶过程 m 值不是一个常数，也不可能准确测定冷却或加热函数 K（T）。相似的结果在其他聚合物体系中也观

表 9.3　由 Jeziorny 法获得的 st-1,2-PB 样品在不同降温速率下的动力学参数

Φ（℃/min）	n	lg$Z$	lg Z_c	Z_c
2.5	4.0	−2.27	−0.91	0.12
5	4.5	−1.56	−0.31	0.49
10	4.2	−0.30	$−3.0\times10^{-2}$	0.93
20	4.4	0.68	3.4×10^{-2}	1.08
40	3.3	1.19	3.0×10^{-2}	1.07

察到。可见 Ozawa 方程在处理实验结果时存在一定局限性。究其原因，可能是 Ozawa 方程在推演时不精确：如对聚合物二次结晶过程，片晶在过程中增厚，未给予充分考虑。Ozawa 方程在原始推导中只用 3 个冷却速率，分别为 1℃/min、2℃/min、4℃/min，这三个数据点都比较低而且很接近，因此，在某一温度下，以 lg{−ln[1−C(T)]}对 lgΦ 作图只能用两三个数据点，不同冷却速率下体系的结晶区间各不相同，

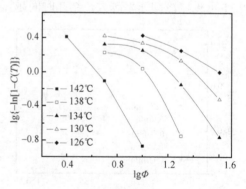

图 9.13　采用 Ozawa 方法对 st-1,2-PB
的非等温结晶数据分析

在采用 Ozawa 方程处理实验数据时，需要在相同温度下对不同冷却速率曲线的相对结晶度取值。对冷却速率很大的情况，类似于等温条件下过冷度很大时，结晶成核生长很快，因此这些点可能对应结晶后期；而对冷却速率很小的情况，很可能对应结晶初期，在非等温结晶过程中，结晶初期和后期差别很大，所以造成以 lg{−ln[1−C(T)]}对 lgΦ 作图线性关系很差，斜率不为常数，难以反映实际结晶动力学过程。尤其是在过冷度很大以及样品结晶速率很快时，这种现象尤为突出。

与 Ozawa 方法不同,莫志深等提出的新方法是在一组确定的相对结晶度 $C(T)$

的基础上进行处理，建立起确定的 $C(T)$ 下 Φ 与 t 的关系，不管所处理体系的结晶阶段为初期或后期，如图 9.14 所示,在给定 $C(T)$ 情况下，将 $\lg\Phi$ 对 $\lg t$ 作图，获得较好的线性关系，从直线斜率得 a 值，从截距求得动力学参数 $F(T)$，结果列于表 9.4 中，表中 a 值几乎相同，近似一常数（在 $1.2\sim1.3$ 之间），这说明 Avrami 指数 n 和 Ozawa 指数 m 之间存在一定比

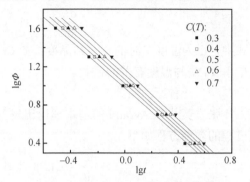

图 9.14　采用莫志深等提出的新方法对 st-1,2-PB 的非等温结晶数据分析

例关系：$a = \dfrac{n}{m}$。可见对某些不适合用 Ozawa 方法处理得到 m 值的体系，则可通过本法得到 m 值，由于 m 值有明确物理意义，可根据所获得的 m 值对样品在非等温结晶过程的机理进行分析。对于 st-1,2-PB，得到的 m 值在 $2.5\sim3.8$ 之间，这与等温方法得到的 Avrami 指数 n 值有可比性，说明 st-1,2-PB 在高温时主要为异相成核，是三维球状生长，随结晶温度逐渐降低，也可能有一部分均相成核出现。

表 9.4　采用莫志深等提出的新方法获得的 st-1,2-PB 样品的结晶动力学参数

$C(T)$	0.3	0.4	0.5	0.6	0.7
a	1.2	1.3	1.3	1.3	1.3
$F(T)$	9.5	10.6	11.7	13.0	14.9

新方法既克服了 Ozawa 方法常出现非线性的缺点，又克服了直接采用 Avrami 方程不能直接预测非等温过程成核和生长机理的缺点。新方法获得的非等温结晶动力学参数意义明确，此方法已经成功应用于聚氧化乙烯、聚芳醚酮、聚酰胺、聚烯烃、烷基取代聚噻吩、聚（β-羟基丁酸酯）及其共混物等多种聚合物体系中。

9.8.4　微分方程法

（1）Ziabicki 的一级动力学方程[47]：

$$\frac{\mathrm{d}C}{\mathrm{d}t} = K(T)(1-C) \tag{9.39}$$

（2）Lee 和 Kim 方程[48]：

$$\frac{\mathrm{d}C}{\mathrm{d}t} = K(T)C^{2/3}(1-C) \tag{9.40}$$

（3）Malkin 方程[49]：

$$\frac{\mathrm{d}C}{\mathrm{d}t} = K_0(1 + C_0C)(1 - C) \tag{9.41}$$

式中，C 为温度 T 时的相对结晶度；$K(T)$ 为与温度 T 相对应的结晶速率常数；K_0 和 C_0 是与温度有关的常数。

（4）一种新的微分方程。

张志英[50]从 Avrami 的基本理论出发，推导出了描述聚合物非等温结晶动力学过程的微分方程如下：

$$\frac{\mathrm{d}C}{\mathrm{d}t} = K(T)[-\ln(1-C)]^{m_0}(1-C) \tag{9.42}$$

式中，m_0 与 Avrami 指数 n 的关系为 $m_0 \approx (n-1)/n$；$K(T)$ 与结晶体的线生长速率成正比，仅是温度的函数，可描述为

$$K(T) = K_0 \exp\left[-\frac{E_\mathrm{d}}{RT} - \frac{\psi T_\mathrm{m}^{02}}{T^2(T_\mathrm{m}^0 - T)}\right] \tag{9.43}$$

式中，K_0 为指数前因子，近似为常数；E_d 为结晶单元跨越相界的扩散活化能；R 是气体常数；ψ 称为成核参数，与生成结晶体的表面自由能、熔融热等因素有关；T_m^0 为聚合物的平衡熔融温度。

由于非等温结晶过程很复杂，非等温结晶动力学理论远不如等温结晶成熟，对非等温结晶后期动力学的研究变得更为困难，现有的描述聚合物非等温结晶后期动力学过程的模型及方程都是等温 Avrami 修正模型在非等温条件下的扩展应用。例如，Cebe[51]将并列 Avrami 模型、Verhoyen 等[37]将连续 Avrami 模型分别运用于非等温结晶过程。另外，Dietz[17]也将等温结晶条件下的修正方程应用于非等温条件下。

参 考 文 献

[1] Wunderlich B. Macromolecular Physics. Vol 2. Crystal Nucleation, Growth, Annealing. New York: Academic Press, 1976.

[2] Turnbull D, Fisher J C. J Chem Phys, 1949, 17: 71-73.

[3] Banks W, Hay J N, Sharples A, et al. Polymer, 1964, 5: 163-175.

[4] Cheng S Z D, Wunderlich B. Macromolecules, 1988, 21: 3327-3328.

[5] Tobin M C. J Polym Sci Part B: Polym Phys, 1974, 12: 399-406.

[6] Avrami M J. Chem Phys, 1939, 7: 1103-1112.

[7] Tobin M C. J Polym Sci Part B: Polym Phys, 1976, 14: 2253-2257.

[8] Eder G, Janeschitz-Kriegl H, Liedauer S. Prog Polym Sci, 1990, 15: 629-714.

[9] Lauritzen J I Jr, Hoffman J D. J Res Natl Bur Stand, 1960, 64A: 73-102.

[10] Lauritzen J I Jr, Hoffman J D. J Res Natl Bur Stand, 1961, 65A: 297-336.

[11] Hannay N B. Treatise on Solid State Chemistry. Vol 3. New York: Plenum Press, 1976.

[12] Hoffman J D. Polymer, 1983, 24: 3-26.

[13] Hoffman J D, Miller R L. Polymer, 1997, 38: 3151-3212.

[14] Kolmogoroff A N. Isvest Akad Nauk SSSR Ser Math, 1937: 1, 335-339.

[15] Johnson W A，Mehl R T. Trans AIME，1939，135：416-441.

[16] Evans U R. Trans Faraday Soc，1945，41：365-374.

[17] Dietz W. Coll Polym Sci，1981，258：413-429.

[18] Billon N，Haudin J M. Coll Polym Sci，1989，267：1064-1076.

[19] Mandelkern L. Chem Revs，1956，56：903-958.

[20] Mandelkern L. Crystallization of Polymers. Vol 2. Kinetics and Mechanisms. 2nd ed. Cambridge：Cambridge University Press，2004.

[21] Cheng S Z D. Phase Transitions in Polymers：The Role of Metastable States. Amsterdam：Elsevier Press，2008.

[22] Schultz J M. Polymer Crystallization：The Development of Crystalline Order in Thermoplastic Polymer. Washington D C：ACS，2001

[23] Piorkowska E，Rutledge G C. Handbook of Polymer Crystallization. Hoboken：John Wiley&Sons，2013.

[24] Ergoz E，Fatou J G，Mandelkern L. Macromolecules，1972，5：147-157.

[25] 周卫华，林芳，何丽娟. 合成纤维工业，1988，11：37-42.

[26] Qian B G，Xu Y，Zhou E L. Chin J Polym Sci，1988，6：97-116.

[27] Hay J N，Przekop Z J. J Polym Sci Part B：Polym Phys，1978，16：81-89.

[28] Kim S P，Kim S C. Polym Eng Sci，1991，31：110-115.

[29] Price F P J. Polym Sci Part A，1965，3：3079-3086.

[30] Hillier H L. J Polym Sci Part A，1965，3：3067-3078.

[31] Hillier H L. Polymer，1968，9：19-22.

[32] Perez-Cardenas F C，Felipe-Casrillo L，Vera-Graziano R. J Appl Polym Sci，1991，43：779-782.

[33] Malkin A Ya，Beghishev V P，Keapin I A，et al. Polym Eng Sci，1984，24：1396-1401.

[34] Velisaris C N，Seferis J C. Polym Eng Sci，1986，26：1574-1581.

[35] Hsiao B. J Polym Sci Part B：Polym Phys，1993，31：237-240.

[36] Woo E M，Yau S N. Polym Eng Sci，1998，38：583-589.

[37] Verhoyen O，Dupret F，Legras R. Polym Eng Sci，1998，38：1594-1610.

[38] Piorkowska E. J Phys Chem，1995，99：14007-14015.

[39] Piorkowska E. J Phys Chem，1995，99：14016-14023.

[40] Piorkowska E. J Phys Chem，1995，99：14024-14031.

[41] Ozawa T. Polymer，1971，12：150-158.

[42] Jeziorny A. Polymer，1978，19：1142-1144.

[43] 莫志深. 高分子学报，2008，（7）：656-661.

[44] 刘结平，莫志深. 高分子通报，1991，（4）：199-207.

[45] Liu T，Mo Z，Wang S，et al. Polym Eng Sci，1997，37：568-575.

[46] 任敏巧，莫志深，陈庆勇，等. 高分子学报，2005，（3）：374-378.

[47] Ziabicki A. Appl Polym Symp，1967，6：1-18.

[48] Lee K H，Kim S C. Polym Eng Sci，1988，28：13-19.

[49] Malkin A Y，Beghishev V P，Keapin I A. Polymer，1983，24：81-84.

[50] Zhang Z. Chin J Polym Sci，1994，12：256-265.

[51] Cebe P. Polym Eng Sci，1988，28：1192-1197.

（任敏巧）

第 10 章 外场性质对高分子结晶形成和结构的影响

1991 年诺贝尔物理学奖得主 de Gennes 在他的获奖演讲中，把液晶、胶体、高分子、两亲分子和生物大分子等统称为"软物质"（soft matter），由此"软物质"概念正式被提出。高分子，作为一类软物质，对外界微小的作用具有敏感性，其结构和性质可在很小的力、电、磁、热、化学扰动等外界作用下发生很大的变化。因此，通过调控外场的类型、性质及强度，可制造出满足不同目的和要求的、具有特殊结构和性能的高分子材料。本章仅就几种外场对高分子结晶形成和结构的影响研究作一概述。

10.1 重力场对高分子的结晶与结构的影响

10.1.1 重力场在高分子材料研究中的应用

重力科学涉及的研究领域很广，根据不同的环境，可划分为：增重力（enhanced gravity）、常规重力（regular gravity）、减重力（reduced gravity）和微重力（microgravity）等几门分支学科。增重力是指重力加速度远大于 g_0（$g_0 = 9.81 \text{m/s}^2$）的环境，目前已有人研究到 $10^6 g_0$ 以上；减重力是指重力加速度小于 g_0 的环境，一般是指重力加速度在 $10^{-5} g_0 \sim 10^{-1} g_0$ 的环境；微重力是指重力加速度低于 $10^{-6} g_0$ 的环境，此时分子力占绝对优势。

在增重力环境中，沉降和对流效应将显著加强，可以利用强化的沉降和对流效应来获得必要的过饱和，避免有害杂质和增加晶体的生长速率。增重力一般可通过超高速离心旋转来获得。俄罗斯的 Briskman 等利用离心装置详细研究了不同重力下聚丙烯酰胺、聚丁烯酸甲酯（硬玻璃）等聚合物的合成过程。他们发现，在增重力条件下，热效应和收缩必然导致对流和聚合前沿的不稳定，对流程度的强弱取决于热效应和收缩的大小、反应速率和温度、起始混合物的黏度、混合物热扩散系数的大小、反应容器的尺寸和形状以及反应室的取向，结果严重影响聚合物产品的结构和光学非均匀性。另外，他们在离心增重力下的聚合过程中发现了新的重力敏感机制，聚合物产品的机械性能随重力程度有规律地变化，重力行为的特殊原因目前并不清楚，正在进一步研究之中。

微重力科学是一门新兴的边缘科学，它兴起于 20 世纪 60 年代。在微重力环境中，重力所造成的对流、沉淀和静压力等现象消失，利用微重力可以进行许多在地面上不能进行的科学研究，可以制造和生产出许多在地面上不能得到的新材料和新产品。早在 70 年代初，微重力就已应用于材料科学研究，起初是从电子材料、合金和玻璃等无机材料开始的，聚合物材料的研究要晚一些，1984 年美国才正式把聚合物材料列入太空材料的研究计划之中。从理论上分析，在微重力下制备的聚合物材料的组织结构更均匀、性能更优越，这对于功能聚合物（如导电聚合物、铁磁性聚合物和聚合物薄膜等）的研究具有巨大的潜在价值，使其成为微重力材料研究中继电子材料、金属材料之后最重要的一个研究对象。图 10.1 为美国 80 年代以来在微重力下进行材料研究的分布图。由图 10.1 可知，聚合物材料的研究占 20% 以上，聚合物材料的研究主要集中在聚合物的合成和聚合物材料的加工。同时，欧洲的德国、丹麦和前苏联、美洲的加拿大、亚洲的日本等国紧跟其后，相继展开了在微重力下进行聚合物材料这一高新技术的研究[1-6]。

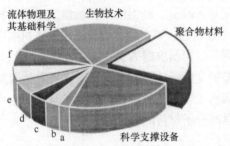

图 10.1　美国 80 年代以来微重力科学应用于材料研究的分布图：a. 燃料科学；b. 材料照射试验；c. 玻璃和陶瓷；d. 溶液中晶体生长及催化；e. 金属和合金；f. 光电材料

在众多的研究中，大多数文章报道的是常规重力下聚合物材料的研究，本节在此不再赘述。减重力场介于增重力和微重力之间，下面将重点介绍微重力和减重力下高分子材料的研究概况。

10.1.2　微重力下高分子的合成、结晶与结构

随着现代科学技术的进步，高分子材料工业蓬勃发展，尤其是功能高分子如导电高分子因其导电性能良好，同时又具有密度小、可塑性好和综合机械性能理想而备受各国工业界青睐，高分子材料在国民经济和人民生活中占有的比重越来越大。但是，在聚合反应过程中，由于新相的产生而形成密度梯度流，将严重影响高分子的分子量与分子量分布，同样，在高分子熔融固化过程中，由于高分子黏度较大，其结晶受分子取向和构象的约束，重力驱动下的剪切流变将严重影响晶体的组织和结构，而在微重力环境中则可将上述影响消除。在微重力下对高分子的研究主要包括微重力下高分子的合成（尤其是功能高分子的合成）、微重力下高分子的重熔再结晶和微重力下功能高分子薄膜的制备。

1. 微重力下高分子的合成

微重力下合成高分子的目的是研究重力对高分子的分子量和分子量分布的影响，获得大分子量和均一分子量的高分子。1984 年美国首次在航天飞机上制备出均

匀性极好的聚苯乙烯乳胶小球，其直径达 4.98μm，而在地面上无法制备出直径大于 2μm 的小球，随着技术的不断改进，在微重力下制备的聚苯乙烯乳胶小球直径已达 30μm。德国 Bremem 大学微重力和应用空间技术中心的 Sturm 等在落塔装置中研究了微重力对光诱导合成聚丙烯酸盐的分子量大小、构型、颗粒分散性的影响和器壁效应对聚合行为的影响。俄罗斯的 Bogatyreva 等在微重力下通过光诱导合成聚丙烯酰胺溶胶，并利用多种测量手段对比研究了重力对聚合过程的热、质传输机制的影响。实验结果表明，在聚合过程中由于释放化学能而引起了局部温升和新密度相的出现，在地面上的聚合必然导致对流并严重影响聚丙烯酰胺溶胶的聚合行为和结构，而在微重力下对流强度显著减弱，制得的聚丙烯酰胺溶胶结构均匀。美国的 Burns 和 Brown 等设计了一个实验包，该实验包可放在航天飞机的中仓，也可单独作为一个实验室，他们使用偶氮二甲基戊腈为引发剂，在航天飞机上进行了聚酯、聚硅酮和聚甲基丙烯酸酯等多种高分子的合成实验。美国等发达国家还开展了在微重力环境中电沉积聚噻吩及其衍生物、电化学合成聚苯胺及其衍生物和光化学合成聚丁二炔等导电或非线性光学高分子材料的研究[7]。

2. 微重力下高分子的重熔再结晶

微重力下高分子材料的处理主要是指在微重力下高分子材料的重熔再结晶或其他形式的压力加工。在高分子加工过程中，由于地面上重力的存在而引起材料变形，改变了材料的微观结构，导致材料性能的不均匀，必然影响材料的最终使用性能，而在微重力下处理高分子，能得到结构和性能不同于地面的均匀材料。1992 年，美国的宾夕法尼亚大学采用熔融/固化法在微重力下对聚乙烯进行重熔再结晶研究，发现聚乙烯晶体的晶型和双折射率都发生了变化。美国 3M 公司在微重力下研究了尼龙 6 的熔融聚合和结晶，聚氟丁二烯、聚偏氟乙烯以及分别与聚甲基丙烯酸甲酯混溶的相分离等，此外他们还开展了在微重力下的诱变效应对半结晶高分子的结构、取向和形貌的研究。研究重力对高分子的固化过程和加工过程的影响对于地面高分子新产品的设计和开发具有指导意义[8]。

3. 微重力下功能高分子薄膜的制备

微重力下制备功能高分子薄膜的主要目的是获得薄膜结构均匀的高效专一的半渗透膜和非线性光学晶体薄膜。委内瑞拉的科学家搭载美国航天飞机，在微重力下采用铸塑成型法制造半渗透高分子薄膜，其薄膜形貌结构优于地面产品，且薄膜无杂质。高效专一的高分子渗透薄膜用途极广，可用于气体分离、食品和饮料的生产、制造和工艺控制等多方面。另外，Fox 等在微重力下制备了高分子液晶薄膜，其光电性能大大优于地面相同方法制备的薄膜。美国 3M 公司从 1985 年开始采用物理气相沉积法多次在太空中生长铜酞菁薄膜，所得薄膜比地面生长的晶体薄膜更光滑、光学性更均匀、密度更大，性能有大幅度的提高。美国在微重力场下制备聚合物非线性光学晶体薄膜方面投入较大，他们还开展了在微重力环境中制备聚噻吩晶体薄膜、聚丁二炔晶体薄膜等导电或非线性光学高分子晶体薄膜的研究，其应用目标是光开关和光计算机。由于微重力下制备的高分子薄膜具有巨大的潜在商业价值，美国不少企业也参加到这一研究领域[9]。

　　总之，在不同重力环境中进行高分子材料的研究，由于受多种因素的制约，尤其在微重力下进行的太空实验次数有限，加之所用方法和相应硬件装置存在的问题以及实验条件不合适等问题，使得在太空中进行的实验有很大一部分是失败的，目前还有很多有待研究的现象和待发掘的规律，如微重力下的结晶行为机制等。已有的实验研究表明，在微重力下制备的高分子晶体的晶型和性质、高分子的分子量与分子量分布等都会发生改变。在这一领域中尚有许多方面的研究还处于空白，如在微重力下合成功能高分子材料的研究。积极从事该领域的研究，对于揭示大自然规律和指导地面功能高分子材料的制备具有重要的科学价值和社会经济效益。

10.1.3　高真空静电减重力下高分子的结晶与结构

1. 高真空静电减重力装置

　　图 10.2 是我们为了适应研究工作需要自行设计的高真空静电减重力装置示意图。

　　该装置的原理是利用静电力削弱重力（mg_0），通过调节两极间的距离（d）达到不同的减重力程度如 $10^{-1}g_0$、$10^{-2}g_0$、$10^{-3}g_0$ 等，由于电极弧度很小，因此可将通过极板间电势分布近似作为平板电极处理。具体实验时，控制极板间距使样品接近悬浮起来，则样品的减重力方程可表达为

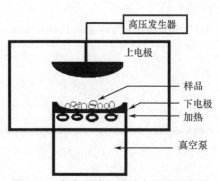

图 10.2　高真空静电减重力装置示意图

$$mg_0 - Q_s \frac{U}{d} = mg_x \qquad (10.1)$$

式中，U 为两极板间电压；d 为两极板间距离；g_x 为残留加速度；m 为样品质量；g_0 为重力加速度（$g_0 = 9.8 \text{m/s}^2$）；Q_s 为高分子样品表面自由电荷量。对于不同的高分子，Q_s 可以通过理论计算或者实验测量。为研究方便，我们引入一个新的参数——减重率（Δg）

$$\Delta g = 1 - \frac{|g_x|}{g_0} \qquad (10.2)$$

式中，$\Delta g = 0$ 时，高分子处于常规重力场下；$\Delta g = 1$ 时，高分子所受静电力刚好抵消重力，聚合物处于无重力场下；$0 < \Delta g < 1$ 时，高分子处于减重力场下。显然，对于特定高分子，电场强度越大，减重率更趋于 1。

2. 高真空静电减重力对高分子重熔再结晶的影响

在高真空静电减重力装置中（图 10.2），我们研究了等规聚丙烯（iPP）[10]、间规聚苯乙烯（sPS）[11]、导电高分子烷基取代聚噻吩[12]以及压电聚合物尼龙 11（PA11）和聚偏氟乙烯（PVDF）[13]等高分子的晶体结构，取得了与常规重力下明显不同的结果。

1）iPP

将 iPP 放入高真空静电减重力装置中在不同电场强度下熔融再结晶，所得样品经 X 射线衍射检测的结果表明，iPP 在不同电场强度下熔融结晶样品均为α相，没有新相生成，但其晶面间距和晶胞参数比无静电场制备的样品要大，并且晶胞参数随电场强度（E）的增强而不断增大（图 10.3）。iPP 的晶胞体积也随电场强度的增强而增大，E = 10kV/cm 时制备的 iPP 结晶样品的晶胞体积比零场强时制备的样品增加 6.17%。

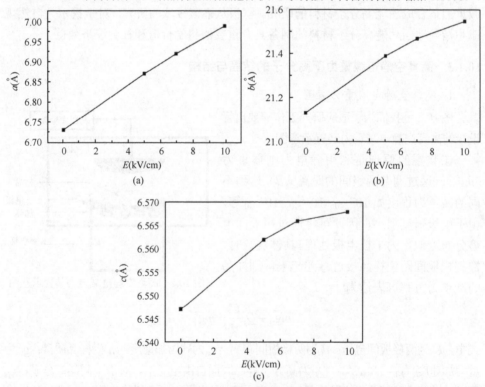

图 10.3　高真空静电减重力装置中形成的 iPP 晶体的晶胞参数与静电场强度的关系：（a）晶胞参数 a；（b）晶胞参数 b；（c）晶胞参数 c

一般无电场作用时，高分子熔体在冷却凝固时与固体界面为非共价界面，高分子固体可以不断接受来自熔体的链段，使高分子晶体增长为连续进行的线性增长（G）。同时，高分子晶体增长时成分不改变，只需界面附近的链段作近距离迁移，故高分子熔体结晶过程在无电场干扰时仅受界面迁移控制，而界面迁移速率受过冷度控制，一旦其界面突出物发展成细长的原纤维，在过冷度适当的情况下，原纤维会迅速增长，在所有方向几乎以相同的概率均匀地充满空间。因此，iPP 在无电场时形成了呈等轴辐射的球晶，如图 10.4（a）所示。

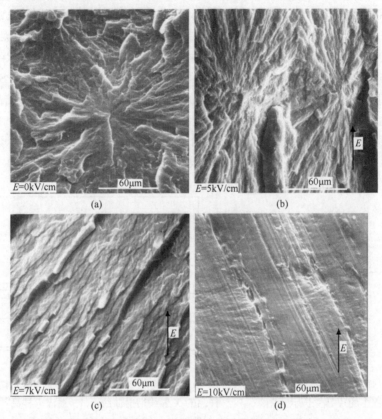

图 10.4　不同静电场强度下制得的 iPP 重熔再结晶样品的 SEM 照片：（a）$E = 0$ kV/cm；（b）$E = 5$kV/cm；（c）$E = 7$kV/cm；（d）$E = 10$kV/cm

　　在强静电场作用下，高分子熔体表面产生极化并逐步扩散渗透，表面上的自由电荷会逐渐增加，高分子熔体在固化过程中其分子链所受静电场力随电场强度的增加而增加，当电场强度增加到一定强度时，静电力可以完全抵消重力，高分子熔体在电场中被"悬浮"起来。在静电场下，高分子晶核一旦形成，微晶会沿静电场方向优先生长。在较强静电场下，熔体高分子的折叠链会被静电引力拉伸，与未经静电场作用的分子链具有不同的取向，分子链的排列和堆砌发生了明显变化。随静电场强度的增加，高分子的分子链所受作用力增强，分子链被拉伸的程度增大，进一步偏离平衡位置，甚至向其他晶型发生转变。当几个晶核同时形成时，高分子晶体在静电场作用下一起沿着静电场方向生长（图 10.5）。因此，如图 10.4（b）所示，在高真空弱静电场下，iPP 的晶粒沿静电场方向取向，形成压扁的球晶，当 $E > 5\text{kV/cm}$ 时，iPP 的晶体由球晶完全转化为片晶。随电场强度的不断增加，iPP 的晶体形态逐步由球晶转化为片晶。

2）sPS

图 10.6 为不同静电场强度下制得的 sPS 重熔再结晶样品的 X 射线衍射曲线。由图 10.6 可知，高真空无静电场下等温结晶的 sPS 样品与原淬火样品都是 α 晶型；在 $E = 4\text{kV/cm}$ 下等温结晶的 sPS 样品的衍射峰减少，有少量 β 晶型生成；在 $E = 8\text{kV/cm}$ 下等温结晶的 sPS 样品的衍射峰与 β 晶型一致，说明强静电场下 α 型 sPS 全部转化为 β 晶型 sPS。静电场下结晶的 sPS 样品的晶面间距也大于无静电场下结晶的 sPS 样品的晶面间距。另外，由 sPS 重熔再结晶样品的 SEM 照片可以看出，高真空无静电场下结晶所得晶体的形态呈混乱的片状[图 10.7（a）]；高真空静电场下结晶所得晶体呈厚片晶，晶粒沿静电场方向取向[图 10.7（b）和图 10.7（c）]。静电场对 sPS 晶体形态的影响与 iPP 的类似。

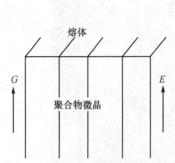

图 10.5　强静电场下高分子熔体结晶过程中的片晶生长示意图

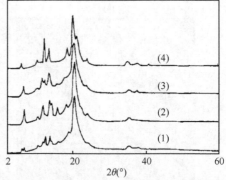

图 10.6　不同静电场强度下制得的 sPS 重熔再结晶样品的 X 射线衍射曲线：（1）原淬火样品；（2）$E = 0\text{kV/cm}$；（3）$E = 4\text{kV/cm}$；（4）$E = 8\text{kV/cm}$

(a)

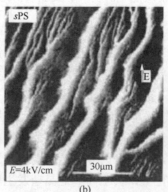

(b)

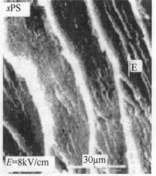

(c)

图 10.7　不同静电场强度下制得的 sPS 重熔再结晶样品的 SEM 照片：（a）$E = 0\text{kV/cm}$；（b）$E = 4\text{kV/cm}$；（c）$E = 8\text{kV/cm}$

3）PA11/PVDF 混合物

图 10.8 为不同静电场强度下制得的 PA11、PVDF 和 PA11/PVDF 共混物的重熔再结晶样品的 X 射线衍射曲线。比较图中曲线可知，电场强度对 PVDF 的晶体结构无影响，不同电场强度下处理的 PVDF 样品的结晶相均为β型；而电场强度对 PA11 的晶体结构有明显影响，随电场强度的增加发生了由α型向δ型的转变。对于 PA11/PVDF 共混物而言，当 PA11 含量增加到 80%（质量分数）、$E>4\text{kV/cm}$ 时才可看到明显的 PA11 由α型向δ型的转变，这可能是因为 PVDF 在含量较高时对 PA11 的晶型转变有一定的抑制作用。

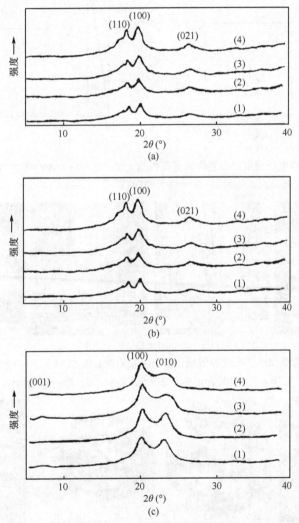

图 10.8　不同静电场强度下制得的 PA11、PVDF 和 PA11/PVDF 共混物的重熔再结晶样品的 X 射线衍射曲线：（a）PVDF；（b）PA11/PVDF 共混物；（c）PA11；（1）$E=0\text{kV/cm}$；（2）$E=4\text{kV/cm}$；（3）$E=6\text{kV/cm}$；（4）$E=8\text{kV/cm}$

3. 高真空静电减重力对高分子薄膜结晶的影响

在高真空静电减重力装置中（图 10.2），我们还开展了等规聚丙烯（iPP）、十二烷基取代聚噻吩（P3DDT）以及二者共混物（由稀溶液制成）的薄膜微晶体生长形态研究[14, 15]。iPP、P3DDT、iPP/P3DDT 共混物的薄膜在电场作用下的微晶生长工艺如图 10.9 所示，形成的微晶的 SEM 照片如图 10.10～图 10.12 所示。

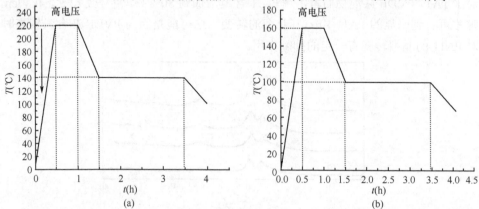

图 10.9　高真空静电场减重力装置中的薄膜微晶生长工艺：（a）iPP 和 iPP/P3DDT 共混物；
（b）P3DDT

图 10.10　iPP 薄膜在不同强度静电场作用下生长的微晶的 SEM 照片：（a）$E = 0$kV/cm；
（b）$E = 4$kV/cm；（c）$E = 6$kV/cm；（d）$E = 8$kV/cm

图 10.11　P3DDT 薄膜在不同强度静电场作用下生长的微晶的 SEM 照片：（a）$E = 0$kV/cm；
（b）$E = 4$kV/cm；（c）$E = 6$kV/cm；（d）$E = 8$kV/cm

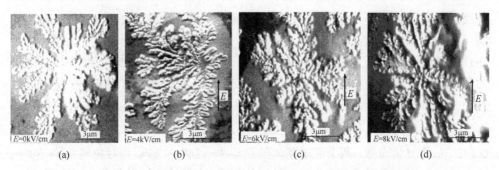

图 10.12　iPP/P3DDT 共混物薄膜在不同强度静电场作用下生长的微晶的 SEM 照片：（a）$E =$ 0kV/cm；（b）$E = 4$kV/cm；（c）$E = 6$kV/cm；（d）$E = 8$kV/cm

由图 10.10 可知，当 $E = 0$kV/cm 时，iPP 一旦成核就向四方均匀生长成树枝状球晶；当 $E \neq 0$kV/cm 时，iPP 一旦成核主径则沿电场方向优先生长成树枝状球晶。由图 10.11 可知，当 $E = 0$kV/cm 时，P3DDT 无树枝断裂；当 $E \neq 0$kV/cm 时，P3DDT 出现树枝断裂并且随静电场强度的增加而增强，尤其当 $E > 6$kV/cm 时，P3DDT 树枝几乎完全断裂，原因可能是 P3DDT 在强静电场作用下发生了断链。由图 10.12 可知，当 $E = 0$kV/cm 时，iPP/P3DDT 共混物薄膜仍然生长成树枝状球晶，当 $E \neq 0$kV/cm 时，iPP/P3DDT 共混物薄膜沿电场方向生长成压扁的树枝状球晶，且树枝有部分断裂现象发生。上述现象可做如下解释：高分子在较低温度下结晶时，如果分子链向晶体的移动起控制作用，往往生长成树枝晶，因为在这种情况下，凸出的棱角占有几何上的有利条件，棱角往往比其他部分优先生长。在无外场干扰时，高分子晶体向各方向生长的概率相等，又由于高分子为稀溶液，生长过程中受高分子链迁移量限制，往往长成树枝状球晶，如图 10.10（a）和图 10.12（a）所示。但是，在强静电场下，高分子无论是极性还是非极性，都会发生电荷转移，产生诱导偶极，诱导偶极与电场的相互作用改变了分子的自由能，导致分子链沿电场方向的极化取向，这些因电场作用极化取向的分子链与未经电场作用的分子链有不同的构象，分子链构象更为伸展。另外，随环境温度的升高，高分子链段及侧基的运动活性逐渐增强，使得高分子的偶极矩更易沿着极化电场方向取向，结晶温度维持一定时间可使取向处理能够充分进行。因此，在这种情况下，高分子一旦成核，主径就沿电场方向生长成典型的树枝状球晶，如图 10.10（d）和图 10.12（d）所示。

10.2　应力、热、溶剂诱导下高分子的结晶与结构

10.2.1　应力、热、溶剂诱导结晶对聚芳醚酮类高分子结构的影响

自 20 世纪 80 年代 ICI 公司将聚芳醚酮类高分子（PAEKs）的第一个成

员聚醚醚酮（PEEK）商品化以来，许多 PAEKs 被合成和生产出来，如聚醚醚酮酮（PEEKK）。PAEKs 是高性能工程塑料，由于具有优异的热、电、化学性质、物理机械性能及易加工成型等特性，使其在高技术领域得到广泛应用[16,17]。PAEKs 的晶体结构与聚苯醚（PPO）类似，为正交晶系，每个晶胞有两条分子链通过，其中一条通过晶胞中心，另外 4×1/4 条通过晶胞四条棱（图 10.13），空间群为 D_{2h}^{14} -$Pbcn$；消光规律 $h+k$ 为奇数；$0kl$ 中，k 为奇数；$h0l$ 中，l 为奇数；$h00$，$0k0$，$00l$ 中，h，k，l 为奇数；两个亚苯基间的夹角 θ = 124°～126°，相对扭转角 ϕ = 30°～40°（图 10.14）。几种典型 PAEKs 的 c 轴长度及它们的晶体学参数分别见图 10.15 及表 10.1，某些 PAEKs 的结构和热性能之间的关系列于表 10.2。

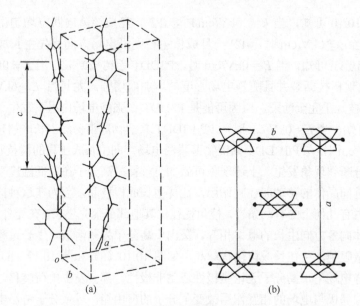

图 10.13 （a）PEEKK 晶胞正视图及（b）ab 平面投影图

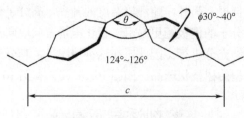

图 10.14 PAEKs 的几何图像

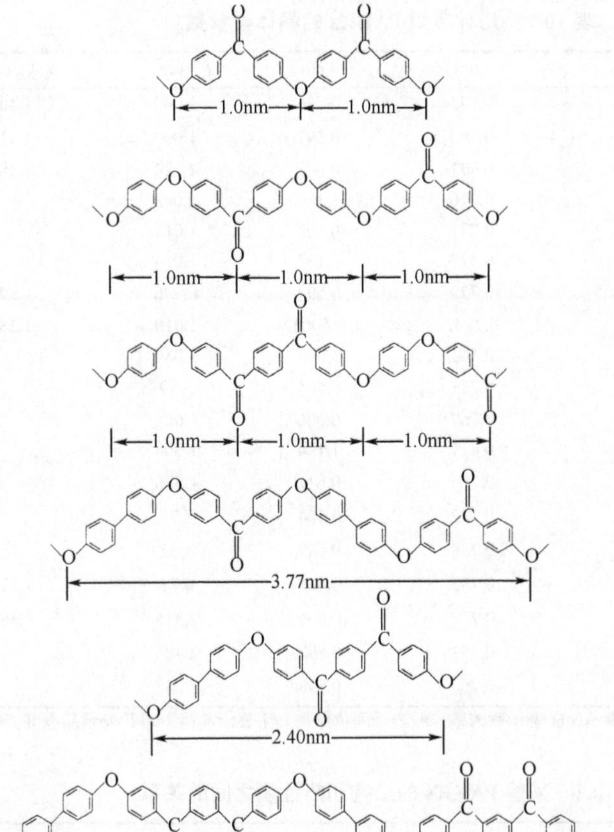

PEK

PEEK

PEEKK

PEDEK

PEDEKK

PEDEK*m*K

PEKK

PEK*m*K

PEEK*m*K

图 10.15　几种典型 PAEKs 的 *c* 轴长度的比较

表 10.1　几种典型 PAEKs 的晶体学参数

PAEKs	a (nm)	b (nm)	c (nm)	ρ_c (g/cm³)
PEEK	0.775	0.586	1.000	1.400
PEK	0.765	0.597	1.009	1.412
PEKEKK（Ⅰ）	0.771	0.607	1.027	1.384
（Ⅱ）	0.416	1.109	1.008	
PEKEKK（T/I）（Ⅰ）	0.771	0.607	1.013	
（Ⅱ）	0.417	1.134	1.013	
PEEKEK	0.779	0.594	0.996	1.396
PEEKK（Ⅰ）	0.7747	0.6003	1.010	1.385
（Ⅱ）	0.461	1.074	1.080	
PEEKmK	0.771	0.605	3.99	
PEKK（Ⅰ）	0.767	0.606	1.008	
（Ⅱ）	0.417	1.134	1.008	
PEKmK	0.766	0.611	1.576	
PEDEK	0.772	0.594	3.75	
PEDEKmK	0.788	0.609	4.82	
	0.785	0.605	4.77	1.374
PEDEKK	0.778	0.606	2.375	1.389
	0.757	0.598	2.404	
PEEKDK	0.760	0.598	2.288	

注：E 表示醚基，K 表示酮基，D 表示联苯基，m 表示间位结构，Ⅰ 表示晶型Ⅰ，Ⅱ 表示晶型Ⅱ，(T/I) 表示对、间位共聚比例为 1。

表 10.2　某些 PAEKs 的结构和热性能之间的关系

PAEKs	K/E	T_g（℃）	T_m（℃）	T_m^0（℃）	T_d（℃）
PEEEK	0.33	129	324		
PEEK	0.50	141～145	334～343	359～395	＞500
PEEKEK	0.67	148～154	345		＞520
PEK	1.00	154～165	365～367		＞520
PEEKK	1.00	150～158	359～370	371～387	＞520
PEKEKK	1.50	160～173	370～384		＞520
PEKK	2.00	165～172	378～400		535
PEKmK	2.00，$meta$-	156～165	330～350	354	
PEEKmK	1.00，$meta$-	154	308		
PEDEKmK	$meta$-	160	302		
PEDEK	0.50，D	167～183	409～417	449	＞520
PEDK	1.00，D	180～216	478		520
PEDEKK	1.00，D	183～185	409～412		520
PEEKDK	1.00，D	183～192	428～434		
PEDEKDK	1.00，D	209	469		

　　有关的 PAEKs 在外场诱变下产生多晶型及其原因，王尚尔等[18-25]已做了系统报道。现以 PEEKK 为例介绍应力、热、溶剂诱导结晶对 PAEKs 结构的影响。

图 10.16 为高倍拉伸的 PEEKK 纤维图，在图上出现了"额外"的衍射斑点[图 10.16（b）方框内]，它们不能用正交晶系晶型 I 参数指标化，只能用晶型 II 参数指标化（表 10.1）。

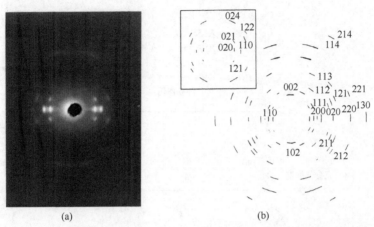

图 10.16　高倍拉伸的 PEEKK 纤维图[空气中 300℃退火 6h，"额外"衍射点收集在（b）图左上角方框内]

图 10.17 为不同拉伸比（DR = 1～4.5 倍）PEEKK 薄膜的 X 射线衍射曲线，其中图（a）为 280℃有张力的情况下退火 1h 后记录的 X 射线衍射曲线，图（b）为无高温退火、室温下拉伸后记录的 X 射线衍射曲线。比较图中曲线可知，无论高温退火与否，均可看到晶型 II 的特征衍射峰，说明 PEEKK 中晶型 II 的出现是应力诱变的结果，而非热诱导的结果。

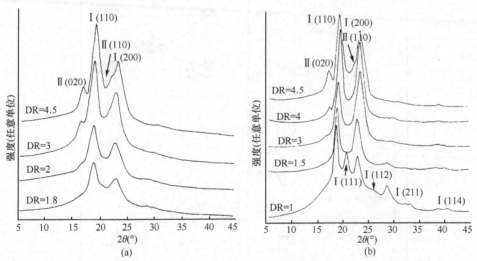

图 10.17　不同拉伸比 PEEKK 薄膜的 X 射线衍射曲线：（a）280℃有张力情况下退火 1h；（b）不经过退火，无张力

王尚尔、莫志深等解析了 PAEKs 在应力作用下，分子链得到充分伸展，并使 c 轴伸长，分子链可能重新堆砌，引起其他参数的变化，并提出了 PAEKs 在外场力作用下及外力取消后晶型的转变模型（图 10.18）。

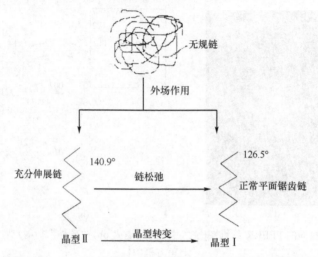

图 10.18　PAEKs 在外场力作用下及外力取消后晶型的转变

根据图 10.18 的晶型转变模型及 PEEKK 晶型 I 及晶型 II 的晶胞参数可以得出 PEEKK 的晶型 I 及晶型 II 的晶胞堆砌模型（图 10.19）。上述晶型 II 结构的产生，也得到微区电子衍射证实。

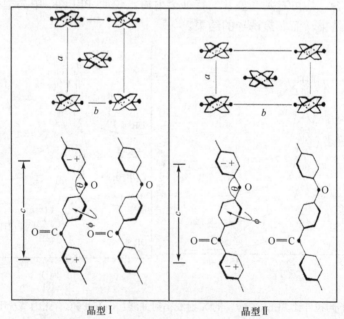

图 10.19　PEEKK 晶型 I 及晶型 II 的比较

我们对 PAEKs 应力诱导结晶的研究证明，PAEKs 在应力作用下产生多晶型是较普遍的现象（表 10.1），晶型 II 的产生随分子链刚性的增强（酮/醚比增加）而增加，并依赖于拉伸温度、速率、热定型温度等。图 10.20 为 PAEKs 拉伸诱变结晶后的 X 射线衍射曲线，可充分说明 PAEKs 的分子链刚性大小不同，产生晶型 II 的 X 射线衍射峰强弱有明显差异。

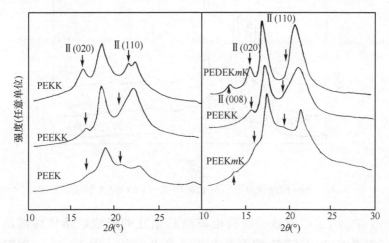

图 10.20　分子链结构不同的 PAEKs 拉伸诱导产生晶型 II 的 X 射线衍射曲线

将 PEKEKK（T/I）的非晶样品放入 CH$_2$Cl$_2$ 溶剂中，室温保持一周后放入真空烘箱中除去溶剂，得到溶剂诱导结晶样品，其 X 射线衍射曲线如图 10.21 所示。由图 10.21 可以看出，溶剂的存在能够诱导 PEKEKK（T/I）的非晶样品结晶，但结晶峰较弱，说明溶剂诱导只产生很少的结晶，这与熔体结晶产生的强结晶衍射峰是无法比拟的。

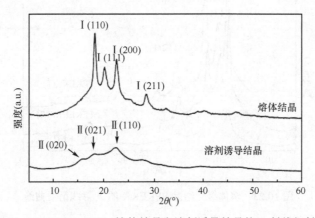

图 10.21　PEKEKK（T/I）熔体结晶和溶剂诱导结晶的 X 射线衍射曲线

　　对 PEKEKK（T/I）的熔体结晶、溶剂诱导结晶和冷结晶分别进行了研究，发现熔体结晶仅得到晶型Ⅰ，溶剂诱导结晶仅得到晶型Ⅱ，而热诱导玻璃态结晶（冷结晶）可得到晶型Ⅰ与晶型Ⅱ两种晶型（图 10.22）。

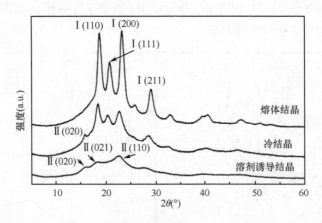

图 10.22　不同结晶条件下所得 PEKEKK（T/I）的 X 射线衍射曲线

　　此外，PEKEKK 的分子结构也影响晶型Ⅱ的形成。熔体缓慢结晶时，不同分子结构的 PEKEKK 均没有产生晶型Ⅱ结构（图 10.23）。溶剂（同前溶剂）诱导结晶时，只有 PEKEKK（T）和 PEKEKK（T/I）产生晶型Ⅱ结构，而全间位结构的 PEKEKK（I）因分子链变柔软不易形成晶型Ⅱ结构（图10.24）。

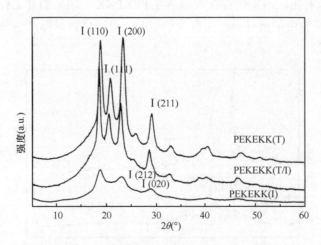

图 10.23　熔体缓慢结晶 PEKEKK 的 X 射线衍射曲线

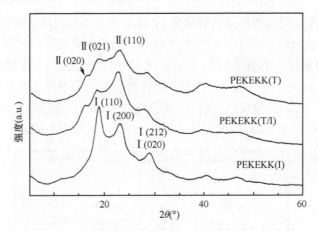

图 10.24 溶剂诱导结晶 PEKEKK 的 X 射线衍射曲线

10.2.2 应力和热诱导结晶对尼龙 11 结构的影响

尼龙 11 不仅具有优良的物理和化学性能,而且是一种极稀少的压电和铁电材料,尼龙 11 的压电性与其晶型密切相关。为了寻找出其晶型与压电性关系,迄今已有许多研究报道,尼龙 11 至少有 α、β、γ、δ、δ′等多种晶型,目前已知只有δ′晶型才具有良好的铁电和压电性质。从熔体或从苯酚/甲酸混合溶剂结晶一般可以得到三斜晶系α型晶体,三斜晶系晶胞参数为:$a = 0.49$nm、$b = 0.54$nm、$c = 1.49$nm、$\alpha = 49°$、$\beta = 77°$、$\gamma = 63°$,其分子链构象及晶体结构如图 10.25 所示。β型尼龙 11 为单斜晶系,γ、δ、δ′型尼龙 11 为六方或假六方结构。

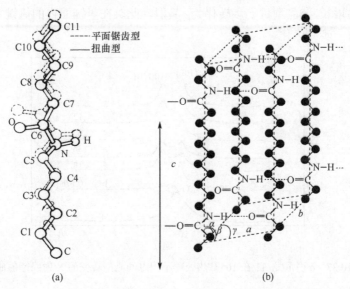

图 10.25 尼龙 11 的分子链构象(a)和α型三斜晶胞晶体结构(b)

　　经研究得知，应力诱导结晶对尼龙 11 晶型的形成有直接的影响，并且决定了其铁电和压电性能[26]。图 10.26 为尼龙 11 在 165℃热处理不同时间晶型转变过程的 X 射线衍射曲线。图 10.26 中，α型尼龙 11 有两个明显的衍射峰，分别为 2θ = 20.2°（100）、2θ = 23.0°（010，110）。随热处理时间的增加，尼龙 11 由α型转变为δ型，仅有 1 个（100）尖锐的衍射峰，而随热处理时间的继续增加，δ型晶型（100）分裂为两个明显的衍射峰（100）和（010，110），又转变为α型。

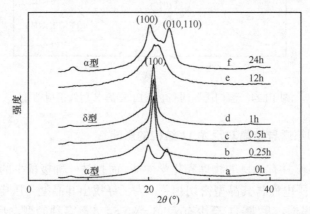

图 10.26　α型尼龙 11 在 165℃热处理不同时间晶型转变过程的 X 射线衍射曲线

　　尼龙 11 熔体在冰水中淬火可得到δ'晶型，165℃高温热诱导不同时间可分别得到δ晶型和α晶型以及它们的混晶。由图 10.27 可以看到，δ'晶型的（100）衍射晶面对应的衍射峰比δ晶型的要宽，说明其晶胞堆砌较疏松，结晶不完善。随着热处理时间的增长，δ晶型进一步转化为α晶型，此时在氢键面内的氢键更有序，晶体结构也进一步有序化。

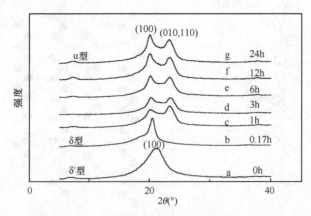

图 10.27　δ'型尼龙 11 在 165℃热处理不同时间晶型转变的 X 射线衍射曲线

　　图 10.28 为固定拉伸温度（$T_d = 80℃$），不同拉伸倍数（n）的 α 型尼龙 11 的 X 射线衍射曲线。随 n 增大，（001）晶面衍射峰（$d_{001} = 1.18nm$）消失，而（100）和（010，110）两个晶面的衍射峰宽化并彼此靠近，表明尼龙 11 的晶型由三斜 α 型向六方型转变。图 10.29 为由图 10.28 获得的尼龙 11 的（100）和（010，110）的晶面间距随拉伸倍数的变化曲线。

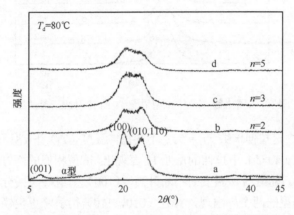

图 10.28　80℃下拉伸不同倍数（n）的 α 型尼龙 11 的 X 射线衍射曲线（a 为原始样品）

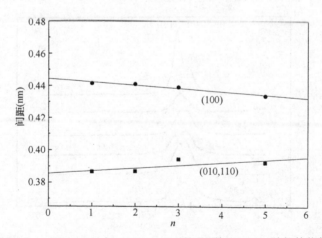

图 10.29　α 型尼龙 11 的（100）和（010，110）的晶面间距（d）随拉伸倍数的变化曲线

　　图 10.30 为固定拉伸温度（$T_d = 80℃$）、不同拉伸倍数（n）的 δ' 型尼龙 11 的 X 射线衍射曲线，这些样品仅表现出 $2\theta = 21°$（$d = 0.42nm$）的强衍射，并且此衍射峰的强度随拉伸倍数增加而增强。这些样品在室温（$< T_g$）下存放两个月以上后，其 δ' 结构仍稳定存在并具有良好压电性，因此在低温下应变产生的 δ' 型是稳定的。

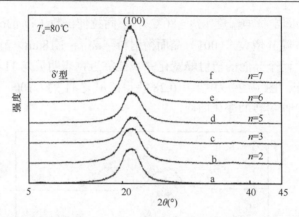

图 10.30　80℃下拉伸不同倍数（n）的δ'型尼龙 11 的 X 射线衍射曲线（a 为原始样品）

　　图 10.31 为固定拉伸倍数（$n = 5$）、不同拉伸温度（T_d）下α型尼龙 11 的 X 射线衍射曲线。低温（40℃）下拉伸的尼龙 11 表现出与δ'型相似的六方结构，仅有一个（100）强衍射峰。随着拉伸温度的不断升高，（100）衍射峰缓慢分裂为两个峰，到 $T_d = 160$℃时，α型的两个峰出现，并且（010，110）衍射峰更尖锐更明显。这些结果表明，低温拉伸有利于δ'型形成，但随着拉伸温度增加，α型含量随之增加。

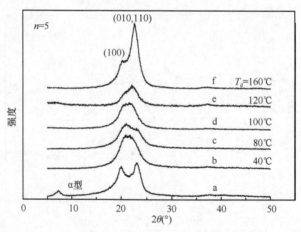

图 10.31　拉伸倍数相同（$n=5$）时不同拉伸温度下的α型尼龙 11 的 X 射线衍射曲线（a 为原始样品）

　　图 10.32 为固定拉伸倍数（$n = 5$）、不同拉伸温度（T_d）下的δ'型尼龙 11 的 X 射线衍射曲线。拉伸温度较低时（样品 b 和 c），δ'型是稳定的，但当 $T_d = 95$℃时（样品 d），（100）衍射峰开始分裂并随 T_d 增加分裂现象越来越显著，当 $T_d = 160$℃时，尼龙 11 完全转变为α型结构。从图 10.32 可知，当 $T_d > 95$℃时，δ'型开始转变为α型，并且随 T_d 增加越来越明显。衍射峰（100）和（010，110）的晶面间距（d）与 T_d 的关系如图 10.33 所示，由图中曲线可明显得知δ'型→α型

发生在 $T_d > 95℃$。

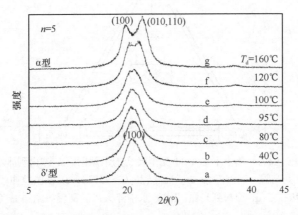

图 10.32　拉伸倍数相同（$n=5$）时不同拉伸温度下的δ′型尼龙 11 的 X 射线衍射曲线（a 为原始样品）

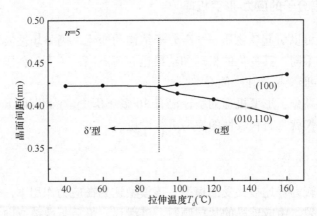

图 10.33　尼龙 11 的（100）和（010，110）晶面间距（d）与不同拉伸温度关系

从上述拉伸诱导和热诱导尼龙 11 的研究可以获得以下结果：

（1）α型和δ′型尼龙 11 高温热诱导表现出相同的转变行为，即转变为δ型，δ型是亚稳结构，随热诱导时间增加转变为α型；

（2）α型尼龙 11 从室温到 T_m 是亚稳结构；

（3）δ′型尼龙 11 可在低温（<95℃）下拉伸得到，在室温（<T_g）下是稳定结构；

（4）当热诱导和拉伸诱导共存时，两者存在竞争，热诱导有利于形成α型，应力诱导有利于形成δ′型。

上述讨论外场应力和热诱导下尼龙 11 的晶型转变过程总结在图 10.34 及文献[27]中。

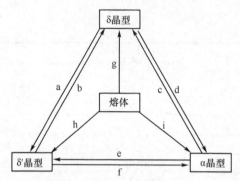

图 10.34　外场（热，应力）诱导下尼龙 11 晶型转变的示意图：a. 淬火到冰水；b. 加热到高温（>95℃）；c. 加热到高温（>95℃）；d. 等温结晶（>95℃）；e. 低温拉伸（<95℃）；f. 高温退火（>95℃）；g. 冷却到高温；h. 冰水中淬火；i. 高温等温结晶（>95℃）

10.2.3　晶态高分子的应力-形变机理

外场诱导可以引起软物质——高分子结构的变化，因外场性质、强度和高分子本身结构的不同，其变化的机理和结果也有所不同，下面仅就国内外有关结晶高分子的应力-形变机理作一简介[28]。

关于结晶高分子形变机理的争论已有 30 多年历史，在此期间人们曾提出了各种模型，下面仅就具有代表性的模型进行讨论。

1. Peterlin 模型

它是目前较为普遍被接受的模型。该模型认为在应力作用下，球晶首先发生塑性形变、破裂、组成球晶的片层倾斜、链滑移，最后折叠链取向排列成纤维结构（即球晶→片晶→纤维结构）。

2. 应力-熔融-再结晶模型

Harrison 等在研究聚乙烯（PE）、聚丙烯（PP）拉伸过程中认为应力可转变为热，使微晶熔融再结晶，并提出形变过程应力诱导结晶机理"应力-熔融-再结晶"，以解析大形变及长周期变化。Hendra 等指出 PE 在低速拉伸时会产生单斜晶，但在高速拉伸时单斜晶消失，推断由于高速拉伸产生热，使 PE 内部单斜微晶熔融至消失，并提出用单斜晶作为"分子热敏计"（sensitive molecular level thermometer），测量拉伸过程的热效应，进一步支持及补充了 Harrison 模型。詹才茂曾报道从实验上证明 Hendra 的实验及推断是错误的，认为 Peterlin 模型是正确的。Kammer 等用大角 X 射线散射（WAXS）研究了等规聚丙烯/乙丙橡胶（iPP/EPR）共混体系的拉伸形变，并提出了各向异性及取向度表达式，结果表明，形变分两个阶段进行，原始球晶转为纤维结构后，取向纤维发生塑性形变，非晶态 EPR 在共混体系拉伸中起润滑作用，支持了 Peterlin 模型。目前对立两派大多采用 PE 为研究对象，PE 熔融慢，冷结晶时在红外光谱中 720cm^{-1} 处出现尖锐吸收峰，经拉伸后在 716cm^{-1} 处出现肩峰（图 10.35），此肩峰应归属为单斜晶的 CH$_2$ 摇摆振动，使用公式（10.3）可计算单斜晶的含量 M：

$$M = 1.2\frac{A_{716}}{A_{731}} \times 100\% \tag{10.3}$$

716cm^{-1} 肩峰的强度非常微弱，且与 720cm^{-1} 只差 4 个波数，使用分峰和定量计算十分困难，容易掺入人为主观因素，公式（10.3）也缺乏理论依据。WAXS 的单斜晶含量也可采用公式（10.4）计算：

$$M = IM_{001} / (IO_{110} + IO_{200} + IM_{001}) \times 100\% \tag{10.4}$$

式中，IM_{001} 为 PE 单斜晶（001）晶面的衍射强度；IO_{110} 和 IO_{200} 分别为 PE 正交晶系（110）和（200）晶面的衍射强度。但是，单斜晶（001）晶面 $2\theta = 19.5°$（$d = 0.455$nm）的衍射峰完全与 PE 的非晶峰 $2\theta = 19.5°$（$d_0 = 0.445$nm）重叠，难以进行峰的分解和归属。Porter 等最近总结了 17 种晶态高分子的形变及晶相转变情况，为获得一个预期结构产品，如为获得晶态高分子大形变，使折叠链片晶解开，又不发生断裂，科学控制形变过程条件是关键。下面几个方面值得注意：①过冷度 $\Delta T = T_m^0 - T_d$，由拉伸温度（T_d）决定，T_m^0 为平衡熔点温度；②应变速率；③拉伸比；④静压力等，其中①是关键，上述条件的改变都会影响晶态高分子的形变过程及机理。关于晶态高分子的形变过程研究目前大多数集中在 PE 和 PP 上，由于结晶高分子结构的多重性和形变过程的复杂性，尚难以用一个统一模型进行说明。

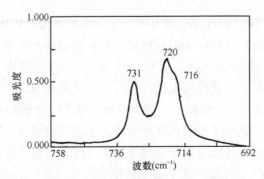

图 10.35　拉伸后 PE 的红外光谱图

10.3　电场对高分子的合成、结晶与结构的影响

高分子包括非极性高分子和极性高分子。非极性高分子和极性高分子在外电

场作用下，分别会发生电子位移极化和取向或转向极化。在外电场作用下，非极性高分子的正负电荷中心会产生偏离，所形成的感应电偶极矩沿外电场方向取向，发生电子位移极化；而极性高分子的分子固有电偶极矩会沿外电场取向发生转向极化，外电场越强，分子的电偶极矩沿外电场方向的取向程度越高。同时，随环境温度的升高，聚合物链段和侧基的运动活性逐渐增强。目前不少科学工作者在利用电场调控高分子的结构方面已做了一些研究工作，下面就电场下高分子的合成和高分子材料的处理加以简要介绍。

10.3.1　电场对高分子的合成和结构的影响

高分子在合成过程中，会产生新相，由于密度差异必然会产生对流和沉降等影响高分子的分子大小和均匀度的现象发生，人们往往借助外部环境的作用来控制高分子的合成以改变高分子的内部结构，得到新的物质。L.R.Weatherley 等在高压电场下利用界面聚合法研究了尼龙 610 胶粒的形成，结果发现胶粒的平均直径与电场强度存在一定关系，通过控制电场强度可以调控胶粒的大小。Tsuchida 等研究了静电场对聚合物分子链的影响。在无静电场下，聚苯乙烯与卤甲烷的四元反应呈二级反应，而在静电场下，聚苯乙烯与卤甲烷的四元反应偏离二级反应，这说明外电场已改变了此反应的机理和历程。在电场下进行高分子的合成，由于存在一系列的技术问题，目前研究得并不是很多。电场的应用可能会改变聚合反应的能垒，从而改变反应历程，导致一些新相的产生。

10.3.2　电场对高分子的结晶和结构的影响

Serpico 等[29, 30]和 Venugopal 等[31]在电场下溶液浇铸聚氧化乙烯（PEO）和氧化乙烯-苯乙烯共聚物（PEO-*b*-PS），使用光学显微镜和介电谱显微镜研究了电场效应对这些材料微观结构的影响。实验结果表明，对于均聚物 PEO，随电场强度的增加，球形 PEO 相起初径向生长，然后碎化成更小的球，小球又进一步变成链状，且微胞体积膨胀 15 倍以上。对于多相共混聚合物 PEO-*b*-PS，当电场强度增加到一定程度时，高分子微粒由球形变成沿电场方向取向的圆柱状晶，并发生相分离。刘强等[32]在用偏光显微镜研究聚丙烯（PP）薄膜在静电场作用下的熔融结晶过程时发现，PP 在熔融状态下易受静电场的作用而产生极化，随着电场强度的增加极化现象加剧，静电场使高分子球晶沿电场方向被拉长趋于定向结晶，球晶的辐射状片晶由扭曲生长转变为伸直生长（图 10.36）。Yuryev 等[33]发现电场的极化作用可以提高聚乳酸（PLA）的结晶速率，X 射线衍射和光学显微镜实验结果表明 PLA 结晶的加速是由于均相成核速率提高导致的（图 10.37）。

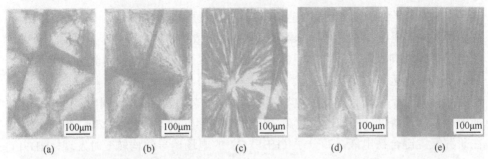

(a)　　　　　(b)　　　　　(c)　　　　　(d)　　　　　(e)

图 10.36　电场强度对聚丙烯薄膜晶体形态的影响：（a）$E = 0$kV/cm；（b）$E = 2$kV/cm；
（c）$E = 4$kV/cm；（d）$E = 6$kV/cm；（e）$E = 8$kV/cm

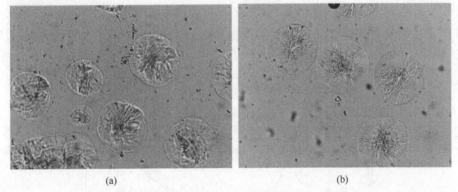

(a)　　　　　　　　　　　　　　　(b)

图 10.37　147.5℃下结晶 60min 的聚乳酸的光学显微镜照片：（a）外加 240kV/m 的电场，杂相
和均相成核并存；（b）无电场，杂相表面诱导成核，球晶尺寸相同

聚偏氟乙烯（PVDF）是一种多晶型的半结晶性氟塑料，常见的晶体结构有 α、β 和 γ 型[34]。通常的熔融加工方法获得的是α型，分子链构象为 TGTG′（T 为反式，G 和 G′为左右式）螺旋结构，分子中总偶极矩为零，无极性。β型的分子链为 TTTT 全反式构象，偶极平行排列，自发极化大。β型 PVDF 具有很强的压电效应，但由于β相的全反式构象的能垒高于α相的反旁式构象的能垒，通常条件下不易获得。谢琪等[35]发现，在外电场作用下，PVDF 分子链上的偶极沿外界电场的方向取向，有利于形成全反式构象的β相，并且β相的含量随电场强度的增强和偶极取向程度的提高而增加。Eberle 等[36]发现 PVDF 与三氟乙烯（TrFE）共聚物在 100MV/m 强电场下极化后显示出很强的压电效应，获得稳定的残余极化所需的最小极化时间依赖于电场强度，偶极子的取向与它们的稳定性之间有一时间差，偶极子的取向过程并不足以产生一个稳定的残余极化，它还包括束缚电荷与偶极子间相互作用的贡献。Horiuchi 等在电场和真空下蒸化 PVDF，沉积到石英基板上形成薄膜，结果反常的层状结构被发现，在蒸化过程中，偶极矩垂直于分子链轴的分子可以被控制。

Monzen 等在静电场下研究了各向同性排列的液晶高分子，结果发现静电场能诱导液晶高分子结构发生转变，当静电场强度超过一定值后，各向同性排列的液晶高分子开始转变成二维织构，二维织构所占比例依赖于静电场强度。Broer 等[37, 38]在电场下预取向液晶单体，然后再进行原位光聚合反应，结果得到取向度很高的液晶膜。李光远等[39]研究了直流电场对含 $LiClO_3$ 的 PEO 与环氧树脂形成的液晶互穿网络高分子快离子导体的电导率的影响，在室温至 90℃ 范围内，电导率随外加电压增加而降低，外加电压越高，对电导率变化的影响越大。Vijayakumar 等[40]在研究氢键键合铁电液晶高分子（HBFLC）的电场诱导结构转变时发现，HBFLC的向列相在电场诱导下转变为对应于 4 个电场强度阈值的 4 种新相：场强为 1.26～2.24V/μm 时，蠕虫状织构（E_1 相）；场强为 2.25～3.49V/μm 时，沙状织构（E_2 相）；场强为 3.50～4.99V/μm 时，粒状织构（E_3 相）；场强≥5.0V/μm 时，团簇状织构（E_4相）。电场诱导 HBFLC 织构形态的转变也导致了材料电容的改变（图 10.38），另外此织构转变可逆，电场撤除后液晶高分子又恢复到初始织构。

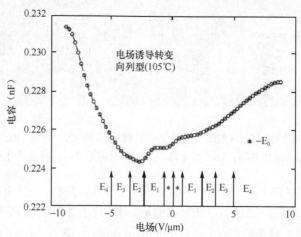

图 10.38　HBFLC 的电容变化与电场诱导织构转变的关系

10.4　压力场对高分子的结晶与结构的影响

　　1964 年 Wunderlich 等发现在 300～540MPa 下使聚乙烯（PE）结晶，可以获得 PE 伸展链晶体（extended-chain crystal）或简称为 ECC。这一发现引起众多研究高分子材料科学工作者的极大兴趣，科研人员又相继对聚乙烯、聚丙烯、聚四氟乙烯、聚对苯二甲酸乙二醇酯、聚偏氟乙烯、聚酰胺等在高压下的结晶行为进行了广泛深入的研究，也获得了这些高分子的伸展链晶体。目前利用高压制备新的高分子材料，可能得到结构规整、含有伸展链、高强度高模量的材料，并逐步向实用性目标迈进。

10.4.1　压力场对聚乙烯的结晶与结构的影响

　　图 10.39 为高压结晶 PE 伸展链晶体的照片，晶体呈平行条纹状堆砌，用双折射和

电子衍射分析发现,分子链的方向沿平行条纹方向排列,即晶体厚度为平行条纹的长度。因此,平行条纹状分布的晶体形貌成为伸展链晶体的典型特征。在伸展链晶体中,没有或很少有折叠链分子构象,其厚度大都与分子链长度相当,但也有远大于分子链长度的情况。目前报道已合成出厚度高达 40μm 的 PE 伸展链晶体,为平均分子链长的 83 倍[41]。

伸展链晶体区别于通常的折叠链晶体,它在热力学上为稳定结构,因此伸展链晶体也被称为平衡晶体。基于伸展链晶体,可直接获得高分子晶体的平衡熔点,并且熔点也可作为是否有伸展链晶体生成的一个判据。过去,关于 PE 伸展链结晶的争议很大,主要集中在伸展链晶体的形成与折叠链晶体的关系之争。目前认识已基本统一,认为高压下 PE 伸展链结晶的生成依赖于六方晶体结构。如图 10.40 所示的 PE 高压相图,在 0~200MPa 的低压区域Ⅰ,从熔体结晶时生成的是正交晶相折叠链晶体;在200~350MPa 的中压区域Ⅱ,从熔体缓慢冷却结晶时生成的是伸展链晶体,快速冷却结晶生成的是折叠链晶体,如果保压时间足够长,折叠链晶体增厚而转变为伸展链晶体;在大于 350MPa 的高压区域Ⅲ,从熔体快速冷却生成的是正交晶相伸展链晶体,缓慢冷却结晶生成的是六方相晶体,随温度的继续降低,六方相晶体将转变为伸展链晶体。光学显微镜观察结果表明,折叠链晶体是具有圆形或带状轮廓的球晶结构,伸展链晶体是粗而尖的束状结构。PE 的六方相晶体结构在高压时稳定,三相点的位置与分子量有关,分子量越大,三相点的位置越低。分子量低于 1000 时,不再出现六方相,但对硝化 PE 却有例外,这与硝化过程中产生的—COOH 和—NO$_2$ 基团有关。另外,六方晶相还可以在 160MPa 的较低压强下瞬时存在。

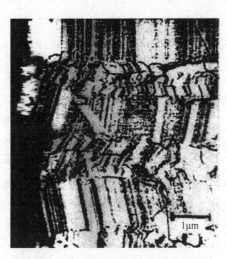

图 10.39　高压结晶 PE 伸展链晶体照片

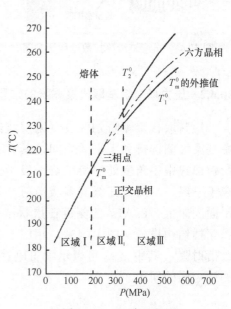

图 10.40　PE 高压相图

由于六方晶相中分子链存在大量的旁式构象，熵值高，分子链排列松散，相互作用力较弱，因此，在六方晶相的热力学稳定区结晶，阻碍分子链运动的势垒较小，可以通过分子链在晶体内部的滑移扩散运动使晶体沿分子链方向生长。同时，熔体或无定形区的分子链扩散到晶体的侧表面，进行侧面生长。PE 伸展链晶体实质就是两种生长的共同结果，图 10.41 给出了分子链滑移扩散过程的示意图。将在六方晶相中正在生长的 PE 晶体试样突然加压淬火，生长过程中的晶体形态可以被冻结下来，通过电子显微镜观察，可以发现有楔形尖端存在（图 10.42）。在生长尖端的这些晶体的厚度比分子链长小得多，只可能是折叠链晶体。因此，可认为伸展链结晶过程实质上是以折叠链晶体开始的，伴随着侧面生长，通过晶体内部分子链沿链方向滑移扩散，使折叠链晶体增厚转变为伸展链晶体。

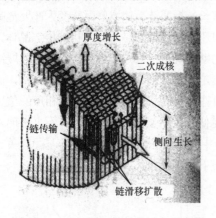

图 10.41　分子链滑移扩散过程示意图

图 10.42　具有楔形尖端的PE伸展链晶体照片

10.4.2　压力场对烷基取代聚噻吩的结晶与结构的影响

烷基取代聚噻吩（P3ATs）为层状结构，噻吩环刚性主链堆积成平行平面，烷基柔性侧链排列于平面之间，具有典型的梳状化合物的结构特征。X 射线衍射曲线中小角度处的特征峰一般指标化为（$h00$）（$h=1$，2，3···），分别对应于一级、二级、三级等多级衍射，其相应 d 间距值对应于邻近主链堆积的平面间距值。P3ATs 的侧链在层状结构中应存在两种堆积模式，即双层结构和穿插结构模式（图 10.43），相应于 X 射线衍射图谱中小角度处的一级和多级衍射[42]。其中 d_{h00} 可表示噻吩刚性主链之间的间距，d_{010} 可表示烷基柔性侧链之间的间距。

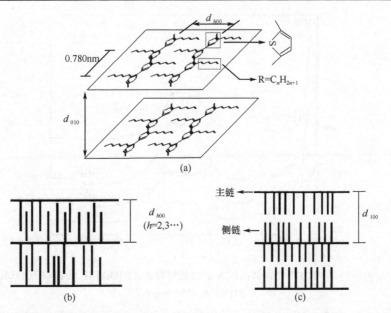

图 10.43 烷基取代聚噻吩的分子链堆积的结构模型：（a）三维层状结构模型；（b）侧链堆积的双层结构；（c）侧链堆积的穿插结构

我们曾经应用 SWO PVT100 分析仪进行过压力场诱导十二烷基取代聚噻吩（P3DDT）结晶的研究。PVT100 分析仪的剖面示意图如图 10.44 所示，设备包含三个分立的刚架，分别安装着控制、估算、测量和压力部件，温度的测量通过 Ni/CrNi 热电偶实现，调整体系压力的阀门由电子控制。在设备使用过程中，最大压力为 2500bar（1bar = 100kPa），最高温度为 420℃。在 PVT100 分析仪中将 P3DDT 样品迅速加热至 160℃，待样品熔融完全后冷却至 90℃并外加不同压力场等温结晶 1h，最后将样品自然冷却至室温并撤掉压力场，制得压力诱导 P3DDT 结晶样品，这些样品的 X 射线衍射曲线如图 10.45 所示，（100）衍射峰的特征参数列于表 10.3。

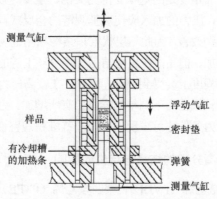

图 10.44 PVT100 分析仪的剖面示意图

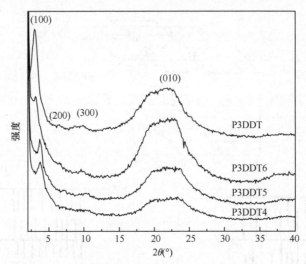

图 10.45 压力场诱导 P3DDT 结晶样品的 X 射线衍射曲线（P3DDT4：0bar；P3DDT5：500bar；
P3DDT6：2500bar）

表 10.3　压力场诱导 P3DDT 结晶样品的（100）衍射峰的特征参数

样品	压力（bar）	峰位（°）	晶面间距（Å）	峰宽（°）	峰强度/counts
P3DDT	—	3.09	28.57	0.70	3272
P3DDT4	0	3.80	23.23	0.60	1056
P3DDT5	500	3.86	22.87	0.40	1024
P3DDT6	2500	3.23	27.33	0.40	1764

比较表 10.3 中的实验数据可发现，重熔结晶后 P3DDT 的晶面间距、峰宽和峰强度都明显减小，与静电场诱导结晶样品的 X 射线衍射结果较为相似。但不同的是，压力场加入后，邻近分子骨架链之间的距离对于 P3DDT5 样品进一步减小，而对于 P3DDT6 样品又有所增加。当压力达到 2500bar 时，（100）衍射峰的强度大幅度增加，同时，随着压力的增加大角度处的宽峰变得更尖锐、强度更强。一般地，材料的结构在高压下体积小较稳定，压力的加入应使烷基侧链的全反式构象的比例增加，使噻吩环主链堆积的平面性得到改善，因此与层状堆积结构和侧链规整堆积相关的衍射峰的强度在高压下应显著增加。但是，在重熔结晶时噻吩环主链的重排过程中，分子链的链段运动在高压下某种程度上会受到限制，所以，在较高压力下制得的样品的邻近分子骨架链之间的距离比较低压力下制得的样品应有所增加。由实验结果的分析我们不难看出，只有较高的压力条件才可表现出对分子链堆积规整性的影响[12]。

10.4.3　压力场对其他高分子的结晶与结构的影响

与 PE 类似，聚偏氟乙烯（PVDF）、聚四氟乙烯（PTFE）等高分子也存在六方晶相。但 PTFE 六方相在常压下为稳定相，常压下缓慢冷却结晶，便可获得 PTFE 的伸展链晶体。PVDF 在 350MPa 以上可由常压时的单斜晶相折叠链晶体转变为正交晶相折叠链晶体，并在 400MPa 以上进一步转变为正交晶相伸展链晶体。PVDF 的结晶度较低，生成的伸展链晶体的厚度远小于分子链完全伸展的长度。另外，PVDF 六方相区的温度很高，在该相区结晶易造成 PVDF 的降解，因此，真正要在六方相区中生长 PVDF 伸展链晶体非常困难，一般都在三相点以下附近区域生长 PVDF 伸展链晶体[43]。

但是，并不是所有伸展链晶体的生成都依赖于特殊新相的出现，聚酰胺（PA）系列和聚对苯二甲酸乙二醇酯（PET）在高压下结晶的研究却没有发现与 PE 六方晶体结构相似的新晶相存在，简单套用 PE 的研究结果无法解释这两类高分子伸展链晶体的形成过程，研究者提出了化学反应诱导伸展链结晶的新机理。对于聚酰胺（PA）而言，高温高压下，片晶中的折叠分子链被折断，相邻分子链间发生氨基转移作用形成新的—CO—NH—键，从而在横向方向上产生链的伸展（图 10.46）。当相邻片晶层间的折叠分子链相互移动时，产生了扭曲，导致 PA 伸展链晶体的断裂表面比较粗糙，片晶层间无明显界限。有时，断裂产生的—CO—和—NH—基团距离较远，相邻折叠分子链间不易形成新的酰胺键，片晶结合力较弱，导致 PA 伸展链晶体较脆[44]。对于 PET 而言，熔体和无定形区域的缠结分子链通过交换反应使分子链解缠结[图 10.47（a）]，折叠链晶体折叠链表面间发生交换反应使分子链伸展[图 10.47（b）]，从而快速形成伸展链晶体[45]。这一模型对于解释 PET 伸展链晶体快的增厚速率是很有帮助的。图 10.48 为 200MPa、350℃下等温结晶 6h 获得的 PET 伸展链晶体的照片，从图中可以看出，沿平行条纹方向，即分子链排列方向，晶体厚度高达 60μm，约为分子链长的 600 倍，简单地用链滑移扩散理论很难解释这一快速增厚过程[46]。获得生长厚度 40μm、平均分子链长 83 倍的 PE 伸展链晶体所需的时间达 200h，远远超过 60μm PET 伸展链晶体所用时间，特别是 PET 中有大的苯环和酯基，滑移摩擦系数比 PE 更大，因此用化学反应诱导结晶来解释其伸展链结晶过程更为恰当。

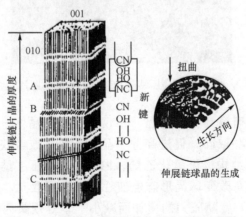

图 10.46　聚酰胺伸展链晶体形成过程示意图

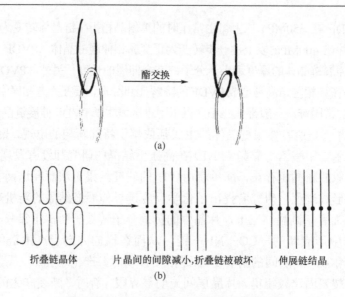

图 10.47　PET 伸展链晶体形成过程示意图

图 10.48　高压结晶 PET 伸展链晶体照片

　　利用高压条件研究高分子结晶，不仅在伸展链晶体方面很有意义，而且高压可使高分子结晶取向、促进高分子晶型转变，或者获得一些常压无法获得的高分子新晶体结构。聚氧化乙烯（PEO）在常压下结晶生成的是球晶，压力外场的引入没有改变球晶形态但使片晶发生了取向，PEO 的长周期、结晶层厚度、非晶层厚度随压力的增加而减小[47]。等规聚丙烯（iPP）在常压下从熔体缓慢冷却结晶生成的是单斜α相，在 32MPa 下出现了由α相向γ相的转变，在 500MPa 下α相完全转变成γ相[48, 49]。等规聚丁烯（iPB）在常压下结晶生成的是四方晶相，在 90MPa 下出现了由四方晶相向三方晶相的转变，在 90MPa 以上时四方晶相完全转变成三方晶相[50]。顺式聚异戊烯在常压下通常生成球晶，但在高压下可生成球状或叶状片晶、单晶核树枝状晶以及一种近似于液晶的亚稳椭球形晶体多种独特的形态。PET 在 200MPa 以上从熔体结晶生成了伸展链晶体，Stribeck 等曾报道在高压下合成出厚约 10nm 的片晶和片晶间无定形部分厚 1.3nm 的纳米复合材料[51]。

10.5　剪切场对高分子的结晶与结构的影响

高分子在实际成型加工过程中（如挤出、注射、吹膜、纺丝等），不可避免会受到拉伸或剪切等外力的作用，这种外力作用对高分子的晶体结构、形态和性质具有重要影响，而高分子的凝聚态结构和结晶形态将直接影响终端产品的使用性能。研究结果表明，剪切不仅能改变高分子的微观结构和结晶动力学，而且还可以获得多种静态下得不到的结晶形态，研究高分子熔体在剪切条件下的结晶与结构对于高分子的结晶过程与机理的研究、高分子材料的改性与性能优化和指导成型加工均具有重要的科学意义。

10.5.1　剪切场对聚丙烯的结晶与结构的影响

施加剪切后，等规聚丙烯（iPP）的结晶诱导时间明显缩短，结晶速率加快。iPP 的成核速率越快，活化晶核数目越多（图 10.49）[52]，相对结晶度越大，半结晶时间和结晶诱导时间越短（图 10.50）[53]。随剪切温度的升高，iPP 的活化晶核数目减少，相对结晶度减小，半结晶时间和结晶诱导时间增加，剪切作用更明显。剪切诱导 iPP 的分子构象呈现各向异性，分子链的取向直接导致成核速率与结晶速率的提高和高度拉长结构的形成。iPP 的长链数量越多，剪切场下形成的晶体取向度越高，取向晶体所占的比例越高，半结晶时间越短（图 10.51）[54]。蠕动链模型和链构象动力学研究结果表明，当含有缠结分子链的高分子熔体受到外力作用发生形变时，在流动特征向量方向排列的分子链段将发生突然的蜷曲-伸展型转变，而其他分子链段仍保持蜷曲的状态。长链的剪切诱导取向的衰减比短链的慢得多，高分子量有助于剪切诱导取向微结构的形成与稳定。

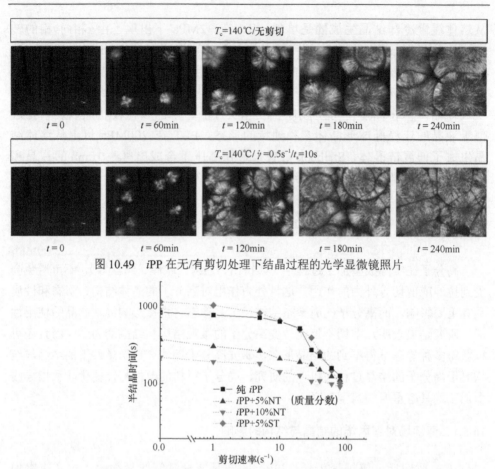

图 10.49　iPP 在无/有剪切处理下结晶过程的光学显微镜照片

图 10.50　纯挤出等规聚丙烯（纯 iPP）和等规聚丙烯（iPP）与合成云母（ST）或天然云母（NT）
的复合材料的半结晶时间与剪切速率的关系（结晶温度为 140℃，剪切时间为 10s）

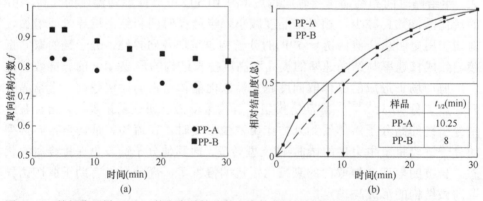

图 10.51　等规聚丙烯（iPP）的取向结构分数和半结晶时间随剪切后静置时间的变化：（a）取
向结构分数；（b）半结晶时间（剪切速率为 60s^{-1}，剪切时间为 5s，剪切温度为 155℃，PP-B
的重均分子量为 301 800 g/mol，PP-A 的重均分子量为 263 900 g/mol）

利用原位同步辐射小角 X 射线散射和大角 X 射线衍射研究 *i*PP 在剪切条件下的等温结晶过程时发现，低剪切条件下，生成的是针状晶核，然后生长为扭曲的球晶，晶体生长的速率快于静态结晶的速率并具有较弱取向性，取向分布随结晶的进行而逐渐变宽；高剪切条件下，生成的是线形晶核，然后生长为纤维状高取向度晶体（图 10.52）[55]。剪切作用使得高分子的分子链段在剪切方向上进行取向排列，取向链段簇形成了初级晶核，这些晶核有利于取向片晶在垂直于剪切方向上排列生长，结晶速率提高（图 10.53）[56]。但是，只有当分子量超过临界取向分子量时，*i*PP 才可形成取向结构，取向晶体的含量随剪切速率的提高而增加。低剪切速率下的临界取向分子量对外场变化较为敏感，在 $60s^{-1}$ 时进入平台区，高剪切速率下的临界取向分子量约为 300 000 g/mol。施加剪切场后，*i*PP 熔体先生成取向的 α 型晶体，然后再生成未取向的 β 型晶体，高剪切速率下（$57s^{-1}$）生成的 β 型晶体的含量较高（65%～70%），低剪切速率下（$10s^{-1}$）生成的 β 型晶体的含量较低（20%），这是由于不同剪切速率下生成的 α 晶柱的表面积不同所致（图 10.54）[57]。

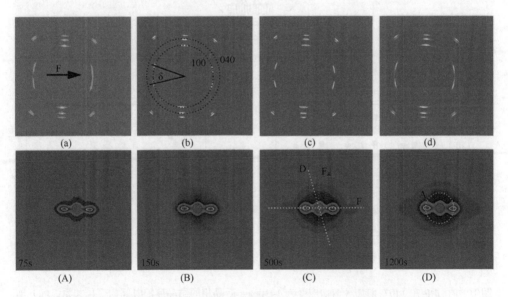

图 10.52　*i*PP 在剪切停止后不同结晶时间的二维大角 X 射线衍射（上排）和小角 X 射线散射（下排）图（剪切温度为 141℃，剪切应力为 0.06MPa，剪切时间为 12s，横向为剪切方向）

此外，原位红外光谱分析还证实，剪切作用还诱导 *i*PP 分子链构象发生有序化和线团-螺旋构象转变。*i*PP 分子链构象有序化的程度随剪切速率和剪切应变的增加而增强（图 10.55）。剪切诱导产生两种螺旋构象，分开的距离较远，无相互

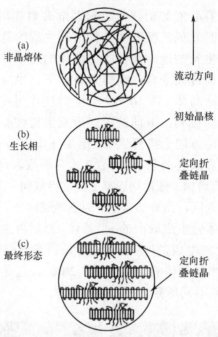

图 10.53　*i*PP 的剪切诱导成核和取向晶体生成过程的示意图：（a）剪切前（无定形熔体，无取向）；（b）剪切后短时间（＜100s）内晶核的形成和取向晶体的最初生长；（c）剪切后的最终形态（取向晶体的堆砌）

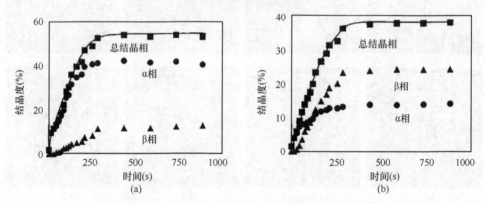

图 10.54　*i*PP 在 140℃剪切（剪切应变为 1430%）后晶相的结晶度随时间的变化关系：（a）剪切速率为 10s^{-1}；（b）剪切速率为 57s^{-1}

作用的单个螺旋，松弛较快；聚集的螺旋或者具有强相互作用的螺旋束，松弛较慢。螺旋束被认为是晶核前体，螺旋束的浓度和分布不同会导致剪切后的结晶过程的差异。图 10.56 为 *i*PP 的剪切诱导构象有序、松弛和结晶过程示意图。图 A 中，*i*PP 的起始状态为线团与螺旋构象并存，分子链较短，线团构象为短程无序构象。图 B 中，剪切诱导下，通过成核生成、残余螺旋链的转移和短螺旋链之间的扩散合并，长螺旋链的含量不断提高。剪切结束后可能出现图 C 和图 D 两种情况：通过松弛恢复无序线团构象进入到无定形熔体中（图 C），或者通过分子链重排继续生长诱导结晶（图 D），具体发生哪种情况依赖于温度和剪切条件[58]。

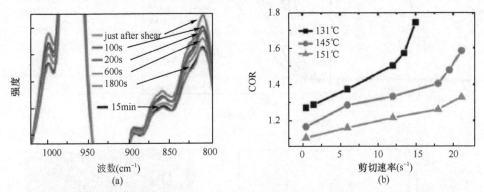

图 10.55　*i*PP 在无/有剪切条件下结晶的红外光谱图和 998cm^{-1} 波数处的构象有序比例数：（a）177℃时剪切前和剪切后不同时间的红外光谱图（强度随波数的变化关系）；（b）不同温度下结晶的 998cm^{-1} 波数处的构象有序比例数（COR）随剪切速率的变化

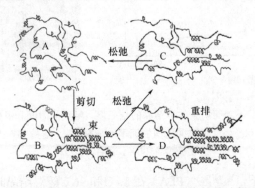

图 10.56　*i*PP 的剪切诱导构象有序、松弛和结晶过程示意图

对于间规立构聚丙烯（*s*PP）而言，剪切场不改变 *s*PP 的晶型，对其微晶尺寸、片晶厚度以及长周期有较小影响，但使其片晶发生明显取向并且取向程度随剪切速率的增大而增强，缩短了其结晶诱导时间，加快了其结晶动力学进程。当剪切速率增大到一定程度时，*s*PP 在结晶过程中发生二次结晶，长周期和片晶厚度均降低。

10.5.2　剪切场对其他高分子的结晶与结构的影响

与聚丙烯的剪切诱导结晶情况类似，聚对苯二甲酸丁二醇酯（PBT）的结晶速率也随剪切速率和剪切应变的增大而加快（图 10.57），但在大剪切速率下达到平衡不再变化，平衡点随剪切应变的增大而移向高剪切速率处[59]。但是，PBT 晶体的取向程度低于聚丙烯。剪切场的作用使 PBT 的长周期明显降低。

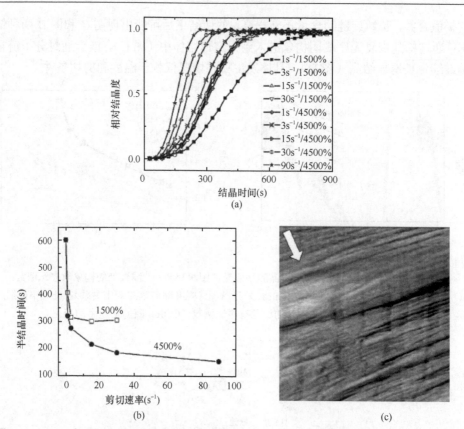

图 10.57 PBT 在 198℃不同剪切条件下结晶的结晶度、半结晶时间和晶体形态：（a）相对结晶度随结晶时间的变化；（b）半结晶时间随剪切速率的变化；（c）结晶 PBT 原子力显微镜照片（剪切应变 4500%、速率 3s⁻¹）

不同剪切条件下，聚乳酸（PLA）在 86℃和 96℃等温结晶时只形成α′晶型；在 106℃和 116℃等温结晶时形成α′和α两种晶型；在 126℃和 136℃等温结晶时只形成α晶型。随剪切速率的增加，PLA 片晶的取向度增大，在垂直于剪切方向上的长周期增加，而在剪切方向上的长周期和两个方向上的非晶层厚度基本保持不变。随剪切温度的升高，PLA 片晶在垂直剪切方向上的长周期以及取向度逐渐减小。剪切明显加快了 PLA 的结晶过程和球晶的径向生长速率。同等剪切条件下，长链支化 PLA（LCB PLA）的结晶速率比线性 PLA（linear PLA）快，成核密度比线性 PLA 大，但球晶生成速率比线性 PLA 慢（图 10.58）[60]。长链支化 PLA 的结晶速率随剪切速率和剪切时间的增加而提高。长链支化 PLA 和线性 PLA 都具有成核密度的饱和值，剪切诱导结晶得到的饱和成核密度比静态结晶的大 3 个数量级以上，同等剪切条件下长链支化 PLA 的饱和成核密度比线性 PLA 的大 1 个数量级。

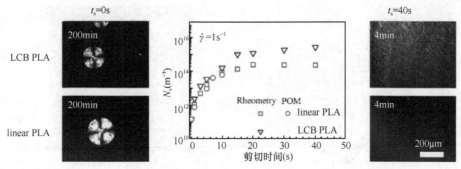

图 10.58　长链支化 PLA（LCB PLA）和线性 PLA（linear PLA）的结晶成核密度（N_v）和晶体形态

偏氟乙烯-三氟乙烯共聚物（PVDF-TrFE）薄膜的分子和微结构取向可以通过静态剪切进行控制，有序薄膜的链轴和 c 轴主要沿剪切方向进行排列，片晶沿垂直于剪切方向单向取向（图 10.59）[61]。在 135℃下剪切厚度为 150nm 的 PVDF-TrFE 薄膜制得的结晶样品取向最好，与未剪切 PVDF-TrFE 薄膜相比，剪切后的 PVDF-TrFE 薄膜具有较高的剩余极化（6.9μC/cm²）、微结构缺陷降低、作为偏振开关效果更好。

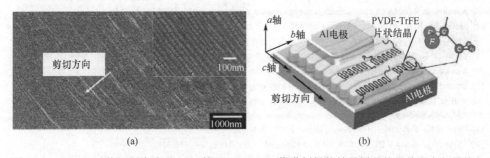

图 10.59　135℃下剪切厚度为 150nm 的 PVDF-TrFE 薄膜制得的结晶样品的晶体形态与结构：（a）场发射扫描电镜照片；（b）静态剪切诱导有序化示意图

溶解于 2-乙基萘的聚（3-己基噻吩）（P3HT）的溶液黏度和分子链构象也可以通过剪切场进行控制。剪切力作用下，P3HT 在溶液中发生构象改变而形成大长径比的纤维晶，溶液浓度足够高时还可以形成渗滤网络结构，导致溶液黏度显著升高，比未剪切溶液的黏度提高 2 个数量级。剪切诱导形成的 P3HT 纤维晶结构为沿平行于针状结晶轴向（b 轴）的π-π堆积结构（图 10.60），与静态结晶生成的晶体结构相似，但剪切条件下生成的纤维晶长度为微米级[62]。剪切诱导生成纤维晶的可能机理是当剪切移除了不合适的纳入分子链后，布朗运动将其他的分子带到正在生长的晶面上，形成了更长的晶体。导电高分子通过溶液剪切技术生成的更长更完善的纤维晶有利于提高有机电子器件的电性能。

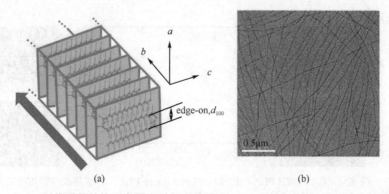

(a)　　　　　　　　　　　　　(b)

图 10.60　P3HT 纤维晶的结构示意图和透射电镜照片：（a）b 轴方向π-π堆积结构示意图，d_{100}= 0.38nm；（b）20mg/mL 的 P3HT 溶液剪切 24h（剪切速率 100s^{-1}）后形成的长纤维晶的透射电镜照片

参 考 文 献

[1] Taylor K，Watkins J，Galloway P. Overview，history and current status of United States' materials processing in space flight activity，AIAA-94-0111.

[2] Saghlr M Z，Sloot E A. Canada's microgravity materials science and technology program，AIAA-94-0110.

[3] Sokolowski R S. NASA microgravity materials science program，1991，SPIE 1557：2-5.

[4] McCauley L A. Microgravity polymer and crystal growth at the advance materials center for the commercial development of space，AIAA-90-3649.

[5] Crouch R K. Microgravity materials science：research and flight experiment opportunities，NRA-94-OLMSA-06.

[6] Mookherji T，Moore R. Polymer crystal growth facility concept for space station laboratory module，NAS8-36122.

[7] Sturm D，Muller R，Rath H J. Polyreactions in microgravity environment，N93-22830.

[8] Wilfon D L，Steffen J E，Cook E L. Polymer processing in space：3M's polymer morphology experiment，AIAA-90-3645-CP.

[9] Debe M K，Poirier R J. Thin Solid Films，1990，186：257-347.

[10] Xiao X S，Dong Y D，Mo Z S，et al. J Shanghai Univ，1999，3：336-338.

[11] 肖学山，董远达，莫志深，等. 高分子材料科学与工程，2002，18：90-96.

[12] Qiao X Y，Xiao X S，Wang X H，et al. Eur Polym J，2002，38：1183-1190.

[13] 肖学山，张庆新，董远达，等. 功能高分子学报，2000，4：401-406.

[14] Xiao X S，Qiao X Y，Mo Z S，et al. Eur Polym J，2001，37：2339-2343.

[15] 肖学山，董远达，乔秀颖，等. 上海大学学报，2000，6：468-470.

[16] 莫志深. 聚合物晶态及非晶态结构研究的进展//施良和. 高分子科学的今天与明天. 北京：化学工业出版社，1994：122-137.

[17] 殷敬华，莫志深. 现代高分子物理学. 北京：科学出版社，2001.

[18] Wang S E，Wang J Z，Zhang H F，et al. Macromol Chem Phys，1996，197：1643-1650.

[19] Wang S E，Wang J Z，Mo Z S，et al. Macromol Chem Phys，1996，197：4079-4094.

[20] Wang S E，Wang J Z，Liu T X，et al. Macromol Chem Phys，1997，198：969-982.

[21] Liu T X，Mo Z S，Wang S E，et al. J Appl Polym Sci，1997，64：1451-1461.

[22] Ji X L，Zhang W J，Na H，et al. Macromolecules，1997，30：4772- 4774.

[23] Liu T X，Mo Z S，Wang S E，et al. Macromal Rapid Commun，1997，18：23-30.

[24] Wang S E，Liu T X，Mo Z S，et al. Macromol Rapid Commun，1997，18：83-91.

[25] Qiu Z B，Mo Z S，Zhou H W，et al. Macromol Chem Phys，2001，202：1862-1865.

[26] Zhang Q X，Mo Z S，Liu S Y，et al. Macromolecules，2000，33：5999-6005.

[27] Zhang Q X，Mo Z S，Zhang H F，et al. Polymer，2001，42：5543-5547.

[28] 莫志深. 外场诱变下的聚合物结构研究//周其凤. 高分子液晶态与超分子有序研究进展. 武汉：华东科技大学出版社，2002.

[29] Serpico J M，Wnek G E，Krause S，et al. Macromolecules，1991，24：6879-6881.

[30] Serpico J M，Wnek G E，Krause S，et al. Macromolecules，1992，25：6373-6374.

[31] Venugopal G，Krause S，Wnek G E. Polym Prepr，1990，31：377-378.

[32] 刘强，崔建忠，刘晓涛，等. 高分子材料科学与工程，2005，21：174-177.

[33] Yuryev Y，Wood-Adams P M. Macromol Chem Phys，2012，213：635-642.

[34] Matsushige K，Nagata K，Imada S，et al. Polymer，1980，21：1391-1397.

[35] 谢琪，蒋文柔，包睿莹，等. 高分子材料科学与工程，2013，4：82-85.

[36] Eberle G，Bihler E，Eisenmenger W. IEEE Transactions on Electrical Insulation，1991，26：69-77.

[37] Broer D J，Finkelmann H，Kondo K. Macromol Chem Phys，1988，189：185-194.

[38] Broer D J，Mol G N，Challa G. Macromol Chem Phys，1989，190：19-30.

[39] 李光远，胡春圃. 功能高分子学报，1995，4：433-438.

[40] Vijayakumar V N，Madhu M L N. Solid State Sci，2010，12：482-489.

[41] 张雄伟，黄锐. 高分子通报，1994，2：9-17.

[42] Qiao X Y，Wang X H，Mo Z S. Synthetic Met，2001，118：89-95.

[43] Matsushige K，Takemura T. J Polym Sci Phys Ed，1978，16：921-934.

[44] Gogolewski S. Polymer，1977，18：63-68.

[45] Li L B，Huang R，Zhang L，et al. Polymer，2001，42：2085-2089.

[46] Li L B，Hong S M，Huang R. J Phys：Condens Matter，2002，14：11195-11198.

[47] 李宏飞，蒋世春，安立佳. 压力对 PEO 结晶行为的影响. 2007 年全国高分子学术论文报告会，B-P-108.

[48] Kardos J L，Christiansen A W，Eric B. J Polym Sci，Part A-2，1966，4：777-788.

[49] van Drongelen M，van Erp T B，Peters G W M. Polymer，2012，53：4758-4769.

[50] Nakafuku C，Miyaki T. Polymer，1983，24：141-148.

[51] Gutierrez M C G，Rueda D R，Calleja F J B，et al. J Mater Sci，2001，36：5739-5746.

[52] Koscher E，Fulchiron R. Polymer，2002，43：6931-6942.

[53] Fiorentino B，Fulchiron R，Duchet-Rumeau J，et al. Polymer，2013，54：2764-2775.

[54] Somani R H，Yang L，Hsiao B S. Polymer，2006，47：5657-5668.

[55] Kumaraswamy G，Verma R K，Kornfield J A，et al. Macromolecules，2004，7：9005-9017.

[56] Somani R H，Hsiao B S，Nogales A，et al. Macromolecules，2000，33：9385-9394.

[57] Somani R H，Hsiao B S，Nogales A，et al. Macromolecules，2001，34：5902-5909.

[58] An H N，Li X Y，Geng Y，et al. J Phys Chem B，2008，112：12256-12262.

[59] Li L B，de Jeu W H. Macromolecules，2004，37：5646-5652.

[60] Fang H G，Zhang Y Q，Bai J，et al. Macromolecules，2013，46：6555-6565.

[61] Jung H J，Chang J，Park Y J，et al. Macromolecules，2009，42：4148-4154.

[62] Wie J J，Nguyen N A，Cwalina C D，et al. Macromolecules，2014，47：3343-3349.

（乔秀颖）

第 11 章 高分子结晶理论和模拟研究

11.1 高分子结晶特征

结晶是非常普遍的相变现象。小分子结晶相变过程首先是结晶成核过程，然后是结晶增长过程。小分子结晶过程中当新生成的核尺寸大于临界尺寸时自由能突破成核位垒从而发生成核[图 11.1（a）]，之后这种核就会进一步发展增长。在小分子结晶增长阶段，通常没有明显的自由能位垒，往往形成完美、均一的结晶体。

相对来说，高分子链拓扑连接性的结构特征导致高分子结晶更为复杂。由于组成晶核的单体单元往往来自于不同链或是同一条链的不同位置的链段，这就导致几个核捕获单体进入结晶相之间的竞争，从而引起增长过程中复杂的自由能图谱（free energy landscape），即非常多的亚稳态，如图 11.1（b）所示。所以高分子链构象的调整进入大范围有序的结晶态，必须跨越这些自由能位垒，这阻碍了高分子形成完美、均一的结晶体，往往形成半结晶态。

基于以上原因，高分子结晶这种大范围有序的结晶态，不仅需要形成空间结构的长程有序，而且还需要处于基态螺旋构象分子链的择优取向。如果仅有分子链取向序而没有空间上长程周期结构的话，体系处于液晶状态；反之如果仅有空间上的长程有序而没有取向序的则为塑晶。因此，高分子结晶是微观尺度上体现的多自由度和宏观尺度上多相参与的复杂多尺度问题，目前无论理论还是模拟研究都无法获得从链的折叠堆砌一直到宏观结晶形态的全过程描述，因此高分子结晶问题成为当今高分子物理理论研究中的难题和挑战。

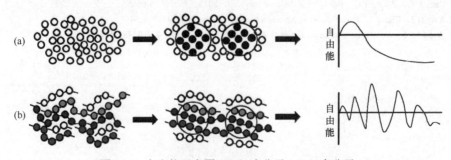

图 11.1 自由能示意图：（a）小分子；（b）高分子

11.2 成 核 理 论

许多高分子理论都是建立在小分子或更加普适的理论基础之上，高分子结晶理论也不例外。如果直接跨越到高分子结晶理论，我们往往并不清楚它原本的理论根基。因此，必要地回顾相关的理论基石，将有助于深入理解高分子结晶理论。

高分子结晶理论重要的理论根基是成核理论，事实上成核并非结晶现象所独有，而是所有相变过程最初的"孕育阶段"。广义上成核概念涉及我们所熟知的自然界中云、雾和冰的形成及生活中汽水和啤酒开盖冒出的气泡等；还有我们不太熟悉的过程，如相分离、磁畴形成、宇宙中的星和星系形成以及宇宙初态等。

要想理解成核，首先需要理解我们得以存在的世界和所接触的物质。如果把这些物质广义上看成体系的话，我们通常说的体系往往是平衡态，即稳态或亚稳态。它们的性质不随时间变化，这也就是自由能与变量的一阶导数为零，如图 11.2 所示。自由能函数可以描述从 A 态到 B 态的转变，A 态是亚稳平衡态，是自由能局域极小值（local minimum），在小的涨落或扰动下，体系是稳定的，最终会演变成更稳定的状态，但需要很长的时间；B 态是稳态，是自由能全局极小值（global minimum）。从 A 态到 B 态的转变过程中，自由能增加到一个局域极大值，即不稳态，体系不稳定涨落最终导致该状态是短寿命的。对于亚稳态和稳态来说，自由能二阶导数一定大于零；对于不稳态，至少有一个导数是小于零的。相转变过程也是在不同平衡态之间转变，体系会经由一系列的非平衡态或不稳态，体系的性质也随之连续变化。

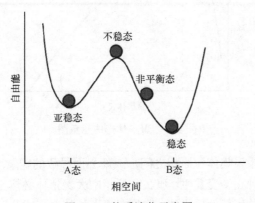

图 11.2 体系演化示意图

早在 1878 年 Gibbs 就认识到相转变之间的巨大不同，并且第一次提出原子或分子构筑的小聚集体单元的出现是新相形成必要的前提条件[1-3]。他将核考虑成小的液滴或蒸气气泡或小晶体，即由原子或分子组成的复合物，并且拥有本体相的性质。虽然这个图像过于简单，但却开启了该领域科学研究之门。Gibbs 的观点起初并未受到重视，直到 20 世纪 20 年代 Volmer 和 Weber 意识到这一观点在动力学研究上的重要性，并提出了第一个完整成核理论[4,5]，之后不久 Farkas 也提出聚集体演变动力学模型[6]。20 世纪 40 年代俄罗斯物理学家 Zeldowich 和 Frenkel 以及 20 世纪 50 年代美国科学家 Turnbull 和 Fisher 对其进一步完善和发展[7-9]。虽然最初的理论往往仅考虑原子或分子簇的一维生长，不能解释更为复杂的过程，如具有取向的结晶行为、各种势场效应和各向异性增长等，但是却为后来的动力学（不仅仅是结晶动力学）发展打下了坚实的基础。

11.2.1 经典成核理论

1. 稳态成核

相转变中涨落效应通过原相中小区域新相的出现和消失，可以促使核的生成。涨落的寿命与核尺寸相关，只有超过临界尺寸，这种小涨落才会促使其演变成宏观尺度，如图 11.3 所示。核增长和收缩的随机性行为与相转变的位垒相关，即成核位垒。

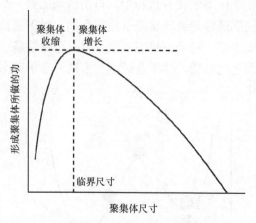

图 11.3 聚集体形成示意图

成核位垒由新相聚集体和原相之间形成新界面导致的能量增加所致。如果从热力学角度有利于这种相转变发生，那么在新相中大聚集体必然比原相中相同原子或分子组成的结构有着更低的自由能，但是在界面处的原子或分子比原相和新相中的原子或分子处于更高能量态。对于新相中小聚集体来说，大多数原子或分子处于界面，因此聚集体的形成需要做更多功。形成聚集体做的功可以表示成：

$$W(n) = n\Delta\mu + \sigma A \tag{11.1}$$

式中，n 是聚集体包含的原子或分子的数目；$\Delta\mu$ 是相转变中每个分子的化学势变化；σ 是界面能；A 是界面面积，σA 就是形成界面所需要做的功；第一项表征热力学驱动能量的"强度"，第二项则代表形成新界面的能量增加。形成聚集体需要做最大功（W^*）时的聚集体（由 n^* 个原子或分子组成，半径为 r^*）就定义为临界聚集体；当尺寸超过该临界值时，随着聚集体进一步增长，原子或分子在界面处的比例分数降低，相应的形成聚集体所需做的功也降低，这样聚集体更倾向于增长并完成相转变。临界聚集体的尺寸（n^*）的表达式如下：

$$n^* = \frac{32\pi}{3\overline{v}}\frac{\sigma^3}{|\Delta g|^3} \tag{11.2}$$

式中，$\Delta g = \Delta\mu / \overline{v}$，$\overline{v}$ 是原子或分子的体积。

聚集体尺寸小于 n^*，聚集体总体是收缩趋势，相反则聚集体总体是增长趋势，这样可以获得体系中聚集体的平衡分布 $N^{\text{eq}}(n)$：

$$N^{\text{eq}}(n) = N_A \exp\left(-\frac{W(n)}{k_B T}\right) \tag{11.3}$$

式中，N_A 是阿伏伽德罗常量；k_B 是玻尔兹曼常量；T 是绝对温度。

Volmer 和 Weber 就是基于他们发展的聚集体分布，第一个建立了成核动力学理论[4,5]，虽然对成核现象的这种平衡态分布并非物理本质，但是这种简单评估成核速率的方法依然在确定大多数相关物理参量时非常有用。在许多情况下，成核速率是与时间无关的量，即稳态成核速率 I^{st}，Volmer 和 Weber 假定当 $n < n^*$ 时，$N(n) = N^{\text{eq}}(n)$，当 $n > n^*$ 时，$N(n) = 0$，获得的成核速率可表示为

$$I_{\text{vw}}^{\text{st}} = k^+(n^*)N^{\text{eq}}(n^*) = k^+(n^*)N_A \exp\left(-\frac{W(n^*)}{k_B T}\right) \tag{11.4}$$

式中，$k^+(n^*)$ 是尺寸为 n^* 的聚集体增加一个单分子的速率。

平衡态的聚集体尺寸分布并非经典成核动力学推导出来的，事实上，聚集体的尺寸分布趋向于稳态分布。为此 Becker 和 Döring 提出了更为恰当的稳态成核速率[10]：

$$I^{\text{st}} = N^{\text{eq}}(n)k^+(n)\left(\frac{N^{\text{st}}(n)}{N^{\text{eq}}(n)} - \frac{N^{\text{st}}(n+1)}{N^{\text{eq}}(n+1)}\right) \tag{11.5}$$

球形聚集体的稳态成核速率可以表示为

$$I^{\text{st}} = N^{\text{eq}}(n^*)k^+(n^*)\left(\frac{|\Delta\mu|}{6\pi k_B T n^*}\right)^{1/2} \tag{11.6}$$

2. 非稳态成核（与时间相关）

成核理论中原始推导的成核速率，是存在时间关联的，核数目作为时间函数

$[N(t)]$，等于依赖时间的成核速率$[I(t)]$的积分，即

$$N(t) = \int_0^t I(t)\mathrm{d}t \qquad (11.7)$$

如图 11.4 所示，非稳态成核最初成核速率非常低，但是随着时间增加而增加并达到稳态成核速率 I^{st}。对于长退火时间，核数目 $N_{\mathrm{c}}(t)$ 可近似表示成

$$N_{\mathrm{c}}(t) = I^{\mathrm{st}}(t - \theta), \qquad t \gg \theta \qquad (11.8)$$

式中，θ是有效滞后时间，实验中可以通过稳态区域核数目-时间的延长线与时间轴的交点获得。

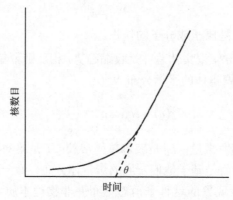

图 11.4　核数目变化示意图

最初人们研究成核问题主要集中在蒸气相体系，理论和实验研究认为成核诱导期非常短，从而诱导期问题可被忽略；但到了 20 世纪七八十年代，针对金属和硅等这些凝聚相的理论和实验研究发现这一诱导期非常明显，从而导致对成核理论公式的重新审视和分析。

回到 Volmer 和 Weber 最初的动力学模型，假定由 n 个分子组成的聚集体 C_n，通过类似二元分子反应的方式增加或减少 1 个分子达到增长或收缩：

$$C_{n-1} + C_1 \underset{k^-(n)}{\overset{k^+(n-1)}{\rightleftharpoons}} C_n$$
$$C_n + C_1 \underset{k^-(n+1)}{\overset{k^+(n)}{\rightleftharpoons}} C_{n+1} \qquad (11.9)$$

式中，$k^+(n)$ 和 $k^-(n)$ 是尺寸为 n 的聚集体增加或减少一个单分子的速率，这样在反应进行中就会导致聚集体分布，时间依赖的聚集体尺寸分布 $N(n,t)$ 可通过解微分方程确定：

$$\frac{\partial N(n,t)}{\partial t} = N(n-1,t)k^+(n-1) - N(n,t)[k^+(n) + k^-(n)] + N(n+1,t)k^-(n+1) \qquad (11.10)$$

聚集体尺寸为 n 时的成核速率 $I(n,t)$，就是超越该尺寸时聚集体时间依赖的

流量，可表示为

$$I(n,t) = N(n,t)k^{+}(n) - N(n+1,t)k^{-}(n+1) \tag{11.11}$$

根据式（11.4）和式（11.6），我们知道随着温度增加成核速率增加，退火速率引起温度剧降导致无法松弛到恰当的聚集体分布，就会看到明晰的非稳态成核速率，这反映了在不同退火温度下的初始聚集体分布到稳态分布所需要的时间。

成核可以看作是一系列离散状态随时间演变的过程，该系列过程可以通过一个相关的主方程来描述。根据式（11.10）和式（11.11），进一步通过近似或截断可得到 Zeldovich-Frenkel（ZF）方程：

$$\frac{\partial N(n,t)}{\partial t} = \frac{\partial}{\partial n}\left(k^{+}(n)N^{\mathrm{eq}}(n)\frac{\partial}{\partial n}\left(\frac{N(n,t)}{N^{\mathrm{eq}}(n)} \right) \right) \tag{11.12}$$

结合公式（11.3），可写成

$$\frac{\partial N(n,t)}{\partial t} = \frac{\partial}{\partial n}\left(k^{+}(n)\frac{\partial N(n,t)}{\partial n} \right) + \frac{1}{k_{B}T}\frac{\partial}{\partial n}\left(k^{+}(n)N(n,t)\frac{\partial W(n)}{\partial n} \right) \tag{11.13}$$

很明显，这里包含扩散方程，$k^{+}(n)$ 和 $N(n,t)$ 类似扩散系数和浓度。与时间相关的成核速率 $I(n,t)$ 不仅包括扩散项而且包括迁移项：

$$I(n,t) = -k^{+}(n)\frac{\partial N(n,t)}{\partial n} + N(n,t)\frac{\mathrm{d}n}{\mathrm{d}t} \tag{11.14}$$

此迁移速率 $\mathrm{d}n/\mathrm{d}t$ 也是宏观增长速率，如果忽略涨落，其形式可以表示为

$$\frac{\mathrm{d}n}{\mathrm{d}t} = -\frac{k^{+}(n)}{k_{B}T}\frac{\partial W(n)}{\partial n} \tag{11.15}$$

在临界尺寸附近，扩散是最重要的。当聚集体尺寸大于临界尺寸，扩散贡献非常小，核的增长行为如下：

$$I(n > n^{*},t) \rightarrow N(n,t)\frac{\mathrm{d}n}{\mathrm{d}t} \tag{11.16}$$

松弛时间 τ 是聚集体超过临界值所需的平均时间：

$$\tau^{-1} = \frac{\mathrm{d}}{\mathrm{d}n}\left(\frac{\mathrm{d}n}{\mathrm{d}t} \right)\bigg|_{n^{*}} \tag{11.17}$$

虽然人们批评 ZF 方程对扩散和迁移项采用特殊选择，并为此提出了一些替换形式的主方程，如 Shizgal 和 Barrett[11]等，但 ZF 方程依然有着特殊的意义。ZF 方程相对容易求解，它对成核动力学提供了深层次有价值的物理洞察，并且它的近似解析表达式在误差范围内可以描述大多数成核现象。

但此类近似和截断获得的解析解是否可以真实地反映实际体系仍是个大问题，因此人们对于这种复杂的时间依赖问题的求解，往往采用数值方法并与实验进行比较。另外，数值求解可以根据更真实的实际情况构建模型，如任意的初始聚集体尺

寸分布，非等温退火以及异相成核等，这也激起更多与时间相关的成核问题的讨论。

11.2.2 "超越"经典成核理论

经典成核理论求解稳定，相对容易应用，能够处理广泛的成核现象，如解释成核位垒和成核速率问题。但经典理论往往构建在极其简化的聚集体性质基础上，且假定原相和新相界面是清晰锐利的，即几乎不存在过渡区；几个原子或分子的聚集体也假定与宏观液滴一样的性质。此外成核位垒和成核速率的计算往往来自于蒸气凝聚，但却被应用于几乎所有的基于成核的一阶相转变问题，这忽略了原相和新相的分子原子结构问题，因此经典理论往往无法定量解释实验数据。此外，对于所有相转变都给出非零的位垒，因此也无法解释不稳态下的旋节线相转变（即自发相转变）现象。

1. 界面扩散理论

人们研究发现原相和聚集体形成的新相之间的界面并非清晰锐利，而是存在有一定宽度的界面区。如图 11.5（a）所示，密度随着结晶周期而波动，并在远离结晶区的液体密度达到恒定值；液体在靠近聚集体时是有序的，很明显宽的界面区域与传统经典理论存在明显的不同。为此，Spaepen 和 Gránásy 分别独立提出了界面扩散理论[12-14]。界面扩散理论中自由能密度可以简单看成球晶聚集体在各向同性的无定形介质（如液态或玻璃态介质）中，离聚集体中心距离为半径 r 的径向分布函数。假定自由能密度可以用阶跃函数表示，如图 11.5（b）所示，低于熔融温度聚集体形成可逆功，表示为

$$W(r_s) = 4\pi \int_0^{r_s} (g_s - g_l) r^2 \mathrm{d}r + 4\pi \int_{r_s}^{r_s + \delta} (g_i - g_l) r^2 \mathrm{d}r \tag{11.18}$$

式中，g_s 和 g_l 分别表示固、液表面自由能；δ 和 g_i 分别表示界面宽度和界面自由能，进一步推导可以获得界面张力等。这些可以与经典理论进行比较，实际上可看作经典理论的简单扩展。界面扩散理论建立在未证明的假设前提下（如假设界面厚度与温度无关），因此存在一些局限性，很难考虑有序相结构信息对成核速率的影响等。

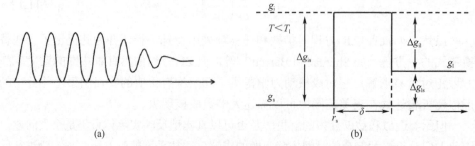

（a）　　　　　　　　　　　　　　（b）

图 11.5　（a）密度波动示意图；（b）自由能密度简化示意图

2. 密度泛函理论

密度泛函理论（DFT）的建立归功于一大批数学和物理学家的努力。首先，19 世纪以来，数学的发展进入了一个新的阶段，建立并发展了群论，对数学分析的研究又建立了集合论，函数概念被赋予了更为一般的意义，泛函的思想由此产生。虽然泛函分析的基本概念直到 20 世纪 20 年代才被正式确立，并在 30 年代成为数学的独立学科；但之前它已经在物理学应用方面开始发挥它的作用。密度泛函理论的理念最早可以追溯到 19 世纪末 van der Waals 在研究气液界面非均匀结构的自由能时，提出局部密度近似模型，即非均匀界面某处的自由能密度（单位体积的自由能）可以用均匀流体自由能密度外加一个与密度梯度有关的修正项表示。20 世纪 20 年代 Thomas 和 Fermi 在量子力学体系用电子密度作为变量函数构建能量的泛函表达式，60 年代 Kohn 等进一步推导出针对电子基态性质的变分原理，奠定了密度泛函在量子力学领域的数学根基。比 Kohn 略早，即 50 年代，金兹堡-朗道和 Cahn-Hilliard 等也受到 van der Waals 的启发并借用了这个模型的梯度概念，应用到相变领域（见 11.6.2 节），这也是早期密度泛函在成核增长研究应用的开端。这里我们仅简要介绍与成核相关的密度泛函理论思想和初步的结果[15]。

基于序参量描述相转变的密度泛函理论为研究成核提供了一种更常规的方法，该方法可以扩展处理范围更广的序参量以及相转变间的耦合。由于密度在聚集体和原相的界面处是连续变化的，其可作为密度泛函理论描述相转变的一个序参量，即可用密度来表示自由能。通过变分法取自由能的极小值，即可获得成核聚集体周围的密度轮廓图，从而不需假设就可实现自由能的计算。

密度泛函理论的核心就是泛函的概念，与有一个或多个变量的函数不同，泛函可理解为函数的函数。例如，假设数密度（单位体积内粒子数作为位置的函数）是一个描述相转变合适的序参量，对于一个均一体系，吉布斯自由能对数密度的依赖关系可表示成一个函数$[g(\rho)]$。然而，对于密度不均一体系，自由能是密度的泛函 $G[\rho]$（方括号代表泛函），则从原相形成含有 $N[\,N = \int_V \rho(r)\mathrm{d}r\,]$ 个分子构型的新相所需要的功表示为

$$W = G[\rho] - N\mu \tag{11.19}$$

式中，μ 是原相的化学势。如果是局域泛函，总的自由能可表示为体系空间中所有点贡献的积分形式，即

$$G[\rho] = \int_V g[\rho(r)]\mathrm{d}r \tag{11.20}$$

结合式（11.19）和式（11.20）可得

$$W[\rho] = \int_V \{g[\rho(r)] - \mu\rho(r)\}\mathrm{d}r \tag{11.21}$$

其与式（11.18）的结论一致。此处需要强调，式（11.21）是一个一般形式，并不需要假设原相与新相间有区分的界面，也没有引入一个界面自由能。数密度仅作为一个例子，对于其他序参量，泛函的表达式同样成立。

与经典成核理论中临界尺寸的概念类似，为了形成最终相需要一个密度的临界波动 ρ^*，从而需要计算形成这个临界波动的功。在鞍点的临界核相当于一个稳态，功对序参量的变分等于零，即

$$(\delta W[\rho] / \delta \rho)_{\rho=\rho^*} = 0 \qquad (11.22)$$

求解上式需要知道泛函 $G[\rho]$ 的具体形式。

密度泛函理论表明经典成核理论只有在近平衡态才是可靠的，这也为描述实际体系中远离平衡态的结晶行为提供了一个新的方向。

11.2.3 成核理论概述

经典成核理论对于实验科学家来说，相对容易应用，能够处理广泛的成核现象，在处理热力学本质问题上依然有着重要的科学意义和价值。但新理论如密度泛函等的出现对其产生了强有力的冲击，首先界面并不是严格锐利的而是有分布宽度的；此外小聚集体性质与新相形成的宏观尺度聚集体性质并不一样，经典理论计算聚集体形成需要的能量是在平衡态或是近平衡态下才正确；因为经典理论往往以热力学为基础，而真实的体系可能远离平衡态。

此外，前述的成核基本理论主要是均相成核，而并没有介绍更为普遍的异相成核理论研究进展。事实上，异相成核可能发生的驱动力远小于均相成核，并且成核控制通常涉及的是非均匀性的分布控制问题。虽然理论上我们可以通过纯化实现均匀性，但是即使在这种情况下，表面和界面处依然是异相成核主导。对于更为复杂的多组分体系的成核问题，核的组成依赖于它们的尺寸，并且核周围的组成随着成核过程，聚集体增长以非常复杂的方式变化，因为存在界面还有扩散问题。

我们在本小节中简要介绍了小分子成核的经典理论、界面扩散理论和密度泛函理论，在之后介绍的高分子结晶理论中我们可以看到这些理论的影子，并在此基础上加入高分子的特征。

11.3 高分子结晶经典理论

高分子的结晶是分子链规则有序排列形成的三维远程有序的晶体结构，其理论问题是高分子物理理论中最基本的核心，同时也是科学家们争论的热点。在高分子结晶理论研究初期，热力学理论和动力学理论研究齐头并进，但随着时间推移，动力学理论则显示了更强大的生命力。不可否认的是，热力学稳定态是结晶

的主要驱动力,但高分子结晶难以抵达热力学最稳定态,相反会朝动力学的亚稳态发展。因此,目前的研究基本都认同实际高分子的结晶过程是由动力学而非热力学控制。高分子结晶过程被认为总是从生长时初始最小尺寸晶体处于热力学比较稳定的相开始,朝动力学上结晶最快的相上发展,晶体出现亚稳态,并相对稳定;某种条件下,该亚稳态会实现到稳态的转变[16]。以下就几种比较经典高分子结晶理论(包含成核动力学结晶理论和非成核动力学结晶理论)做简要介绍。

11.3.1　经典成核动力学结晶理论

传统的高分子结晶理论建立在小分子成核与生长理论基础之上。对高分子结晶来说,在结晶初期体系被认为是均相的。当外界条件(如温度、压强等)变化时,体系中便会出现转变为一个或几个较为稳定的新相的倾向,呈现出亚稳状态。此时只要相变的驱动力足够大,这种转变就将借助小范围内程度甚大的涨落而开始,这种小范围的区域即为新相的胚核(embryo)。当然,这种尺寸很小的胚核出现造成的体自由能的下降可能还不足以补偿界面能的增加,某些胚核经短暂存在之后必将消失。因此在体系涨落的作用下,新的胚核不断地出现和消失。偶尔,由于一连串有利的涨落,某些胚核的尺寸增大到可以稳定存在的程度,这种尺寸大于某一临界值的胚核便被称为新相的核心或晶核;成核不仅能引发结晶过程,而且还能引发晶体生长,并决定晶体的结构。经典的成核理论认为结晶必须经历先成核而后生长的过程,聚合物不管从溶液结晶还是熔体结晶均不例外。在这个理论框架下,成核和生长的发生以及链段如何排入晶格便是理论学家们的争论点。

1. 次级成核动力学理论

20 世纪 60 年代提出的 Hoffman-Lauritzen(LH)理论是最经典的高分子结晶成核理论之一[17, 18],长期以来经过很多修正和改进,但始终未离其基本思想[19-22]。在此基础上,结合小分子结晶表面成核、生长的思路和动力学方面的考虑,同时引入“折叠链片晶”的概念。“折叠链片晶”是指高分子结晶时分子链采取近邻折叠的形式进行排列,形成薄片状,厚度为 5~20nm,与之相比其他两个方向的尺寸非常大。高分子链折叠起来结晶是一种自然的动力学过程选择的结果,高分子结晶时发生链内自发折叠,为了产生最多的平行链堆砌和最小的暴露面积;一方面体自由能降低更多,另一方面表面自由能升高最少,形成高分子所特有的基本结晶形态结构。LH 理论的基本出发点是次级成核理论,精髓如下:第一步,高分子链段首先在光滑的增长前沿表面放置它的第一个茎杆,这一步假定与成核相关。这一步的位垒来自于茎杆平行排列的本体自由能和形成其他表面的自由能损失共同作用的结果,这个位垒就是图 11.6(a)中的第一个峰,也是能量最高峰。第一个茎杆沉积在基体表面上最为困难，经历了最大的位垒，因此该步骤是结晶速率的慢步骤，初级成核速率为 i。第二步，次级成核过程。以上一次形成的光滑前沿为基底再结晶上去一段高分子链段，这一过程类似成核过程，为了区别于初级成核过程，称之为次级成核。如图 11.6（b）所示，假设晶体基体长度为 L，总结晶线速率为 G，每一层的横向生长速率为 g，成核速率为 i，蛇形（或称蠕动）速率为 r，折叠表面自由能为 σ_c，侧表面自由能为 σ，每个链段的原子尺寸长和宽分别为 a 和 b，初始片晶厚度为 L_p。沿增长方向为 a 的茎杆厚度以速率 g 扩展，沿增长方向为 b 的茎杆厚度以增长速率 G 扩张。链折叠达到活化络合状态后，链段便以很快的结晶速率结晶到基体表面上，茎杆形成后在它的两边各出现一个可结晶的位置，此后上去的链段不再产生新的侧表面和侧表面自由能。这一过程要形成一个链折叠，伴随着邻近链段的再进入，高分子链沿着两侧像拉拉链一样很快就折叠进入晶格。次级成核的速率表达式为

$$G = G_0 \exp[-\frac{U^*}{R(T_c - T_\infty)}]\exp[-\frac{K_g}{T_c(T_m^0 - T_c)f}] \qquad (11.23)$$

式中，G_0 为指前因子，包括与温度无关的所有项。第一指数项是扩散控制项，U^* 是链运动的活化能，控制结晶性单元穿过界面的短程扩散；第二指数项是成核位垒项，反映临界尺寸的表面核增长的 Gibbs 自由能的贡献，其中结晶温度为 T_c，过冷度 $\Delta T = T_m^0 - T_c$，T_m^0 为片晶的平衡熔点，f 是校正项，用于校正单位体积熔融热 Δh_f 随温度的变化，K_g 被称为成核常数。

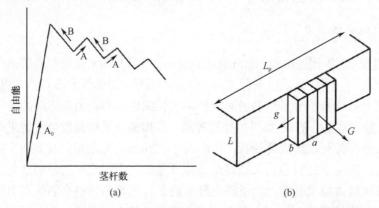

图 11.6 Hoffman-Lauritzen 理论：（a）自由能垒；（b）模型

此模型给出了高分子链折叠结晶的理论模型，并推导出高分子结晶生长速率 G 和影响片晶厚度的具体解析式。另外，按照初级成核速率 i 与表面扩展速率 g 的相对关系可将高分子结晶分成三种方式，即方式（Regime）Ⅰ（$i \ll g$）、方式Ⅱ（$i \approx g$）和方式Ⅲ（$i \gg g$），如图 11.7 所示。方式Ⅰ的结晶温度高（低过冷度），

成核速率 i 足够小，分子链能在新核形成之前自由地通过链折叠方式在片晶基体的宽度方向上以速率 g 扩展，迅速地在基体增长前沿产生一个厚为 b_0 宽为 L 的新层。晶体的总增长速率正比于成核速率，即 $G_1 \propto ib_0L$，晶体的增长表面很光滑。在低温下（高过冷度），总增长速率同样正比于表面成核速率，即 $G_{\text{III}} \propto ib_0L'$，这时由于 i 非常大，使得分子链进一步扩展的空间很小。L' 是有效的基体宽度，$L' = n_{\text{III}}a_0$，其中 n_{III} 在 2～3 之间。通常情况下，L' 远小于 L。方式 III 结晶主要通过分子链的成核过程的累积进行，而对于方式 I 和 II，是通过分子链的表面扩展生长的。方式 III 形成的增长面在分子尺度上特别粗糙，因为结晶时存在多重成核和涉及多个增长平面。在中间温度区方式 II 中，晶体的生长方式介于方式 I 和 III 之间，其成核速率高于方式 I。在晶体侧面，邻近核之间存在着扩展竞争，同时核的密度不如方式 III 中的密集，从而阻碍侧面上的增长。晶体的总增长速率正比于成核速率的平方根，为 $G_{\text{II}} \propto b_0(2ig)^{1/2}$；方式 II 成核速率快，以致核之间的平均距离已接近链的宽度，生长面在微观尺度上是粗糙的。

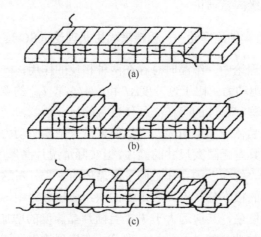

图 11.7　LH 理论中高分子结晶的三种方式：（a）Regime I，成核控制过程；（b）Regime II，
　　　　　成核与生长同时控制过程；（c）Regime III，生长控制过程

2. 其他成核动力学理论

LH 模型忽略了生长前沿可能存在的一个即时的增厚过程，Wunderlich 等在实验中观察到这种现象，在高压下聚乙烯伸展链晶体出现了前沿增厚[23]。LH 模型同样难以对高分子分子分凝做出合理的解释，分子分凝的概念来源于从宽分布的高分子熔体或溶液中结晶时，只有超过某一临界分子量的高分子链才能在生长面上成核，从而进入晶格，否则只能继续保留在熔体或溶液中。从以上现象出发，Wunderlich 等提出了分子成核理论[24]。他们认为在 LH 次级成核理论中，要求所

有几十甚至几百个分子在成核以后的侧向生长保持同样的折叠程度，似乎不太可能；而在分子成核中，晶核的尺寸是固定的，它是由等于片晶厚度的链段长度决定的，仅对一根分子链做了大致恒定折叠长度的要求，这在物理上更现实一点。他认为每一个高分子链进入晶格都有一个过冷度的要求，且至少成核一次；在生长面上形成这种临界核是二次成核，然后铺展到整个生长面，这种结晶过程通常被称为分子成核理论。

Point 提出了多接触途径理论[25]。他认为在 LH 理论中，每个折叠杆进入晶格时都是以整体的方式进行似乎不太可能，分子链开始进入晶格时，可以探索更多的途径。他认为第一个折叠杆在晶体表面成核生长时，在任何时候都应该允许链段发生折叠；由于热力学稳定性的需要，这个杆的长度会有一个最短的限制。

Hikosaka 提出的滑移扩散理论可以被看成是一个二维生长理论[26, 27]。该理论认为，高分子链不仅能在生长前沿侧向进行铺展，也能通过链滑移而增厚在纵向伸长，该伸长过程依赖于核的厚度，也同样依赖于晶格结构、缺陷密度和链的构象，被称作二维次级成核理论。

11.3.2　非成核动力学结晶理论——粗糙表面生长理论（SG 理论）

在任何动力学理论中，结晶时总存在两种相反的作用，一是结晶驱动力，二是结晶位垒。结晶驱动力正比于过冷度 ΔT 和 $(l-l_{min})$，l_{min} 的意义是晶体临界核的大小，即任何一个稳定晶体的存在必须使自身的尺寸达到一个临界值，使得晶体的本体自由能超过晶体表面自由能。当然如果只有结晶驱动力存在的话，最快的结晶速率将是那些具有无限大尺寸的晶体，但实际情况片晶厚度总是一个有限值，这是因为有一结晶"位垒"的存在阻碍了厚晶体的生长。对这一"位垒"的理解是不同动力学理论的根本分歧点。在 LH 的次级成核理论中，这一"位垒"是基于热力学能量的能位垒，其值远大于 $k_B T$ 且随片晶厚度的增加而增加。Sadler 和 Gilmer 提出另外一种非成核动力学结晶理论，在该理论中，这一"位垒"是熵位垒[28, 29]，该熵位垒模型（entropic barrier model）简称粗糙表面生长理论（SG 理论）。简单来说，在结晶过程中，一个分子会去试探很多种构象形式，其中只有少部分是生长"允许"的，晶体生长往往会遇到某些"禁阻"的构象而终止。

该理论来源于小分子物质在结晶生长时将出现动力学粗化现象，即在临界粗化温度 T_R 以下，宏观上晶体表面是光滑的，因此其外表呈现为多个有规则的晶面；而在临界粗化温度 T_R 以上，由于晶体生长位垒的消失，晶体表面变得粗糙了。在这种情况下，生长速率正比于 ΔT。基于这种热粗糙现象的启发，Sadler 和 Gilmer 对 LH 理论所认为的生长表面光滑持不同意见，他们认为光滑的生长面与实验事实严重不符。Sadler 认为高分子链段由于存在构象熵，结晶时极少能形成光滑的表面；同时认为表面成核理论所认为的位垒（晶体生长表面形成新的链节导致的表面能）会高估位垒的高度。SG 理论对高分子的结晶过程做了如下具体描述：高分子链段吸附到粗糙的结晶表面上时，不一定选择一个能够适于晶体随后生长的构象，它甚至可以在此处形成一次折叠或一个松散的折叠圈别住（pinning）链的伸展，以阻止晶体在此处的生长；折叠的长度也可以小于热力学稳定长度，即形成短茎杆，这种短茎杆必须被消除才能恢复结晶行为。很明显，SG 理论是基于链排入晶格导致的构象熵的降低，不利结晶的短茎杆的去除是增长动力学的控制要素。某些分子链盲目吸附（blind attachment）而产生了不适合结晶的构象，即产生了构象熵；晶体的生长受到阻碍，这个不利于晶体生长的位置被称为 "pinning site"；只有当分子慢慢调整出适当的位置时，晶体才能继续生长。有利的晶体生长仅仅发生在那些允许链段进入晶体生长的构象上，从而使晶体表面发生弯曲生长或产生粗糙的结晶表面。SG 理论借助计算机进行模拟验证，同样获得了 LH 理论的主要结论如晶片厚度、结晶速率与过冷度的关系。

11.3.3　高分子经典理论问题和挑战

高分子经典成核理论如 LH 理论在研究片晶生长问题上取得了很大成就，但采用本体自由能和表面自由能损失对成核进行判断可能存在很大问题，因为核的结构可能不同于增长结晶的结构；初始核形成的动力学过程被忽略，采用的模型都过于简单，模型参数的选取任意性较大，而且忽略了晶体和熔体间的界面结构；LH 理论是建立在准平衡态热力学理论之上的，并非真实的动力学描述；忽略了高分子链构象特征的热力学和动力学行为，而这对于晶核的形成和增长极其关键；基于链尺度出发的理论还依然无法描述熔体和晶体以及二者共存区的相行为等，使得该理论在解决争议现象时显得力不从心，使它一经提出就饱受争议。另外非常重要的一个问题是经典成核理论建立在成核和结晶尚未开始前体系是均相的这一前提下，然而这一根基近年来也开始动摇。SG 理论也有着类似的无法回答的问题。此外，SG 理论也存在着一个重要问题，迄今为止，即使对小分子物质也无法定义一个粗化转变温度，事实上 T_R 的测定从来没有任何的实验证据；对于有限厚度和有限侧向尺寸的高分子晶体，定义 T_R 更加困难（我们知道，任何相转变温度都是针对无限大体系而言的）。变通的办法是给出 T_R 的一个范围，但其上下限仍很难得到。

11.4　高分子结晶理论新进展

近年来，建立在经典理论上的结晶模型和机制不断面临挑战。随着高分子结晶的表征手段逐渐丰富和发展，一些针对高分子结晶早期过程（晶体形成之前的诱导期）成核、生长动力学和高分子晶体形态的新的实验现象得以发现，结合计算机模拟对受限空间内高分子的结晶行为与形态的研究结果的积累，一系列新高分子结晶理论被提出来。这些研究为深入理解结晶本质提供了更多的可能，这里我们重点讨论旋节线（spinodal）相分离诱导成核理论和 Strobl 中介相多步生长理论。与经典结晶理论认为的高分子体系是均相体系不同，这两个理论均认为在结晶早期阶段，体系中会出现高分子链段预取向。

11.4.1 旋节线相分离诱导成核理论

高分子结晶的早期成核问题一直为经典表面成核理论所回避，近年来对此问题一直争论不休。很多实验结果显示在结晶初期，先于晶格出现之前体系已经出现了大尺度的密度涨落。利用 X 射线和光学显微镜观察聚对苯二甲酸乙二醇酯和聚偏氟乙烯从玻璃态结晶的实验结果表明，从无定形到结晶的转变是一个连续的相转变过程；体系中长程有序的密度涨落持续增加，而短程有序的涨落持续减少；且在结晶初期表现为光学均匀性，这与生成球晶时的各向异性明显不同。通过对早期的密度涨落的动力学分析得出此时的扩散系数为负，并且密度涨落的色散关系可以类比于二元共混体系中旋节线相分离的行为。传统结晶理论认为结晶是成核控制的过程，即是一个双节线（binodal）相分离过程，这显然无法解释上述现象。

Olmsted 等提出了旋节线辅助结晶模型（spinodal assisted crystallization model）[30]，认为在结晶早期由于处在稳态极限（stability limit）温度 T_s 以下，链段逐渐处于能量更低的反式构象。由于构象-密度起伏诱发高分子链段可结晶基元（stem）的分凝，分凝后在高分子熔体中会诱发出现介观尺度上的可结晶基元间微相凝聚分相。体系分为两区（图 11.8），包括分子取向较好的高密度区，该相高分子链段序列呈现反式构象，结晶性良好；另一区属于无规取向的低密度区，多属于难以结晶的左右式构象的高分子序列或者缠结点区域链段。相对体系平均密度而言，高密度区有着更高的密度和更好的取向序，使结晶成核位垒被大大降低，所形成的微凝相织构的位垒低于或者等于 kT 值，从而使得预结晶体系的微凝相在预结晶期间内可处于亚稳状态，故这时体系会检测出现散射谱图，这是可结晶基元分凝而出现密度涨落的结果。分凝后体系进一步出现基元的凝聚分相诱导产生衍射谱图的结果。结晶的旋节线相分离模型成功地把构象密度起伏效应和分凝微相分离联系起来，认为高分子是晶体和无定形组成的"共混物"；结晶过程是晶体与无定形发生旋节线相分离的过程。由于相分离使缠结点、构象错位等缺陷排除进入无定形区域，从而可得到亚平衡状态的预结晶体。持反对意见的研究者认为，这种构象上的不同不应称为相，因此不存在所谓"构象意义上的相分离"，然而在过去的 20 年中，仍有一些支持旋节线辅助成核的实验、模拟和理论的报道。

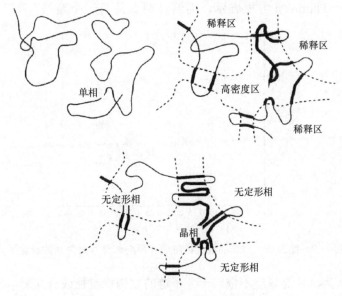

图 11.8　结晶旋节线相分离模型示意图

11.4.2　中介相多步生长理论

中介相的多步生长模型由德国著名的高分子物理学家 Strobl 提出[31]。他们利用小角 X 射线散射技术对 sPP，PE，PCL 和 iPP 等一系列高分子等温结晶过程进行研究后得到三条线——熔融线、结晶线和重结晶线（图 11.9）。熔融线是结晶熔点随片晶厚度的变化直线，表示各向异性结晶和各向同性熔体之间的转变。结晶线是结晶温度随片晶厚度的变化直线，代表了相转变的厚度依赖性。结晶线的斜率大于熔融线的斜率，熔融线和重结晶线的交点用 X_s 表示。平衡熔点 T_f^∞ 由熔融线外推反向结晶厚度 $d_c^{-1} \to 0$ 得到，T_f^∞ 小于 T_c^∞（T_c^∞ 和 T_f^∞ 分别为晶片厚度为无穷大时的结晶温度和熔融温度）。三条线揭示了高分子结晶相转变温度与片晶厚度之间的关系。结晶线和重结晶线都不受样品立构规整性和共聚单元含量的影响；链中的化学结构无序性高时，熔融线将会向低温移动，但是它的斜率保持不变。假如片晶厚度的初始值大于 X_s 所对应的片晶厚度值，不会发生重结晶，只有熔融；如果片晶厚度的初始值小于 X_s 所对应的片晶厚度值，在熔融发生之前会存在重结晶，X_s 表示重结晶的结束点。无论在哪里达到重结晶线，片晶厚度的倒数 d_c^{-1} 都沿着重结晶线开始变化，直到温度到达 X_s 所对应的温度值，此时晶体开始熔解。熔融是横向晶面上链序列直接转移到熔体中的过程，而结晶线揭示的相转变不同于熔融线揭示的相转变，其并不是熔融的反向过程。熔融线代表的高分子片晶的熔解可以用 Gibbs-Thomson 方程表示，而结晶明显是另一个路线。

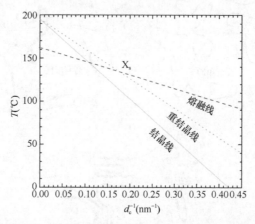

图 11.9　结晶线、重结晶线、熔融线和反向结晶厚度关系的示意图

　　Strobl 认为，片晶厚度不依赖于分子链的立构规整性或者共聚单元含量而只是依赖于远远不同于平衡熔点的温度 T_c^∞。这预示着结晶发展经历两个步骤，晶体首先以初始形态出现；然后转变为最终的片晶。后者由温度差 $T_f - T_c$ 来提供稳定性，在这个过程中 d_c^{-1} 保持不变。结晶线代表的相转变是高分子从中介相到粒状晶相的转变。在此一系列研究的基础上，Strobl 提出了中介相模型。该模型认为高分子结晶是从熔体到中介相，由中介相形成小晶块，再由小晶块融和形成片晶的过程，如图 11.10 所示。高分子首先形成含有活动中介相的层状结构，内含伸展的高分子有序链，高分子结晶首先由熔体中链序列向中介相结构薄层的侧向生长面附着。层中的密度稍高于熔体密度，但是还远远达不到晶体密度。该薄层通过外延力来稳定，所有的立体缺陷或共聚单元都被形成的侧向生长面所排斥。在该模型中，中介相需要一个最小的厚度值来保持在熔体环境中的稳定性，较高的内流动性使得其在侧向通过伸展链序列的附着进行延展并且自发增厚。在中介相增厚的过程中，生长面上内流动性比较大，但大小也不是恒定不变的；中介相增厚达到一个临界值，内流动性减小；中介相薄层进行加固，向一个更高有序的结构转变，形成粒状晶层；小晶块在平面组合为片晶，该转变过程以一个很简单的方式进行，并没有跨越很高的活化能位垒。在粒状晶块合并为片晶的过程中，也就是内部结构的优化过程，导致了整个体系 Gibbs 自由能的下降。最终得到片晶的厚度和小晶块的厚度一致。片晶生成过程主要分为三个步骤，首先，高分子链段先产生一个能结晶的介晶层；其次，当达到某一临界值时，介晶层固化成粒状晶层块；然后，这种粒状晶层块合并为均相的片晶，到达稳定状态。

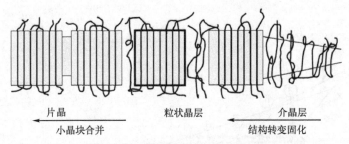

图 11.10　中介相的多步生长模型

Strobl 详细描述了中介相能够干预并影响结晶过程的热力学动力学条件，关联了三个转变温度 T_{am}^{∞}、T_{ac}^{∞}、T_{mc}^{∞}，分别对应着两个热转变 $\Delta h_{ca} = h_a - h_c$ 和 $\Delta h_{ma} = h_a - h_m$。由于 Δg_{am} 和 Δg_{ac} 可以通过热熵变化 $\Delta S_{ma} = S_a - S_m$ 和 $\Delta S_{ca} = S_a - S_c$ 表示，因此得

$$(T_{mc}^{\infty} - T_{ac}^{\infty})\Delta S_{ca} = (T_{mc}^{\infty} - T_{am}^{\infty})\Delta S_{ma} \tag{11.24}$$

即

$$\frac{\Delta h_{ma}}{\Delta h_{ca}} \approx \frac{\Delta S_{ma}}{\Delta S_{ca}} = \frac{T_{mc}^{\infty} - T_{ac}^{\infty}}{T_{mc}^{\infty} - T_{am}^{\infty}} \tag{11.25}$$

图 11.11 构建的是热力学动力学示意图，其中有两条没有被共聚物单元或立构规整性影响的结晶线和重结晶线，还有一条熔融线。包含了四个不同的相：熔体、中介层（m）、原始晶（c_n）和稳定晶体（c_s）。该示意图描绘了四个相的稳定范围和转变线。变量依旧是温度和片层厚度倒数。相转变条件分别为 T_{mc_n}、T_{ac_n}、T_{mc_s}、T_{ac_s} 和 T_{am}。需要注意的是图中的交点 X_s 和 X_n：在 X_n 处中介层、本地晶体和熔体都有着相同的 Gibbs 自由能，在 X_s 处对于稳定晶同样适用。X_s 和 X_n 控制熔融之后等温结晶的实施。为了和实验相一致，可以设计两个步骤。在图中分别表示路线 A 和路线 B。路线 B 通过高温结晶来实现，在开始点，标记为 1，分子链开始从熔体中以较小的厚度黏附在中介层的横向面上。这个层开始自发增厚直至达到一个转变线 T_{mc_n}，由此达到了另一个点 2，同时本地晶体开始快速增长。随后的稳定过程使它们达到了一个较低的自由能状态。加热时晶粒保持稳定直至上升到与晶体融化相联系的 T_{ac_s}。路线 A 即所谓的低温结晶，开始是一样的，链序列黏附到自发增厚的中介层上；一旦到达 T_{mc_n}，本地晶开始形成随后稳定。当加热稳定晶体时，开始时刻它们保持自身结构；继续加热，T_{mc_s} 转变线先于熔融线达到，意味着路线 A 与路线 B 直接熔融不同，该路线先会经历中介相的结构；进一步加热会使中介相持续地重结晶（3a 到 3b）；最后到达相交点 X_s，此时晶体开始熔解。

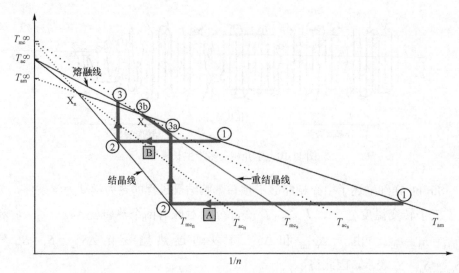

图 11.11　高分子层在熔体中（图中标"a"）与其他三相以尺寸为变量的纳米相图。图中符号含义分别为中介层（图中标"m"），原始晶（图中标"c_n"）和稳定晶相（图中标"c_s"）；相转变线分别用 T_{mc_n}，T_{ac_n}，T_{mc_s}，T_{ac_s} 和 T_{am} 表示，分别代表中介层和原始晶、无定形相和原始晶、中介层和稳定晶相、无定形相和稳定晶相、无定形相和中介层的相转变线；等温结晶设计了两条路线：A（低结晶温度）和 B（高结晶温度）

11.5　高分子总结晶动力学

通常情况下，柔性高分子从溶液结晶或熔体结晶均为片晶，片晶的生成显然是由于动力学原因造成的。因此，研究高分子的动力学问题显得至为重要。无论采用哪种理论对高分子结晶本质进行探索，如何定量地去描述无定形相向晶相的转变一直是高分子总结晶动力学考虑的问题。与大部分的小分子相比，高分子由于出现亚稳的链折叠，通常只能是部分结晶。结晶度描述了高分子结晶发生的程度，其定义为发生结晶的部分与总体的百分比；结晶度虽是一个笼统的概念，但它有助于研究结晶过程，而且对了解并控制材料的性能也有重要的意义。在无限小的时间间隔内，向晶相的转变率只是结晶度增加的一个很小的增量，通过结晶总动力学（overall crystallization kinetics）可以来分析结晶过程，也用于分析成核和加工中的预测，非常有应用性。

从 20 世纪 30 年代开始，就有一系列针对高分子总结晶动力学的研究。由于各种原因，到现在为止，这一过程仍然继续沿用 Avrami-Evans 方程对结晶度、结晶总速率进行描述[32-35]，该方程被广泛地应用于等温结晶动力学研究中，即在恒定温度下结晶的动力学过程。高分子结晶本身就是一个很复杂的过程，影响因素很多。在实际加工中，结晶往往在更为复杂的环境中发生，如温度随时间的改变，温度梯度的变化以及熔体流动等，另外受限界面、杂质等均会对总转变率发生影响。研究高分子结晶动力学方法有很多种，常用的方法有膨胀计、差示扫描量热计（DSC）、偏光显微镜（PLM）和解偏振光强度法等。

11.5.1　等温结晶过程的 Avrami 方程处理

高分子结晶一般分为两步，第一步是成核产生生长中心，第二步通常是以这些生长中心为球心的球晶生长。大量的研究表明对于高聚物结晶前期的结晶动力学描述可以采用 Avrami 方程，对高分子而言，Avrami 方程一般只适用于低转化率阶段和结晶体冲突不严重的情况，即初期结晶过程；至于结晶后期，由于球晶相遇生长受到影响等，用 Avrami 方程描述显得无能为力。

Avrami 方程依据"延伸体积"（extended volume）概念获得[33, 35]，所谓延伸体积的概念是指在 t 时刻，所有区域中不受其他核心影响的正在生长的体积和。α 代表体积相对结晶度，为结晶体体积与体系总体积的比值，α_{ex} 为延伸相对结晶度，即

$$1-\alpha=\exp(-\alpha_{ex}) \qquad (11.26)$$

式中，$\alpha_{ex}=V_{ex}/V_0$，V_{ex} 代表体系中结晶体在不受任何阻碍条件下的理想总体积，即延伸体积，V_0 为体系的总体积。

根据相变动力学理论和成核动力学方程，可以得到 Avrami 结晶动力学方程的一般形式：

$$X_t= 1-\exp(-kt^n) \qquad (11.27)$$

式中，t 为结晶时间；X_t 对应的是结晶时间为 t 时刻的相对结晶度；k 表示总的结晶速率常数，与高分子结晶生长形状以及成核的数量和类型相关；n 为包含成核方式和生长方式相关的 Avrami 指数，它表征了晶体生长空间维数和成核过程的时间维数之和。Avrami 方程的对数形式为

$$\ln[-\ln(1-X_t)] = \ln k+n\ln t \qquad (11.28)$$

将 $\ln[-\ln(1-X_t)]$ 对 $\ln t$ 作图得到直线，由直线的斜率和截距得到斜率为 n，截距为 $\ln k$，求得 Avrami 指数值，从而获得高分子的结晶成核及结晶生长方面的信息。对于球晶三维生长，n 为 3 或 4；对于盘状（圆板）二维生长，n 为 2 或 3；对于纤维（一维）生长，n 为 1 或 2，在静态条件下，结晶体系的 Avrami 指数一般为 3，表示球晶三维生长方式。

11.5.2　非等温结晶动力学

高分子非等温结晶动力学是研究在变化的温度场下高分子结晶宏观结构参数随时间的变化。与等温结晶过程比较，非等温过程更加符合实际，分为等速升降温或者变速升降温。现在，非等温结晶动力学的研究一般在差示扫描量热仪（DSC）上，通过等速升温或等速降温的实验方法实现。非等温动力学过程比较复杂，目

前涉及的理论非常多，并没有一个公认的理论出现，现仅列出具代表性的几种非等温结晶动力学理论。

1. Ozawa 理论

Ozawa 方程从高聚物成核和晶体生长两个角度出发，以 Avrami 理论为基础，推导出了适用于等速升温或等速降温的结晶动力学方程[36]：

$$1 - C(T) = \exp[-K(T)/\Phi^m] \tag{11.29}$$

式中，$C(T)$为在温度T时的相对结晶度；Φ为升温或降温速率；m为 Ozawa 指数。$K(T)$与成核方式、成核速率、晶核的生长速率等因素有关，是温度的函数。当采用等速降温方法时，$K(T)$被称为冷却函数，表达式为

$$K(T) = g \int_{T_0}^{T} N_c(\theta)[R_c(T) - R_c(\theta)]^{m-2} V(\theta) \mathrm{d}\theta \tag{11.30}$$

其中

$$N_c(\theta) = \int_{T_0}^{\theta} U(T)\mathrm{d}T \; ; \; R_c(\theta) = \int_{T_0}^{\theta} V(T)\mathrm{d}T \tag{11.31}$$

式中，$U(T)$和$V(T)$分别表示成核速率和晶体生长的线速率；T_0为结晶的起始温度；g为形状因子，是与结晶体形状有关的常数；N_c和R_c为中间变量，没有物理意义。

Ozawa 方程是非等温结晶动力学方程的代表，它考虑了晶体成核和晶体生长的实际情况，尤其对冷却结晶动力学描述较为成功，但对在高分子晶体生长前沿有明显的等温退火等二次结晶行为或者处理结晶温度范围相差很大的高聚物时表现均不理想。

2. Jeziorny 法

Jeziorny 法是直接把 Avrami 方程推广应用于解析等速变温 DSC 曲线的方法，也就是先把等速变温 DSC 结晶曲线看成等温结晶过程来处理，然后对所得参数进行修正[37]。考虑到冷却速率Φ的影响，用下式对k进行校正：

$$\lg k_c = \frac{\lg k}{\Phi} \tag{11.32}$$

Jeziorny 方法的优点是处理方法简单，只从一条 DSC 升温或降温曲线就能获得 Avrami 指数n和表征结晶速率的参数k，缺点是所得到的动力学参数缺乏明确的物理意义。

3. 改进的 Ozawa 方程

张志英以 Ozawa 方程为基础，推导出了非等温结晶动力学微分方程[38]，表达式为

$$\frac{dC}{dt} = K(T)[-\ln(1-C)]^{m_0}(1-C) \tag{11.33}$$

式中，m_0 与 Avrami 指数 n 的关系为 $m_0 \approx (n-1)/n$；$K(T)$ 与结晶体的线生长速率成正比，是温度的函数，可描述为

$$K = K_0 \exp\left[-\frac{E_d}{RT} - \frac{\psi T_m^{0^2}}{T^2(T_m^0 - T)}\right] \tag{11.34}$$

式中，K_0 为指数前因子，近似为常数；E_d 为结晶单元跨越相界的扩散活化能；R 是气体常数；ψ 称为成核参数，与生成结晶体的表面自由能、熔融热等因素有关；T_m^0 为高分子的平衡熔融温度。该方程明确给出了结晶速率的计算方法，使非等温结晶动力学微分方程更具有实际意义。

4. Avrami 与 Ozawa 结合方程

莫志深等把 Avrami 方程与 Ozawa 方程结合，推导出了解析高聚物结晶动力学参数的新方程[39, 40]：

$$\lg \Phi = \lg F(T) - a \cdot \lg t \tag{11.35}$$

该方程用 $F(T)$ 对应单位时间内为达到某一相对结晶度时必须选取的值，可作为高聚物结晶速率快慢的参数，$F(T)$ 越大，高聚物的结晶速率越低，反之则越高。参数 $a = \dfrac{n}{m}$，其中 n 为非等温结晶过程中的表观 Avrami 指数，m 为 Ozawa 指数。该方程的最大优点是计算简单，以 $\lg \Phi$ 对 $\lg t$ 作图，斜率为 a，得到的截距即为 $\lg F(T)$。

11.5.3　总结晶速率及其复杂性

根据 LH 理论，高分子总结晶速率取决于初级成核速率和生长速率，后者仅考虑在已有晶体表面的增长。相对于伸展链晶体，高分子折叠链片晶的表面自由能很大，不是热力学稳定体系，影响其发展因素众多，相当复杂。①高分子结晶不是整个自由高分子链的整体结晶，而是受阻连接链段的分段结晶；②结晶成核和生长除具有高分子典型的时温记忆效应，还具有结晶形状和多重空间的维数依赖性，结晶过程中形成的不同结构单元和受阻连接无规链段之间、成核后微晶核和高分子链组之间、生长中微晶粒的高分子链组和终止后由整链连接着的多重微晶体之间的关系，使得结晶过程具有微晶形状、多元成核和多维生长空间维数的依赖性；③晶型的多样性和它对结晶条件的依赖性也加大了高分子结晶过程中动力学不确定性，如不同实施条件，浓度、温度场、杂质和流动场作用可使得结晶形态大为不同，产生片晶、球晶和串晶的变化；④需考虑是否在结晶过程中有多重结晶机制，如成核机制不一，生长机制随环境变化，终止方式随机等变化，那

么结晶体系就存在多重总结晶动力学过程。

　　以 Avrami 方程为例，虽然已经应用于许多高聚物，但在一些实验作图中发现，虽然线性结果较好，但 n 值并不是整数，而非整数的 n 值在 Avrami 模型中是没有实际物理意义的，并且由 Avrami 方程所作直线的最后部分与实验点发生严重的偏离。以上情况也验证了高聚物的实际结晶过程比 Avram 方程所描述的模型要复杂得多。Avrami 方程对高分子结晶过程做出一些理想的预设，有些条件仍需要仔细分析，例如：①在结晶的过程中，并不像假设的那样体积总是保持不变；②线性生长速率在一定的条件下也不是一直保持不变，这一假定只有在等温和结晶速率受成核控制的条件下适用，在扩散控制的前提下，结晶体的边界位置与时间的关系是指数关系，在这种情况下，Avrami 指数可为分数；③晶核的数目并不是两种极端的表现形式，预先成核情况下的常数或者散现成核的线性增加，实际情况中晶核数目更为复杂，散现成核可能并不呈现连续的增加，而是在异相核耗尽后达到极限水平，这也同样贡献了 Avrami 指数的分数结果；④结晶一般分成两阶段，即主结晶和次级结晶，结晶之后晶体一直在完善，实际结晶的次级结构也一直在分叉，Avrami 方程并没有考虑次级结晶；⑤结晶也并不是严格地按照球形、近似的二维圆盘和棒形形态生长，Avrami 指数由以上三种结晶形态决定，其他的结晶形态只能得出近似解。

　　考虑结晶后期总动力学问题，不少学者对经典的过程模型进行修正，提出了很多比 Avrami 方程适用性更广的修正方程。包括二次结晶过程结晶体的自由表面积修正模型[41-43]、结晶后期结晶体由于相互碰撞而停止生长修正模型[44]、考虑生长过程中晶核体积的模型[45]、扩散控制结晶阶段结晶体的线生长速率修正模型[46]、二次结晶修正模型[47]等，修正后的模型在一定程度上和实际情况拟合良好。对于非等温结晶过程的后期总动力学问题，由于非等温结晶动力学理论本身远不如等温结晶动力学理论成熟，对它的研究变得更为困难，现有的描述高分子非等温结晶后期动力学过程的模型及方程都是等温 Avrami 修正模型在非等温条件下的扩展应用，在这里不予介绍。

　　尽管大多数实验研究都在严格控制的条件下完成，但是无论是等温结晶动力学还是非等温结晶动力学实验结果都常常得到与理论值相差甚远的结果。可能是因为高分子结晶本来就是一个复杂的过程，目前的分析模型仍不足以描述其复杂程度，尤其在实际的加工过程中涉及更为复杂的热机械历史以及变化万千的结晶条件，包括剪切效应、温度-时间的温度梯度变化、结晶热焓的释放以及随之改变的温度场等。因此，在高分子结晶理论分析的基础上，需要更多的理想结晶模型和模拟计算结果相配合，去探究复杂的高分子结晶动力学过程。

11.6　高分子结晶的计算机模拟研究

　　人们研究高分子结晶已经接近一个世纪了，距最初发现高分子折叠链片晶也超过了 50 年。然而，尽管有几十年的实验和理论工作，还是无法完全理解高分子结晶这个复杂的问题。计算机模拟通常被认为是实验和理论之后，第三种认识客观规律的方法。其真正力量并不只是不断增加的计算速度，而是能通过发展新模型和算法去解决复杂性问题。

11.6.1　高分子结晶的主要模拟方法

1. 蒙特卡罗法和动态蒙特卡罗法

1952 年 Metropolis，Rosenbluth 和 Teller 等发展了从玻尔兹曼分布研究中的抽样方法并给出了系综平均，这可能是第一个计算机模拟流体的研究工作，并随之产生了蒙特卡罗（Monte Carlo，MC）模拟方法。MC 模拟方法是建立在统计热力学基础上，采用大量随机数在分子尺度研究体系对"时间"演化的方法。MC 方法主要通过获取大量在热力学平衡状态下的随机样本来计算各项性质的统计平均值。平衡状态下的样本可以通过两种方式得到：一是利用随机行走（random walk）方式生成理想高斯（Gaussian）链，或通过考虑链节排斥体积的自回避无规行走（self-avoid walk）方式生成真实链，并进行 Markov 过程（利用条件概率来控制体系随时间、压力和温度等条件演化的路径和最终结果的物理过程）演化，通过状态配分函数（Z）获取每种状态的抽样概率，然后根据抽样概率，用关联的条件概率将一个总的过程划分为若干相对独立的子过程，总过程的生成概率等于各子过程概率的乘积。在 Markov 过程中，体系通过不断演化生成接近于热力学平衡状态的结构。二是将体系中的各组分人为分散均匀，填充在模拟体系中，然后使用不同的扩散方式：如格子 MC 中的溶剂/空格扩散、键涨落或蛇形算法等以及非格子模拟中的 pivot/crankshaft 松弛，kink-jump 方法等，在 Metropolis 法则的作用下进行热力学松弛，使体系达到热力学平衡态，从而获得足够的样本数对体系各项性质进行统计平均[48]。

很明显常规的 MC 方法更适合获得体系平衡态的性质，其优势是可以高效实现构象变换，只要保证体系的热力学状态，一些非物理过程的转换也是可以的。当然常规 MC 方法也不是无法研究动力学行为，它在动力学定性研究上依然有着重要的意义，但是研究动力学时，我们需要在心里明确知道时间并非真实的时间尺度，而需要重新标度。然而，人们不满足于这种简单的定性或是仅能获得平衡态的性质，为了模拟趋于平衡态时体系随时间的"真实"演化，人们基于真实动力学路径不同构型状态之间的转变速率来保证正确的动力学过程，从而提出了动态蒙特卡罗（kinetic Monte Carlo，KMC）方法[48]。

2. 分子动力学和郎之万动力学

在 MC 方法建立之后不久，1957 年 Alder 和 Wainwright 意识到可以通过积分粒子的运动方程（牛顿运动方程）模拟真实体系的运动行为，从而诞生了分子动力学（molecular dynamics，MD）模拟方法。分子动力学通常采用全原子模型或将数个原子视为一个粒子的粗粒化模型，在力场（原子之间或粗粒化粒子之间的相互作用势能）的作用下，求解牛顿运动方程，即积分位置和时间的微分方程或速度和时间的微分方程，从而获得相空间中的运动轨迹[49]。求解体系的运动方程是最为关键的，并且不是直接去求解析解，而是通过有限差分对微分方程求近似的离散解，比较常见的有三种求解（积分）算法：Verlet 算法以及其衍生算法和预测校正算法。此外，在通常的分子动力学模拟中，体系默认的热力学系综是微正则系综，但在很多情况下，为了更好地模拟实际条件，往往需要在体系中引入温度控制如 Nosé-Hoover 恒温算法和压力控制如 Andersen 或 Parrinello-Rahman 恒压算法，这两种算法分别实现了正则系综的模拟以及恒压恒焓的模拟，二者的结合，实现了目前常用的恒温恒压体系的模拟，而恒温恒压体系最接近大多数实验条件。全原子模型的分子动力学模拟通常是在经典分子力学（也称分子力场或力场）下求解牛顿运动方程，力场通常是由根据实验结果拟合的半经验公式或量子力学推导出来的一套势函数和一套力常数构成，可以确定原子间的相互作用势，如 AMBER、CHARMM、GROMOS 等常用力场。为了进一步提高计算的时间和空间尺度，人们提出了粗粒化分子动力学模型，该模型忽略了分子具体的结构信息和复杂的分子力场，在半经验力场[如粒子间非键相互作用的 Lennard-Jones（LJ）势，相邻粒子间键连作用的非线性弹性（FENE）势等]下求解牛顿运动方程，从而计算出模拟体系一些普适的运动规律。然而，这样的粗粒化模型难以体现不同分子间的微观差异，因此人们从全原子力场提取并优化以供粗粒化模型使用，通过自下而上（bottom up）的方式建立起跨尺度模型中的有机联系，这样既能够保留分子链的化学结构信息，与实验体系一一对应，也兼备粗粒化模型的优点，简化运算自由度，提高程序运行效率，跨尺度模拟方法经过近年不断地发展，已初步形成了包括自适应解析度方法（adaptive resolution scheme）、混杂型方法（hybrid）、迭代玻尔兹曼反转法（iterative Boltzmann inversion）以及系统粗粒化方法（systematic coarse graining）等主要的理论方法[50-53]。

与分子动力学相似，郎之万动力学（Langevin dynamics，LD）也是一种用有限差分求解粒子运动方程近似解的模拟方法，其在牛顿运动方程的基础上引入了摩擦力项和随机力项。郎之万方程的建立需要追溯到 1906 年爱因斯坦在发表著名的狭义相对论后，发表了以"概率平衡"观点定量描述"布朗粒子（微小颗粒）"受到周围流体分子撞击的运动行为的布朗运动理论，并因此获得了诺贝尔奖提名（虽然最终是光电效应获得诺贝尔奖），但该方法是许多布朗粒子的平均行为，而非一颗布朗粒子的运动行为。1908 年郎之万基于牛顿第二定律并考虑一个布朗粒子运动时，同时会受到流体的阻力（摩擦力项）和与流体分子因热运动与之碰撞的热扰动（随机力项），该方法同样可以获得布朗粒子的随机运动行为。对于布朗粒子运动问题，如果我们用分子动力学模拟，不仅需要考虑布朗粒子而且还需要考虑无数的流体小分子运动，计算量是超乎想象的，但很明显布朗粒子的运动时间尺度远大于流体小分子的运动以及与布朗粒子碰撞的时间尺度，而分子动力学不得不采用很小的计算步长，绝大部分计算量用在了小分子的运动、小分子与小分子的碰撞以及小分子与布朗粒子碰撞的快运动。如果我们关注的科学问题是布朗粒子这种慢运动，则郎之万方程就可以将流体小分子对布朗粒子的作用通过引入随机力项和摩擦力项来解决，流体小分子作用类似"背底"效应，从而仅计算布朗粒子运动就可以了，极大地提高了计算的时间和空间尺度。布朗动力学（Brownian dynamics，BD）就是采用郎之万方程，通过计算机模拟获得布朗粒子的运动轨迹，但常规的 BD 通常只求解忽略惯性项的位置郎之万方程，可以针对流体的黏滞阻力很大或是仅对长时间结构动态感兴趣的研究主题[54]。

3. 相场法

　　结晶的物理本质特征是相变，而描述相变的最简单的平均场理论就是朗道（Landau）理论，朗道自由能除了依赖温度和磁场外也依赖序参量，热力学自由能是作为序参量函数的自由能极小值，这个极小值就导致了均场的临界现象。历史上，有许多关于相转变的理论，如 Ising 相变、合金中的有序无序转变、气液转变、Flory-Huggins 相分离理论等，而这些理论最终都可以在临界点附近简化为朗道理论。朗道理论中序参量在体系中是均匀的，即一个序参量代表了体系整体的状态。然而，实际情况下体系中可能存在界面或其他的不均匀性。1950 年，金兹堡和朗道在朗道理论的基础上，提出了金兹堡-朗道（Ginzburg-Landau，GL）方程，该方程考虑了序参量的梯度项对体系自由能的贡献，可以处理非均匀体系的问题，被广泛应用于各种相变过程[55, 56]。相场法主要以 GL 理论为基础，用微分方程来体现扩散、有序化势和热力学驱动的综合作用。在相场法中，体系的瞬时状态由一组序参量（如浓度序参量）描述，且这些序参量可表示为空间坐标的连续函数，即在不同的坐标处有不同的值，那么通过这些序参量的演化就能获得体系随时间的演化过程。通常，序参量分为两类，一类是保守场，即指满足局域守恒条件的场变量，如浓度场，采用扩散方程来描述其随时间和空间的演化；另一类是非保守场，即指那些不能满足局域守恒条件的场变量，其与保守场采用不同的演化方程，一般采用弛豫方程表述。

　　目前，相场法主要分为两种：①连续相场法，该方法认为所有界面都是弥散的，界面两侧相的成分、结构等连续过渡，对各个物理过程的处理，采用了相同的物理模型，不再人为地割裂其间的交叠，与实际情况更接近，在采用了合理的能量表达式及正确的物性参数后，能在定量上较为准确地预测或揭示材料中的实际相变过程；②微观相场法，该方法是建立在原子层次上的一种新的相场法，其引入了微观场,用描述由原子占据晶格位置的概率作为场变量来描述微结构变化,因此计算尺度可达到原子级,其最大的不同点就是可在微观层次上计算相变过程中所发生的一系列现象,如有序化、反相畴界运动等。

11.6.2　高分子结晶模拟研究进展

1. 结晶中的单链行为

为了避免在稠密的、黏弹性液体中多链协同行为对晶体生长的复杂影响,研究结晶增长前沿或孤立晶体中的单链或少链体系可作为高分子结晶模拟的一个适宜的出发点。Sadler 和 Gilmer 第一个利用简单立方格子 KMC 方法通过对"单元"的加减来模拟高分子的结晶行为,每个"单元"对应晶体生长前沿的一个粗粒化链段,这通常被称为"固-固(solid-on-solid)"模型[57]。早期的模拟为晶体生长的"熵位垒"模型提供了支持,就其本质而言,熵位垒模型需要大量可能的结构或遍历一个或几个可结晶的结构,因此特别适合通过计算机模拟来研究。Doye 和 Frenkel[58, 59]通过用明确的链的连接性和折叠性改进了格子 KMC 方法,用于验证二次成核和熵位垒理论,最重要的是给出了片晶厚度选择新机理的证据,即无论初态如何,最后都达到动力学稳定膜厚,这个厚度选择是由于引起短于最小热力学稳定茎杆长度的涨落和超出结晶表面茎杆涨落之间的动力学平衡所致。

高分子结晶的早期非格子模拟研究中,人们用 MD 研究了聚乙烯单链在真空中的塌缩行为,发现其与不良溶剂稀溶液的结晶行为大体一致[60]。模拟认为片晶的最终形成是因为高分子链折叠和附加表面能之间的权衡所致。此外,模拟还详尽地研究了链的折叠对链刚性的依赖关系,分子链刚性的重要性很快得到了普遍的认同[61]。Yamamoto 等用粗粒化的珠簧链 MD 模拟了结构表面上不良溶剂中高分子结晶增长行为[62, 63],并通过改变弯曲刚度调控链的柔顺性,发现在完全柔性时,孤立的链会塌缩成内部无序的球体;但在有褶皱表面上,表面的强烈吸附和润湿性,促使褶皱表面诱导链段有序排列;这表明基底结构是驱动有序过程的重要因素;在强吸附状态下,链受限在二维平面上,这样链沿着轮廓滑移必然导致有序的发生;在三维空间,协同的有序化过程被观察到,即链最初吸附,然后扩展排列形成"片晶",最后是长时间尺度的"加厚"过程。由于采用了粗粒化模型,模拟中的增厚现象远远快于实验时间尺度上高分子晶体的增厚。

Muthukumar 等[64, 65]应用隐含溶剂的 LD 模拟研究发现高的链刚性的确促进链的快速有序,进一步提出"子核"定性解释了局域塌缩过程,并发现这些子核通过它们之间的链接卷绕合并;在小过冷度下,核尺寸分布能用茎杆长度进行定量化,而且可以预测自由能全局极小值的折叠链状态,进而可以预测片晶厚度的自发选择;在平衡态模型中,从熵的角度,loop 链(中部离开表面)和 tail 链(末端离开表面）有助于稳定高分子结晶，这样折叠结构的茎杆长度就比完全伸展的链短很多；进一步研究了二次成核和稀溶液中高分子链卷曲到表面上的过程，发现晶体生长是没有阻碍的，这与经典的 LH 理论完全不同；此外，在增长前沿是共同或协同生长过程，而不是像 LH 理论中的以茎杆方式简单地添加高分子链。

胡文兵等发展了格子上有各向异性相互作用的分子链模型，基于 KMC 模拟，提出长链高分子"链内成核"分子模型，并发现熔融自由能位垒表现出对链长的依赖性，即长链的熔融自由能位垒高，而短链较低。基于这一模型，其对分子分凝现象、二元链长共结晶现象、高分子结晶生长的 Regime 转变现象和半结晶织态结构等高分子结晶所特有的现象给出了合理解释[66, 67]。

2. 熔融结晶

1）粗粒化模型

熔融结晶主要表现为链之间或有序链段之间的动力学竞争，且由于黏滞和缠结效应导致其比迫使直接分子动力学（brute force MD，严格考虑所有粒子之间的相互作用）模拟速率要低 1～3 个量级。因此，合适的粗粒化模型模拟高分子结晶增长是可行的。为了解决这个问题，人们使用了一些近似方法：第一种方法是链的粗粒化，由于时空尺度是耦合的，通过降低链的细节或分辨率达到延长模拟时间的目的；第二种方法是模拟短链行为通过外推法研究长链，但这种方法通常会错过一些重要的物理行为，如缠结；第三种方法使用已存在的表面或者种子，来避免初级成核较长的诱导时间。

作为使用传统 Metropolis 算法研究高分子结晶动力学的一个经典案例，Chen 和 Higgs 使用键涨落 MC 模拟研究了在稀溶液中多链存在的晶体生长问题[68]。键涨落模型是一个考虑排除体积、位置之间相互作用和链弯曲刚度的高度协调的格子模型。为了结晶，该模型使不同链的邻近键更易平行排列，这将有助于形成有序的"结晶"结构。模拟发现链刚度是结晶时链规则排列必不可少的条件。Meyer 等用 MD 方法构建了粗粒化模型，其中一个珠子代表一个聚乙烯醇单体，相应的弯曲势能展示多个极小值，能够反映相关分子链中碳碳键的几个同分异构体[69-71]。该模型不需要晶种和表面等辅助条件就观察到长链从熔融态直接结晶。利用珠簧链模型，Miura 等详尽地研究了链刚性的影响[72]，发现即使在相同的过冷条件下刚性链和柔性链的结晶动力学都会有显著的区别。为了控制"自发"成核，Luo 和 Sommer 随后用相同的粗粒化模型研究了结晶、熔融、再结晶过程，并发现了多重熔融现象[73, 74]。

2）精细模拟模型

牺牲化学细节为代价的粗粒化模型会加速结晶动力学，在一些特殊条件下，依然可保留较高精度的化学结构，如将氢与碳结合的甲基和亚甲基作为整体的联合原子（united atom，UA）力场模型，Esselink 等发现十二烷熔融态结晶的持续时间低于 1ns[75]。对于 C20～C100 的链，Waheed 等引入晶种表面研究了晶体生长的机理，并推断短链烷烃的结晶增长是通过整个分子的松弛实现的[76-78]。对结晶增长前沿的前移和后退的详细研究，发现结晶增长可理解为链段快速吸附和解吸附过程的动力学平衡，这与熵位垒模型一致，并且含有 20 个碳的 4～5 个有序链段的形成是稳定结晶的一个重要步骤。

Gee 和 Fried 利用真实的全原子（all atom，AA）模型的分子动力学模拟了含有 120 个单体单元的聚偏氟乙烯（PVDF）的熔融结晶行为，并发现了均相成核，其结晶现象和最终的晶型依赖于静电相互作用[79]。与 PE 相比，PVDF 是相对刚性的链，这也许会导致在模拟允许范围内成核率的放大。人们提出了三阶段成核过程，首先是扩展的反式构象的形成阶段，然后是这些构象聚集形成聚集体的速率限制阶段，最终是茎杆在团簇中的延伸，并获得 25～30 个碳的最终厚度。在随后的研究中，大规模并行运算和长链模型被用于研究熔融态的排序阶段[80, 81]。模拟发现很多 10nm 左右各种取向的近晶簇，在这些簇中的分子运动非常快，支持了液液相分离的预成核以及在结晶前存在中间过渡态（向列或近晶态）的观点。

3. 形变或流动下结晶

尽管无形变的高分子结晶更简单，但大部分工业应用和加工中，高分子往往在变形或流动场下固化，从而引起了独特的晶型、取向和半结晶形貌，其中在单轴流动下 PE 形成串晶形貌（shish-kebab）就是一个典型的例子，此外形变功也会引起成核密度呈几何级数增加。MD 模拟结果也说明形变或流动的确极大地增加了成核概率。然而，这也带来了一个新的难题，即如何构造一个具有代表性的高分子构型形变功函数。在稀溶液中，由于变形可以快速平衡而使这个问题变得并不是很重要，但在浓溶液中，变形速率极可能在时间尺度上与体系重要的弛豫过程重叠，以至于形变速率和形变过程都需要仔细地考虑。

人们通过 LD 研究了拉伸流动场下稀溶液中的结晶行为[82]，模拟发现在某一伸长率高分子链经历了一个可逆的卷曲-伸展的转变过程，且该伸长率与温度和链长有关。对于给定链长，卷曲和伸展链同时存在时，伸展链形成了串（shish）而卷曲链去结晶形成折叠构型（kebab）。熔融挤出加工中，结晶行为往往来自取向熔体，MD 模拟研究发现被施加单轴向形变的长链高分子（超过缠结分子量）在结晶前有明显的取向，而相对较短的链通常不利于研究取向熔体的结晶问题[83,84]。

最近，一种新的 MC 方法可以减少熔体状态的熵，从而降低初级均相成核的自由能位垒，因此可以用于研究超过缠结分子量而且考虑精细结构（如 UA 模型）的高分子结晶，如熔体退火的研究是最具代表性的[85]。在低于 325K 的等温结晶体系中发现大量小的、有序的团簇，且不随时间增长。在高于 325K 的等温结晶体系中则发现形成了 1~3 层清晰的片晶结构，片晶沿着流动的法线方向排列。片晶的厚度反比于过冷度，且可用成核过程和增长过程之间的竞争机制来解释随温度变化的形貌。Jabbarzadeh 等利用非平衡态分子动力学研究了剪切速率和总的剪切应变对预结晶行为的影响[86]，该体系最初在 393K 下剪切，然后退火到 350K，观察到了结晶。最近，Baig 和 Edwards 利用可以产生非平衡态高分子熔体样品的 MC 方法研究了 UA 模型的 C78 在 300~500K 的结晶化行为[87]，其用单轴向的流场张量去模拟 Weissenberg 数在 0.1~200 之间的流动条件下熔体的行为。虽然用该方法不能立刻得到结晶动力学，但它表明当各向异性程度增加，结晶更容易发生在非平衡态体系。胡文兵等[88]利用 MC 模拟研究了拉伸诱导高分子结晶行为，随应变增加结晶成核会从链内成核方式向链间成核方式转变；在高温拉伸时，高分子结晶结构存在三个阶段的演变过程，首先取向的无规链段采取链间成核方式形成晶核，随后采取链折叠的方式进行晶体生长，最后达到高应变区时继续拉伸导致晶体中的折叠链拉直，形成微纤结构。

4. 结晶形貌

相场法是一种用于描述在非平衡状态中复杂相界面演变强有力的工具。Fix 与 Caginalp 等最早利用相场模型对简单的界面形状进行了一维和二维的计算[89]。Douglas 等在 2004 年采用 Ni-Cu 合金体系的参数，利用相场方法模拟了 PEO/PMMA 体系的树枝晶形貌，并采用此形貌与实验体系的形貌进行对比，证明了所建立模型的可靠性[90]。在 2004 年和 2005 年，Granasy 等提出了基于自由能泛函热力学一致性的相场模型的基本框架，依旧利用完全无机物体系的参量来参与模拟高分子球晶、树枝晶、海藻形晶体形貌及过程[91, 92]。模拟形貌结果十分接近真实形貌，并且详细地阐述了这些形貌自身及其相互演化的过程，特别是球晶的生长过程。

Kyu 等在具有高分子性质的相场模型的建立方面作出了巨大的贡献，其在建立基于自由能泛函热力学一致性的相场模型时，将高分子参数直接或间接地引入到相场模型中去，使得其所建立的模型真正具有了一定的"高分子特色"[93-97]。利用 TDGL 模型 A 模拟了一系列高分子单晶形貌（主要包括：方形单晶、长方形单晶和菱形单晶等）及其结晶生长过程。结果中不仅模拟了多种高分子单晶形貌，而且模拟了单晶生长的细节过程。之后他利用类似的模型模拟了多种更为复杂的高分子结晶形貌，包括 ITPS 的树枝晶形貌到球晶形貌之间是如何转变的；sPP 球晶形貌演化的细节过程等。Wang 等将相场模型中的扩散方程与真实高分子的晶胞参数、晶面类型等性质直接建立关联，进而实现将实际高分子部分性质与相场模型相互结合起来，模拟出许多高分子单晶形貌及其演化过程[98]。

11.7 高分子结晶理论模拟研究展望

高分子结晶的实验表征手段取得了重要的进展，但是理论模拟研究对于这些实验的阐释往往并没有统一认识，如高分子结晶是怎么开始的？经典的 HL 理论避开了这一问题，Olmsted 等提出的旋节线辅助成核理论认为结晶早期温度降低，链段构象转变过程引起的涨落导致分子取向较好的高密度区和无规取向的低密度区；首先这种构象上的不同引起的"相"不同并不完全被认可，其次相关现象可以在经典成核理论框架下解释，更为重要的是，该实验现象都是在接近玻璃化转变温度的体系观测到的，因此无法将其与短程有序的玻璃化行为区分，可能并不是结晶的普适规律。此外，Strobl 提出的中介相理论虽然可以解释许多实验现象，但是目前还没有介晶相存在的直接证据，并且没有明确阐释熔融线和结晶线外推截距值不重合所引起的两个外推点的意义。而以微观模拟研究建立高分子结晶的分子理论模型，在近邻折叠和折叠层较薄的非晶区域采用高斯链计算可能带来较大误差；而相场模拟虽然可以模拟许多规整的形貌，但是以忽略高分子链细节为代价的唯象理论模型，获得的形貌结果几乎是小分子结晶形貌的翻版，在高分子结晶宏观形貌方面还有很长的路要走。

总之，理论模拟研究目前从经典 HL 理论到 Strobl 中介相理论和 Olmsted 的旋节线理论以及从分子模拟研究提出的微观分子层次的理论模型和唯象理论基础的相场模拟结晶形貌，都是集中在单一尺度上的阐释，这些理论并没有全面考虑高分子链的结构特征，而且许多是唯象理论模型，所以很难给出普适的结晶理论，往往仅仅能对某一或某些结晶行为给出解释，而并不适合解释结晶的全过程或是其他结晶现象。

微观模拟主要是以粗粒化的模型为基础，这很难阐释原子和分子结构的些许变化导致结晶行为强烈差异的根源，近年来虽然有一些全原子模型可以考虑真实链的细节，但是受计算机硬件和模拟运算效率限制，还很难在考虑原子、分子细节的同时考虑高分子重要的结构特征缠结效应对结晶行为的影响问题。近年来人们针对真实高分子体系的全原子模拟并在此基础上在进一步粗粒化的跨尺度模拟方法上有一定的进展，但该模拟方法在高分子结晶领域的应用几乎未见报道，这可能会在微观原子和分子层次上对早期结晶动力学的争议解决提供重要支持；此外基于新模拟模型[加速动力学算法：如转变路径抽样法（transition path sampling algorithms），目前仅在化学动力学和小分子结晶等方面应用，在高分子结晶领域几乎未见报道]或理论模型（蠕虫链）对现有的计算机模拟方法进行优化和改进同样极其重要，这会为探讨真实高分子长链结晶的缠结效应以及高分子结晶的多尺度问题（如片晶厚度和晶格常数）给出深刻认识。事实上，计算机模拟方法是计算机算法（软件）和模拟平台（硬件）相结合的，我们在注重算法优化的同时，也需要关注模拟硬件平台的更新和改进；基于并行架构人们提出了利用分布式闲置个人计算机资源、并行高效处理浮点运算的图形处理器 GPU 和大型超算中心的专用架构阵列处理器等高效模拟硬件平台，可以在现有模拟算法下实现更大空间尺度问题的研究。

　　基础理论方面，从小分子体系应用的新进展，扩展到高分子结晶体系，可能会为高分子结晶的深入理解提供新认识，如密度泛函理论在小分子成核和结晶领域取得了一定的进展，并且在成核的机制方面也提出不同于经典成核理论的阐释，如小聚集体与新相形成的大聚集体之间明显的性质差异，虽然 van der Schoot 已经基于密度泛函理论研究了取向场中的高分子结晶行为，然而序参量仅仅是位置函数，完全忽略键的取向，从而无法研究诸如密度、取向耦合、过渡态等存在争议的领域，甚至无法区分塑晶和高分子结晶态，但这已经为高分子结晶的新发展开启了新的机遇；高分子结晶理论的发展不仅有助于基础理论的发展，而且有助于模拟方法的优化和改进，如目前还没有同时描述熔体、液晶、塑晶以及晶体等高分子结晶所涉及相行为自由能的泛函表达式，阻碍了对熔体-晶体界面、临界核热力学等问题的进一步讨论，而这些将有助于基于金兹堡-朗道方程的相场模拟在该领域的发展。总之，高分子结晶理论的进一步发展可能在更为普适的小分子结晶理论或是相关普适理论（如成核理论以及聚集动力学理论）的新进展基础上实现新的跨越和突破。

参 考 文 献

[1] Gibbs J W. Trans Connect Acad, 1878, 3: 108-248.

[2] Gibbs J W. Trans Connect Acad, 1878, 3: 343-524.

[3] Gibbs J W. The Collected Works of J. Willard Gibbs, Vol. I, II, Longmans. New York: Green and Co, 1928.

[4] Volmer M, Weber Z. Phys Chem, 1926, 119: 227-301.

[5] Volmer M. Kinetik der Phasenbildung, Vol. 122. Dresden: Steinkopff, 1939.

[6] Farkas L Z. Phys Chem, 1927, 125: 236-242.

[7] Turnbull D, Fisher J C. J Chem Phys, 1949, 17: 71-73.

[8] Kelton K F, Greer A L. J Chem Phys, 1983, 79: 6261-6276.

[9] Kelton K F, Greer A L. Phys Rev B, 1988, 38: 10089-10092.

[10] Becker R, Döring W. Ann Phys, 1935, 24: 719-752.

[11] Shizgal B, Barrett J C. J Chem Phys, 1989, 91: 6505-6518.

[12] Spaepen F. Homogeneous Nucleation and the Temperature Dependence of the Crystal-Melt Interfacial Tension. New York: Academic Press, 1994.

[13] Gránásy L. J Non-Cryst Sol, 1993, 162: 301-303.

[14] Gránásy L. J Chem Phys, 1996, 104: 5188-5198.

[15] Giustino F. Materials Modeling Using Density Functional Theory. New York: Oxford University Press, 2014.

[16] Keller A, Cheng S Z D. Polymer, 1998, 39: 4461-4487.

[17] Lauritzen J, Hoffman J D. J Res Natl Bur Stand A, 1960, 64: 73-102.

[18] Hoffman J D, Davis G T, Lauritzen J I J. Treaties on Solid State Chemistry. New York: New York Press, 1976.

[19] Hoffman J D, Miller R L. Polymer, 1997, 38: 3151-3212.

[20] Hoffman J D. Polymer, 1982, 23: 656-670.

[21] Hoffman J D. Polymer, 1983, 24: 3-26.

[22] Hoffman J D, Miller R L. Macromolecules, 1988, 21: 303-305.

[23] Wunderlich B, Mehta A. J Mater Sci, 1970, 5（3）: 248-253.

[24] Wunderlich B, Mehta A. J Polym Sci Part B: Polym Phys, 1974, 12: 255-263.

[25] Point J J. Macromolecules, 1979, 12: 770-775.

[26] Hikosaka M. Polymer, 1987, 28: 1257-1264.

[27] Hikosaka M. Polymer, 1990, 31: 458-468.

[28] Sadler D M, Gilmer G H. Pyhs Rev Lett, 1986, 56: 2708-2711.

[29] Sadler D M. Nature, 1987, 326: 174-179.

[30] Olmsted P D, Poon W, Mcleish C K, et al. J Phys Rev Lett, 1998, 81: 373-376.

[31] Strobl G. The Physics of Polymers. Berlin: Springer Press, 1997.

[32] Evans U R. Trans Faraday Soc, 1945, 41: 365-374.

[33] Avrami M. J Chem Phys, 1939, 7: 1103-1112.

[34] Avrami M. J Chem Phys, 1940, 8: 212-224.

[35] Avrami M. J Chem Phys, 1941, 9: 177-184.

[36] Ozawat T. Polymer, 1971, 12: 150-158.

[37] Jeziorny A. Polymer, 1978, 19: 1142-1144.

[38] Zhang Z. Chin J Polym Sci, 1994, 12: 256-265.

[39] 刘结平, 莫志深. 高分子通报, 1991, 4: 199-207.

[40] Liu T, Mo Z, Wang S, et al. Polym Eng Sci, 1997, 37: 568-575.

[41] Tobin M C. J Polym Sci, 1974, 12: 399-406.

[42] Tobin M C. J Polym Sci, 1976, 14: 2253-2257.

[43] Tobin M C. J Polym Sci, 1977, 15: 2269-2270.

[44] Qian B. Chin J Polym Sci, 1988, 6: 97-112.

[45] Cheng S Z D, Wunderlich B. Macromolecules, 1988, 21: 3327-3328.

[46] Kim S P, Kim S C. Polym Eng Sci, 1991, 31: 110-115.

[47] Hsiao B J. Polym Sci B: Polym Phys, 1993, 31: 237-240.

[48] Landau D P, Binder K. A Guide to Monte Carlo Simulations in Statistical Physics. Cambridge: Cambridge University Press, 2000.

[49] Leach A R. Molecular Modeling Principles and Applications. Upper Saddle River: Prentice Hall, 2001.

[50] Praprotnik M, Site L D, Kremer K. Phys Rev E, 2006, 73: 066701.

[51] Christen M, Gunsteren W F. J Chem Phys, 2006, 124: 154106.

[52] Reith D, Pütz M, Müller-Plathe F. J Comput Chem, 2003, 24: 1624-1636.

[53] Li C, Shen J, Peter C, et al. Macromolecules, 2012, 45: 2551-2561.

[54] Allen M P, Tildesley D J. Computer Simulation of Liquids. Oxford: Clarendon Press, 1987.

[55] Boettinger W J, Warren J A, Beckermann C, et al. Annu Rev Mater Res, 2002, 32: 163-194.

[56] Chen L Q. Annu Rev Mater Res, 2002, 32: 113-140.

[57] Sadler D M, Gilmer G H. Polymer, 1984, 25: 1446-1452.

[58] Doye J P K, Frenkel D. J Chem Phys, 1998, 109: 10033-10041.

[59] Doye J P K, Frenkel D. J Chem Phys, 1999, 110: 7073-7086.

[60] Kavassalis T A, Sundararajan P R. Macromolecules, 1993, 26: 4144-4150.

[61] Sundararajan P R, Kavassalis T A. J Chem Soc Faraday Trans, 1995, 91: 2541-2549.

[62] Yamamoto T. J Chem Phys, 1997, 107: 2653-2663.

[63] Yamamoto T. J Chem Phys, 1998, 109: 4638-4645.

[64] Liu C, Muthukumar M. J Chem Phys, 1998, 109: 2536-2542.

[65] Muthukumar M, Welch P. Polymer, 2000, 41: 8833-8837.

[66] Hu W B, Frenkel D, Mathot V B F. Macromolecules, 2003, 36: 8178-8183.

[67] Hu W B, Cai T. Macromolecules, 2008, 41: 2049-2061.

[68] Chen C M, Higgs P G. J Chem Phys, 1998, 108: 4305-4314.

[69] Reith D，Meyer H，Muller-Plathe F. Macromolecules，2001，34：2335-2345.

[70] Meyer H，Muller-Plathe F. J Chem Phys，2001，115：7807-7810.

[71] Meyer H，Muller-Plathe F. Macromolecules，2002，35：1241-1252.

[72] Miura T，Kishi R，Mikami M，et al. Phys Rev E，2001，63：061807.

[73] Luo C F，Sommer J U. Macromolecules，2011，44：1523-1529.

[74] Sommer J U，Luo C F. J Polym Sci Part B：Polym Phys，2010，48：2222-2232.

[75] Esselink K，Hilbers P A J，Vanbeest B W H. J Chem Phys，1994，101：9033-9041.

[76] Waheed N，Ko M J，Rutledge G C. Polymer，2005，46：8689-8702.

[77] Waheed N，Lavine M S，Rutledge G C. J Chem Phys，2002，116：2301-2309.

[78] Waheed N，Rutledge G C. J Polym Sci Part B：Polym Phys，2005，43：2468-2473.

[79] Gee R H，Fried L E. J Chem Phys，2003，118：3827-3834.

[80] Lacevic N，Fried L E，Gee R H. J Chem Phys，2008，128：014903.

[81] Janeschitz-Kriegl H，Ratajski E，Stadlbauer M. Rheo Logica Acta，2003，42：355-364.

[82] Dukovski I，Muthukumar M. J Chem Phys，2003，118：6648-6655.

[83] Ko M J，Waheed N，Lavine M S，et al. J Chem Phys，2004，121：2823-2832.

[84] Koyama A，Yamamoto T，Fukao K，et al. Phys Rev E，2002，65：050801.

[85] Bernardin F E，Rutledge G C. Macromolecules，2007，40：4691-4702.

[86] Jabbarzadeh A，Tanner R I. Macromolecules，2010，43：8136-8142.

[87] Baig C，Edwards B J. J Non-Newton Fluid，2010，165：992-1004.

[88] Nie Y J，Gao H H，Hu W B. Polymer，2014，55：1267-1272.

[89] Caginalp G，Fix P. Phys Rev B，1986，33：7792-7794.

[90] Douglas J F，Pusztai T，Warren J A. J Phys：Condens Matter，2004，16：1205-1235.

[91] Granasy L，Pusztai T，Borzsonyi T，et al. Nat Mater，2004，3：645-650.

[92] Granasy L，Pusztai T，Tegze G，et al. Phys Rev E，2005，72：011605.

[93] Kyu T，Chiu H W，Guenthner A J，et al. Phys Rev Lett，1999，83：2749-2752.

[94] Kyu T，Mehta R，Chiu H W. Phys Rev E，2000，61：4161-4170.

[95] Xu H J，Keawwattana W，Kyu T. J Chem Phys，2005，123：124908.

[96] Mehta R，Keawwattana W，Kyu T. J Chem Phys，2004，120：4024-4031.

[97] Mehta R，Keawwattana W，Guenthner A L，et al. Phys Rev E，2004，69：061802.

[98] Wang D，Shi T F，Chen J Z，et al. J Chem Phys，2008，129：194903.

（温慧颖　石彤非）

第 12 章　受限体系中的聚合物结晶

近年来，聚合物的微纳米结构和性能的调控越来越引起重视，因此聚合物在低维条件下的结构和性能的研究逐渐成为人们关注的热点。

拥有规整链结构的聚合物在适当的条件下可自发形成部分有序的链单元排列，这种自发的排序通常称为结晶。关于聚合物本体结晶的研究已有近百年历史，其内容涵盖聚合物的等温结晶动力学、非等温结晶动力学、结晶构型、晶态分子链构象以及各种结晶模型等各个方面[1-3]。聚合物的结晶包括成核和晶体生长两个阶段，而晶核根据形成途径分为均相成核和异相成核两类[4]，其中均相成核是熔体中的聚合物链段依靠自身热运动形成链束或折叠排列成热力学稳定的晶核，具有时间依赖性，异相成核则以外来杂质、分散的小颗粒或未完全熔融的聚合物晶体为中心，熔体中的聚合物链以此中心有序排列而形成晶核，所有晶核几乎同时形成，结晶大小较为均一。通常用 Avrami 方程来描述聚合物的等温结晶过程，其中 n 值为成核的时间维度与晶体生长的空间维度之和[5]。

在本体结晶过程中，聚合物链在三维空间中不受任何限制，处于无扰状态，倾向于形成球晶。球晶是聚合物本体结晶最常见的特征形式。在成核的初始阶段，聚合物分子链规整排列形成一个多层片晶中心，随着分子链的迁移，多层片晶不断向外分叉扩张生长，经捆束形式，有组织地形成放射状球晶，最终填满整个空间。形成的球晶直径一般在 $0.5 \sim 100\mu m$，较大的球晶可在显微镜下观察到[6, 7]。球晶内部是径向放射生长的微纤，微纤为长条状的片晶，其厚度在 $10 \sim 20nm$ 之间。

在空间受限的条件下，聚合物分子尽量遵循其基本习性，分子链折叠成厚度为 $10 \sim 20nm$ 的片晶[3]，但其成核方式、结晶速率、取向等一系列行为会受到显著影响，导致聚合物在热力学、动力学以及分子的组织形式上与本体产生很大的不同，最终形成不同于本体的特殊结晶形态。聚合物的受限结晶，根据受限的维数，可以分为一维受限、二维受限和三维受限。在一维受限条件下，聚合物晶体在两个维度可以自由增长，在二维受限条件下，折叠链晶体只能在一个方向上增长，而在三维受限条件下，折叠链晶体的增长完全受到限制。

随着聚合物薄膜/超薄膜、纳米线/纳米管、纳米球等特殊结构在微电子、光学显示、组织工程、生物医药领域不断得到应用，对聚合物在各种受限空间内的结晶行为的研究引起科研工作者更大的兴趣，随着研究的深入以及各种新的结晶现象的发现，产生了一些新的理论，与经典结晶理论一起解释聚合物在受限体系的结晶行为。

12.1 聚合物受限体系的构筑

由于聚合物受限的维数以及其他各因素的相互影响，聚合物在受限条件下的结晶行为与在本体中有很大的不同。很多研究者通常利用有机或无机材料作为模板创建受限环境，来研究高聚物在一维、二维、三维受限条件下的结晶行为。

聚合物的受限状态，可以分为薄膜/超薄膜、纳米线/纳米管、纳米球等形态。构建受限结晶体系经常采用的方法包括：①利用嵌段共聚物的微相分离形成纳米尺度的层状、柱状、球状等结构，嵌段在这些特定的结构内受限结晶；②采用多孔材料如径迹蚀刻模板、阳极氧化铝（anodized aluminum oxide，AAO）等作为模板将聚合物制成纳米棒、纳米线或纳米管；③电纺丝制备聚合物纳米线；④聚合物溶液旋涂或浇注形成纳米薄膜；⑤将聚合物在无机基体如硅酸盐前聚体中受限；⑥利用去润湿、微乳液等方法形成聚合物纳米球。

12.1.1 嵌段共聚物模板

利用嵌段共聚物链段之间的强相分离生成有序的结构，是一种非常有效的构建一维、二维和三维受限结晶体系的方法[8]。嵌段共聚物中不同化学组成的嵌段在热力学上的不相容性导致其容易发生相分离，但是不同链段之间以共价键相连接，又使得体系的宏观相分离（macrophase seperation）受到抑制，最终结果是形成纳米尺度的微相分离（microphase seperation），而这种纳米尺度上的自组织常常会形成组分在空间上的周期性排列，使嵌段共聚物产生特定的微观有序结构。共聚物的微观有序结构由各嵌段的相互作用、体积分数以及各嵌段在相区界面占据的面积所决定。当聚合物在有序无序转变温度（T_{ODT}）以下发生强相分离时，根据嵌段共聚物各嵌段的组分比（f），可以形成层状、六方柱状、球状等结构[8]（图 12.1）。例如当 $0.34 < f < 0.62$ 时，聚合物体系形成片层结构（lamellae），这对于其中的结晶性链段就形成了一个一维受限体系；当 $0.17 < f < 0.28$ 或 $0.66 < f < 0.77$ 时，形成的是六方堆积的柱状相（hexagonal cylinders），成为二维受限体系；当 $f < 0.17$ 或 $f > 0.77$ 时，形成球状相（spheres），构成了三维受限体系。

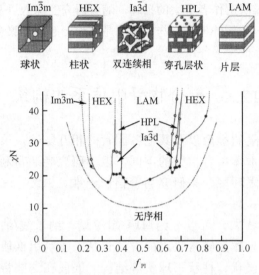

图 12.1　实验测定的 PS-*b*-PI 二嵌段共聚物的相图。复制自文献[8]

在结晶–非晶嵌段共聚物系统中，三个物理参数决定了最后的相结构和晶体形态：T_{ODT}，结晶嵌段的结晶温度（T_c）和非晶嵌段的玻璃化转变温度（T_g^a）。当 T_c 大于 T_{ODT} 和 T_g^a 时，结晶嵌段的结晶先于有序结构形成，在无序相中进行，结晶没有受到限制。当 T_{ODT} 大于 T_g^a 和 T_c 时，有序结构的形成先于结晶过程，因此结晶在一个已经存在的有序相中开始，受到限制，具体又分为下面两种情况：当 $T_{ODT}>T_c>T_g^a$ 时，结晶嵌段在软受限的环境下结晶；虽然体系中存在一个有序的相结构，但是结晶开始时限制性的非晶嵌段因温度在其玻璃化转变温度之上，体系的黏度相对来说比较低，非晶嵌段的运动活性也很大，结晶嵌段分子链的结晶并未受到多大的限制，主要取决于链扩散速率。当 $T_{ODT}>T_g^a>T_c$ 时，结晶嵌段在硬受限的环境中结晶；由于限制性的非晶嵌段在结晶开始前已经转变成玻璃态，此时体系中拥有一个硬受限环境，对结晶嵌段的结晶产生很强的限制作用，初始的相结构在聚合物结晶前后基本保持不变，结晶完全被限制在纳米相区内。

12.1.2　多孔模板

模板法是一种较为简单的控制材料形状和尺寸的方法，在制造加工领域十分常见。将材料注入固定形状的模板中，或其前体注入后经过原位反应，即可得到形状和尺寸与模板相一致的产品。天然或合成的拥有微米/纳米尺寸孔洞的材料均可作为模板使用。如径迹蚀刻（track-etched）聚合物[9, 10]和阳极氧化铝（AAO）模板[9, 11]常用于制备聚合物纳米棒，其他可用作模板的材料还有大孔硅[12]、具纳米通道的玻璃[13]、介孔分子筛[14]、介孔过渡金属氧化物[15]等。

径迹蚀刻聚合物[9, 10]模板是一种具有多孔的聚合物膜，是由聚碳酸酯、聚酯等聚合物薄片在高能 α 粒子轰击下产生孔洞，随后将其蚀刻扩孔而得到。在商业上，Nucleopore、Poretics 等公司一般将其作为过滤膜出售，膜中柱状微孔分布不均匀、无规律，其孔径大小也分布较广且分布不均匀，膜孔径可达到微米级甚至纳米级，孔的方向沿着入射粒子的方向，并不完全垂直于膜的表面，有一定的角度分布，最大角度倾斜可达 34°，孔与孔之间还有可能交叉连在一起，孔密度可达到 $10^9/cm^2$。采用含有径迹蚀刻的聚碳酸酯过滤膜作为模板[9, 10]通过电化学聚合可以合成聚乙炔、聚噻吩、聚苯胺、聚吡咯等导电聚合物纳米材料。

多孔 AAO 模板[9, 11]是一种具有自组织的高度有序纳米孔洞阵列结构的无机材料。规整结构的 AAO 模板一般以磷酸、草酸、硫酸等酸性溶液作为电解液，在低温下由高纯铝片经过两步阳极氧化制备而成[17-20]。模板内含有很多笔直、刚性的单分散孔洞，形成具有六方紧密堆积柱状的蜂窝状结构，在每个六棱柱的中心有一个与膜表面垂直的圆柱孔（图 12.2）。孔的直径、密度和深度可通过改变电解质的种类、浓度、温度、阳极氧化的电压、时间以及最后的开孔工序来调节，孔径可在几纳米到一微米范围，孔密度可达 $10^{10} \sim 10^{12}/cm^2$。用普通阳极氧化的方法得到的纳米孔洞一般为圆柱形。如果在阳极氧化之前，用 SiC 等模具对铝基底进行压印，预先在铝基底表面产生方形、三角形的凹痕，在恒电压下氧化时，氧化反应就会以这些凹痕为模板，产生方形、三角形等特殊形状的纳米孔洞[21]。相对于聚合物模板而言，AAO 膜中的柱状孔洞孔径小且并不倾斜，孔与孔之间相互独立，不会发生交错现象，而且 AAO 模板能经受更高的温度，更加稳定，绝缘性好，孔洞分布均匀，孔密度高，因此是一种理想的制备均匀纳米结构材料的模板。

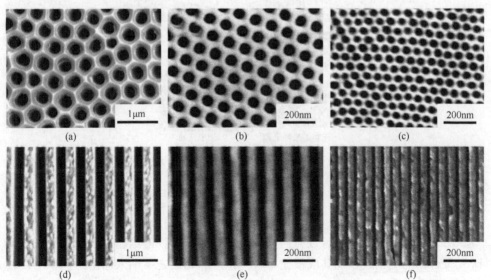

图 12.2　AAO 模板的 SEM 照片：（a）～（c）是直径 300nm，65nm，35nm 的俯视图；（d）～（f）是直径 300nm，65nm，35nm 的侧视图。复制自文献[16]

可以通过将单体在模板孔洞内聚合制备二维受限的聚合物[9]，也可以用熔融法和溶液法将聚合物充入纳米孔洞中。根据聚合物分子与孔壁的相互作用的不同，所制得的结构可以是纳米棒或者纳米管[11]。利用 AAO 模板将半结晶性聚合物限定在纳米孔洞中就可以研究聚合物在二维受限条件下的结晶行为。

12.1.3　电纺丝纳米线

电纺丝（electrospinning）技术是一种可以大规模生产直径在亚微米或纳米尺度、长度可达米级的聚合物纳米线的方法（图 12.3）。电纺丝技术起源于最初的静电纺丝（electrostatic spinning），纺丝操作的基本理念可追溯至 20 世纪 30 年代。电纺丝过程中，在从针头喷出的聚合物熔体或溶液上施加高压，对电极置于几十厘米外，带电的喷射流加速奔向对电极，导致液流向圆锥形变形，由于拉长和溶剂蒸发而迅速变细，最终导致喷射流形成纤维，沉积在对电极上。纺丝过程中聚合物液体细流经过瑞利不稳定区和轴对称的不稳定区，最后经鞭动不稳定区到达接收基底，由鞭动不稳定区控制着电纺纤维的拉长与变细。可应用电纺丝制备纳米纤维的聚合物材料范围很广，聚氧化乙烯（PEO）、聚乙烯醇（PVA）、聚乙烯（PE）、聚丙烯（PP）、尼龙 6、聚合物共混物等都可通过电纺丝形成纳米纤维[22, 23]；聚合物的熔体与溶液均可电纺丝，对溶剂选择要求低，除了有机溶剂外，水也可以作为电纺丝过程中的溶剂，这些优点使得电纺丝成为构筑聚合物二维受限体系很好的方法。

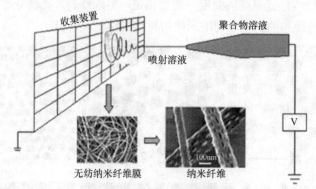

图 12.3　电纺丝制备聚合物纳米纤维示意图。复制自文献[22]

12.1.4　纳米球

由于聚合物中的杂质可以充当异相晶核诱导聚合物的结晶，杂质的存在使得研究聚合物的均相成核及其成核速率较为困难。相比之下纳米球由于体积小，较易获得不含杂质的纳米球，成为研究均相成核与结晶的合适体系。构筑三维受限的聚合物纳米球的方法有：①通过调节嵌段共聚物中嵌段的比例，使其进行强相分离形成纳米球[24-26]；②微乳液法，将聚合物分散在不相容的液体介质中形成纳米球[27-29]；③聚合物在弱相互作用的基板上去润湿得到微米液滴[30, 31]，液滴的大小通过膜的薄厚控制；④将聚合物与硅酸盐前聚体杂化，将其限定在无机物中制备聚合物纳米材料[32]。

12.2　一维受限结晶

层状结构中的聚合物属于一维受限，其在片层的厚度方向上受到限制，而在平面内的二维方向上则是自由的。可以通过嵌段共聚物的强相分离形成层状结构[8, 33, 34]，或者将聚合物溶液旋涂成薄膜[35-47]等方法获得一维受限体系。

12.2.1　嵌段共聚物体系

在嵌段共聚物体系中，利用各嵌段之间的强相分离可使半结晶聚合物形成有序的层状结构[8, 33, 34]。例如，在 PS-b-PEO 二嵌段共聚物体系中，调控嵌段比例可以形成 PEO 和 PS 的交替层状结构，其中夹在两层玻璃态 PS 片层之间的 PEO 嵌段结晶时，晶体的取向会依赖于体系的结晶温度[33, 34]（图 12.4）。当体系的结晶温度升高时，PEO 晶体的 c 轴取向逐渐从无规到平行、倾斜，最后到垂直于片层方向（图 12.4）。当将样品在液氮中淬冷时，得到的晶体是无规取向的；当结晶温度在$-50\sim-10$℃之间时，晶体的分子链方向平行于片层；当-5℃＜T_c＜30℃时，晶体的分子链方向与片层方向有一定夹角，呈倾斜状；当 $T_c\geqslant35$℃时，晶体的 c 轴垂直于片层方向。片层内晶体的增长随着结晶温度的升高由一维增长向二维增长转变，并且片晶厚度也随之增加。

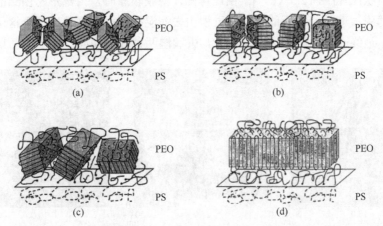

图 12.4　在结晶-非晶二嵌段共聚物纳米片层内结晶的晶体取向随结晶温度变化示意图：（a）液氮中冷却，无规取向；（b）-50℃＜T_c＜-10℃，平行取向；（c）-5℃＜T_c＜30℃，倾斜取向；（d）$T_c\geqslant30$℃，垂直取向。复制自文献[33]

12.2.2　聚合物薄膜

在一维受限的聚合物薄膜中，其结晶形貌、结晶度、结晶动力学、玻璃化转变温度、相行为等一系列行为与在本体中有很大不同，膜厚和基板的性质对聚合物结晶的影响很大。通常来说，当聚合物的膜厚降低时，一般表现出结晶度降低[35-38]、熔点降低[39]、薄膜密度降低[40]、分子移动性增强[40]、晶体增长速率减慢[38, 41]等特性。当聚合物与基板间的相互作用较弱时，聚合物的玻璃化转变温度（T_g）随着膜厚的减少而降低[42]，而当聚合物分子与基板之间的相互作用较强时，T_g 则随着膜厚的减少而升高[43]。

在不同膜厚的聚合物薄膜中，晶体排列方式会随着膜厚有所不同。在膜厚为几百纳米的薄膜中，晶体倾向于以侧立（edge-on）片晶的方式排列[44,45]，而在厚度低于100nm的聚合物薄膜中，晶体更倾向于以平躺（flat-on）片晶[35, 46]的方式排列。研究发现，随着膜厚的减少，在 PEO[35]、线性低密度聚乙烯[39]、聚二己基硅烷（PDHS）[46]和聚（ε-己内酯）（PCL）[47]薄膜中，晶体排列方式由侧立片晶向平躺片晶转变。

Schönherr 等在二氧化硅基底上旋涂 PEO 薄膜，发现膜的形貌与等温冷结晶过程依赖于膜厚[35]。厚度在 1μm 以上的 PEO 膜结晶后晶体主要形成侧立片晶[图12.5（a）]，而较薄的薄膜表现出平躺片晶占主导的取向。厚度小于 300nm 的薄膜只以与表面有多种倾角的平躺片晶形式结晶[图 12.5（b）]，110nm 厚的薄膜中，观察到多个完整生长的螺旋，这归因于结晶时形成的螺旋位错。膜厚继续降低，受限程度增大，平躺片晶与膜表面的倾斜角减小，当膜厚降至 10～20nm 时，片晶厚度大于原始膜厚，片晶完全平躺于薄膜平面内。小于 15nm 时薄膜开始破裂，形成树枝状晶体[图 12.5（c）]。由此可知，薄膜较厚时，内部形态由结晶过程控制；当薄膜很薄时，经历的热处理过程由去润湿控制；薄膜厚度界于这两种情况之间时，最终膜内的结晶形态是结晶与去润湿两种效应共同作用下的结果。

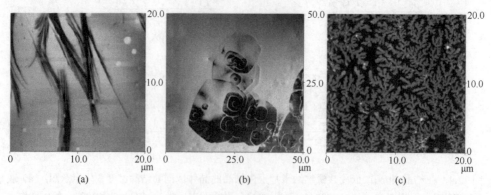

图 12.5　在硅基底上不同厚度的 PEO 薄膜结晶的 AFM 图片：（a）2.5μm；（b）110nm；（c）7nm。复制自文献[35]

Despotopoulou 等发现在 PDHS 薄膜中[36]，当膜厚低于 50nm 时，由于尺寸的限制，薄膜中晶体增长的维数依赖于薄膜厚度和结晶温度。在较低的结晶温度下（<0℃）并且膜厚高于 22nm 时，薄膜的成核行为与本体一致，晶体是三维增长的，然而在较高的结晶温度（>3℃）且膜厚低于 15nm 时，晶体是一维增长的，并且异相成核对结晶过程起主导作用。PDHS 分子链在薄膜中，其伸展的支链基本上以全反式构象存在，并且支链的碳平面垂直于基底取向，而伸展的主链则是以平行于薄膜的平面取向。在十八烷基三氯硅烷（OTS）修饰的石英、六甲基二硅氮烷（HMDS）修饰的石英与普通石英基底上的 PDHS 超薄膜结晶时[37]，在膜厚相同的条件下，紫外光谱中结晶峰的峰位相同，说明薄膜的最终结晶度与基底表面性质无关。但基底表面性质的差异对薄膜的结晶动力学过程有明显影响，对比 50nm 的 PDHS 薄膜在 OTS 修饰的石英基底与普通石英基底上的结晶动力学过程发现，7℃下薄膜在 OTS 修饰的石英基底上结晶速率更快，与 0℃下普通石英基底上的薄膜相近。

基板对薄膜中的结晶取向也有显著影响。基板会诱导聚合物分子在基板与聚合物的界面处优先以平行的构象排列[48]，这些平行排列的分子在接近基板表面的地方成核，形成侧立片晶。当膜厚降低时，侧立片晶在垂直于膜表面方向上的生长受到限制，而沿平行于薄膜（或基板）表面生长的平躺片晶则不受这种限制[49]。

胡文兵等用蒙特卡罗模拟方法研究聚合物薄膜在光滑基板与黏性基板上的一维受限结晶行为[50]，发现除膜厚与结晶温度外，薄膜与基板之间的界面相互作用同样会影响聚合物片晶的取向（图 12.6）。在光滑基板上，聚合物与基板间为中性的排斥作用，因表面助成核作用会导致晶体以侧立片晶方式排列；随着膜厚的降低，聚合物的结晶速率小幅增加。而在黏性基板上，聚合物与基板之间有较强相互作用，聚合物中无规取向的均相晶核导致晶体以平躺片晶形式存在；膜厚降低时，分子链的运动受到黏性基板的限制，使聚合物的结晶速率明显降低。

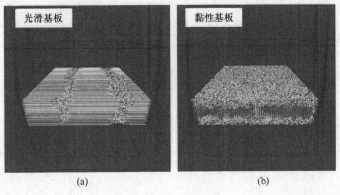

图 12.6　（a）在光滑基板上片晶以侧立方式排列的图片和（b）在黏性基板上片晶以平躺方式排列的图片。复制自文献[50]

　　Sirringhaus 等对共轭聚合物的实验研究也表明薄膜中晶体的取向与基底的性质紧密相关[51]。对于共轭聚合物而言，由于晶体结构的各向异性，不同晶面与基底之间的相互作用可以形成多种取向结构，如立构规整的聚 3-烷基噻吩（P3AT）分子可以采用 edge-on、face-on、flat-on 等三种取向。edge-on 取向指的是 P3AT 分子的主链延伸方向平行于基底，侧链伸展方向垂直于基底，face-on 取向的 P3AT 分子其侧链伸展方向与主链延伸方向都平行于基底，flat-on 取向的 P3AT 分子则是主链延伸方向垂直于基底，而侧链伸展方向平行于基底。一般 P3AT 分子在各种基底上倾向于以 edge-on 方式取向，但在某些特殊情况下 P3AT 晶体中分子可以采用另外两种方式取向。例如，Mena-Osteritz 和 Grevin 等都报道了在高定向热解石墨（HOPG）表面，P3AT 分子以 face-on 方式取向[52, 53]；卢广昊等采用 CS$_2$ 气氛处理聚 3-丁基噻吩（P3BT）的薄膜，薄膜中产生晶型 II，且分子以 flat-on 方式取向[54]；Zhai 等观察到低分子量的聚 3-己基噻吩（P3HT）（M_n<10.2kDa）形成纳米带（nanoribbon）时分子链也是以 flat-on 的方式取向[55]。Kim 等发现在氨基与烷基单分子层修饰的表面 P3HT 晶体中分子分别以 edge-on 与 face-on 取向[56]，认为这是由于 P3HT 分子与这两种表面的作用力不同造成的（图 12.7）。另一方面，Anglin 等却发现低表面能的表面有利于 P3HT 旋涂薄膜中非晶的界面层分子以 edge-on 方式取向，也就是说 P3HT 分子在烷基单分子层修饰的表面比在氨基单分子层修饰的表面更倾向于 edge-on 方式取向，并且具有较高的场效应迁移率，而在具有最低表面能的高氟代烷基单分子层修饰的表面上具有最高的场效应迁移率[57]。Lyashenko 等也报道了在高氟代烷基单分子层修饰的 Al$_2$O$_3$ 表面的 P3HT 旋涂膜具有较高的场效应迁移率，并将其归结于 P3HT 分子与高氟代烷烃之间存在的相互作用[58]。

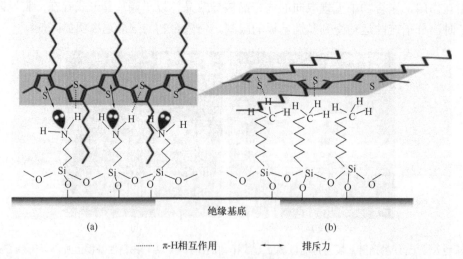

图 12.7　P3HT 分子在不同界面性质的表面上的取向示意图：（a）在—NH$_2$ 表面以 edge-on 构象存在；（b）在烷烃链表面以 face-on 构象存在。复制自文献[56]

　　已经取向结晶的聚合物基板会诱导其上的聚合物薄膜的结晶取向,产生附生结晶(epitaxy)现象。附生结晶就是一种结晶性物质在另外一种晶体基底或其他有序基底上的取向结晶[59]。在附生结晶过程中,基底对附生物质有一定的作用,因此两者之间会形成一定的取向关系。Royer[60]给出了附生结晶的早期理论,认为附生结晶是建立在附生物质和基底间结构相似的基础上。这种结构相似性反映的是附生物质和基底间分子水平的相互作用。然而在聚合物领域内,这种分子水平的相似很难达到。同时,由于聚合物的长链特征和特殊的形态结构,聚合物材料的结晶度达不到100%,总是晶区与非晶区并存,具有较大宏观尺寸的聚合物单晶不容易得到,所以聚合物间附生结晶的研究实验工作通常需要利用拉伸取向后结晶度得到提高的聚合物材料作为基底,因此聚合物附生结晶的相关研究工作通常是考察两种物质间的某种尺度上的几何匹配关系,如晶面间距、原子间距、分子间距等。

　　聚合物可以在无机化合物基底、有机化合物基底以及聚合物基底上附生结晶。关于聚合物在聚合物基底上的附生结晶,目前研究较多的是等规聚甲基丙烯酸甲酯(iPMMA)在高度取向的聚乙烯(PE)基底[61]和聚乙烯、聚辛烯、反式 1,4-聚丁二烯、聚酰胺等半结晶性高分子在等规聚丙烯(iPP)基底上的结晶行为[62]。由于几何匹配效应,聚合物附生结晶总是力求发生在具有最佳匹配关系的晶面内。Lotz 等发现 iPP 的(010)晶面具有凸起甲基形成的排状结构,其中[101]方向甲基排的间距为 0.505nm,这与 PE(100)晶面内分子链间距(0.494nm)存在着非常好的匹配关系,使得 PE 分子链沿着 iPP [101]方向甲基排形成的沟槽堆砌,从而形成了两种聚合物固定取向的附生结构关系[62, 63]。因此 PE 在单轴取向的 iPP薄膜上附生结晶过程中,由邻近取向 iPP 基底的界面上的取向 PE 晶核产生片晶,这些片晶穿过 iPP 基底的边界,附生增长进入纯 PE 区域内(图 12.8)。

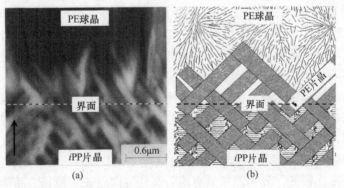

图 12.8　(a)PE 在取向 iPP 基底边界结晶的 AFM 图片;(b)PE 在取向 iPP 基底边界结晶的模型。复制自文献[62]

有序 Langmuir-Blodgett（LB）膜对聚合物的结晶具有诱导作用。最早的 LB 膜诱导结晶见于单层的长链脂肪醇类膜诱导冰在亚稳态的水中成核结晶[64]。*i*PMMA 单层膜同样能诱导非晶 *i*PMMA 的附生结晶[65]。在非晶 *i*PMMA 薄膜表面通过 LB 法沉积单层晶态 *i*PMMA 膜，此层 *i*PMMA 膜充当表面成核试剂诱导底部非晶膜的附生结晶。在对结晶起诱导作用的 LB 膜内，*i*PMMA 分子链的 *XY* 平面整体平行于基底，底部非晶膜在结晶过程中选择同样的分子取向，使得内外膜整体的分子取向相同。

12.3　二维受限结晶

聚合物在二维受限条件下，其形态一般为柱状或条状。在纳米柱或纳米条内，聚合物在横向的二维受限，在纳米孔洞的轴向方向（长度方向）是自由的。在实验上可通过以下几种途径获得二维受限的聚合物：①利用嵌段共聚物的相分离构建六方柱状相结构[66-68]，其中结晶的嵌段受限在纳米柱分散相中；②用径迹蚀刻模板[9, 10]制备纳米结构的聚合物材料；③用 AAO 模板[9, 11]制备聚合物纳米管和纳米棒；④用纳米压印模板将聚合物制成纳米条[69-73]；⑤通过电纺丝获得聚合物纳米纤维[23]；⑥利用其他模板如介孔硅等制得纳米材料[74]。

12.3.1　嵌段共聚物体系

利用嵌段共聚物的相分离可构建六方柱状相结构。当作为连续相的非晶嵌段的玻璃化转变温度高于作为分散相的结晶嵌段的熔点时，结晶嵌段在硬受限的纳米柱内结晶[66-68]。程正迪等[67, 68]以 PEO-*b*-PS 二嵌段共聚物在干燥的氮气条件下于 140℃发生强相分离，加上高振幅剪切振荡，使体系生成规整排列的六方柱状相结构，当 PEO 的体积分数为 0.26 时，PEO 纳米柱的直径为 13.3nm，柱心之间的距离为 25.1nm，由于 PS 嵌段的玻璃化转变温度为 77℃，高于 PEO 的熔点，因此创建了一个硬受限的环境。在此体系中，圆柱内 PEO 晶体的 *c* 轴随着结晶温度的升高，逐渐从无规到倾斜，最后到垂直于柱的长轴方向取向（图 12.9）。其中在低温下结晶时晶体无规取向，这是由于在很大的过冷度下晶体的成核方式主要为均相成核，并且成核密度很高，相邻晶核之间仅需要很少的晶体增长便会很快碰撞在一起，完成其结晶过程，无规取向的 PEO 晶体因为其尺寸太小而感觉不到 PS 基质所提供的二维受限环境；在高结晶温度（$T_c \geq 0℃$），体系主要是异相成核，成核密度比较低，异相晶核只有沿着圆柱方向增长才能长为晶体；在中间温度（$-40℃ < T_c < -10℃$）结晶时，观察到的是 PEO 晶体的倾斜取向，这种倾斜取向由成核与增长速率的相互竞争所决定。

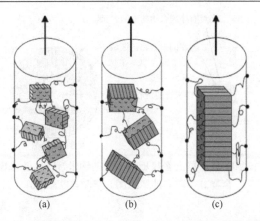

图 12.9　在结晶-非晶二嵌段共聚物纳米柱内依赖于温度的晶体取向示意图：（a）液氮中冷却，无规取向；（b）$-40℃ < T_c < -10℃$，倾斜取向；（c）$T_c \geqslant 0℃$，垂直取向。复制自文献[68]

Chung 等以聚 4-乙烯基吡啶/聚己内酯（P4VP/PCL）嵌段共聚物相分离构筑柱状受限的 PCL 纳米棒，研究柱状受限空间内晶体的成核与生长行为[75]。纳米柱的直径通过嵌段共聚物中各嵌段的聚合度来控制，当 4-乙烯基吡啶/己内酯（VP/CL）的聚合度为 90/38 和 85/23 时，圆柱的直径分别为 14.8nm 和 9.9nm。直径 14.8nm 的 PCL 纳米柱在高温下结晶，异相成核形成的晶体有明显的垂直取向，这种优先取向由空间对成核密度与晶体生长的限制所造成；当空间尺寸减小到 10nm 的临界尺寸以下时，结晶只能在低温下才能发生，在很短时间内，低温均相成核产生大量无序晶核，最初的成核阶段控制着结晶过程，产生无规取向的小晶粒，晶体呈无规取向。

12.3.2　径迹蚀刻模板

将聚合物溶液灌入径迹蚀刻模板或将单体在模板内进行聚合反应可以得到在纳米孔洞中受限的聚合物。Martin 等[9, 10]首次提出了一种"模板合成"方法，在模板内聚合生成聚乙炔、聚噻吩、聚苯胺、聚吡咯等系列导电聚合物纳米管，具有较高的电导率，且导电性与直径成反比，直径越小，电导率越高。例如，当聚苯胺纳米管的直径由 400nm 减小到 100nm 时，电导率由 9S/cm 增加到 50S/cm。他们将这个现象归因于模板表面对聚合物的诱导作用，如图 12.10 所示。当聚合物在模板孔洞内沉积时，孔壁诱导聚合物在其表面形成一层高度有序的结构，其分子链垂直于管或纤维的方向。因孔壁的诱导作用只在近程有效，小孔径纳米管的有序部分比例大，平均取向度大，电导率也较大，而大孔径的纳米管有序层的比例较小，平均取向度低，电导率较小。

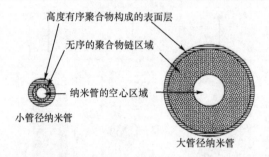

图 12.10　在不同孔径模板内合成的纳米管，孔壁诱导聚
合物分子取向的示意图。复制自文献[10]

12.3.3　AAO 模板

AAO 模板中的柱状纳米孔洞直径大小一致、排列有序、分布均匀，由此可以用熔融法和溶液法制备规整阵列的纳米材料。由于无机 AAO 模板具有很大的表面自由能，而聚合物熔体或溶液的表面能相对较小，因而高分子在熔融或溶液状态下，很容易通过毛细力润湿模板中的纳米孔洞，形成纳米棒或纳米管。用这个方法人们已经制备了 PVDF[76, 77]、PE[78-80]、间规聚苯乙烯（sPS）[81-84]、等规聚苯乙烯（iPS）[85-87]、液晶[88]、iPP[89]、P3HT[90, 91]和尼龙 12[92]等纳米管或纳米线，研究这些聚合物在 AAO 纳米孔洞提供的二维受限环境下的结晶取向行为。

Steinhart 等以 PVDF 制备了外径 400nm 的纳米管和直径 30nm 的纳米棒，发现纳米材料底部连接的本体材料对管、棒中聚合物的结晶有很大影响[76]。由于本体的结晶温度比在纳米孔内高，晶体首先在本体中成核增长，球晶内的片晶沿着晶体增长最快的[020]方向朝外放射状增长，当增长前沿与模板相撞时，晶体继续以原来的方向沿着孔洞方向向孔洞内生长，生成具有高度均一取向的纳米管和纳米棒。他们将此现象称为"闸门效应"（gate effect），此时本体的结晶支配着纳米材料的结晶过程，造成聚合物纳米管和纳米棒中晶体分子链高度垂直取向[图 12.11（b）]。当去除与纳米棒相连的本体后，纳米管和纳米棒各自处于独立分开的状态，聚合物纳米管和纳米棒的结晶温度明显低于本体。在纳米孔洞内，PVDF 的结晶行为由均相成核所控制，纳米材料成核与增长只能在各自独立的纳米小单元内发生。在结晶初始时，聚合物纳米管和纳米棒中首先生成无规取向的均相晶核，其沿增长最快的[020]方向在纳米孔洞内增长[图 12.11（a）]，使得晶体 b 轴方向沿着孔洞方向呈压倒性优势，主导着聚合物的结晶过程，造成聚合物纳米管和纳米棒内晶体的垂直取向。

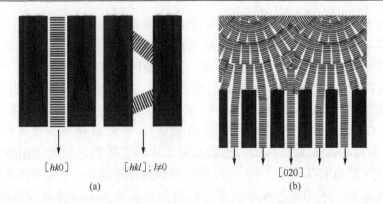

图 12.11　PVDF 在二维受限空间内的结晶过程：（a）本体与纳米棒不相连时，片晶在纳米孔洞内以[hk0]方向平行于孔轴方向增长，其他方向的生长被孔壁抑制；（b）本体与纳米棒相连时，片晶以[020]方向从本体长入纳米棒内。复制自文献[76]

空间受限程度对纳米棒内晶体的晶型与最终结晶度同样有着重要影响。sPS 具有复杂的同质多晶现象和晶型转变行为[93]，具有五种稳定的晶型：α、β、γ、δ 和 ε。苏朝晖等将 sPS 熔体通过毛细力引入纳米孔洞内，制备了直径分别为 200nm、80nm 和 32nm 的纳米棒，发现在低温冷结晶过程中，纳米棒通过均相成核生成 α 型晶体[81][图 12.12（a）]，而在 260℃的高温下则通过异相成核得到热力学稳定的 β 型晶体[图 12.12（b）]。

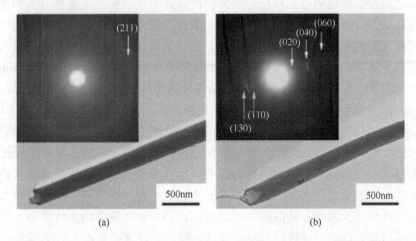

图 12.12　（a）α 晶型和（b）β 晶型 sPS 纳米棒的 TEM 图片。复制自文献[81]

他们应用红外光谱定量分析了高温下结晶得到的 β 晶纳米棒，发现其结晶度明显低于本体，且随着纳米棒直径的减小而降低[81]。这是因为在圆柱形 AAO 模板中孔壁限制了晶体的三维生长，只能沿着棒的方向增长，而其他方向上的增长受到孔壁的限制，并且随着纳米棒直径的降低，晶体生长受到的限制作用更大，结晶度更低。这些纳米棒内的晶体有明显的取向，其 c 轴垂直于纳米棒的长轴方向。聚合物在高温下结晶时，成核速率很慢。在纳米孔洞内，只有稳定存在的晶核才能增长成为晶体。由于纳米孔洞的圆柱形限制，只有晶向沿着孔洞方向增长的晶体才能长大，而其他方向的增长则受到孔壁的抑制。Tosaka 等[94]根据电镜实验结果认为 sPS 最快增长速率的晶面为（010），也就是其 b 轴方向相对别的晶轴来说略有优势。后来 Fujimori 等[95]指出，更为妥当的结果是（230）为最快增长速率的晶面。在纳米棒的结晶过程中，各晶面之间的增长相互竞争，但是只有晶体的某一晶面的增长方向与孔洞方向一致时，它才能沿着这个晶面增长成为大的晶体。在 β 晶体纳米棒的衍射图案中[图 12.12（b）]，（020）、（040）、（060）等一组（0k0）衍射弧在同一条直线上，沿着纳米棒的方向取向，同时在这个方向上也观察到（110）和（130）衍射弧，与（0k0）的晶向一致，说明纳米棒中存在多个微晶，（hk0）的晶向沿着孔洞的方向。由于 sPS 的 β 型晶体属于正交晶系，这说明纳米棒中晶体的 c 轴垂直于纳米棒的长轴方向，晶体采取垂直取向。

从图 12.11 可以看出，纳米孔洞中的晶体，不论是源于孔洞中无规取向的均相晶核还是从相连的本体通过"闸门效应"长入纳米棒中，其平均垂直取向度都应该随孔径的减小而增大。但是苏朝晖等用偏振红外方法定量分析 sPS 纳米棒中的晶体取向发现的趋势与此相反，纳米棒内晶体的垂直取向度随着纳米棒直径的减小而降低[83]，说明另有其他机理能够生成平行取向的晶体。他们认为这可能是纳米孔洞表面的影响，如图 12.13 所示。在纳米棒的结晶过程中，主要有两种取向类型的晶体：A.本体中的片晶增长至纳米棒与本体的界面处时，就可以充当二次晶核，诱导纳米棒的结晶，形成垂直或者近似垂直取向的晶体，当孔径减小时，这部分晶体的垂直取向度增大，但是本体中所形成的异相晶核越难长入纳米棒内，其对结晶度的贡献降低。B.聚合物与孔壁界面处产生平行取向晶核，当聚合物进入纳米孔洞时，孔壁表面沉积的平行取向的聚合物链段，在结晶过程中在孔壁处形成平行取向的晶核并进一步增长为具有平行取向的晶体。这些平行取向的晶体会降低纳米棒的垂直取向度。当纳米棒的直径减小时，纳米棒的比表面增大，由孔壁表面诱导生长的平行结晶的贡献增大。在纳米棒的整个结晶过程中，平行取向的晶核与垂直取向的晶核相互竞争增长，综合的结果是随着孔径的降低，纳米棒的垂直取向也随之减小。

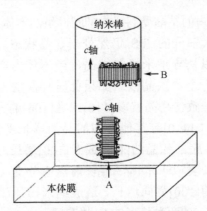

图 12.13 两种不同类型的晶核对纳米孔洞内 sPS 结晶的影响示意图。A 是纳米棒与本体界面处产生的垂直取向的晶核；B 为纳米棒与孔壁界面处产生的平行取向的晶核，孔洞直径越小，B 处晶核的贡献越大。复制自文献[83]

模板的表面性质对聚合物纳米棒的结晶度影响很大[84]。Al_2O_3 表面富有羟基，为亲水性表面，具有高表面能。苏朝晖等用正己基三甲氧基硅烷（HTMS）修饰 AAO 模板，降低其表面能，发现 sPS 纳米棒在不同温度下（245～260℃）等温结晶后，在 HTMS 修饰孔洞内的结晶度都低于未修饰孔洞的结晶度（图12.14），说明在低表面能的表面上，表面成核受到抑制，从而造成结晶度的降低。

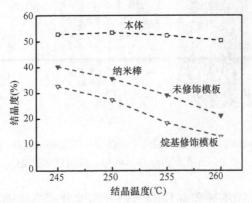

图 12.14 在不同温度下，未修饰与烷基修饰孔洞内 sPS 的结晶度。复制自文献[84]

吴慧等进一步研究了 300nm 和 65nm 直径的 iPS 纳米棒，发现 iPS 在纳米棒内的不同位置展现出不同的晶体增长方式[85]。iPS 在高温结晶时，主要通过异相成核完成结晶过程。经过计算，每一个直径 300nm、长度 118μm 的纳米棒中平均含有 $2.3×10^{-5}$ 个晶核，而直径 65nm 的纳米棒只有 $1.0×10^{-6}$ 个晶核[85]，可见对于纳米棒内聚合物的结晶异相成核并不是一个有效的成核方式。由于如此低的成核密度，iPS 在纳米棒内的结晶受到严重抑制，虽然本体在熔点以下已经开始结晶，但是纳米棒内绝大部分的 iPS 仍然处于非晶状态。由于纳米棒与本体相连，本体内的晶体可以诱导纳米棒的结晶，当本体内产生的球晶增长到纳米棒底部时，片晶充当一个二次晶核。如果此时片晶的（110）或者（100）晶面与纳米棒的方向相一致，片晶就以[110]或者[100]的方向，沿着纳米孔洞增长进入纳米棒，而[211]、[410]等其他方向的晶面增长受到孔壁的限制而停止。在 300nm 的纳米棒内，底部片晶的[110]或者[100]增长方向受到圆柱形孔壁的限制较小，其晶体增长类似于本体，增长前沿会分支（splay），分支后的晶体按照增长速率最快的[100]方向增长，造成纳米棒顶部的晶体以[100]方向增长，而底部是[110]和[100]两种增长方向共存[图 12.15（b）]。在直径更小的 65nm 棒内，由于纳米孔壁的限制，片晶的分支受到抑制，晶体在纳米棒内只能按照其原来的方向增长，其结果是整个纳米棒内[110]和[100]两种增长方向共存[图 12.15（c）]。此外，他们还发现纳米棒内的晶体沿着棒的方向呈梯度分布，从底部到顶部逐渐减少，且晶体在纳米棒中垂直于棒的长轴方向取向，其取向度也是沿着棒的方向依次降低[86]。

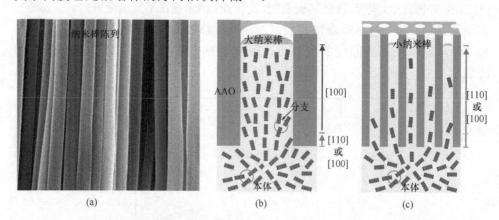

图 12.15　（a）iPS 纳米棒阵列的 SEM 图片；（b）iPS 在 300nm 孔洞内结晶示意图；（c）iPS 在 65nm 孔洞内结晶示意图。复制自文献[85]

　　Shin 等研究了纳米棒内晶体的成核方式随着二维受限程度增大而发生的转变[78, 79]。他们发现单分散线性聚乙烯在 62～110nm 的相对较大的纳米孔洞内在较低温度下、较窄的温度范围内结晶，此时结晶过程由均相成核控制；而在 15～48nm 的较小孔洞内，聚合物在较高的温度下就开始结晶，并且出现较宽分布的结晶温度范围，此时以异相成核为主，同时伴有均相成核发生[79]。在等温结晶实验中，由于纳米棒结晶温度的显著降低以及 Avrami 常数比本体大 5 个数量级，Shin 等[78]认为聚合物在纳米孔洞内的结晶行为主要是由成核控制，而不是由晶体增长所控制。

　　iPP 本体在熔融后的降温 DSC 曲线中，在 108.8℃处出现结晶放热峰，但是 Duran 等发现直径 380nm 的 iPP 纳米棒出现了两个结晶峰，分别位于 103.1℃和 73.1℃[89]。在直径为 65nm，35nm 和 25nm 的纳米棒内，强受限环境使得 iPP 的高温结晶峰变得很弱，低温结晶峰变宽变弱，同时向更低温度移动。他们观察到的与本体一致的结晶峰[图 12.16（a）中 S 所指]为模板外表面上残留的少量 iPP 结晶，位于较高温处的放热峰归属为异相成核的结晶峰（E），而位于低温的为均相成核结晶峰（O）。从图中可以看出受限程度增大使得聚合物的成核方式由异相成核向均相成核转变。直径在 65nm 以上的纳米棒，内部分子链的结晶方式以异相成核为主；直径在 65nm 以下的纳米棒，结晶是由均相成核引发的；直径减小至 20nm 以下时，由于强受限的环境，晶体的表面能超过了聚合物分子的内聚能，孔洞内部的成核完全被抑制，iPP 在纳米孔洞内不能结晶。

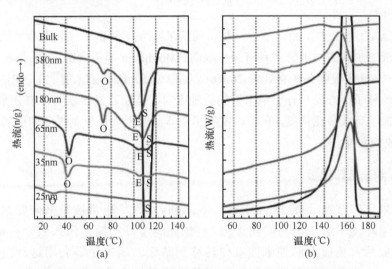

图 12.16　iPP 在不同直径纳米孔洞内的 DSC 曲线：（a）冷却过程；
（b）二次升温过程。S 表示 AAO 表面 iPP 本体的结晶，E 表示异相成
核诱导的结晶，O 表示均相成核诱导的结晶。复制自文献[89]

　　对于各向异性的 P3HT 分子，其在纳米棒内的结晶排列方式更是与模板表面性质密切相关[90, 91]。从能量角度考虑，P3HT 中疏水的己基侧链会尽量减少与亲水性的 AAO 表面接触。Kim 等利用 AAO 模板制备了直径 50nm、长度 150nm 的 P3HT 纳米棒[90]，发现因为 AAO 表面和涂有 PEDOT：PSS 的 ITO 基底都是亲水性的，P3HT 晶体在纳米棒内以 face-on 构象存在，而在纳米棒底部 30nm 厚的 P3HT 薄膜中以 edge-on 构象存在（图 12.17）。由于 P3HT 在纳米棒和在薄膜中有不同

的取向，导致纳米棒的电导率比薄膜增加了 10 倍，由此构建的光伏电池的能量转换效率比平板 P3HT/C$_{60}$ 双层膜电池提高了 6 倍。Russell 等用 PDMS 修饰 AAO 模板，使孔洞表面由亲水性转变为疏水性，发现所制得的纳米棒中 P3HT 分子采取 edge-on 构象[91]。

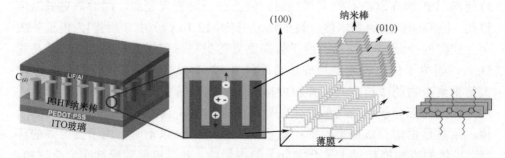

图 12.17　P3HT 纳米棒和 C$_{60}$ 构建的太阳能电池，以及 P3HT 在纳米棒和薄膜内的分子取向。复制自文献[90]

　　在 AAO 模板中，用熔体灌注制备的纳米棒/纳米管的分子链具有垂直取向，而用溶液法制备的纳米管则具有平行取向。Moynihan 等用聚芴（polyfluorene）溶液润湿 AAO 模板制备了直径为 260nm、壁厚为 50nm 的纳米管[96]，XRD 实验表明聚芴的分子链方向平行于纳米管的管轴方向，其发射光谱表明，窄分布的发射链段增加了有效共轭长度，在管内发生了从非晶的无规构象到平面伸展的 2$_1$ 螺旋 β 相构象的重排。

12.3.4　纳米压印模板

　　纳米压印技术（nanoimprint lithography）[69-73]也常被用来研究聚合物在二维受限环境下的结晶与取向行为。将预先制备好的模具压入聚合物熔体中，移去模板后，模板上的纳米图案便转移到基底。胡志军等利用这种技术制备了 PVDF 纳米条，研究聚合物在纳米条内的受限结晶与取向行为[69]。他们通过控制基板上薄膜的厚度使得聚合物完全受限（聚合物纳米条不与本体相连）或者部分受限（聚合物纳米条与本体相连），发现在 α 晶型的纳米条中，当聚合物完全受限时[图 12.18（c）]，PVDF 晶体的 b 轴沿着纳米条的方向取向。当聚合物熔体进入模板的纳米沟内时，会有小部分聚合物链沉积在模板表面，其分子链的方向平行于模板器壁表面，故纳米条中晶体的 c 轴平行于器壁，与基板垂直，而 PVDF 晶体的最快增长方向为 b 轴，因此纳米条内晶体的 b 轴沿着纳米沟的方向快速增长，形成具有特定晶体取向的 PVDF 纳米条。当聚合物部分受限时[图 12.18（d）]，晶体的 b 轴与本体中球晶的增长方向一致，此时本体主宰着纳米条的结晶过程。

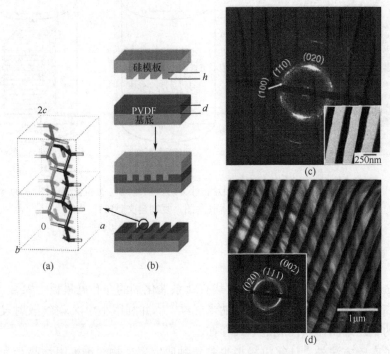

图 12.18　（a）α 晶型 PVDF 的晶体结构；（b）用纳米压印控制聚合物结晶示意图；（c）压印 60nm 薄膜形成完全受限体系的 TEM 图片；（d）压印 300nm 薄膜形成部分受限体系的 TEM 图片。复制自文献[69]

12.3.5　电纺丝体系

祝磊等用电纺丝技术制备了直径 200nm 的尼龙 6 纤维[23]，发现在纳米纤维的纺丝过程中，当喷丝头将聚合物喷出时会将分子链进行拉伸，因此纳米纤维中生成的 γ 晶体具有平行于纤维的取向[图 12.19（b）]。他们将纳米纤维用聚酰亚胺包裹，因为聚酰亚胺的玻璃化转变温度为 340℃，大于尼龙 6 的熔点，纤维就处在一个完全二维受限的环境中。再将纳米纤维进行升温，其中的 γ 晶体逐渐熔融，转变为热力学上更稳定的 α 晶型，并且在 220℃完全熔融，接着在 100℃结晶，得到的 α 晶体的 c 轴垂直于纤维的长轴方向取向[图 12.19（c）]，同时在 180～190℃存在一个从单斜的 α 晶型到一种更高温的单斜晶型的 Brill 转变。这归因于聚酰亚胺对尼龙 6 纤维受限结晶的结果。

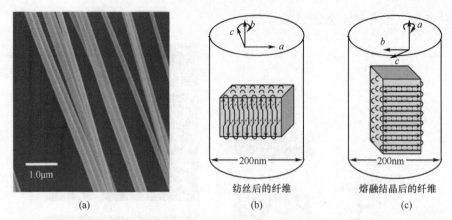

图 12.19　（a）电纺丝尼龙 6 纤维 SEM 图片；（b）纺丝后纤维内的晶体取向图；（c）熔融结晶后纤维内的晶体取向图。复制自文献[23]

12.3.6　其他受限方式

Kageyama 等将乙烯气体引入负载有钛系催化剂的介孔硅模板中聚合，制备了分子量高达 6.2×10^6 的线性聚乙烯纳米纤维[74]，并利用小角 X 射线散射发现纳米纤维中的聚乙烯晶体以伸展链形式存在。

除了实验方法外，计算机模拟也是一种研究聚合物二维受限结晶行为很好的手段。计算机模拟的方法可以验证实验并且根据理论进行预测。胡文兵等模拟了均聚物在刚性纳米管内的受限结晶[97, 98]，发现对分子链具有排斥性的中性器壁会增加晶体的成核概率，在高结晶温度下，这种增强作用会产生均一取向的平行于纳米管轴的晶体，而当器壁为黏性器壁时，晶体从平行取向转换为垂直取向，这归因于黏性器壁对侧向增长的平行晶体的延迟效应，因为只有垂直取向的晶体才能沿着管的方向增长，产生较大的结晶度，并且聚合物的垂直取向随着纳米器壁的变窄而增大。

不相容的嵌段共聚物本体在没有限制的情况下，会自组织形成具有周期性相区的纳米结构材料。在纳米圆柱受限条件下，当圆柱的直径与共聚物的固有相分离周期不相称时，曲面的边界强加给分子一个限制，破坏了嵌段共聚物相结构的对称性，违背本体在平衡状态下的性质和行为，从而产生与本体不同的异常形态。梁好均等的蒙特卡罗模拟结果表明[99]，由于嵌段共聚物 A-*b*-B 本身的相分离，以及其与模板边界的相互作用，共聚物中与器壁作用力较强的 A 嵌段会在器壁表面优先沉积，形成 A–BB–AA–BB–A 交替的新奇形貌。

12.4　三维受限结晶

聚合物在三维受限条件下，其形态一般为纳米球或微米液滴。

12.4.1　嵌段共聚物体系

Loo 等合成了一种复杂的两嵌段共聚物，利用其相分离构建了直径 25nm 的聚乙烯（PE）纳米球体系（图 12.20）[24]，发现 PE 纳米球的结晶过程由均相成核主导。在本体的等温结晶中，Avrami 指数 n 一般在 2~4 之间，其动力学曲线为经典的 S 形曲线，而纳米球的 Avrami 指数为 1，动力学曲线为一级动力学过程[24]。Nojima 等在聚苯乙烯（PS）基质内形成聚戊内酯（PVL）纳米受限区域，发现成核主要发生在纳米区域的界面处，并且柔性聚合物的结晶过程显著加快[26]。

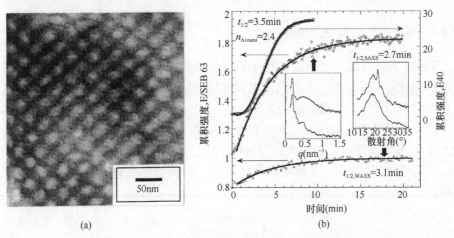

図 12.20　（a）相分离形成的 25nm PE 纳米球的 TEM 图片，图中纳米球为白点；（b）PE 在纳米球内的结晶动力学曲线。复制自文献[24]

12.4.2　去润湿的微米液滴

由于 PEO 与 PS 在热力学上的不相容性，PEO 薄膜易在 PS 表面发生去润湿而生成微米液滴[30, 31]。在 PS 表面离散的不同直径大小的 PEO 液滴中，如果样品未经提纯，液滴在 55℃ 就开始结晶，体系的结晶过程由异相成核控制。若将样品提纯后，液滴基本上在 −2.6℃ 左右同时结晶，液滴的结晶则由均相成核控制（图 12.21）。由此可以看出，杂质的含量大小，对聚合物结晶的成核方式至关重要。

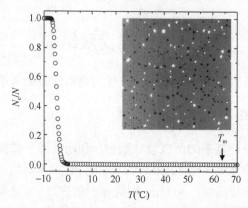

图 12.21　PEO 薄膜在 PS 表面去润湿形成的液滴在–2.6℃结晶时的偏光显微镜图片，其中黑色的是非晶液滴，白色则表明液滴已结晶。图示曲线为降温过程因均相成核结晶的液滴分数与温度之间的关系（T_m 为 PEO 的熔点）。复制自文献[31]

12.4.3　微乳液法制备纳米液滴

　　Taden 等以微乳液法制备 100nm 的 PEO 球状纳米液滴，研究 PEO 在稳定的液滴内的受限结晶行为，发现液滴内只有均相成核一种成核方式[29]。晶核在过冷度较大时出现，每个结晶液滴的晶区由 4～5 个松散的不相连片晶组成。因结晶过程中产生的晶核数目较少，结晶不完善。在干燥过程中，松散的片晶会滑移（图12.22）。升高温度时，液滴内的 PEO 片晶发生重构，形成长度不同但厚度均为25nm 的片状晶体结构，片状结构中只包含一个 PEO 分子链，用此方法可构建单链单晶。

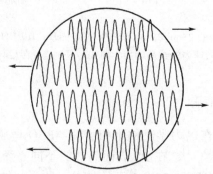

图 12.22　在球状液滴内松散堆积的 PEO 片晶。复制自文献[29]

12.4.4　无机杂化体系

　　蒋世春等用溶胶–凝胶（sol-gel）技术合成了聚己内酯（PCL）/二氧化硅（SiO_2）

杂化材料,发现在这个杂化体系中聚合物的结晶行为和结晶度受到严重限制[32],PCL 的结晶度随 SiO_2 含量增加而减小;杂化样品中 PCL 的晶体结构和微晶尺寸与 PCL 本体一致,但是杂化样品中 PCL 熔融温度基本一致,低于纯 PCL 的熔融温度。当样品中 SiO_2 含量达到 60% 时,PCL 无法结晶。

12.5 结 语

聚合物纳米结构材料在微电子学、光学、力学、生物、能源等方面有着广阔的应用前景,材料中晶体的含量大小及其排列方式,对其性能有至关重要的影响。研究聚合物在低维状态下的结晶,可以丰富和验证现有理论,帮助我们更好地理解聚合物在宏观尺度下的结构与行为,为聚合物凝聚态物理的研究引入新的方法和内容。

分子所处的环境会强烈影响分子的构象和聚集状态。当聚合物分子处于一维受限、二维受限或者三维受限环境中,空间的限制对其分子链的堆砌和排列的影响很大。此外,聚合物分子链与其接触的表面和界面之间存在的相互作用,也会使聚合物表现出异于本体的结晶行为。因此,充分利用基底等外部条件对聚合物的结晶和排列的影响,可以设计、开发和构建性能更好的聚合物纳米材料和器件,以满足实际应用的要求。

参 考 文 献

[1] Mandelkern L. Chem Rev,1956,56:903-958.

[2] Wunderlich B. Macromolecular Physics. New York:Academic Press,Inc,1980.

[3] Strobl G. The Physics of Polymers. Berlin:Springer,1997.

[4] Sharples A. Polymer,1964,5:379.

[5] Banks W,Sharples A. Macromol Chem,1963,59:233-236.

[6] Hoffman J D,Lauritzen J. J Res Natl Bur Stand,1961,65:297-336.

[7] Price F P,Fritzsche A K. J Phys Chem,1973,77:396-399.

[8] Khandpur A K,Forster S,Bates F S,et al. Macromolecules,1995,28:8796-8806.

[9] Martin C R. Science,1994,266:1961-1966.

[10] Martin C R. Acc Chem Res,1995,28:61-68.

[11] Steinhart M,Wendorff J H,Greiner A,et al. Science,2002,296:1997-1997.

[12] Birner A,Wehrspohn R B,Gosele U M,et al. Adv Mater,2001,13:377-388.

[13] Tonucci R J,Justus B L,Campillo A J,et al. Science,1992,258:783-785.

[14] Beck J S,Vartuli J C,Roth W J,et al. J Am Chem Soc,1992,114:10834-10843.

[15] He X,Antonelli D. Angew Chem Int Ed,2002,41:214-229.

[16] Wu H,Su Z,Terayama Y,et al. Sci China Chem,2012,55:726-734.

[17] Masuda H,Fukuda K. Science,1995,268:1466-1468.

[18] Masuda H,Satoh M. Jpn J Appl Phys,1996,35:L126-L129.

[19] Masuda H,Hasegwa F,Ono S. J Electrochem Soc,1997,144:L127-L130.

[20] Masuda H,Yada K,Osaka A. Jpn J Appl Phys,1998,37:L1340-L1342.

[21] Masuda H，Asoh H，Watanabe M，et al. Adv Mater，2001，13：189-192.

[22] Huang Z-M，Zhang Y Z，Kotaki M，et al. Compos Sci Technol，2003，63：2223-2253.

[23] Liu Y，Cui L，Guan F X，et al. Macromolecules，2007，40：6283-6290.

[24] Loo Y L，Register R A，Ryan A J. Phys Rev Lett，2000，84：4120-4123.

[25] Reiter G，Castelein G，Sommer J U，et al. Phys Rev Lett，2001，87：226101.

[26] Nojima S，Ohguma Y，Namiki S，et al. Macromolecules，2008，41：1915-1918.

[27] Koutsky J A，Walton A G，Baer E. J Appl Phys，1967，38：1832-1839.

[28] Turnbull D，Cormia R L. J Chem Phys，1961，34：820-831.

[29] Taden A，Landfester K. Macromolecules，2003，36：4037-4041.

[30] Massa M V，Carvalho J L，Dalnoki-Veress K. Eur Phys J E，2003，12：111-117.

[31] Massa M V，Dalnoki-Veress K. Phys Rev Lett，2004，92：255509.

[32] Jiang S C，Ji X L，An L J，et al. Polymer，2001，42：3901-3907.

[33] Zhu L，Cheng S Z D，Calhoun B H，et al. J Am Chem Soc，2000，122：5957-5967.

[34] Zhu L，Calhoun B H，Ge Q，et al. Macromolecules，2001，34：1244-1251.

[35] Schönherr H，Frank C W. Macromolecules，2003，36：1188-1198.

[36] Despotopoulou M M，Frank C W，Miller R D，et al. Macromolecules，1996，29：5797-5804.

[37] Despotopoulou M M，Miller R D，Rabolt J F，et al. J Polym Sci Pol Phys，1996，34：2335-2349.

[38] Zhang Y，Lu Y L，Duan Y X，et al. J Polym Sci Pol Phys，2004，42：4440-4447.

[39] Wang Y，Ge S，Rafailovich M，et al. Macromolecules，2004，37：3319-3327.

[40] Reiter G. Macromolecules，1994，27：3046-3052.

[41] Wang Z，Yang R，Xu J，et al. Acta Polym Sin，2005：611-616.

[42] Zhang Y，Zhang J M，Lu Y L，et al. Macromolecules，2004，37：2532-2537.

[43] vanZanten J H，Wallace W E，Wu W L. Phys Rev E，1996，53：R2053-R2056.

[44] Padden J F J，Keith H D. J Appl Phys，1966，37：4013-4020.

[45] Cho K，Kim D，Yoon S. Macromolecules，2003，36：7652-7660.

[46] Hu Z J，Huang H Y，Zhang F J，et al. Langmuir，2004，20：3271-3277.

[47] Wang Z，Xie X M，Yang R，et al. Chem J Chin Univ，2006，27：161-165.

[48] Jones R L，Kumar S K，Ho D L，et al. Nature，1999，400：146-149.

[49] Kikkawa Y，Abe H，Fujita M，et al. Macromol Chem Phys，2003，204：1822-1831.

[50] Ma Y，Hu W B，Reiter G. Macromolecules，2006，39：5159-5164.

[51] Sirringhaus H，Brown P J，Friend R H，et al. Nature，1999，401：685-688.

[52] Mena-Osteritz E，Meyer A，Langeveld-Voss B M W，et al. Angew Chem Int Ed，2000，39：2680-2684.

[53] Grevin B，Rannou P，Payerne R，et al. Adv Mater，2003，15：881-884.

[54] Lu G H，Li L G，Yang X N. Adv Mater，2007，19：3594-3598.

[55] Liu J H，Arif M，Zou J H，et al. Macromolecules，2009，42：9390-9393.

[56] Kim D H，Park Y D，Jang Y S，et al. Adv Funct Mater，2005，15：77-82.

[57] Anglin T C，Speros J C，Massari A M. J Phys Chem C，2011，115：16027-16036.

[58] Malliaras G G，Lyashenko D A，Zakhidov A A，et al. Org Electron，2010，11：1507-1510.

[59] Bonev I. Acta Cryst A，1972，28：508-512.

[60] Royer L. Bull Soc Fran Mineral，1928，51：7-159.

[61] Liu J，Wang J J，Li H H，et al. J Phys Chem B，2006，110：738-742.

[62] Yan S，Petermann J，Yang D. Colloid Polym Sci，1995，273：842-847.

[63] Lotz B，Wittmann J C. J Polym Sci Pol Phys，1986，24：1559-1575.

[64] Gavish M，Popovitz-Biro R，Lahav M，et al. Science，1990，250：973-975.

[65] Brinkhuis R H G，Schouten A J. Macromolecules，1992，25：2717-2724.

[66] Quiram D J，Regis ter R A，Marchand G R，et al. Macromolecules，1998，31：4891-4898.

[67] Huang P，Zhu L，Cheng Z D，et al. Macromolecules，2001，34：6649-6657.

[68] Huang P，Guo Y，Quirk R P，et al. Polymer，2006，47：5457-5466.

[69] Hu Z J，Baralia G，Bayot V，et al. Nano Lett，2005，5：1738-1743.

[70] Li H W，Huck W T S. Nano Lett，2004，4：1633-1636.

[71] Zheng Z，Yim K H，Saifullah M S M，et al. Nano Lett，2007，7：987-992.

[72] Honda K，Morita M，Masunaga H，et al. Soft Matter，2010，6：870-875.

[73] Siqing S，Wu H，Takahara A. Polymer，2015，72：113-117.

[74] Kageyama K，Tamazawa J，Aida T. Science，1999，285：2113-2115.

[75] Chung T-M，Wang T-C，Ho R-M，et al. Macromolecules，2010，43：6237-6240.

[76] Steinhart M，Göring P，Dernaika H，et al. Phys Rev Lett，2006，97：027801.

[77] Martin J，Mijangos C，Sanz A，et al. Macromolecules，2009，42：5395-5401.

[78] Shin K，Woo E，Jeong Y G，et al. Macromolecules，2007，40：6617-6623.

[79] Woo E，Huh J，Jeong Y G，et al. Phys Rev Lett，2007，98：136103.

[80] Wu H，Wang W，Su Z H. Acta Polym Sin，2009：425-429.

[81] Wu H，Wang W，Yang H，et al. Macromolecules，2007，40：4244-4249.

[82] Wu H，Wang W，Huang Y，et al. Macromolecules，2008，41：7755-7758.

[83] Wu H，Wang W，Huang Y，et al. Macromol Rapid Commun，2009，30：194-198.

[84] Li M，Wu H，Huang Y，et al. Macromolecules，2012，45：5196-5200.

[85] Wu H，Cao Y，Ishige R，et al. ACS Macro Lett，2013，2：414-418.

[86] Wu H，Su Z，Takahara A. Soft Matter，2012，8：3180-3184.

[87] Wu H，Su Z，Takahara A. RSC Adv，2012，2：8707-8712.

[88] Steinhart M，Zimmermann S，Göring P，et al. Nano Lett，2005，5：429-434.

[89] Duran H，Steinhart M，Butt H J，et al. Nano Lett，2011，11：1671-1675.

[90] Kim J S，Park Y，Lee D Y，et al. Adv Funct Mater，2010，20：540-545.

[91] Chen D，Zhao W，Russell T P. ACS Nano，2012，6：1479-1485.

[92] Cao Y，Wu H，Higaki Y，et al. IUCrJ，2014，1：439-445.

[93] Guerra G，Vitagliano V M，De Rosa C，et al. Macromolecules，1990，23：1539-1544.

[94] Tosaka M，Hamada N，Tsuji M，et al. Macromolecules，1997，30：4132-4136.

[95] Suto N，Fujimori A，Masuko T. Polymer，2005，46：167-172.

[96] Moynihan S，Lacopino D，O'Carroll D，et al. Chem Mater，2008，20：996-1003.

[97] Ma Y，Hu W B，Hobbs J，et al. Soft Matter，2008，4：540-543.

[98] Wang M X，Hu W B，Ma Y，et al. J Chem Phys，2006，124：244901.

[99] He X H，Song M，Liang H J，et al. J Chem Phys，2001，114：10510-10513.

（吴　慧　苏朝晖）

第 13 章　聚乳酸结晶和结构

聚乳酸（PLA）是一种以植物资源为原料，经化学方法合成的可生物降解高分子。PLA 最早是通过乳酸（即 2-羟基丙酸）缩聚得到的，它可在自然环境或堆肥条件下完全降解为二氧化碳和水，实现资源的循环利用。此外，PLA 具有良好的生物相容性和生物安全性，是一种重要的可吸收医用材料，可用于药物缓释、手术缝合线、组织支架、骨科修复、运动医学固定等领域[1-3]。通常，PLA 是一种结晶性的脂肪族聚酯，其玻璃化转变温度在 60℃左右，属于一种热塑性塑料。PLA 具有类似于石油基通用塑料聚丙烯和聚苯乙烯的良好加工性和力学性能，是石油基化工塑料的重要替代品[3-6]。PLA 制品的性能和应用取决于材料的分子结构和聚集态结构，特别是结晶结构。因此，研究 PLA 的结晶行为和结晶结构对于理解 PLA 的结晶和结构特点，掌握结构和性能之间的关系，指导 PLA 的加工和应用具有重要意义。

13.1　乳酸的来源和结构

目前生产乳酸的主要方法是微生物发酵法，乳酸主要以可再生植物资源（玉米、马铃薯、甜菜、木薯、植物根茎叶）中的淀粉、蔗糖、纤维素等为原料，经糖化、微生物发酵得到乳酸，再经提取和纯化得到高纯度乳酸[7-10]。

13.1.1　乳酸的来源

乳酸可由化学途径[11]或微生物发酵[11-16]生产。目前绝大部分乳酸的合成都采用微生物发酵途径，将碳水化合物转化为乳酸，其生产工艺主要包括植物类原料的糖化、发酵、提取和纯化等步骤[17-21]。其过程见图 13.1。

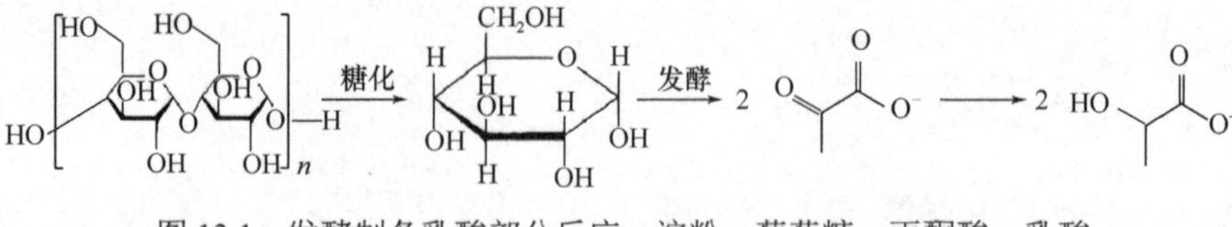

图 13.1　发酵制备乳酸部分反应：淀粉—葡萄糖—丙酮酸—乳酸

提取和纯化工艺是获得高纯度乳酸的关键[22-27]。在微生物发酵过程中也可能产生其他的代谢产物，如酸（乙酸、甲酸）、醇类（乙醇）、酯类化合物、残留糖、含氮化合物等，影响到乳酸的质量。传统的乳酸提取工艺方法是向发酵液中加入碳酸钙以中和乳酸生成乳酸钙，再加入硫酸等强酸与乳酸钙反应得到乳酸；工业上一种提取乳酸的方法是通过萃取技术在发酵液中提取乳酸；此外，制备纯度更高的乳酸产品常采用乳酸酯化的方法。

13.1.2　乳酸的结构

乳酸分子中有一个手性碳原子，具有旋光性，存在两种旋光异构体，即 L-乳酸或 S-乳酸（左旋乳酸）和 D-乳酸或 R-乳酸（右旋乳酸），分子结构见图 13.2。微生物发酵法是生产乳酸的主要方法，所制备的乳酸为 L-乳酸，特殊的菌种可制备 D-乳酸。采取化学合成法得到的乳酸是 L-乳酸和 D-乳酸的混合物，记作 DL-乳酸，又被称为外消旋乳酸。

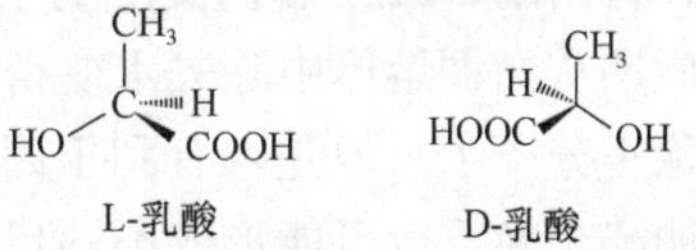

图 13.2　乳酸的两种旋光异构体：L-和 D-乳酸

13.2　聚乳酸的合成和分子链结构

13.2.1　聚乳酸的合成

PLA 的性质依赖于分子链中 L-乳酸和 D-乳酸结构的比例和序列分布，根据化学结构的不同可在很宽的范围内调控[28-30]。乳酸在适当的条件下发生脱水、缩合可以得到 PLA，简称一步法。但是，该反应是一个平衡反应，很难制备高分子量的 PLA。通常，高分子量 PLA 的制备采用丙交酯开环聚合的方法，这也是目前 PLA 合成常用的方法。归纳起来，PLA 的合成主要有两种途径：①由乳酸直接缩聚（direct polycondensation）；②由丙交酯开环聚合（ring-opening polymerization，ROP）。PLA 的合成路线见图 13.3。

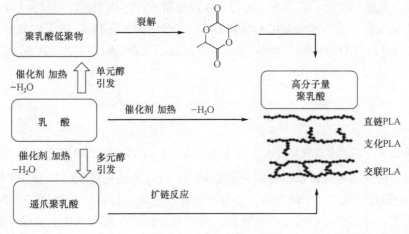

图 13.3　PLA 的合成路线

1. 乳酸直接缩聚法（一步法）

在适当的条件下，乳酸分子之间直接脱水缩合，去除小分子水，使反应向聚合的方向进行，从而制备 PLA。直接缩聚法制备 PLA 可以分为三个主要阶段：①降低自由水含量；②低聚物缩聚；③熔融缩聚得到较高分子量 PLA。

乳酸直接缩聚法制备 PLA 的过程是一个可逆反应，在反应体系中存在着游离乳酸、自由水、PLA 和丙交酯的平衡。随着反应的进行，体系的黏度不断增加，反应后期从黏稠熔体中除去水变得越来越困难。更高的温度（＞200℃）虽然有助于去除小分子水，但是也有利于丙交酯的形成。同时，体系中伴随着一系列副反应，如酯交换反应可能形成不同尺寸的环状产物[31]。因此采用该方法只能获得分子量较小的 PLA。

通过缩聚反应制备高分子量聚合物，必须采用高光学纯度的聚合级乳酸，并且抑制副反应，尽量除去水和其他副产物。虽然乳酸直接缩聚法生产的 PLA 分子量较低，但是工艺简单且成本低。研究者尝试多种方法提高直接缩聚法获得的 PLA 的分子量，包括：①采用与溶剂形成共沸混合物的方法带走小分子水，从而制备高分子量 PLA，分子量可达 300 000g/mol[32]；②在反应后期采用熔融聚合的方法，降低体系的黏度、去除小分子水，提高分子量[33,34]；③采用扩链剂将乳酸缩聚法制备的 PLA 分子偶联起来，从而提高 PLA 的分子量[35-37]。

2. 丙交酯开环聚合法

丙交酯是环状乳酸二聚体，是目前制备聚乳酸最常用的原料，其化学结构名称为 3，6-二甲基-1，4-二氧六环-2，5-二酮。由于乳酸存在 L-乳酸和 D-乳酸两种光学异构体，因此乳酸的环状二聚体丙交酯存在三种不同结构的光学异构体，分别是 L-丙交酯（左旋-丙交酯，简写为 L-LA）、D-丙交酯（右旋-丙交酯，简写为 D-LA）和内消旋-丙交酯（简写为 *meso*-LA 或 M-LA），分子结构见图 13.4。除了以上三种光学异构体，L-LA 与 D-LA 通过物理共混构成外消旋-丙交酯（简写为 DL-LA 或 *rac*-LA）。

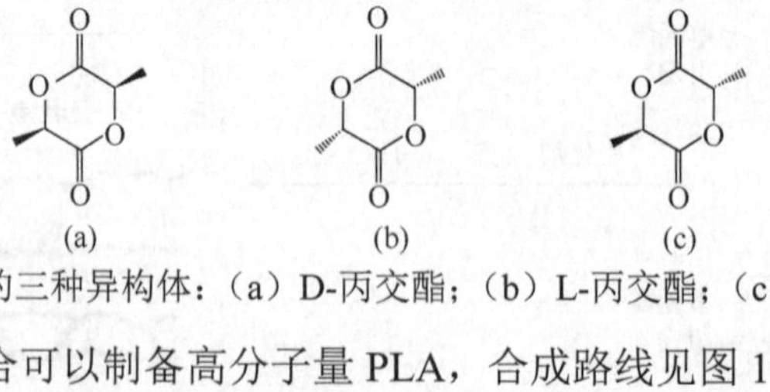

图 13.4　丙交酯的三种异构体：（a）D-丙交酯；（b）L-丙交酯；（c）内消旋-丙交酯

丙交酯开环聚合可以制备高分子量 PLA，合成路线见图 13.5。该方法可以调控 PLA 的分子量、分子链结构形态和物理化学性质，是目前工业上生产 PLA 的基本方法。该方法可以通过本体聚合、溶液聚合和悬浮聚合等技术实现。其中，本体聚合技术被认为是最简单且具有可重复性的方法。

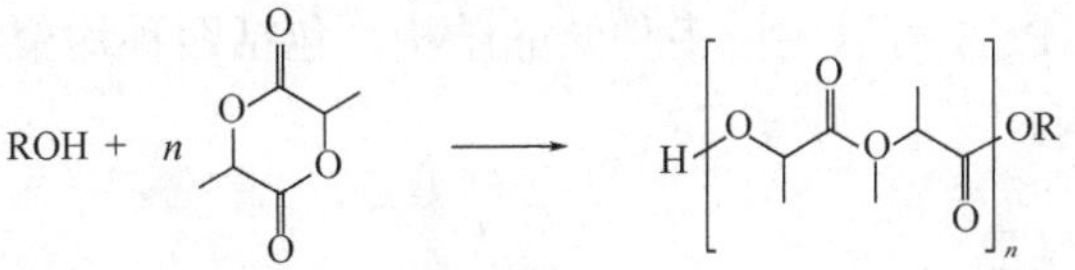

图 13.5　丙交酯开环聚合制备 PLA（R 为 H，烷基等）

13.2.2　聚乳酸的分子链结构

PLA 的分子链结构如图 13.5 所示。采用不同旋光性的 L-乳酸、D-乳酸直接缩聚，或通过 L-LA、D-LA、*meso*-LA 开环聚合所制备的 PLA，根据其结构单元光学性质的不同可分为 PLLA（左旋 PLA）、PDLA（右旋 PLA）和 PDLLA（消旋 PLA）。商品化的 PLA 通常含有 0.5%以上的 D-单元。由于 PLA 分子链中的两种结构单元具有光学活性，所以 PLA 分子链中 D-单元的含量可以通过光学方法检测，常采用的计算公式如下：

$$X_D = \frac{[\alpha]^{25} + 156}{312}$$

其中，X_D 是 D-单元的摩尔分数，$[\alpha]^{25}$ 是 PLA 在 25℃氯仿溶液中的旋光度，+156 和−156 分别代表 100%光学纯度的 PDLA 和 PLLA 的旋光度；312=156−（−156），表示 100%光学纯度的 PDLA 与 PLLA 的旋光度之差[38-40]。基于 PLA 分子链中 D-单元的比例和来源（如 D-LA，*meso*-LA），一般用平均等规序列长度 $\bar{\zeta}$ 定义 PLA 分子链的规整度，其表达式如下：

$$\bar{\zeta} = \frac{\alpha}{X_D}$$

其中，α 是与 D-单元来源相关的系数，D-单元来源于 *meso*-LA 时 $\alpha=1$；D-单元来源于 D-LA 时 $\alpha=2$；D-单元来源于 *meso*-LA 和 D-LA 时，根据二者比例的不同 α 的取值在 1～2 之间。通过特殊的引发剂可使优先的单体插入生长链形成具有较长等规序列的 PLA[41]。

PLA 的分子链结构包括构型、规整性等因素，决定了 PLA 的结晶能力。较高的 $\bar{\zeta}$ 值表示 PLA 分子链的有序程度较高，PLA 结晶能力更好。通过调控聚合反应单体中 L-LA、D-LA 和 *meso*-LA 的比例，可以调控分子链结构。但是在聚合过程中，可能发生消旋化反应使 L-和 D-单元之间相互转换，或发生酯交换反应，从而打乱分子链的等规度，降低 PLA 分子链的有序程度[41,42]。

13.3　聚乳酸的结晶和结构

PLLA 和 PDLA 是可结晶的高分子，其结晶结构依赖于分子链结构、分子量、结晶条件等因素。PLA 可以生成多种结晶结构，包括四种均聚物结晶结构和一种立构复合结晶结构。

13.3.1　聚乳酸的结晶

PLA 的结晶结构取决于结晶条件。在不同的结晶条件下，PLLA 可生成四种不同晶型结构的晶体，即 α、β、γ、δ（又称为 α′）晶型。其中，α 和 δ（α′）晶型是最常见的结晶结构，属于准正交晶系，左手 10_3 螺旋[43-46]，δ（α′）晶型也曾被认为是有序度较差的 α 晶型，一般在较低的结晶温度（$T_c<100$℃）条件下生成[47,48]。在适当的温度条件下，δ（α′）晶型结构可以重排生成更有序的 α 晶型结构。β 晶型通常是在高拉伸比和高拉伸温度条件下生成的一种受挫结构[49]，属于正交晶系[43]或三方晶系[46]，采用左手 3_1 螺旋[43,50,51]。在快速拉伸或挤出压力增加的条件下，α 向 β 晶型结构转变能够快速进行。PLLA 在六甲基苯中外延结晶可生成 γ 晶，γ 晶属于正交晶系，3_1 螺旋[49-51]。此外，PLLA 与 PDLA 分子链段之间可以立构复合形成新的结晶结构——立构复合物晶体（sc-crystal），该结晶结构属于斜方晶系或三方晶系，3_1 螺旋[52,53]。

与大多数高分子的结晶行为规律一样，PLLA 的球晶生长速率（growth rate，简称 G）对结晶温度（T_c）具有显著的依赖性。但是，与大多数高分子结晶动力学特征不同，PLLA 的结晶动力学在 100～120℃温度区间出现了明显的不连续性，表现出特有的双钟型（double bell-shaped）曲线的特征（图 13.6 和图 13.7），偏离了通常高分子结晶生长呈现出的单钟型（bell-shaped）曲线特征[54-60]。

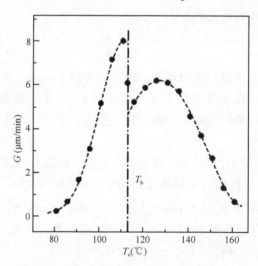

图 13.6　PLLA 熔融结晶球晶生长速率（G）与结晶温度（T_c）之间的关系（PLLA: $M_n=4.8\times10^4$ g/mol）[59]。T_b 表示双钟型曲线的分界温度

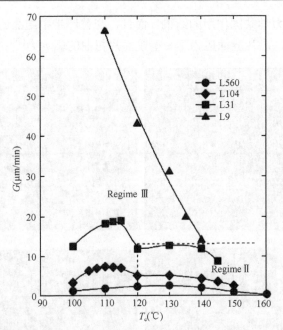

图 13.7　PLA 的球晶生长速率（G）与结晶温度（T_c）的关系。图中，L9：M_n=9.2×10³g/mol；
L31：M_n=3.1×10⁴g/mol；L104：M_n=1.0×10⁵g/mol；L560：M_n=5.6×10⁵ g/mol[63]

PLLA 结晶速率与结晶温度的关系呈现出不同的规律，其双钟型曲线的分界温度位于 115～120℃[61-63]。研究发现，PLLA 结晶动力学的不连续性与 PLA 结晶结构的温度依赖性相关[60-65]。PLLA 在 120℃以上生成的球晶的尺寸远大于低温结晶区得到的球晶尺寸，晶层厚度和长周期在～120℃达到最小值。依赖于 PLLA 的分子链结构和结晶条件，PLLA 的熔融结晶可以生成 δ（α'）和 α 晶型两种结晶结构。

通常，当 T_c<100℃时，PLLA 在静态熔融结晶条件下只生成 δ（α'）晶体；在 100℃<T_c<120℃区间，得到 δ（α'）和 α 共存的两种晶体，二者的比例受到结晶温度、分子链结构、分子量等因素的影响；在 T_c>120℃的高温结晶区间，PLLA 通常只生成 α 晶体[63-70]。δ（α'）和 α 晶体结构很相似，二者的主要区别表现为链构型和链堆积方式的差异，δ（α'）晶体的有序程度较 α 晶体稍差，堆积紧密程度不如 α 晶体，所以早期 δ（α'）晶体一度被认为是有序度稍低的 α 晶体。PLLA 的 δ（α'）晶体的存在最早是通过单轴取向的 PLLA 纤维 X 射线衍射和偏光红外/拉曼光谱证实的[71]。

结晶形貌常用来表征 PLA 的结晶结构，显微镜技术可以直接地观察到 PLA 的结晶形貌。PLA 的结晶形貌多为球晶[60-70, 72-78]。通过偏光显微镜可以观察到同心的、明暗交替分布的球晶和环带球晶形貌（图 13.8）。PLLA 环带球晶是由 α 晶体堆积而成的复合晶体。一般认为，这种周期性的正负交替的双折射环带是由于结晶生长过程中晶片沿轴向发生了协同旋转或扭曲造成的[79]。环带球晶的生成是结晶热力学和动力学共同作用的结果。而且，交替环带中结晶的生长模式也可能不同。目前认为，晶片界面应力不平衡是晶片扭曲的驱动力[79]。

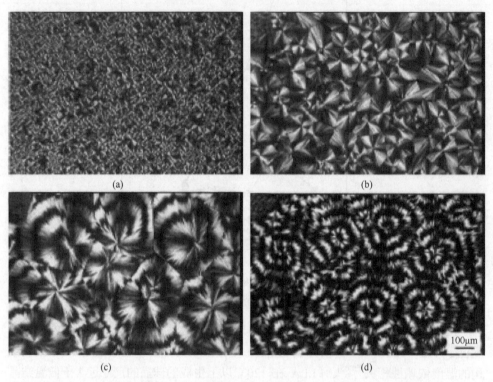

图 13.8　PLA 在 240℃，不同停留时间[（a）2 min、（b）5 min、（c）10 min、（d）15 min]之后，降温至 120℃等温结晶形貌的偏光显微镜照片[74]。（a）～（d）标尺均为 100μm

　　PLA 在特定的结晶条件下（结晶热历史、薄膜厚度等）可以生成不规则的结晶形貌，如六边形结晶形貌[63,80-82]、S 形形貌[75,83]、树枝状形貌[63,75,80-84]，形貌如图 13.9 和图 13.10 所示。

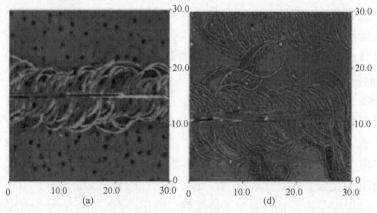

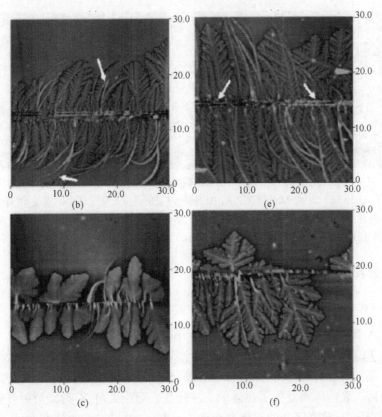

图 13.9 PLA 薄膜（厚度 15nm）的结晶形貌 AFM 照片。PLLA：（a）T_c=125℃、（b）T_c=145℃、（c）T_c=160℃；PDLA：（d）T_c=125℃、（e）T_c=145℃、（f）T_c=160℃。PLA 薄膜的结晶形貌表现出显著的温度依赖性，随着温度的升高，出现 S 形、树枝状结晶形貌转变[75]

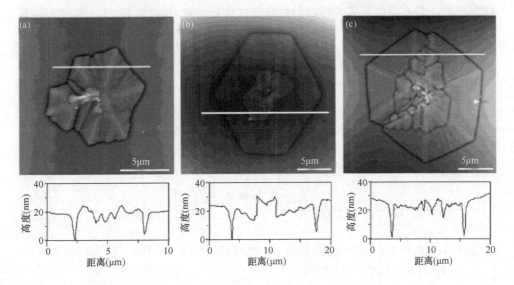

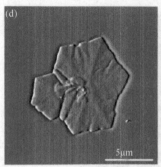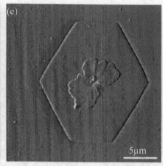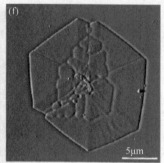

图 13.10　厚度为 100nm 的 PLA 薄膜在 160℃熔融结晶，不同生长模式得到的结晶形貌的 AFM 照片[80]。（a）、（b）、（c）为 AFM 高度图，图中白线标注处的高度变化见图中的高度-距离曲线；（d）、（e）、（f）为对应的相位图，其中（d）显示六边形结晶形貌在顶点衍生新的结晶，（e）显示六边形结晶形貌在上层中心衍生新的结晶，（f）显示六边形结晶形貌在中心的下层衍生新的结晶

13.3.2　聚乳酸的晶体结构转变

1. δ（α′）-α 晶体结构转变

PLLA 在较低的温度条件下可以生成 δ（α′）晶体，或者 δ（α′）和 α 两种晶体共存。PLLA 结晶动力学的不连续性与多晶型结构有直接的关系。低温结晶的 PLLA 样品的升温 DSC 曲线在熔融之前在 150~165℃区间出现了一个小的放热峰（图 13.11），表明体系发生了显著的有序转变。对照大角 X 射线衍射（WAXD）结果，证明这一温度区间的有序转变为 δ（α′）-α 结晶结构的转变。

对比 PLLA 低温结晶和高温结晶样品的 WAXD 结果（图 13.12），发现结晶样品特征衍射峰对应的（200）/（110）和（203）晶面的 2θ 角有明显的移动。140℃结晶样品，即 α 晶体对应的特征衍射峰的位置分别为 16.7°和 19.1°，而 80℃结晶样品，即 δ（α′）晶体对应的特征衍射峰的位置则分别是 16.4°和 18.7°。

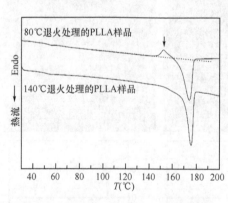

图 13.11　在 80℃和 140℃退火处理的 PLLA 样品的 DSC 升温曲线[70]

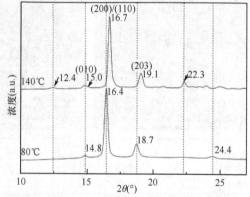

图 13.12　PLLA 结晶样品（T_c：80℃和 140℃）的 WAXD 图[70]

　　采用红外光谱研究 PLLA 熔融结晶过程结晶温度 T_c 对结晶结构的影响[70,85,86]，发现高温熔融结晶（T_c=150℃）的 PLLA 样品和低温结晶（T_c=80℃）样品的红外光谱有显著的差异。仅在高温熔融结晶样品中观察到由 CH_3 或 $C=O$ 基团的偶极-偶极相互作用引起的谱带分裂，而低温结晶样品的红外光谱没有谱带分裂（图13.13）。红外谱图的差异强烈表明，这两组样品在各自不同的等温结晶过程中分子链排列方式、分子间的相互作用是不同的。

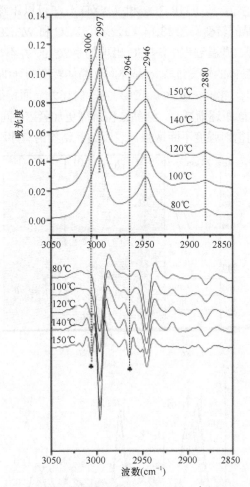

图 13.13　不同结晶温度的 PLLA 样品在 3050～2850 cm^{-1} 区域的红外吸收光谱（上）和二级微分结果（下）[70]

　　结合 WAXD 和红外光谱的研究结果，PLA 在高温结晶区（＞120℃）和低温结晶区生成的晶体属于不同的晶型。PLA 在高温结晶区等温结晶生成的晶体为 α 晶体，低温结晶区结晶生成的是 δ 晶体。δ 晶体和 α 晶体结构很相近，主要区别在于链构象和链排列方式的不同。因此，δ 晶体也被称为 α′晶体，被看作是有序度稍差的 α 晶体[69,70,85-87]。

　　δ（α′）晶体是在分子链段受限的环境中生成的，其结晶结构的有序程度比 α 晶体稍差。在升温过程中，PLLA 分子链的运动能力增强，δ（α′）晶体可以发生有序-有序转变生成更有序的 α 晶体。这一过程在 DSC 升温曲线上表现为：在晶体结构开始熔融前出现了一个小的放热峰，其转变温度在 148～165℃区间[88]。

　　通过 DSC 热力学方法、FTIR 方法和 WAXD 方法可以跟踪观察到升温过程中 δ（α′）结晶向 α 结晶的转变。图 13.14（a）采用 DSC 和 WAXD 同步跟踪了 α′结晶向 α 结晶转变的过程。升温过程中，DSC 出现的小放热峰并不是 α′结晶的重结晶过程，而是 α′晶体向 α 晶体的转变过程。α′晶体向 α 晶体转变的详细过程见图 13.14(b)，结构转变的温度区间在 148～165℃，（203）和（116）晶面特征峰随着温度的升高逐渐向右移动，晶面间距逐渐减小，结晶结构排列更加紧密。同时，（210）和（213）晶面对应的特征峰的衍射强度不断增强，表明结晶结构的有序程度在不断提高。

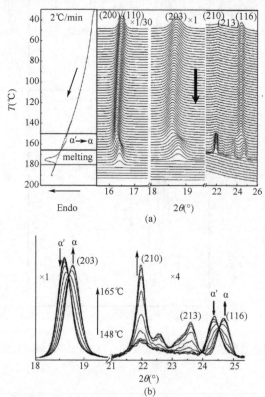

图 13.14　（a）同步跟踪观测 PLLA 结晶样品升温过程的 DSC 和 WAXD 曲线；（b）PLLA 的 α′-α 结晶结构转变过程 WAXD 结果[88]。图中，×1/30、×1、×4 表示不同衍射角度区间的 WAXD 曲线衍射强度的放大系数，目的是为了便于观察各个特征峰的变化

　　研究发现，成核剂不仅可以加快 PLA 的结晶速率，也可能影响 PLA 的结晶结构及转变行为。对于 PLA 的熔融结晶，其结晶结构具有显著的温度依赖性。加入成核剂，可以影响 α 结晶和 α′结晶的温度范围和结晶结构的规整度。图 13.15 给出石墨烯纳米片（GNS）对 PLLA 结晶结构的影响。加入 0.1%（质量分数）的 GNS 使生成 α 晶体的最低温度升高～10℃，而 α′结晶更容易发生，如图 13.15（a）和（b）所示；但是，生成的 α′晶体的规整度降低，如图 13.15（c）和（d）所示。当 $T_c \geqslant 130$℃时，PLLA 和 PLLA/GNS 体系只有 α 结晶结构，而且对应晶面（200）/（110），（203）/（113）的间距相同，表明 GNS 对 α 结晶结构没有影响[89]。

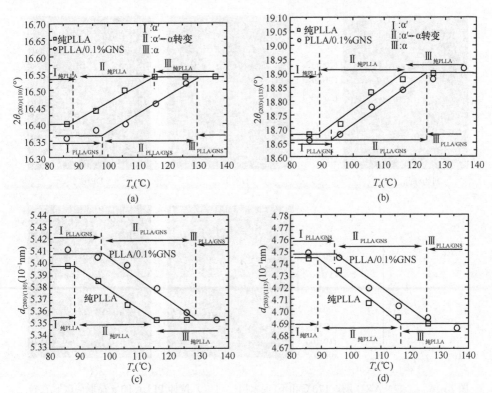

图 13.15　结晶温度（T_c）对 PLLA、PLLA/0.1% GNS（石墨烯纳米片）体系的结晶结构（d 表示晶面间距）和结晶行为的影响[89]

2. α-β 晶体结构转变

　　PLA 在加工成型过程中离不开拉伸、剪切等作用，这些作用对 PLA 分子链的取向、排列、结晶等具有重要的影响。研究发现，PLLA 在高温和高拉伸比（draw ratio，简称 DR）条件下可以得到 β 晶体；而在低温和/或低的拉伸比条件下则得到 α 晶体[61]。通常的 PLLA 拉伸产品包含 α 晶体和 β 晶体两种结构。高温和高拉伸比条件下，PLLA 的 α 结晶薄膜或纤维也可以转变生成取向的 β 晶体[61,90-93]。

此外，PLLA 在高压固态挤出过程受到复杂的剪切和拉伸作用而发生形变，这一过程中 α 晶体也可以转变为取向的 β 晶体[92,94]。而且该加工过程中剪切形变对于 α 晶体向取向的 β 晶体结构转变，与拉伸形变相比更加有效[92]。

无定形 PLLA 薄膜经拉伸处理得到 α 晶体，且自身高度取向，二维 WAXD 可以证明 α 晶体和取向结构的存在，如图 13.16 所示的初始样品。但是，PLLA 初始样品的结晶度较低、分子链的取向排列程度较差。

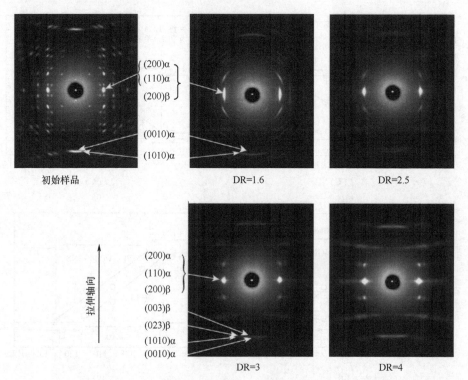

图 13.16　二维 WAXD 图，170℃和不同拉伸比（DR）拉伸 PLLA 的 α 晶取向薄膜在拉伸轴向的结构变化。应变速率 50/min，初始样品的制备条件：170℃拉伸处理 PLLA 薄膜，保持长度停留 1h[90]

拉伸比是影响 PLLA 的 α 向 β 结晶结构转变的重要因素。如图 13.16 所示，拉伸比为 1.6 时，PLLA 取向薄膜中绝大多数 α 晶体的晶面反射发生了合并，剩余的晶面衍射变宽。这说明初始样品高度取向的 α 晶体发生了变形，表现出较宽的取向分布。随着拉伸比的进一步增加，α 晶体反射的晶面数目继续减少，剩余的衍射变成宽度较大的点。同时，随着拉伸比的增加（DR=2.5），沿赤道和层线的条纹强度越来越强，表明平行和垂直于分子链轴向方向上发生了明显的无序对位结晶[89,90-93]。PLLA 薄膜的二维 WAXD 中可以观察到 β 晶体（200）晶面衍射，这些条纹的出现表明取向的 β 晶体的生成。当拉伸比为 3 时，可以很清楚地看到 β 晶体（003）和（023）晶面的特征衍射。当拉伸比达到 4 时，α 晶体的特征衍射变得非常微弱，PLLA 初始样品基本完全转变为取向的 β 晶体。

　　PLLA 的 α-β 结晶结构转变过程可以通过 α 晶的（0010）晶面衍射和 β 晶的（003）晶面衍射的变化来描述，图 13.16 对应的一维 WAXD 结果如图 13.17 所示。随着拉伸比的增加，α 晶体的（0010）晶面衍射的强度越来越弱，而对应的 β 晶体的（003）晶面衍射的强度逐渐增强。衍射强度的变化表明随着拉伸比的增加 α 晶体稳步地转变为 β 晶体。

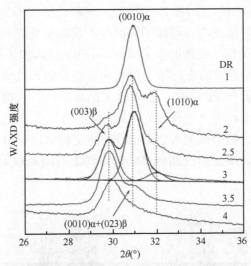

图 13.17　170℃和不同拉伸比作用下 PLLA α 结晶薄膜一维 WAXD 变化[90]

　　拉伸温度（T_d）是影响 PLLA α 结晶向 β 结晶结构转变的另一个重要因素。当拉伸温度低于 PLLA 的玻璃化转变温度时，拉伸应力随着应变快速增加直到样品被破坏。这一过程拉伸比很小，α 晶体和 PLLA 薄膜被拉伸取向、破坏，整个过程 α 晶体难以转变为 β 晶体。

　　当拉伸温度大于玻璃化转变温度时，获得的最大拉伸比快速增加。拉伸温度在 100～180℃范围，对应的最大拉伸比可达 2～4。在拉伸比固定的条件下，不断提高拉伸温度，β 结晶占 PLLA 结晶的百分数不断增加。但是，随着拉伸温度的进一步增加，分子链活动能力进一步增强，分子链松弛增强，拉伸导致的取向结构通过分子链松弛而被破坏，抑制了部分 α 结晶向 β 晶的转变。β 结晶占 PLLA 结晶的百分数反而会下降。

3. 中介相-结晶相结构转变

PLA 的中介相（mesophase）是一种链构象和链堆砌在一定程度上预有序（pre-order）的无定形结构，它是从无定形结构到结晶结构转变过程中的过渡结构[65]。PLA 的中介相与 PLA 晶体内部的可运动无定形相不同，它被认为是一种坚硬的无定形相[94-96]。中介相也被一些研究者认为是"过渡层"（transition layer）或半结晶性高分子结晶区和无定形区之间的"界面"（interface）[97]。

采用二维 X 射线衍射技术可以清楚地解析 PLLA 的 α 晶体、δ 晶体、中介相和孤立单链的有序结构，如图 13.18 所示。从图中可以观察到中介相的二维 X 射线衍射图样中反射较宽、弥散性很强，表明该结构不是有序的结晶结构。但是，中介相的反射位置与 α 晶体和 δ 晶体的反射位置是相同的。而且，从中介相衍射图中可以观察到很强的赤道斑点，对应 α 晶体和 δ 晶体的（200）/（110）晶面。同时，中介相衍射图中还可以观察到层线反射，虽然也表现出很强的弥散性，但是反射位置与 PLA 的 α 晶体和 δ 晶体相近。这也是中介相被看作结晶过渡态的原因。比较中介相和孤立单链的衍射图，发现二者非常相似，这意味着中介相内部分子链的排列可能采取 10_3 螺旋构象，但排列是不规则的，关联程度较低。因此，中介相内部分子链的排列很可能采取无序排列的 10_3 螺旋构象。

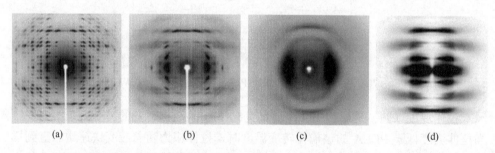

(a)　　　　　　　(b)　　　　　　　(c)　　　　　　　(d)

图 13.18　PLLA 的 X 射线衍射图像：（a）α 晶体、（b）δ 晶体、（c）中介相、（d）10_3 螺旋构象的孤立单链计算得到的二维 X 射线衍射图像[99]

PLA 中介相的热稳定性比 α 晶体和 δ（α'）晶体都要差，只能在较低的温度或其他适合的条件下才能被实验观察到或稳定地存在。在升温或拉伸等作用下，中介相通常会快速地转变为更稳定的结晶结构[65,97-110]。

采用温度相关二维 X 射线衍射跟踪升温过程中介相结构变化过程，结果如图 13.19 所示。从起始温度 25℃逐步升温，当温度略高于 PLLA 的玻璃化转变温度（70℃）时，X 射线衍射图样上可以清楚地看到 δ（α'）晶体的特征反射。随着温度的进一步升高，弥散的层线越来越多地转变为点状图样，整个反射图样越来越接近 α 晶体的反射图样。图 13.19 的结果表明，随着温度的升高，中介相逐步转变为 δ（α′）晶体，继续升温最终转变为完美的 α 晶体。

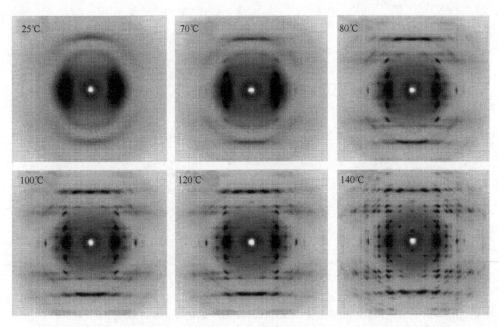

图 13.19　取向的 PLLA 样品中介相向结晶相转变的温度相关二维 X 射线衍射图[99]

　　拉伸作用也可以诱导无定形 PLA 生成中介相。PLA 聚集态结构的有序程度紧密地依赖于拉伸温度和拉伸应变。研究无定形 PLA 的拉伸行为与拉伸温度（70℃≤T_d≤100℃）和应变诱导结构变化的关系，发现当拉伸温度在玻璃化转变温度以上，T_d=70℃，拉伸形变达到～130%。PLA 在应变硬化之前，分子链在拉伸方向趋向于发生取向，如图 13.20 所示。但是，整体的链间距分布没有受到拉伸的影响，体系基本是各向同性的无定形态。当形变达到 360%，PLA 位于应变硬化区域，大角 X 射线散射（WAXS）图样出现了很强的赤道增强光环，说明拉伸方向出现了高度的分子链取向，如图 13.20 所示。值得注意的是，随着拉伸比的增加，子午线上的内宽散射强度连续地降低，伴随着赤道上的散射强度则连续地增强，这说明体系生成了一种有序的取向结构。经 WAXS 和红外光谱证实，所生成的结构为中介相。

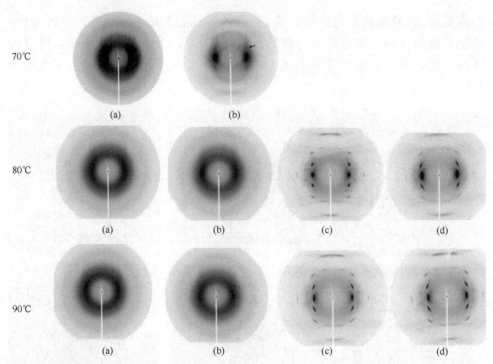

图 13.20　PLA 的二维 WAXS 结果。拉伸温度 T_d=70℃，拉伸应变：（a）130%、（b）360% [箭头对应 α′晶体的（203）晶面衍射]；T_d=80℃，拉伸应变：（a）100%、（b）160%、（c）230%、（d）400%；T_d=90℃，拉伸应变：（a）100%、（b）170%、（c）330%、（d）400% [100]

　　当拉伸温度 T_d = 90℃，拉伸过程中应变诱导 PLA 分子链快速结晶，生成高度有序的 δ（α′）晶体。在此温度下，很难捕捉到中介相，可能是由于温度较高，难以稳定地存在而快速地转变为结晶结构。

　　拉伸温度为 80℃时，拉伸应变诱导 PLA 分子链排列形成了中介相和 δ（α′）结晶两种结构。而且，随着拉伸应变的增加，应变诱导形成的中介相不断地向结晶结构转变[100]。

　　图 13.21 给出的是 PLLA 在冷结晶和熔融结晶过程从中介相转变为 δ（α′）或/和 α 结晶结构的转变示意图。对于 PLLA 的冷结晶，在升温过程结晶相的有序规整结构被逐步破坏、转变为中介相，进入熔融、重结晶和完全熔融过程，如图 13.21（a）所示。而且，在～190℃存在三相点，即熔融流体、中介相和结晶相的交点。对于 PLLA 的熔融结晶，从无序的熔融态降温，PLLA 体系经中介相实现分子链的预有序，再经结晶过程转变为结晶结构。当体系温度降至玻璃化转变温度以下，PLLA 部分无定形分子链转变为中介相并被固化而稳定地存在，如图 13.21（b）所示。

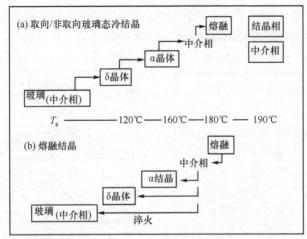

图 13.21　PLLA 从取向/非取向玻璃态冷结晶和熔融结晶过程中的相转变示意图[65,99]

对于 PLLA，其结晶速率较慢，通过熔融淬火的方法通常更容易得到无定形结构。但是，当 PLLA 的分子量很低，并引入相容性良好的 PEG 进一步提高 PLLA 分子链的活动能力，从而显著加快 PLLA 的结晶，通过熔融淬火的方法可以获得 PLLA 的中介相。PLLA-PEG-PLLA 共聚物（PEG 段和共聚物的重均分子量分别为 2000Da，8800Da）熔融结晶样品的升温 DSC 曲线在 69～86℃出现一个小吸热峰（图 13.22 箭头标注），随后在～92℃出现了 PLLA 尖锐的结晶放热峰，在～145℃对应 PLLA 的熔融峰。

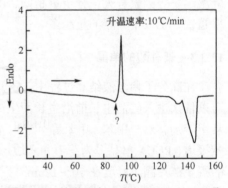

图 13.22　熔融淬火 PLLA-PEG-PLLA 共聚物的 DSC 升温曲线[102]

采用红外光谱跟踪熔融淬火的 PLLA-PEG-PLLA 共聚物在升温过程结构的变化，发现在 87～93℃区间，α 晶体的生成和中介相的熔融是同步发生的。这表明中介相在升温过程～90℃附近直接转变为更稳定的 α 晶体，而非 δ（α'）晶体[102]。

在熔融淬火或快速降温的低分子量 PDLA/PLLA 共混物中也可能生成中介相[103,104]，熔融淬火的 PDLA17/PLLA11（17 和 11 分别表示分子量，单位为 kg/mol）（质量比 90/10）样品的 DSC 升温曲线在～130℃出现一个吸热峰，而且随着降温速率的加快吸热峰更明显，随后出现一个放热峰[图 13.23（a）]。继续升温，在 165℃和 220℃依次出现了一个吸热峰，分别对应 PDLA17 均聚物结晶的熔融和 PDLA17/PLLA11 立构复合物的熔融。利用红外光谱跟踪熔融淬火的 PDLA17/PLLA11 样品的升温过程，如图 13.23（b）所示，发现共混体系在 80～110℃

生成了中介相。在～120℃以下，中介相可以稳定地存在，这可能是由于体系中均聚物结晶和立构复合物的微晶网络结构使中介相稳定下来。在 130℃，中介相对应的吸收峰从 915cm^{-1} 分裂为～920cm^{-1}（均聚物结晶）和～908cm^{-1}（立构复合物）。

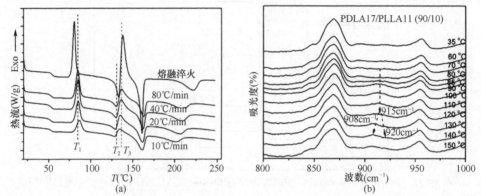

图 13.23　熔融淬火 PDLA17/PLLA11 共混物（质量比 90/10）的升温 DSC 曲线（a）和红外光谱（b）[103]

研究发现，PDLA/PLLA 升温过程中生成的中介相的量与分子量、组成比例、降温速率等因素有关。分子量越低、PDLA 或 PLLA 某一组分含量越大、降温速率越快，生成中介相的量越多。

13.3.3　聚乳酸的单晶

在高分子稀溶液结晶过程中，分子链构象比较接近无规线团，相互作用较弱，可以依次进入结晶生长前沿生长而生成单晶。PLLA 单晶通常在稀溶液中生成，常用溶剂有对二甲苯、甲苯等[111-114]。溶剂不同，单晶的形貌和结构可能不同。文献报道，PLLA 单晶多为菱形和六边形形貌（图 13.24）。PLLA 的单晶属于 α 晶型的折叠链片晶，厚度在 10～12nm[82,111-115]。

图 13.24　浓度为 0.05%（质量分数）的 PLLA-对二甲苯稀溶液，在 90℃缓慢生长得到的 PLLA 单晶的 TEM 照片：（a）菱形单晶及电子衍射图；（b）六边形单晶及电子衍射图[114]

PLLA 在对二甲苯稀溶液（0.05%，质量分数）中 90℃缓慢生长，同时可得到规则的、螺旋生长的菱形和六边形单晶，如图 13.24 所示。这两类单晶在电子轰击条件下是相对稳定的，具有清晰的电子衍射，晶体参数为 $a = 1.069\text{nm}$，$b=0.615\text{nm}$，$\gamma^*=90°$，表明 PLLA 单晶属于 α 晶型。菱形单晶[图 13.24（a）]生长面和螺旋生长的夹角正好是 60° 和 120°。六边形单晶[图 13.24（b）]的夹角差不多是 120°。菱形单晶的分子堆积与六边形单晶相比更紧密，并以（110）作为生长面[114]。菱形单晶的（110）生长面很平整，而六边形单晶除了（110）生长面，其他的都稍有粗糙。如果 PLLA 单晶是完美六边形，那么单晶各个生长方向上的结晶生长速率应该相同。而事实上，PLLA 的六边形单晶并不是严格意义上的六边形对称，而是准六边形对称，PLLA 分子采取正交堆积方式。

PLLA 薄膜熔融结晶[58,115-119]或溶剂挥发诱导 PLLA 薄膜结晶也观察到了单晶结构[117]。数均分子量均为 5000g/mol 的 PLLA-PEG 嵌段共聚物在 175℃完全熔融后，在 120℃等温结晶 1h，然后降温至 35℃等温 1h。采用 TEM 和电子衍射方法观察 PLLA-PEG 的结晶结构，发现了菱形螺旋位错单晶[图 13.25（a）]、菱形多层单晶[图 13.25（c）]和切去菱形顶端的六边形多层单晶[图 13.25（d）和（e）]。PEG 分布在 PLLA 的单晶边沿或内部，在 35℃等温结晶过程可以在 PLLA 单晶边沿生长。

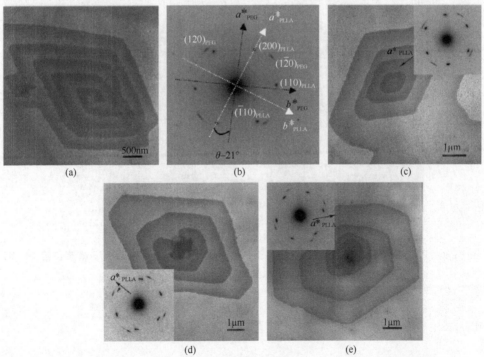

图 13.25　低分子量的 PLLA-PEG 对称嵌段共聚物（PLLA 和 PEG 的数均分子量均为 5000g/mol）在熔融结晶条件下的 PLLA 单晶的 TEM 形貌照片和电子衍射图[115]：（a）菱形螺旋位错单晶；（b）电子衍射图，PLLA 和 PEG 序列的 a^* 轴夹角 $\theta=21°$；（c）菱形多层单晶和电子衍射图，$\theta=22°$；（d）切去菱形顶端的多层单晶和电子衍射图，$\theta=30°$；（e）六边形多层单晶和电子衍射图，$\theta=30°$

图 13.26 是含有较大分子量 PLLA（15 000～30 000g/mol）的嵌段共聚物 PLLA-PEO 薄膜在 100℃和 120℃等温结晶的 AFM 照片，从中可以看到 PLLA 的单晶结构。PLLA 的单晶生长包括多层、螺旋位错两种生长模式，这可能与成核机理和生长模式有关。

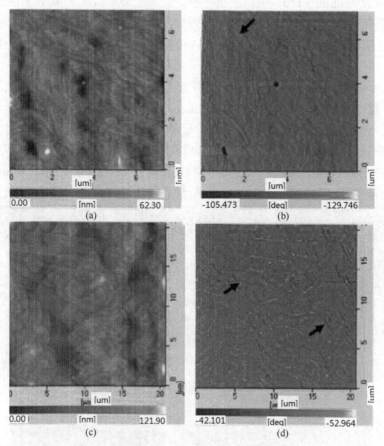

图 13.26 PLLA-PEO 不对称嵌段共聚物薄膜熔融结晶的 PLLA 多层（a，b）、螺旋位错（c，d）切去菱形顶端的六边形单晶[116]

13.4 聚乳酸立构复合结晶

13.4.1 聚乳酸立构复合物的结构

PLA 立构复合物是一种结晶结构，属于三斜晶系或三方晶系，立构复合结晶中 PLLA 和 PDLA 分子链采用 3_1 螺旋相邻堆积，与 PLLA 或 PDLA 均聚物结晶的准正交晶系或正交晶系的排列方式明显不同。PLA 立构复合物的单晶为三角形形貌[图 13.27（a）和（b）]。

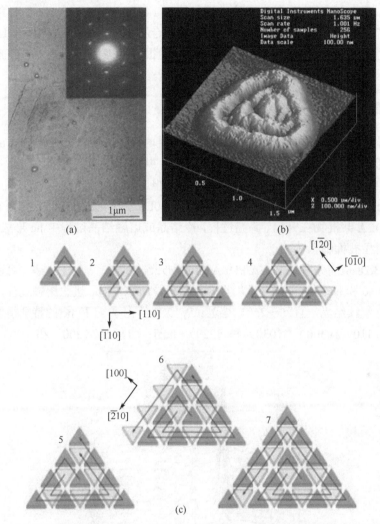

图 13.27 PLA 立构复合物：（a）单晶 TEM 照片和电子衍射谱图[118]；（b）单晶 AFM 照片[119]；（c）三角形单晶可能的生长机理[120]

结晶初期阶段，其中的一种对映异构体分子链，如 PDLA，其周围被另一种对映异构体（PLLA）所围绕。由于生成的是三角形 3_1 螺旋，先形成三角形晶核，如图 13.27（c）步骤 1（晶核）。随后 PDLA 在结晶表面生长，如步骤 2；接着 PLLA 在 PDLA 上生长，如步骤 3；通过这种规律性的生长得到三角形单晶，如步骤 7。该生长机理与实验计算的生长面（110）（$\bar{1}$10）（1$\bar{2}$0）（0$\bar{1}$0）（100）（$\bar{2}$10）是一致的。而且，PDLA 和 PLLA 的交替生长为两种对映异构体分子链形成相互独立的回路（loop）提供了更好的位置。此外，两边夹角为 60°，避免了结晶过程中 PLLA 和 PDLA 回路之间的跨越交叉（over-crossing）。

PLA 立构复合物 100%结晶度的熔融焓为 142J/g 或 146J/g[121,122]，远大于 PLA 均聚物结晶 100%结晶度的熔融焓[111]。立构复合物中 L-乳酸单元序列和 D-乳酸单元序列之间有很强的相互作用，立构复合物的很多物理性质被认为与旋光异构高分子分子链间的相互作用有密切的关系。

13.4.2 聚乳酸的立构复合结晶

当体系中包含 PLLA 和 PDLA 两种分子链时，PLLA 和 PDLA 分子链可能形成立构复合物[123-131]。外消旋的 PLLA/PDLA 共混体系中，均聚物结晶（hc）和立构复合结晶（sc）同时发生并相互竞争。文献报道 PLLA 和 PDLA 在熔融结晶过程只生成 sc，而无 hc 的临界分子量（M_w）是 6000Da[132]。当分子量超过 40 000Da，PLLA/PDLA 共混物在升温、降温过程，冷结晶或熔融结晶过程中 hc 形成占主导，sc 形成明显被抑制[132-137]。

图 13.28 是高分子量 PLLA/PDLA 共混物升温过程的 WAXD 结果，可以看到升温过程中 sc 和 hc 同时进行，且相互竞争。在～180℃时 hc 进入熔融过程，不断减少，而 sc 继续结晶，直到～250℃熔融。WAXD 给出了 sc 和 hc 的特征衍射峰，其中 sc 有（110）、（300）/（030）和（220），hc 有（110）/（200）和（203）。

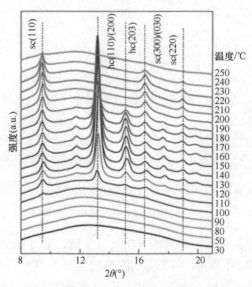

图 13.28　熔融淬火的 PLLA/PDLA（M_w 分别为 143kg/mol、191kg/mol）共混物升温过程 WAXD 图（波长 λ=0.124nm）[138]

组成比例是影响 sc 和 hc 的另一个重要因素。当 PLLA 和 PDLA 的比例接近

1：1 时，有利于提高 sc 结晶度 [89,123,129-131,133-136]；当 PLLA 或 PDLA 比例悬殊时，hc 占主导。

PLLA 和 PDLA 在溶液中也可以发生立构复合，生成颗粒状立构复合结晶[136-140]。PLA 的分子量、PLLA/PDLA 的比例、溶剂的类型、浓度、温度、搅拌速率等因素都可能影响立构复合的速率、晶体结构、形貌、结晶度等。

图 13.29 是 PLLA/PDLA（1：1）在乙腈溶液中生成的立构复合结晶颗粒沉淀物的扫描电镜（SEM）形貌图。溶液浓度在 1g/dL 以下，在 80℃生成的立构复合结晶沉淀物呈圆盘状，圆盘的直径随溶液浓度的变化不明显，厚度略有不同。降低温度或增加溶液浓度，立构复合结晶沉淀物的形貌趋向圆球状。溶液浓度达到 30g/dL 时，体系形成三维交联网络，难以沉淀。

图 13.29　从不同浓度乙腈溶液中沉降得到的 PLLA/PDLA 立构复合物的 SEM 图。溶液浓度：（a）0.1g/dL；（b）1g/dL；（c）3g/dL；（d）10g/dL；（e）30g/dL，温度 80℃ [118]

　　PLLA 和 PDLA 的分子链是手性的，在其薄膜结晶过程中可能发生从分子链到弯曲片层（或半片层）的手性转移和从弯曲的半片层到扭曲的完整片层的手性转移，生成 S 形或 Z 形结晶[73,75,141,142]。PLLA 完整的晶片是右手扭曲的，所以其半片层是 S 形的。相反，PDLA 完整的晶片是左手扭曲的，所以其半片层是 Z 形的，如图 13.30（a）和（b）[141,142]所示。

图 13.30　PLLA/PDLA 共混物薄膜的熔融结晶 AFM 形貌图：(a)PLLA-h，T_c=120℃；(b)PDLA-h，T_c=120℃；(c)PLLA-h/PDLA-h，T_c=180℃；(d)PLLA-l/PDLA-l；T_c=170℃；(e)PLLA-h/PDLA-l，T_c=180℃；(f)PLLA-l/PDLA-h，T_c=180℃。其中，h 和 l 分别表示高、低分子量[141]

　　当 PLLA 和 PDLA 共混结晶时，由于二者手性相反，在一定的条件下（相同分子量、相同比例）结晶生长过程中向右、向左的应力可能相互抵消，edge-on 结晶生长不发生弯曲，得到的结晶形貌结构也没有向右或向左的弯曲，如图 13.30（c）和（d），图 13.31（b）和（e）。当 PLLA 和 PDLA 的分子量或比例悬殊时，手性转移将在结晶生长中表现出来，生成 S 形形貌[图 13.30（f）和图 13.31（f）]，或 Z 形形貌[图 13.30（e）和图 13.31（d）]。

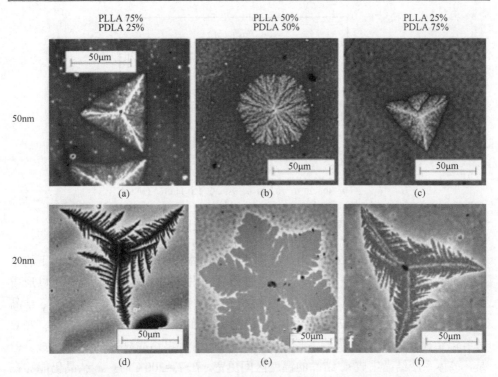

图 13.31　不同组成比例的 PLLA/PDLA 共混物薄膜的熔融结晶形貌 AFM 图。结晶温度为
200℃，薄膜的厚度：(a)～(c) 为 50nm，(d)～(f) 为 20nm [142]

13.5　聚乳酸的冷结晶

13.5.1　玻璃态冷结晶

　　PLA 的结晶诱导时间较长，结晶生长速率较慢，结晶不完善，因此在升温过程中容易出现冷结晶现象。

　　图 13.32 是 PLA 典型的 DSC 曲线，可以看到在升温过程中出现了明显的冷结晶（cold crystallization），而且在对应的熔融吸热峰之前约 160℃ 出现了一个小的放热峰。PLA 从玻璃态升温过程发生的冷结晶行为与分子结构、分子量、体系组成、温度、外场作用等多个因素有关。

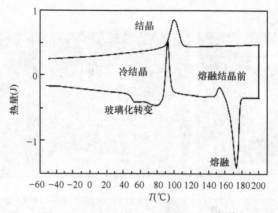

图 13.32　PLA 的 DSC 升降温曲线[143]

图 13.33 对比了 PLLA/PDLA（1∶1）共混体系在不同结晶温度条件下的熔融结晶和冷结晶行为。研究发现，与熔融结晶相比，PLA 的冷结晶同样可以形成不同的结晶结构。该体系在冷结晶过程中，在 $T_c \leqslant 100℃$ 时等温结晶过程是 δ 结晶的生长；在 $100℃ < T_c \leqslant 120℃$ 时等温结晶得到 δ、α 和 sc 结晶；在 $120℃ < T_c < 170℃$ 时等温结晶是 α 和 sc 结晶的生长；在 $T_c > 170℃$ 时等温结晶只有 sc 结晶生成。但是，该体系冷结晶生成 sc 结晶的温度区间更宽，在 $T_c = 200℃$ 时，sc 结晶仍能够在较短的时间内生成。

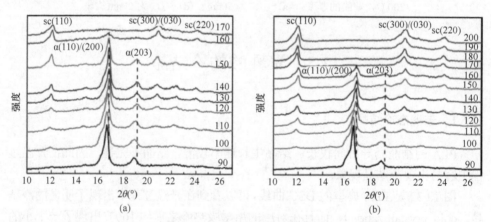

图 13.33　PLLA/PDLA（1∶1）共混体系在不同温度下熔融结晶（a）和冷结晶（b）样品的一维大角 X 射线衍射结果[144]。曲线右侧数字单位为℃

对无定形 PLA 在玻璃化转变温度以下的拉伸研究发现，玻璃态 PLA 的形变和屈服应力依赖于拉伸温度和过程中的结构演变。随着拉伸应变的增加，无定形的分子链发生取向且取向程度不断增加，达到一定条件时体系发生无定形相向中介相、结晶相的转变[89,90,100,105,112]。拉伸过程中形成中介相和结晶结构对应的应变与拉伸温度和拉伸比紧密相关。

图 13.34 是在 50~60℃拉伸无定形 PLA 样品过程中的结构变化。随着拉伸温度的升高，只有应变达到一定数值时体系才会出现中介相。拉伸过程形成的中介相在升温过程可以快速地转变为有序的结晶结构[100]。当拉伸温度更高，足以维持 PLA 产生高的拉伸比时，体系所形成的中介相可以转变为结晶结构[89,90,100,105,112]。

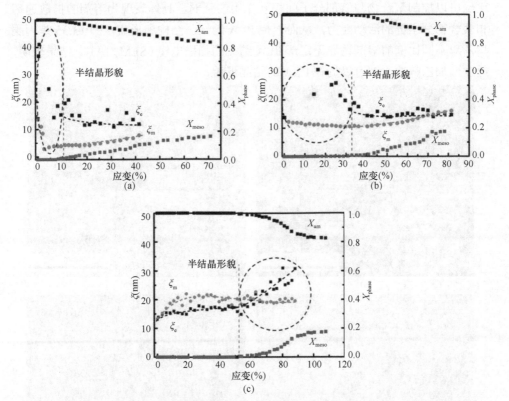

图 13.34 PLA 在玻璃化转变温度以下拉伸过程中的结构转变。拉伸温度：（a）50℃、（b）55℃、（c）60℃。图中 ξ 是中介相关联长度（correlation length），ξ_e 从 SAXS 图横向上的积分得到，对应垂直于拉伸方向上 ξ 的数值；ξ_m 从 SAXS 图纵向上的积分得到，对应平行于拉伸方向上 ξ 的数值；X_{meso} 是半结晶（mesocrystal）的含量；X_{am} 是无定形分子链含量[105]

13.5.2 薄膜-溶剂诱导冷结晶

溶剂作用可以诱导 PLA 发生结晶行为。PLA 通过吸附一定量的溶剂分子，形成一定浓度的 PLA-溶剂混合体系，溶剂分子与 PLA 分子链的相互作用可以显著降低 PLA 的玻璃化转变温度和结晶温度，提高 PLA 分子链的运动能力，诱导 PLA 分子链发生无序-有序转变，导致 PLA 结晶成为可能。这一现象被称为溶剂诱导结晶（solvent-induced crystallization）。

　　无定形 PLA 在有机溶剂（丙酮、乙酸乙酯、二甲苯、四氢呋喃、甲苯等）的作用下，可以发生结晶，生成 α 晶体或 α′（δ）晶体堆积的球晶形貌。甲醇、正己烷、水等溶剂诱导无定形 PLA 结晶较为困难。PLA 的结晶结构和结晶度受溶剂的性质、诱导时间、温度等因素影响。研究发现，溶剂渗入 PLA 无定形相是诱导结晶的必要条件。

　　丙酮是诱导无定形 PLA 结晶的最有效的溶剂之一[145]。通过调控混合溶剂的比例可以控制聚合物与溶剂分子间相互作用的强弱，具体表现为溶剂的扩散速率和聚合物分子链的活动能力，从而调控 PLA 的结晶结构和形貌。图 13.35 是丙酮与乙醇不同比例的溶剂诱导无定形 PLA 结晶的扫描电镜（SEM）照片。结果表明，通过增加乙醇的比例可以调控 PLA 的结晶形貌。

图 13.35　溶剂诱导 PLA 表面的 SEM 照片。混合溶剂丙酮/乙醇的体积比分别为（a）100/0、（b）70/30、（c）50/50、（d）30/70，诱导时间为 50min[146]

　　纯的丙酮溶剂诱导 PLA 得到的是均匀密堆积、直径约 7μm 的球形颗粒，每个颗粒呈菊花状（chrysanthemums-like）结构，如图 13.35（a）所示。通过大角 X 射线衍射证实这是一种结晶形貌，与熔融结晶生成的球晶有差异，这种球形结晶形貌被称为"菊花状球晶"（chrysanthemums-like spherulite）。丙酮/乙醇体积比为

70/30 的混合溶剂诱导 PLA，在菊花状球晶的表面覆盖生成很多树叶状（leaf-like）结晶，可能是结晶生长过程晶片扭曲所致，如图 13.35（b）所示。随着乙醇含量的进一步提高，树枝状结晶的生成量增加。丙酮/乙醇体积比为 50/50 的混合溶剂诱导 PLA，结晶形貌发生了显著的变化，得到微米尺度的毛毛虫状（carpenterworm-like）结晶形貌，如图 13.35（c）所示，或 shish-kebab 结构，如图 13.35（d）所示[146]。

含乙醇较多的体系可以诱导 PLA 得到竹笼状或珠帘状结晶状形貌，如图 13.36 所示。在丙酮/乙醇混合溶剂中，丙酮对诱导 PLA 结晶起关键作用。由于丙酮可以溶解 PLA，当玻璃态的 PLA 浸入溶剂中，丙酮渗入 PLA 扰乱了 PLA 分子间内聚力，导致 PLA 的溶胀和溶解，降低了 PLA 的玻璃化转变温度和结晶温度，PLA 分子链的活动能力的增强有利于晶体的生成。而不良溶剂乙醇则减弱了 PLA 与丙酮的相互作用，使 PLA 溶胀和溶解程度减弱，PLA 生成了除球晶之外的特殊结晶形貌。

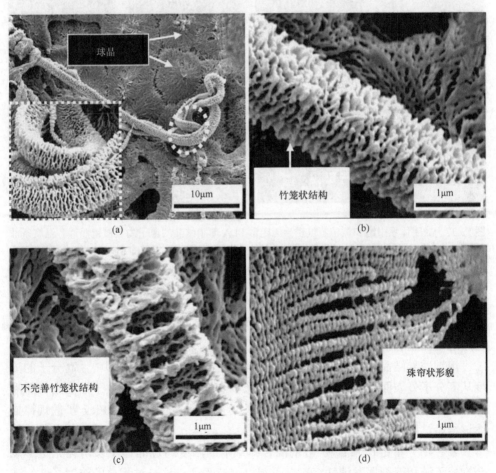

图 13.36　丙酮/乙醇（50/50，体积比）混合溶剂诱导 PLA 得到的复杂结晶形貌的 SEM 照片[146]

　　溶剂蒸气也可以诱导 PLA 结晶。溶剂蒸气吸附浸入高分子内部，使高分子分子链间内聚力减弱，降低了高分子的玻璃化转变温度和结晶温度，使得高分子分子链发生结晶。研究发现，氯仿蒸气诱导 PLA 得到沿径向厚度周期性变化的环带结晶形貌。与 PLA 熔融结晶不同，溶剂蒸气诱导 PLA 结晶形貌受 PLA 薄膜厚度的影响。在几十微米厚的薄膜中，氯仿蒸气诱导 PLA 结晶得到如图 13.37 中 a1，a2 所示的球晶，球晶的尺寸较小，具有双折射现象。随着薄膜厚度的减小，诱导结晶形貌发生了变化，依次转变为环带形貌、树枝状形貌、束状形貌等，如图 13.37 中 b1，b2，c1，c2，d1，d2 所示。这些结晶形貌没有双折射现象，结构缺陷比熔融结晶形貌要明显，特别是膜厚较小时，缺陷更多。

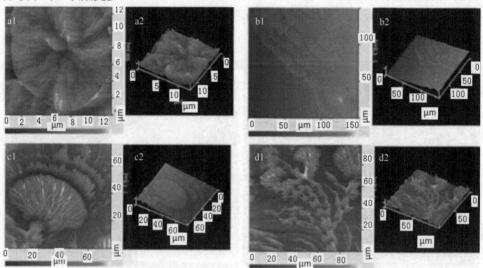

图 13.37　封闭体系中饱和氯仿蒸气诱导无定形 PLA 薄膜结晶的原子力显微镜照片。温度条件 30℃，时间足够长，得到不完善的盘状、环带、束状结晶形貌。其中，a1，b1，c1，d1 为高度图，a2，b2，c2，d2 为三维高度图[117]

　　这些结晶形貌沿径向表现出周期性的高度变化，与 PLA 常见的环带球晶结构不同，在偏光显微镜下观察不到双折射现象。这表明溶剂蒸气诱导 PLA 结晶生长与熔融结晶生长机理不同。

　　溶剂诱导结晶动力学受扩散控制，溶剂诱导聚合物结晶过程中，高分子的浓度从高分子外表面到结晶生长点附近存在一个梯度变化，而且位于结晶生长前沿的溶剂分子的浓度与时间平方根的倒数（$t^{-1/2}$）成正比，可通过 Fick 扩散规律描述该结晶过程[147-149]。

　　聚合物分子链在聚合物-溶剂混合体系中的浓度通过晶体生长消耗无定形聚合物分子链和溶剂挥发消耗溶剂分子得以维持平衡，这一过程总的浓度（C_0）基本保持不变（图 13.38）。晶体生长快速消耗了附近的无定形聚合物分子链，导致生长前沿聚合物分子链浓度（C_G）大幅减小（图 13.38），于是形成了周期性变化的浓度梯度（G），其中聚合物分子链浓度梯度计算公式为

$$G = \frac{C_0 - C_G}{l}$$

式中，l 是径向生长方向聚合物分子链到生长前沿的扩散长度。根据 Fick 第一扩散定律：

$$J = DG = D(C_0 - C_G)/l$$

式中，D 指聚合物分子链在共混体系中的扩散系数。结合 $\delta = J/V$ 得到：

$$\delta = J/V = D(C_0 - C_G)/lV$$

其中，δ 表示扩散到晶体生长前沿的单位体积的分子链的数量。J 表示溶液中分子链的扩散流量；V 表示晶体生长速率。

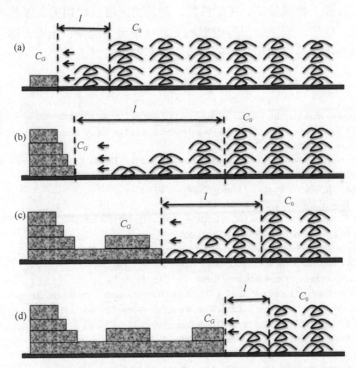

图 13.38　溶剂蒸气诱导聚合物结晶同心环带形貌的生长机理。l 为聚合物分子链扩散到生长前沿的长度，C_G 为生长前沿的聚合物链浓度，C_0 为聚合物溶液的浓度。（a）脊带（ridge band）晶体生长的起始阶段，浓度梯度达到最大值；（b）脊带的形成，浓度梯度达到最小值；（c）谷带（vally band）的晶体生长，浓度梯度的恢复；（d）交替的脊-谷带，新的生长前沿的形成[150]

　　溶剂诱导聚乳酸结晶过程扩散和生长的竞争导致了单位体积内聚合物分子链数量的周期性变化，生成了沿着生长方向、结构呈周期性变化的形貌。

13.6　展　　望

　　PLA 作为一种结晶性高分子材料，其聚集态结构，特别是结晶结构决定了材料的物化性质和综合性能，以及制品的应用。因此，PLA 结晶行为和结晶结构领域的研究一直广受关注。PLA 的结晶行为和结构受研究体系自身因素（化学组成、比例、分子量及分布、序列结构、分子链形态结构、化学反应等）和外部条件（温度、升降温速率、外力场、热历史、溶剂、聚合反应、降解反应等）的影响，所以目前还有很多基础问题需要解决。

　　此外，PLA 作为一种可生物降解的生物质高分子材料，在环境友好、生物医药、医疗器械等领域具有广泛的应用前景。PLA 材料的结构，特别是结晶结构与材料的加工性能、物理性能、化学性能、制品的应用密切相关。因此，PLA 加工过程（注塑、吹塑、固态挤出等成型加工）和使用（拉伸、压缩、溶剂、水解、温度等）过程中的结晶结构等理论问题还需要深入研究。

参 考 文 献

[1] Doi Y，Fukuda K. Biodegradable Plastics and Polymers. Amsterdam: Elsevier，1994.

[2] Narayan R. Drivers and rationale for use of bio-based materials based on life cycle assessment. GPC 2004. Michigan State: Michigan State University，2004.

[3] Hartmann M H. High molecular weight polylactic acid polymers // Kaplan D L. Biopolymers from Renewable Resources [Macromolecular Systems-Materials Approach]. Berlin: Springer，1998.

[4] Auras R，Harte B，Selke S. Macromol Biosci，2004，4：835-864.

[5] Garlotta D. J Polym Environ，2001，9（2）：63-84.

[6] Drumright R E，Gruber P R，Henton D E. Adv Mater，2000，12（23）：1841-1846.

[7] Carothers W H. J Am Chem Soc，1932，54：4071-4076.

[8] Lowe C E. Preparation of high molecular weight polyhydroxyacetic ester. US 2668162. 1954. 2. 2.

[9] Hofvendahl K，Hahn-Hägerdal B. Enzyme Microb Technol，1997，20：301-307.

[10] Zhang D X，Cheryan M. Process Biochem，1994，29：145-150.

[11] Benninga H. A History of Lactic acid Making. Dordrecht: Kluwer Academic Publishers，1990.

[12] Holten C H，Müller A，Rehhinder D. Lactic Acid. Weinheim: Verlag Chemie，1971.

[13] Schlicher L R，Cheryan M. J Chem Technol Biotechnol，1990，49：129-140.

[14] Cheng P，Mueller R，Jaeger S. J Ind Microbiol，1991，7：27-34.

[15] Zhang D X，Cheryan M. Biotech Lett，1991，13：733-738.

[16] Yumoto I，Ikeda K. Biotechnol Lett，1995，17：543-546.

[17] Aeschlimann A，Vonstkar U. Enzyme Microb Technol，1991，13：811-816.

[18] Goksungur Y，Guvenc U. J Chem Technol Biotechnol，1997，69：399-404.

[19] Mc Cadkey T A，Zhou S D，Britt S N. Appl Biochem Biotechnol，1994，45-6：555-568.

[20] Payot T，Chemaly Z，Fick M. Enzyme Microbial Technol，1999，24：191-199.

[21] Magne V，Mathlouthi M，Robilland B. Food Chem，1998，61（4）：449-453.

[22] Breugel J，Krieken J，Cerda Baro A，et al. Method of industrial scale purification of lactic acid. NetherLands. WO/2000/56693，2000. 9. 28.

[23] Krieken J. Method for the purification of an Sg（a）-hydroxy on industrial scale. NetherLands. WO

2002/022546，2002. 3. 21.

[24] Yen Y. Cheryan M. Trans Inst Chemical Engrs，1991，69（C）：200-205.

[25] Visser D，Breugel J，Bruijn J M，et al. Lactic acid production from concentrated raw sugar beet juice. Netherlands. WO 08/000699，2008. 1. 3.

[26] Whistler R L，BeMiller J N. Carbohydrate Chemistry for Food Scientists.，St. Paul：American Association of Cereal Chemist Inc，1997.

[27] Anuradha R，Suresh A K，Venkatesh K V. Process Biochem，1999，35（3-4）：367-375.

[28] Tsuji H，Ikada Y. Macromol Chem Phys，1996，197：3483-3499.

[29] Huang J，Lisowski M S，Runt J，et al. Macromolecules，1998，31：2593-2599.

[30] Södergard A，Stolt M. Prog Polym Sci，2002，27（6）：1123-1163.

[31] Kéki S，Bodnár I，Borda J，et al. J Phys Chem B，2001，105（14）：2833-2836.

[32] Ajima M，Enomoto K，Suzuki K et al. Bull Chem Soc Jpn，1995，68（8）：2125-2131.

[33] Moon S，Lee C W，Miyamoto M，et al. J. Polym Sci Part A，2000，38：1673-1679.

[34] Chen G X，Kim H S，Kim E S，et al. Eur Polym J，2006，42（2）：468-472.

[35] Tuominen J，Seppälä J V. Macromolecules，2000，33（10）：3530-3535.

[36] Po R，Abis L，Fica L，et al. Macromolecules，1995，28（17）：5699-5705.

[37] Tuominen J，Kylmä J，Kapanen A，et al. Biomacromolecules，2002，3（3）：445-455.

[38] Chabot F，Vert M，Chapelle S，et al. Polymer，1983，24（1）：53-59.

[39] Inkinen S，Hakkarainen M，Albertsson A C，et al. Biomacromolecules，2011，12：523-532.

[40] Wisniewski M，Borgne A L，Spassky N. Macromol Chem Phys，1997，198：1227-1238.

[41] Saeidlou S，Huneault M，Li H B，et al. Prog Polym Sci，2012，37：1657-1677.

[42] Kricheldorf H R，Serra A. Polym Bull，1985，14：497-502.

[43] De Santis P，Kovacs A. Biopolymers，1968，6：299-306.

[44] Hoogsten W，Postema A R，Pennings A J，et al. Macromolecules，1990，23：634-642.

[45] Fang H G，Zhang Y Q，Bai J，et al. Macromolecules，2013，46：6555-6565.

[46] Kobayashi J，Asahi T，Ichiki M，et al. J Appl Phys，1995，77：2957-2973.

[47] Huang S Y，Li H F，Jiang S C，et al. Polymer，2011，52：3478-3487.

[48] Puiggali J，Ikada Y，Tjusi H，et al. Polymer，2000，41（25）：8921-8930.

[49] Ohtani Y，Okumura K，Kawaguchi A. J Macromol Sci Part B：Phys，2003，B42（3-4）：875-888.

[50] Cartier L，Okihara T，Ikada Y，et al. Polymer，2000，41（25）：8909-8919.

[51] Eling B，Gogolewski S，Pennings A. J Polym，1982，23（11）：1587-1593.

[52] Okihara T，Tsuji M，Tsuji H，et al. J Macromol Sci Part B，1991，30：119-140.

[53] Cartier L，Okihara T，Lotz B. Macromolecules，1997，30：6313-6322.

[54] Marega C，Marigo A，Di Noto V，et al. Makromol Chem，1992，193（7）：1599-1606.

[55] Iannace S，Nicolais L. J Appl Polym Sci，1997，64：911-919.

[56] Miyata T，Masuuko T. Polymer，1998，39（22）：5515-5521.

[57] Di Lorenzo M L. Polymer，2001，42：9441-9446.

[58] Abe H，Kikkawa Y，Inoue Y，et al. Biomacromolecules，2001，2：1007-1014.

[59] Yasuniwa M，Tsubakihara S，Iura K，et al. Polymer，2006，47：7554-7563.

[60] Zhang J M，Duan Y X，Sato H，et al. Macromolecules，2005，38：8012-8021.

[61] Sasaki S，Asakura T. Macromolecules，2003，36：8385-8390.

[62] Vasanthakumari R，Pennings A J. Polymer，1983，24（2）：175-179.

[63] Tsuji H，Tezuka Y，Saha S K，et al. Polymer，2005，46：4917-4927.

[64] Pan P J，Zhu B，Kai W H，et al. J Appl Polym Sci，2008，107：54-62.

[65] Cho T Y，Strobl G. Polymer，2006，47：1036-1043.

[66] Mano J F，Ribelles J L，Alves N M，et al. Polymer，2005，46：8258-8265.

[67] He Y，Xu Y，Wei J，et al. Polymer，2008，49：5670-5675.

[68] Mijovié J，Sy J W. Macromolecules，2002，35（16）：6370-6376.

[69] Bras A R，Vieiosa M T，Wang Y M，et al. Macromolecules，2006，39（19）：6513-6520.

[70] Zhang J M, Tashiro K, Domb A J, et al. Macromol Symp, 2006, 242: 274-278.

[71] Mulligan J, Cakmak M. Macromolecules, 2005, 38 (6): 2333-2344.

[72] Huang S Y, Jiang S C, An L J, et al. J Poly Sci Part B, 2008, 46: 1400-1411.

[73] Yuryev Y, Wood-Adams P, Heuzey M, et al. Polymer, 2008, 48: 2306-2320.

[74] Xu J, Guo B H, Zhou J J, et al. Polymer, 2005, 46: 9176-9185.

[75] Maillard D, Prud'homme R E. Macromolecules, 2008, 41: 1705-1712.

[76] Yamane H, Sasai K. Polymer, 2003, 44: 2569-2575.

[77] Tsuji H, Miyase T, Tezuka Y, et al. Biomacromolecules, 2005, 6: 244-254.

[78] Tsuji H. Polymer, 1995, 36: 2709-2716.

[79] Lotz B, Cheng S Z. Polymer, 2005, 46: 577-610.

[80] Kikkawa Y, Abe H, Iwata T, et al. Biomacromolecules, 2002, 3: 350-356.

[81] Kikkawa Y, Abe H, Iwata T, et al. Biomacromolecules, 2001, 2: 940-945.

[82] Fujita M, Doi Y. Biomacromolecules, 2003, 4: 1301-1307.

[83] Maillard D, Prud'homme R E. Macromolecules, 2006, 39: 4272-4275.

[84] Huang S Y, Li H F, Jiang S C, et al. Polym Bull, 2011, 67: 885-902.

[85] Zhang J M, Tsuji H, Noda I, et al. J Phys Chem B, 2004, 108 (31): 11514-11520.

[86] Zhang J M, Tsuji H, Noda I, et al. Macromolecules, 2004, 37 (17): 6433-6439.

[87] Sun Y, He C B. ACS Macro Lett, 2012, 1: 709-713.

[88] Zhang J, Tashiro K, Tsuji H, et al. Macromolecules, 2008, 41: 1352-1357.

[89] Li J Q, Huang S Y, Jiang S C, et al. Polym Chem, 2015, 6: 3988-4002.

[90] Takahashi K, Sawai D, Yokoyama T, et al. Polymer, 2004, 45: 4969-4976.

[91] Pitet L M, Hait S B, Lanyk T J, et al. Macromolecules, 2007, 40: 2327-2334.

[92] Sawai D, Takahashi K, Imamura T, et al. J Polym Sci Part B, 2002, 40 (1): 95-104.

[93] Zhou D D, Shao J, Li G, et al. Polymer, 2015, 62: 70-76.

[94] Kanamoto T, Zachariades A E, Porter R S. Polym J, 1979, 11 (4): 307-313.

[95] Mano J F, Wang Y M, Viana J C, et al. Macromol Mater Eng, 2004, 289 (10): 910-915.

[96] Maffezzoli A, Kenny J M, Nicolais L, J Mater Sci, 1993, 28: 4994-5001.

[97] Stribeck N. Colloid Polym Sci, 1993, 271 (11): 1007-1023.

[98] Ma Q, Pyda M, Mao B, et al. Polymer, 2013, 54: 2544-2554.

[99] Wasanasuk K, Tshiro K. Macromolecules, 2011, 44: 9650-9660.

[100] Stoclet G, Seguela R, Lefebvre J M, et al. Macromolecules, 2010, 43: 1488-1498.

[101] Stoclet G, Elkoun S, Miri V, et al. Int Polym Process, 2007, 22 (5): 385-388.

[102] Zhang J M, Duan Y X, Domb A J, et al. Macromolecules, 2010, 43: 4240-4246.

[103] Shao J, Li G, Chen X S, et al. CrystEngComm, 2013, 15: 6469-6476.

[104] Chang L, Woo E M. Macromol Chem Phys, 2011, 212: 125-133.

[105] Zhou C B, Huang S Y, Jiang S C. et al. CrystEngComm, 2015, 17: 5651-5663.

[106] Stoclet G, Seguela R, Lefebvre J M, et al. Macromolecules, 2010, 43 (17): 7228-7237.

[107] Stoclet G, Seguela R, Vanmansart C, et al. Polymer, 2012, 53 (2): 519-528.

[108] Hu J, Zhang T P, Gu M G, et al. Polymer, 2012, 53 (22): 4922-4926.

[109] Lv R H, Na B, Tian N N, et al. Polymer, 2011, 52 (21): 4979-4984.

[110] Ma Q, Pyda M, Mao B, et al. Polymer, 2013, 54 (10): 2544-2554.

[111] Fischer E W, Sterzel H J, Wegner G. Colloid Polym Sci, 1973, 251: 980-990.

[112] Kalb B, Pennings A J. Polymer, 1980, 21: 607-612.

[113] Miyata T, Masuko T. Polymer, 1997, 38 (16): 4003-4009.

[114] Iwata T, Doi Y. Macromolecules, 1998, 31 (8): 2461-2467.

[115] Yang J L, Zhao T, Zhou Y C, et al. Macromolecules, 2007, 40: 2791-2797.

[116] Huang S Y, Jiang S C, An L J, et al. Langmuir, 2009, 25: 13125-13132.

[117] Huang S Y, Li H F, Jiang S C, et al. RSC Adv, 2013, 3: 13705-13711.

[118] Tsuji H, Hyon S H, Ikada Y. Macromolecules, 1992, 25: 2940-2946.

[119] Xiong Z J，Liu G M，Zhang X Q，et al. Polymer，2013，54：964-971.

[120] Brizzplara D，Cantow H J. Macromolecules，1996，29：191-197.

[121] Tsuji H. Macromol Biosci，2005，5：569-597.

[122] Tsuji H，Horii F，Nakagawa M，et al. Macromolecules，1992，25（21）：4114-4118.

[123] Brochu S，Prud'homme R E，Barakat I，et al. Macromolecules，1995，28：5230-5239.

[124] Pan P J，Yang J J，Shan G R，et al. Macromolecules，2012，45：189-197.

[125] Tsuji H，Tezuka Y. Biomacromolecules，2004，5：1181-1186.

[126] Ikada Y，Jamshidi K，Tsuji H，et al. Macromolecules，1987，20：904-906.

[127] Sun J R，Huang S Y，Chen X S，et al. Mater Lett，2012，89：169-171.

[128] Liu G M，Zhang X Q，Wang D J. Adv Mater，2014，26：6905-6911.

[129] Alemán C，Lotz B，Puiggali J. Macromolecules，2001，34：4795-4801.

[130] Sawai D，Tsugane Y，Tamada M，et al. J Polym Sci Part B，2007，45（18）：2632-2639.

[131] Rahman N，Kawai T，Matsuba G，et al. Macromolecules，2009，42：4739-4745.

[132] Tsuji H，Ikada Y. Macromolecules，1993. 26：6918-6926.

[133] Furuhashi Y，Kimura Y，Yoshie N，et al. Polymer，2006，47（16）：5965-5972.

[134] Tsuji H，Tashiro K，Bouapao L，et al. Polymer，2012，53（3）：747-754.

[135] Na B，Zhu J，Lv R H，et al. Macromolecules，2014，47（1）：347-352.

[136] Woo E M，Chang L. Polymer，2011，52：6080-6089.

[137] Tsuji H，Hyon S H，Ikada Y. Macromolecules，1991，24：5657-5662.

[138] Han L L，Pan P J，Shan G R，et al. Polymer，2015，63：144-153.

[139] Tsuji H，Hyon S H，Ikada Y. Macromolecules，1991，24：5651-5656.

[140] Tsuji H，Horii F，Hyon S H，et al. Macromolecules，1991，24：2719-2724.

[141] Marubayashi H，Nobuoka T，Iwamoto S，et al. ACS Macro Lett，2013，2：355-360.

[142] Maillard D，Prud'homme R E. Macromolecules，2010，43：4006-4010.

[143] Ljungberg N，Wesslén B. Biomacromolecules，2005，6：1789-1796.

[144] Bao R Y，Yang W，Jiang W R，et al. J Phys Chem B，2013，117：3667-3674.

[145] Naga N，Yoshida Y，Inui M，et al. J Appl Polym Sci，2011，119：2058-2064.

[146] Gao J，Duan L Y，Yang G H，et al. Appl Surf Sci，2012，261（15）：528-535.

[147] Durning C J，Rebenfeld L，Russel W，et al. J Polym Sci Polym Phys Ed，1986，24（6）：1321-1340.

[148] Makarewicz P J，Durning C J，Russel W. Polymer，1985，26（1）：131-140.

[149] Durning C J，Russel W. Polymer，1985，26（1）：119-130.

[150] Huang S Y，Jiang S C，An L J，et al. CrystEngComm，2014，16：94-101.

（黄绍永　蒋世春）

第 14 章　纤维素和淀粉

纤维素和淀粉是两种天然高分子，在性质上是一类典型异构多糖（polysaccharide），糖类（碳水化合物，carbonhydrate）是自然界最丰富的一类有机化合物，几乎所有的植物和动物都能合成或代谢糖类物质：如葡萄糖、淀粉和纤维素。在自然界，CO_2、H_2O 和植物叶绿素（作为催化剂）在阳光的作用下，转化为葡萄糖和氧气，经过一系列复杂反应，许多葡萄糖（即 α-吡喃葡萄糖）分子能够连接在一起，生成淀粉作为能量物质储存起来；生成纤维素，作为植物躯干支撑物质。

14.1　葡萄糖、淀粉和纤维素的生成和结构

在自然界阳光作为能量来源作用下，植物在根、茎、杆、块、叶、花、果等上每时每刻都在生成葡萄糖、纤维素、淀粉等。每年生成量可达 1000 亿吨以上。

$$6CO_2 + 6H_2O \xrightarrow[\text{叶绿素}]{\text{光}} 6O_2 + C_6H_{12}O_6 \longrightarrow \text{淀粉，纤维素} + H_2O$$

葡萄糖

葡萄糖的反应结构式如图 14.1 所示。

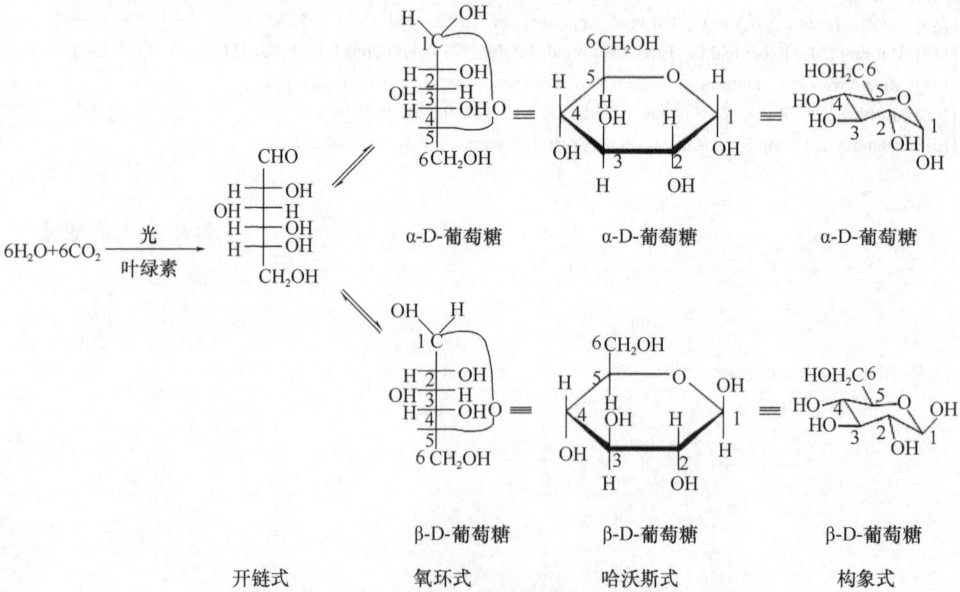

图 14.1　光合作用反应生成葡萄糖（α-吡喃葡萄糖）

经中子散射分析、X 射线衍射、红外紫外光谱分析证实，结晶 α-D-葡萄糖（即 α-吡喃葡萄糖）构象式，是一个含氧六元环椅式结构，$C_1 \sim C_4$ 上都连有一个—OH，C_5 上连有羟甲基，C_1 上连有两个氧原子，是半缩醛中心（图 14.1）。同样，β-D-葡萄糖（β-吡喃葡萄糖）也是椅式结构，$C_1 \sim C_5$ 取代基都处在平伏键位置[1-3]。α-D-葡萄糖和 β-D-葡萄糖各含有 5 个—OH，前者 α-D-葡萄糖 C_1 位置上的—OH 在赤平面下方，而后者 β-D-葡萄糖 C_1 位置上的—OH 在赤平面上方，两者 2，3，4 位—OH 均在赤平面内，两者 5 位上的—OH 均在赤平面上方。

纤维素是由许多 β-D-葡萄糖失去 H_2O，通过 β-1，4-苷键连接而成的高分子化合物$(C_6H_{10}O_5)_n$，如图 14.2 所示。

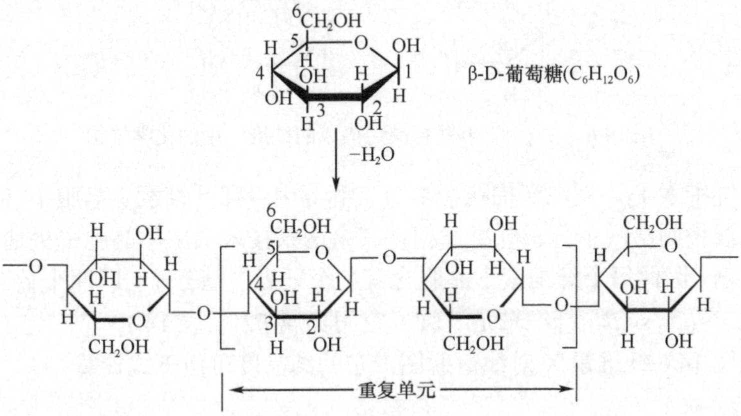

图 14.2　纤维素化学结构

淀粉是由许多 α-D-葡萄糖失去 H_2O，通过 α-1，4-苷键连接形成的高分子化合物 $(C_6H_{10}O_5)_n$，直链淀粉（amylose）的化学结构如图 14.3 所示。

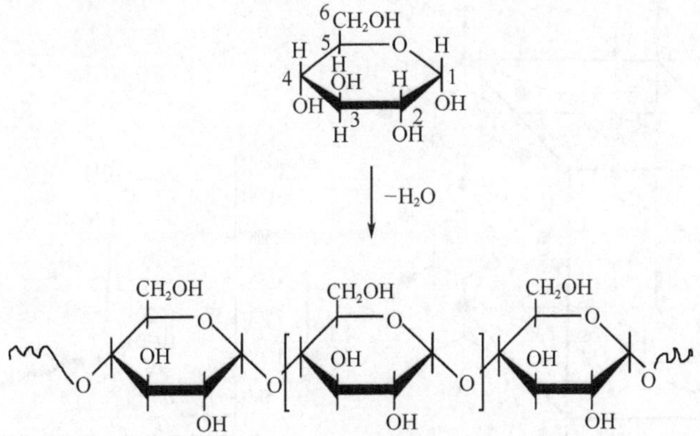

图 14.3　直链淀粉的化学结构

由图 14.2 和图 14.3 可见，由于 α-D-葡萄糖与 β-D-葡萄糖在 C_1 上构型不同，纤维素分子链重复单元是两个葡萄糖单元，而淀粉只需一个（详见本书第 8 章）。

14.2　纤维素晶体结构

第一个被 X 射线衍射测定的结晶高分子是天然多糖纤维素（polysaccharide cellulose），它的结晶单元是纤维二糖（cellobiose），是由两个分子 β-D-葡萄糖脱去一分子水形成的纤维二糖，实际是由 2 个 β-D-葡萄糖苷环（glucoside ring）组成，分子式：$C_{12}H_{22}O_{11}$，结构式如图 14.4 所示。

图 14.4　由 β-1，4-糖苷键连接成的纤维二糖的化学结构

天然纤维素 I_β，发现在棉花、木材、麻等中。在纤维素 I 晶胞中（图 14.5），只在对角线棱画出两个分子纤维二糖，其余两条棱未画出。晶胞中央通过一个分子纤维二糖，因此每个纤维素 I 晶胞含有 2 个纤维二糖分子，即四个葡萄糖残基，晶胞体积 $V=abc\cdot\sin\beta$，纤维轴是 b 轴。空间群属 $P2_1$（表 14.1）[4]。

根据图 14.6 纤维素 X 射线衍射图，它的结晶度可由下式计算：

$$W_c = \frac{S_c}{S_c + S_a} \times 100\%$$

式中，S_c 为（101）、（10$\bar{1}$）和（020）、（040）结晶衍射峰面积之和，S_a 为非晶峰面积，不同来源纤维，利用上式计算的结晶度为 50%～60%。

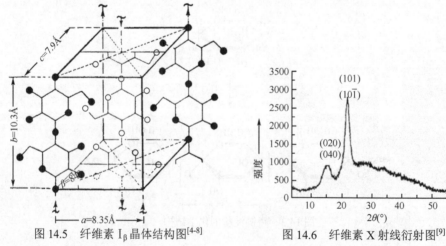

图 14.5　纤维素 I_β 晶体结构图[4-8]　　　　　图 14.6　纤维素 X 射线衍射图[9]

表 14.1　纤维素多晶型及晶胞数据

类型	空间群	链数量	单胞						参考文献
			a (Å)	b (Å)	c (Å)	α (°)	β (°)	γ (°)	
纤维素 I_α	$P1$	1	6.717	5.962	10.400	118.08	114.80	80.37	[10]
纤维素 I_β	$P2_1$	2	7.784	8.201	10.38	90	90	96.55	[11]
纤维素 II（从亚麻碱化处理）	$P2_1$	2	8.01	9.04	10.36	90	90	117.1	[12]
纤维素 II（从苎麻碱化处理）	$P2_1$	2	8.10	9.03	10.31	90	90	117.1	[13]
纤维素 II（从再生经拉伸和皂化的醋酯长丝）	$P2_1$	2	8.03	9.04	10.35	90	90	117.11	[14]
纤维素III$_1$	$P2_1$	1	4.450	7.850	10.31	90	90	105.10	[15]
纤维素IV$_1$	$P1$	2	8.03	8, 13	10.34	90	90	90	[16]
纤维素IV$_2$	$P1$	2	7.99	8.10	10.34	90	90	90	[17]
纤维素 II -肼	$P2_1$	4	9.37	19.88	10, 39	90	90	120.0	[18]
纤维素水合物 I	$P2_1$	2	9.02	9.63	10.34	90	90	116.4	[19]
纤维素 I -氨	$P2_1$	2	4.47	8.81	10.34	90	90	92.7	[20]
纤维素 I -1，2-乙二胺	$P2_1$	1	4.76	12.88	10.35	90	90	118.8	[21]
纤维素 I 钠	$P2_1$	4	8.83	25.28	10.29	90	90	90.0	[22]
纤维素IV钠	$P2_1$	2	9.57	8.72	10.35	90	90	122.0	[23]

　　20 世纪 80 年代 ^{13}C NMR 证实天然纤维素 I 晶体结构，实际上是由一个三斜晶系纤维素 I_α 和一个单斜晶系纤维素 I_β 平行堆砌成的晶体，这仅靠 X 射线衍射区分是困难的[24,25]。

　　实际上纤维素是一个多晶型（表 14.1），结构易变，自然储量异常丰富，对人类、动物界都非常重要的物质。

　　纤维素 I ，发现在棉花、木材、麻等中。

　　纤维素 II ，将纤维素 I 常温下溶解在强碱中，使它容易溶解变成再生纤维（如丝光棉），再生纤维以纤维形式出现，产品如人造纤维（人造丝），薄膜形状出现有赛珞玢（纤维素薄膜）、玻璃纸、粘胶薄膜等。

　　纤维素III，纤维素 I 用氨类化合物处理后得到维生素III。

　　纤维素IV，用甘油或强碱高强处理后可得维生素IV。

　　应该指出纤维素用上述方法生产的人造纤维、薄膜、玻璃纸、粘胶薄膜会造成严重污染。张俐娜等[26-28]已发明了一种无污染、低成本和高效的"绿色"工艺生产纤维素产品，该发明对环境保护、纤维素开发应用具有重大意义。

　　上述不同途径得到的纤维素晶体结构有所不同，详见表 14.1。

　　纤维素结构转换及多晶型如图 14.7 所示[8]。

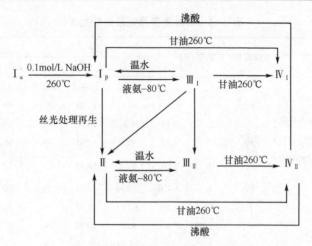

图 14.7　纤维素结构转换及多晶型

有关纤维素和淀粉立体异构问题，可参阅本书第 8 章。

14.3　淀　　粉

天然大分子淀粉是一类来源丰富、价格低廉的有机化合物，广泛地分布于植物界，尤其是稻米、小麦、玉米等谷类的种子以及甘薯、马铃薯、木薯等薯类的组织中。

14.3.1　淀粉的基本组成单元

淀粉的基本组成单元是 α-D-吡喃葡萄糖，见图 14.8。

$$淀粉 \xrightarrow[\text{H}^+]{\text{彻底水解}} \alpha\text{-D-吡喃葡萄糖}$$

100 份　　　　　　111 份

淀粉的分子式为 $(C_6H_{10}O_5)_n$，严格地讲为 $C_6H_{12}O_6 (C_6H_{10}O_5)_n$，$n$ 为聚合度，

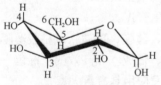

图 14.8　淀粉基本结构——
α-D-吡喃葡萄糖

为不定数，一般为 800～3000；$(C_6H_{10}O_5)$ 为脱水葡萄糖单元；因为尾端的一个葡萄糖未脱去水，但是 n 太大，这个误差可忽略，简便记为 $(C_6H_{10}O_5)_n$，淀粉分子式与纤维素 $(C_6H_{10}O_5)_n$ 分子式相同。

14.3.2 淀粉的分子结构式

1940 年，瑞士 K. H. Meyer 和 T. Schoch 发现淀粉是由两种高分子组成，直链状和枝杈状两种分子。葡萄糖单元通过糖苷键在淀粉分子中有两种连接方式：α-1，4-糖苷键（图 14.9）和 α-1，6-糖苷键[图 14.10（a）]，因而形成两种不同的淀粉分子：直链淀粉（amylose）和支链淀粉（amylopectin），见图 14.10 [29]。

与 β-1，4-糖苷键（图 14.4）不同，α-1，4-糖苷键在平面下方，通过它连接成高分子化合物，糖苷键都在下方。

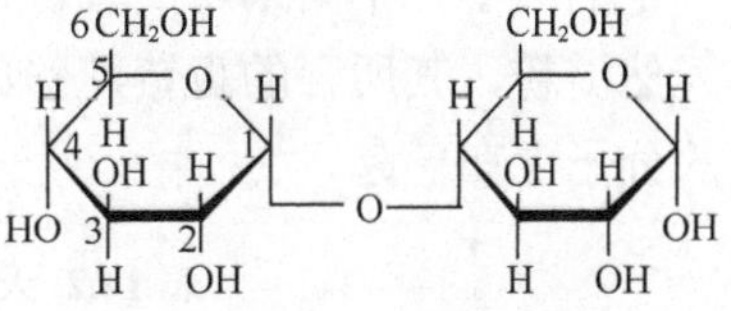

图 14.9 α-1，4-糖苷键

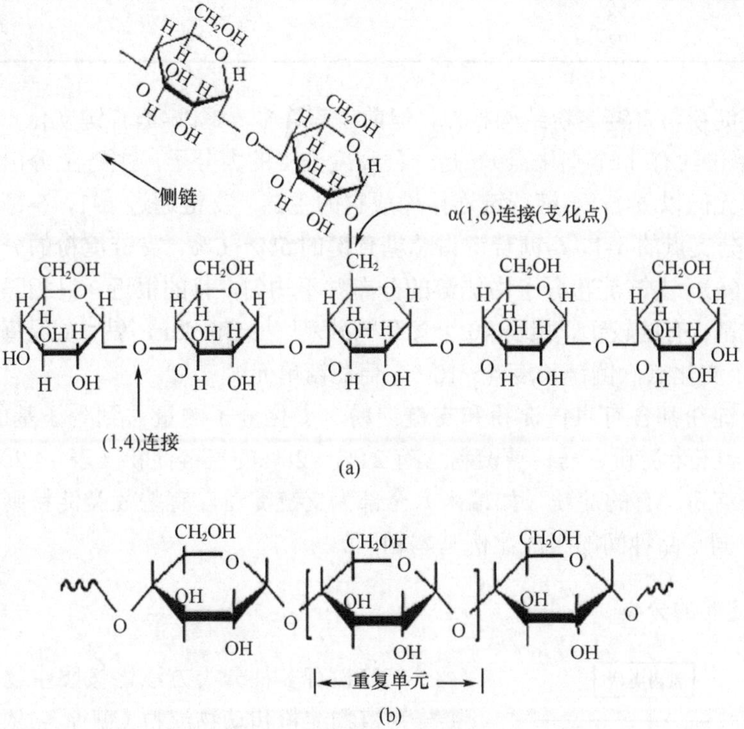

图 14.10 淀粉结构式：（a）支链淀粉；（b）直链淀粉

综上可见，直链淀粉是由 α-D-葡萄糖通过 α-1，4-苷键连接成的高分子化合物，而支链淀粉是由 α-D-葡萄糖通过 α-1，4-苷键和 α-1，6-苷键连接形成的高分子化合物。由图 14.10 可知，支链淀粉除了它的支链外，其他部分与直链淀粉结构相同。

直链和支链两种淀粉在淀粉粒中所占的比例不同：前者为 17%～28%，后者为 72%～83%（表 14.2）。某些基因突变的玉米、大麦和稻米含直链淀粉可达 70% 之多。一般认为直链淀粉是一种线形结构，是由 α-1，4-糖苷键将 D-葡萄糖单元 （其分子量为 162.14）连接而成的链状分子[图 14.10（b）]，分子量在 1.0×10^4～ 2.0×10^6。目前，比较接受这样的观点：一些直链的分子上也存在 α-1，6 连接；认为在每个直链淀粉链上有 9～20 个 α-1，6-糖苷键支化点[30]。直链淀粉分子量没有一定的大小，不同来源的直链淀粉差别很大。聚合度为几千不等，即使是同一种天然淀粉，其所含的直链淀粉的聚合度也不是均一的，而是由一系列聚合度不等的分子混在一起。

表 14.2 天然淀粉的直链与支链含量（%）

结构	玉米淀粉	小麦淀粉	马铃薯淀粉	木薯淀粉
直链	28	28	21	17
支链	72	72	79	83

支链淀粉与直链淀粉结构相似，但前者有许多 α-1，6-糖苷键支化点（平均每 25～30 单位约有 1 个支化点），是一种高度分支的大分子，主链上分出支链，各葡萄糖单元间以 α-1，4-糖苷键连接构成它的主链，支链通过 α-1，6-糖苷键与主链相连，分支点的 α-1，6-糖苷键占总糖苷键的 5%～6%。支链淀粉的分子结构见图 14.10（a）。支链淀粉分子中侧链的分布并不均匀，有的很近，只相隔 1 到几个葡萄糖残基；有的较远，相隔 40 个葡萄糖残基[31]。Hizukuri 等[32]发现每个分子平均 2～8 个支化点，侧链长度 4～100 个葡萄糖单元。

一般淀粉都含有直链淀粉和支链淀粉。支化分子的量占到分子基的 25%～55%[32,33]，玉米淀粉、马铃薯淀粉含有 21%～28%的直链淀粉（表 14.2），其余部分为支链淀粉。有的淀粉（如糯米）全部为支链淀粉，有些豆类淀粉则全是直链淀粉[34]，同一品种间的组成比例基本相同。

14.3.3 淀粉的分类

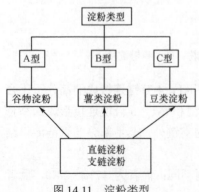

淀粉有多种分类方法，按照生物对象，可分为植物淀粉和动物淀粉（糖原）；依据植物来源，可分为薯类淀粉、谷类淀粉和豆类淀粉；根据结晶在 X 射线衍射图上的表现，可分为 A 型、B 型和 C 型淀粉；按照淀粉的构成，又可分为直链淀粉和支链淀粉。详细的分类见图 14.11。

图 14.11　淀粉类型

14.3.4　淀粉的理化性能

淀粉在自然界中以半结晶粒子存在，密度为 $1.5g/cm^3$。淀粉粒内，支链淀粉的支链为双螺旋结晶结构。直链淀粉为无规线团结构，常温下淀粉可以吸附水且膨胀增重 30%以上；再次干燥，膨胀是可逆的[35]。图 14.12 为玉米种子示意图，淀粉粒排列在胚乳区的细胞中，蛋白质基质连接单个的细胞[36]，含有 75%的淀粉。储存的淀粉粒可以被水解酶水解生成葡萄糖，而葡萄糖又用来作为发芽的能源。淀粉因其粒状结构，可以容易地利用重力沉积、离心、过滤的方法分离，还可以接受物理、化学和酶的修饰，因此成为最经济适用的产品之一。

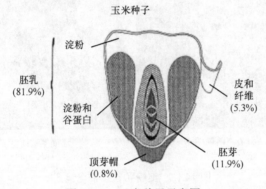

图 14.12　玉米种子示意图

直链淀粉和支链淀粉有不同的性能，如直链淀粉极易凝沉，产生硬的凝胶和坚膜，而支链淀粉在水分散状况下，比较稳定，产生软的凝胶和软膜。直链淀粉和支链淀粉的缠绕，特别是脂肪或磷脂的存在，显著地影响糊化温度、糊黏度、稳定性、透明度，以及凝沉。

每克玉米淀粉含约 17 亿个淀粉颗粒。用光学显微镜和电子显微镜可以观察到淀粉粒的表观形状和大小构造[37]。一般淀粉粒的形状为圆形（或球形）、卵形（或椭圆形）和多角形（或不规则形），这取决于淀粉的来源。小麦淀粉粒为圆形，马铃薯淀粉粒为椭圆形，玉米和大米淀粉粒为多角形。

淀粉粒的大小一般以淀粉粒长轴的长度来表示，介于 $2\sim120\mu m$ 之间。最大的淀粉粒来自马铃薯，最小的淀粉粒来自苋属植物（amaranth）。图 14.13 为几种代表性淀粉颗粒的扫描电镜图像。同一种淀粉，大小也不同，呈一定的分布。如玉米淀粉粒大小以 $10\sim15\mu m$ 的居多。表 14.3 给出了各种淀粉粒的尺寸大小。

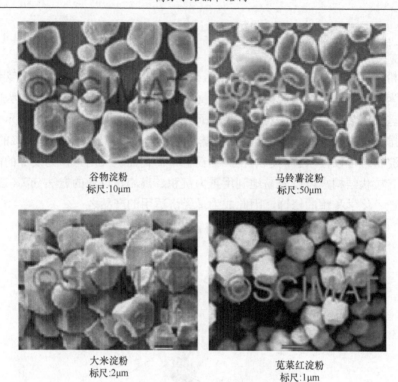

谷物淀粉
标尺:10μm

马铃薯淀粉
标尺:50μm

大米淀粉
标尺:2μm

苋菜红淀粉
标尺:1μm

图 14.13　　淀粉颗粒扫描电镜图

表 14.3　　各种淀粉粒的尺寸（μm）

来源	尺寸
马铃薯	15～120
玉米	10～15
大米	2～10
小麦	2～35
芋头	2.6

14.3.5　淀粉粒凝聚态结构

　　淀粉在植物中以白色固体淀粉粒（starch granule）的形式存在，淀粉粒是淀粉分子的聚集体，由直链淀粉和支链淀粉组成，后者也参与形成淀粉的结晶部分。

　　普遍认同支链淀粉结晶的簇模型（cluster model）[38]（图 14.14），支链淀粉进入此结构的方式还不清楚。A 型直链淀粉长支链的平均聚合度约为 45，而短支链的约为 15。通常认为短支链与双螺旋有关，它们的平行排列代表了淀粉粒的结晶部分[39]。一个支链淀粉分子跨几个簇，而且支化可用 A，B 和 C 来标记。支链淀粉含有还原端的为 C 链（主链），每个支链淀粉分子只含有一个 C 链，C 链具有很多侧链，称为 B 链（内链），B 链又具有侧链，与其他的 B 链或 A 链相接，A 链（外链）没有侧链。在 A，B 和 C 链结构中，存在结晶和无定形域。正是伸长的 B 链以桥式连接无定形区为粒子结构提供刚性。

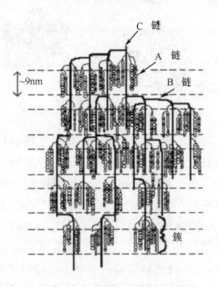

图 14.14　支链淀粉的簇结构示意图

　　由于植物来源不同，淀粉显示不同的晶体结构[39,40]。谷物淀粉（A 型）为单斜晶系，$P2$ 空间群；薯类淀粉（B 型）为六方晶系，$P6$ 空间群，见表 14.4；豆类淀粉较为复杂[41]，因为豆类淀粉是由 A 和 B 型两类多晶组成的，故结晶复杂。

表 14.4　淀粉单胞参数

	葡萄糖残基数目	螺旋结构	含水分子数目	晶系，空间群
A 型淀粉	12	双左手，平行链双螺旋	4	单斜，$a=2.124nm$，$b=1.172nm$，$c=1.069nm$，$\gamma=123.5°$；（C_2^1-$P2$）
B 型淀粉	12	双左手，平行链双螺旋	36	六方，$a=b=1.85nm$，$c=1.04nm$；（C_6^1-$P6$）

　　淀粉最高级的有序结晶结构示于图 14.15[42]。

侧视　　　　　　　　　　　俯视

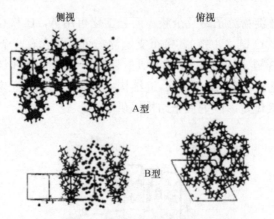

图 14.15　淀粉最高级的有序结晶结构

　　淀粉链带有大量的羟基，链与链之间，链与水之间容易形成氢键。淀粉在结晶时，水分子也参与进来，一起形成结晶。正是由于淀粉容易与水结合，才导致其性能复杂，为其应用带来一系列的问题。关于支链淀粉的分子结构，有 Robin 的束状模型（马铃薯淀粉）[43]，French 的束状结构[44]和二国二郎[35]的束状模型，他们先后给出了支链淀粉侧链簇的结构模型（见图 14.14）。他们认为支链淀粉的 A 链和 B 链一起形成簇的结晶带，支化（点）区非常窄，为无定形的，更容易受到酸的进攻。Robin 的模型相对新颖和复杂一些，他提出了如图 14.16 所示的簇结构示意图。每个簇含有 9～17 个侧链，聚合物整体呈双螺旋结构。C 代表结晶层（支链淀粉侧链簇，平均长 6nm）；A 代表无定形区（支化区，平均长 4nm）；a 也为无定形区（结晶簇间）。

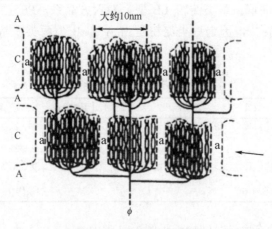

图 14.16　支链淀粉薄层范围内侧链簇结构示意图

　　直链淀粉分子和支链淀粉分子的侧链都是直链，趋向平行排列，相邻羟基间经氢键结合成散射状微晶束结构[45,46]。淀粉粒呈现一定的 X 射线衍射图样和偏光十字现象，便是由于这种微晶束结构的缘故。结晶束具有一定的强度，使淀粉具有较强的颗粒结构，显示为刚性。淀粉粒是由许多排列成放射状的微晶束构成的。微晶束以支链淀粉分子作为骨架，与葡萄糖链前端相互平行靠拢，并借氢键彼此结合成簇状结构。直链淀粉分子主要在淀粉粒内部，分子间有相互作用，有部分分子伸到微晶束中，即淀粉分子参加到微晶束的构造中并不是整个分子全部参加到同一个微晶束中，而是一个直链淀粉分子的不同链段，或支链淀粉分子的各个分子分别参加到多个微晶束的组成之中；分子上也有某些部分并未参与微晶束的组成，这部分就是无定形态，这就是淀粉粒之所以具有弹性及变形特点的由来。淀粉的外层是结晶性部分，主要是由支链淀粉分子的前端构成（占 90%），具有一定的大小和密度[47]。

Calvert[48]用具有 2μm 宽的 X 射线光束的同步加速器扫描了马铃薯淀粉的单粒。结果表明无定形的直链淀粉和结晶的支链淀粉以环状交替生长，见图 14.17。支链淀粉结晶由双螺旋组成，呈辐射状排列，因此结晶与表面相切。Waigh 等[49]发现无定形和结晶部分的交替壳，同时形成结晶的支链淀粉螺旋垂直于壳；还发现淀粉粒为椭球形而非球形，因此螺旋不指向单焦点，暗示某种缠绕结构促进了生长。

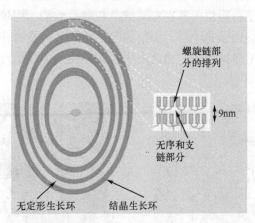

图 14.17　淀粉颗粒同步加速器 X 射线图

14.3.6　淀粉的结晶结构

淀粉的化学研究已经有 100 多年的历史，它是半结晶颗粒状聚合物，是可生物降解的天然高分子化合物。结构主要是由结晶区和非结晶区交替构成的，淀粉多晶体系中还存在着介于结晶和非晶之间的亚微晶结构，因此淀粉多晶体系还可以看成是由结晶、亚微晶和非晶中的一种或多种结构形成的。王秀艳在她的博士学位论文中曾介绍过有关淀粉的结晶结构[36]。

　　淀粉粒是低结晶性的聚合物,在偏光显微镜下可看到明显的十字消光现象(图14.18)[50],一般情况下结晶度在 40%左右[51]。其结晶度可以通过物理或化学的方法改变,如增加淀粉的水分含量可以使淀粉的结晶度升高,减少淀粉的水分含量可以使淀粉出现非晶化现象;淀粉经酸解后结晶度大大提高,出现微晶化;另外,微波、研磨以及其他的一些化学处理也都能使其结晶度改变,从而改变淀粉及淀粉衍生物的性质。在淀粉颗粒的天然多晶体系中,结晶区和非结晶区两大重要组成部分,它们交替构成了淀粉的颗粒结构。天然淀粉颗粒除蜡质玉米淀粉等少数几种淀粉外,都是由直链淀粉和支链淀粉两种高分子有规律集合而成。非结晶区由直链淀粉构成,结晶区域多数是由支链淀粉形成的,直链淀粉相当于一个链形分子,其中包含有数百个 α-1,4 连接的 D-吡喃葡萄糖单元,支链淀粉是一种高度支化的由短链多糖通过 1→6 键连接到一起的分子,是一种树形结构,直链淀粉和支链淀粉能够形成二维的半结晶状凝胶网状结构。多数研究者都认为淀粉颗粒中的结晶区域是由直链淀粉和支链淀粉共同组成的,直链和支链淀粉共同形成了结晶结构,二者之间以氢键紧密结合,所以淀粉又是直链淀粉和支链淀粉的半结晶聚合物。支链淀粉分子量较大,常常穿过淀粉颗粒的结晶区和非结晶区,为淀粉颗粒结构起到骨架作用,因此淀粉的结晶区和非结晶区并没有明显的界限,变化是渐进的。由于淀粉颗粒内部存在着结晶和非晶结构,用偏光显微镜来观察淀粉颗粒时,可以观察到偏光十字。在结晶区淀粉分子链是有序排列的,而在无定形区淀粉分子链是无序排列的,由此产生各向异性现象,从而在偏振光通过淀粉颗粒时形成了偏光十字[52]。

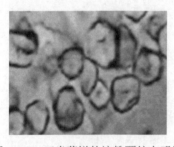

玉米

图 14.18　玉米薄饼的淀粉颗粒在明场（左）和偏光（右）下观察到的显微照片

　　淀粉的亚微晶结构介于非晶结构和结晶结构之间,它在大角 X 射线衍射曲线中表现出明显的非晶衍射弥散特征,但亚微晶的弥散衍射与非晶的弥散衍射存在本质上的差别,非晶形成弥散衍射峰是因为非晶只存在短程有序、长程无序而造成的,亚微晶则因为晶体晶粒线度小或结晶不完全。

　　淀粉经一定方法处理以后,其结晶度可大大提高,这种具有高结晶度的淀粉称为微晶淀粉,微晶淀粉的主要结构是含有短链直链淀粉的微晶结构。抗温和酸解淀粉、回生的抗酶解淀粉（抗消化淀粉 RS3）、淀粉球晶和球粒、葡聚糖微晶、抗酶解糊精等都属于微晶淀粉。微晶淀粉是淀粉链之间按照某种方式结合在一起的，由于淀粉链的长短不一样，所形成的晶格也很不完整，而且存在许多缺陷，因而许多微晶都无一定的结晶形态。例如，抗温和酸解淀粉、回生的抗酶解淀粉和抗酶解糊精等的外观都是无定形的，而淀粉球晶和球粒以及葡聚糖微晶则具有一定的结晶形态，微晶淀粉可以通过回生、水解、结晶等方法制备[53]。

14.3.7　淀粉结晶 X 射线衍射

Hizukuri 等[46]用 X 射线衍射研究了马铃薯淀粉粒的胶束大小，给出了晶格常数，平行于分子链长轴方向的 b 轴平均胶束长度相应于 28 个葡萄糖单位，与马铃薯支链淀粉末端链长的平均值 27 个葡萄糖单位符合得相当好，也与马铃薯直链——糊精的平均链长 25 个葡萄糖单位相当。他们将湿的马铃薯原淀粉的结晶部分看作直径为 145Å 的球和簇。

经过科学工作者几十年努力，使用 X 射线衍射方法，淀粉的结晶性结构被证实。各类淀粉试样根据 X 射线衍射结果分为 A、B 和 Vh 型三类（图 14.19）[53]。A 型为谷物淀粉，B 型为薯类淀粉，结晶度一般在 15%～45%；Vh 型为高直链淀粉，是由直链淀粉经过物理或化学方法处理得到的，结晶度一般在 50%～60%。C 型淀粉为 A 和 B 型淀粉的混合。含有 A、B 和 C 链的淀粉即为 A、B 和 C 型淀粉。以还原性末端形成 α-1, 6-糖苷键而结合到其他链上，但自己不被其他链结合的为 A 链；结合在其他链上，同时也被其他链结合的为 B 链；具有还原性末端的为 C 链[35]。A 型主要存在于谷物中，B 型常见于块茎中，C 型很少见，存在于某些豆科植物中[54-56]。许多研究者从结构的角度阐明了 A、B 型淀粉的分子和结晶结构[39,40,57]。在这两类同质异晶中，已确认是支链淀粉分子的短直链末端链段构成了晶区。

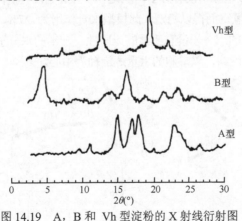

图 14.19　A，B 和 Vh 型淀粉的 X 射线衍射图

对于 A 型和 B 型淀粉，认为这些链段具有相同的双螺旋构象，不同的堆积排

列方式和晶体密度。C 型淀粉更复杂，从 X 射线衍射可以断定其为 A 型和 B 型结晶组分的复合，每一组分的量依样品而定。关于 A、B 两组分在 C 型淀粉中的确切位置已经争论了很长时间。事实上，C 型淀粉粒和所有普通淀粉粒一样，都相当小，以致用传统的 X 射线衍射技术不能个别地研究。

14.3.8　A 型淀粉

Imberty 等[39]利用单晶的电子衍射和 X 射线衍射分解成单峰，同时结合前人的 X 射线衍射数据，对 A 型淀粉的双螺旋性进行了研究。描述了其结晶部分新的三维结构，单胞含有 12 个葡萄糖残基，以平行的方式位于两链平行的左手双螺旋内；四个水分子处于这些螺旋间，见表 14.4。重复单元由麦芽三糖（图 14.20）的二分之一构成，含有的葡萄糖残基具有 $^4C_1$ 吡喃糖构象，为 α-1，4 连接。糖苷键的构象用扭转角（Φ, Ψ）表示，分别为（91.8°，−153.2°），（85.7°，−145.3°），（91.8°，−151.3°）。所有的伯羟基都为 GG 构象，没有分子内氢键。双螺旋链与链之间没有空间的冲突，借助 O(2)…O(6) 型氢键而保持稳定。上述结构与谷物淀粉粒的结晶组分的理化和生化性能相一致[39]。

14.3.9　B 型淀粉

Imberty 等[40]总结了前人关于 B 型淀粉的 X 射线衍射数据，以块茎淀粉粒为例，提出 B 型淀粉的三维结构，单胞含有 12 个葡萄糖残基，位于两链平行的左手双螺旋内，36 个水分子分布在这些螺旋间，见表 14.4。重复单元由一个麦芽三糖（图 14.20）组成，葡萄糖残基具有 $^4C_1$ 吡喃糖构象和 α-1，4 连接。糖苷键的构象用扭转角（Φ, Ψ）表示，分别为（83.8°，−144.6°）和（84.3°，−144.1°），而糖苷键的共价角分别为 115.8°和 116.5°。伯羟基为 GG 构象，没有分子内氢键。双螺旋因没有链间的空间冲突，又存在 O(2)…O(6) 型的氢键而得以稳定。此模型水合作用为 27%，与有序性完好的结晶试样相应，因为所有的水分子没有明显的无序性。一半的水分子与双螺旋紧紧键合，其余形成一个复杂的网络，以单胞的六重螺旋轴为中心。

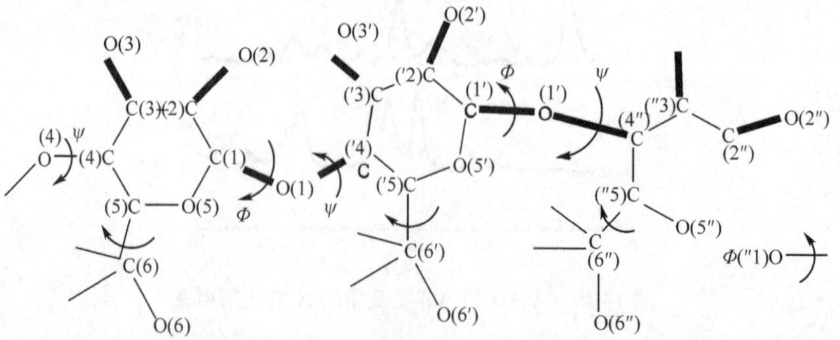

图 14.20　标记原子和相关扭转角的麦芽三糖糖苷单元示意图。氢原子没有被标记在该图中

对天然聚合物而言，无定形区通常归因于链的支化或无规部分，借助于控制聚合物的硬度和溶胀而提供有机体。淀粉的 NMR 研究[58]中，检测到无定形区占淀粉粒的 70%，一些位于结晶区，其余分布在高度支化和整个无定形材料隔离的环内。

对淀粉多晶体的高分辨 ^{13}C 固态 NMR 分析[59,60]表明：所有的分析都是针对糖苷键的 C 原子和与伯羟基相连的 C（6）原子。表明这些原子的化学位移对分子的构象和晶格结构尤其敏感。至于异头碳 C（1），A 型淀粉的为三重峰，与非对称单元为麦芽三糖的二分之一，具有三套不同的扭转角这个事实相符合，当然也就不能把某一构象同某给定的共振联系起来。对于 A 和 B 型直链淀粉，其 C（6）的化学位移为 62.5ppm。用短线性和环状模型化合物建立了 C（5）—C（6）键的化学位移和构象的关系，Horii 等[61]预言了 A 型和 B 型直链淀粉为同质异晶的锯齿构象。

参 考 文 献

[1] 孔繁祚. 糖化学. 北京：科学出版社，2005.

[2] Chu S S C，Jeffrey G A. Acta Crystallogr B，1968，24：830-838.

[3] Brown G M，Levy H A. Science，1965，147：1038.

[4] Zugenmaier P. Crystalline Cellulose and Cellulose Derivatives. Berlin Heidelberg：Spinger-Verlag，2008

[5] Scherrer P. // Zsigismondy R Ed. Kolloiodchemie：ein Lehrbuch. 3ed. Leipzig：Spamer，1920：408.

[6] Meyer K H，Mark H. Z Phys Chem，1929，B2：115.

[7] Meyer K H，Misch L. Ber Deutsch Chem Ges，B，1937，70B：266.

[8] （a）Herzog R O，Jancke W Z. Phys，1920，3：196.（b）Herzog R O，Jancke W Z. Ber Dtsch Chem Ges，1920，3：2162.

[9] Focher B，Palma M T. Ind Crops Prod，2001，13：193-208.

[10] Nishiyama Y，Chanzy H，Langan P. J Am Chem Soc，2003，125：14300-14306.

[11] Nishiyama Y，Sugiyama J，Chanzy H，et al. J Am Chem Soc，2002，124：9074-9082.

[12] Langan P，Nishiyama Y，Chanzy H. J Am Chem Soc，1999，121：9940-9946.

[13] Langan P，Nishiyama Y，Chanzy H. Biomacromolecules，2001，2：410-416.

[14] Langan P，Sukumar N，Nishiyama Y，et al. Cellulose，2005，12：551-562.

[15] Wada M，Chanzy H，Nishiyama Y，et al. Macromolecules，2004，37：8548-8555.

[16] Gardiner E S，Sarko A. Can J Chem，1985，63：173-180.

[17] Gardner K H，Blackwell J. Biopolymers，1985，13：1975-2001.

[18] Lee D M，Blackwell J，Litt M H. Biopolymers，1983，22：1383-1399.

[19] Lee D M，Blackwell J. Biopolymers，1981，20：2165-2179.

[20] Wada M，Nishiyama Y，Langan P. Macromolecules，2006，39：2947-2952.

[21] Lee D M，Burnfield K E，Blackwell J. Biopolymers，1984，23：111-126.

[22] Nishimura H，Okano T，Sarko A. Macromolecules，1991，24：759-770.

[23] Nishimura H，Sarko A. Macromolecules，1991，24：771-778.

[24] Vanderhart D L，Atalla R H. Macromolecules，1984，17：1465-1472.

[25] Neyertz S，Pizzi A，Merlin A，et al. J Appl Polym Sci，2000，78：1939-1946.

[26] Cai J，Zhang L，Liu S L，et al. Macromolecules，2008，41：9345-9351.

[27] Cai J，Zhang L. Biomolecules，2006，7：183-189.

[28] Cai J，Zhang L. Biomolecules，2005，5：539-548.

[29] Mckee T，Mckee J. 生物化学导论. 2 版. 北京：科学出版社，McGraw-Hill Companies，Inc.，2000：169.

[30] Manners D J. Cereal Foods World 1985，30：461.

[31] 张力田. 变性淀粉.2 版. 广州：华南理工大学出版社，1999.

[32] Takeda Y，Hizukuri S，Takeda C，et al. Carbohydr Res，1987，165：139-145.

[33] Hizukuri S，Takeda Y，Abe J，et al. //Frazier P J，Richmond P，Donald A M. Starch：Structure and Functionality. London：Royal Society of Chemistry，1997：121.

[34] 沈同，王镜岩. 生物化学. 2 版. 北京：高等教育出版社，1990.

[35] 二国二郎. 淀粉科学手册. 王微青，高寿青，任可达译. 北京：轻工业出版社，1990.

[36] 王秀艳. 天然高分子淀粉凝聚态结构的 AFM 研究. 长春：中国科学院长春应用化学研究所博士论文，2005.

[37] Bogracheva T Y，Wang Y L，Wang T L，et al. Biopolymers，2002，64：268-281.

[38] Peat S，Whelan W J，Thomas G J. J Chem Soc，Chem Commun，1952：4546-4548.

[39] Imberty A，Chanzy H，Pérez S，et al. J Mol Biol，1988，201：365-378.

[40] Imberty A，Pérez S. Biopolymer，1988，27：1205-1221.

[41] Bogracheva T Y，Morris V J，Ring S G，et al. Biopolymers，1998，45：323-332.

[42] Gallant D J，Bouchet B，Buléon A，et al. Eur J Clin Nutr，1992，46：S3-S16.

[43] Robin J P，Mercier C，Charbonn R，et al. Cereal Chem，1974，51：389-406.

[44] French D. //Whistler R L，BeMillar J N，Paschall E F. Starch Chemistry and Technology. 2nd ed. Orlando：Academic Press，1984：183-247.

[45] Leach H W，McCowan L D，Schoch T J. Cereal Chem，1959，36：534-539.

[46] Hizukuri S，Nikuni Z. Nature，1957，180：436-437.

[47] Fanta G F，Swanson C L. J Polym Sci，Part B：Polym Phys，1994，32：1579-1583.

[48] Calvert P. Nature，1997，389：338-339.

[49] Waigh T A，Hopkinson I，Donald A M，et al. Macromolecules，1997，30：3813-3820.

[50] Campus-Baypoli O N，Rosas-Burgos E C，Torres-Chavez P I，et al. Starch/Stärke，1999，51：173-177.

[51] Zobel H F. Starch/Starke，1988，40：1-7.

[52] 杨景峰，罗志刚，罗发兴. 食品工业科技，2007，7：240-243.

[53] Buléon A，Colonna P，Planchot V，et al. Int J Biol Macromol，1998，23：85-112.

[54] Sarko A，Wu H C H. Starch，30：73-77，1978.

[55] Blanshard J M V. // Galliard T. Starch：Properties and Potential（Critical Reports on Applied Chemistry 13）. New York ：Wiley and Sons，1987：16-54.

[56] Gernat C，Radosta S，Damaschun G，et al. Starch/Stärke，1990，42：175-178.

[57] Wu H C H，Sarko A. Carbohydr Res，1978，61：7-25，27-40.

[58] Morgan K R，Furneaux R H，Larsen N G. Carbohydrate Res，1995，276：387-399.

[59] Gidley M J. J Am Chem Soc，1985，107：7040-7044.

[60] Horii F，Hirai A，Kitamaru R. Macromolecules，1986，19：930-932.

[61] Horii F，Hirai A，Kitamaru R. Polym Bull，1983，10：357-361.

（张会良）

第15章 聚酰胺（尼龙）

15.1 概　述

聚酰胺（polyamide，PA），俗称尼龙，是分子主链上含有重复酰胺基团的一类热塑性聚合物。它包括脂肪族、半脂肪族及芳香族聚酰胺[1]。最早的聚酰胺品种是尼龙66，它是由美国有机化学家、美国科学院院士卡罗瑟斯（Carothers）于1935年2月28日在美国杜邦公司研发成功，并于1939年由杜邦公司实现工业化，定名为耐纶，又称尼龙，是最早实现工业化的合成纤维品种。尼龙66的合成不仅是合成纤维工业史上的重大突破，同时也是高分子化学的一个非常重要里程碑。因卡罗瑟斯在高分子领域的卓越贡献，1936年当选为美国科学院院士，他也是第一个从产业部门选为该院院士的有机化学家。

聚酰胺为半透明或乳白色结晶性树脂，作为工程塑料的聚酰胺分子量一般为1.5万～3万，具有很高的机械强度、耐热、摩擦系数低、耐磨损、自润滑性、吸震性、消音性、耐油、耐弱酸、耐碱和一般溶剂、电绝缘性好、自熄性、无毒、无臭、耐候性好。缺点是染色性差、吸水性大，影响尺寸稳定性和电性能。

15.2　聚酰胺品种

聚酰胺是最重要的工程塑料，产量在五大通用工程塑料中居首位。其品种繁多，有PA6、PA66、PA11、PA12、PA46、PA610、PA612、PA1010、PA1212、PA1313等，以及近几年开发的半芳香族尼龙PA6T、PA6I、PA9T，单体浇铸尼龙（MCPA）、反应注射成型（RIM）尼龙和特殊尼龙MXD6（阻隔性树脂）等。表15.1列出了一些尼龙的分子结构和晶体学数据[2,3]。

表 15.1　聚酰胺晶体学数据[2,3]

聚合物名称	晶系，空间群，每个晶胞中含分子链数目	晶胞参数		熔点（℃）	晶体密度（g/cm³）
		（Å）	（°）		
尼龙3 $+(CH_2)_2-CO-NH+_n$	α相，单斜 $P1\text{-}C_i^1$，$N=4$	$a=9.33$ $b=8.73$ $c=4.78$	$\gamma=120$	340	1.400
	β相，正交 $N=4$	$a=9.56$ $b=7.56$ $c=4.78$	$\alpha=90$ $\beta=90$ $\gamma=90$		1.366

续表

聚合物名称	晶系，空间群，每个晶胞中含分子链数目	晶胞参数		熔点（℃）	晶体密度（g/cm³）
		（Å）	（°）		
尼龙 4 $\{(CH_2)_3 - CO - NH\}_n$	α相，单斜 $P2_1 - C_2^2$，$N=4$	$a = 9.29$ $b = 7.79$ $c = 12.24$	$\gamma = 114.5$	260	1.375
尼龙 5[8] $\{(CH_2)_4 - CO - NH\}_n$	α相，三斜 $P1 - C_1^1$，$N=4$	$a = 9.65$ $b = 10.10$ $c = 7.35$	$\alpha = 55.5$ $\beta = 90$ $\gamma = 110.8$	280	1.200
尼龙 6 $\{(CH_2)_5 - CO - NH\}_n$	α相，单斜 $P2_1 - C_2^2$，$N=4$	$a = 9.56$ $b = 8.01$ $c = 17.24$	$\gamma = 67.5$	215	1.232
	γ相，单斜 $P2_1/a - C_{2h}^5$，$N=2$	$a = 9.33$ $b = 16.88$ $c = 4.78$	$\beta = 121$	272	1.10
	β相，六方 $N=2$	$a = 4.79$ $b = 4.79$ $c = 16.7$	$\gamma = 120$		1.13
尼龙 7 $\{(CH_2)_6 - CO - NH\}_n$	α相，三斜 $P1 - C_1^1$，$N=4$	$a = 9.85$ $b = 5.40$ $c = 4.9$	$\alpha = 63$ $\beta = 77$ $\gamma = 49$	210	1.115
尼龙 8[9] $\{(CH_2)_7 - CO - NH\}_n$	α相，单斜 $P2_1 - C_2^2$，$N=4$	$a = 9.64$ $b = 8.03$ $c = 22.4$	$\gamma = 115$	185	1.14
	γ相，假六方 $N=1$	$a = 4.8$ $b = 4.8$ $c = 21.7$	$\gamma = 120$		1.088
尼龙 9 $\{(CH_2)_8 - CO - NH\}_n$	α相，三斜 $P1 - C_1^1$ $N=4$	$a = 4.9$ $b = 5.4$ $c = 12.5$	$\alpha = 49$ $\beta = 77$ $\gamma = 64$	210	1.15
尼龙 10[10] $\{(CH_2)_9 - CO - NH\}_n$	α相，三斜 $N=4$	$a = 9.80$ $b = 5.12$ $c = 27.54$	$\alpha = 54$ $\beta = 90$ $\gamma = 110$	118	1.109
	γ相，假六方 $N=4$	$a = 4.78$ $b = 9.56$ $c = 26.9$	$\gamma = 120$	118	1.055
	β相，六方 $N=4$	$a = 4.9$ $b = 4.9$ $c = 26.5$	$\gamma = 120$	117	1.02
尼龙 11 $\{(CH_2)_{10} - CO - NH\}_n$	α相，三斜 $N=4$	$a = 9.50$ $b = 10.0$ $c = 15.0$	$\alpha = 60$ $\beta = 90$ $\gamma = 67$	183	1.023
	β相，单斜 $N=4$	$a = 9.75$ $b = 8.02$ $c = 15.0$	$\gamma = 115$		1.145
	γ相，单斜 $N=4$	$a = 9.48$ $b = 4.5$ $c = 29.4$	$\gamma = 118.5$		1.10

续表

聚合物名称	晶系，空间群，每个晶胞中含分子链数目	晶胞参数		熔点（℃）	晶体密度（g/cm³）
		（Å）	（°）		
尼龙 12 $+(CH_2)_{11}-CO-NH+_n$	α相，三斜 $N=4$	$a=9.8$ $b=5.1$ $c=31.9$	$\alpha=54$ $\beta=90$ $\gamma=70$	208	1.05[11]
	γ相，六方 $N=4$	$a=9.6$ $b=4.80$ $c=31.2$	$\alpha=90$ $\beta=90$ $\gamma=60$		1.03[11]
尼龙 13[12] $+(CH_2)_{12}-CO-NH+_n$	α相，单斜	$a=9.7$ $b=9.55$ $c=17.22$	$\alpha=58.2$ $\beta=90$ $\gamma=70$		1.589
尼龙 15 $+(CH_2)_{14}-CO-NH+_n$	α相，三方 $N=3$	$a=4.79$ $b=4.79$ $c=26.1$			1.366
尼龙 16 $+(CH_2)_{15}-CO-NH+_n$	α相，单斜 $N=4$	$a=4.79$ $b=9.35$ $c=41.6$	$\gamma=121$	285	1.316
尼龙 17 $+(CH_2)_{16}-CO-NH+_n$	α相，三方 $N=3$	$a=4.79$ $b=4.79$ $c=34.5$			1.237
尼龙 18[13] $+(CH_2)_{17}-CO-NH+_n$	γ相，单斜 $N=4$	$a=4.76$ $b=9.52$ $c=46.9$	$\gamma=120$	276	1.02
尼龙 110 $+NH-(CH_2)_1-NH-CO-(CH_2)_8-CO+_n$	α相，正交 $N=4$	$a=8.10$ $b=4.79$ $c=30.0$	$\alpha=90$ $\beta=90$ $\gamma=60$	260	1.210
尼龙 112 $+NH-(CH_2)_1-NH-CO-(CH_2)_{10}-CO+_n$	α相，正交 $N=1$	$a=8.12$ $b=4.79$ $c=35.2$	$\alpha=90$ $\beta=90$ $\gamma=60$		1.080
尼龙 24 $+NH-(CH_2)_2-NH-CO-(CH_2)_2-CO+_n$	α相，正交 $N=4$	$a=9.6$ $b=7.6$ $c=9.6$	$\alpha=90$ $\beta=90$ $\gamma=60$	熔融前降解	1.347
	β相，单斜 $N=4$	$a=9.6$ $b=9.0$ $c=9.6$	$\alpha=90$ $\beta=90$ $\gamma=121.5$		1.334
尼龙 26 $+NH-(CH_2)_2-NH-CO-(CH_2)_4-CO+_n$	α相，三斜 $N=1$	$a=4.9$ $b=5.3$ $c=12.3$	$\alpha=56$ $\beta=76$ $\gamma=59$	315	1.328
尼龙 28 $+NH-(CH_2)_2-NH-CO-(CH_2)_6-CO+_n$	α相，三斜 $N=1$	$a=4.9$ $b=5.3$ $c=14.8$	$\alpha=56$ $\beta=77$ $\gamma=60$	294	1.195
尼龙 210 $+NH-(CH_2)_2-NH-CO-(CH_2)_8-CO+_n$	α相，三斜 $N=2$	$a=4.9$ $b=5.1$ $c=17.3$	$\alpha=58$ $\beta=76$ $\gamma=60$	280	1.417
尼龙 211[14] $+NH-(CH_2)_2-NH-CO-(CH_2)_9-CO+_n$	γ相，六方	$a=4.78$ $b=4.78$ $c=33.06$	$\alpha=90$ $\beta=90$ $\gamma=120$	268	

聚合物名称	晶系，空间群，每个晶胞中含分子链数目	晶胞参数 (Å)	(°)	熔点 (℃)	晶体密度 (g/cm³)
尼龙 212 $-[NH-(CH_2)_2-NH-CO-(CH_2)_{10}-CO]_n-$	α相，三斜 $N=1$	$a=4.9$ $b=5.1$ $c=19.8$	$\alpha=60$ $\beta=75$ $\gamma=59$	262	1.15
尼龙 214[15] $-[NH-(CH_2)_2-NH-CO-(CH_2)_{12}-CO]_n-$	α相，三斜	$a=4.9$ $b=5.1$ $c=22.3$	$\alpha=60.4$ $\beta=77$ $\gamma=59$		
尼龙 216[16] $-[NH-(CH_2)_2-NH-CO-(CH_2)_{14}-CO]_n-$	α相，三斜	$a=4.90$ $b=5.16$ $c=24.8$	$\alpha=60.5$ $\beta=77$ $\gamma=58$	234	
尼龙 218[17] $-[NH-(CH_2)_2-NH-CO-(CH_2)_{16}-CO]_n-$	α相，三斜	$a=4.9$ $b=4.81$ $c=27.3$	$\alpha=65.2$ $\beta=77$ $\gamma=60$	233	
尼龙 222[18] $-[NH-(CH_2)_2-NH-CO-(CH_2)_{20}-CO]_n-$	α相，三斜 $N=1$	$a=4.9$ $b=5.2$ $c=32.3$	$\alpha=59.2$ $\beta=77$ $\gamma=59.4$	216	1.07
尼龙 311[19] $-[NH-(CH_2)_3-NH-CO-(CH_2)_9-CO]_n-$	α相，六方	$a=4.84$ $b=4.84$ $c=37.0$	$\alpha=90$ $\beta=90$ $\gamma=120$	194	
尼龙 44[20] $-[NH-(CH_2)_4-NH-CO-(CH_2)_2-CO]_n-$	α相，三斜 $N=1$	$a=4.9$ $b=5.5$ $c=12.3$	$\alpha=49$ $\beta=77$ $\gamma=62$	熔融前降解	1.289
尼龙 46[8] $-[NH-(CH_2)_4-NH-CO-(CH_2)_4-CO]_n-$	α相，单斜 $P1$ $N=4$	$a=9.65$ $b=5.05$ $c=14.7$	$\alpha=55.5$ $\beta=90$ $\gamma=110.8$	287	1.246
	β相，三斜 $N=1$	$a=4.95$ $b=5.47$ $c=14.66$	$\alpha=48$ $\beta=78$ $\gamma=64$	295	1.251
尼龙 48[21] $-[NH-(CH_2)_4-NH-CO-(CH_2)_6-CO]_n-$	α相，三斜 $N=1$	$a=4.9$ $b=5.23$ $c=17.3$	$\alpha=49$ $\beta=77$ $\gamma=63$	253	1.264
	β相，三斜 $N=2$	$a=4.9$ $b=7.97$ $c=17.3$	$\alpha=90$ $\beta=77$ $\gamma=66$		1.256
尼龙 410[21] $-[NH-(CH_2)_4-NH-CO-(CH_2)_8-CO]_n-$	α相，三斜 $N=1$	$a=4.9$ $b=5.32$ $c=19.8$	$\alpha=49$ $\beta=77$ $\gamma=63$	243	1.223
	β相，三斜 $N=2$	$a=4.9$ $b=8.0$ $c=19.8$	$\alpha=90$ $\beta=77$ $\gamma=66$		1.228
尼龙 411[14] $-[NH-(CH_2)_4-NH-CO-(CH_2)_9-CO]_n-$	α相，假六方	$a=4.82$ $b=4.23$ $c=32.69$	$\alpha=90$ $\beta=90$ $\gamma=116.9$	232	

聚合物名称	晶系，空间群，每个晶胞中含分子链数目	晶胞参数 (Å)	(°)	熔点 (℃)	晶体密度 (g/cm³)
尼龙 412[21] $+NH-(CH_2)_4-NH-CO-(CH_2)_{10}-CO+_n$	α相，三斜 N=1	$a=4.9$ $b=5.18$ $c=22.3$	$\alpha=51$ $\beta=77$ $\gamma=64$	237	1.189
	β相，三斜 N=2	$a=4.9$ $b=8.07$ $c=22.3$	$\alpha=90$ $\beta=77$ $\gamma=66.5$		1.195
尼龙 416[16] $+NH-(CH_2)_4-NH-CO-(CH_2)_{14}-CO+_n$	α相，三斜	$a=4.90$ $b=5.55$ $c=27.3$	$\alpha=45.9$ $\beta=77$ $\gamma=61$	224	
	β相，三斜	$a=4.90$ $b=7.97$ $c=27.3$	$\alpha=90$ $\beta=77$ $\gamma=66$		
尼龙 418[17] $+NH-(CH_2)_4-NH-CO-(CH_2)_{16}-CO+_n$	α相，三斜	$a=4.9$ $b=4.84$ $c=29.8$	$\alpha=52.3$ $\beta=77$ $\gamma=63.5$	218	
	β相，三斜	$a=4.9$ $b=7.98$ $c=29.8$	$\alpha=90$ $\beta=77$ $\gamma=66$		
尼龙 422[18] $+NH-(CH_2)_4-NH-CO-(CH_2)_{20}-CO+_n$	α相，三斜 N=1	$a=4.9$ $b=5.3$ $c=34.8$	$\alpha=48.6$ $\beta=77$ $\gamma=63.1$	207	1.172
尼龙 53 $+NH-(CH_2)_5-NH-CO-CH_2-CO+_n$	α相，正交 N=4	$a=8.47$ $b=4.62$ $c=22.40$	$\alpha=90$ $\beta=90$ $\gamma=90$	195	1.290
尼龙 55 $+NH-(CH_2)_5-NH-CO-(CH_2)_3-CO+_n$	α相，正交 N=2	$a=8.30$ $b=4.79$ $c=13.8$	$\alpha=90$ $\beta=90$ $\gamma=90$	198	1.20
尼龙 56[19] $+NH-(CH_2)_5-NH-CO-(CH_2)_4-CO+_n$	α相，单斜 N=4	$a=5.12$ $b=8.64$ $c=31.33$	$\beta=125.7$	235/251	1.252
	γ相，单斜 N=2	$a=4.88$ $b=4.79$ $c=28.8$	$\gamma=59.3$		1.216
尼龙 57 $+NH-(CH_2)_5-NH-CO-(CH_2)_5-CO+_n$	α相，单斜 N=2	$a=4.83$ $b=9.35$ $c=16.62$	$\gamma=58.9$	228	1.169
尼龙 511[20] $+NH-(CH_2)_5-NH-CO-(CH_2)_9-CO+_n$	α相，六方	$a=4.84$ $b=4.84$ $c=42.8$	$\alpha=90$ $\beta=90$ $\gamma=120$	209	
尼龙 62 $+NH-(CH_2)_6-NH-CO-CO+_n$	α相，三斜 N=1	$a=5.15$ $b=7.54$ $c=12.39$	$\alpha=32$ $\beta=74$ $\gamma=62$	320	1.28
尼龙 63 $+NH-(CH_2)_6-NH-CO-CH_2-CO+_n$	α相，三斜 N=4	$a=8.6$ $b=4.62$ $c=25.7$	$\beta=100.4$	241	1.218

续表

聚合物名称	晶系，空间群，每个晶胞中含分子链数目	在晶胞参数		熔点（℃）	晶体密度（g/cm³）
		（Å）	（°）		
尼龙 64 [22] $+NH-(CH_2)_6-NH-CO-(CH_2)_2-CO+_n$	α相，三斜 $N=1$	$a=4.9$ $b=5.3$ $c=14.8$	$\alpha=51$ $\beta=77$ $\gamma=62$	275	1.26
尼龙 65 [23] $+NH-(CH_2)_6-NH-CO-(CH_2)_3-CO+_n$	α相，单斜 $N=4$	$a=4.6$ $b=30.95$ $c=8.62$	$\gamma=114$		
	β相，假六方	$a=5.23$ $b=30.55$ $c=8.5$	$\gamma=114$	241	1.258
尼龙 66 $+NH-(CH_2)_6-NH-CO-(CH_2)_4-CO+_n$	α相，三斜 $P\overline{1}-C_i^1$ ， $N=1$	$a=4.9$ $b=5.4$ $c=17.2$	$\alpha=48.5$ $\beta=77$ $\gamma=63.5$	265	1.24
	α相，三斜 $N=1$	$a=4.95$ $b=5.45$ $c=17.12$	$\alpha=52$ $\beta=80$ $\gamma=63$	269.5	1.152
	β相，三斜 $P\overline{1}-C_i^1$ ， $N=2$	$a=4.9$ $b=8.0$ $c=17.2$	$\alpha=90$ $\beta=77$ $\gamma=67$		1.25
尼龙 68 $+NH-(CH_2)_6-NH-CO-(CH_2)_6-CO+_n$	α相，单斜 $N=4$	$a=9.6$ $b=8.26$ $c=19.7$	$\gamma=115$	235	1.193
尼龙 69 $+NH-(CH_2)_6-NH-CO-(CH_2)_7-CO+_n$	α相，单斜 $N=4$	$a=7.8$ $b=5.3$ $c=40.15$	$\gamma=87$	226	1.08
尼龙 610 [21] $+NH-(CH_2)_6-NH-CO-(CH_2)_8-CO+_n$	α相，三斜 $P\overline{1}-C_i^1$ $N=1$	$a=4.95$ $b=5.4$ $c=22.4$	$\alpha=49$ $\beta=76.5$ $\gamma=63.5$	224	1.16
	β相，三斜 $N=2$	$a=4.9$ $b=8.0$ $c=22.4$	$\alpha=90$ $\beta=77$ $\gamma=67$		1.2
尼龙 611 [14] $+NH-(CH_2)_6-NH-CO-(CH_2)_9-CO+_n$	α相，假六方	$a=4.83$ $b=4.21$ $c=37.27$	$\alpha=90$ $\beta=90$ $\gamma=116.5$	212	
尼龙 612 [21] $+NH-(CH_2)_6-NH-CO-(CH_2)_{10}-CO+_n$	α相，三斜 $N=1$	$a=4.9$ $b=5.33$ $c=24.8$	$\alpha=49$ $\beta=77$ $\gamma=63.5$	218	1.142
	β相，三斜 $N=2$	$a=4.9$ $b=8.02$ $c=24.8$	$\alpha=90$ $\beta=77$ $\gamma=66.5$		1.150
尼龙 616 [16] $+NH-(CH_2)_6-NH-CO-(CH_2)_{14}-CO+_n$	α相，三斜	$a=4.90$ $b=5.29$ $c=29.8$	$\alpha=49$ $\beta=77$ $\gamma=63.5$	200	
	β相，三斜	$a=4.90$ $b=7.77$ $c=29.8$	$\alpha=90$ $\beta=77$ $\gamma=66.5$		

聚合物名称	晶系，空间群，每个晶胞中含分子链数目	晶胞参数		熔点（℃）	晶体密度（g/cm³）
		（Å）	（°）		
尼龙 618 [17] $-[NH-(CH_2)_6-NH-CO-(CH_2)_{16}-CO]_n-$	α相，三斜 $N=1$	$a=4.9$ $b=5.21$ $c=32.3$	$\alpha=49.6$ $\beta=77$ $\gamma=62$	192	1.127
	β相，三斜 $N=2$	$a=4.9$ $b=7.93$ $c=32.3$	$\alpha=90$ $\beta=77$ $\gamma=66$		1.347
尼龙 622 [18] $-[NH-(CH_2)_6-NH-CO-(CH_2)_{20}-CO]_n-$	α相，三斜 $N=1$	$a=4.9$ $b=5.5$ $c=37.3$	$\alpha=46.4$ $\beta=77$ $\gamma=63.3$	189	1.133
尼龙 77 $-[NH-(CH_2)_7-NH-CO-(CH_2)_5-CO]_n-$	γ相，假六方 $Pm-C_s^1$ $N=1$	$a=4.82$ $b=19.0$ $c=4.82$	$\beta=60$	214	1.105
尼龙 711[20] $-[NH-(CH_2)_7-NH-CO-(CH_2)_9-CO]_n-$	α相，六方	$a=4.84$ $b=4.84$ $c=47.6$	$\alpha=90$ $\beta=90$ $\gamma=120$	198	
尼龙 83 $-[NH-(CH_2)_8-NH-CO-CH_2-CO]_n-$	α相，单斜 $N=4$	$a=8.50$ $b=4.71$ $c=30.70$	$\beta=101.7$	233	1.172
尼龙 84[22] $-[NH-(CH_2)_8-NH-CO-(CH_2)_2-CO]_n-$	α相，三斜 $N=1$	$a=4.9$ $b=5.4$ $c=17.3$	$\alpha=51$ $\beta=77$ $\gamma=62$	254	1.21
尼龙 86 $-[NH-(CH_2)_8-NH-CO-(CH_2)_4-CO]_n-$	α相，三斜 $N=1$	$a=4.90$ $b=5.29$ $c=19.8$	$\alpha=49$ $\beta=77$ $\gamma=63.5$	250	1.213
	β相，三斜 $N=2$	$a=4.90$ $b=7.98$ $c=19.8$	$\alpha=90$ $\beta=77$ $\gamma=66$		1.220
尼龙 88 $-[NH-(CH_2)_8-NH-CO-(CH_2)_6-CO]_n-$	α相，三斜 $N=1$	$a=4.90$ $b=5.31$ $c=22.3$	$\alpha=49$ $\beta=77$ $\gamma=64$	227	1.195
	β相，三斜 $N=2$	$a=4.90$ $b=7.97$ $c=22.3$	$\alpha=90$ $\beta=77$ $\gamma=67$		1.206
尼龙 810 $-[NH-(CH_2)_8-NH-CO-(CH_2)_8-CO]_n-$				210	
尼龙 811[14] $-[NH-(CH_2)_8-NH-CO-(CH_2)_9-CO]_n-$	α相，假六方	$a=4.87$ $b=4.20$ $c=40.87$	$\alpha=90$ $\beta=90$ $\gamma=115.3$	201	
尼龙 812 [21] $-[NH-(CH_2)_8-NH-CO-(CH_2)_{10}-CO]_n-$	α相，三斜 $N=1$	$a=4.9$ $b=5.34$ $c=27.3$	$\alpha=49$ $\beta=77$ $\gamma=64$	205	1.162
	β相，三斜 $N=2$	$a=4.9$ $b=8.07$ $c=27.3$	$\alpha=90$ $\beta=77$ $\gamma=67$		1.165

聚合物名称	晶系,空间群,每个晶胞中含分子链数目	晶胞参数 (Å)	(°)	熔点(℃)	晶体密度(g/cm³)
尼龙 816 [16] $+NH-(CH_2)_8-NH-CO-(CH_2)_{14}-CO+_n$	α相,三斜	$a=4.90$ $b=5.49$ $c=32.3$	$\alpha=46.7$ $\beta=77$ $\gamma=61$	191	
	β相,三斜	$a=4.90$ $b=7.99$ $c=32.3$	$\alpha=90$ $\beta=77$ $\gamma=66$		
尼龙 818 [17] $+NH-(CH_2)_8-NH-CO-(CH_2)_{16}-CO+_n$	α相,三斜	$a=4.90$ $b=5.08$ $c=34.8$	$\alpha=51.7$ $\beta=77$ $\gamma=65$	184	
	β相,三斜	$a=4.9$ $b=7.98$ $c=34.8$	$\alpha=90$ $\beta=77$ $\gamma=66$		
尼龙 822 [18] $+NH-(CH_2)_8-NH-CO-(CH_2)_{20}-CO+_n$	α相,三斜 $N=1$	$a=4.9$ $b=5.4$ $c=39.8$	$\alpha=47.4$ $\beta=77$ $\gamma=63.1$	180	1.157
尼龙 92 $+NH-(CH_2)_9-NH-CO-CO+_n$	α相,单斜 $N=4$	$a=5.45$ $b=8.7$ $c=31.8$	$\beta=47.9$		1.260
尼龙 93 $+NH-(CH_2)_9-NH-CO-CH_2-CO+_n$	α相,单斜 $N=4$	$a=8.32$ $b=4.71$ $c=32.70$	$\beta=47.9$		1.173
尼龙 911 [20] $+NH-(CH_2)_9-NH-CO-(CH_2)_9-CO+_n$	α相,六方	$a=4.84$ $b=4.84$ $c=51.2$	$\alpha=90$ $\beta=90$ $\gamma=120$	187	
尼龙 104 [22] $+NH-(CH_2)_{10}-NH-CO-(CH_2)_2-CO+_n$	α相,三斜 $N=1$	$a=4.9$ $b=5.5$ $c=19.8$	$\alpha=49$ $\beta=77$ $\gamma=63$	242	1.19
尼龙 106 $+NH-(CH_2)_{10}-NH-CO-(CH_2)_4-CO+_n$	α相,三斜 $N=1$	$a=4.90$ $b=5.26$ $c=22.3$	$\alpha=50$ $\beta=77$ $\gamma=64$	240	1.186
	β相,三斜 $N=2$	$a=4.90$ $b=8.02$ $c=22.3$	$\alpha=90$ $\beta=77$ $\gamma=67$		1.198
尼龙 108 $+NH-(CH_2)_{10}-NH-CO-(CH_2)_6-CO+_n$	α相,三斜 $N=1$	$a=4.90$ $b=5.29$ $c=24.8$	$\alpha=49$ $\beta=77$ $\gamma=64$	222	1.187
	β相,三斜 $N=2$	$a=4.90$ $b=8.02$ $c=24.8$	$\alpha=90$ $\beta=77$ $\gamma=67$		1.184
尼龙 1010 [24] $+NH-(CH_2)_{10}-NH-CO-(CH_2)_8-CO+_n$	三斜 $P\bar{1}-C_i^1$ $N=1$	$a=4.9$ $b=5.4$ $c=27.8$	$\alpha=49$ $\beta=76$ $\gamma=63$	200	1.14
尼龙 1011 [14] $+NH-(CH_2)_{10}-NH-CO-(CH_2)_9-CO+_n$	γ相,假六方	$a=4.85$ $b=4.19$ $c=44.65$	$\alpha=90$ $\beta=90$ $\gamma=115.3$	190	
尼龙 1014 $+NH-(CH_2)_{10}-NH-CO-(CH_2)_{12}-CO+_n$	γ相,三斜 $N=1$	$a=4.90$ $b=5.30$ $c=32.3$	$\alpha=48.8$ $\beta=77$ $\gamma=64.6$		1.152

续表

聚合物名称	晶系，空间群，每个晶胞中含分子链数目	晶胞参数 (Å)	晶胞参数 (°)	熔点 (℃)	晶体密度 (g/cm³)
尼龙 1016[16] $\pm NH-(CH_2)_{10}-NH-CO-(CH_2)_{14}-CO\pm_n$	α相，三斜	$a=4.90$ $b=5.27$ $c=34.8$	$\alpha=48.7$ $\beta=77$ $\gamma=64.5$	177	
	β相，三斜	$a=4.90$ $b=7.92$ $c=34.8$	$\alpha=90$ $\beta=77$ $\gamma=66$		
尼龙 1018[17] $\pm NH-(CH_2)_{10}-NH-CO-(CH_2)_{16}-O\pm_n$	α相，三斜	$a=4.9$ $b=5.40$ $c=37.3$	$\alpha=47.5$ $\beta=77$ $\gamma=62$	176	
	β相，三斜	$a=4.9$ $b=7.96$ $c=37.3$	$\alpha=90$ $\beta=77$ $\gamma=66$		
尼龙 1020 $\pm NH-(CH_2)_{10}-NH-CO-(CH_2)_{18}-CO\pm_n$				177	
尼龙 1022[18] $\pm NH-(CH_2)_{10}-NH-CO-(CH_2)_{20}-CO\pm_n$	α相，三斜 $N=1$	$a=4.9$ $b=5.4$ $c=42.3$	$\alpha=47.1$ $\beta=77$ $\gamma=63.3$	173	1.156
尼龙 1110 $\pm NH-(CH_2)_{11}-NH-CO-(CH_2)_{8}-CO\pm_n$				195	
尼龙 1111 $\pm NH-(CH_2)_{11}-NH-CO-(CH_2)_{9}-CO\pm_n$	α相，单斜	$a=4.82$ $b=4.56$ $c=57.2$	$\gamma=119.5$	182	
尼龙 1112 $\pm NH-(CH_2)_{11}-NH-CO-(CH_2)_{10}-CO\pm_n$				188	
尼龙 12MLT $\pm HN-CH_2-(CH_2)_{10}-CH_2-HN$ $-CO-CH-CH-CO\pm_n$ $\quad\;\; O\quad O$ $\qquad CH_2$	α相，正交	$a=7.8$ $b=5.8$ $c=20.0$		130	
尼龙 123 $\pm NH-(CH_2)_{12}-NH-CO-CH_2-CO\pm_n$	α相，单斜 $N=4$	$a=8.48$ $b=4.71$ $c=41.3$	$\beta=101$		1.01
尼龙 124[22] $\pm NH-(CH_2)_{12}-NH-CO-(CH_2)_{2}-CO\pm_n$	α相，三斜 $N=1$	$a=4.90$ $b=5.5$ $c=22.3$	$\alpha=49$ $\beta=77$ $\gamma=63$	237	1.17
尼龙 125[25] $\pm NH-(CH_2)_{12}-NH-CO-(CH_2)_{3}-CO\pm_n$	α相，单斜	$a=4.28$ $b=46.8$ $c=8.72$	$\gamma=106$	215	1.09
尼龙 126 $\pm NH-(CH_2)_{12}-NH-CO-(CH_2)_{4}-CO\pm_n$	α相，三斜 $N=1$	$a=4.90$ $b=5.15$ $c=24.8$	$\alpha=51.5$ $\beta=77$ $\gamma=64$	229	1.173
	β相，三斜 $N=2$	$a=4.90$ $b=8.06$ $c=24.8$	$\alpha=90$ $\beta=77$ $\gamma=67$		1.178

聚合物名称	晶系，空间群，每个晶胞中含分子链数目	晶胞参数 (Å)	(°)	熔点 (℃)	晶体密度 (g/cm³)
尼龙 128 $+NH-(CH_2)_{12}-NH-CO-(CH_2)_6-CO+_n$	α相，三斜 N=1	a = 4.90 b = 5.35 c = 27.3	α = 49 β = 77 γ = 64	213	1.134
	β相，三斜 N=2	a = 4.90 b = 8.04 c = 27.3	α = 90 β = 77 γ = 66.5		1.175
尼龙 1210 $+NH-(CH_2)_{12}-NH-CO-(CH_2)_8-CO+_n$	α相，三斜 N=1	a = 4.90 b = 5.23 c = 29.8	α = 50 β = 77 γ = 64	188	1.15
	β相，三斜 N=1	a = 4.90 b = 8.02 c = 29.8	α = 90 β = 77 γ = 67		1.15
尼龙 1211[14] $+NH-(CH_2)_{12}-NH-CO-(CH_2)_9-CO+_n$	α相，假六方	a = 4.85 b = 4.17 c = 48.31	α = 90 β = 90 γ = 115	181	
尼龙 1212[26] $+NH-(CH_2)_{12}-NH-CO-(CH_2)_{10}-CO+_n$	α相，三斜 N=1	a = 4.90 b = 5.20 c = 32.3	α = 50 β = 77 γ = 64	181	1.156
	β相，三斜 N=3	a = 4.90 b = 8.02 c = 32.3	α = 90 β = 77 γ = 67		1.042
尼龙 1214[27] $+NH-(CH_2)_{12}-NH-CO-(CH_2)_{12}-CO+_n$	α相，三斜	a = 4.90 b = 5.25 c = 34.8	α = 48.5 β = 77 γ = 64	179	1.02
	β相，三斜	a = 4.90 b = 8.04 c = 34.8	α = 90 β = 77 γ = 67.2		
尼龙 1216[16] $+NH-(CH_2)_{12}-NH-CO-(CH_2)_{14}-CO+_n$	α相，三斜	a = 4.90 b = 5.39 c = 37.3	α = 47.7 β = 77 γ = 65	171	
	β相，三斜	a = 4.90 b = 7.98 c = 37.3	α = 90 β = 77 γ = 66		
尼龙 1218[17] $+NH-(CH_2)_{12}-NH-CO-(CH_2)_{16}-CO+_n$	α相，三斜	a = 4.9 b = 5.34 c = 39.8	α = 47.9 β = 77 γ = 65	172	
	β相，三斜	a = 4.9 b = 7.92 c = 39.8	α = 90 β = 77 γ = 66		
尼龙 1222[18] $+NH-(CH_2)_{12}-NH-CO-(CH_2)_{20}-CO+_n$	α相，三斜 N=1	a = 4.9 b = 5.4 c = 44.8	α = 48.1 β = 77 γ = 63.0	170	1.136
尼龙 1313 $+NH-(CH_2)_{13}-NH-CO-(CH_2)_{11}-CO+_n$	α相，三斜 N=1	a = 4.88 b = 4.73 c = 34.0	γ = 121.	172	1.043

续表

聚合物名称	晶系，空间群，每个晶胞中含分子链数目	晶胞参数		熔点（℃）	晶体密度（g/cm³）
		（Å）	（°）		
尼龙 MPD-6[28] $\{$NHCH$_2$CH(CH$_2$)$_3$NHCO(CH$_2$)$_4$CO$\}_n$ 　　　　CH$_3$	α相，三斜	a=4.85 b=5.90 c=30.4	α=115.4 β=99.9 γ=61.1		1.05
尼龙 MPD-10[28] $\{$NHCH$_2$CH(CH$_2$)$_3$NHCO(CH$_2$)$_8$CO$\}_n$ 　　　　CH$_3$	α相，单斜	a=4.79 b=5.67 c=36.3	γ=61.8		1.03
聚己二酰间二甲苯胺 $\{$CH$_2$—〇—CH$_2$— NHCO—(CH$_2$)$_4$—CONH$\}_n$	三斜 $P\bar{1}$-C_i^l $N=1$	a=12.01 b=4.83 c=29.8	α=75.0 β=26.0 γ=65.0		1.250
聚对苯甲酰胺 $\{$〇—CONH$\}_n$	正交， $P2_12_12_1$-D_2^4 $N=2$	a=7.71 b=5.14 c=12.8	α=90 β=90 γ=90		1.54
聚间二苯磺酰己二胺 〇—SO$_2$—NH—(CH$_2$)$_6$—NH NH—SO$_2$	α相，单斜 $N=2$	a=7.70 b=7.76 c=14.1	β=117	170	1.409
聚对苯二甲酰对苯二胺 $\{$NH—〇—NHCO—〇—CO$\}_n$	α相，单斜 $N=2$	a=7.728 b=5.184 c=12.81	γ=90.04	600	1.542
聚间苯二甲酰间苯二胺 $\{$NH—〇—NHCO—〇—CO$\}_n$	α相，三斜 $P1$-C_1^l $N=1$	a=5.27 b=5.25 c=11.3	α=111.5 β=111.4 γ=88.0	390	1.47
聚邻苯二甲酰对苯二胺 $\{$NH—〇—NHCO—〇—CO$\}_n$	α相，正交 $N=4$	a=22.8 b=5.5 c=8.1	α=90 β=90 γ=90		1.56
聚对氨基苯甲酸 $\{$NH—〇—CO$\}_n$	α相，正交 D_2^4-$P2_12_12_1$ $N=4$	a=7.71 b=5.14 c=12.9	α=90 β=90 γ=90	550	1.548
聚 3-氨基丁酸 $\{$NH—CH—CH$_2$—CO$\}_n$ 　　　CH$_3$	α相，正交 $N=4$	a=10.9 b=9.6 c=4.6	α=90 β=90 γ=90		1.17

注：N 为每个单胞含有的分子链数目。

根据制备尼龙所用单体和聚合方法的不同[2]，脂肪族尼龙可分为四类：

（1）由氨基酸或内酰胺制得的尼龙，用一个数字表示，通式为

$$\left[\!\!\left[(CH_2)_{x-1} —CO—NH \right]\!\!\right]_n$$

如尼龙 3，尼龙 4，尼龙 11，尼龙 12 等。数字 x 表示碳原子数目。

（2）由二元胺和二元酸制得的尼龙，用两个数字表示（x，y），通式为

$$\left[\!\!\left[NH(CH_2)_x —NH—CO—(CH_2)_{y-2} —CO \right]\!\!\right]_n$$

如尼龙 66，尼龙 77，尼龙 67，尼龙 1010。前一个数字表示二元胺中碳原子数目，后一个数字表示二元酸中的碳原子数目。

（3）共聚尼龙，是由以上相应两类尼龙共聚合而制得。如尼龙 66/6（60：40），括号中数字表示缩聚反应各组分质量比。另外还有以商品化名义命名的共聚尼龙，如 548 共聚尼龙（polyamide terpolymer 548），该品种尼龙是尼龙 6/尼龙 66/尼龙 610 三元共聚树脂，白色或微黄色颗粒，相对密度 2.68～2.72。熔点 160～170℃，结晶度低，具有韧性，溶于乙醇、甲醇或与甲苯的混合溶剂中，用作结构胶黏剂、环氧树脂的增韧剂等。

（4）特殊品种尼龙。

MCPA 铸型尼龙（单体浇铸尼龙）：是一种新技术和新材料，它类似于铜铁浇铸制造的工艺，可以直接将原料（己内酰胺）注入预热的模具内迅速进行聚合反应并凝固成型，制成 MCPA 铸型尼龙（MC 尼龙 6）。与普通尼龙 6 相比，该方法制备的 MC 尼龙结晶度高、吸水率低、分子量高达 3.5 万～7.0 万，而普通尼龙 6 的分子量只有 2 万左右。因此其物理机械性能优于普通尼龙，有较好的强度，刚性、韧性、耐磨性、化学稳定性；吸水率低，尺寸稳定性好；有自熄性，持续耐热可达 100℃。拉伸强度 80.9MPa；拉伸弹性模量 2.8～3.6GPa；断裂伸长率 16.9%；弯曲强度 97.6MPa；缺口冲击强度 11.2kJ/m² [4]。

尼龙 6T（T_m：370℃，T_g：180℃）和尼龙 9T（T_m：306℃，T_g：125℃），其中"6"和"9"分别代表缩聚单体二元胺中的己二胺和壬二胺；"T"代表缩聚单体二元酸中的对苯二甲酸，它们都是半脂肪族尼龙，是在脂肪族尼龙分子链中，部分引入芳环的一种聚酰胺[5,6]。除了有一般脂肪族尼龙的高拉伸强度特点外，还具有脂肪族尼龙所不具有的吸水性小、高温刚性和尺寸稳定性好、不易翘曲、电器绝缘性、突出的滑动摩擦性以及大范围的阻燃等级、优良的加工性等特点，主要应用在电子材料、工程塑料、薄膜和纤维上。

尼龙 6I（"6"代表缩聚单体二元胺中的己二胺，"I"代表缩聚单体二元酸中的间苯二甲酸）[7]。由德国拜耳公司于 20 世纪 60 年代末首次合成。它是一种无定形、透明的塑料，具有特殊的韧性、高刚性、耐冲击、耐化学品、抗低温脆性和吸水率小等特点，且其机械强度和电性能几乎不随湿度变化而变化。主要用来代替金属作纤维成型机头、汽车零部件等工程结构材料，电气设备中的高级光学

透镜，工业用安全防护罩，仪器仪表窗及食品包装材料等。

聚间苯二甲酰间苯二胺纤维（芳纶 1313）：密度 $1.33\sim1.36\text{g/cm}^3$，由间苯二甲酸和间苯二胺缩聚后经溶液纺丝而成，最早由美国杜邦公司研制成功并实现工业化生产，产品注册为 Nomex（诺美克斯）。

芳纶 1313 最突出的特点就是耐高温性能好，玻璃化温度 T_g 为 270℃，可在 220℃高温下长期使用而不老化，其电气性能与机械性能可保持 10 年之久，而且尺寸稳定性极佳，在 250℃左右的热收缩率仅为 1%，短时间暴露于 300℃高温中也不会收缩、脆化、软化或者熔融，在超过 370℃时才开始分解，400℃左右开始碳化，如此高的热稳定性在目前有机耐热纤维中是绝无仅有的；芳纶 1313 的极限氧指数大于 28%，属于难燃纤维，具有自熄性。这种源于本身分子结构的固有特性使芳纶 1313 永久阻燃，因此有"防火纤维"的美称；芳纶 1313 介电常数很低，用其制备的绝缘纸耐击穿电压可达到 100kV/mm^2，是全球公认的最佳绝缘材料；芳纶 1313 的化学结构异常稳定，可耐大多高浓无机酸及其他化学品的腐蚀、抗水解作用和蒸气腐蚀；芳纶 1313 是柔性高分子材料，低刚度高伸长特性使之具备与普通纤维相同的可纺性；芳纶 1313 耐 α、β、X 射线以及紫外光辐射的性能十分优异，用 50kV 的 X 射线辐射 100h，其纤维强度仍保持原来的 73%，而此时的 PET 则早已成了粉末。

聚对苯二甲酰对苯二胺（Kevlar）：芳纶 1414，也译作凯芙拉，也是由美国杜邦公司研制的一种芳纶纤维产品，它是由对苯二胺与对苯二甲酰氯缩合聚合而成。

聚对苯二甲酰对苯二胺分子链具有刚性，呈现溶致液晶性，其溶液在剪切力作用下极易形成各向异性态织构；具有高耐热性，玻璃化转变温度在 300℃以上，热分解温度高达 560℃，在 180℃空气中放置 48h 后强度保持率为 84%；具有高拉伸强度和弹性模量，纤维强度 0.215N/den（1 den=0.111 111tex），模量 $4.9\sim9.8$N/den，比强度是钢的 5 倍，用于复合材料时压缩和抗弯强度仅低于无机纤维；热收缩和蠕变性能稳定，此外还有高绝缘性和耐化学腐蚀性。

15.3　聚酰胺的结构特征

15.3.1　平面锯齿形构象

酰胺基中 C—N 键(1.33Å)比一般 C—N 键(1.46Å)短得多，使它具有双键特征，因而 —C—N— 在同一平面上，故含有 —C—N— 基团的高分子链一般采取平面锯齿形构象（图 15.1）。

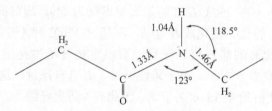

图 15.1　聚酰胺的键长和键角

脂肪族聚酰胺 α 晶型分子采取完全伸展的平面锯齿形构象，β 型与 α 型差别只是分子链在晶胞中堆砌方式的不同；而 γ 型可视为连接到酰胺基的 C—C 及 N—C 键稍扭折，链稍微收缩所致。现用几种代表性尼龙（表 15.2）说明如下[2,3]。

（1）当 x、y 均为偶数时，如尼龙 66、尼龙 610、尼龙 1010 等，现以尼龙 66 为例：A 连接无对称中心，分子有方向性，分子顺反排列可识别。B、C 连接分子有对称中心，分子链顺反（或称平行反平行）排列不可识别。故尼龙 66 的单体连接方式可分为 A、B、C 三种情况：

A. $\left[\!\!\begin{array}{c} \overset{H}{N}-(CH_2)_6-\overset{H}{N}-\overset{O}{C}-(CH_2)_4-\overset{O}{C} \end{array}\!\!\right]_n$

B. $\left[\!\!\begin{array}{c} (CH_2)_3-\overset{H}{N}-\overset{O}{C}-(CH_2)_4-\overset{O}{C}-\overset{H}{N}-(CH_2)_3 \end{array}\!\!\right]_n$

C. $\left[\!\!\begin{array}{c} (CH_2)_2-\overset{O}{C}-\overset{H}{N}-(CH_2)_6-\overset{H}{N}-\overset{O}{N}-(CH_2)_2 \end{array}\!\!\right]_n$

表 15.2　尼龙的分子间氢键不同排列情况[2,3]

	尼龙 6		尼龙 7	
分子间氢键的形成				
类型	偶数氨基酸		奇数氨基酸	
成键数	半数成键	全部成键	全部成键	全部成键
排列方式	平行排列	反平行排列	平行排列	反平行排列
	尼龙 67		尼龙 76	
分子间氢键的形成				
类型	偶胺奇酸		奇胺偶酸	
成键数	3/4 成键	半数成键	1/4 成键	半数成键
排列方式	平行排列	反平行排列	平行排列	反平行排列
	尼龙 66		尼龙 77	
分子间氢键的形成				
类型	偶胺偶酸		奇胺奇酸	
成键数	全部成键	半数成键	半数成键	半数成键
排列方式	平行排列	反平行排列	平行排列	反平行排列

若分子顺向排列，氢键可以全部利用（图15.2），形成氢键的位置高度相等[图15.2（b）]，称α晶型，晶体结构如图15.2（a）所示。反向排列氢键部分被利用，形成氢键位置高度不等[图15.2（c）]，称β晶型，两者都是三斜晶系。

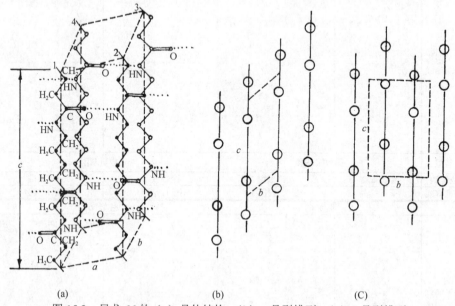

图15.2　尼龙66的（a）晶体结构；（b）α晶型排列；（c）β晶型排列

（2）当x、y均为奇数时，如尼龙77，其分子有方向性，没有对称中心，分子顺反排列可识别。尼龙77按平面锯齿形构象，等同周期为19.7Å，而观察到的周期稍缩短，是19.0Å，其结晶成γ型（表15.2），理由如前述，分子链中按酰胺基两端的N—C和C—C键稍扭折，采取如下构象：

$$CH_2—CO—NH—CH_2—$$
$$S\quad T\quad \bar{S}$$
$$\bar{S}\quad 或\quad T$$

使整个分子链有向螺旋构象发展的趋势。目前人们已知多种尼龙具有α、β晶型，并从实际中得知α型比β型更稳定，但其原因尚待弄清。

（3）x为偶，y为奇，如尼龙67（表15.2），若按A连接没有对称中心，按B有对称中心，不存在C连接，可形成α及β晶型。

A.　$\left[-\overset{H}{N}-(CH_2)_6-\overset{H}{N}-\overset{O}{C}-(CH_2)_5\overset{O}{C}- \right]_n$

B.　$\left[-(CH_2)_3-\overset{H}{N}-\overset{O}{C}-(CH_2)_5-\overset{O}{C}-\overset{H}{N}-(CH_2)_3- \right]_n$

C. 不存在

（4）x 为奇，y 为偶，如表 15.2 中尼龙 76，按 A 连接没有对称中心，按 C 连接则分子有对称中心，不存在 B 连接，顺向可形成 γ 型，反向形成 β 型。

A. $\begin{array}{c} \quad\quad H \quad\quad\quad\quad H \quad\; O \quad\quad\quad O \\ + N-(CH_2)_7-N-C-(CH_2)_5C + \end{array}_n$

B. 不存在

C. $\begin{array}{c} \quad\quad O \quad\quad\quad\quad H \quad\quad\quad\; H \quad\quad\quad\; O \\ +(CH_2)_2C-N-(CH_2)_7 \; N-(CH_2)_2-C+ \end{array}_n$

现在看用一个数字表示的尼龙。

（5）x 为偶数，如尼龙 6，分子无对称中心，顺、反排列可识别。顺向排列氢键半数成键形成 α 型，反向排列全部成键形成 γ 型，其 β 相是不稳定结晶相（表 15.2）。

（6）x 为奇数，如尼龙 7（表 15.2），无论顺反排列，氢键均可全部利用，其结晶时仅形成 α 型。

上面简述了脂肪聚酰胺氢键成键多少与多晶型关系，实际上随着研究的深入，情况要复杂得多，如尼龙 11，其顺、反排列如图 15.3 所示，随结晶条件（外场诱变）不同，可以结晶成 α、β、γ、δ、δ′ 等晶型[3]。尼龙 6 除可生成 α、γ 晶型外，还可生成介晶态 β 型（表 15.2）[2]。

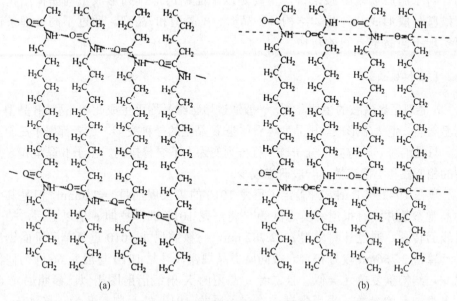

图 15.3 尼龙 11 分子链排列方式：（a）顺向；（b）反向

15.3.2　聚酰胺晶体结构

高分子晶体结构中高分子链的排布应符合以下原则。

（1）链在空间排布要符合能量最低原理；

（2）链的排布要符合空间群等效位置原则；

（3）链的对称性要与晶体结构的对称性相对应；

（4）晶体结构中的链构象出现类型与数目要与空间群的对称性相对应；

（5）在晶体结构中，若分子链间存在氢键，则为了满足氢键成键要求，分子链要根据本身的构型及氢键的成键方向，按一定的方式排列后的对称性与空间群的对称性相对应。

高分子在结晶中的构象由分子内作用力和分子间作用力两方面的因素决定。分子间作用力会对整个分子链构象以及链与链之间堆砌密度有影响，特别是对存在分子间氢键作用的聚酰胺类高分子，分子间作用力占主导地位。聚酰胺是一类含有酰胺键基团—CONH—的线性高分子，酰胺键在分子间可以形成较强的氢键，这些氢键不仅影响着聚酰胺的晶体结构，而且还对聚酰胺的物理性能起着非常重要的作用。当高分子在聚集成三维有序的晶体时，晶体的三维尺寸主要由分子链构型和构象所决定，无论是平面锯齿形分子链，还是螺旋形分子链，它们在结晶时，都采取使主链中心轴互相平行的方式排列。对于脂肪族聚酰胺来讲，主要是以平面锯齿形排列形成不同晶体结构。聚酰胺一般形成三种晶体结构：α晶型、β晶型和γ晶型。通过不同处理条件可实现不同晶型之间的转换。

1. α和β晶型

α晶型是聚酰胺的主要晶型，一般通过熔融结晶均可生成此类晶型。β晶型在高温结晶或退火下形成。β晶型可看作是α晶型的一种变形，二者都属于三斜晶系。只是沿着 c 轴方向，分子链平行排列变为上下交替排列。由于β晶型和α晶型的相似性和不确定性，一般研究较少。

早在1942年Barke就确定了尼龙1010的等长周期是 $c=2.56$nm，但是其余的晶胞参数并没有报道。莫志深等[24]将尼龙1010试样拉伸6倍以上后，拍X射线回转图，通过计算求得 $c=2.782$ nm，与按照尼龙1010重复单元平面锯齿形计算值2.766nm较好符合。按同质类晶规律，尼龙1010与尼龙66同为偶偶尼龙，结构重复单元类似，且二者α晶型的X射线衍射图相似。参照尼龙66 α晶型的晶胞参数，采用尝试法确定了尼龙1010的晶胞参数为 $a=0.49$nm，$b=0.54$nm，$c=2.782$nm，$\alpha=49°$，$\beta=77°$，$\gamma=63.5°$，并对各个X射线衍射峰进行了指标化。α晶型属于三斜晶系，分子链采取完全的平面锯齿形排列，形成氢键平面。图 15.4（a）就是熔体等温结晶的尼龙 1010 的 X 射线衍射图[29]。可见在 140℃以上时，尼龙 1010 主要生成 α 晶型。图 15.4（b）是尼龙 1010 晶体结构（α 型）[24]。

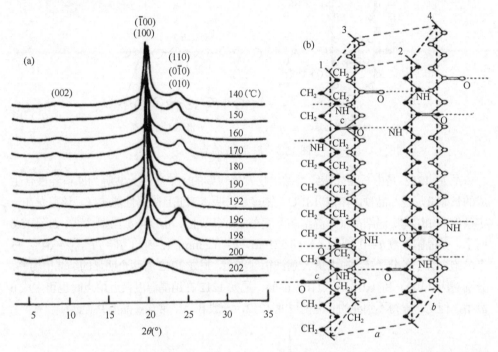

图 15.4　（a）不同温度等温结晶的尼龙 1010 的 X 射线衍射图[29]；（b）尼龙 1010 的晶体结构[24]

具有商业用途的尼龙 66 和尼龙 6，也是形成 α 晶型[3]，尼龙 66 晶胞参数早在 1941 年就已经测定出来了，其晶胞参数为 $a = 0.49nm$，$b = 0.54nm$，$c = 1.72nm$，$\alpha = 48.5°$，$\beta = 77°$，$\gamma = 63.5°$。尼龙 66 每个单胞中含有一个化学重复单元，分子间在晶胞 a-c 平面形成氢键，由于氢键，一条分子链上的酰胺基的 C 原子和相邻酰胺基上的 N 原子在同一水平上，因此氢键平面上的每一个分子链沿着 c 轴方向被相互隔开一个原子的距离，如图 15.5 所示。两个氢键平面间的垂直距离为 0.37nm，同一氢键平面内两条分子链间的垂直距离为 0.47nm。对于偶偶尼龙来讲，其分子链没有方向性，平行链和反平行链是相等的，大部分偶偶尼龙以三斜晶系形成晶体，区别是其 c 轴的尺寸，不同的尼龙重复单元中的亚甲基长度比例不一样，亚甲基长度越长，c 轴尺寸越大。

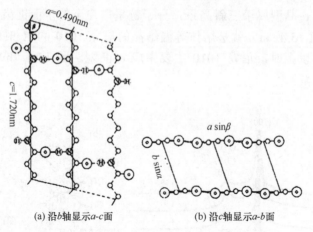

(a) 沿 b 轴显示 a-c 面　　　　　　(b) 沿 c 轴显示 a-b 面

图 15.5　尼龙 66 的晶胞

尼龙 1212 是由石油烃蜡经过微生物发酵得到的十二碳二元酸等为原料经聚合生成的长碳链尼龙新品种，熔点 181℃，密度小，吸水率低且阻隔性能较好。该尼龙在一定条件下如熔体等温结晶（等温结晶温度在 140℃以上）可形成 α 晶型[26,30]，如图 15.6 所示，其晶胞参数 $a=0.49$nm，$b=0.521$nm，$c=3.23$nm，$\alpha=50°$，$\beta=77°$，$\gamma=64°$，每个单胞含有 1 条分子链。在大角 X 射线衍射图上，尼龙 1212 有两个明显的结晶衍射峰，分别对应（100）和（010）/（110）晶面。尼龙 1212 在结晶温度接近熔点时也可生成 β 晶型，但是一般得不到纯的 β 晶型尼龙 1212，一般 β 晶型常与 α 晶型共存。

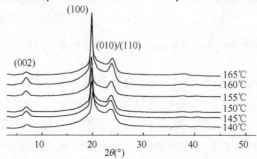

图 15.6　不同结晶温度下，尼龙 1212 的 WAXD 图[30]

尼龙 11 是一种高性能的新型材料，由蓖麻油裂解合成，熔点 190℃左右，玻璃化转变温度 43℃，是一种极为稀少的铁电高分子材料，具有优异的压电性能。据报道尼龙 11 至少可形成 3 种晶型和一个亚稳态结构[31-33]，其中 α 和 δ 晶型是主要晶型（图 15.7），δ 晶型尼龙 11 具有良好的压电性能。它们的晶胞参数分别为 $a=0.95$nm，$b=1.00$nm，$c=1.50$nm，$\alpha=60°$，$\beta=90°$，$\gamma=67°$和 $a=0.975$nm，$b=0.802$nm，$c=1.5$nm，$\beta=115°$，每个单胞含有 4 条分子链。由熔体拉伸或由苯酚/甲酸溶液结晶可得到 α 晶型，也可通过熔体等温结晶得到 α 晶型。尼龙 11 的 β 晶型（单斜晶系）可由含 5% 甲酸的尼龙 11 水溶液在 160℃通过溶剂诱导结晶得到，在大角 X 射线衍射图上，尼龙 11 α 晶型出现四个主要的结晶衍射峰，（001）、（100）、（010）/（110）晶面。

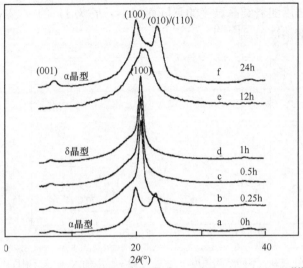

图 15.7　不同退火时间下（160℃），尼龙 11 的 WAXD 图[32]

2. γ 晶型

γ 晶型是聚酰胺另一种比较常见的晶型，多于 7 个碳原子的偶数尼龙和偶奇尼龙、奇偶尼龙、奇奇尼龙在一定条件下（Brill 转变）会生成 γ 结构。尼龙 γ 晶型属于单斜晶系，两种结构在 X 射线衍射图上只有一个强的宽衍射峰。实际上该结构是一种假六面体结构。尼龙 6 的 γ 结构如图 15.8 所示。

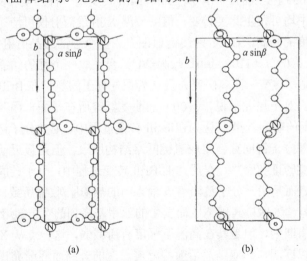

(a)　　　　　　　　(b)

图 15.8　尼龙 6 的 γ 结构单胞[3]

（a）沿 a 轴显示 b-c 面；（b）沿 c 轴显示 a-b 面

尼龙 1212 在熔体等温结晶（90℃以下结晶）生成 γ 晶型[26]，是一种准六方结构，其 X 射线衍射图如图 15.9 所示。该 γ 晶型仅在 2θ =21.4°，出现很强的衍射峰，且衍射峰强度随着结晶温度的下降而减小。尼龙 11 的 γ 晶型由三乙二醇水溶液和三氟乙酸溶液得到[34,35]。

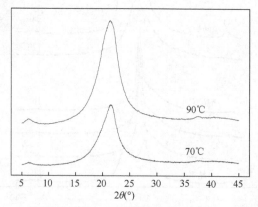

图 15.9　不同结晶温度下尼龙 1212 γ 晶型的 X 射线衍射图[26]

15.3.3　聚酰胺晶型转变

1. Brill 转变

Brill 转变是聚酰胺一类高分子所特有的现象。该转变最早由 Brill[36]于 1942 年在研究尼龙 66 时发现的。从本质上讲，Brill 转变是一种晶型转变，很多尼龙在升、降温过程中均可发生此类转变，借助变温 X 射线衍射仪可清楚地观察到这个转变。随着温度的升高，在 X 射线衍射图上，两个强的结晶衍射峰（100）晶面（2θ=20°）和（010）/（110）晶面（2θ =24°）合并成一个强的结晶衍射峰，一般对应尼龙 α-γ 晶型转变。许多研究人员认为尼龙分子间氢键在 Brill 转变中起着非常重要的作用。对于尼龙来说，（100）晶面是氢键所在平面，因其在加热过程中消失，所以早期的研究人员[37]认为在 Brill 转变过程中，尼龙分子链间的氢键发生断裂，并在相邻分子链间重新生成氢键网络结构所致。但是最近研究人员通过变温红外光谱等实验证实[38-40]，在尼龙的 Brill 转变过程中，分子链间氢键并没有发生断裂和重组，而是由于分子链沿着 b 轴方向的热膨胀/收缩所致；或者是由于在升温过程中，氢键为保持其规整性而发生的亚甲基序列的"局部熔融"。虽然分子链间的氢键没有断裂，但是其在高温下强度有所减弱，这一点从 X 射线衍射图上峰位的移动可以证明，即双结晶衍射峰随着温度的升高而逐渐靠拢。

尼龙的 Brill 转变易受到各种因素影响，如结晶温度、化学重复单元长度、晶体完善程度等。一般来讲，结晶温度越高，晶体越完善，化学重复单元长度越短，尼龙的 Brill 转变温度越高。对于同种尼龙，熔融结晶样品的 Brill 转变温度要高于溶液结晶样品，因熔融结晶的晶体完善程度高于溶液结晶得到的晶体。值得一提的是尼龙 Brill 转变温度随着化学重复单元长度增加而迅速下降，当重复单元长度达到一定值时，由于其 Brill 转变温度降低到接近尼龙熔点，因此就无法观察到Brill 转变。另外同种尼龙晶体完善程度较高，其 Brill 转变温度也会升高，这主要是完善的晶体有很强的分子间作用力控制其分子结构，导致 Brill 转变温度升高，接近尼龙的熔点，也无法清楚观察到 Brill 转变。如图 15.10（a）是尼龙 1212 在160℃等温结晶 4h 的样品（α 晶型）在升温过程的 WAXD 图。图中发现直到 170℃时，尼龙 1212 还未出现 Brill 转变。图 15.10（b）是尼龙 1212 在 90℃等温结晶4h 的样品（γ 晶型）在升温过程的 WAXD 图，即使当温度升高到 180℃时，尼龙1212 也未出现 Brill 转变。

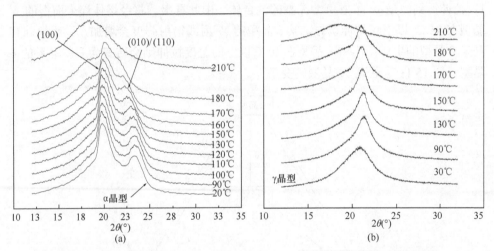

图 15.10　尼龙 1212 α 晶型（a）和 γ 晶型（b）在升温过程中的 WAXD 图

2. 其他晶型转变

在应力、热、电等外场作用下，结晶高分子往往会产生晶型转变[31,41,42]。尼龙 1212 在拉伸条件下会由 α 晶型转变成 γ 晶型。尼龙 1212 γ 晶型在 140℃以上退火转变成稳定的 α 晶型，但是尼龙 1212 α 晶型在 90℃退火无法转变成 γ 晶型。偶数尼龙的 α 晶型在碘化钾水溶液作用下，由于氢键的断裂而转变成 γ 晶型[43]。

尼龙 11 由熔体淬火而得的是准六方晶系的 δ′晶型[31,44]，该晶型是一种层状排列相结构。三斜晶系的 α 晶型随结晶温度升高而含量增加，这种 δ′晶型是不稳定的，随温度降低很快会转变为 α 晶型。δ′晶型和 γ 晶型同属于准六方晶系，其区

别在于只有 γ 晶型在 d =1.47nm（2θ =3°）处有一衍射峰。研究认为尼龙 11 晶型的转变不是由于晶体中氢键的断裂及重组，而是由于尼龙 11 中亚甲基的快速振动导致了结晶结构和尺寸的变化，但这种变化并不破坏由氢键形成的晶体长程有序结构。正是基于此，使得 α 晶型受热可以向 δ 晶型转变。δ 晶型的链间距大于 α 晶型，但层状的氢键结构保持下来，所以当温度低于 95℃ 时，可以很快回复到 α 晶型。由熔体淬火得到的是 δ′晶型，其晶体结构与 δ 晶型是基本一致，所不同的是 δ′晶型在 d=0.416nm（2θ=10.7°）处的衍射峰较宽，其氢键的方向不是横向指向，而是沿着链骨架和相邻链方向上随机指向。因此 δ′晶型是一种动力学上的产物，淬火使之没有足够的时间排列成热力学稳态。δ′晶型有趋向于 α 晶型的趋势，但这是一个高活化能过程，对其进行退火处理可以得到 α 晶型。

　　拉伸诱导也可使尼龙 11 和尼龙 1212 产生晶型转变[26,31]。尼龙 11 的 α 晶型在 95℃ 以下经拉伸诱导作用会部分地转变为准六方晶系 δ′晶型，由 α 晶型的尼龙 11 拉伸得到的是 α 晶型和 δ′晶型的混合体。由此看出，将经熔体淬火而得的 δ′晶型在 95℃ 以下经拉伸诱导，其 δ′晶型的 X 射线衍射强度会增加，说明拉伸有利于 δ′晶型的生成；而将 δ′晶型在 95℃ 以上的温度拉伸则会转变为三斜晶系的 α 晶型。图 15.11 是尼龙 11 晶型转变条件。

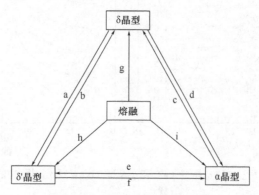

图 15.11　尼龙 11 的晶型转变[31]

a. 冰水淬火；b. 升温至 95℃以上；c. 升温至 95℃以上；d. 等温结晶（退火）；e. 低温拉伸；f. 等温结晶；g. 降温；h. 冰水淬火；i. 等温结晶

　　拉伸温度的提高，尼龙 11（100）与（010）/（110）晶面衍射逐渐分离且（100）的衍射更加明显，表明随拉伸温度的升高，尼龙 11 衍射花样更加清晰，且表现出典型的双峰衍射，低温下拉伸有利于形成准六方晶系 δ′晶型，而在较高温度下拉伸则出现三斜晶系的α晶型。图 15.12 为尼龙 11 不同拉伸温度下的 X 射线衍射花样及 IP 影像。

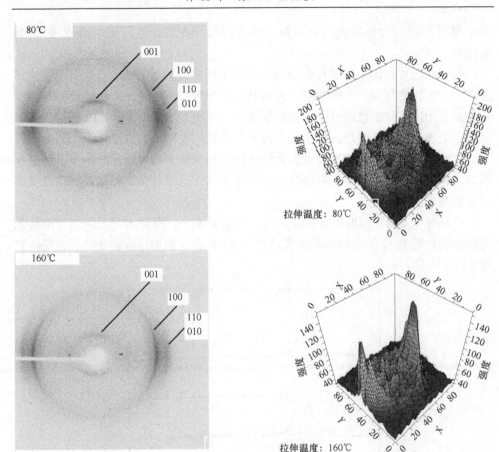

图 15.12　尼龙 11 不同拉伸温度下的 X 射线衍射花样（左）及三维衍射影像（右）

　　IP 板照相法是一种 X 射线数字化技术，当晶体受到一定能量的射线（如 X 射线）辐照时，产生大量的电子/空穴对，从而把一定量的光子以亚稳态的形式储存于晶体中，当晶体受到一定能量的光（低能量的）激励时，储存的光子又以发光的形式释放出来，这种现象称为光激励发光（photostimulated luminescence，PSL）。

　　常用的光激励发光材料为含有微量元素铕（Eu）的钡氟卤化合物晶体（BaFX：Eu^{2+}，X=Cl、Br、I）。透过样品的衍射 X 射线，在 IP 板表面产生沿二维分布的、与该点接收的 X 射线剂量成正比的俘获电子和空穴。

　　X 射线影像就以电子空穴分布的潜像形式存储起来。然后，用聚焦的激光光束对 IP 板表面作 X-Y 行帧扫描，在激光束的激励下，俘获态电子和空穴将被释放出来产生与该点的电子空穴密度成正比的荧光。荧光逐点接收，转变为电信号，再经放大和变换转变为数字信号，最后在荧光屏上显示出 X 射线透射图像。

　　与普通胶片相比，X 射线影像板具有以下优势：①测量精确。克服了胶片测量强度误差大的缺点，可精确测量 X 射线衍射强度。②环保。IP 板经光擦除后可以反复使用，每张影像板至少可以反复使用上千次。③操作简便。IP 板扫描在显示器上处理后的影像信息，直接传入激光打印机，实现了明室操作，可完全取消显、定影液，彻底解除暗室技术人员的工作，明室操作简单易行。④便于存储和共享。影像信息可以快速地存储与取出，数字化信息可以海量和长期保存，便于存储和共享。

　　电场对尼龙 11 晶型也有重要影响，莫志深等[45]、肖学山[46]发现随静电场强度的增大，尼龙 11 的晶格参数增大，且尼龙 11 由 α 晶型逐渐向 δ′晶型转变，如图 15.13 所示。

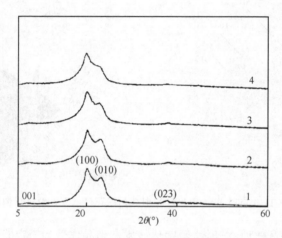

图 15.13　尼龙 11 在不同电场强度下的晶型转变[46]

1. 0kV/cm；2. 4kV/cm；3. 6kV/cm；4. 8kV/cm

　　尼龙 11 在 $3×10^8$ Pa 压力下生成 α 晶型和 δ′晶型，但在大于 $4×10^8$ Pa 压力下只形成 α 晶型。在较高的温度下，当压力小于 $4×10^8$ Pa 时，δ 和 δ′晶型都可能是稳定的，但压力大于 $4×10^8$ Pa 时，只有 α 晶型出现[47,48]。

　　尼龙 1010 熔体经液氮淬火后形成 α 晶型，但是该晶型晶体不完善，随着退火温度的提高，α 晶体逐渐完善，但是并没有出现晶型转变。在 γ 射线辐照条件下，尼龙 1010 首先发生非晶区破坏，α 晶型晶体随着辐照剂量的增加，晶体完善性逐渐降低[49, 50]，直至非晶化（图 15.14）。

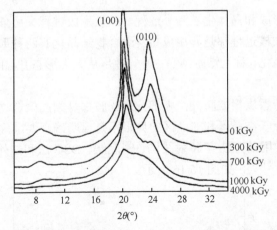

图 15.14 不同辐照剂量下尼龙 1010 α 晶型的 X 射线衍射图

图 15.15 是尼龙 1212 α 晶型在 50～400kGy 辐照剂量范围内的 X 射线衍射图。开始随着辐照剂量的增加，尼龙 1212 的（100）和（010）/（110）衍射峰并没有发生改变，表明其晶体结构并没有因为辐照而发生改变。但是随辐照剂量继续增加，衍射峰的强度先增加后下降，在 50kGy 时峰达到了最大值，之后随剂量增加结晶峰强度降低。这是由于在低剂量辐照下高分子链的缠结部分发生解缠结，吸收辐照能量后又重新排列结晶。但是在高剂量下，高分子发生降解，结晶开始被破坏。

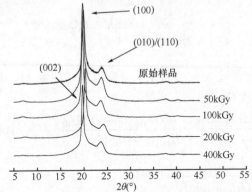

图 15.15 不同辐照剂量下尼龙 1212 α 晶型的 X 射线衍射图

15.4 聚酰胺结晶和熔融

15.4.1 聚酰胺结晶

高分子结晶是从无序结构向有序结构转变的过程，与小分子类似，高分子结晶过程包括晶核形成和晶体生长两个过程。晶核形成过程又可分为均相成核和异相成核。大多数成核过程都是异相成核。聚合物结晶化有两种形式：一是从熔融态冷却时发生结晶化，称为熔融结晶；另一种是从无定形态升温时发生的结晶化，称冷结晶[2,3]。

　　除了特殊的芳香族聚酰胺外，大部分聚酰胺都是结晶聚合物，分为结晶区和非晶区。由于高分子结晶区和非晶区的界限不是很明确，要准确测定结晶度是比较困难的，比较常用的方法有 X 射线法、密度法、DSC 法和红外光谱法。其中 X 射线法最常使用[29,51,52]，如图 15.16 所示。

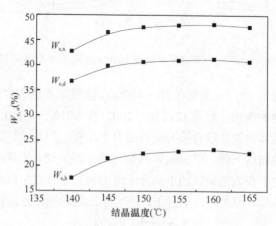

图 15.16　不同方法测量尼龙 1212 结晶度[51]

$W_{c,x}$：X 射线方法；$W_{c,d}$：密度法；$W_{c,h}$：DSC 方法

　　国内外许多学者通过 X 射线方法，分别推导了尼龙 11，尼龙 66，尼龙 1010和尼龙 1212 的结晶度公式如下。

$$W_{c,x} = \frac{0.085I_{001} + I_{100} + 1.57I_{010/110} + 10.51I_{023}}{0.085I_{001} + I_{100} + 1.57I_{010/110} + 10.51I_{023} + 0.811I_a} \times 100\% \qquad \text{尼龙 11}^{[52]}$$

$$W_{c,x} = \frac{I_{100} + 1.41I_{110}^{010}}{I_{100} + 1.41I_{110}^{010} + 1.06I_a} \times 100\% \qquad \text{尼龙 66}^{[3]}$$

$$W_{c,x} = \frac{0.064I_{002} + 0.58I_{100/\bar{1}00} + I_{010/010/\bar{1}10}}{0.064I_{002} + 0.58I_{100/\bar{1}00} + I_{010/010/\bar{1}10} + 0.504I_a} \times 100\% \qquad \text{尼龙 1010}^{[29]}$$

$$W_{c,x} = \frac{0.64I_{020} + 0.90I_{021} + I_{110} + 2.31I_{111}}{0.64I_{020} + 0.90I_{021} + I_{110} + 2.31I_{111} + 0.75I_a} \times 100\% \qquad \text{尼龙 1212}^{[51]}$$

　　聚酰胺的结晶度属于中等水平，最大结晶度一般为 50%～60%，同时聚酰胺结晶度可在一个相对较宽范围内变化。分子结构、分子量、结晶温度等对聚酰胺结晶度有很大影响。一般来讲，聚酰胺结晶度随着分子量增加而逐渐下降，最后趋于稳定值。分子链对称性高、规整性好，其结晶度越大。因此要得到非晶态的聚酰胺，通常采用在主链上引入侧链、不对称结构和环状结构或共聚等破坏分子结构规整性。采用熔融方法制备的聚酰胺制品，其结晶度受冷却速率影响较大：冷却速率越快，结晶度越低。但是由于聚酰胺结晶速率一般都比较快，一般的淬火也很难获得完全非晶的聚酰胺制品。

和其他高分子一样，聚酰胺结晶度随着结晶温度的变化呈现抛物线变化[29,51-53]，如图 15.16 所示。尼龙 1212 的结晶度在 160℃ 左右出现极大值，低于或高于此温度，其结晶度都会下降。刘思杨等[52]和张宏放等[54]在研究尼龙 11 和尼龙 1010 时，也出现类似现象，尼龙 11 在 165℃ 时结晶度最高；尼龙 1010 在 175℃ 左右结晶最好。

研究表明结晶度、球晶的大小和分布对聚酰胺的机械性能、化学性能、物理性能、电性能和热性能有重要的影响[55]。球晶尺寸越大，拉伸强度越小；结晶度越高，聚酰胺的拉伸强度、刚性、硬度有所增加，但是冲击强度和断裂伸长率出现下降。较高的结晶度会增加聚酰胺的耐蠕变性能、热变形温度、耐磨损性能、尺寸稳定性和气体阻隔性等。尼龙 6 结晶度从 20% 升高到 43% 时，其拉伸强度从 75MPa 增加到 83MPa；弯曲模量从 2.6GPa 增加到 3.5GPa。尼龙 66 薄膜结晶度从 10% 升高到 48% 时，拉伸强度从 39MPa 增加到 70MPa。

聚酰胺结晶受分子链酰胺基团密度影响很大，化学重复单元越短，结晶能力越强；分子链规整度越好，结晶能力越好。如在下述聚酰胺中，其结晶能力强弱如下：尼龙 66>尼龙 610>尼龙 1010>尼龙 1212。这主要是由于在分子结构类似的情况下，重复单元长度越长，氢键的密度越低，柔顺性随之增强，结晶能力变弱。聚酰胺的吸水性能也与酰胺键密切相关，氢键密度大，吸水率越大：尼龙 6>尼龙 66>尼龙 610>尼龙 1010>尼龙 11>尼龙 12。由于聚酰胺中的酰胺基团彼此间会形成氢键，酰胺基团含量越高，键密度越高，聚酰胺熔点也逐渐升高，尼龙 84（254℃）>尼龙 86（250℃）>尼龙 88（227℃）>尼龙 810（210℃）>尼龙 812（205℃）>尼龙 816（191℃）>尼龙 818（184℃）>尼龙 822（180℃）。对于同种的聚酰胺，分子量较大的聚合物有较高的熔点；对于酰胺基含量一致的聚酰胺，偶偶尼龙通常具有最高的熔点；由奇数碳原子的二胺或二酸制得的聚酰胺有明显低的熔点。

尼龙一般会在初次结晶后再进一步发生二次结晶，这是一个在固体状态的分子链再次重新结晶的过程，可使晶体完善。因而在 DSC 升温曲线上，尼龙往往会出现多重熔融现象。受初次结晶的影响，二次结晶过程较慢，但是外界条件，如吸水、高温有利于二次结晶。聚酰胺由于含有大量的酰胺基团，易吸水，水分对聚酰胺起着增塑作用，提高分子链活动能力，因而使二次结晶加快。在玻璃化转变温度以上对经过淬火的尼龙进行热处理，可以使尼龙在较宽温度范围内结晶化，尼龙在 DSC 升温曲线上会出现两个熔融峰,其中较高温度的熔融峰对应的是初次结晶(主结晶),低的熔融峰对应的是二次结晶。值得一提的是酰胺基团含量较低的聚酰胺中,如尼龙 11、尼龙 12 和尼龙 15 中,在 DSC 曲线上并没有观察到二次结晶熔融峰。另外对于结晶温度较高的聚酰胺,由于其在高温时,分子链已经基本结晶完全,因而无二次结晶出现。图 15.17 是尼龙 1212 不同温度下结晶的DSC 曲线图[30]。T_{m1} 和 T_{m2} 熔融峰温度比较低,与结晶温度有关,并随着结晶温度的升高而向高温方向移动。一般认为其来源于二次结晶,晶体不稳定,缺陷较多,因而在低温就会熔融。其中 T_{m1} 是尼龙 1212 γ 晶型的二次结晶的熔融峰,T_{m2}是尼龙 1212 α 晶型的二次结晶的熔融峰。T_{m3} 和 T_{m4} 熔融峰面积较大,且峰温随结晶温度升高变化不大,一般认为来自样品的主结晶,分别来源于 γ 和 α 晶型。T_{m5} 是熔融重结晶峰。其中在 175℃结晶的尼龙 1212 样品中,无法观察到二次结晶的熔融峰。

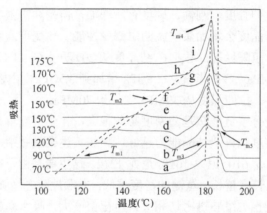

图 15.17　不同结晶温度下尼龙 1212 的 DSC 曲线[30]

15.4.2　外场对尼龙结晶的影响

聚酰胺在电场作用下的结晶行为和通常条件下不一样。肖学山等在自行研制的高真空强静电场装置下进行了尼龙 11 的熔融结晶。结果证实,随静电场强度的增大,尼龙 11 的晶格参数增大,晶胞膨胀,尼龙 11 逐渐由 α 晶型向 δ′ 晶型转变[45]。吕云伟等研究发现尼龙 6 在高压下易生成伸展链晶体,晶体有序程度增加,熔点和熔融热随着压力的增加而增加[56]。另有研究表明尼龙 6 在 650MPa 压力,290℃高温下,尼龙 6晶胞中分子链明显致密化,片晶厚度逐渐增大,且出现横向结晶;经过高压高温处理的尼龙 6 熔点从 220℃升高到 256℃,熔融热从 59.45J/g 增加到 172.5 J/g。主要原因是尼龙 6 分子量和分布发生了变化,相邻的折叠链部分发生了酰胺交换反应所致[55]。

钴源辐照对聚酰胺结晶形态和热性能产生重要影响[50,57]。研究发现用 ⁶⁰Co γ 射线对尼龙 6 复合薄膜进行辐照改性。在 50kGy 的剂量范围内，尼龙 6 复合薄膜的机械性能和尺寸稳定性大为提高，收缩率明显减小，但是其阻隔性能并没有减弱。辐照后尼龙类分子主要发生交联反应，这可从剪切黏度的增大获得证实。图 15.18 是尼龙 1212 经辐照后剪切黏度的变化[58]。同时尼龙 1212 的球晶形态也发生了明显变化，由原来清晰的十字消光球晶变为模糊的球晶[58]，如图 15.19 所示。但是尼龙 1212 晶体结构并未发生改变（图 15.15）。通过对尼龙 1212 辐照前后结晶动力学分析，表明经过 ^{60}Co 辐照后，尼龙 1212 的球晶生长方式发生了改变；等温和非等温结晶活化能大幅度下降[58, 59]。随着辐照剂量的增加，尼龙 1212 的（100）和（010）/（110）衍射峰并没有发生改变，表明其晶体结构并没有因为辐照而发生改变。但是衍射峰的强度先增加然后下降，在 50kGy 时达到了最大值，表明结晶度先增加然后降低。这是由于在低剂量辐照下高分子链的缠结部分发生解缠结，吸收辐照能量后又重新排列结晶。

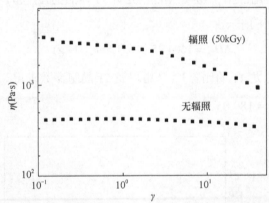

图 15.18 辐照前后尼龙 1212 黏度与剪切速率关系图

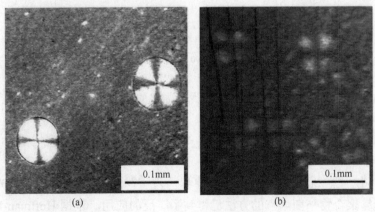

图 15.19 尼龙 1212 的球晶

（a）未辐照；（b）50kGy

15.4.3　聚酰胺熔融

平衡熔融热焓 ΔH_m^0 和平衡熔融温度 T_m^0 是表征高分子结构的两个重要热力学参数，而且对高分子的制备和应用有重要意义，但不易直接由实验测得，需由其他的热力学数据间接计算求得。

1. 平衡熔融热焓 ΔH_m^0

目前已有多种计算结晶聚合物平衡熔融热焓 ΔH_m^0 的方法。其中，根据具有不同结晶度样品的熔融热焓 ΔH_m 和比容 V_{sp} 之间的线性关系来计算平衡熔融热焓被认为是较为成功的一种方法，对半结晶线性高分子尤其适用。

图 15.20 是不同温度下热诱导结晶的尼龙 11 样品的 ΔH_m 和 V_{sp} 之间的线性关系图，其线性关系如下所示：

$$\Delta H_m = 1604.25 - 1631.86 V_{sp}\,(J\,/\,g) \tag{15.1}$$

100%结晶的尼龙 11 的比容 V_{sp}^c（由尼龙 11 晶胞参数求得）为 0.8673 cm³/g，进一步可求得 $\Delta H_m^0 = 189.05$ J/g。

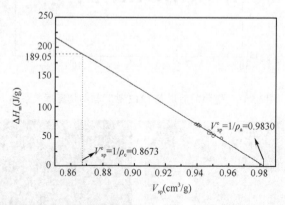

图 15.20　不同温度下热诱导结晶的尼龙 11 样品的 ΔH_m 和 V_{sp} 之间的线性关系图

2. 平衡熔点　T_m^0

平衡熔点 T_m^0 是高分子材料的另一重要热力学参数，Hoffman-Weeks 法作为一种用来计算聚合物平衡熔点的方法已得到了广泛的应用。根据 Hoffman-Weeks 理论，平衡熔点可以从 DSC 测得的熔融温度 T_m 和 T_c 通过 T_m-T_c 图求得。熔融温度

T_m 和结晶温度 T_c 之间的关系为

$$T_m = T_m^0 (1 - \frac{1}{2\beta}) + T_c \frac{1}{2\beta} \tag{15.2}$$

式中，β 是片层厚度因子，与结晶时片层厚度有关。在平衡条件下，β 约等于 1。在较高的结晶温度下，曲线的斜率为 0.5。由式（15.2）可计算出尼龙 11 的热力学平衡熔点 $T_m^0 = 202.85℃$（图 15.21）[60]。

根据同样方法，可得到尼龙 46 平衡热力学熔点为 $T_m^0 = 307.10℃$[61]，如图 15.22 所示。

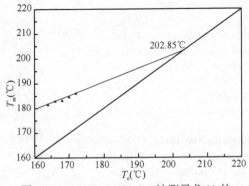

图 15.21　Hoffman-Weeks 法测尼龙 11 的平衡熔点 T_m^0

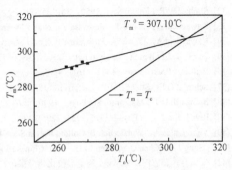

图 15.22　尼龙 46 的平衡熔点

参 考 文 献

[1] 彭治汉，施祖培. 塑料工业手册（聚酰胺）.北京：化学工业出版社，2001：1-10.

[2] 殷敬华，莫志深. 现代高分子物理学.北京：科学出版社，2001：133-167.

[3] 莫志深，张宏放，张吉东. 晶态聚合物结构和 X 射线衍射. 2 版 北京：科学出版社，2010.

[4] 李国禄，王昆林，刘金海，等. 高分子材料科学与工程，2001，17（6）：146-149.

[5] 樊润，徐日炜，余鼎声. 北京化工大学学报，2003，30（2）：49-53.

[6] 彭军，邓程方，李艳花. 包装学报，2011，3：20-23.

[7] 曹凯凯，陈林飞，王文志，等. 塑料工业，2014，42（10）：33-35.

[8] Bermúdez M，León S，Alemán C，et al. Polymer，2000，41：8961–8973.

[9] Atkins E D T，Hill M J，Velurajat K. Polymer，1995，36（1）：35-42.

[10] Cojazzi G，Fichera A M，Malta V，et al. Eur Polym J，1985，21（3）：309-315.

[11] Fernández C E，Bermúdez M，Alla A，et al. Polymer，2011，52：1515-1522.

[12] Munoz-Guerra S，Proeto A，Montserrat J M. J Mater Sci，1992，27：89-97.

[13] Cojazzi G，Drusiani A M，Fichera A，et al. Eur Polym J，1981，17：1241-1243.

[14] Cui X，Yan D. J Polym Sci Part B，Polym Phys，2005，43：2048-2060.

[15] Li Y，Zhang G，Yan D，et al. J Polym Sci Part B，Polym Phys，2002，40：1913-1918.

[16] Li W，Yan D. Cryst Growth Des，2003，3（4）：531-534.

[17] Li W，Yan D. Cryst Growth Des，2003，6（9）：2182-2185.

[18] Li W，Yan D. Cryst Growth Des，2003，3（2）：383-387.

[19] Morales-Gámez L，Soto D，Franco L，et al. Polymer，2010，51：5788-5798.

[20] Cui X，Li W，Yan D. Polym Eng Sci，2005，45：1673-1679.

[21] Jones N A，Atkins E D T，Hill M J，et al. Polymer，1997，38（11）：2689-2699.

[22] Jones N A，Atkins E D T，Hill M J，et al. Macromolecules，1996，29：6011-6011.

[23] Morales-Gámez L，Ricart A，Franco L，et al. Eur Polym J，2010，46：2063-2077.

[24] Mo Z S，Meng Q B，Feng J H，et al. Polym Int，1993，32（1）：53-60.

[25] Navarro E，Subirana J A，Puiggali J. Polymer，1997，38（13）：3429-3432.

[26] Song J B，Zhang H L，Ren M Q，et al. Macromol Rapid Commun，2005，26：487-490.

[27] Zhang G，Li Y，Yan D. Polym Eng Sci，2003，43（2）：470-478.

[28] Villasenor P，Franco L，Puiggali J. Polymer，1999，40：6887-6892.

[29] 朱诚身，莫志深，牟忠诚. 高分子学报，1993，4：410-413.

[30] Song J B，Chen Q Y，Ren M Q，et al. Chinese J Polym Sci，2006，24（2）：187-193.

[31] Zhang Q X，Mo Z S，Zhang H F，et al. Polymer，2001，42：5543-5547.

[32] Slichter W P. J Polym Sci，1959，36：259-264.

[33] Kawaguchi A，Ikawa T，Fujiwara Y，et al. J Macromol Sci Phys B，1980，20（1）：1-6.

[34] Kawaguchi A，Ikawa T，Fujiwara Y，et al. J Macromol Sci-Phys，1981，B20（1）：1-20.

[35] Sasaki T. J Polym Sci，Polym Lett，1965，3B：557-560.

[36] Brill R. J Prakt Chem，1942，161：49-55.

[37] Schmidt G F，Stuart H A. Naturforsch，1958，13：222-229.

[38] Biangardi H J. J Macromol Sci Phys，1990，29：139-145.

[39] Itoh T. Jpn J Appl Phys，1976，15：2295-2302.

[40] Xenopoulos A，Wunderlich B. Colloid Polym Sci，1991，269：375-382.

[41] Song J B，Chen Q Y，Ren M Q，et al. Chinese J Polym Sci，2006，24（2）：187-193.

[42] 朱诚身，莫志深，牟忠诚. 高等学校化学学报，1992，13：864-866.

[43] 崔晓文. "新型脂肪族聚酰胺的结构和性能研究". 上海：上海交通大学博士论文，2005.

[44] Mathur S C，Scheinbeim J I，Newman B A. J Appl Phys，1984，56（9）：2419-2424.

[45] 肖学山，莫志深，董远达. 高分子材料科学与工程，2002，18（1）：165-170.

[46] 肖学山. 极端条件下聚合物结构性能研究. 长春：中国科学院长春应用化学研究所，2000：21-90.

[47] Chen P K，Newman B A，Scheinbeim J I，et al. J Materials Sci，1985，20：1753-1762.

[48] 张庆新，莫志深. 高分子通报，2001，6：27-37.

[49] 张利华，于力，张宏放，等. 应用化学，1992，9（2）：21-24.

[50] Zhang L H，Zhang H F，Yu L，et al. Polym Int，1994，35：355-359.

[51] Song J B，Ren M Q，Chen Q Y，et al. Chinese J Polym Sci，2004，22：491-496.

[52] 刘思杨，马宇，于英宁，等. 应用化学，1998，15（4）：33-36.

[53] 朱诚身，莫志深，杨桂萍，等. 高分子材料科学与工程，1992，5：94-98.

[54] 张宏放，杨宝泉，张利华. 高分子学报，1996，1：1-5.

[55] 张玲艳. 尼龙6聚丙烯合金结构与性能的研究. 青岛：青岛科技大学硕士论文，2005.

[56] 吕云伟，黄锐，谢邦互. 高压物理学报，1998，12（4）：298-302.

[57] 杨明成，朱军，陈海军，等. 辐射研究与辐射工艺学报，2005，23（1）：62-64.

[58] Song J B，Ren M Q，Chen Q Y，et al. J Polym Sci Part B，Polym Phys，2005，43：2326-2333.

[59] Song J B，Chen Q Y，Ren M Q，et al. J Polym Sci Part B，Polym Phys，2005，43：3222-3230.

[60] Zhang Q X，Mo Z S，Liu S Y，et al. Macromolecules，2000，33：5999-6005.

[61] Zhang Q X，Zhang Z H，Zhang H F，et al. J Polym Sci Part B，Polym Phys，2002，40：1784-1793.

（宋剑斌　张庆新）

第16章 晶性共轭聚合物

共轭聚合物（conjugated polymers）是指碳链骨架上含有单、双键交替共轭体系的聚合物[1]，具有 π 电子高度离域的共轭结构，此外分子链间也会形成π-π共轭，因此它们容易形成三维有序的结晶结构。但是由于共轭聚合物分子量高、分子链长，所以其结晶行为与共轭有机小分子不同。而共轭聚合物的刚性比较强，所以它们的结晶行为与常规的柔性高分子不同。本章将对共轭聚合物的结晶结构做一个概述。

16.1 共轭聚合物简介

共轭聚合物是指碳链骨架上含有单、双键交替共轭体系的聚合物，是一类不饱和的高分子，其主链上所有的原子都是 sp 或 sp^2 杂化的，具有 π 电子高度离域的共轭结构，如图 16.1 所示[1]。Heeger 等于 1977 发现，含交替单键和双键的反式聚乙炔（polyacetylene）经过碘掺杂后，导电性由绝缘体（10^{-9} S/cm）转变为金属导体（10^3 S/cm），而且薄膜颜色由银灰色转变为具有金属光泽的金黄色[2]。这个工作激发了人们极大兴趣来研究这类材料的电荷传输机理，自此之后共轭聚合物因其独特的物理化学性质受到广泛关注与研究。

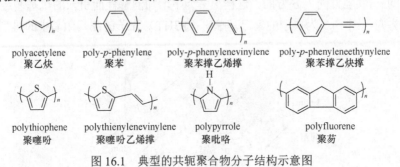

polyacetylene 聚乙炔　poly-*p*-phenylene 聚苯　poly-*p*-phenylenevinylene 聚苯撑乙烯撑　poly-*p*-phenyleneethynylene 聚苯撑乙炔撑

polythiophene 聚噻吩　polythienylenevinylene 聚噻吩乙烯撑　polypyrrole 聚吡咯　polyfluorene 聚芴

图 16.1　典型的共轭聚合物分子结构示意图

因共轭聚合物具有独特的 π-π 共轭结构特征、良好的溶液加工性和成膜性以及光电性质可调等优异特点[3]，其在应用领域相对共轭小分子存在巨大优势，可广泛应用于有机太阳能电池[4,5]、有机发光二极管[6]及有机场效应晶体管[7,8]等领域（图16.2）。近年来，共轭聚合物的设计合成得到了迅猛的发展，大量新兴共轭聚合物合成的文献报道层出不穷[9,10]。正是因为包含小分子和共轭聚合物的有机半导体的广泛应用前景，2000 年的诺贝尔化学奖授予了美国加州大学的 Heeger 教授、美国宾夕法尼亚大学的 MacDiarmid 教授和日本筑波大学的 Shirakawa 教授[11]。

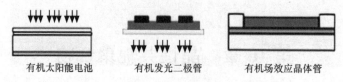

有机太阳能电池　　　有机发光二极管　　　有机场效应晶体管

图 16.2　典型的有机光电器件结构示意图

因为有机半导体材料可以通过分子结构的改进很容易地改变发光波长，如含有不同基团的聚芴类材料可以实现蓝光、绿光、红光以及白光的发射[12-15]，而且 OLED 器件在不工作时是不耗电的（液晶显示器的背光源是一直加电工作的），所以 OLED 得到了越来越多的重视，目前已经应用在很多手机、电视等的显示屏[16,17]上。基于有机半导体的太阳能电池和薄膜晶体管的性能也接近或达到了非晶硅器件的水平[18-21]。

16.2　共轭聚合物的结晶结构

16.2.1　共轭聚合物的晶体结构

大多数共轭聚合物都具有很大的平面共轭结构，还容易形成分子链间的π-π共轭，因此它们会形成如图 16.3 所示的堆砌结构。一般定义分子链方向为晶体的 c 轴方向，分子链间π-π共轭方向为 b 方向。这样很多为了增加溶解性而引入的烷基侧链方向正好是 a 方向。图 16.3 为典型的聚己基噻吩（P3HT）分子链在其微晶中的排列方式。

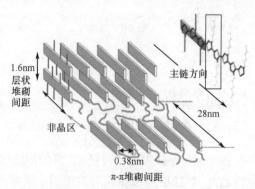

1.6nm
层状堆砌间距

主链方向

非晶区

28nm

0.38nm
π-π堆砌间距

图 16.3　聚己基噻吩分子链在其微晶中的排列方式

由于共轭聚合物具有较大共轭部分，刚性较大，因此最早认为分子链不能像柔性高分子那样形成折叠结构。然而 Bäuerle 和 Grévin 等分别通过隧道扫描显微镜直接观察到聚噻吩分子链折叠片层[22,23]，证实了共轭聚合物也能形成折叠结构。图 16.4（a）和（c）是等规聚十二烷基噻吩（RR-P3DDT）在热裂解石墨（HOPG）

上链折叠的直接观察图，图 16.4（b）是根据半经验计算结果得到的链折叠示意图，他们认为在链折叠过程中，有 7 个噻吩环处于折叠位置；并且，他们发现烷基侧链之间发生了互相穿插，故所得的 a 轴长度小于其本体数。聚噻吩链折叠过程中，可以观察到分子链折叠片层以不同尺寸分布，平均宽为 26nm。重均分子量为 53.4kDa 的聚合物计算得到链长为 L_{chain} = 29nm，近似于平均链折叠宽度。根据链折叠片层宽度分布，可以统计出大部分以三次折叠为主，～60%以 120°折叠，～10%以 60°折叠，～20%以 360°折叠，～10%以其他角度折叠[图 16.4（d）]。

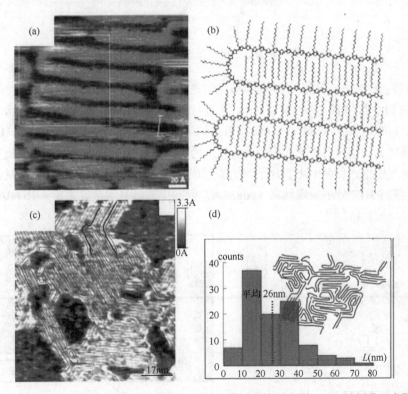

图 16.4　（a）、（c）RR-P3DDT 在 HOPG 上链折叠的直接观察图；（b）链折叠示意图；（d）链折叠情况统计图

上述实验是在 HOPG 上制备的单分子层薄膜，然而共轭聚合物一般作为光电器件的活性层使用，是以几十纳米的薄膜状态存在且在数秒内通过旋涂或刮涂等方法成膜，因此实际应用中共轭聚合物形成这种折叠结构的概率大大降低。

也有一些共轭聚合物由于自身的结构特点形成其他类型的晶体结构。如聚芴类材料，由于分子链内的芴环旋转，分子链形成棒状结构，不能形成分子链间的 π-π 共轭，因此其 a 轴与 b 轴实际上都是烷基侧链的方向，数值比较接近。如聚辛基芴（PFO）的晶胞参数为 a=2.56nm，b=2.34nm，c=3.32nm，属 $P2_12_12_1$ 空间群，模拟出来的分子链在微晶内的排列方式如图 16.5 所示[24]。

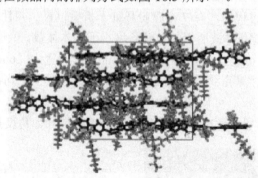

图 16.5　聚辛基芴分子链在微晶内的排列方式的模拟结果

共轭聚合物一般很难形成单晶。但是使用一些特殊方法也可以得到共轭聚合物的超小尺寸的"单晶"。Kim 通过控制溶剂缓慢挥发的方法制备出 P3HT（M_n=54 000g/mol，规整度=98.5%）单晶纳米线。滴涂在十八烷基三氯硅烷（ODTS）改性基底上的溶液置于密闭容器内，然后通过逐渐增加容器内的溶剂蒸气压减缓溶剂的挥发速率，促使 P3HT 分子自组装形成如图 16.6 所示的缺陷较少的棒状晶体。单晶内的 P3HT 分子采取侧立（edge-on）取向排列，晶胞参数为 $a = 16.60Å$，$b = 7.80Å$，$c = 8.36Å$[25]。

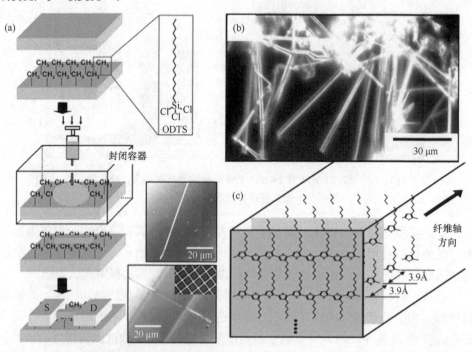

图 16.6　P3HT 单晶纳米线的（a）制备过程、（b）形貌图和（c）内部分子链堆砌示意图

除了控制溶剂缓慢挥发以外，Reiter 研究组用自成核技术制备出了 P3HT 针状单晶[图 16.7（a）][26]。在等温结晶前，将含有晶核的溶液加热到成核温度保持一段时间，从而使一些小晶核被溶解掉，较大的晶核稳定存在作为后续结晶过程的晶种。在一系列不同的结晶温度和结晶时间下进行等温结晶，筛选出合适的结晶条件，制备大尺寸的晶体。控制成核和结晶温度，可以对晶核的密度和生长速率进行调控。在这种结晶条件下，分子主链采取直立（相当于微晶平躺，flat-on）取向，是立在基底上生长的[图 16.7（b）]，π-π 堆积方向是晶体的生长方向。说明晶体生长过程中，π-π 堆积作用是晶体生长的主要驱动力。

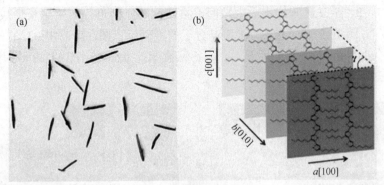

图 16.7　P3HT 单晶的（a）光学显微镜形貌图和（b）内部分子链堆砌示意图

纤维状晶体是常见的动力学晶型，这时因为大多数共轭聚合物都具有分子链间π-π共轭，容易形成片层结构。通常条件下，共轭聚合物可以在稀溶液中自组装成高度有序的一维纤维晶。当共轭聚合物在溶剂中的溶解度较小时，分子链倾向于面对面堆积来达到减少分子链与溶剂接触面积的目的，从而减少其相互作用。聚噻吩的纤维晶（图16.8）在 1993 年被 Ihn 组发现，并将其命名为晶须（whisker）[27]。他们通过一系列不同长度烷基侧链的取代聚噻吩（3~12 个碳原子）从劣溶剂（如环己烷或正癸烷）中成膜而得到。通过这种方法获得的聚烷基噻吩（P3AT）纤维晶，不管烷基侧链的长度如何，纤维晶的宽度都在 15nm 左右，尽管纤维晶的长度可能超过几十微米，厚度却仅为2~3 层 P3HT 分子；分子链总是垂直于纤维轴的方向，烷基链垂直于基底。

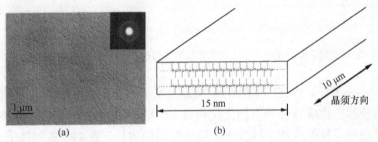

图 16.8　P3HT 晶须的（a）透射电子显微镜形貌和（b）分子链堆砌示意图

有些条件下共轭聚合物也可以形成串晶结构。柔性聚合物分子在高速搅拌或者剪切力的作用下可以在纤维晶上沿链的方向以及垂直于链的方向成核进行二维生长形成晶须，因此能够形成复杂的二级结构串晶（shish-kebab），但聚噻吩一维堆积特性决定了其不可能以垂直于链的方向生长，因此必须借助于其他晶体进行外延生长。Brinkmann 组通过在结晶性溶剂 1，3，5-三氯苯上外延取向结晶制备了 P3AT 串晶[28]。结晶性溶剂 1，3，5-三氯苯先在吡啶中结晶，1，3，5-三氯苯可以生长为几百微米的纤维晶，由于 1，3，5-三氯苯晶体的晶胞参数与 P3AT 非常接近，失配率较小，P3AT 可以以三氯苯纤维晶为核，以折叠链和 π-π 堆积特征方式在 1，3，5-三氯苯纤维晶上按照晶格匹配的原则进行附生生长形成串晶[图16.9（a）]。图 16.9（b）是 P3AT 串晶分子的堆砌示意图，串晶中 P3AT 分子取向为侧立（edge-on），主链平行于 1，3，5-三氯苯纤维晶轴，P3AT 的 π-π 堆积方向垂直于三氯苯纤维晶轴。

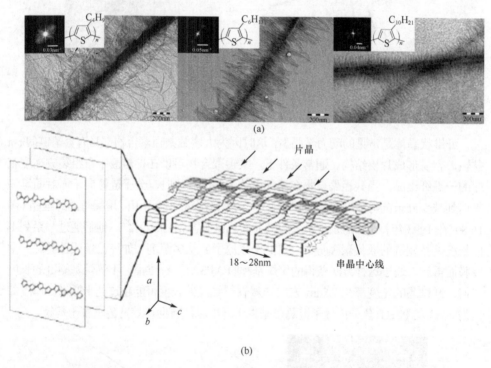

图 16.9　P3AT 串晶的（a）透射电子显微镜形貌图和（b）分子链堆砌示意图

Wei 等则通过在 P3HT 的良溶剂 1，2-二氯苯中添加劣溶剂三乙醇胺的方法通过二次成核和三次成核分别得到支化和超支化结构[图 16.10（a）][29]。发现 P3HT首先通过均相成核形成纳米线枝干，随着时间的增长，在纳米线的枝干上再通过异相成核形成分支的结构[图 16.10（b）]，且在主干和分支结构中 P3HT 分子都是采取侧立取向排列的[图 16.10（c）]。

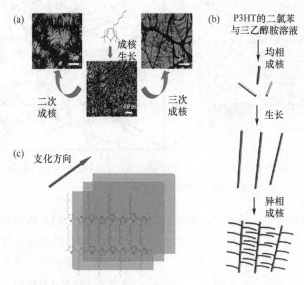

图 16.10　支化和超支化的 P3HT 的（a）形貌图、（b）形成机理图和（c）分子链堆砌示意图

16.2.2　共轭聚合物结晶的特点

实际上在体相或薄膜中共轭聚合物都是以多晶形式存在的，以纤维状晶体为主。但是它与小分子结晶还是有很多不同之处的。

与柔性高分子结晶一样，共轭聚合物的晶畴（又称微晶）比较小，往往只包含分子链的一部分。当分子量比较高时一条分子链甚至能穿过多个微晶。图 16.11 为不同分子量的聚己基噻吩的原子力显微镜形貌图及结晶示意图，当分子量较高时形成的微晶较小，一条分子链可以穿过多个微晶，反而提升了薄膜的整体导电性[30]。

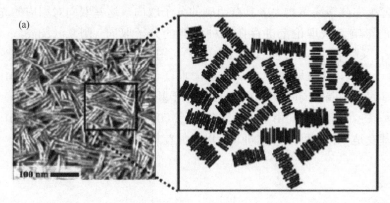

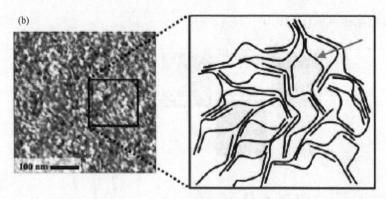

图 16.11　（a）低分子量、（b）高分子量的聚己基噻吩的原子力显微镜形貌图
（左）及结晶示意图（右）

共轭聚合物的另一个特点是一般都不是完全结晶的，材料内容有很多不规整的

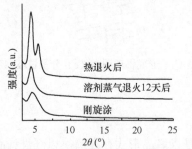

图 16.12　旋涂、溶剂蒸气退火、热退火的聚
苯-聚噻吩嵌段共聚物薄膜的掠入射 X 射线衍射图
火后衍射峰变强，说明结晶度增加[31]。

部分，即非晶部分。尤其是共轭聚合物的薄膜经常使用旋涂或刮涂等方法在数秒的时间内制成，分子链来不及形成很好的堆砌，往往结晶度很低。而通过后续热退火或溶剂蒸气退火的方法能进一步促进共轭聚合物结晶，提高薄膜的结晶度。如图 16.12 为聚苯-聚噻吩嵌段共聚物薄膜的掠入射 X 射线衍射图，在热退火和溶剂蒸气退

16.2.3　共轭聚合物晶体的取向

在薄膜中共轭高聚物大多具有明确的分子取向，这些取向对相应的光电性能有很大的影响。从理论上讲存在三种可能的分子取向：侧立（edge-on），平躺（face-on，又称 plane-on）和直立（flat-on）（图 16.13）[32]。以研究得较为广泛的 P3AT 分子为例，侧立取向时（100）晶面垂直于基底，而 π-π 共轭的（010）晶面平行于基底；平躺取向时（100）晶面平行于基底，而 π-π 共轭的（010）晶面则垂直于基底；而直立取向由于主链重复单元（001）晶面垂直于基底，（010）晶面平行于基底是一种不稳定的取向，所以只能在特殊条件下生成。

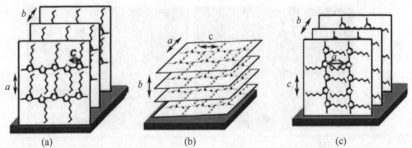

图 16.13　P3HT 晶体的三种取向：（a）侧立、（b）平躺和（c）直立

　　通常条件下，无论是形成的纤维晶、单晶、串晶还是球晶，P3AT 成膜后分子是以动力学稳定的侧立取向为主，当改变 P3AT 分子性质、溶液状态和成膜方法时，晶体也可能采取另外两种取向。如 Yang 等利用溶剂挥发性、溶解度和调节基底的温度，控制 P3HT 形成不同的取向：在氯仿溶剂体系中，滴涂后 P3HT 分子以侧立取向，而旋涂以平躺取向；在易挥发溶剂二氯甲烷体系中，旋涂和滴涂成膜后分子都只以侧立取向（图 16.14）；由冷基底诱导 P3HT 在基底附近结晶形成单一取向，归结为溶解度驱使晶体分子取向，并且取向不依赖于成膜手段[33]。

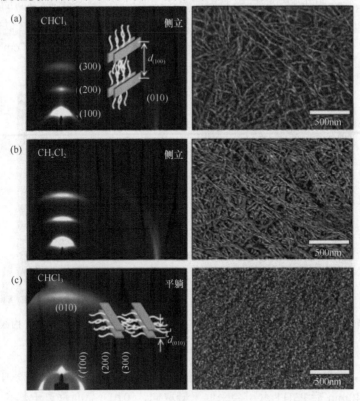

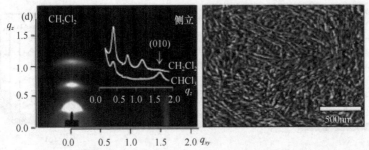

图 16.14　（a）CHCl₃ 滴涂、（b）CH₂Cl₂ 滴涂、（c）CHCl₃ 旋涂和（d）CH₂Cl₂ 旋涂的 P3HT 薄膜的二维掠入射 X 射线衍射图（左）及原子力显微镜形貌图（右）

对于薄膜晶体管器件而言，由于电荷在 P3AT 晶体内主要沿着分子主链以及 π-π 共轭方向传输，显著的电荷各向异性传输性质意味着控制晶体在一维方向的取向是优化器件性能的关键因素。Sirringhaus 等证实了这种效应，当高规整度（＞91% RR）和低分子量 P3HT 样品溶液成膜后分子侧立取向[图 16.15（a）]，而低规整度（81% RR）和高分子量 P3HT 样品溶液成膜后晶体出现平躺取向[图 16.15（b）]。实验证明在侧立取向薄膜内载流子主要以平行于场效应方向的 π-π 共轭方向传输，迁移率高达 $0.1\text{cm}^2/(\text{V·s})$。而平躺取向薄膜内载流子同时以垂直于场效应方向的 π-π 共轭方向和分子主链方向传输，因此迁移率只有 $10^{-4}\text{cm}^2/(\text{V·s})$，两者相差两个数量级[34]。

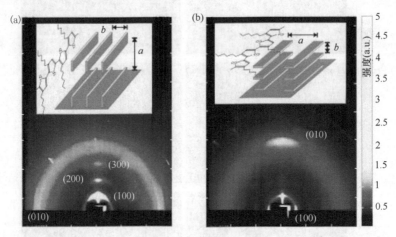

图 16.15　（a）侧立、（b）平躺取向的 P3HT 薄膜的二维掠入射 X 射线衍射图（下）及分子链堆砌示意图（上）

相反，对于太阳能电池器件，Gomez 等报道在 P3HT/PCBM 体系中，在 165℃下退火 240min 后 P3HT 分子会采取平躺取向，（010）晶面垂直于基底[35]。由于其存在面外（out-of-plane）的 π-π 堆叠，能够提高短路电流 J_{SC}，从而提高其性能，如图 16.16 所示。

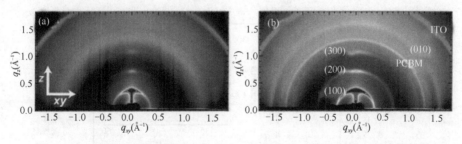

图 16.16　P3HT/PCBM 薄膜退火前（a）、后（b）的二维掠入射 X 射线衍射图

　　P3AT 第三种取向直立相对于侧立与平躺而言是一种不稳定的取向方式，所以较难得到，相关的报道文献也较少。关于直立的生长过程，Yang 组跟踪了 P3BT 从侧立到直立的转变过程[36, 37]。P3BT 的侧立取向纤维晶在二硫化碳中溶剂蒸气诱导后逐渐生长为直立取向的球晶（图 16.17），同时证实只有在合适的蒸气下才能诱导 P3BT 分子重新取向。通过 DSC 表征，159℃出现 $\Delta H = 19\text{J/g}$ 的相转变吸热峰，证实直立取向的晶型Ⅱ比侧立取向的晶型Ⅰ热力学更稳定。相比平躺和侧立取向，直立取向是如何受动力学、热力学以及分子本体性质等因素决定仍然存在许多未知数。

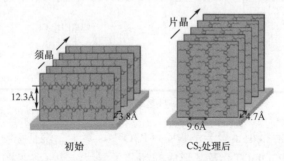

图 16.17　初始及 CS$_2$ 蒸气退火的 P3BT 薄膜中"侧立"（左）与"直立"
（右）取向的分子链堆砌示意图

16.3　聚噻吩类结晶性共轭聚合物

16.3.1　均聚噻吩

　　1985 年 Mo 与 Heeger 等用 X 射线衍射表征了无烷基侧链的聚噻吩的结晶结构，发现两个噻吩为一个重复单元（图 16.18），具有正交和单斜两种晶型，晶胞参数分别为 $a = 7.80\text{Å}$，$b = 5.55\text{Å}$，$c = 8.03\text{Å}$ 和 $a = 7.83\text{Å}$，$b = 5.55\text{Å}$，$c = 8.20\text{Å}$，$\beta = 96°$[38]。

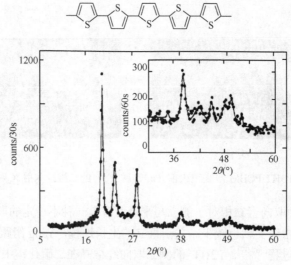

图 16.18　聚噻吩结构示意图及其粉末 X 射线衍射图

　　然而这种纯聚噻吩不易溶解，因此加工性不好。为了增加溶解性可以加入烷基侧链，目前应用最广的是聚己基噻吩（P3HT），比较常见的还有聚丁基噻吩（P3BT）、聚辛基噻吩（P3OT）、聚十二烷基噻吩（P3DDT），它们的结构式如图 16.19 所示。

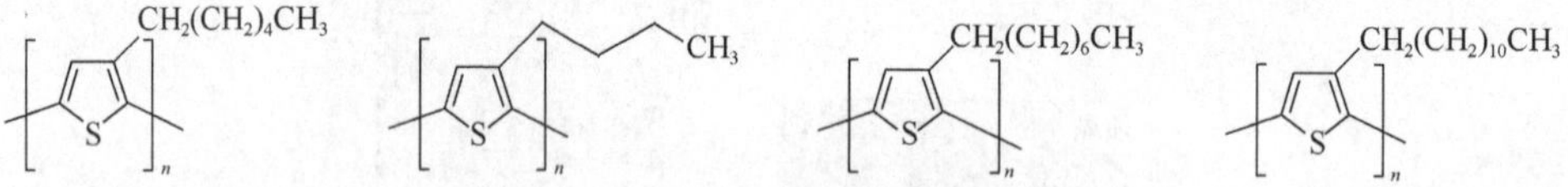

| P3HT | P3BT | P3OT | P3DDT |

图 16.19　烷基噻吩结构示意图

　　Qiao 和 Mo 等报道了聚辛基噻吩（P3OT）、聚十二烷基噻吩（P3DDT）和聚十八烷基噻吩（P3ODDT）及其形成的超分子层状结构（参见图 6.8）[39,40]。

　　1992 年 Winokur 和 Heeger 等用 X 射线衍射系统研究了带有烷基侧链的聚噻吩的晶体结构，解析出的晶胞参数如表 16.1 所示[41]。

表 16.1　P3HT、P3OT 和 P3DDT 的晶胞参数

	a（Å）	b（Å）	c（Å）	α（°）
P3HT	33.6	7.66	7.7	90
P3OT	41.3	7.63	7.7	90
P3DDT	51.9	7.74	8.0	90

　　2007 年 Brinkmann 等用电子显微镜技术进一步修整了 P3HT 的晶胞参数：$a = 16.0$Å，$b = 7.8$Å，$c = 7.8$Å，$\gamma = 93.5$°[42]。

1997 年 Meille 等发现 P3DDT 具有晶型 I 和晶型 II 两种相态（图 16.20），分子量高时易形成前者，分子量低时易形成后者[43]。二者在晶胞内的堆砌方式明显不同，I 相时共轭平面几乎垂直于 b 轴，而 II 相时的夹角约为 30°。后续在 P3HT 和 P3BT 的体系中也陆续发现了类似的 I 相和 II 相的存在。

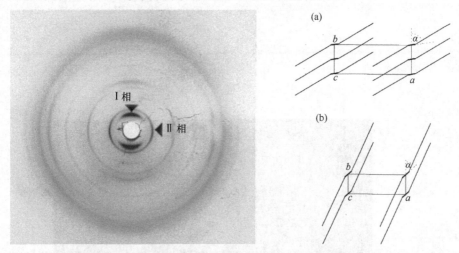

图 16.20　P3DDT 膜透射 X 射线衍射图（左）及分子链堆砌示意图：（a）I 相；（b）II 相

以上提及的均聚噻吩中每个噻吩都有烷基侧链，形成的晶体中烷基侧链排列比较紧密，而当减少一些噻吩环的侧链后，会有比较大的空间，进而形成互插结构，如聚（3, 3′′′-二烷基-2, 2′: 5′, 2′′: 5′′, 2′′′-四噻吩）（PQT）如图 16.21 所示[44,45]。

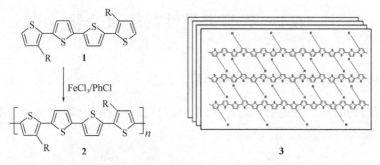

图 16.21　PQT 的单体（**1**）和聚合物（**2**）及分子链堆砌示意图（**3**）

16.3.2　聚噻吩衍生物

近来人们发现将噻吩与其他单元共聚可以得到性能更好的有机半导体材料。如基于最新的 PCE10 材料的有机太阳能电池效率已经超过了 10%，基于与吡咯并吡咯二酮

（DPP）共聚的聚噻吩材料，其载流子迁移率也已经超过了 $10cm^2/（V\cdot s）$ [46,47]。

这些材料一般也具有一定的结晶性，有些还具有比较好的结晶结构。如 2007 年 Chabinyc 等用掠入射 X 射线衍射表征了 PBTTT 样品，能够很明显地在面外方向观测到（h00）系列衍射点，在面内方向观测到（003）和（010）衍射点（图 16.22）[48]。

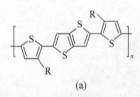

(a)

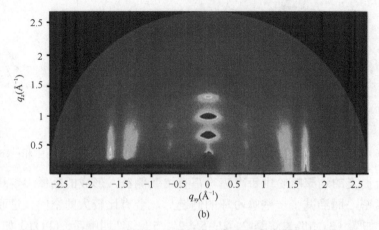

(b)

图 16.22　PBTTT 化学结构（a）及其二维掠入射 X 射线衍射图（b）

16.4　聚芴类晶性共轭聚合物

16.4.1　均聚芴类共轭聚合物的结晶结构

均聚芴的结构一般是由芴通过 9 位相连得到。典型的代表为聚辛基芴（PFO）和聚乙己基芴（PF26）（图 16.23）。

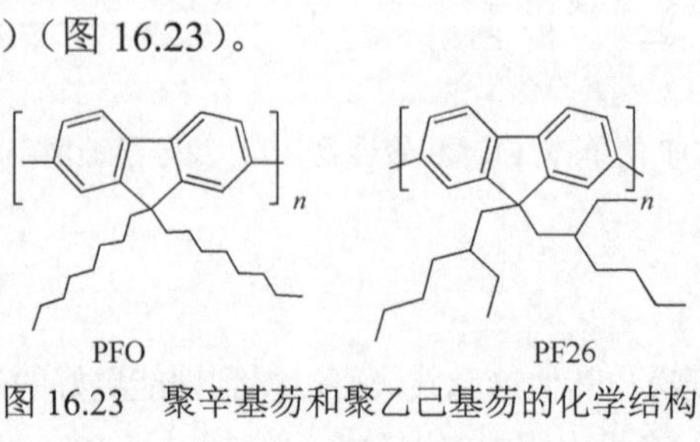

PFO　　　　　　　　　　　PF26

图 16.23　聚辛基芴和聚乙己基芴的化学结构

1. 聚辛基芴

PFO 具有多种相态，目前已知的有非晶相、结晶相 α、α'、β 和液晶相 N 等[49]。一般用旋涂法制备的 PFO 薄膜是非晶相的，而滴涂的薄膜则是含有 β 相的。但是通过向溶液中添加高沸点添加剂如 1，8-二碘辛烷（DIO）或者不良溶剂如醇类等也可以得到含有 β 相的薄膜。最近我们使用溶剂蒸气辅助旋涂的方法也可以直接得到含有 β 相的薄膜。非晶薄膜通过溶剂蒸气熏蒸、混合溶剂溶液浸泡、冷冻再升温等方法生成 β 相。而非晶薄膜或 β 相薄膜用热退火的方法均可以转化生成 α 相的 PFO。

早在 1999 年，Grell 等就用二维 X 射线衍射研究了 PFO 纤维的结晶性（图 16.24），确定了其具有 α 相、β 相与 N 相[50]。

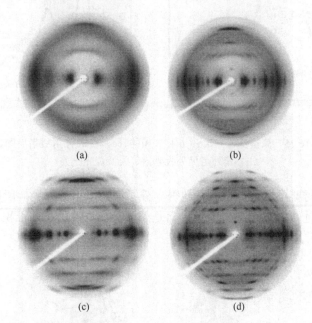

　　　　　　(a)　　　　　　　　　　　　(b)

　　　　　　(c)　　　　　　　　　　　　(d)

图 16.24　聚辛基芴的 X 射线衍射图：（a）熔体中拉出的纤维；（b）纤维 140℃热退火结晶后；（c）纤维暴露在甲苯蒸气中后；（d）蒸气退火后再热退火后

2005 年 Su 等研究了不同相态的 PFO 薄膜的 XRD、吸收光谱及荧光光谱[24]，确定了结构与光学性能之间的关系，结果如图 16.25 所示。

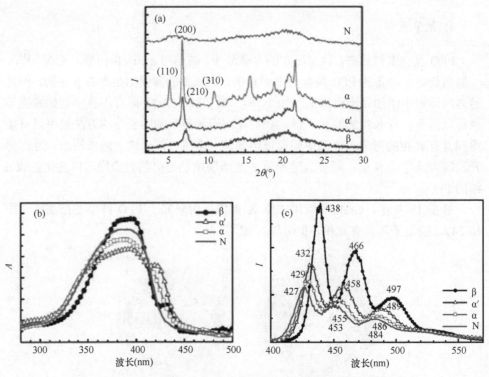

图 16.25　聚辛基芴 N、α、α′和 β 相的（a）粉末 X 射线衍射图、
（b）紫外可见吸收光谱、（c）荧光光谱

与噻吩类材料不同的是聚辛基芴每个分子链由于自身螺旋，所以结晶相 α 相并不形成分子链间的 π-π 共轭堆砌，而是整体形成一种柱状的堆积（其模拟结构如图 16.26 所示。）

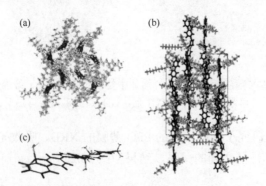

图 16.26　模拟计算得到的聚辛基芴 α 相的结构图：（a）沿 a 轴方向；
（b）沿 b 轴方向；（c）沿 c 轴方向的单条主链

聚辛基芴 α 相形成了正交晶系的晶体结构（a=2.56nm，b=2.34nm，c=3.32nm，$P2_12_12_1$ 空间群）。其对应的粉末 X 射线衍射图中除了（200）外还会出现（h10）和（008）。而在薄膜中，一般分子链都是平行于基底排列的，在面外方向会出现（200），在面内方向会出现（008），在空间上还会出现规整分布的衍射点，对应（hk0）晶面（图 16.27）[51]。

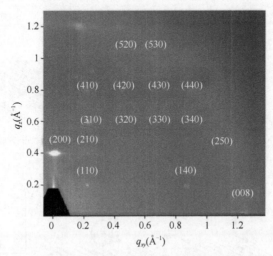

图 16.27　指标化的 α 相聚辛基芴的二维掠入射 X 射线衍射图

如图 16.28 所示，在 β 相薄膜中，聚辛基芴单体间的扭转夹角由 135° 增加到 165°，这不仅导致了芴环间的局部分子共轭增加，而且使得其相应吸收光谱中出现 430nm 的吸收峰[52]。

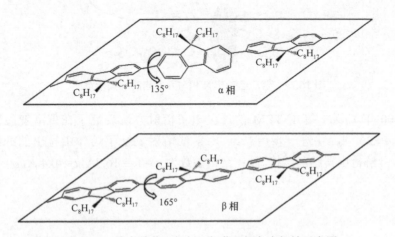

图 16.28　聚辛基芴 α 相与 β 相芴环间角度扭转示意图

2. 聚乙己基芴

聚乙己基芴的相态与其分子量相关，当分子量小于临界分子量时会形成 N 相，而当分子量大于临界分子量时则会形成六方 I、II、III 相（图 16.29）[53]。

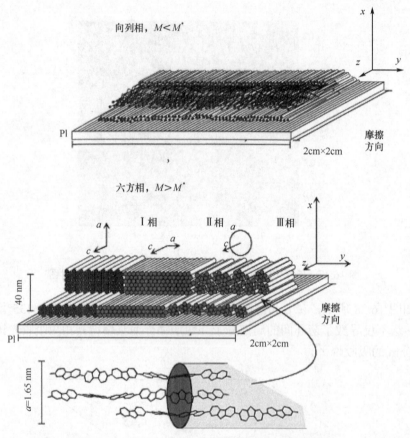

图 16.29　聚乙己基芴 N 相与六方相的堆砌示意图

2000 年 Lieser 等用 TEM 的选区电子衍射方法表征了在聚酰亚胺薄膜上取向的 PF26[54]，并进一步用二维 X 射线衍射表征了熔体中拉出的纤维（图 16.30），并解析出其结晶结构。晶体结构参数为 $a = b = 16.7\text{Å}$，$c=40.4$ Å，$\alpha =\beta=90°$，$\gamma =120°$。

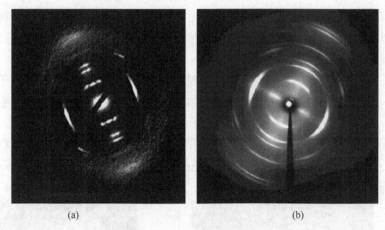

(a)　　　　　　　　　　　　　　　(b)

图 16.30　（a）聚酰亚胺膜上取向的 PF26 薄膜的电子衍射和（b）熔体拉
出的 PF26 纤维的二维 X 射线衍射图

2003 年 Monkman 等用二维掠入射 X 射线衍射方法进一步表征 PF26 薄膜时发现了 II 相的存在（图 16.31）[55]。

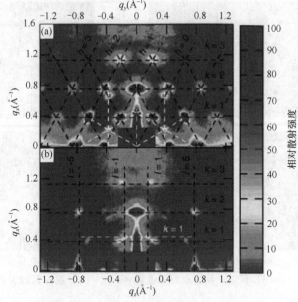

图 16.31　PF26 薄膜的二维掠入射 X 射线衍射图：（a）z 轴方向、（b）y 轴方向。
黑虚线上的点对应 I 相，白虚线上的点对应 II 相

16.4.2　聚芴衍生物

聚芴本身是一种宽带隙材料，将窄带隙材料与其共聚或引入侧链位置会发生

能量转移，使发光颜色由蓝光转变为绿光、黄光或红光[56,57]。当能量转移不完全时还可以作为白光材料。但是这些发光材料中聚芴的含量比较高，因此材料的结晶性主要体现聚芴的结晶性。

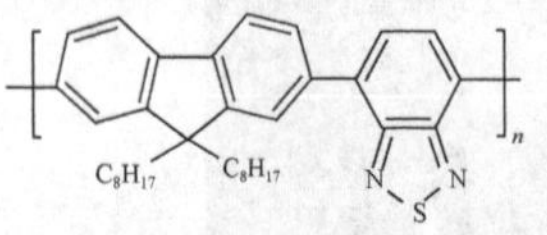

图 16.32　F8BT 的分子结构

除了这些材料，芴与其他单体共聚还能用于太阳能电池或薄膜晶体管，最典型的材料是 F8BT，它的结构如图 16.32 所示。

2005 年 Donley 等用二维掠入射 X 射线衍射的方法（图 16.33）解析出 F8BT 的晶体结构是正交晶系，a=14.65Å，b=5.3Å，c=16.7Å。他们还测量了不同分子量的 F8BT 薄膜，发现结晶度与晶胞参数有一些不同[58]。

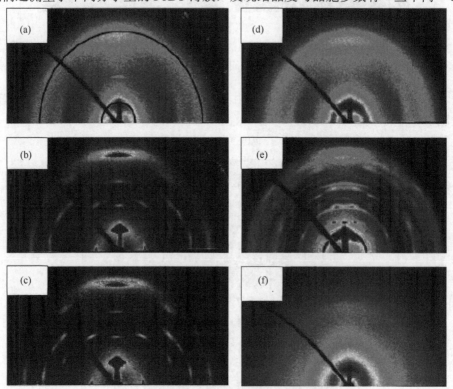

图 16.33　分子量为 255 000（a～c）和 9000（d～f）的 F8BT 薄膜在初始态（a，d）、退火到 T_g 再降温后（b，e）和退火到熔点再降温后（c，f）的二维掠入射 X 射线衍射图

16.5　其他晶性共轭聚合物

16.5.1　聚乙炔类材料

早在 1958 年 Natta 等就合成了聚乙炔，但由于其不溶不熔且不稳定而未深入

研究。1977 年 MacDiarmid、Shirakawa 和 Heeger 发现高顺式聚乙炔的薄膜经掺杂后导电率从 10^{-6}S/cm 增加到 10^{3}S/cm，从而开创了导电聚合物这一崭新的研究领域[2]。

1991 年 Fisher 等研究了高取向的聚乙炔薄膜，研究了薄膜厚度等条件对结晶性以及相关导电性的影响，图 16.34 为不同厚度的聚乙炔薄膜的 X 射线衍射图[59]。

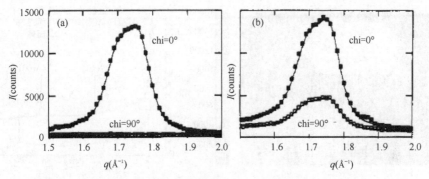

图 16.34　（a）薄、（b）厚聚乙炔薄膜（hk0）方向（chi=0°）和（001）方向（chi=90°）的 X 射线衍射图

16.5.2　聚苯胺类材料

1991 年 Pouget 等用 X 射线衍射的方法研究了聚苯胺材料的晶体结构，发现其主要有两种相态：Ⅰ 相为准正交相，晶胞参数为 a=4.3Å，b=5.9Å，c=9.6Å；Ⅱ相也为准正交相，晶胞参数为 a=7.0Å，b=8.6Å，c=10.9Å[60]。图 16.35 为这两个相态聚苯胺的衍射花纹。

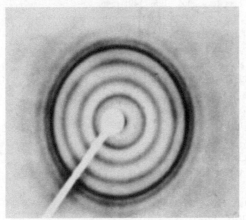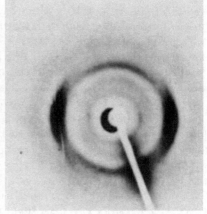

图 16.35　Ⅰ相（左）与Ⅱ相（右）聚苯胺的 X 射线衍射图

16.5.3　聚苯类材料

2014 年 Han 等用掠入射 X 射线衍射（GIXRD）和 TEM 表征了聚（2，5-二己氧基苯）薄膜的结晶结构，发现其为正交晶系，晶胞参数为 a=21.2Å，b=3.78Å，c=4.24Å（图 16.36）[61]。

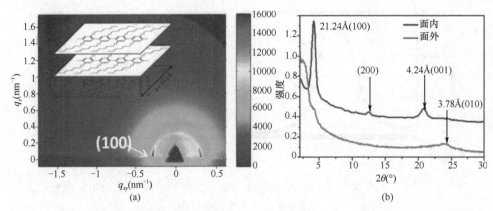

图 16.36　聚苯薄膜的二维（a）与一维（b）掠入射 X 射线衍射图

16.5.4　非晶性共轭聚合物

实际上并非所有的共轭聚合物都是结晶性的，如聚苯撑乙烯撑（PPV）类材料、聚乙烯基咔唑类材料等都是不结晶的。

参 考 文 献

[1] Hoeben F J M，Jonkheijm P，Meijer E W，et al. Chem Rev，2005，105：1491-1546.

[2] Chiang C K，Fincher C R，Park Jr Y W，et al. Phy Rev Lett，1977，39：1098-1101.

[3] Heeger A J. Chem Soc Rev，2010，39：2354-2371.

[4] Facchetti A. Chem Mater，2011，23：733-758.

[5] Kaltenbrunner M，White M S，Głowacki E D，et al. Nat Comm，2012，3：1-7.

[6] Tang C，Liu X D，Liu F，et al. Macromol Chem Phys，2013，214：314-342.

[7] Kim A，Jang K S，Kim J，et al. Adv Mater，2013，25：6219-6225.

[8] Wang C L，Dong H L，Hu W P，et al. Chem Rev，2012，112：2208-2267.

[9] Huo L J，Zhang S Q，Guo X，et al. Angew Chem Int Ed，2011，50：9697-9702.

[10] Huang Y，Guo X，Liu F，et al. Adv Mater，2012，24(25)：3383-3389.

[11] http：//www.nobelprize.org/nobel_prizes/chemistry/laureates/2000/.

[12] 黄春辉. 有机电致发光材料与器件导论. 上海：复旦大学出版社，2005.

[13] Liu J，Tu G L，Zhou Q G，et al. J Mater Chem，2006，16：1431-1438.

[14] Peng Q，Lu Z Y，Huang Y，et al. Macromolecules，2004，37：260-266.

[15] Liu J，Xie Z Y，Cheng Y X，et al. Adv Mater，2007，19：531-535.

[16] http：//www.samsung.com/cn/consumer/mobile-phones/mobile-phones/smart-phone/.

[17] http：//www.samsung.com/cn/consumer/televisions/televisions/oled-tv/.

[18] 闫东航，王海波，杜宝勋，著.有机半导体异质结：晶态有机半导体材料与器件. 北京：科学出版社，2012.

[19] Bao Z，Locklin J. Organic Field Effect Transistors. Boca Raton：CRC Press，2007.

[20] 刘云圻.有机纳米与分子器件. 北京：科学出版社，2010.

[21] Heeger A J，Sariciftci N S. Namdas E B. Semiconducting and Metallic Polymers. Oxford：Oxford University Press，2010.

[22] Mena-Osteritz E，Meyer A，Langeveld-Voss B M W，et al. Angew Chem Int Ed，2000，39：2679-2684.

[23] Grévin B，Rannou P，Payerne R，et al.J Chem Phys，2003，118：7097-7102.

[24] Chen S H，Chou H L，Su A C ，et al. Macromolecules，2004，37：6833-6838.

[25] Goto H，Okamoto Y，Yashima E，Macromolecules，2002，35：4590-4601.

[26] Rahimi K，Botiz I，Stingelin N，et al. Angew Chem Int Ed，2012，51：11131-11135.

[27] Ihn K J，Moulton J，Smith P. J Polym Sci B Polym Phys，1993，31：735-742.

[28] Brinkmann M，Chandezon F，Pansu R B，et al. Adv Func Mater，2009，19：2759-2766.

[29] Yan H，Yan Y，Yu Z，et al. J Phys Chem C，2011，115：3257-3262.

[30] Kline R J，McGehee M D，Kadnikova E N，et al. Macromolecules，2005，38：3312-3319.

[31] Yu X H，Yang H，Wu S P，et al. Macromolecules，2012，45：266-274.

[32] Yang H，Shin T J，Yang L，et al. Adv Func Mater，2005，15：671-676.

[33] Yang H H，LeFevre S W，Ryu C Y，et al. Appl Phys Lett，2007，90：172116.

[34] Sirringhaus H，Brown P J，Friend R H，et al. Nature，1999，401 (6754)：685-688.

[35] Gomez E D，Barteau K P，Wang H，et al. Chem Comm，2011，47：436-438.

[36] Lu G H，Li L G，Yang X N. Adv Mater，2007，19：3594-3598.

[37] Lu G H，Li L G，Yang X N. Macromolecules，2008，41：2062-2070.

[38] Mo Z，Lee K B，Moon Y B，et al. Macromolecules，1985，18：1972-1977.

[39] Qiao X Y，Wang X H，Mo Z S. Syn Met，2001，118：89-95.

[40] Qiao X Y，Xiao X S，Wang X H，et al. Euro Polym J，2002，38：1183-1190.

[41] Prosa T J，Winokur M J，Moulton J，et al.Macromolecules，1992，25：4364-4372.

[42] Brinkmann M，Rannou P. Adv Funct Mater，2007，17：101-108.

[43] Meille S V，Romita V，Caronna T，et al.Macromolecules，1997，30：7898-7905.

[44] Ong B，Wu Y L，Liu P，et al. J Am Chem Soc，2004，126：3378-3379.

[45] Zhao N，Botton G A，Zhu S P，et al. Macromolecules，2004，37：8307-8312.

[46] Liao S H，Jhuo H J，Yeh P N，et al. A Sci Rep，2014，4：6813.

[47] Ji Y J ，Xiao C Y，Wang Q，et al. Adv Mater，2016，28：943-950.

[48] Chabinyc M L，Toney M F，Kline R J，et al. J Am Chem Soc，2007，129：3226-3237.

[49] Chen S H，Su A C，Su C H，et al. Macromolecules，2005，38：379-385.

[50] Grell M，Bradley D D C，Ungar G，et al. Macromolecules，1999，32：5810-5817.

[51] Liu J，Wang Q L，Liu C F，et al. Polymer，2015，65：1-8.

[52] Huang L，Zhang L L，Huang X N，et al. J Phys Chem B，2014，118：791-799.

[53] Scerf U，et al. Advance in Polymer Science (212) . Polyfluorenes. Berlin：Springer，2008.

[54] Lieser G，Oda M，Miteva T，et al. Macromolecules，2000，33：4490-4495.

[55] Knaapila M，Lyons B P，Kisko K，et al. J Phys Chem B，2003，107：12425-12430.

[56] Liu J，Tu G L，Zhou Q G，et al.J Mater Chem，2006，16：1431-1438.

[57] Liu J，Xie Z Y，Cheng Y X，et al. Adv Mater，2007，19：531-535.

[58] Donley C L，Zaumseil J，Andreasen J W，et al. J Am Chem Soc，2005，127：12890-12899.

[59] Coustel N，Foxonet N，Ribet J L，et al.Macromolecules，1991，24：5867-5873.

[60] Pouget J P，Jozefowiczt M E，Epstein A J，et al. Macromolecules，1991，24：779-789.

[61] Yang H ，Wang L ，Zhang J D ，et al. Macromol Chem Phys，2014，215：405-411.

（张吉东）